Mikroskopische und mechanisch-technische Textiluntersuchungen

Von

Dr. Paul Heermann   und   **Dr. Alois Herzog**

Professor, früh. Abteilungsvorsteher der Textilabteilung am Staatlichen Materialprüfungsamt
Berlin-Dahlem

ord. Professor für Textil- und Papier-Techno-
logie an der Technischen Hochschule
in Dresden

Dritte
vollständig neubearbeitete und erweiterte Auflage
des Buches „Mechanisch- und physikalisch-technische
Textiluntersuchungen" von Dr. Paul Heermann

Mit 314 Textabbildungen

Springer-Verlag Berlin Heidelberg GmbH

ISBN 978-3-642-98596-6   ISBN 978-3-642-99411-1 (eBook)
DOI 10.1007/978-3-642-99411-1

Vorworte zur dritten Auflage.

In den bisherigen Auflagen dieses Buches war der mikroskopische Teil der Textiluntersuchungen nur beiläufig behandelt, schon weil ursprünglich ein Bedürfnis nach einer neuen Anleitung für die Fasermikroskopie nicht bestand. Inzwischen sind die früher führenden Werke, wie dasjenige von v. Höhnel u. a., mehr oder weniger veraltet und teilweise nicht mehr im Buchhandel erhältlich. So entstand bei mir der Plan, mit der neuen Auflage zugleich einen Ersatz für den alten v. Höhnel zu schaffen, und es war zu begrüßen, daß sich Herr Prof. Dr. Alois Herzog, Dresden, bereitfinden ließ, die vollständige Neubearbeitung des mikroskopischen Teiles zu übernehmen.

Die neue Auflage des bereits seit Jahresfrist vergriffenen Buches erscheint daher in zwei ebenbürtig nebeneinanderliegenden Teilen: 1. dem mikroskopischen, den Herr Prof. Alois Herzog neugeschaffen, und 2. dem mechanisch-technischen Teil, den der Unterzeichnete überarbeitet hat. Von neuen größeren Kapiteln enthält dieser 2. Teil dasjenige über „Lunometrie". Um an Raum zu sparen, sind verschiedene Kürzungen und Streichungen vorgenommen worden. Es konnte indessen nicht vermieden werden, daß der Umfang der neuen Auflage wegen der bedeutsamen stofflichen Erweiterung um etwa 11 Bogen angewachsen ist.

Berlin-Lichterfelde-W., im November 1930.

Paul Heermann.

Die technische Mikroskopie der Faserstoffe hat in den letzten zwei Jahrzehnten einen weitgehenden Ausbau erfahren. Er betrifft nicht allein die Aufstellung von Kriterien zur Unterscheidung zahlreicher neuer Faserstoffe (Kunststoffe, Ersatzfasern usw.), sondern auch die Ausarbeitung neuer Prüfverfahren und die Ausgestaltung der quantitativ-mikroskopischen Analyse. Bei dem Mangel an einem bezüglichen zusammenfassenden Lehr- und Handbuch ist es naturgemäß sehr lästig, sich bei der Bearbeitung spezieller Fälle die zumeist in Aufsätzen verschiedener Zeitschriften zerstreute Literatur zusammenzustellen. Ich habe es daher begrüßt, als mich der Verfasser der „Mechanisch- und physikalisch-technischen Textiluntersuchungen", Herr Prof. Dr. Paul Heermann, aufforderte, mich an der Bearbeitung der 3. Auflage des genannten Werkes zu beteiligen bzw. den mikroskopischen Teil zu übernehmen. Freilich mußte ich mir bei dem ziemlich knapp bemessenen Raum mancherlei Beschränkungen hinsichtlich des Textes und der Abbildungen auferlegen, so daß ich mir im voraus der unvermeidlichen Lücken bewußt war; ich glaube aber, daß die Bearbeitung in der vorliegenden Form für die meisten Fälle der mikroskopischen Laboratoriumspraxis ausreichen wird. Besonders ausführlich habe ich den methodischen Teil behandelt, weil ich aus eigener Erfahrung weiß, daß die experimentellen Grundlagen von ausschlaggebender Bedeutung sind und oft scheinbar unwesentliche Kleinigkeiten das Gelingen einer Untersuchung entscheiden. Die Abbildungen sind, bis auf wenige Ausnahmen, Originale, von denen einige hier zum erstenmal abgedruckt sind. Meinem Assistenten, Herrn Ing. Paul-August Koch, bin ich für das Mitlesen der Korrekturen zu aufrichtigem Danke verpflichtet.

Dresden, im November 1930.

Alois Herzog.

Inhaltsverzeichnis.

Druckfehlerberichtigungen.

Seite 124, Tabelle 23 (Kopf der 2. Vertikalspalte) soll es heißen: 3 cm unter den Keimblattansatzstellen (statt: cm über den Keimblattansatzstellen).

Seite 162, Text unter Abb. 107 soll es heißen: Kalziumoxalatdrusen (statt: Kalziumoxalatdrüsen).

Seite 166, Text unter Abb. 114 soll es heißen: Stengeloberhaut (statt: Stengeloberhaupt).

Seite 202, Fußnote 1 soll es heißen: 1916 (statt: 1910).

Seite 304, Zeile 2 von unten soll es heißen: $\sqrt{0,59\,N_m}$ (statt: $\sqrt{0,59\,N_m}$).

Laboratoriumseinrichtung und Verfahren der mikroskopischen Analyse.

1. Mikroskopstativ.

Zur eingehenden mikroskopischen Untersuchung von Faserstoffen ist mindestens ein mittelgroßes Mikroskopstativ erforderlich. Es soll einen großen und womöglich drehbaren Objekttisch besitzen und mit dem Abbeschen Beleuchtungsapparat ausgerüstet sein. Besondere Bewegungseinrichtungen für das Präparat (mechanische Objekttische) sind in der Regel nur hinderlich und daher nicht zu empfehlen. Dagegen ist auf eine zum Stativ passende Polarisationseinrichtung unbedingt Rücksicht zu nehmen oder von vornherein ein mittelgroßes Polarisationsmikroskop zum universellen Gebrauch zu beschaffen. Sind auch mikrophotographische Aufnahmen von Übersichtsbildern mit den noch zu besprechenden kurzbrennweitigen Anastigmaten (Planare, Luminare, Glyptare usw.) beabsichtigt, so ist ein Stativ mit besonders weitem Tubus erwünscht, da sonst das große Gesichtsfeld dieser Objektive nicht genügend ausgenützt wird und die im engen Tubus leicht entstehenden Reflexe sehr störend wirken. Zu häufiger vorkommenden Untersuchungen in sehr schwachen Vergrößerungen ist die Beschaffung eines besonderen Präparierstatives angezeigt. Allgemein bewährt hat sich z. B. das von der Firma Winkel-Göttingen nach den Angaben von Behrens hergestellte Präparier-Zeichenstativ. Es ist mit einem 6fachen Lupenrevolver, einem besonderen Tubus mit 6 schwachen Mikroskopobjektiven und einem Okular mit großem Gesichtsfeld ausgerüstet. Es kann auch mit anderen Mikroskopobjektiven, insbesondere mit solchen mit variabler Eigenvergrößerung, vorteilhaft gebraucht werden. In Verbindung mit dem großen Abbeschen Zeichenapparat gestattet es ferner ein bequemes Zeichnen, wobei als vorteilhaft bezeichnet werden muß, daß der Abstand des Zeichenapparates von der Zeichenfläche in allen Fällen der gleiche bleibt. In Ermangelung dieses Präparierstativs können natürlich auch andere Einrichtungen, ja selbst das gewöhnliche Arbeitsmikroskop, herangezogen werden. Wenn es die verfügbaren Geldmittel zulassen, ist die Beschaffung eines binokularen Präparierstativs sehr zu empfehlen, z. B. des vom Zeisswerk nach den Angaben von Greenough hergestellten. Kommt es besonders auf die höchste Ausnützung der Objektive mit variabler Eigenvergrößerung an (Zeiss $a*$, Winkel G), so ist das Culmansche Präparierstativ besonders geeignet. Jedenfalls wird es nicht schwer fallen, im Bedarfsfalle nach den Katalogen unserer ersten optischen Firmen eine entsprechende Wahl zu treffen.

2. Objektive.

Zur mikroskopischen Untersuchung der Faserstoffe reichen die Achromatobjektive vollständig aus; nur in vereinzelten Fällen, z. B. bei der ultramikroskopischen Prüfung, sind die Apochromate wegen ihrer besseren Korrektion vorzuziehen. Über besondere, zur photographischen Aufnahme von Übersichtsbildern bestimmte kurzbrennweitige Anastigmatobjektive s. Abschnitt: „Mikrophotographie". Die schwächeren Mikroskopobjektive dienen zum Absuchen der Präparate, die stärkeren zur Beobachtung von Einzelheiten und zum Zeichnen. Die schwächsten Objektive stellen einen gut brauchbaren Lupenersatz dar. Als Lieferanten für gleichmäßig gute Objektive sind zu nennen: Zeiss-Jena, Winkel-Göttingen, Seibert-Wetzlar, Busch-Rathenow, Leitz-Wetzlar und Reichert-Wien.

Eine brauchbare Zusammenstellung von Mikroskopobjektiven für Faserstoffuntersuchungen ist die folgende, die der Einfachheit wegen nur die Erzeugnisse des Zeisswerkes berücksichtigt:

alte	neue	Hauptsächliche Verwendung
\multicolumn{2}{c}{Bezeichnung}		
a^*	1,2—2,4	Musterausnehmen, Drehungsbestimmung von feinen Gespinsten, Einstellung von Geweben, Betrachtung fehlerhafter Stellen in Gespinsten und Geweben usw.
aa	6	Zählobjektiv für die Gelatinemethode nach A. Herzog
A	8	Am meisten benutztes Arbeitsobjektiv
D	40	Prüfung von Einzelheiten in mikroskopischen Präparaten
F	90	Anwendung wie D und zum Zeichnen von Querschnitten, Titerbestimmung von Kunstseide usw.

Zum raschen Wechseln der Objektive stehen in Verwendung: der Revolver, der Schlittenwechsler und die Objektivzange. Verfasser zieht den vom Zeisswerk hergestellten Schlittenwechsler allen anderen Einrichtungen vor, weil er eine rasche und genaue Zentrierung der Objektive gestattet und auch die Verwendung von beliebig vielen Objektiven zuläßt.

3. Okulare.

Als Arbeitsokulare für die gewöhnlichen Achromatobjektive reichen die Huygensschen aus (2 und 4). Vorteilhafter sind die besser korrigierten orthoskopischen, periskopischen und komplanatischen Okulare; besonders die letzteren, die von der Firma Winkel-Göttingen geliefert werden, sind durch ein vorzüglich ebenes und farbenreines Gesichtsfeld ausgezeichnet. Für die Apochromatobjektive kommen nur die Kompensationsokulare in Betracht (lediglich die von Winkel-Göttingen gelieferten schwächsten Apochromate $f = 40$ und $f = 25$ mm geben das beste Ergebnis bei Verwendung von komplanatischen Okularen). Über ein auch zu

Messungen brauchbares Okular s. „Universalokular". Quantitativ-
mikroskopische Arbeiten setzen ein Okular mit besonders weitem

Gesichtsfeld voraus; das früher von
Zeiss-Jena gelieferte Okular 2*
hat sich für diesen Zweck sehr gut bewährt. Auch das orthoskopische
Okular $f = 20$ mm derselben Firma
ist gut brauchbar; allerdings liegt die
Austrittspupille ziemlich tief, so daß
das Auge der Okularlinse stark genähert werden muß, was auf die
Dauer störend ist. Zu photographischen Arbeiten dienen die Projektionsokulare und die Homale, die
durch eine besonders gute Ebnung
des Gesichtsfeldes ausgezeichnet sind.
S. „Mikrophotographie".

**Kleinere Laboratoriumserforder-
nisse, sofern sie nicht in den nachfolgenden Abschnitten besonders genannt sind.**

   1. Lupe, 6 oder 10fach vergrößernd.
   2. Deckgläser, quadratisch (Seite
18 mm) und rund (Durchmesser 15 mm).
   3. Objektträger, englisches Format,
womöglich mit einseitig mattiertem Schilde
zum Beschreiben.
   4. Automat für Deckgläser nach
Schopper.

Abb. 1. Gefäß zum Kochen, Mazerieren und
Filtrieren von Fasern.

   5. Behälter für Objektträger nach Leitz, sog. „Kuhstall".
   6. Handwaage.
   7. Kleine chemische Waage.
   8. Mazeriergefäß nach A. Herzog (Schott & Genossen in Jena). Abb. 1.
   9. Auswaschgefäß nach A. Herzog (Schott & Genossen in Jena). Abb. 2.

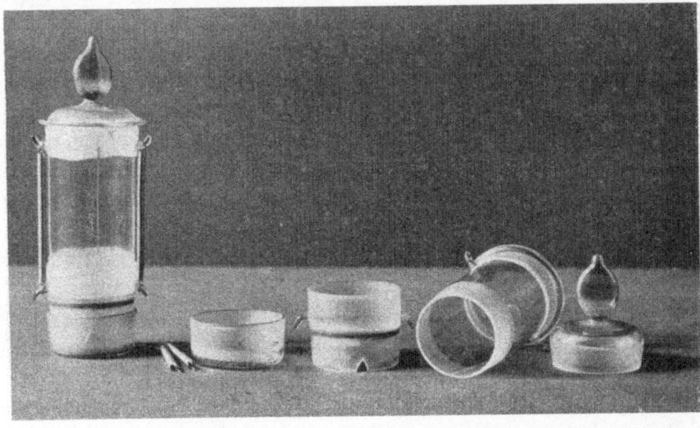

Abb. 2. Schüttel- und Filtriergefäß für Fasern. Von links nach rechts: Fertig zusammengestelltes
Gefäß; zwei Spiralfedern und Untersatz; Glasfilter; Glasaufsatz; Stopfen.

10. **Gefäß zur Herstellung von Kupferoxydammoniak** nach A. Herzog (Schott & Genossen in Jena). Abb. 3.

11. **Filtervorrichtung** für mikrochemische Arbeiten (Schott & Genossen in Jena).

12. **Filterflasche** mit Kautschukeinlage und Trichter mit Filter aus gesintertem Glase; Paraffinfilter; Gelatinefilter (Schott & Genossen in Jena).

Abb. 3.   Gefäß zur Bereitung und Filtration von Kupferoxydammoniak.

13. **Wasserstrahlpumpe.**

14. **Einfaches Filtergestell für Trichter.**

15. **Sedimentiergefäß** nach Spät.

16. **Handzentrifuge** mit Einsatzgläsern.

17. **Wärmeplatte** aus Kupfer mit kleinem Gasbrenner oder elektrische Heizplatte.

18. **Metallplatte** zum raschen Abkühlen erhitzter Präparate.

19. **Glasplatte** aus schwarzem Glase zum Sammeln von „Leitelementen".

20. **Wasserbad** mit Porzellaneinsatz für Bechergläser und Näpfe (Hugershoff in Leipzig).

21. **Kleiner Paraffinofen** bzw. Trockenschrank, womöglich elektrisch heiz- und regulierbar (Heraeus in Hanau).

22. **Nivelliergestell** mit Spiegelglasscheibe und Dosenlibelle.

23. **Kleiner Abzug** zur Herstellung von Reagenzien und für mikrochemische Arbeiten.

24. **Rechenschieber** oder eine kleine Rechenmaschine; Transporteur.

25. Uhrgläser, Bechergläser, Messer, Präparierscheren, Nadeln, Pinsel, schwarze und farbige Zeichenstifte verschiedener Härtegrade, Filterpapier, Zeichenpapier, Quadratmillimeterpapier, verschiedene Logarithmenpapiere, Etiketten usw.

4. Herstellung von mikroskopischen Präparaten.

Die tierischen und künstlichen Faserstoffe sind in der Regel ohne besondere Vorbereitung zur Herstellung von mikroskopischen Präparaten verwendbar. Auch die pflanzlichen Haarbildungen verursachen diesbezüglich keine Schwierigkeiten. Dagegen setzt die bündelförmige Anordnung der ungebleichten Bastfasern monokotyler und dikotyler Pflanzen eine vorherige Behandlung voraus. Diese bezweckt nicht allein eine möglichst vollständige Trennung der Faserelemente behufs deutlicher Wahrnehmung der Struktureigentümlichkeiten, sondern auch eine günstige chemische Veränderung der Fasersubstanz in bezug auf die nachfolgende Behandlung mit besonderen Reagenzien. Die Aufschließung erfolgt mit den im Abschnitt „Reagenzien" angeführten Mazerationsmitteln. Vollgebleichte Bastfasern bedürfen keiner besonderen Aufschließung, da sie aus isolierten Bastzellen bestehen.

Behufs Herstellung eines mikroskopischen Präparates werden kleine Mengen des zu prüfenden Materials auf einem Objektträger mit zwei Präpariernadeln in einem Tropfen Wasser gut verteilt.

Man achte besonders darauf, daß keine Knötchen bestehen bleiben. Sodann wird das Wasser mit einem schmalen Filtrierpapierstreifen entfernt und zur Färbung mit Chlorzinkjod geschritten. Auch andere zusammengesetzte Jodpräparate (z. B. das von v. Höhnel empfohlene Zellulosereagens: Jod und Schwefelsäure oder die Herzbergsche Jodjodkaliumlösung) sind brauchbar, liefern aber keine besseren Ergebnisse als Chlorzinkjod. Mit überraschender Schärfe treten nach dieser Behandlung Substanzunterschiede und Struktureigentümlichkeiten der Fasern in Erscheinung, die man vorher gar nicht vermutet hätte (unverholzte Pflanzenfasern werden rotviolett gefärbt, während verholzte Pflanzenfasern, tierische Seide, tierische Wollen und Haare eine ausgesprochene Gelb- bis Gelbbraunfärbung annehmen; Streifungen und Schichtungen der Zellwände, Deformationen, wie: Verschiebungen, Quer- und Schrägrisse, treten sehr deutlich hervor). Der das Präparat bedeckende Flüssigkeitstropfen (Chlorzinkjod) wird mit einem etwas schräg gehaltenen Deckglase möglichst luftblasenfrei überdeckt und die an den Rändern vorquellende überschüssige Flüssigkeit mit einem Filterpapierstreifen weggenommen. In gleicher Weise wird auch bei anderen Einschlußmitteln und Reagenzien vorgegangen. Bei der Durchmusterung des Präparates beginne man stets mit schwachen Vergrößerungen und gehe erst, wenn es sich um Einzelheiten handelt, zu stärkeren über. In den meisten Fällen reichen Vergrößerungen von 100 bis 150 zur Wahrnehmung der charakteristischen Eigentümlichkeiten der Faserstoffe aus. Liegen dunkel gefärbte Fasern zur Untersuchung vor, so empfiehlt es sich, vor der Präparation eine Entfärbung vorzunehmen. Je nach der Natur der Faser und der chemischen Beschaffenheit des Farbstoffes müssen verschiedene Mittel versucht werden. Als solche kommen in Betracht Salz- und Salpetersäure, Chlorwasser, unterchlorigsaures Natrium, Zinnchlorür, Hydrosulfitpräparate usw. Heller gefärbte Fasern können unbeschadet der Deutlichkeit des mikroskopischen Bildes ohne vorherige Präparation mit Entfärbungsmitteln Verwendung finden. Natürliche Farbstoffe, wie z. B. die Pigmente der tierischen Haare, können ohne Zerstörung der Fasern nicht beseitigt werden; zur besseren Wahrnehmung von Einzelheiten empfiehlt sich in solchen Fällen die Anwendung von chemisch und physikalisch wirkenden Aufhellungsmitteln (Chloralhydrat, Laugen, Glyzerin, Öle, Kanadabalsam usw.).

Über die Herstellung der wichtigsten zu Faserprüfungen geeigneten Reagenzien s. Abschnitt „Reagenzien".

Die Aufbewahrung der flüssigen Reagenzien erfolgt in kleinen Stiftfläschchen. Von Zeit zu Zeit ist eine Filtration der Flüssigkeiten angezeigt, um sie von entstandenen Niederschlägen oder hinzugekommenen Verunreinigungen zu befreien.

5. Herstellung von Dauerpräparaten.

Im allgemeinen kommen Dauerpräparate von Fasern für den technischen Mikroskopiker nur selten in Frage (Belege zu wissenschaftlichen Gutachten; mit Kongorot gefärbte Flachsfasern zur Bestimmung der Polarisationsebene von Nikols; Querschnitte von Kunstseide verschiedener Feinheitsgrade zu Vergleichszwecken: Denierplatte); sie sind daher in den meisten Fällen entbehrlich. Die im Handel vorkommenden Kanadabalsam- und Glyzeringelatinepräparate sind nach meiner Ansicht nur wenig brauchbar, da sie in der Regel ungefärbt sind und in dem stark aufhellend wirkenden Einschlußmittel nur undeutlich hervortreten. Auch die mir zu Gesicht gekommenen Schnittpräparate von Stengeln und anderen Organen verschiedener Faserstoffträger sind von sehr beschränktem Wert, da sie außer den oben angeführten Mängeln auch technisch und wissenschaftlich nicht einwandfrei hergestellt sind. Unter solchen Umständen dürfte es gerechtfertigt sein, einiges über die Selbstanfertigung solcher Präparate anzuführen.

Der Einschluß von Fasern in Kanadabalsam oder Glyzeringelatine ist auch nach vorheriger Färbung nur bedingt zu empfehlen, da solche Präparate die charakteristischen Strukturen der Zellwände nicht genügend hervortreten lassen. Chlorzinkjod, Kupferoxydammoniak und andere, eine ausreichende Differenzierung bewirkende Reagenzien sind aber zur Herstellung von Dauerpräparaten völlig ungeeignet; hieran ändern auch die in der Literatur hier und da angegebenen Kunststücke nichts. Ungefärbte Präparate in Kanadabalsam dienen nur zu polariskopischen Zwecken, sind also nicht universell brauchbar.

Dagegen ist die Anfertigung von Schnittpräparaten zu Studienzwecken sehr zu empfehlen; insbesondere kommen Quer- und Längsschnitte durch die Organe verschiedener Pflanzenfaserträger hier in Betracht. Die Objekte müssen sorgfältig in Paraffin eingebettet sein und mit dem Mikrotom geschnitten werden, wobei zweckmäßig eine Schnittdicke von 10 μ gewählt wird. Die Schnitte werden auf dem Objektträger mit Wasser oder Eiweißglyzerin aufgeklebt, wobei auf eine sorgfältige Zentrierung zu achten ist, und nach völligem Trocknen auf der Wärmeplatte nacheinander mit Xylol, Alkohol und Wasser behandelt. Sodann wird passend gefärbt, wobei aber die Auswahl an brauchbaren Farbstoffen nur gering ist. Ich verwende in der Regel Safranin, weil es nicht allein sehr haltbare Färbungen liefert, sondern auch genügend differenziert. Als Einbettungsmedium für die gefärbten und gewaschenen Präparate empfiehlt sich besonders Glyzeringelatine, weil sie die Zellwände deutlicher hervortreten läßt als Kanadabalsam. Nun wird ein rundes Deckgläschen (Durchmesser in der Regel 15 mm) aufgelegt und dieses mit einem kleinen Gewicht oder einer entsprechend geformten Drahtklemme (Clips) gegen das Präparat gedrückt, um das überschüssige Einschlußmittel zu beseitigen und Unebenheiten des Präparates tunlichst auszugleichen. Nach Beseitigung des hervorgetretenen Einschlußmittels mit Filterpapier oder Leinen wird das Präparat längere Zeit staubsicher bei Lufttemperatur aufbewahrt, bis das Einschlußmittel am Rande des Deckglases vollständig erhärtet ist, was unter Umständen mehrere Wochen dauert. Nach Abnahme des Gewichtes bzw. der Klammer erhält das vorher gereinigte Präparat noch eine Umrandung mit Lack, um es gegen mechanische Einflüsse möglichst haltbar zu machen. Man bedient sich hierbei einer kleinen Drehscheibe, auf welche das Präparat zentrisch gelegt und mit Metallklammern befestigt wird, um Verschiebungen während des Lackierens zu vermeiden. Als Umrandungsmittel wählt man zweckmäßig Maskenlack III (bei Grübler & Co. in Leipzig erhältlich), der mit einem feinen Pinsel auf den Rand des Deckglases aufgesetzt wird, während das ganze Präparat sich in schwacher Rotation befindet. Unter allen Umständen ist zu viel Lack zu vermeiden; die haltbarsten Präparate werden erhalten, wenn die Umrandung wiederholt, aber stets nur mit wenig Lack vorgenommen wird. Nach der Trocknung des Lackringes werden die Präparate noch mit Etiketten versehen, und diese beschriftet. Die äußere Aufmachung muß unter allen Umständen gefällig sein. Teilweise zerrissene oder schlecht zentrierte Schnitte mit störenden Verunreinigungen wirken ebenso unschön, wie schleuderhaft ausgeführte Lackringe oder unsaubere Beschriftungen auf schief aufgeklebten Etiketten. Nur das Beste vom Besten ist hier gerade gut genug, setzt aber naturgemäß die Herstellung mehrerer Präparate voraus, um eine passende Auswahl treffen zu können.

6. Markieren von Präparaten.

Bei der mikroskopischen Untersuchung von Faserstoffen kommt man häufig in die Lage, bestimmte Stellen des Präparates kenntlich machen zu müssen, um sie später bei etwaigen Nachuntersuchungen oder photographischen Aufnahmen rasch wiederzufinden. Auch bei der Bestimmung der quadratischen Quellung von Kunstseide nach dem vom Verfasser[1] angegebenen Verfahren ist es notwendig, die in zwei aufeinanderfolgenden Mikrotomschnitten enthaltenen Faserquerschnitte, die nach vorheriger Auswahl im Vergleichsmikroskop zur Zeichnung bestimmt sind, ihrer Lage nach genau festzulegen. Für solche Zwecke sind verschiedene Hilfseinrichtungen, sogenannte „Finder", konstruiert worden, von denen jedoch die meisten, schon ihres hohen Preises wegen, nur in Ausnahmefällen in Frage kommen (mechanische Objekttische, Finderteilungen, Vorrichtungen zum Ziehen von kleinen Kreisen mit Hilfe eines kleinen Diamanten oder einer mit feuchter Farbe versehenen Borste usw.) Sehr gut arbeitet der vom Zeisswerk hergestellte Maltwoodfinder, der in Verbindung mit dem vom Verfasser[2] angegebenen Hilfswinkel auch mit dem einfachsten Mikroskopstativ angewandt werden kann. Er besteht aus einem Objektträger, auf dem ein Netz von sich rechtwinkelig kreuzenden Linien photographisch wiedergegeben ist. In den von diesen gebildeten kleinen Quadraten befinden sich die Nummern 1 bis 900, die zur Verständigung über die Lage einer bestimmten Stelle eines mikroskopischen Präparates bestimmt sind. Will man z. B. eine solche später wiederfinden, so wird der an den noch zu besprechenden Metallwinkel vollkommen

---

[1] Herzog, A.: Die mikroskopische Untersuchung der Seide und der Kunstseide. Berlin 1924.

[2] Herzog, A.: Textile Forschung 1920, 62; Kunstseide 1929, 9.

angelegte Objektträger mit dem Präparat auf dem Objekttisch des Mikroskops freihändig verschoben und nach der richtigen Einstellung des Winkels mit Hilfe der gewöhnlichen Objekttischklemmen gut befestigt. Kleinere Verschiebungen sind auch nachträglich noch möglich, falls sie sich als notwendig herausstellen sollten. Wird jetzt ohne irgendeine Verschiebung des Winkels das Präparat durch den Maltwoodfinder ersetzt, so gibt die im Gesichtsfelde erscheinende Zahl einen Anhältspunkt für die Lage der gewählten Präparatstelle. Zweckmäßig wird diese Zahl auf dem Schilde des Präparates sofort vermerkt. In der Folge hat man nur nötig, den Maltwoodfinder auf die angegebene Zahl einzustellen, den Winkel anzuschieben bzw. zu befestigen und sodann den Finder durch das Präparat zu ersetzen. Da naturgemäß nicht alle Finder vollkommen gleich sind, gilt die Zahlenangabe nur für ein bestimmtes Stück, was bei der etwaigen Versendung von Präparaten zu beachten ist. Der zu verwendende Metallwinkel zeigt die aus der Abb. 4 ersichtliche Form, die ein bequemes Festhalten auf dem Objekttisch zuläßt.

Ein anderes, allgemein anwendbares Verfahren zur Kenntlichmachung bestimmter Präparatstellen hat der Verfasser[1] vor einiger Zeit beschrieben.

Abb. 4. Metallwinkel und mattierter Objektträger (als „Finder") auf einem Mikroskop-Objekttisch liegend.

An Einfachheit wird es kaum von einem anderen übertroffen. Außer dem oben angegebenen Metallwinkel ist noch ein feinstmattierter Objektträger erforderlich. Die Innenränder des Metallwinkels dienen als Anschläge für den Objektträger. Da nun die Ränder der gebräuchlichen Objektträger nicht immer genau gerade sind, ist es angezeigt, nur drei Anschlagstellen zu wählen, um ein unbedingt sicheres Anlegen zu ermöglichen. Die zu markierende Stelle des Präparates wird unter dem Mikroskop sorgfältig eingestellt, und nun wie oben angegeben der Metallwinkel dicht angeschoben und mit einer Objekttischklammer gut befestigt. Nach Abnahme des Präparates wird der mattierte Objektträger, mit der Mattierung nach oben, an seine Stelle gebracht, bis er die Anschläge des Winkels dicht berührt (Abb. 4). Um Irrungen zu vermeiden, ist es zweckmäßig, die rechte obere Ecke des Objektträgers mit einer nassen Feile abzurunden oder sonstwie, etwa mit einem Diamantkreuz, zu mar-

---

[1] Herzog, A.: Z. wiss. Mikrosk. **1923**. S. 284.

kieren. Bei schwacher Vergrößerung, etwa dem Objektiv 8 von Zeiss entsprechend, wird nun mit einem sehr gut gespitzten, harten Bleistift (etwa Koh-I-Noor 8 H) die Mitte des Gesichtsfeldes mit einem kleinen Punkt markiert, wobei ein im Okular befindliches Strichkreuz oder Netz als Anhaltspunkt dient (Abb. 5). Nach Abnahme des Objektträgers kann dieser Punkt noch mit einem kleinen Bleistiftkreis umzogen werden, um seine spätere Einstellung zu erleichtern. Da der Objektträger beim Aufsetzen des Bleistiftes verschoben werden könnte, ist es angezeigt, ihn mit der linken Hand lose an den Winkel anzudrücken. Hat man mehrere Stellen in einem oder mehreren Präparaten in dieser Weise zu markieren, so umrandet man die bezüglichen Bleistiftpunkte mit verschiedenfarbigen harten Buntstiften. Auf der freien Fläche des mattierten Objektträgers kann man in solchen Fällen die Nummer oder sonstige Bezeichnung des jeweiligen Präparates vermerken. Handelt es sich nun darum, die gewünschte Präparatstelle später im Mikroskop wiederzufinden, so stellt man zuerst auf den entsprechenden Bleistiftpunkt des mattierten Objektträgers in schwacher oder mittelstarker Vergrößerung ein, und zwar so, daß der Punkt in die Mitte des Gesichtsfeldes zu liegen kommt, und schiebt dann den Metallwinkel an, bis er ohne Zwischenraum an den Objektträger anstößt.

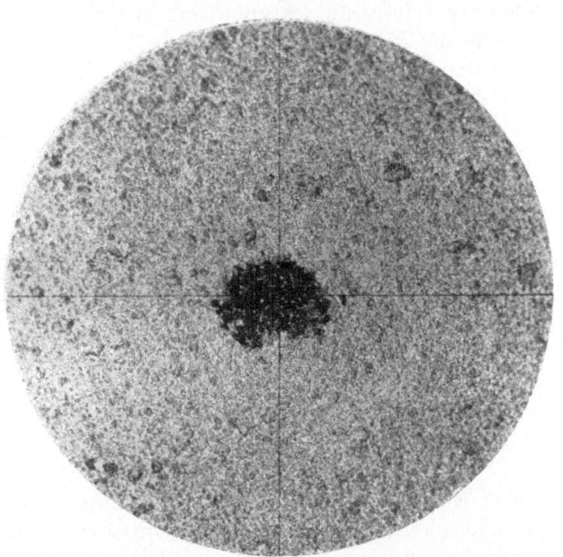

Abb. 5. Markieren eines mattierten Objektträgers mit einem Bleistiftpunkt. Im Okular ein Fadenkreuz.

Nach Befestigung des Winkels genügt es nunmehr, an die Stelle des mattierten Objektträgers das gewünschte Präparat zu bringen und in der erforderlichen Vergrößerung einzustellen. Die gewünschte Stelle wird jetzt in der Mitte des Gesichtsfeldes erscheinen. Bei Nachprüfungen von anderer Seite ist natürlich dem Präparat auch der mattierte Objektträger, entsprechend markiert, beizufügen. Etwaige Beschädigungen des letzteren kommen hier, im Gegensatz zum Maltwoodfinder, finanziell nicht in Betracht.

7. Der Abbesche Beleuchtungsapparat und seine Anwendungen.

Der Abbesche Beleuchtungsapparat, der einen wesentlichen Bestandteil eines jeden guteingerichteten Mikroskopes bildet, besteht aus einem Linsensystem von sehr großem Öffnungswinkel, einem

Diaphragmaträger mit Irisblende und einem Plan- und Hohlspiegel (Abb. 6). Diese 3 Teile sind an einem Gestell befestigt, das unterhalb des Mikroskoptisches mit Hilfe eines Triebknopfes und einer Zahnstange in der Richtung der Achse des Mikroskopes auf und ab bewegt werden kann. Von den beiden meist benutzten Kondensorsystemen besitzt das zweilinsige eine numerische Apertur 1,20, das andere, dreilinsige, eine numerische Apertur 1,40. Sie sind bei der gewöhnlichen Einrichtung des Beleuchtungsapparates mit einem Gewinde versehen, mit Hilfe dessen sie in das Schieberohr des Kondensors eingeschraubt werden können. Dieses Rohr paßt in die Schiebehülse des Beleuchtungsapparates und wird darin entweder durch Friktion oder durch eine Klemmvorrichtung festgehalten. An Stelle der gewöhnlichen Kondensorsysteme können in die Schiebehülse noch eingeschoben werden der ausklappbare Kondensor, der achromatische Beleuchtungs-

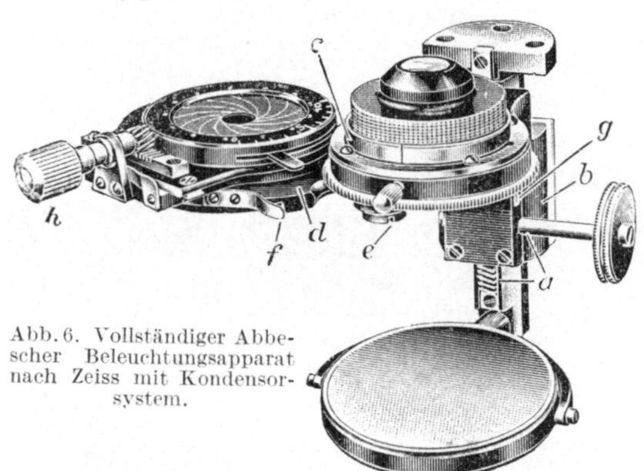

Abb. 6. Vollständiger Abbescher Beleuchtungsapparat nach Zeiss mit Kondensorsystem.

apparat für mikrophotographische Zwecke, eine Zentriervorrichtung für Mikroskopobjektive, die als Kondensoren benützt werden sollen, und mehrere Spezialkondensoren, z. B. für Dunkelfeldbeleuchtung, spektral zerlegtes Licht usw. Die nach oben gekehrte Planfläche des Kondensors soll bei der einen wie bei der anderen Einrichtung gewöhnlich nur um ein wenig unter der Tischebene zurückstehen, so daß sie die Unterfläche des Objektträgers nahezu berührt. Die Zentralstellung des Diaphragmas, die die gerade Beleuchtung liefert, wird durch Einspringen eines federnden Zahnes während der Drehung des Triebes um seine Achse markiert.

1. Für die Beobachtung von Präparaten, deren Elemente nicht durch Unterschiede des Lichtbrechungsvermögens, sondern nur durch ungleiche Adsorption des Lichtes sichtbar werden, also bei gefärbten Objekten, ist im allgemeinen die Beobachtung mit sehr weiter Öffnung vorteilhaft. Die Größe der bei durchfallendem Licht zur Erzielung des günstigsten Effektes anzuwendenden Öffnung der Iris im Diaphragmenträger richtet sich nach der numerischen Apertur des angewandten Objektives, der Beschaffenheit des Präparates und der Intensität der verfügbaren Lichtquelle. Es kann sogar nach der von R. Koch eingeführten Methode der Kondensor mit völlig geöffneter Iris benützt werden. Dies ist z. B. empfehlenswert beim Studium der Pigmentkörner verschiedener tierischer Haare, bei der Hervorhebung der natürlichen Färbung verschiedener Baumwollen (Makobaumwolle) usw. (Abb. 7). Zweifellos leistet die Beobachtung des sogenannten „Farbenbildes" bei textilen Untersuchungen aller Art treffliche

Dienste. Bei etwas gröberen Objekten und stärkerer Vergrößerung muß bei dieser Art der Benutzung des Beleuchtungsapparates eine wesentliche Verringerung der Sehtiefe des angewandten Mikroskopobjektives mit in den Kauf genommen werden. Auch die Bildfeldwölbung macht sich hierbei viel stärker bemerkbar als bei enger Blende, was namentlich bei den Apochromaten und der sonst vorzüglichen Zeissschen Wasserimmersion $D*$ deutlich zum Ausdruck kommt.

2. Handelt es sich dagegen um Präparate, deren Einzelheiten nur durch Unterschiede im Brechungsvermögen sichtbar werden, so ist im allgemeinen die engste Blende zu wählen, die noch genügende Helligkeit gewährt. Die besten Ergebnisse werden erfahrungsgemäß dann erzielt, wenn die Blende ungefähr ¹/₃ der Öffnung des angewandten Objektives ausfüllt, was nach Abnahme des Okulares und Beobachtung von oben leicht zu beurteilen ist. Diese Art der Regelung der Helligkeit des Gesichtsfeldes, die namentlich bei mikrophotographischen Arbeiten eine große Rolle spielt, ist sorgfältig zu bewirken, da sonst, d. h. bei zu enger Blende, sehr störende Diffraktionssäume auftreten oder im Gegenfalle die Wahrnehmung der feinsten Strukturen unmöglich wird.

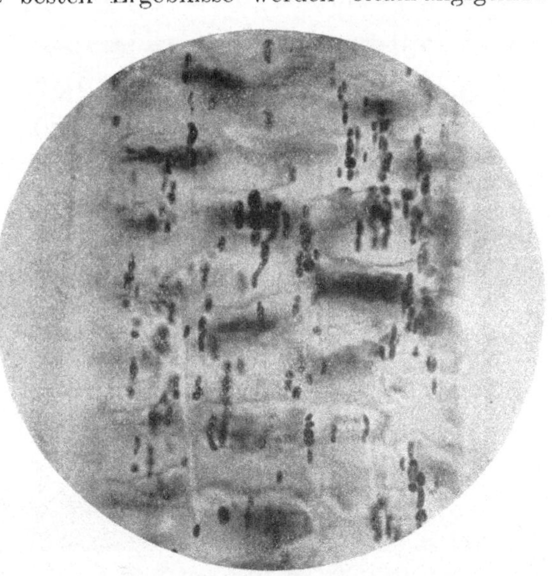

Abb. 7. Grannenhaar des sibirischen Kaninchens im „Abbeschen Farbenbild". Die Pigmentkörperchen treten, im Gegensatz zu den Struktureigentümlichkeiten, deutlich hervor. Vergr. 900.

3. Durch exzentrische Stellung der Irisblende kann man alle Abstufungen der schiefen Beleuchtung erzielen, was natürlich bei solchen Präparaten sehr nützlich sein kann, die mehr oder weniger glasig durchsichtig und fast gar nicht gefärbt sind. So zeigen verschiedene in diesem Buche vorgeführte Quellungsbilder von Pflanzenfasern, daß auf diesem Wege die in Lösung übergehende stark angequollene Zellulose der Faserwand sehr deutlich und geradezu plastisch sichtbar gemacht werden kann (Abb. 8).

4. Auch zur Beobachtung mit Dunkelfeldbeleuchtung, die in den letzten Jahrzehnten wieder zu Ehren gelangt ist, läßt sich der Abbesche Beleuchtungsapparat in einfacher Weise heranziehen. Zur Beobachtung dient eine sternförmige Blende mit zentralem Knöpfchen zum Auflegen verschieden großer Blendscheiben, deren Größe sich nach der numerischen Apertur des jeweils verwendeten Objektives

richtet. Durch gut ausgeführte Dunkelfeldbeleuchtung erhält man eine schärfere Differenzierung als bei gewöhnlicher Beleuchtung, und auch das Auflösungsvermögen des Objektives ist wie bei jeder ringförmig abbildenden Öffnung eine Kleinigkeit höher als bei Benutzung der vollen Objektivöffnung (Abb. 9). Um auch stärkere Objektive für Dunkelfeldbeleuchtung verwenden zu können, werden besondere Zentralblenden verwendet, die von oben in das Objektiv eingesteckt werden. Die Abblendung des beleuchtenden Strahlenkegels geschieht dann nicht durch Sternblen-

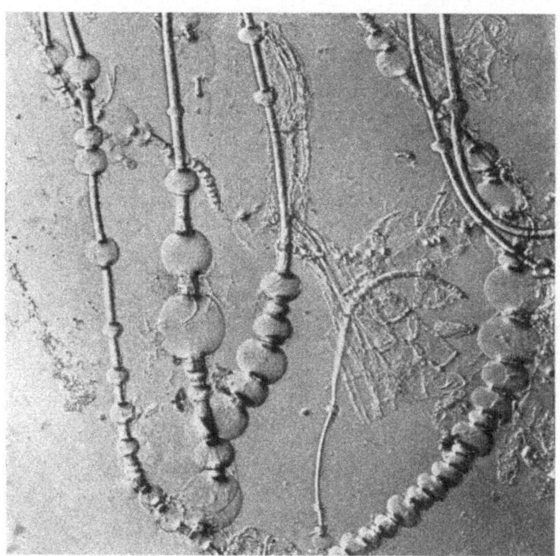

Abb. 8.   Bastfasern von Edgeworthia papyrifera in Kupferoxydammoniak. Blende des Abbeschen Beleuchtungsapparats seitlich verschoben. Vergr. 115.

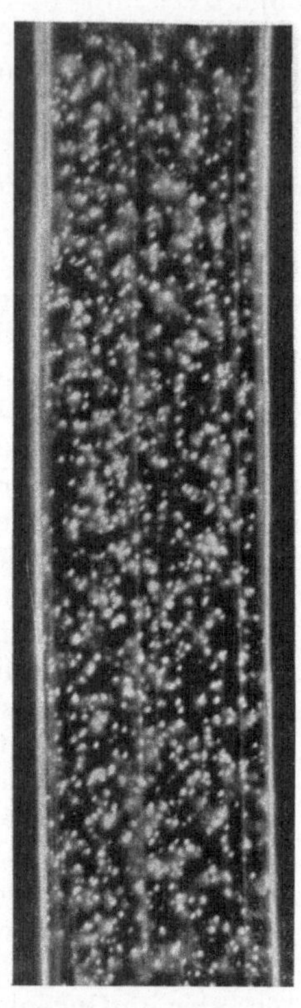

Abb. 9. Ungebleichte Viskoseseide mit zahlreichen Schwefelkörnchen. Dunkelfeldbeleuchtung. Vergr.350.

den im Diaphragmaträger, sondern durch die gewöhnliche Irisblende Die Firma Zeiss liefert nunmehr an Stelle der Einhängeblenden besondere Objektive mit Irisblende.

J. Rheinberg[1] hat eine Abänderung der Dunkelfeldbeleuchtung angegeben, welche gestattet, die Objekte in beliebiger Farbe auf anders gefärbter Unterlage erscheinen zu lassen. An Stelle der Zentralblende bringt man z. B. im Abbeschen Kondensor ein Scheibchen aus roter Gelatine an, das in der Mitte ein Loch besitzt, auf welches ein gleichfalls rundes Scheibchen aus blauer Gelatine befestigt wird. Die Grenzzone beider Scheibchen wird noch mit einem schmalen Lackring versehen. Im mikroskopischen Bilde erscheint dann das Objekt rot, die Unterlage blau.

Über die verfeinerte Dunkelfeldbeleuchtung zur Sichtbarmachung ultramikroskopischer Teilchen s. Abschnitt „Dunkelfeldbeleuchtung".

---

[1] Rheinberg, J.: Atelier d. Photogr. 1900, 12.

5. Der Abbesche Kondensor stimmt in seinem Bau im allgemeinen mit den gewöhnlichen Mikroskopobjektiven überein und liefert bekanntlich bei der Verwendung des Planspiegels ein verkleinertes oder vergrößertes Bild der vor ihm befindlichen Gegenstände. Jedem Mikroskopiker sind die sehr störend wirkenden Abbildungen von Fensterkreuzen, Bäumen und anderen vor dem Mikroskop befindlichen Gegenständen sattsam bekannt. Schon in der ersten Hälfte des 19. Jahrhunderts hat man aus dieser Not eine Tugend gemacht und mit Hilfe einfacher Linsen auf Glasplatten befindliche Skalen und sonstige Teilungen zu Maß- und Zählzwecken in das Mikroskop projiziert. Später hat allerdings der Beleuchtungsapparat hierfür kaum noch Verwendung gefunden, da durch die Konstruktion besonderer Meßokulare mit entsprechend geteilten Einlageplättchen aus Glas das gleiche Ziel in genauerer Weise erreicht werden konnte. Immerhin ist es angebracht, auf diese Anwendungsmöglichkeit des „Abbe" hinzuweisen und im Bedarfsfalle von ihr Gebrauch zu machen (gröbere Teilungen als Ersatz für Netzmikrometer für Zählzwecke).

6. In gleicher Weise läßt sich nun auch die Spitze einer vor dem Mikroskop befindlichen Nadel in das mikroskopische Gesichtsfeld projizieren und dazu benutzen, eine bestimmte Stelle zu bezeichnen, wie dies sonst nur mit Hilfe von besonderen Zeigerokularen möglich ist[1] (Abb. 10). Ganz abgesehen davon, daß eine solche Einrichtung keine Kosten verursacht, hat sie auch noch den Vorteil, daß der Mikroskopiker

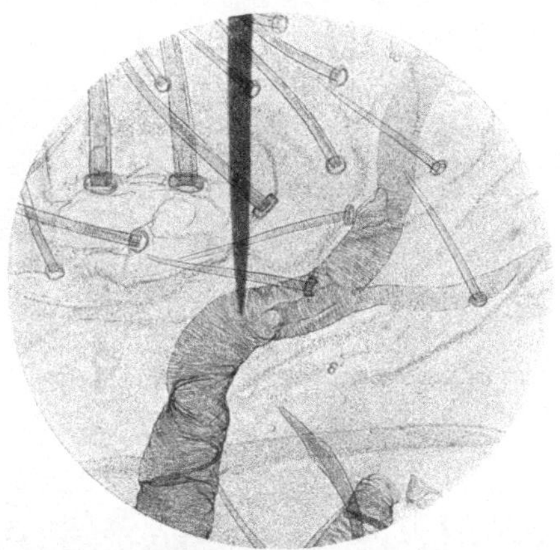

Abb. 10. Nadelspitze mit Hilfe des Abbeschen Beleuchtungsapparats in das mikroskopische Gesichtsfeld projiziert. Präparat: Oberhaut- und Tracheenstücke der Raupe von Bombyx mori. Vergr. 60.

hinsichtlich der Auswahl der Okulare vollkommen unabhängig ist. Die mangelhafte sphärische und achromatische Korrektion des Abbe läßt allerdings kein absolut scharfes Bild der Nadelspitze zu, indessen ist dies für praktische Zwecke gegenstandslos. Schärfere Bilder werden erhalten, wenn achromatische oder aplanatische Kondensoren oder in eine besondere Schiebehülse eingesetzte Mikroskopobjektive zur Verwendung gelangen. Hinsichtlich der bequemen Führung der Nadel sei folgendes bemerkt: Am besten befestigt man die durch ein kleines Korkstück gesteckte Nadel mit Hilfe eines kleinen aus Blech gebogenen Streifens an einer vertikal stehenden Glasplatte bzw. an dem etwa gerade benutzten Gelatinetrockenfilter. Die Glasplatte befindet sich in einem einfachen Gestell, das etwa 10 bis 20 cm vor dem Planspiegel aufgestellt und freihändig von rechts nach links verschoben wird. Verschiebungen der Nadel von oben nach unten werden

---

[1] Herzog, A.: Mikrokosmos **1922/23**, H. 5.

entweder mit dieser selbst oder mit dem Nadelhalter bewirkt. Die scharfe Einstellung der Nadelspitze erfolgt durch mäßiges Heben oder Senken des Beleuchtungsapparates nach beendeter Einstellung des Präparates. Wenngleich diese Einrichtung nur für schwache und mittlere Vergrößerungen (bis etwa 150) in Frage kommt, weil das Bild der Spitze sonst zu grob und unscharf ausfällt, so leistet sie doch in vielen Fällen sehr gute Dienste.

7. Die Tatsache, daß das vor der Frontlinse des Kondensors entstehende Bild verschieden groß ist, je nachdem wie weit sich das Objekt von der unteren Linse befindet, läßt sich nun auch dazu benützen, mit Hilfe des vor einem verhältnismäßig starken Objektiv eingeschalteten Kondensors schwache, leicht abstufbare Vergrößerungen zu bekommen, die sich besonders zum Präparieren sehr gut eignen. Da das Objekt sich unterhalb des Kondensors befindet, hier aber gewöhnlich keine entsprechende Auflagefläche vorhanden ist, ist man genötigt, sich eine solche zu improvisieren. Es geschieht dies am besten in der Weise, daß ein einfaches Lupenstativ neben dem Mikroskop aufgestellt und das Präparat auf den Ring des hoch und tiefstellbaren Lupenträgers aufgesetzt wird. (Vgl. Abb. 11.)

Man kann sich auf diese Weise einfach und schnell über Präparate, die man in gewöhnlicher Weise später untersuchen will, orientieren. Besonders wenn es sich um größere Präparate, etwa Querschnitte durch Pflanzenstengel, handelt (Hopfen, Weide usw.), ist diese Methode sehr bequem und daher empfehlenswert. Die Eigenschaft des Kondensors, daß er als umgekehrtes Objektiv zusammen mit dem Mikroskopobjektiv schwache Vergrößerungen liefert, wobei die Bilder in richtiger Lage erscheinen, erlaubt die Verwendung eines jeden mit dem Abbe ausgerüsteten Instrumentes als Präpariermikroskop. Man erspart, wenigstens für schwache Vergrößerungen, ein besonderes bildumkehrendes Prisma[1].

Selbstverständlich kann man auf die angegebene Art auch im auf-

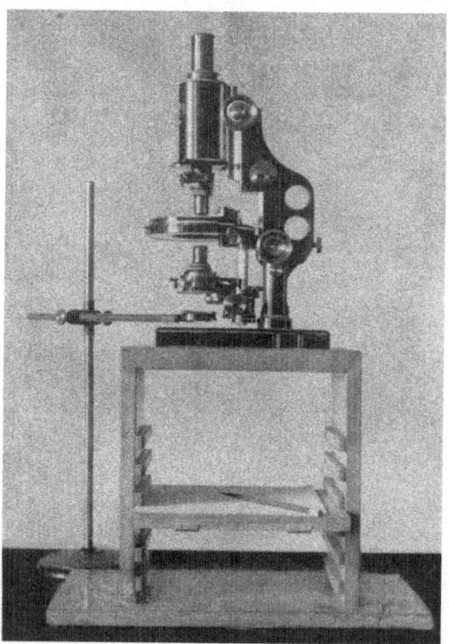

Abb. 11. Mikroskop auf einem Zeichengestell stehend (die kreisförmige Durchbrechung der oberen Auflageplatte ist aus dem Bilde nicht ersichtlich). An Stelle des „Abbe" ist in die Hülse des Kondensors ein Mikroskopobjektiv (Zeiss 8) eingesetzt. Auf dem in Nuten einschiebbaren Zeichenbrett ein Bleistift liegend. Links vom Mikroskop ein Lupenstativ aufgestellt, dessen ringförmiger Lupenträger als Objekttisch für mikroskopische Präparate dient, falls das Mikroskop auch für Lupenbetrachtungen Verwendung finden soll.

<hr>

[1] Studnicka: Z. wiss. Mikrosk. **1922**.

fallenden Lichte beobachten, muß aber hier natürlich auf eine gute Beleuchtung des Objektes achten.

8. Man kann sogar mit dem Abbe mikroskopieren, während sich auf dem gewöhnlichen Tische des Mikroskopes ein anderes Präparat befindet, vorausgesetzt natürlich, daß dieses durchsichtig genug ist. Die so mögliche gleichzeitige Betrachtung zweier Präparate in demselben Gesichtsfelde stellt, wenigstens für schwache Vergrößerungen, eine einfache Methode der unmittelbaren Vergleichsmikroskopie dar. (Vgl. Abb. 15.)

9. Nimmt der Abstand des unter dem Abbe befindlichen Präparates zu, so verringert sich nach dem früher Angeführten die Bildgröße immer mehr, so daß bei genügender Weite auch sehr schwache Lupenvergrößerungen erzielt werden können. So angewandt, ist der Abbesche Beleuchtungsapparat imstande, verschieden abgestufte Lupen zu ersetzen, wobei man noch den Vorteil eines besonders großen Gesichtsfeldes von sehr guter Ebnung hat. Auch die Sehtiefe ist den gewöhnlichen Lupen gegenüber beträchtlich gesteigert. Um eine genügende Entfernung des Präparates zu ermöglichen, wird das Mikroskop auf ein entsprechendes Holzgestell aufgesetzt, dessen obere Auflagefläche einen kreisförmigen Ausschnitt besitzt (Abb. 11). Das Präparat wird auf ein in verschiedenen Höhen einschiebbares Brett unmittelbar oder auf Papier von passender Färbung aufgelegt. Selbst die einfachsten Demonstrationsmikroskope können auf diese Weise zu Lupenbetrachtungen Verwendung finden, vorausgesetzt nur, daß sie mit einem Beleuchtungsapparat ausgestattet sind. Infolge der gleichzeitig vorhandenen Schattenwirkung treten die Bilder bei diesem Verfahren geradezu plastisch hervor.

10. Die Eigenschaft des Kondensors, bei Verwendung des zusammengesetzten Mikroskopes Gegenstände auch zu verkleinern oder in natürlicher Größe erscheinen zu lassen, läßt sich natürlich auch sehr gut zum Kopieren von Abbildungen und überhaupt zum Abzeichnen von Gegenständen benützen[1]. Man braucht nur das Mikroskop mit einem der bekannten Zeichenapparate zu vereinigen und so zu verfahren, als ob es sich um ein mikroskopisches Präparat handelte. Wenn man auf die angegebene Art sein Mikroskop in einen makroskopischen Zeichenapparat umgewandelt hat, kann man leicht verschiedene, zum Kopieren und Vergrößern von Zeichnungen konstruierte Vorrichtungen entbehren und kommt mit jenen Instrumenten aus, die ohnehin in der Hand eines jeden Mikroskopikers sind.

11. Schließlich sei noch darauf hingewiesen, daß die verschiedenen Kondensoren sich auch trefflich zum unmittelbaren Zeichnen in schwachen Vergrößerungen eignen, ohne daß ein besonderer Zeichenapparat notwendig wäre. Stellt man z. B. das Mikroskop auf eine weiße Fläche und legt nach Entfernung des Spiegels zwischen den Fuß des Statives einen Bleistift so ein, daß sich dessen Spitze ungefähr in der optischen Achse des Mikroskopes befindet, so erscheint nach entsprechender Verschiebung des Kondensors die Bleistiftspitze im Mikroskop in richtiger Lage. Hat man gleichzeitig ein gewöhnliches mikroskopisches Präparat in üblicher Weise eingestellt, so ist es ohne weiteres

---

[1] Herzog, A.: Mikrokosmos **1923/24**, H. 2.

möglich, dessen Umrisse auf der Zeichenfläche richtig wiederzugeben. Der Abstand der Zeichenfläche vom Kondensor ist allerdings bei den gewöhnlichen Mikroskopen zu klein bzw. die Spitze des Bleistiftes erscheint zu groß, als daß man auf diese Weise praktisch zeichnen könnte, ganz abgesehen davon, daß der zwischen den Schenkeln des Hufeisenfußes vorhandene Raum sehr beschränkt und für das Zeichnen unbequem ist. Es erscheint daher nötig, eine erhöhte Unterlage für das Mikroskop zu verwenden, die eine entsprechend große Öffnung in ihrer Auflagefläche besitzt. Ich verwende hierfür das gleiche Gestell, wie es oben für die Lupenbetrachtung von Präparaten angegeben ist (Abb. 11). Unter allen Umständen ist darauf zu achten, daß das Gestell möglichst standfest ist,

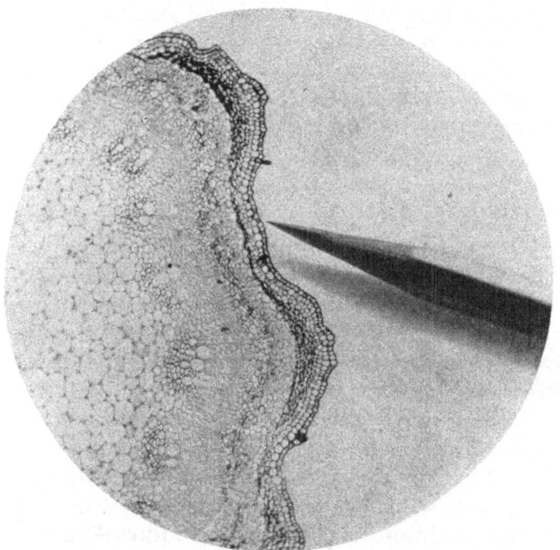

damit es auch nach längerem Gebrauch nicht wackelt. Das Zeichnen erfolgt auf einem unterhalb des Mikroskopkondensors befindlichen Reißbrett bzw. Zeichenpapier. Um die Vergrößerung, in der die Zeichnung angefertigt wird, variieren zu können, ist das Reißbrett in der Höhe in verschiedenen, seitlich angebrachten Nuten verstellbar. Die Bleistiftspitze erscheint bei diesem Zeichenverfahren ungleich klarer als bei der Benutzung der gewöhnlichen Zeichenapparate, so daß es mühelos ge-

Abb. 12. Stück eines Hanfstengelquerschnittes. Der im Bilde erscheinende Bleistift wurde mit Hilfe des Objektivs 20 (Zeiss) als Kondensor in das mikroskopische Gesichtsfeld projiziert. Die Bleistiftspitze erscheint gleichzeitig mit dem in gewöhnlicher Weise eingestellten Präparat scharf, so daß das Zeichnen der Umrisse des Schnittes keine Schwierigkeiten bereitet. Vergr. 50.

lingt, die Umrisse eines Präparates (nur diese kommen bei den schwachen Vergrößerungen in Betracht) zeichnerisch richtig wiederzugeben (Abb. 12). Wie auch sonst, ist es erforderlich, beim Zeichnen nur die mittleren Anteile des Gesichtsfeldes zu berücksichtigen, um unliebsame Verzerrungen zu vermeiden. Die Vergrößerung der Zeichnung wird für jeden möglichen Abstand des Kondensors vom Zeichenbrett ein für allemal so bestimmt, daß mehrere Intervalle eines im schwach vergrößernden Mikroskop eingestellten gröberen Objektmikrometers auf der Zeichenfläche festgelegt und mit einem gewöhnlichen Maßstab ausgemessen werden.

An Stelle des gewöhnlichen Abbeschen Kondensors, der infolge seiner mangelhaften optischen Korrektion nicht vollkommen befriedigende Bilder der Bleistiftspitze liefert, verwendet man zweckmäßig Mikroskopobjektive als Kondensoren. Man erhält auf diese Weise einen achromatischen und aplanatischen Kondensor, der in gleicher Weise, nur optisch wesentlich vollkommener, arbeitet wie der Abbe. Natürlich muß bei der Zeichnung der Spiegel des Mikroskops entfernt werden. Bei den allein in Frage kommenden schwachen Vergrößerungen reicht das von der Zeichenfläche zurückgeworfene Licht zur deutlichen Wahrnehmung der zu zeichnenden Einzelheiten vollständig aus. Im Bedarfsfall kann natürlich dem Lichtmangel auch durch künstliche Beleuchtung der Zeichenfläche wirksam abgeholfen werden. Mit Hilfe der Mikroskopkondensoren lassen sich, wie aus der folgenden Zusammenstellung hervorgeht, alle für praktische Zwecke nötigen Abstufungen in der Vergrößerung erzielen.

Kondensor	Vergrößerung der Zeichnung in den Grenzlagen		Empfehlenswert für die Objektive (alte Bezeichnung von Zeiss)
	a [1]	b [2]	
Abbe, 3 linsig, num. Ap. 1,4	30,0	51,0	$a^* - A\,A$
Achrom. Kondensor, num. Ap. 1,0 .	16,4	28,3	$a^* - a\,a$
Planar, $f = 35$ mm	5,0	9,8	Apochr. 40 mm (Winkel)
„ $f = 20$ „	10,5	18,8	wie vorst. $- a\,a$
Zeiss Achromat $a\,a$ (6)	8,1	14,4	$a\,a$
„ „ $A\,A$ (10)	13,9	23,9	$a^* - A\,A$
„ „ B —	20,0	33,8	$a\,a - A\,A$
„ „ C (20)	32,4	54,2	$a\,a - B$

In manchen Fällen dürfte es erwünscht sein, für jedes als Kondensor benützte Objektiv einen besonderen Maßstab anzufertigen, der nach Auflage auf die Zeichenfläche in das mikroskopische Gesichtsfeld projiziert wird und auf diese Weise ermöglicht, die wahre Größe eines gerade eingestellten mikroskopischen Objektes ohne besondere Umrechnung, also wie mit einem gewöhnlichen Millimetermaß, zu bestimmen.

Das vorstehend beschriebene Verfahren eignet sich u. a. sehr gut zur Bestimmung der Länge von Bastzellen. Für die am häufigsten vorkommenden Faserlängen (bis etwa 5 mm) reicht, wie die folgende Zusammenstellung ergibt, das objektive Sehfeld schwach vergrößernder Mikroskopobjektive (z. B. der Winkelschen Apochromate $f = 40$ und 25 mm) vollständig aus.

Objektiv	Objektives Sehfeld (Durchmesser in mm) bei Benutzung des komplanatischen Okulars (Winkel)			
	1	3	4	5
Apochromat $f = 40$ mm (Winkel) . .	7,3	5,3	4,5	3,5
„ $f = 25$ „ „ . .	3,8	2,8	2,4	1,8

8. Vergleichsmikroskopie.

Bei der „Bestimmung" von Faserstoffen ist die Herstellung von Vergleichspräparaten in der Regel entbehrlich; indessen wird auch der Geübtere manchmal den Vergleich mit genau bestimmtem Material nicht umgehen können. In besonderen Fällen jedoch, z. B. bei der ver-

---

[1] Zeichenbrett in der obersten Lage. [2] Zeichenbrett in der untersten Lage.

gleichsweisen Prüfung von Baumwollsorten, der Feststellung der Formverhältnisse und des Titers verschiedener Kunstseidenproben, der quantitativen Bestimmung des Mischungsverhältnisses von Textil- und Papierfasern usw., spielt die Vergleichsmikroskopie eine wichtige Rolle und bedarf daher an dieser Stelle einer näheren Behandlung.

Abb. 13. Vergleichsmikroskopie. Im selben Präparat sind zwei verschiedene Baumwollsorten enthalten; eine derselben wurde vor der Präparation künstlich angefärbt (dunkel). Vergr. 80.

1. Die am meisten beliebte und zugleich einfachste Art des Vergleiches besteht darin, die vorliegenden Präparate im Mikroskop hintereinander zu betrachten; sie hat naturgemäß nur einen beschränkten Wert, denn in der bei dem Auswechseln der Präparate und dem Aufsuchen der besten Stelle verstreichenden Zeit blaßt der Eindruck, den das vorher eingestellte Präparat bei dem Beschauer zurückließ, beträchtlich ab. Ebenso unvollkommen ist das Verfahren, so viele Mikroskope nebeneinander aufzustellen, als verschiedene Präparate zu vergleichen sind. Immerhin stellen aber beide Verfahren in Ermangelung besonderer Hilfseinrichtungen einen Notbehelf dar, der namentlich für den Anfänger in Betracht kommt.

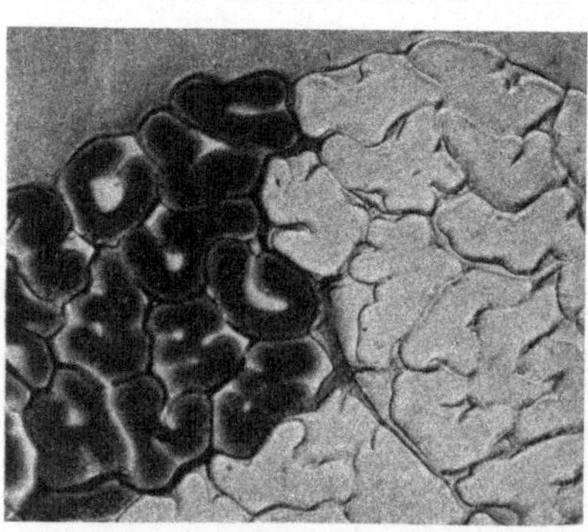

Abb. 14. Vergleichsmikroskopie. Im selben Präparat Querschnitte von zwei verschiedenen Kunstseiden enthalten (Viskose- und Azetatseide); eine der Proben vorher angefärbt (Azetatseide, dunkel). Vergr. 250.

2. Bessere Ergebnisse werden erhalten, wenn aus den zu vergleichenden Proben ein gemeinschaftliches mikroskopisches Präparat hergestellt wird, wobei aber des Auseinanderhaltens wegen jede Probe vorher unterschiedlich angefärbt sein muß (Abb. 13). Dieses Verfahren empfiehlt sich besonders zum Vergleich von Kunstseide verschiedener Herkunft und Feinheit. Näheres hierüber s. „Herstellung von Querschnitten“. Auf diesem Wege kann nicht nur die Form vergleichsweise bestimmt, sondern auch der Titer der Einzelfaser mit einer für praktische Zwecke ausreichenden Genauigkeit geschätzt werden (Abb. 14).

3. Naturgemäß ist ein Vergleich der Form- und Größenverhältnisse zweier oder mehrerer Faserstoffe auch auf dem Wege der mikroskopischen Zeichnung oder der Photographie möglich.

4. Ebenso ist das im Abschnitt „Der Abbesche Beleuchtungsapparat und seine Anwendungen" angegebene Verfahren bei der Verwendung eines gut korrigierten Mikroskopobjektivs als Kondensor brauchbar, namentlich wenn es sich um schwächere Vergrößerungen (bis etwa 100) handelt. Soll die Vergrößerung, in welcher die beiden Präparate erscheinen, die gleiche sein, was wohl in der Regel erwünscht sein wird, so muß vorher eine Eichung durch Verschieben des unter dem Beleuchtungsapparat liegenden Präparates in der Mikroskopachse und des „Abbe" vorgenommen werden. Als Eichungspräparate benutzt man 2 Objektmikrometer, von denen der eine auf dem Mikroskoptisch, der andere auf dem Präparatträger unter dem Beleuchtungsapparat liegt. Dieses Verfahren ist sehr einfach und liefert bei richtiger Ausführung durchaus brauchbare Ergebnisse (Abb. 15).

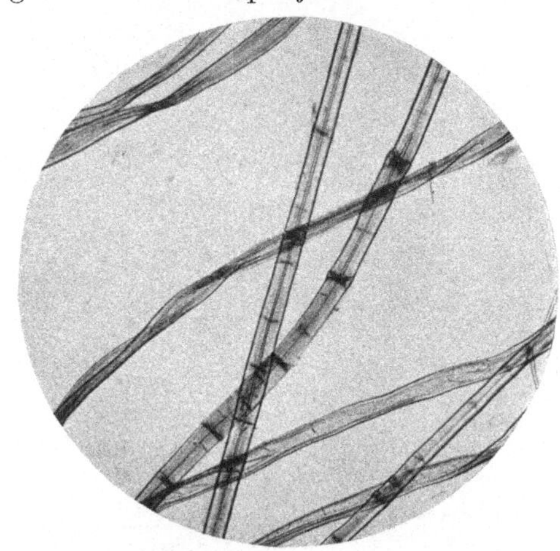

Abb. 15. Vergleichsmikroskopie. Im selben Gesichtsfeld Flachs- und Baumwollfasern. Eines der Präparate enthielt nur Baumwolle (auf dem Mikroskopobjekttisch in üblicher Weise eingestellt), das andere nur Flachs (auf dem Lupenträger der Abb. 11 liegend und mit einem Mikroskopobjektiv in das Gesichtsfeld projiziert). Vergr. 100.

5. Als die beste Art der Vergleichsmikroskopie möchte der Verfasser die mit dem Vergleichsaufsatz von C. Reichert-Wien bezeichnen (Abb. 16). Dieser Aufsatz, der heute auch von anderen Firmen geliefert wird, besteht aus einem Prismengehäuse inmitten eines Metallrohres, das an beiden Enden dreikantige, prismatische Ansatzstücke besitzt, die mittels Rohrabschnitten in den Tubus je eines Mikroskopes eingeführt bzw. auf ihn aufgesetzt werden. In dem Prismengehäuse befinden sich unmittelbar nebeneinander zwei rechtwinklige Prismen in entgegengesetzter Anordnung. Auf dem Gehäuse sitzt ein Okular. An den beiden Enden des horizontalen Metallrohres in den beiden Ansatzstücken ist ebenfalls je ein rechtwinkeliges Prisma angebracht.

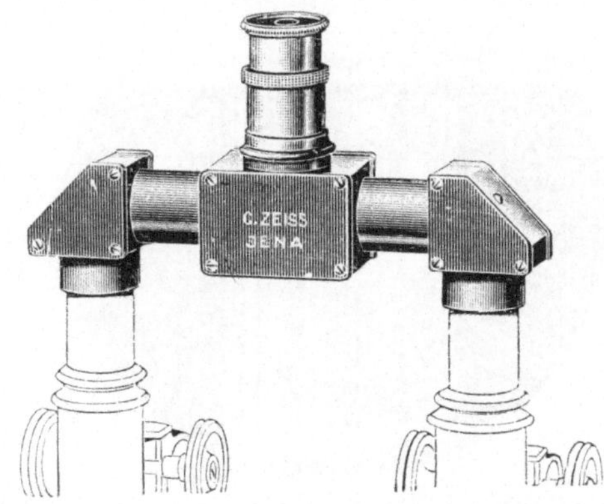

Abb. 16. Vergleichsaufsatz zur gleichzeitigen Betrachtung von zwei mikroskopischen Präparaten (Zeiss).

Die zur Verwendung gelangenden Mikroskope, wie solche als gewöhnliche Arbeitsinstrumente in jedem Laboratorium sich vorfinden, können verschiedene Modelle, auch solche ungleicher Größe sein, da etwaige Höhenunterschiede der Instrumente durch eine entsprechende Unterlage ausgeglichen werden können, bevor man beide (nach entsprechender Einstellung und Entfernung der Okulare) durch den Ansatz brückenartig verbindet. Die grobe Einstellung erfolgt bei jedem Mikroskop vor dem Aufsetzen des Vergleichsokulares, die feine Einstellung läßt sich nach dem Aufsetzen leicht ausführen: Es wird nämlich zuerst jenes Mikroskop eingestellt, auf dessen Tubusauszug das Vergleichsokular festgeklemmt ist. Dann erst erfolgt die Feineinstellung des anderen Mikroskopes. Mit Hilfe des unter dem mittleren Prismengehäuse angebrachten Knopfes findet eine Verschiebung der in dem Gehäuse unter dem Okular befindlichen Prismen senkrecht zur Achse des Rohres statt, und man kann nach Belieben das rechts oder links befindliche Objekt allein oder beide Objekte nebeneinander im Gesichtsfelde erscheinen lassen und auf diese Art miteinander sehr genau und bequem vergleichen. Sollen beide Objekte in gleicher Vergrößerung erscheinen, so muß man an beiden Mikroskopen Objektive gleicher Brennweite anwenden (Abb. 17). Über die Verwendung des Vergleichsaufsatzes zu Meßzwecken vgl. Abschnitt: „Lineare Messungen" (Abb. 18).

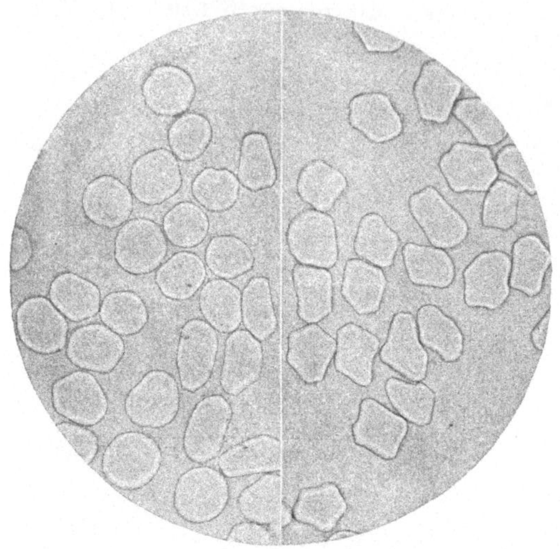

Abb. 17. Vergleichsmikroskopie zur Schätzung der Feinheit von Kunstseide. Links Querschnitte von Kupferseide (5 Den.), rechts Querschnitte von stark sauer gesponnener Viskoseseide. Der Feinheitsgrad der letzteren ist, wie ersichtlich, annähernd gleich dem der Kupferseide. Vergr. 173.

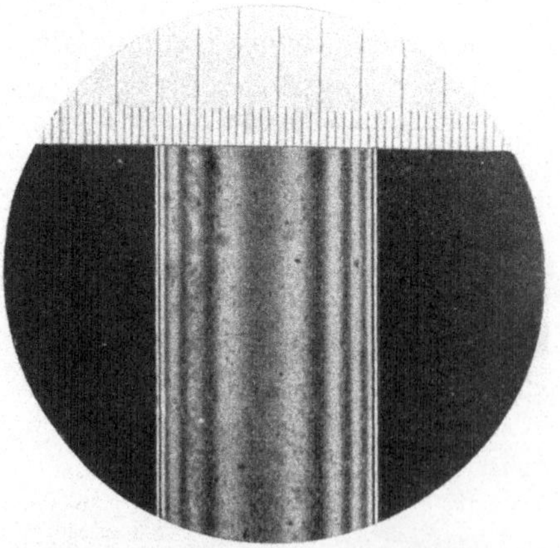

Abb. 18. Messung einer gröberen Faser (Kunstroßhaar „Helios") unter Verwendung eines Vergleichsaufsatzes und eines Objektmikrometers. Polarisiertes Licht. Vergr. 84.

In ähnlicher Weise läßt sich auch mit dem von Healy angegebenen Doppelokular der Vergleich zweier Präparate vornehmen.

6. W. H. Seibert-Wetzlar und E. Leitz-Wetzlar bringen an Stelle des Vergleichsaufsatzes ein besonderes, nach den Angaben von Thörner gebautes Vergleichsmikroskop in den Handel, bei welchem zwei parallele Tuben durch ein Prismenstück mit einem Ramsdenschen Okular von etwa 9facher Eigenver-

größerung miteinander verbunden sind. Die beiden halbkreisförmigen Bilder beider eingestellten Objekte liegen nebeneinander, durch eine sehr feine Trennungslinie geschieden. Unter dem gemeinsamen Mikroskoptisch befinden sich zwei Beleuchtungsspiegel und im Bedarfsfalle zwei Abbesche Beleuchtungskondensoren. Selbstverständlich können auch hier beide Präparate in gleicher oder in verschiedener Vergrößerung miteinander verglichen werden. Diese Einrichtung ist zwar bequemer als der oben beschriebene Vergleichsaufsatz, sie ist aber wesentlich kostspieliger und hat zudem den Nachteil, wenigstens bei dem dem Verfasser allein aus Erfahrung bekannten Modell von Leitz, daß eine Ausschaltung der Prismen nicht möglich ist. Dieser Übelstand macht sich besonders dann störend bemerkbar, wenn man nur mit einem der beiden Mikroskope arbeiten will.

9. Binokulare und Stereo-Mikroskopie.

Ist schon das rein binokulare mikroskopische Sehen, wie es das Doppelmikroskop von Leitz zuläßt, dem monokularen gegenüber durch die auffallend lebhafteren Bilder („Vividität" im Sinne Metz) wesentlich im Vorteil, so ist dies beim stereoskopischen Sehen in noch viel höherem Maße der Fall. Nicht als ob hier, absolut genommen, mehr zu sehen wäre bzw. auf diesem Wege neue Tatsachen entdeckt werden könnten, die nicht auch bei der in der Regel angewandten monokularen Betrachtung festzustellen sind, aber die plastische Wiedergabe des Gegenstandes im mikroskopischen Bilde erleichtert das Verständnis bzw. die richtige Auffassung seiner Form- und Strukturverhältnisse in einer Weise, wie es besser gar nicht gewünscht werden kann. Auch bei Mikrostereogrammen tritt diese Überlegenheit sehr stark hervor, da es bekanntlich dem Anfänger schwer fällt, sich selbst in vorzüglichen, monokular aufgenommenen Mikrophotogrammen zurecht zu finden. Das Mikrostereogramm bietet ihm, sozusagen auf den ersten Blick, Klarheit über den im Bilde dargestellten Gegenstand (Abb. 19).

Unter solchen Umständen ist es verständlich, daß das Bestreben der optischen Werkstätten schon frühzeitig darauf gerichtet war, die Vorteile des binokularen und stereoskopischen Sehens auch für mikroskopische Zwecke auszunützen. Allerdings muß zugegeben werden, daß trotz vieler diesbezüglicher Versuche erst das von Abbe konstruierte Stereookular eine einigermaßen befriedigende Lösung dieses scheinbar so einfachen optischen Problems gebracht hat. Ohne auf die optischen und konstruktiven Grundlagen dieser Einrichtung hier näher einzugehen, sei nur hinsichtlich der praktischen Brauchbarkeit erwähnt, daß das Abbesche Okular binokulares und stereoskopisches Sehen zuläßt, je nachdem ob ohne oder mit Aufsteckblenden gearbeitet wird. Ein Nachteil ist, daß die nach dem Präparat hin konvergierenden Achsen der beiden Rohrstutzen naturgemäß eine schräge Stellung der Augenachsen bedingen, was auf die Dauer ermüdend wirkt; ebenso ist die etwas tiefere Lage des einen Rohrstutzens und die dadurch nötig werdende schiefe Kopfhaltung nicht gerade angenehm. Die Notwendigkeit, sich bei der mikroskopischen Betrachtung auf das eingebaute, verhältnismäßig schwache Okular 2 beschränken zu müssen, mag im Verein mit dem beträchtlichen Preise dieser Einrichtung noch weiter dazu beigetragen haben, dem Abbeschen Okular nur eine beschränkte Verbreitung zu sichern. Auf ähnlicher Grundlage beruht der vom Zeisswerk hergestellte binokulare Tubusaufsatz „Bitukni". Das „Bitukni"wird,nachdem die Schiebehülse des Ausziehtubus abgeschraubt worden ist, auf den Außentubus der größeren Zeissstative festgeschraubt. Die Einstellung der Okulare nach dem persönlichen Augenabstand geschieht durch Drehen der Tubushälften um ihre Achse, genau wie bei einem Prismenfeldstecher. Um nicht nur einen binokularen, sondern auch einen stereoskopischen Eindruck des mikroskopischen Bildes zu erhalten, muß auf jedes Okular eine Halbblende in Form eines Okulardeckels aufgesetzt werden. Der Bildeindruck wird um so vollkommener, je besser die Objektive korrigiert sind; es empfiehlt sich daher bei der Benutzung des „Bitukni" die Verwendung von Apochromaten; selbstverständlich müssen in solchen Fällen Kompensationsokulare im „Bitukni" vorhanden sein. Bei Hellfeldbeleuchtung und Vergrößerungen von über 300 legt man zur Steigerung des stereoskopischen Effektes noch eine Blendscheibe mit 2 Löchern unter den Kondensor in den Diaphragmaträger ein und verwendet so an Stelle des einen Lichtkegels deren zwei gegen die Achse geneigte, so daß das Bild für das eine Okular von dem einen Kegel, das für das andere vom anderen geliefert wird.

Eine geradezu vollkommene Lösung des stereoskopischen Mikro-

Abb. 19. „Papiergewebe" im Lupenbilde (stereoskopisch zu betrachten).

skops wurde in dem vom Zeisswerk nach den Angaben Greenoughs gebauten Mikroskop zu Präparierzwecken gefunden. Bei dieser Konstruktion sind zwei vollständige Mikroskope so miteinander gekuppelt, daß ihre optischen Achsen nach dem eingestellten Präparat konvergieren. Die Bildaufrichtung ist mit Hilfe von in den Gang der Lichtstrahlen eingesetzten Porroschen Prismen bewirkt. Die weite Verbreitung, welche dieses Instrument in verhältnismäßig kurzer Zeit in den verschiedensten wissenschaftlichen und technischen Laboratorien gefunden hat, spricht nicht nur für seine ausgezeichnete optische Leistung, sondern auch für das vorhandene Bedürfnis nach einer solchen Einrichtung. Die geradezu überraschend plastische Wirkung, die das Greenoughsche Mikroskop liefert, wird von keiner anderen ähnlichen Einrichtung erreicht, geschweige denn übertroffen. Allerdings ist dieses Instrument aus optisch-mechanischen Gründen für Vergrößerungen, die über 100 linear wesentlich hinausgehen, kaum brauchbar, so daß sein Verwendungsgebiet hauptsächlich auf die Präparation mikroskopischer Objekte beschränkt ist. Durch die Wahl starker Okulare läßt sich zwar bei Benutzung des stärksten von Zeiss gelieferten Doppelobjektivs (a_3) die Vergrößerung bis auf etwa 200 steigern, aber den so erzeugten Bildern haften die sattsam bekannten Nachteile leerer Okularvergrößerungen an, unter merklicher Verschlechterung der sonst so vorzüglichen stereoskopischen Wirkung. Neuerdings werden vom Zeisswerk auch stärkere Doppelobjektive hergestellt. Auch zu Untersuchungen in Dunkelfeldbeleuchtung ist dieses Instrument bei schwachen Vergrößerungen sehr gut brauchbar, namentlich wenn der vom Zeisswerk gelieferte Planktonkondensor angewandt wird. Mit Hilfe der nach den Angaben von Braus-Drüner hergestellten kleinen Stereokamera lassen sich die entsprechend abgeblendeten Doppelobjektive auch zur Herstellung von stereoskopisch wirkenden Lichtbildern benutzen, wenngleich auf diesem Wege über schwache Lupenvergrößerungen (bis 7fach) nicht hinausgegangen werden kann. Zudem sind die brauchbaren Anteile beider Bilder ziemlich klein, so daß eine nachträgliche Vergrößerung mit Hilfe einer Reproduktionskamera erwünscht ist. Diese Arbeit ist natürlich recht lästig und daher nicht jedermanns Sache. Nach den Erfahrungen des Verfassers lassen sich die gleichen, um nicht zu sagen besseren Wirkungen erzielen, wenn die neigbare Kamera von Scheffer in Verbindung mit nur einem Objektiv benutzt wird.

Der Wunsch, stereoskopische Betrachtungen auch in starken Vergrößerungen ohne Verwendung von Halbblenden vornehmen zu können, hat in der letzten Zeit zu der Konstruktion verschiedener Einrichtungen geführt, unter denen dem von der optischen Firma C. Reichert-Wien gelieferten „Stereoaufsatz" die erste Stelle gebührt[1]. Über die optischen und konstruktiven Einzelheiten dieser besonders für Faseruntersuchungen sehr empfehlenswerten Einrichtung hat O. Heimstädt[2] ausführlich berichtet. Es sei hier nur kurz erwähnt,

---

[1] Herzog, A.: Leipz. Monatschr. Textilind. **1923**, 175.
[2] Heimstädt, O.: Z. wiss. Mikrosk. **1923**, 271.

daß der an Stelle des gewöhnlichen Okulars in den Tubusauszug des Mikroskops gesteckte und mit einer Klemmschraube fixierte Stereoaufsatz eine Hilfslinse enthält, die möglichst an das Mikroskopobjektiv heranreicht. Durch jene wird das vom Objektiv gelieferte Bild des Gegenstandes in geringerem Abstande als sonst entworfen und dann dieses primäre Bild mit einem Zusatzstereomikroskop betrachtet. Dabei wird die zur Erreichung der stereoskopischen Wirkung nötige Teilung der abbildenden Lichtbündel nicht, wie dies bisher der Fall war, hinter der Hauptebene des Mikroskopobjektivs vorgenommen, sondern erst in der Hauptebene der erwähnten Hilfslinse, so daß die strukturbilderzeugenden Nebenspektren bei der Entstehung des primären und maßgebenden mikroskopischen Bildes zur vollen Wirksamkeit gelangen können. Über den Verwendungsbereich des Stereoaufsatzes zu Faserstoffprüfungen sei hier nur folgendes erwähnt:

1. Der Aufsatz leistet vor allem bei solchen in der Faserstoffindustrie vorkommenden Arbeiten, zu denen sonst fast ausschließlich der nur den bescheidensten Anforderungen genügende Fadenzähler angewandt wird (Einstellung von Geweben, Musterausnehmen, Prüfung auf etwaige mechanische Fehler), treffliche Dienste.

2. Auch für sich allein ist der Stereoaufsatz bis zu einer Vergrößerung von etwa 12 linear als Lupe verwendbar. Das leider so sehr vernachlässigte Betrachten der Faserstoffe unter der Lupe ist durch die vorliegende Einrichtung sehr bequem gemacht. Es ist geradezu überraschend, wie manche technisch wichtige Eigenschaften der Faserstoffe, z. B. die sogenannte „Spinnstruktur", der Glanz, die Weichheit bzw. die Steifheit usw. bei der Betrachtung der Fasern unter der Stereolupe beinahe auf den ersten Blick verständlich werden.

3. Auch bei der Prüfung der Faserstoffe in stärkeren Vergrößerungen ist der Stereoaufsatz von großem Nutzen. Besonders schön lassen sich z. B. die Quellungserscheinungen in Kupferoxydammoniak verfolgen, wenn gleichzeitig Dunkelfeldbeleuchtung angewandt wird.

4. Auch bei vielen mikrochemischen Arbeiten, die namentlich bei der Untersuchung von Appreturen und Erschwerungsmitteln häufig nicht zu umgehen sind, ist die stereoskopische Betrachtung von großem praktischen Wert.

10. Untersuchungen in auffallendem Licht.

Im Vergleich zu der bei der mikroskopischen Untersuchung von Faserstoffen allgemein üblichen Verwendung von durchfallendem Lichte spielt das auffallende Licht bei Arbeiten dieser Art nur eine untergeordnete Rolle, obwohl zugegeben werden muß, daß letzteres schon im Hinblick auf das makroskopische Sehen das näherliegendere wäre. Bis zu einem gewissen Grade ist dieses Mißverhältnis leicht begreiflich, da es sich bei der mikroskopischen Untersuchung von Fasern in der Regel um die Feststellung von feineren Struktureigentümlichkeiten handelt, die in befriedigender Weise erst nach Einwirkung entsprechender Reagenzien bei der Betrachtung in durchfallendem Lichte wahrgenommen werden können. Aber auch die Unkenntnis der für feinere Untersuchungen im auffallenden Lichte brauchbaren Einrichtungen bzw. das Fehlen solcher hat zweifellos dazu beigetragen, diese Art der mikroskopischen Untersuchung zu vernachlässigen.

Wohl hat man der Wichtigkeit der Anpassung an das gewöhnliche Sehen auch bei mikroskopischen Untersuchungen durch die Wiederbelebung der Dunkelfeldbeleuchtung einigermaßen Rechnung getragen, die schon in ihrer einfachsten Art dem gewöhnlichen Sehen entsprechendere Bilder liefert; allein bei dicken Objekten, wie es die Textilien und Papiere sind, reicht naturgemäß dieses Verfahren bei weitem nicht aus, so daß nach anderen Umschau gehalten werden muß. Dank den Fortschritten der optischen Technik stehen heute verschiedene Einrichtungen zu Gebote, mit deren Hilfe die mikroskopische Untersuchung im auffallenden Lichte selbst bis zu den stärksten Vergrößerungen ohne Schwierigkeit möglich ist. Ein für alle Fälle brauchbares Instrumentarium ist z. Z. allerdings noch nicht vorhanden, so daß die Wahl des passendsten jeweils entschieden werden muß. Die in Frage kommenden Einrichtungen und Betrachtungsverfahren gliedern sich nun wie folgt[1]:

1. Unmittelbare Betrachtung des Präparates unter dem Mikroskop. Dieses außerordentlich einfache Verfahren, das keine besonderen Hilfseinrichtungen voraussetzt, ist, wie vorweg bemerkt sein möge, für die Faserstoffprüfung das wichtigste, wenngleich es nur bis zu einer Vergrößerung von etwa 150 verwendbar ist. Indessen dürften nur wenige Fälle in der Praxis vorkommen, bei denen über diese Vergrößerung hinausgegangen werden müßte. Am häufigsten sind es ja Lupenvergrößerungen, um die es sich hier handelt. Die optische Industrie bietet heute, abgesehen von allen möglichen Lupenkonstruktionen, auch vorzügliche schwache Mikroskopsysteme, z. T. sogar mit variabler Eigenvergrößerung, die in Verbindung mit einem Okular ausgezeichnet geeignet sind, die Lupen zu ersetzen und dem Arbeitenden eine auch auf die Dauer bequeme Kopfhaltung zu ermöglichen. Mit Vorteil sind auch binokulare Mikroskope in Verbindung mit schwachen Mikroskopobjektiven und Okularen zu Untersuchungen in auffallendem Lichte verwendbar. Infolge der durch die einseitige Beleuchtung hervorgerufenen Schattenbildung ist die plastische Wirkung der mikroskopischen Bilder sehr befriedigend. Bei groben Objekten ist jedoch eine Aufhellung der Schattenpartien sehr erwünscht, namentlich bei der Herstellung von Lichtbildern, da sonst zu harte, in den Schatten keine Einzelheiten zeigende Bilder erhalten werden. Es dient hierzu entweder ein scharf gekniffener weißer Papierstreifen, der auf der Schattenseite des Objektes vertikal aufgestellt wird, oder ein kleiner Spiegel, der mittels eines besonderen Halters am Mikroskop befestigt wird. Die Vermeidung von starken Schlagschatten bei der photographischen Aufnahme größerer Objekte, etwa durch Auflegen derselben auf eine von unten her schwach zu beleuchtende Glasplatte, ist nicht allgemein zu empfehlen, da solche schlagschattenlose Bilder einen unnatürlichen Eindruck machen und auch schwieriger zu deuten

---

[1] Herzog, A.: Mell. Text. **1928**, 749.

sind. Vorteilhafter ist es, in solchen Fällen einen dunkelgrauen Untergrund (etwa feinstmattiertes schwarzes Glas) zu wählen, auf welchem die Schlagschatten nach entsprechender Aufhellung nur wenig in die Erscheinung treten. Das Präparat kann mit einem Deckglase oder einer dickeren Glasplatte bedeckt werden, um abstehende Fäserchen niederzuhalten oder um Bewegungen derselben durch Luftzug und Änderungen in der Luftfeuchtigkeit zu verhindern. Zur Verstärkung des Tageslichtes dient eine kleine Beleuchtungslinse, die mit einer Klammer am Mikroskoptisch befestigt wird. Sofern Tageslicht zur subjektiven Betrachtung oder photographischen Aufnahme nicht ausreicht, muß zu künstlichen Lichtquellen gegriffen werden. Als sehr zweckmäßig erweisen sich die kleinen Niedervoltlampen, die sich bei Vorhandensein von Wechselstrom nach Vorschaltung eines Klingeltransformators unmittelbar an die gewöhnliche Lichtleitung anschließen lassen. Sie sind in der Regel in einem kleinen Metallgehäuse untergebracht, das vorne eine Sammellinse trägt, so daß das Licht bequem auf die zu betrachtende Stelle konzentriert werden kann. Diese Beleuchtungseinrichtungen dürften bei den hier in Frage kommenden einfachen Arbeiten stets ausreichen. In der Fassung der Mikroskopobjektive ist man bei Untersuchungen dieser Art keinen Beschränkungen unterworfen, ebenso ist bei den in Frage kommenden schwachen Vergrößerungen eine Korrektur für unbedeckte Präparate nicht erforderlich. Als Objektive für photographische Aufnahmen kommen besonders die kurzbrennweitigen Objektive verschiedener optischer Werkstätten in Frage (Planare, Glyptare, Luminare, Summare usw.).

2. **Lieberkühnspiegel.** Dieser besteht aus einem kleinen, in der Mitte durchbrochenen Metallhohlspiegel, der über dem Objektiv koaxial zum Mikroskoptubus angeordnet wird. Das vom Planspiegel des Mikroskopes kommende Licht trifft durch eine auf dem Objekttisch befindliche Öffnung von mindestens 3 cm Durchmesser rings um das Objekt auf den Hohlspiegel und wird von diesem auf das Objekt zurückgeworfen. Letzteres ruht hierbei auf einer Glasplatte, die sich über der Tischöffnung befindet, und die in der Mitte geschwärzt ist. Sehr gut brauchbar ist der von der Firma Busch-Rathenow in den Handel gebrachte Aluminiumspiegel nach Lieberkühn. Bei stark glänzenden Objekten ist es angezeigt, an Stelle des Metallhohlspiegels einen hohlen Gipsreflektor anzuwenden, um unangenehme Glanzlichter, die insbesondere bei photographischen Aufnahmen stören, zu vermeiden. Auch eine zwischen Lampe und Spiegel eingeschaltete Mattscheibe leistet manchmal gute Dienste, da man auf diese Weise eine ganz ähnliche Wirkung erhält wie mit einem Gipsreflektor. Infolge der seitlich von oben kommenden Lichtstrahlen erscheinen die mikroskopischen Bilder ziemlich flach und wenig kontrastreich. Durch entsprechende Schiefstellung des Planspiegels kann eine freilich nur schwache schiefe Beleuchtung mit Schattenwirkung im Objekt gegeben werden. Auch durch Heben und Senken des Lieberkühnspiegels lassen sich im Bedarfsfalle mäßig plastische Wirkungen erzielen. Wenn also von einer besonderen Plastik der Bilder bei diesem Verfahren nicht gesprochen

werden kann, so ist der Lieberkühnspiegel trotzdem vorzüglich brauchbar, namentlich wenn es sich darum handelt, geringe Farbenunterschiede in dem vorliegenden Objekte zur Wahrnehmung zu bringen. Er wird in dieser Hinsicht von keiner anderen Einrichtung übertroffen. Die optische Wirkung entspricht ungefähr dem Abbeschen Farbenbilde bei der Betrachtung in durchfallendem Lichte. Bei der Prüfung von Fremdkörpern in Textilien oder Papieren kann man hieraus oft Nutzen ziehen, vorausgesetzt natürlich, daß Farbenunterschiede überhaupt vorhanden sind. Das Objekt darf in seiner Größe allerdings nicht wesentlich über den Durchmesser der geschwärzten zentralen Platte des Objekttisches hinausgehen, da sonst keine genügende oder gar keine Beleuchtung zustande kommt. Der Lieberkühnspiegel eignet sich u. a. auch zur Betrachtung von Gespinsten, die nach dem vom Verfasser angegebenen Verfahren auf ihre Drehung zu untersuchen sind. Über seine Verwendung bei Dickenmessungen von Geweben und Papieren s. Abschnitt: ,,Lineare Messungen‘‘. Als Lichtquellen kommen die gleichen wie die unter 1 angegebenen in Frage.

3. Vertikalilluminator. Er besteht aus einem Zwischenstück, das zwischen Tubus und Mikroskopobjektiv eingeschaltet wird. In dem Zwischenstück befindet sich ein kleines totalreflektierendes Prisma oder ein unter 45⁰ orientiertes geschliffenes Deckglas. Das Zwischenstück trägt eine seitliche Hülse, in der eine kleine Beleuchtungslinse untergebracht ist. Mit Hilfe eines besonderen Beleuchtungsstatives wird Licht durch die Linse auf das Glasprisma oder Deckglas geleitet und nach seiner Zurückwerfung durch das Objektiv auf das Präparat gebracht. Den besonderen Bedürfnissen der Metallographie angepaßt, werden heute von verschiedenen optischen Firmen Vertikalilluminatoren in den Handel gebracht, die in manchen Fällen auch zur Prüfung von Faserstoffen brauchbar sind. Nicht alle der angebotenen Einrichtungen liefern aber völlig befriedigende, schleierfreie Bilder, was beim Ankauf zu beachten ist. Es verdient hervorgehoben zu werden, daß man bei der Benutzung eines Vertikalilluminators in der Stärke der Objektive völlig unbeschränkt ist; selbst Ölimmersionen können im Bedarfsfalle Anwendung finden. Zur Vermeidung störender Reflexe und Überstrahlungen müssen die Mikroskopobjektive möglichst kurz gefaßt und außerdem für unbedeckte Präparate besonders korrigiert sein, wenigstens gilt letzteres von Objektiven, deren Brennweite weniger als 8 mm beträgt. Das Arbeiten mit dem Vertikalilluminator setzt eine gewisse experimentelle Geschicklichkeit voraus, weil es nicht immer leicht ist, die richtige Beleuchtung zu treffen. Bei starken Vergrößerungen kann es sich unter Umständen empfehlen, an Stelle des Reflexionsprismas ein unter 45⁰ orientiertes planparalleles Glasplättchen einzuschalten, da hierdurch die Apertur des Objektivs besser ausgenützt wird. Unter allen Umständen muß das Präparat unbedeckt sein, da sonst Reflexe entstehen, die das Bild vollständig verschleiern und unbrauchbar machen. Es ist dies bei hygroskopischen Objekten, wie es die Fasern sind, zweifellos ein Nachteil, da unerwünschte Bewegungen von abstehenden Fäserchen, namentlich bei längerer Belichtung zwecks photographischer Aufnahme, kaum zu vermeiden sind. Dafür ist man bei diesem Verfahren in der Größe der Objektfläche nicht beschränkt. Da hier die Beleuchtung zentral von oben erfolgt, sind keine Schatten im Präparat vorhanden, so daß das mikroskopische Bild noch mehr als beim Lieberkühnspiegel flach und kontrastlos erscheint. Verschiebungen des Reflexionsprismas sind wohl in engen Grenzen möglich, können aber an dem Gesamtergebnis nicht viel ändern. Da die Oberflächenstruktur nur wenig wahrnehmbar ist, treten alle Unterschiede in der Färbung und im Glanze der Fasern ausgezeichnet hervor. Infolgedessen erweist sich der Vertikalilluminator geradezu als unentbehrlich bei der Untersuchung beschrifteter und bedruckter Papiere. Für Textilfasern und Erzeugnisse aus solchen kommt er nach den Erfahrungen des Verfassers nur wenig in Frage, da in solchen Fällen die einfacheren Verfahren vollständig ausreichen. Bei starken Vergrößerungen macht sich übrigens an manchen Stellen der Fasern auch deren Ultrastruktur andeutungsweise bemerkbar, was bei der Beurteilung der Bilder zu berücksichtigen ist. Zur Beleuchtung kommen fast ausschließlich künstliche Lichtquellen in Betracht; die früher erwähnten Niedervoltlampen sind auch hier gut brauchbar. Um das jedesmalige Zentrieren der Lichtquelle beim Wechseln der Objektive und Präparate zu umgehen, verwendet man zweckmäßig ein Mikroskopstativ mit hoch- und tiefstellbarem Tische.

4. Dunkelfeld- (Auflicht-) Kondensor von Busch. Diese nach den Angaben von F. Hauser[1] hergestellte Einrichtung vereinigt in ihrer optischen Wirkung alle Vorzüge der unter 1 und 2 geschilderten Verfahren. Im Gegensatz zu den unter 2 und 3 beschriebenen Einrichtungen werden mit diesem Kondensor „Strukturbilder" erhalten, die in vorzüglicher Weise geeignet sind, eine klare Vorstellung über das Aussehen von Faserstoffen zu geben. Die Lichtstärke ist bei Verwendung von Tageslicht ziemlich gering, so daß eine kräftigere künstliche Lichtquelle zu empfehlen ist. Das Licht vom Planspiegel des Mikroskopes wird nach oben geworfen, durchsetzt die auf der Mittelöffnung des Mikroskoptisches liegende Glasplatte mit zentraler Schwärzung, die das Objekt trägt, und trifft dann auf einen kegelstumpfförmigen Spiegel von etwa 45° Neigung. Dieser Kegelspiegel hat eine zentrale Durchbohrung zum Aufstecken oder Anschrauben des Kondensors auf dem Objektiv. An der Basis des Kegelspiegels ist eine Scheibe befestigt, die an ihrem Rande einen ringförmigen Hohlspiegel trägt. Dieser ist so angeordnet, daß sein Brennpunkt etwas tiefer liegt als der untere Rand des Kegelspiegels. Die vom Kegelspiegel in waagrechter Richtung nach allen Seiten reflektierten Strahlen werden nach ihrer Zurückwerfung am Hohlspiegel in dessen Brennpunkt vereinigt. Der Spiegel ist so einzustellen, daß dieser Brennpunkt gerade auf der Objektoberfläche liegt, wenn das Mikroskop scharf eingestellt ist. Es können hierbei keine spiegelnd, sondern nur diffus zurückgeworfene Strahlen in das Objektiv gelangen. Die Objektive werden mit besonderen festangepaßten Hülsen versehen; sie bleiben aber trotzdem

---

[1] Hauser, F.: Deutsche opt. Wochenschr. **1925**, H. 11.

auch in dieser Form für alle anderen Zwecke brauchbar. Stärkere Systeme müssen, sofern ohne Deckglas gearbeitet wird, was aber nicht unbedingt erforderlich ist, besonders korrigiert sein. Bei der Prüfung von Textilien ist dieser Kondensor besonders dann von Vorteil, wenn etwaige Auflagerungen fremder Stoffe festgestellt werden sollen, die sich in ihrer Färbung nur wenig von den Fasern abheben. Selbst Spuren von solchen Körpern können auf diesem Wege nachgewiesen werden. Besonders gute Ergebnisse werden erzielt, wenn ein Stereookular mitbenützt wird, weil die von Haus aus schon recht gegensätzlichen Bilder noch eine vorzügliche Plastik erhalten. Wie beim Lieberkühnspiegel, ist man auch hier auf kleine Abschnitte von Textilien und Papieren angewiesen, da das Präparat auf eine dunkle, zentral angeordnete Scheibe gelegt werden muß, während das Licht vom Spiegel rings um diese Scheibe auf den Kondensor reflektiert wird. Die Handhabung ist sehr einfach und die erhaltenen Bilder sind, in wohltuendem Gegensatz zum Vertikalilluminator, völlig schleierfrei. Nach den Erfahrungen des Verfassers wird der Auflichtkondensor von keiner der vorbeschriebenen Einrichtungen erreicht, geschweige denn übertroffen.

11. Mikroskopische Zeichnung.

Zeichnungen sind bei der quantitativ-mikroskopischen Untersuchung und zur bildlichen Wiedergabe der Formverhältnisse der Faserstoffe unerläßlich.

1. Gewöhnliche Freihandzeichnungen, auch solche, die nach der Methode des Doppeltsehens angefertigt sind, kommen nur beim Studium der Fasern in Betracht; sie sind jedoch zu ungenau, um auch zu Meßzwecken brauchbar zu sein.

2. Die besten Ergebnisse werden bei Benutzung eines mikroskopischen Zeichenapparates erzielt. Im Handel sind verschiedene bezügliche Einrichtungen erhältlich, von denen sich die von Abbe im Jahre 1881 angegebene Konstruktion am meisten bewährt hat. Die wesentlichen Bestandteile dieses Apparates sind: ein kleiner Glaswürfel, das sogenannte Abbesche Würfelchen, und ein an einem längeren Arme befestigter Spiegel. Das Würfelchen besteht aus zwei miteinander verkitteten, rechtwinkligen Prismen, von denen das eine auf der Hypothenusenfläche versilbert ist. Der Silberbelag erstreckt sich jedoch nicht über die ganze Fläche, sondern es bleibt in der Mitte eine elliptische Öffnung frei, deren kleinster Durchmesser 1 oder 2 mm beträgt. Wird nun das Würfelchen so über dem Okular angebracht, daß die Austrittspupille des Mikroskops mit der Öffnung in der Silberschicht zusammenfällt, so übersieht der Beobachter das ganze Sehfeld, und die vom mikroskopischen Bilde ausgehenden Strahlen erfahren dabei außerhalb des Prismas keine Richtungsänderung. Der an dem seitlichen Arme sitzende Spiegel kann um einen Zapfen gedreht werden. Steht die versilberte Fläche des Würfelchens mit der Fläche des Spiegels parallel, so kann man auf einer zur Achse des Mikroskops senkrechten Ebene zeichnen. Diese Stellung des Spiegels wird durch einen Anschlag markiert. Von den regelmäßig gelieferten

3 Ausführungen des Apparates empfehlen sich besonders die beiden größeren Formen. Bei diesen sind der Klemmring und der Spiegelarm fest miteinander verbunden, während sich das Prismengehäuse zur Seite schlagen läßt. Durch Zentrierschrauben läßt sich eine genaue Zentrierung der Öffnung gegen die Achse des Mikroskops in zwei zueinander senkrechten Richtungen ermöglichen. Die beiden größeren Formen des Abbeschen Zeichenapparates unterscheiden sich von einander nur durch die Länge des Spiegelarmes und die Größe der Spiegelfläche. Die größte Form ist hauptsächlich für die Verwendung an den Okularen mit erweitertem Sehfelde bestimmt, gewährt aber auch in Verbindung mit den gewöhnlichen Okularen manche Vorteile.

Bei der Zeichnung ist darauf zu achten, daß das mikroskopische Bild und das Bild der Zeichenfläche gleich scharf sichtbar werden. Ferner ist es notwendig, daß die Helligkeiten beider Bilder gegeneinander richtig abgestuft werden. Zur Abstufung der Helligkeit dient eine über das Prisma gestülpte, an den Seiten mit fünf verschiedenen Rauchglasscheibchen versehene Kappe und eine unter dem Prisma exzentrisch drehbare, ebenfalls mit 5 Rauchgläsern versehene Scheibe. Die Kappe und die Scheibe bleiben auch an dem Apparat, wenn keine Verdunkelung des Sehfeldes oder der Zeichenfläche herbeigeführt werden soll, da außer den 5 Öffnungen mit Rauchgläsern noch je eine sechste ohne Rauchglas vorhanden ist. Bei einer Stellung des Spiegels von 45⁰ gegen die Zeichenfläche wird ein kleiner, nach dem Mikroskop zu liegender Teil des Gesichtsfeldes nicht mehr auf das Papier projiziert, selbst wenn dieses bis an den Fuß des Mikroskopes herangeschoben ist. Will man auch diesen Teil auf das Papier projizieren, so muß man den Spiegel etwas drehen und die Zeichenfläche nach dem Mikroskop zu neigen, um Verzerrungen der Zeichnung zu vermeiden. Es empfiehlt sich hierbei die Benutzung eines besonderen Zeichentisches, etwa des von Bernhard angegebenen, an dem sich die Zeichenfläche bequem in verschiedenen Richtungen verstellen läßt.

Über andere Zeichenapparate sind die von den verschiedenen optischen Werken herausgegebenen Kataloge über mikroskopische Nebenapparate einzusehen.

3. Zur Zeichnung können auch die von einem Projektionsmikroskop auf einer waagrechten oder schwach geneigten Zeichenfläche seitenrichtig entworfenen Bilder mit Vorteil herangezogen werden. Als sehr verläßlich und genau arbeitend hat sich der nach den Angaben von Greil[1] vom Zeisswerk konstruierte Apparat dem Verfasser bewährt. Als Mikroskopstativ kann jedes große oder mittlere Stativ dienen. An Stelle des gewöhnlichen Abbeschen Beleuchtungsapparates empfiehlt sich die Verwendung des aplanatischen Kondensors, der eine hellere und gleichmäßigere Beleuchtung gewährleistet. Als Lichtquelle kommt in erster Linie eine Projektionsnitralampe mit aplanatischem Kollektor in Frage. Mikroskop und Lampe finden ihren Platz auf einer 1 m langen optischen Bank; das Mikroskop steht hierbei auf einer auf die Bank aufgesetzten Fußplatte. Der Tisch,

---

[1] Greil, A.: Z. wiss. Mikrosk. **1906**, 257.

der die optische Bank und eine besondere Abblendungsvorrichtung trägt, ist auf einem Konsol befestigt, das mittels eines Rades ausgiebig in der Höhe verstellt werden kann. Außerdem kann die Tischplatte um eine vertikale Achse gedreht werden, so daß sich das vordere Ende mit dem Mikroskop und damit auch das projizierte Bild dem Zeichner nähert. Der ganze Apparat steht auf einer schweren, hufeisenförmigen Platte, die auf ihrer Unterlage festgeschraubt werden kann. Um das Bild seitenrichtig auf eine vertikale oder schwach geneigte Zeichenfläche zu projizieren, ist ein Umkehrspiegel vorgesehen, der an einem auf der Fußplatte angeschraubten Träger befestigt ist. Das äußere Ende des Trägers kann mit dem Spiegel zur Seite geschlagen werden, wenn man z. B. die Okulare wechseln will. Der Spiegel kann außerdem mittels einer Hülse dem Mikroskop genähert oder von ihm entfernt werden; der zylindrische Teil des Trägers, auf dem die Hülse gleitet, trägt eine Zentimeterteilung. An der Rückseite des Spiegels ist eine Führung angebracht, in die ein Stab mit einem Querstück sehr leicht paßt. Der Stab trägt eine Zentimeterteilung, während auf der Führung eine 1 cm lange Millimeterteilung angebracht ist. Wenn der Stab soweit in der Führung herabgelassen wird, daß das Querstück auf der Zeichenfläche aufliegt, so kann man an den beiden Teilungen den Abstand der Zeichenfläche vom Nullpunkt der Millimeterteilung bis auf ganze Millimeter genau ablesen. Dem Greilschen Apparat werden auch zwei Zentrierlinsen auf umlegbarem Reiter beigegeben, die eine gute Regelung der Beleuchtung ermöglichen.

Andere, vorzugsweise nach den Angaben Edingers gebaute Projektionszeichenapparate sind nach den Erfahrungen des Verfassers gleich gut, wenn auch weniger bequem zu gebrauchen. An erster Stelle steht die von der Firma Winkel-Göttingen hergestellte Einrichtung. Für schwache Vergrößerungen ist der kleine Projektionszeichenapparat von Seibert-Wetzlar zu empfehlen.

4. Für schwächere und schwächste Vergrößerungen kommt auch das von A. Herzog angegebene Zeichenverfahren mittels des Abbeschen Beleuchtungsapparates in Frage. Näheres s. „Der Abbesche Beleuchtungsapparat und seine Anwendungen".

5. In Ermangelung eines Zeichenapparates oder einer Projektionseinrichtung kommt als Hilfsmittel beim Zeichnen ein feines Netzmikrometer in Betracht, wie es z. B. beim Deniermeter nach A Herzog oder beim Universalokular (Mitte des Feldes 2) vorliegt (Abb. 31). Die Zeichnung wird auf einem mit Quadratteilung versehenen Zeichenpapier bewirkt, wobei die im mikroskopischen Gesichtsfelde erscheinende Netzteilung als Anhalt dient. Es lassen sich z. B. auf diesem Wege die Begrenzungen von Kunstseidequerschnitten befriedigend genau wiedergeben.

Bei der Herstellung von Zeichnungen nach einem der vorbeschriebenen Verfahren ist folgendes besonders zu beachten: Es sind starke Vergrößerungen zu wählen, um alle Einzelheiten tunlichst groß wiederzugeben. Die Vergrößerung der Zeichnung ist durch Zeichnung mehrerer Intervalle eines Objektmikrometers und nachherige Ausmessung mit einem gewöhnlichen Maßstab sorgfältig zu bestimmen. Zweckmäßig stellt man hierbei die Vergrößerung so ein, daß sie einen für die spätere Auswertung der Zeichnung bequemen Wert ergibt (z. B. 100, 200, 250, 500, 750, 1000, 1500), was durch entsprechendes Verschieben des Tubus oder durch Regelung des Abstandes der Zeichenfläche von der Zeicheneinrichtung empirisch leicht zu erreichen ist. Alle hierauf bezüglichen Zahlenangaben sind in einer übersichtlichen Zusammenstellung bequem zugänglich zu machen. Um die zur Berechnung der wahren Länge nötige Division der mit einem gewöhnlichen Millimetermaßstab gemessenen Länge in die Vergrößerung der Zeichnung zu umgehen, empfiehlt sich die Anwendung eines besonderen Maßstabes, der ohne Umrechnung unmittelbar die wahre Größe der zu messenden Strecke in μ abzulesen gestattet. Verfasser[1] bedient sich als solchen eines etwa 12 cm langen dreikantigen Maßstabes, der nach Art der von Landmessern vielfach benutzten Reduktionsmaßstäbe 6 Tei-

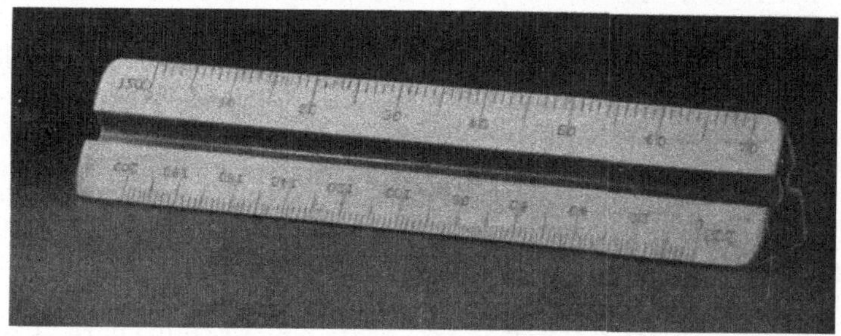

Abb. 20. Dreikantmaßstab mit 6 Teilungen zur unmittelbaren Ablesung der wahren Größe von gezeichneten Objekten.

lungen trägt. Da diese auf Zelluloid ausgeführt sind und das dreikantige Profil des Maßstabes ein scharfes Auflegen auf die Zeichnung gestattet, ist die Ablesung sehr bequem und genau (Abb. 20). Die vorhandenen Teilungen sind ohne jede Umrechnung für die folgenden Vergrößerungen bestimmt:

200, 250, 500, 750, 1000 und 1500. Selbstverständlich sind diese Teilungen auch zur Ablesung der wahren Größe von Strecken in 20-, 25-, 50-, 100- und 150facher Vergrößerung brauchbar, nur muß in solchen Fällen die am Maßstab abgelesene Länge durch 10 dividiert werden. Ebenso sind Ablesungen in 2-, 2,5-, 5-, 7,5-, 10- und 15facher Vergrößerung möglich (durch 100 zu dividieren). Die für 1000fache Vergrößerung bestimmte Teilung ist natürlich auch zu gewöhnlichen Messungen verwendbar, da der Abstand zweier Teilstriche hier genau 1 mm beträgt. Zur Vermeidung von Verzerrungen benütze man stets nur die mittleren Anteile des Gesichtsfeldes, was durch entsprechendes Verschieben des Präparates leicht zu bewerkstelligen ist. Zum Zeichnen benutze man einen tadellos gespitzten Bleistift von mittlerer Härte

[1] Herzog, A.: Kunstseide 1929, 334.

(etwa Koh-I-Noor F oder HB). Ferner ist auf das beim Präparieren benutzte Einschlußmittel besonders zu achten (etwaige Quellung), was namentlich bei der Verwendung der Zeichnung zu Meßzwecken wichtig ist.

12. Mikrophotographie.

Dank der Erfindung der Trockenplatte hat die Mikrophotographie, die bis dahin fast ausschließlich nur von wenigen Fachgelehrten geübt wurde, seit den achtziger Jahren des vorigen Jahrhunderts eine weitgehende Verbreitung gefunden. Die gleichzeitig erfolgte wesentliche Verbesserung der optischen Behelfe, insbesondere die Einführung der Apochromatobjektive und besonderer, den photographischen Bedürfnissen angepaßten kurzbrennweitigen Anastigmaten (Planare, Glyptare, Luminare, Summare usw.) hat in Verbindung mit der Vervollkommnung der mechanischen Einrichtungen wesentlich dazu beigetragen, der Mikrophotographie ein weites Feld zu erobern. Es muß allerdings dahingestellt bleiben, ob auch die Leistungen der Mikrophotographen eine dementsprechende Steigerung erfahren haben.

Es ist früher überflüssigerweise viel darüber gestritten worden, ob die Mikrophotographie die Zeichnung ersetzen könne, bzw. welches Verfahren geeigneter sei, eine möglichst vollkommene Wiedergabe des im Mikroskop erscheinenden Bildes zu bewirken. Demgegenüber ist zu bemerken, daß von einem Ersatz des einen Verfahrens durch das andere nicht die Rede sein kann, da beide Gleichberechtigung haben und es nur auf den jeweiligen Fall ankommt, welchem Verfahren der Vorzug zu geben ist.

Was die Mikrophotographie der Faserstoffe anbetrifft, so ist folgendes zu bemerken: Präparate mit zahllosen Einzelheiten, z. B. Schnitte durch Organe verschiedener Faserstoffträger, sind vorteilhafter, weil einfacher, im Lichtbilde festzuhalten; sie wirken auch lebendiger und überzeugender als Zeichnungen, die immer einen schematischen Eindruck machen. Feinste Struktureigentümlichkeiten der Fasern (Streifungen, Schichtungen, Quellungserscheinungen, ultramikroskopische Strukturen usw.) lassen sich kaum anders als im Lichtbilde naturgetreu wiedergeben. Ebenso sind Zerstörungsformen der Fasern (fibrilläre Zerschlitzungen, Verschiebungen, Quer- und Schrägrisse, Mahlungszustände von Papierfasern usw.) im Lichtbilde besser darzustellen als in der Zeichnung. Bei Lupenbildern von fehlerhaften Gespinsten und Geweben wird man sich gleichfalls der Photographie bedienen, wobei besonders stereoskopische Aufnahmen infolge ihrer Plastik eine klare Anschauung des Fehlers geben. Auch bei gutachtlichen Äußerungen, denen zur Erläuterung Abbildungen beigefügt werden, ist das Lichtbild der Zeichnung überlegen. Schließlich ist noch zu bemerken, daß das photographische Bild (Negativ) auch zu genauen Messungen herangezogen werden kann.

Demgegenüber ist die Zeichnung hauptsächlich in den folgenden Fällen am Platze: Wenn es sich um sehr einfache Objekte handelt, bei denen es lediglich auf die Wiedergabe der Begrenzung ankommt

(Querschnitte von Kunstseide), oder falls zur näheren Erläuterung von Ausführungen eine halbschematische Darstellung erwünscht ist. Auch beim Studium der Faserstoffe im allgemeinen ist die Zeichnung nicht zu umgehen und durch kein anderes graphisches Verfahren zu ersetzen.

Man hat der Zeichnung nachgerühmt, daß sie erzieherisch auf den Arbeitenden wirke, insofern, als sie ihn zwinge, unausgesetzt mit dem Präparat zu vergleichen und er dadurch geübt werde, das Charakteristische des mikroskopischen Bildes rasch zu erfassen. Nach der Erfahrung des Verfassers gilt dies in gleichem, wenn nicht in noch höherem Maße auch von der Mikrophotographie. Sie zwingt dazu, das Präparat nach einer zur Aufnahme geeigneten Stelle genau abzusuchen und auch dessen Herstellung immer mehr zu vervollkommnen. Auch der Umstand, daß das Lichtbild in geradezu erschreckender Weise alle Verunreinigungen und Unschönheiten des Präparates mitabbildet, veranlaßt den Arbeitenden zu besonders peinlicher Sauberkeit und Exaktheit in der Präparation. Der Erfolg ist eben zum weitaus größten Teile von der Art und Weise der Präparation und nicht so sehr von dem gewählten Instrumentarium abhängig.

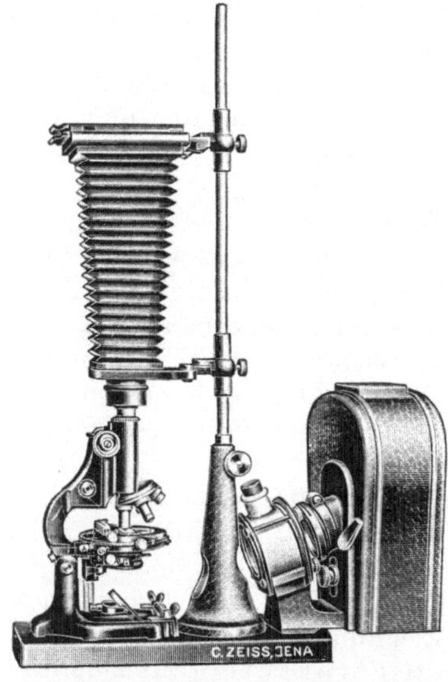

Abb. 21. Mikroskop und mikrophotographische Kamera nach Hegener (Zeiss).

Für häufiger vorkommende photographische Arbeiten empfiehlt sich die Beschaffung einer besonderen kleinen Kamera für das Plattenformat 9×12 cm. Kostspielige Einrichtungen, wie etwa die große mikrophotographische Einrichtung von Zeiss, die zweifellos das vollkommenste auf diesem Gebiet darstellt, kommen für die Mikrophotographie der Faserstoffe nicht in Betracht, ganz abgesehen davon, daß ihre Beschaffung natürlich noch lange keine Gewähr für den Erfolg darstellt.

Sehr zweckmäßig ist die nach den Angaben von Hegener vom Zeisswerk hergestellte Kamera (Abb. 21). Auf einer Grundplatte steht auf der einen Seite das Mikroskop, dessen Stellung durch eine Anschlagsleiste und durch Klammern gesichert ist. Auf der anderen Seite ist ein vereinfachter Beleuchtungsapparat angeschraubt. Er enthält in fester Verbindung Lampengehäuse, Kollektor mit Irisblende und Halter für ein Lichtfiltergefäß. Zwischen beiden erhebt sich eine schlanke kegelförmige Säule mit einer schrägen Durchbohrung, durch die das Licht auf den Mikroskopspiegel fällt. Die Laufstange der Kamera steckt mit einem Zapfen in einer Bohrung der Säule. Durch eine Klemmschraube kann der Zapfen festgeklemmt werden. Wird die

Schraube gelöst, so kann die Kamera um ihre Achse zur Seite gedreht werden. Das Okularende des Mikroskops wird dann frei, so daß der Beobachter des Präparats bei subjektiver Beobachtung absuchen, die Beleuchtung regeln und andere Arbeiten vornehmen kann, die sich bei der Beobachtung auf der Einstellscheibe nicht so gut ausführen lassen. Die Kamera läßt sich auch mit ihrer Laufstange abnehmen und anderweit, z. B. auf besonderem Fuß, ohne Mikroskop verwenden. Sie wird mit einer matten und einer durchsichtigen Einstellscheibe und einer Doppelkassette geliefert.

Eine noch einfachere Einrichtung, die gleichfalls vom Zeisswerk geliefert wird, ist die kleine Vertikalkamera. Der Fuß dieser Kamera ist als Dreifuß gestaltet; dessen Standfläche ist so bearbeitet, daß die Stange, die den Balg trägt, genau senkrecht darauf steht. Die beiden Balgträger gleiten mittelst zweier Hülsen auf der Stange. Durch eine Nut wird die Drehung der Hülsen verhindert. Durch zwei Schrauben können die Hülsen in jeder Höhe auf der Stange festgeklemmt werden. Der obere Balgträger nimmt die Visierscheiben oder die Kassette auf, der untere trägt an seiner Unterseite ein kurzes zylindrisches Rohr, das in üblicher Weise den lichtdichten Anschluß an das Mikroskop vermittelt. Die von dem Zeisswerk herausgegebene kurze Anleitung zum Photographieren mit dieser Einrichtung ist geradezu mustergültig und kann dem Anfänger nicht warm genug empfohlen werden.

Auch die von verschiedenen optischen Werkstätten hergestellten photographischen Kammern, deren Okular sich unmittelbar in den Mikroskoptubus einsetzen läßt („Phoku", „Micam" usw.), können im Bedarfsfall Verwendung finden. Vgl. Abb. 37.

Als Mikroskopstativ kann jedes beliebige Verwendung finden: bei Aufnahmen von Übersichtsbildern mit den eingangs erwähnten kurzbrennweitigen Anastigmaten ist jedoch ein Stativ mit sehr weitem Tubus angezeigt, um das weite Gesichtsfeld dieser Objektive nicht zu sehr einzuschränken und störende Rückstrahlungen im Tubus zu vermeiden. Als Mikroskopobjektive werden bei der Herstellung von Lupenbildern und Übersichtsaufnahmen am besten die folgenden Anastigmate benutzt:

Zeiss Planar oder Busch Glyptar	$f = 100$ mm
Leitz Summar	$f = 64$ „
Busch Glyptar	$f = 50$ „
Zeiss Planar	$f = 35$ „
Zeiss Planar $f = 20$ mm oder Busch Glyptar .	$f = 25$ „
Winkel Luminar	$f = 8$ „

Mit letzterem Objektiv ist bei einer Kameralänge von 50 cm eine Vergrößerung von 60 lin. zu erzielen. Die genannten Objektive, die sich dem Verfasser bei seinen ausgedehnten Arbeiten gut bewährt haben, werden stets ohne Okular gebraucht, einerlei ob es sich um auffallendes oder durchfallendes Licht handelt. Im letzteren Falle muß an Stelle des gewöhnlichen Beleuchtungsapparates ein jedem Objektiv besonders angepaßter Brillenglaskondensor verwendet werden.

In manchen Fällen können auch die schwächsten Apochromate der Firma Winkel-Göttingen ($f = 40$ und $f = 25$ mm) in Verbindung mit einem komplanatischen Okular (am besten Nr. 3) zur Herstellung von Übersichtsbildern herangezogen werden. Die gewöhnlichen schwächsten Achromatobjektive liefern weder mit noch ohne Okular befriedigende Bilder.

Aufnahmen in stärkeren Vergrößerungen werden in der Regel mit Mikroskopobjektiven (Achromate und Apochromate) und Okularen gemacht. Die Achromate unserer ersten Firmen liefern bei Verwendung von Lichtfiltern vorzüglich scharfe und gegensätzliche Bilder von befriedigender Ebnung. Die wesentlich teureren Apochromate sind daher in den meisten Fällen entbehrlich, wenngleich sie eine größere Brillanz der Bilder geben und besser korrigiert sind; dagegen zeigen sie eine der Photographie wenig zuträgliche starke Bildfeldwölbung, wenigstens bei den schwächeren Brennweiten. Die besten, für die Mikrophotographie hervorragend geeigneten Achromate liefert nach den Erfahrungen des Verfassers die Firma Winkel-Göttingen. Es sind dies 3a, 4a, 5a und 7a. Sie geben in Verbindung mit den komplanatischen Okularen 3 oder 4 ebene und überraschend scharfe Bilder. Selbstverständlich sind auch die Achromate anderer erstrangiger Firmen vorteilhaft anzuwenden. An Stelle der gewöhnlichen Huygensschen Okulare verwende man bei den stärkeren Achromaten die Projektionsokulare (Nr. 2 und 4 bei Zeiss) oder einen der vom Zeisswerk besonders für diesen Zweck konstruierten Homale. Letztere korrigieren in erster Linie die Wölbung des Sehfeldes in einer bisher nicht erreichten Weise. Bei den Apochromaten und stärkeren Achromaten kommen außer den Projektionsokularen und Homalen auch die Kompensationsokulare in Betracht. Als Lichtquelle dient ausschließlich künstliches Licht (Gasglühlicht, Bogenlicht und elektrische Glühlampen mit Edelgasfüllung). Für einfachere Fälle ist Hängegasglühlicht in Verbindung mit einer Sammellinse mit Irisblende sehr zu empfehlen. Bogenlicht ist weniger angezeigt, weil es selbst nach Einschaltung von Lichtfiltern zu kurze und daher schwierig zu regelnde Belichtungszeiten ergibt. Bei der oben erwähnten Kamera nach Hegener werden passende elektrische Röhrenlampen in das Lampengehäuse eingesetzt. An der Vorderseite des Gehäuses ist eine Schiebehülse angebracht, in die ein Schiebrohr paßt. Dieses enthält die Kollektorblende und den Kollektor. Es wird so weit eingeschoben, daß die Lichtquelle über den Planspiegel auf die Blende des Mikroskopkondensors möglichst scharf abgebildet wird. Auch bei Verwendung von Gasglühlicht ist so einzustellen, daß das Bild der zwischen Mikroskop und Lichtquelle aufgestellten Sammellinse bzw. ihrer Irisblende gleichzeitig mit dem Präparat im Mikroskop erscheint. Die Blende darf aber nur so weit aufgezogen werden, daß ihre Ränder das aufzunehmende Gesichtsfeld gerade begrenzen.

Als Mikroskopkondensoren kommen für die kurzbrennweitigen Anastigmate verschiedene Brillenglaskondensoren in Frage, für stärkere Vergrößerungen mit Mikroskopobjekten der gewöhnliche

Abbesche Beleuchtungsapparat oder der achromatische und der aplanatische Kondensor. Auch gewöhnliche Mikroskopobjektive können ab und zu als Kondensoren gute Dienste leisten; sie werden an eine Schiebehülse geschraubt, die an Stelle des gewöhnlichen Abbeschen Kondensors eingeschoben wird. Siehe „Der Abbesche Beleuchtungsapparat und seine Anwendungen".

Die Einstellung des mikroskopischen Bildes erfolgt zuerst auf der Mattscheibe der Kamera, um über das auf die Platte Kommende im klaren zu sein. Durch vorsichtiges Verschieben des Präparates ist der wichtigste Teil des Bildes in die Mitte der Mattscheibe zu rücken. Ist dies geschehen, so wird die Mattscheibe mit einer vollständig durchsichtigen Glasscheibe vertauscht und auf dieser das Bild mit Hilfe einer besonderen Einstellupe scharf eingestellt. Bei der Benutzung von Lichtfiltern ist die Scharfeinstellung erst nach deren Einschaltung in den Strahlengang vorzunehmen. Als Lichtfilter verwendet man am besten Gelatinetrockenfilter (s. Abschnitt Lichtfilter) oder solche aus gefärbtem Glase. Ein universell brauchbares Filter gibt es nicht, da die Färbungen des Präparates sehr verschieden sein können. In den meisten Fällen bewährt sich ein Filter von folgender Zusammensetzung:

Rapidfiltergrün II . 2 g Farbstoff für den Quadratmeter Filterfläche
Tartrazin . . . . . 1.5 g Farbstoff für den Quadratmeter Filterfläche

Es wird am besten als Gelatinetrockenfilter hergestellt.

Bei der Aufnahme arbeite man darauf hin, kontrastreiche, aber ja nicht zu harte Bilder zu erzielen; hierbei sind insbesondere folgende Umstände zu beachten: die Einbettungsflüssigkeit bzw. ihr Lichtbrechungsvermögen, die Färbung des Präparates, das Lichtfilter und bei ungefärbten Faserpräparaten auch der Polarisationszustand. Hinsichtlich der Einbettungsflüssigkeit ist man an ziemlich enge Grenzen gebunden (Wasser, Glyzerin, Kupferoxydammoniak usw.). Auch hinsichtlich der Färbung des Präparates ist keine große Auswahl vorhanden, da in der Regel die in der Faseranalyse allgemein benutzten Reagenzien und Farbstoffe zur Anwendung gelangen müssen, um die charakteristischen Strukturen hervorzuheben (verschiedene Jodpräparate, Quellungsmittel, Farbstoffe); jedenfalls gelte als Regel, lieber zu hell als zu dunkel zu färben, da sonst zu harte, d. h. keine Einzelheiten zeigende Bilder entstehen. Bei ungefärbten Präparaten von Fasern läßt sich häufig nach Einschaltung eines Polarisators und Drehen der Faser in der Objekttischebene bis zur maximalen Sichtbarkeit eine überraschende Erhöhung des Kontrastes erzielen; dies gilt namentlich in solchen Fällen, wo die Faser in einem annähernd den gleichen Lichtbrechungsexponenten aufweisenden Medium (z. B. Kanadabalsam) eingebettet ist und sich demgemäß nur sehr wenig vom Untergrund des mikroskopischen Gesichtsfeldes abhebt.

Ist so alles zur Aufnahme vorbereitet, so wird die Einstellscheibe durch die mit einer Platte beschickte Kassette ersetzt, der Schieber aufgezogen und nunmehr belichtet. Vor dem Aufziehen des Kassettenschiebers ist ein schwarzer Pappendeckel in den Gang der beleuchten-

den Strahlen einzuschalten; er ist erst nach etwa 10 Sekunden wegzuziehen, d. h. wenn sich die beim Aufziehen entstandene Erschütterung
des Instrumentariums vollständig ausgeglichen hat. Die erforderliche
Belichtungszeit schwankt natürlich je nach der Färbung des Präparates, dem Objektiv bzw. der Vergrößerung, der Abblendung des Kondensors, der Lichtquelle, der Plattensorte, dem Lichtfilter usw. Sie
wird am besten empirisch ermittelt. Sorgfältig geführte Notizen
über jede einzelne Aufnahme bieten den besten Anhaltspunkt für zukünftige Fälle. Als Plattenmaterial kommt nur orthochromatisches,
z. B. die „Agfa" Chromo-Isolarplatte, in Frage. Nach beendeter Belichtung wird der oben genannte Pappendeckel wieder eingeschaltet, die
Kassette geschlossen und die Platte in der Dunkelkammer entwickelt
und fixiert. Hierbei ist besonders zu beachten, daß die orthochromatischen Platten eine gewisse Rotempfindlichkeit zeigen und daher
nicht unmittelbar dem roten Licht der Dunkelkammerlaterne ausgesetzt werden dürfen, da sonst Verschleierung eintritt. Die Vergrößerung, in der die Aufnahme erfolgte, wird mit einem Objektmikrometer entweder unmittelbar auf der Mattscheibe oder auf photographischem Wege bestimmt. Zweckmäßig wählt man runde Vergrößerungszahlen, um etwaige spätere Messungen auf dem Negativ
rechnerisch möglichst einfach zu gestalten.

Die Entwicklung der belichteten Platte erfolgt mit einem der
zahlreichen im Handel befindlichen Entwickler (Hydrochinon, Pyrogallol, Metol, Eikonogen, Ortol, Rodinal, Glyzin, Adurol, Edinol usw.).
Man übe sich auf einen bestimmten, nicht zu rasch arbeitenden Entwickler ein und wird so am ehesten zum Ziele kommen. Verfasser arbeitet vorzugsweise mit Glyzin oder Pyrogallol, die beide detailreiche und klare Negative liefern. Die Zusammensetzung ist folgende:

I. Glyzinentwickler.

Lösung 1: Glyzin . . . .   6 g
          Natriumsulfit, krist. . . . . . .   24 „
          Wasser . . . . 600 „
Lösung 2: Pottasche . . . .   80 „
          Wasser . . . . 400 „

Die Lösung 1 ist unter Erwärmen herzustellen. Für normale Negative mischt man 3 Teile Lösung 1 mit 2 Teilen Lösung 2.

II. Pyrogallolentwickler.

Lösung 1: Pyrogallol . . . .   15 g
          Natriumsulfit, krist. . . . . . . 150 „
          Zitronensäure . . . .   2 „
Lösung 2: Pottasche . . . .   50 „
          Wasser . . . . 500 „

Unmittelbar vor dem Gebrauch mischt man für normale Negative
20 ccm Lösung 1, 20 ccm Lösung 2, 20 bis 40 ccm Wasser und 2 bis
3 Tropfen 10% Bromkaliumlösung.

Nach beendeter Entwicklung wird die Platte gespült und in ein
saures Fixierbad eingelegt. Dieses kann z. B. wie folgt zusammengesetzt sein:

Unterschwefligsaures Natrium, krist. . 200 g
Schwefligsaures Natrium, krist. . . . . 50 „
Wasser . . . . 1000 „
Konzentrierte Schwefelsäure . . . . . 6 ccm

Nach vollständiger Lösung des überschüssigen Bromsilbers der Platte läßt man diese noch etwa 10 Minuten im Bade liegen, da sonst wenig haltbare Negative die Folge sind. Nach etwa ½ stündiger kräftiger Wässerung in fließendem Wasser wird die Platte in staubfreier Luft von Zimmertemperatur getrocknet und sodann mit einer Nummer versehen.

Papierabzüge werden am besten auf Zelloidin- oder Aristopapieren hergestellt, weil diese die feinsten Einzelheiten des Negativs am schärfsten wiedergeben; manchmal ist noch eine Satinage erwünscht, da hierdurch die Bildschärfe gewinnt. Weniger gut sind die heute in der Liebhaberphotographie bevorzugten Gaslichtpapiere. Weitere Angaben, insbesondere über die Nachbehandlung der Bilder, enthalten die bezüglichen Gebrauchsanweisungen. Abzüge auf Glas, die für Sammlungs- und Projektionszwecke nötig sind, lassen sich leicht herstellen: es sei hier besonders auf die Anleitungen von Mercator und Hannecke verwiesen.

Aufnahmen, die nicht vollständig befriedigen, sind so lange zu wiederholen, bis der beabsichtigte Erfolg erreicht ist. Eine sehr strenge Selbstkritik ist hier unbedingt notwendig. Dabei halte man sich stets vor Angen, daß die Mikrophotographie, wie selbstverständlich, ein gutes Instrumentarium und die vollständige Beherrschung der photographischen Arbeitsweise voraussetzt, der Hauptsache nach aber von der Güte des mikroskopischen Präparates abhängt. Mit schlechten Präparaten wird auch der beste Mikrophotograph nichts anzufangen wissen! Kunststücke, wie Abschwächungen und Verstärkungen der Platte, sollen tunlichst unterbleiben, wie auch selbstverständlich jegliche Retusche der Platte streng zu vermeiden ist. Die äußere Aufmachung des fertigen Bildes (richtige Begrenzung, scharfe Umrandung, passende Unterlage usw.) sei in jeder Hinsicht gefällig und peinlich sauber.

13. Lineare Messungen

Meßverfahren. Zu linearen Messungen mikroskopischer Gebilde stehen verschiedene Einrichtungen zur Verfügung.

1. Das Okularmikrometer. Es besteht aus einem Okular, auf dessen Blende ein Glasplättchen mit einer Längenteilung liegt. Die Okularlinse ist verschiebbar und kann auf die Teilung scharf eingestellt werden (Abbild. 22). Da sich der

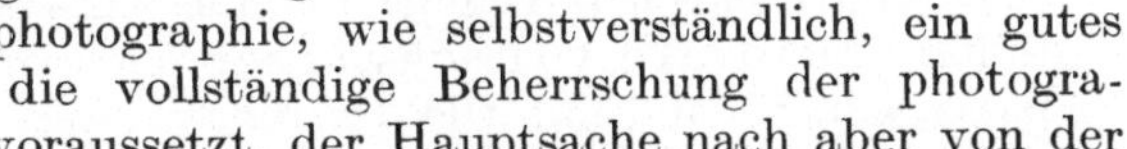

Abb. 22. Gewöhnliche Teilung des Okularmikrometers (Zeiss).

Teilwert des Maßstabes mit jedem Objektiv ändert, muß für jede Kombination von Okular und Objektiv eine besondere Eichung in der noch anzugebenden Weise vorgenommen werden. Auch auf die

Tubuslänge des Mikroskops ist hierbei sorgfältig zu achten. Diese am häufigsten angewandte Meßvorrichtung gewinnt noch an Bequemlichkeit, wenn das Mikrometerplättchen seitlich mit einer Schraube verschiebbar ist, da hierdurch die Einstellung eines Teilstriches auf den Anfangspunkt der Messung wesentlich erleichtert wird (Meßtrommelokular).

2. Für jede Kombination von Okular und Objektiv werden auch Teilungen angefertigt, die ohne weiteres die wahre Größe der im Mikroskop erscheinenden Strecke abzulesen gestatten; sie müssen aber für jeden einzelnen Fall angefertigt werden und liefern nur bei einer bestimmten, stets sorgfältig einzuhaltenden Tubuslänge richtige Angaben.

3. In gleicher Weise geben die vom Zeisswerk nach den Angaben Plagges hergestellten Mikrometerplättchen für das Projektionsokular 4 unmittelbar die wahre Größe des Objektes an: es ist dies bei der Beurteilung von Mikrophotogrammen von großer Bedeutung.

4. Die genannten Teilungen sind in manchen Fällen schwer sichtbar, so z. B., wenn das Präparat ein Gewirr von dunklen Linien oder Streifen darstellt (Oberhäute von Stengeln und Blättern, Oberflächenstrukturen von textilen Geweben usw.). Hier empfiehlt es sich, sogenannte Kontrastteilungen zu verwenden. Bei der von Gebhardt vorgeschlagenen Teilung ist eine Anzahl kleiner, auf die Spitze gestellter Quadrate von schwarzer oder roter Färbung nebeneinander gereiht (Abb. 166). Die Diagonale eines Quadrates muß, ebenso wie die gewöhnliche Maßstabteilung, für jede Kombination von Okular und Objektiv geeicht werden. Das Leitzsche Stufenmikrometer nach Metz besteht aus einer Anzahl schwarzer Stufen, zwischen denen noch eine feinere Unterteilung in 10 Striche vorhanden ist. Es hat sich nach den bisherigen Erfahrungen sehr gut bewährt (Abb. 24). In gleicher Weise ist auch der Glasschieber beim Universalokular nach Herzog mit einer Stufenteilung versehen. Vgl. „Universalokular" (Abb. 31).

5. Sehr genaue und bequeme Messungen lassen sich auf sorgfältig hergestellten Zeichnungen, die mit einem mikroskopischen Zeichenapparat angefertigt sind, ausführen. Das gleiche gilt auch von Mikrophotogrammen; bei diesen ist jedoch darauf zu achten, daß die Messung auf der Negativplatte vorgenommen wird, da Papierabzüge in den verschiedenen Tonungs- und Fixierbädern unberechenbare Schrumpfungen erfahren können. Die Vergrößerung der Zeichnung bzw. des Mikrophotogrammes muß natürlich vorher genau bestimmt sein. Über die Anfertigung von Maßstäben, die ohne weiteres die wahre Größe des Objektes aus der Zeichnung bzw. dem Mikrophotogramm entnehmen lassen, vgl. Abschnitt „Mikroskopische Zeichnung".

6. Sehr genaue Messungen gestatten die von verschiedenen Firmen hergestellten Okularschraubenmikrometer; sie sind aber bei den hier in Frage kommenden Arbeiten in der Regel entbehrlich.

Als die beste Einrichtung dieser Art möchte Verfasser das von
Winkel-Göttingen hergestellte Okularschraubenmikrometer bezeichnen. Es stellt eine sehr praktische Vereinigung des gewöhnlichen
Meßtrommelokulares mit einem Okularschraubenmikrometer dar. Die
Verschiebung des Okularmikrometers erfolgt nämlich mit Hilfe einer
sehr genau gearbeiteten Schraube, deren Kopf mit einer Teilung versehen ist. Dieses Okular läßt sich, im Gegensatz zu den übrigen Schrau-
benmikrometern, die nur mit einer verschiebbaren Marke ausgestattet
sind, auch zu allen gewöhnlich vorkommenden Messungen in derselben
Weise benutzen wie ein Meßtrommelokular.

Alle Okularschraubenmikrometer setzen vorzüglich gebaute schwere
Mikroskopstative voraus, andernfalls ist die zu erzielende Meßgenauigkeit der der gewöhnlichen Glasmikrometer nicht überlegen.

7. Das Objektschraubenmikrometer von Zeiss gestattet
Messungen von größeren Objekten, die nicht in einem Gesichtsfeld
übersehen werden können (bis 2 cm Länge). Es stellt im Grunde genommen einen sehr genau gearbeiteten mechanisch beweglichen und
drehbaren Objekttisch dar. Wie im Abschnitt „Flächenmessungen"
ausgeführt ist, eignet sich das Objektschraubenmikrometer in Verbindung mit einem Meßtrommelokular auch sehr gut zu mikroplani-
metrischen Messungen. Sein hoher Preis setzt allerdings seiner all-
gemeineren Verwendung gewichtige Schranken entgegen.

8. Der Abbesche Beleuchtungsapparat und andere optisch
besser korrigierte Kondensoren, die in die Schiebehülse des Abbe
eingesetzt werden können, sind, wie in dem bezüglichen Abschnitt dieses
Buches näher ausgeführt ist, zu Längenmessungen in schwacher Vergrößerung sehr geeignet. Dieses Meßverfahren ist besonders zur Längenbestimmung von Bastzellen sehr geeignet.

9. Schließlich sei auch des Vergleichsmikroskopes gedacht, das
in Verbindung mit einem Objektmikrometer zu Messungen in
schwächeren Vergrößerungen herangezogen werden kann (Abb. 18).
Zu diesem Zweck wird die Teilung des Objektmikrometers unter dem
einen Mikroskop eingestellt, während sich unter dem anderen das zu
messende Präparat befindet. Die Teilung des Maßstabes muß natürlich möglich nahe an die mittlere Trennungslinie des Gesichtsfeldes
herangebracht werden; auch müssen beide Objektive die gleiche Brennweite haben.

Die oben erwähnten Maßstäbe müssen vor der Ingebrauchnahme
sorgfältig geeicht werden. Es dient hierzu das Objektmikrometer (Teilwert 0,01 mm). Für jede Kombination von Objektiv
und Okular ist diese Eichung vorzunehmen und die gefundenen Daten
in eine bequem zugängliche Tabelle einzutragen. In dieser ist
auch die Tubuslänge zu vermerken, falls der Teilwert auf eine ganze
bzw. runde Zahl eingestellt wird und demzufolge eine Abweichung
von der normalen Tubuslänge unvermeidlich ist. Bei der Eichung be-
rücksichtige man stets mehrere Intervalle und auch verschiedene
Stellen der Teilung und nehme aus den gefundenen Werten das Mittel.
So ergab die Eichung in einem Falle folgendes Ergebnis:

50 Teilstriche des Okularmaßstabes decken genau 75 Teilstriche des Objektmikrometers (75 Teilstr. $= 0{,}75$ mm $= 750\,\mu$); mithin beträgt der Teilwert des Okularmikrometers $750 : 50 = 15\,\mu$ (Abbild. 23). Dieser Wert ist allen späteren Messungen zugrunde zu legen. Deckt z. B. ein Objekt gerade 10 Teilstriche des Okularmikrometers, so ist seine wirkliche Länge 15-mal $10 = 150\,\mu = 0{,}15$ mm. Als Längeneinheit gilt bei allen mikroskopischen Messungen das Mikromillimeter $= 1\,\mu = 0{,}001$ mm.

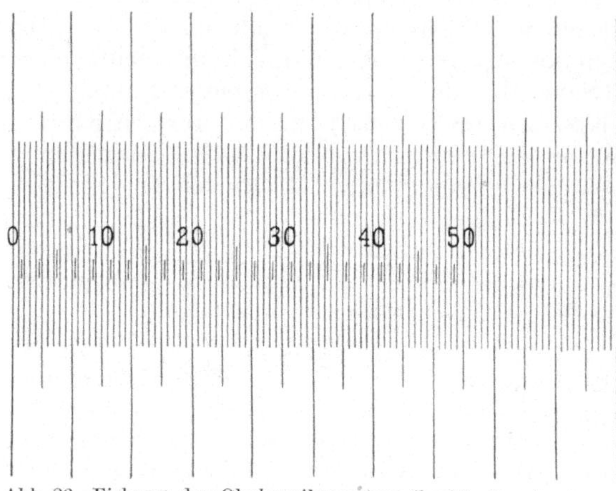

Abb. 23. Eichung des Okularmikrometers (beziffert) mit einem Objektmikrometer (unbeziffert). Vergr. 72.

Eichtabelle.

Mikroskop-stativ, Objektiv-wechsel-vorrich-tung	Tubus-auszug in mm	Okular		Objektiv		Teil-wert in μ	Quadrat-fläche in qμ	Teilwert der Quadrat-teilung des Denier-meters in Deniers	Zeichnung	
		Art und Nummer	Ein-lage	Art und Bezeich-nung	Bei Objektiven mit Korrektions-fassung: Einstellung				Ver-größe-rung (linear)	Zeichen-tisch

Längenmessung von Fasern. Es ist grundsätzlich zwischen der Länge der technischen Faser und der Länge der sie zusammensetzenden Zellen zu unterscheiden. Wie die Erfahrung lehrt, stehen beide in keinen gesetzmäßigen Beziehungen zueinander. So zeigen Jute und Ramie, bei annähernd gleicher technischer Faserlänge, Zellen von außerordentlich abweichender Länge (3 bzw. 140 mm), bei Flachs und Manila entspricht sogar dem Material von geringerer technischer Faserlänge (Flachs) eine wesentlich größere Zellänge (38 bzw. 2 mm). Nur bei den Haarbildungen fällt in der Regel die technische Faser mit der Zelle zusammen (Baumwolle, Pflanzenseiden, Pflanzendunen); bei etwaigen mechanischen Beschädigungen kann die technische Faser sogar kürzer sein als die Zelle. Auch bei kotonisierten Bastfasern gehört dieser Fall nicht zu den Seltenheiten und ist dementsprechend zu beachten.

Die Länge der technischen Faser spielt begreiflicherweise für den Verarbeitungsvorgang des Materials eine sehr wichtige Rolle, da sich nach ihr die Wahl des Spinnverfahrens und die Leitung des Spinnbetriebes richten. Sie hängt bei Pflanzenfasern wesentlich ab von der

Natur der zugehörigen Stammpflanze, der Art des gegenseitigen Verbandes der Zellen und nicht zum mindesten von der aufgewandten Sorgfalt bei den Gewinnungsarbeiten. In manchen Fällen ist die technische Faser zu lang, um rationell versponnen werden zu können; sie wird aus diesem Grunde in kürzere Teile zerlegt (Stoßen, Schneiden beim Hanf).

Die Bestimmung der Länge der technischen Faser erfolgt nach bestimmten Verfahren, die im 2. Teile dieses Werkes näher angegeben sind.

Eine wesentlich geringere praktische Bedeutung hat die Ermittlung der Zellänge. Für die „Bestimmung" von Fasern kommt sie wenig in Betracht, da aus ihr wohl kaum ein sicherer Schluß auf die Natur einer vorliegenden Faser gezogen werden kann. Sie hat nur in solchen Fällen ein Interesse, in denen sie mit der Länge der technischen Faser zusammenfällt. Auch bei der Beurteilung der Eignung einer Faser zum Kotonisieren oder als Papierrohstoff spielt sie naturgemäß eine wichtige Rolle. Versuche, die Länge der Zelle zu ihrem Durchmesser in Beziehung zu bringen, haben kein brauchbares Ergebnis gezeitigt.

Vor der Messung der Zellänge müssen die Zellen aus dem Verbande der technischen Pflanzenfasern (nur bei solchen hat die Länge ein Interesse) durch vorsichtige Mazeration bloßgelegt werden. Es geschieht dies in einfacheren Fällen durch längeres Kochen mit 10 %iger Sodalösung oder bei stark verholzten Fasern durch Behandlung mit kalter Chromsäure, die mit Schwefelsäure versetzt wird, oder mit dem Schulzeschen Mazerationsgemisch (Salpetersäure und chlorsaures Kali). Es ist nicht immer leicht, den richtigen Aufschließungsgrad zu treffen, weil die Faserbündel entweder noch nicht vollständig geteilt sind oder die Bastzellen bereits so starke Zersetzungen erfahren haben, daß sie in kurze Stücke zerfallen. Aus diesem Grunde ist es nötig, mehrere Aufschließungsversuche zu machen und die Fasern auf ihre Unverletztheit mikroskopisch zu kontrollieren. Nach dem sorgfältigen Auswaschen, wobei man zweckmäßig die in den Abb. 1 und 2 dargestellten Einrichtungen benutzt, färbt man mit etwas Safranin an, um die Fasern bei der nachfolgenden Messung besser sichtbar zu machen, und präpariert in Glyzerinwasser. Als Verfahren der Längenmessung kommen in Betracht:

1. Das Okularmikrometer.
2. Das Objektschraubenmikrometer von Zeiss.
3. Die mikroskopische Zeichnung.
4. Das Zeichenverfahren mit dem Abbeschen Beleuchtungsapparat.
5. Das Projektionszeichenverfahren.

Zu 1. Da bei der Messung beide Zellenden gleichzeitig im Gesichtsfeld erscheinen müssen, ist bei der Wahl des Objektivs entsprechend zu verfahren. Diese Art der Messung ist wenig zu empfehlen, weil die Fasern in den meisten Fällen nicht vollständig gerade gestreckt sind; auch ist das Arbeiten mit dem Okularmikrometer auf die Dauer sehr ermüdend.

Zu 2. Das Objektschraubenmikrometer von Zeiss, das zur Längenmessung von mikroskopischen Objekten, die nicht in einem Gesichtsfeld übersehen werden können, bestimmt ist, eignet sich sehr gut für den vorliegenden Zweck; es ist aber sehr kostspielig und kommt daher für gewöhnlich nicht in Frage.

Zu 3. Am meisten empfiehlt sich das Zeichnen mit einem mikroskopischen Zeichenapparat, wobei es aber vollständig genügt, die Länge der Faser durch eine einfache Linie wiederzugeben. Es werden etwa 100 Zellen in verschiedenen Gesichtsfeldern und Präparaten in dieser Weise gezeichnet, und sodann die Ausmessungen vorgenommen. Diese erfolgen mit Hilfe eines vorher geeichten Meßrädchens. Die Berechnung der wirklichen Größe geschieht durch Division in die Vergrößerung der Zeichnung.

Zu 4. Auch das im Abschnitt: „Der Abbesche Zeichenapparat und seine Anwendungen" beschriebene Zeichenverfahren kann zur Längenbestimmung vorteilhaft herangezogen werden.

Zu 5. Für Fasern von größerer Länge eignet sich besonders gut das Projektionszeichenverfahren, weil es die Benutzung der kurzbrennweitigen mikrophotographischen Objektive (Planare, Glyptare, Luminare, Summare usw.), die ein sehr großes ebenes Gesichtsfeld geben, zuläßt. Selbstverständlich muß auch hier die Vergrößerung der Zeichnung vorher experimentell bestimmt werden. Die Ausmessung und Berechnung erfolgen in der bei 4 angegebenen Weise.

Dickenmessungen von Deckgläsern, Objektträgern, Papieren und Geweben. Der Einfluß der Deckglasdicke auf die Güte des mikroskopischen Bildes ist zwar allgemein bekannt, wird aber praktisch noch viel zu wenig berücksichtigt. Bei schwachen und mittleren Objektiven spielt die Deckglasdicke allerdings keine ausschlaggebende Rolle, destomehr machen sich aber schon geringfügige Abweichungen von der vorgeschriebenen Dicke bei starken Objektiven mit hohen Aperturen störend bemerkbar. In dieser Hinsicht erweisen sich Versuche mit der Abbeschen Testplatte als sehr lehrreich, wo mittelst des sogenannten „empfindlichen" Strahlenganges der Einfluß der Deckglasdicke auf die Güte des mikroskopischen Bildes in überzeugender Weise dargetan werden kann. Stellt man z. B. den Korrektionsring eines Zeissschen Apochromaten 40 auf den Teilstrich 18 ein, so werden nur dann brauchbare Bilder erhalten, wenn die Deckglasdicke 0,18 mm beträgt; darüber und darunter leidet die Güte des mikroskopischen Bildes in dem Maße, als man sich von diesem Werte entfernt. Die Verschlechterung äußert sich teils in einer mehr oder weniger unscharfen, farbigen Begrenzung des abgebildeten Objektes, teils in einem allgemeinen, die Klarheit des Bildes sehr ungünstig beeinflussenden Schleier, der das ganze Gesichtsfeld gleichmäßig bedeckt. Die Abbildungsfehler und der das Bild bedeckende Schleier treten besonders bei mikrophotographischen Aufnahmen oder bei subjektiver Betrachtung im Dunkelfelde äußerst unangenehm hervor und müssen daher unter allen Umständen durch eine entsprechende Auswahl der zu benutzenden Deckgläser vermieden werden. Bei Ölimmersionsobjektiven übt zwar die Deckglasdicke keinen merklichen Einfluß auf die Güte des Bildes aus; sie ist aber trotzdem im Hinblick auf den nur wenige Zehntelmillimeter betragenden Abstand der Frontlinse vom Präparat sorgfältig zu beachten, da bei zu großer Dicke das Objektiv nicht genügend genähert werden kann, und es demgemäß auch zu keiner Einstellung des Präparates kommt. Insbesondere ist dieser Umstand bei den Apochromatimmersionsobjektiven von 2 und 1,5 mm Brennweite zu berücksichtigen, um unliebsame Zentrierschäden der kleinen halbkugeligen Frontlinse zu vermeiden. All dies legt dem Mikroskopiker die Pflicht auf, der Dicke der von ihm benutzten Deckgläser sein besonderes Augenmerk zuzuwenden. Wohl gestatten die mit einer Korrektionsfassung versehenen Objektive oder etwaige Änderungen der Tubuslänge einen gewissen Ausgleich des schädlichen Einflusses der unrichtigen Deckglasdicke; auch liefern einzelne Firmen, allerdings nur gegen einen unverhältnismäßig hohen Preisaufschlag, Deckgläser von annähernd bestimmter Dicke, so daß also immerhin die Möglichkeit besteht, sich von besonderen Messungen unabhängig zu machen. Bei den zumeist gekauften unsortierten Gläsern sind aber die vorkommenden Unterschiede so bedeutend, daß ein etwa angegebener Mittelwert praktisch vollkommen belanglos ist.

Zur Deckglasdickenmessung werden in der Regel sogenannte „Taster" benutzt; indessen ist auch das Mikroskop hierfür geeignet.

1. Bei dem Verfahren von Chaulnes trägt man auf jede Seite des zu prüfenden Deckglases ein feines Pünktchen mit Tusche auf, stellt nach dem Trocknen auf jeden der beiden Punkte mit einem mittelstarken Objektiv randscharf ein und liest jedesmal die Stellung der Teilung der Mikrometerschraube zum Index genau ab. Selbstverständlich gilt als Voraussetzung, daß das Mikroskop mit einer sehr genauen und feinen Bewegung der Mikrometerschraube, etwa der von Berger angegebenen, ausgerüstet ist. Der linke Triebkopf der Zeissschen Stative ist mit einer Teilung versehen. Ein Intervall der Teilung entspricht einer Verschiebung des Tubus um 0,002 mm in der Richtung der optischen Achse, die ganze Umdrehung der Mikrometerschraube einer solchen von 0,04 mm. Bei der immerhin weiten Teilung des Schraubenkopfes ist eine Verschiebung des Tubus um 0,001 mm noch bequem abzulesen. Bei der älteren Form der Mikrometerbewegung ist der Kopf der Feinstellschraube mit einer Teilung versehen, die eine Bewegung des Tubus von 0,005 mm in der Richtung der optischen Achse zuläßt. Ist d die Differenz der beiden Ablesungen, D die wirkliche Dicke des Deckglases und n dessen Brechungsexponent, so gilt annähernd die Gleichung: $D = n \cdot d$. In einem bestimmten Falle waren gerade 3 Vollumdrehungen der Bergerschen Mikrometerschraube = 60 Intervalle = 120 μ als Differenz in der Einstellung der unteren und oberen Deckglasfläche erforderlich. Mit dem durchschnittlichen Brechungsexponenten der Deckglasmasse 1,53 multipliziert, ergibt sich die wahre Dicke des Glases zu 0,184 mm; mit Hilfe eines Zeissschen Deckglastasters wurde sie übereinstimmend zu 0,18 gefunden.

Über die Ausführung genauerer Dickenmessungen mit Hilfe der Mikrometerbewegung hat Czapski[1] nähere Anleitungen gegeben.

2. Messungen nach vorgenannter Art gehören nicht gerade zu den Annehmlichkeiten; dagegen ermöglicht das nachbeschriebene Verfahren ein sehr rasches und genaues Arbeiten[2]. Es besteht darin, das zu prüfende Deckglas auf die Kante zu stellen und mit dem Okularmikrometer in üblicher Weise auf seine Dicke auszumessen. Um das Gläschen rasch in die richtige Stellung zu bringen und in dieser zu erhalten, bedient man sich einer einfachen Hilfseinrichtung, die aus einem gewöhnlichen Objektträger und zwei Klötzchen mit senkrechten Seitenwänden besteht. Besonders gut eignen sich für diesen Zweck die zum Aufkitten von Paraffinblöcken vielfach benutzten Stabilitklötzchen. Eines dieser Klötzchen wird auf dem Objektträger mit hartem Kanadabalsam befestigt, während das andere nur lose angeschoben wird. Zwischen beide wird das auszumessende Deckglas stehend eingesetzt und sodann der bewegliche Klotz dicht angeschoben. Unter dem Mikroskop erscheint nunmehr das von unten her beleuchtete Deckglas hell auf dunklem Grunde, so daß die Messung mit einem Okularmikrometer rasch und genau ausgeführt werden kann. Selbstverständlich kann die Messung, falls es erwünscht sein sollte, auch auf hellem Untergrunde vorgenommen werden; in diesem Falle ist das Deckglas nur zum Teil zwischen die Klötzchen einzuschieben und die Messung an dem vorstehenden Glase auszuführen. Auch können mehrere Gläser gleichzeitig eingeschoben und durch Verschieben des Objektträgers nacheinander ausgemessen werden, was eine wesentliche Abkürzung der Arbeit gegenüber der mit Deckglastastern bedeutet, bei denen jedes Gläschen für sich eingespannt werden muß. Ebenso kann an fertigen Präparaten (ohne Lackverschluß) auf dem angegebenen Wege die Deckglasdicke genau bestimmt werden. Allerdings darf das Deckglas nicht zu weit vom Rande des Objektträgers abstehen, da es sonst dem Objektiv nicht genügend genähert werden kann. Um die Messung ohne jede Umrechnung zu bewirken, empfiehlt es sich den Teilwert des Okularmikrometers so einzustellen, daß er die wahre Dicke unmittelbar abzulesen gestattet. Bei dem Okularmikrometer nach Metz ist dies ohne weiteres möglich, sobald nur ein dem Zeissschen Achromaten A entsprechendes Objektiv benutzt wird und der Tubus des Mikroskops so lange verschoben wird, bis der Teilwert des Maßstabes gerade $10\,\mu$ beträgt. Die Teilung nach Metz ist schon deshalb anderen vorzuziehen, weil sie sehr kontrastreich ist und das Auge auch bei längerer Arbeit nicht ermüdet (Abb. 24). Seitliche Verschiebungsmöglichkeiten des Plättchens im Okular sind zwar mit Rücksicht auf die sonst etwas lästige Einstellung des Präparates auf einen Hauptstrich der Teilung sehr erwünscht, aber nicht unbedingt erforderlich. Werden zahlreiche Messungen hintereinander ausgeführt, so ist es angezeigt, den Objektträger mit Hilfe der gewöhnlichen Objekttischklammern gut zu befestigen, um die sonst nötig werdenden Drehbewegungen des Okulares

---

[1] Czapski: Z. wiss. Mikrosk. **1888**, 482.
[2] Herzog, A.: Mikrokosmos **1922/23**, 110.

möglichst zu vermeiden. Selbstverständlich läßt sich auf dem angegebenen Wege auch die Dicke von Objektträgern feststellen, was u. a. bei ultramikroskopischen Arbeiten von großer Wichtigkeit ist.

3. Ein anderes Verfahren der Dickenmessung hat das Vorhandensein eines sogenannten Abbeschen Würfelchens zur Voraussetzung[1]. Bekanntlich werden dem großen Abbeschen Zeichenapparat von Zeiss zwei Würfelchen beigegeben, die sich lediglich durch die verschiedene Weite der in der Silberschicht ausgesparten Sehöffnung unterscheiden. Für den hier vorliegenden Zweck empfiehlt sich besonders die Benutzung des Würfelchens mit kleiner Öffnung, da es ausschließlich auf die als Spiegel wirkende Hypothenusenfläche ankommt. Will man das eine Prisma gegen das andere vertauschen, dann hat man bekanntlich nur die mit Rauchgläsern versehene Kappe des Zeichenapparates abzunehmen und das Würfelchen, das mit seiner Fassung in einem Schlitten läuft, herauszuschieben. Wird nun das Würfelchen auf eine undurchsichtige Unterlage annähernd zentrisch unter das Mikroskop gebracht und vor die Seitenöffnung seiner Fassung der zweckmäßig auf einer durchsichtigen Glasplatte ruhende Gegenstand (z. B. das Deckglas) gelegt, so tritt infolge der Spiegelwirkung nur dessen Seitenansicht in die Erscheinung. Unter diesen Umständen ist es natürlich ein Leichtes, die Höhe bzw. Dicke mit einem

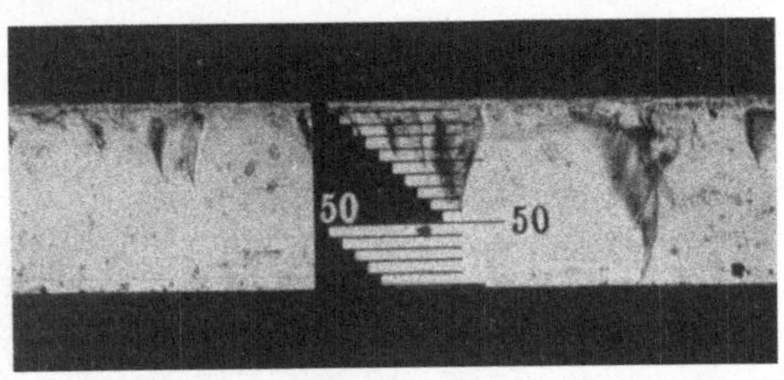

Abb. 24. Messung der Deckglasdicke mit einem Okularmikrometer nach Metz und dem in Abb. 25 dargestellten Dickenmesser. Teilwert des Okularmikrometers 10 μ. Vergr. 100.

geeichten Okularmikrometer zu bestimmen. Selbstverständlich kommen hierbei nur schwache oder mittlere Objektive in Betracht, da es bei zu kleinem Fokalabstand nicht gelingt, auf das Spiegelbild einzustellen. Es ist dies durchaus kein Nachteil dieser Meßmethode, da es bei solchen Arbeiten auf keine starke Vergrößerung ankommt. Die Beleuchtung wird mit Hilfe einer Sammellinse so geregelt, daß die der Fassung des Würfelchens zunächst liegende Seite des Gegenstandes möglichst gut beleuchtet ist. Sehr zu empfehlen ist die Anwendung eines Mikroskopstatives mit drehbarem Objekttisch. Wo vorhanden, kann auch der vorzügliche Prismenrotator von Zeiss zu Dickenmessungen herangezogen werden; allerdings ist die Auflagefläche des Hauptprismas dieser Einrichtung ziemlich klein, so daß eine besondere, nicht immer leicht zu bewerkstelligende Befestigung des zu messenden Gegenstandes erforderlich ist. Auch das vom Verfasser[2] zur raschen Prüfung von querdurchschnittener Kunstseide angegebene kleine Reflexionsprisma ist zu Dickenmessungen von Gläsern gut brauchbar.

---

[1] Herzog, A.: Mikrokosmos 1917/18, H. 1.
[2] Herzog, A.: Textile Forschung 1921, H. 1.

4. Zur Messung der Dicke von Erzeugnissen der Papier- und Textilindustrie (Papier, Gewebe, Gewirke, Geflechte) werden in der Praxis ziemlich kritiklos verschiedene Lehren oder Taster gebraucht, die nur in wenigen Fällen brauchbare Werte liefern. Hieran ändern auch verschiedene, an solchen Meßeinrichtungen angebrachte Hilfsvorrichtungen, z. B. Gefühlsschrauben, nicht viel. Wer z. B. nach einem der zumeist üblichen Verfahren die Dicke von Flanellen, Tuchen und anderen leicht zusammendrückbaren und elastischen Geweben zu bestimmen versucht, wird sich bald davon überzeugen, daß auf diesem Wege einwandfreie Ergebnisse nicht zu erzielen sind bzw. viel zu niedere Werte erhalten werden.

Der Verfasser[1] benutzt in solchen Fällen die in Abb. 25 dargestellte einfache Vorrichtung. Auf einer dicken Glasplatte ist ein zylindrischer, im Querschnitt halbkreisförmiger Messingblock auf-

Abb. 25. Vorrichtung zur mikroskopischen Dickenmessung von Deckgläsern, Objektträgern, Papieren und Geweben.

geschraubt ($d = 1{,}5$ cm). Ein gleicher Block läßt sich gegen den ersten mit Hilfe einer steilen Schraube bis zur gegenseitigen Berührung der vertikalen ebenen Flächen verschieben. Behufs leichter Einführung des auf seine Dicke zu prüfenden Probestückes (Deckglas, Papier, Gewebe) sind beide Blöcke auf der gleichen Seite etwas eingebuchtet. Bei Gläsern erfolgt die Dickenmessung in gleicher Weise wie oben angegeben, sei es auf dunklem, sei es auf hellem Untergrunde. Bei Papieren und Geweben ist vor der mikroskopischen Betrachtung bzw. Messung des auf seine Kante gestellten Probestückes auf eine sehr sorgfältige Schnittfläche zu achten. Es wird dies so erreicht, daß entweder besondere Schneidevorrichtungen benutzt werden oder daß das Schneiden mit einem scharfen Rasiermesser auf einer Glasunterlage bewirkt wird (Abb. 26). Selbstverständlich dürfen die Blöcke bzw. die Backen der Dickenmeßvorrichtung bei weichen, d. h. zusammendrückbaren Papieren und Geweben nicht ganz zuge-

---

[1] Herzog, A.: Kunstseide **1929**, 334.

zogen werden; sie dienen nur zur Fixierung der vertikalen Lage des zu messenden Probestückes. Es ist ferner nötig, das letztere etwas höher als 1,5 cm (Blockhöhe) zu wählen, damit es einige Millimeter aus dem Blocke hervorragt. Bei Geweben ist der besseren Beleuchtung der Schnittfläche wegen die Verwendung eines Lieberkühnspiegels sehr zu empfehlen. Hierbei bilden die beiden Metallbacken die zentrale Blende, während das seitlich auf den Lieberkühnspiegel fallende Licht durch die Glasunterlage des Dickenmessers ungehindert hindurchgeht. Diese Dickenmeßvorrichtung ist übrigens auch zu allen

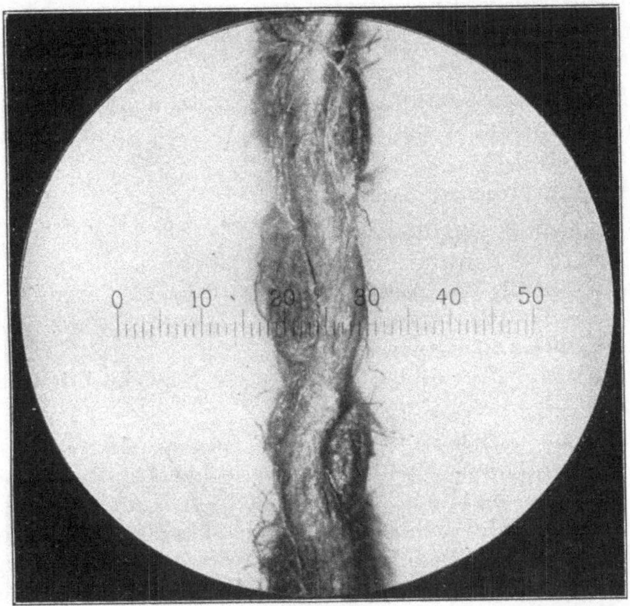

Abb. 26. Dickenmessung eines „Textilosegewebes" unter dem Mikroskop. Vergr. 30.

anderen Beobachtungen im auffallenden Lichte verwendbar. Zu diesem Zweck werden die Backen ganz zusammengeschoben, und über sie wird eine niedrige Messingkappe gestülpt, die geschwärzt und matt gehalten ist; sie dient als Auflage für das zu betrachtende Objekt. Die Kappe hält jegliches vom Mikroskopspiegel kommende direkte Licht ab, so daß nur das seitlich auf den Lieberkühnspiegel fallende Licht auf das Objekt reflektiert wird. Über die technische Dickenmessung von Geweben s. a. w. u. im 2. Teil.

14. Flächenmessungen[1].

Flächenmessungen von Faserquerschnitten u. A. kommen bei quantitativ-mikroskopischen Arbeiten sehr häufig vor. Die hierfür brauchbaren Verfahren gliedern sich wie folgt:

---

[1] Herzog, A.: Kunstseide 1928, 111.

I. Die unmittelbare Ausmessung der Schnitte unter dem Mikroskop.

Als Hilfsmittel kommen in Frage:

a) Das Okulardeniermeter nach A. Herzog.

b) Das Okularnetzmikrometer mit besonders feiner Netzteilung.

c) Das Planimeterokular nach Metz.

d) Das Objektschraubenmikrometer in Verbindung mit einem Meßtrommelokular.

II. Die direkte Projektion des mikroskopischen Schnittes auf eine in Quadrate von bekannter Größe geteilte Schätztafel.

III. Die Ausmessung der mit Hilfe eines verzerrungsfrei arbeitenden Zeichenapparates hergestellten Querschnittszeichnung.

Als Hilfsmittel dienen hierbei:

a) Eine in qmm geteilte Glastafel.

b) Die unter II genannte Quadratschätztafel.

c) Das Harfenplanimeter nach Condin.

d) Das Harfenplanimeter nach A. Herzog.

e) Das Umfahrungsplanimeter.

f) Das Ausschneiden und Wiegen der gezeichneten Querschnitte nach Ambronn.

Zu Ia. Das Okulardeniermeter[1] besteht aus einem sehr fein geteilten Netzmikrometerplättchen, das in einem Meßokular untergebracht ist. Mit einem starken Trockenobjektiv, etwa Zeiss 90, läßt sich bei der empirisch vorzunehmenden Eichung die Fläche eines kleinen Quadrates genau auf $7{,}3\,q\,\mu$ einstellen. Unter Berücksichtigung des bei solchen Messungen in Betracht zu ziehenden Korrektionsfaktors wird die Einstellung am besten so vorgenommen, daß die Seite des großen Begrenzungsquadrates $56\,\mu$ mißt. Um nun z. B. die einer Kunstseidefaser zukommenden Deniers zu finden, genügt es, den sorgfältig hergestellten Querschnitt auszumessen, d. h. die von ihm gedeckten kleinen Quadrate zu zählen und deren Summe durch 10 zu dividieren. Die Auszählung geht sehr rasch vonstatten und wird noch dadurch erleichtert, daß jede fünfte Linie des Netzes etwas kräftiger gehalten ist. Die von den gröberen Linien begrenzten Quadrate, die nach dem Gesagten einer Fläche von 2,5 Deniers entsprechen, bieten brauchbare Anhaltspunkte zu einer raschen Schätzung (Abb. 27). S. a. „Universalokular".

Zu Ib. An Stelle des genannten Deniermeterplättchens kann eine noch feinere Teilung in das Meßokular eingelegt und zur Messung herangezogen werden. Die Eichung der kleinen Quadrate hat hier auf $1\,q\mu$ zu erfolgen. Die mit Hilfe dieser Einrichtung

---

[1] Herzog, A.: Textile Forschung **1922**, H. 1.

zu erzielende Genauigkeit ist zwar sehr befriedigend, aber die Auszählung der Quadrate ist so ermüdend und zeitraubend, daß für gewöhnlich die gröbere Teilung des Deniermeters vorzuziehen sein wird. Insbesondere gilt dies dann, wenn mehrere Schnitte hintereinander auszuzählen sind.

Zu Ic. Sehr gute Ergebnisse werden mit Hilfe des von Metz konstruierten Planimeterokulares erhalten, das von der Firma E. Leitz-Wetzlar geliefert wird. Die Auswertung der Fläche aus den in regelmäßigen kleinen Abständen gemessenen Breitenwerten des Querschnittes erfolgt nach der Simpsonschen Regel.

Zu Id. In gleicher Weise läßt sich auch das Zeisssche Objektschraubenmikrometer in Verbindung mit einem Meßtrommelokular zur Flächenbestimmung verwenden. Die einem Intervall der an der Trommel des Objektschraubenmikrometers befindlichen Teilung entsprechende Verschiebung des Schnittes um $2\,\mu$ ist für die Flächenmessung vollständig ausreichend. Die Mikrometerteilung des Okulars hat natürlich senkrecht zur Verschiebungsrichtung des Präparates zu stehen. Die Verschiebung des Maßstabes in seiner Längsrichtung erleichtert begreiflicherweise die Breitenmessung des Schnittes wesentlich gegenüber der nicht verstellbaren Teilung des früher genannten Planimeterokulares nach Metz. Bei den hohen Kosten des Objektschraubenmikrometers wird dieses natürlich für gewöhnlich zu Flächenmessungen nicht angeschafft wer-

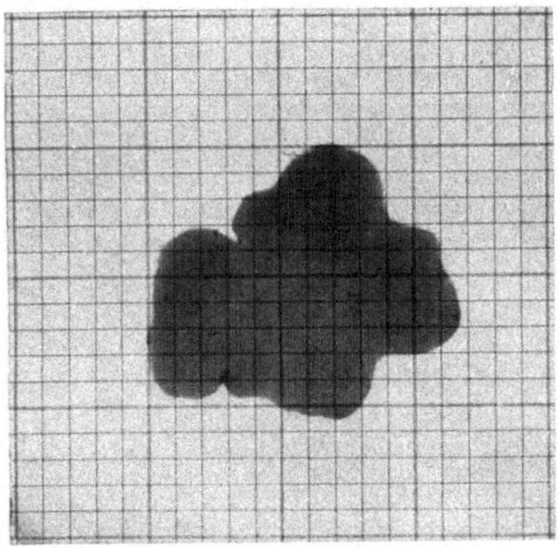

Abb. 27. Querschnitt einer Viskoseseide (Einzelfaser) und Teilung des „Deniermeters" nach A. Herzog.

den; es soll hier nur darauf hingewiesen werden, daß es, wo vorhanden, auch zu diesem Zweck herangezogen werden kann.

Zu II. Zur raschen Schätzung des Feinheitsgrades bzw. der Fläche eines Faserquerschnittes eignet sich vortrefflich die direkte Projektion des mikroskopischen Bildes auf eine auf weißem Papier in 1000- oder 1500-facher Vergrößerung hergestellte Deniernetzteilung. Brauchbare Schätzwerte werden allerdings nur dann erhalten, wenn der benutzte Projektionsapparat wirklich verzerrungsfreie Bilder liefert. Sehr gut hat sich für solche Zwecke der nach den Angaben von Greil von dem Zeisswerk gebaute Apparat bewährt. Um bequem arbeiten zu können, muß die Projektion auf eine horizontale oder mäßig schief geneigte Fläche erfolgen. Ist der Projektionsapparat hinsichtlich der Höhenlage des Mikroskops und des Silberspiegels auf eine bestimmte Vergrößerung ein für allemal eingestellt bzw. sind die Eichdaten bekannt, so gelingt es nach diesem Verfahren in etwa 3 Minuten eine praktisch völlig befriedigende Schätzung der Schnittfläche zu erhalten. Auch die von anderen optischen Werken

nach den ursprünglichen Angaben von Edinger gebauten Mikro-
projektionsapparate sind, wenn auch weniger bequem, brauchbar.
Die optische Firma C. Reichert-Wien stellt neuerdings nach den Angaben des Verfassers[1] eine in Quadrate geteilte Schätzplatte aus Glas
her, bei welcher jedes Quadrat einer Feinheit von ¼ Denier entspricht.
Die Glasplatte trägt auch eine Längenteilung, deren Bezifferung unmittelbar Mikromillimeter (μ) abzulesen gestattet; sie hat den Zweck,
die zur Berechnung der Völligkeit nötige maximale Breite des Querschnittes unmittelbar, d. h. ohne jede Umrechnung, ablesen zu können
(Abb. 28).

Zu III a. In sehr bequemer Weise läßt sich die mit Hilfe eines guten mikroskopischen Zeichenapparates (s. Abschnitt: „Mikroskopische Zeichnung") hergestellte Querschnittszeichnung zur Flächenmessung heranziehen. Zweckmäßig wird die Vergrößerung der Zeichnung so ge wählt, daß sie eine für die Berechnung bequeme Zahl darstellt (z. B. 1000 oder 1500), was sich durch entsprechendes Verschieben des Tubus oder durch Regelung des Abstandes der Zeichenfläche vom Spiegel des Zeichenapparates auf empirischem Wege leicht bewerkstelligen läßt. Bei

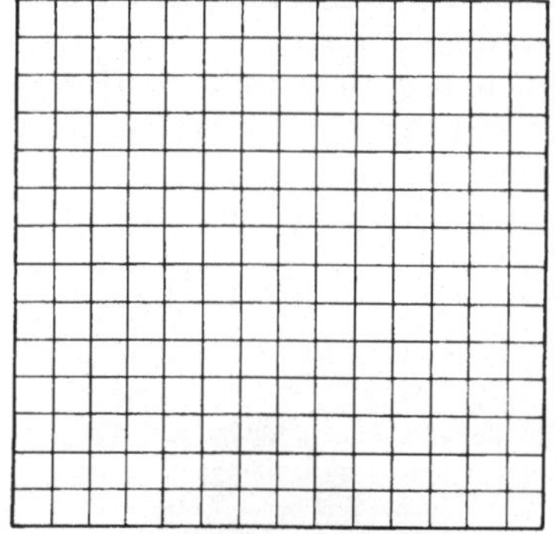

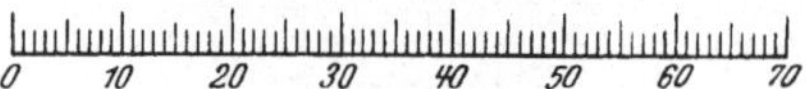

Abb. 28. Denierschätzplatte für Kunstseide und
Längenmaßstab zur unmittelbaren Ablesung der
wahren Breite von in 1500-facher Vergrößerung
gezeichneten Faserquerschnitten. Verkleinert.

dem mit III a bezeichneten Meßverfahren legt man auf die Zeichnung
eine in Quadratmillimeter geteilte Glastafel und zählt die vom
Schnitte gedeckten Quadrate aus, wobei natürlich die am Rande befindlichen, nur z. T. ausgefüllten Quadrate zu schätzen sind. An Stelle der
Glastafel kann auch eine Quadratmillimeterteilung auf durchsichtigem
Pauspapier verwendet werden. Trotz der Genauigkeit dieser Meßmethode kommt sie für praktische Zwecke nicht in Betracht, weil sie
zu umständlich und zeitraubend ist.

Zu III b. Selbstverständlich kann auch die unter II angeführte
Quadratschätztafel zur annähernden Flächenbestimmung von gezeichneten Schnitten herangezogen werden.

Zu III c. Ein bequemes und rasches Arbeiten gestatten die sogenannten Harfenplanimeter, die auf durchsichtigem Papier hergestellt sind. Sehr zweckmäßig ist z. B. die von R. Reiss-Liebenwerda nach den Angaben von Condin in den Handel gebrachte Plani-
meterteilung. Die Fläche des Querschnittes (Q) in Quadratmillimetern
ergibt sich nach der Simpsonschen Regel zu: $Q = L \cdot a$, wobei L die
Summe der gemessenen Streifenlängen in Millimeter und a den Streifen-
abstand der Harfenteilung bedeuten.

---

[1] Herzog, A.: Kunstseide **1929**, 334.

Zu IIId. Eine wesentliche Abkürzung der Messung läßt sich nach den Erfahrungen des Verfassers mit Hilfe eines Meßrädchens erzielen, wie es in der Regel zur Bestimmung von Entfernungen auf Landkarten verwendet wird. Für die Ablesung der Gesamtlänge kommt nur die äußerste Teilung in Betracht (1 : 100 000). Der Teilwert entspricht hier 10 mm. Der bei Verwendung des Meßrädchens zu erzielende Vorteil liegt darin, daß die Länge eines jeden Streifens nicht gesondert gemessen und notiert werden muß, sondern ohne Rücksicht auf die Einzelwerte lediglich die Gesamtlänge am Schlusse an der Teilung abgelesen wird.

Die in $q\,\mu$ ($1\,q\,\mu = 0{,}000\,001$ qmm) anzugebende wirkliche Querschnittsfläche der Faser ergibt sich, sofern die Vergrößerung der Zeichnung 1500 beträgt, wie folgt:

$$F = \frac{Q \cdot 1\,000\,000}{1500 \cdot 1500} = 0{,}4444 \cdot Q\,.$$

Hieraus und aus der oben angeführten Gleichung folgt weiter:

$$F = 0{,}4444 \cdot L \cdot a\,.$$

Wenn $a = 2{,}25$ mm gewählt wird, ist $F = L$, d. h. die am Meßrädchen in Millimetern abgelesene Gesamtlänge gibt gleichzeitig auch die in $q\,\mu$ ausgedrückte wirkliche Querschnittsfläche an. Es gelingt also mit einer einzigen Ablesung, ohne jede Umrechnung die wirkliche Fläche mit einer für den vorliegenden Zweck hinreichenden Genauigkeit zu ermitteln (Abb. 29). Die Planimeterharfe wird zweckmäßig auf Pausleinen oder

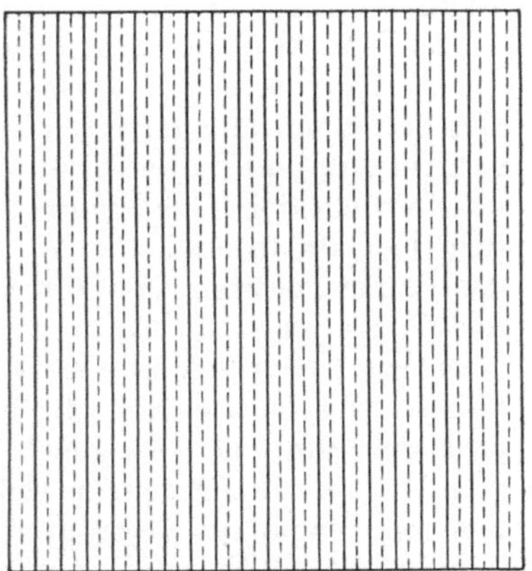

Abb. 29. Planimeterharfe zur raschen Flächenbestimmung von in 1500-facher Vergrößerung gezeichneten Faserquerschnitten. Verkleinert.

Pauspapier so ausgeführt, daß die 2,25 mm von einander abstehenden Linien abwechselnd schwarz und rot gehalten werden (bzw. voll und gestrichelt). Vor der Ingebrauchnahme des Meßrädchens ist eine Eichung seiner Teilung angebracht; sie wird so ausgeführt, daß eine größere Länge (etwa 1 m) befahren wird. Etwaige Abweichungen in der Angabe der Teilung sind bei späteren Messungen zu berücksichtigen. Beim Aufsetzen ist das Meßrädchen stets senkrecht zur Oberfläche der Zeichnung zu halten.

In ebenso einfacher Weise läßt sich die Feinheit von Kunstseidequerschnitten unmittelbar ablesen, sofern nur die Streifenbreite der Harfe zu 3,54 mm gewählt wird. In diesem Falle ist jedoch die am Meßrädchen abgelesene Gesamtlänge noch mit 0,02 zu multiplizieren, um die Feinheit der Faser in Deniers zu erhalten. Die nähere Begründung ergibt sich aus den in A. Herzog: Die mikroskopische Untersuchung der Seide und der Kunstseide, Berlin 1924, auf Seite 35 angegebenen Formeln. Auf Veranlassung des Verfassers stellt die Firma R. Reiss-Liebenwerda beide Harfenteilungen auf „eisenfestem" Pauspapier in sauberem Drucke her. Gleichzeitig ist eine **Längenteilung** vorgesehen, die zur Breitebestimmung der in 1500facher Vergrößerung hergestellten Querschnittszeichnungen bestimmt ist.

Zu IIIe. Sehr bequeme Vorrichtungen zu Flächenmessungen stellen die in technischen Kreisen vielfach benutzten **Umfahrungsplanimeter** dar. Eine sorgfältige Eichung und eine zweimalige Umfahrung der zu messenden Fläche sind jedoch unter allen Umständen erforderlich. Ferner sind Stillstände beim Umfahren zu vermeiden und dem ungefähren Mittelpunkt der Zeichnung die in der Gebrauchsanweisung vorgeschriebene richtige Lage zum Fahrstab bzw. zur Trommelachse zu geben. Vorzüglich brauchbar, allerdings auch sehr kostspielig, sind die von **Coradi-Zürich** gebauten **Kugelroll-** und **Präzisionsscheibenplanimeter.**

Zu IIIf. Steht eine chemische **Waage** zur Verfügung, so läßt sich die Fläche der auf mittelstarkem Zeichenpapier von gleichmäßiger Beschaffenheit angefertigten Zeichnung in einfacher Weise durch **Ausschneiden** und **Auswiegen** bestimmen. Zur Berechnung ist hier noch das Gewicht der Flächeneinheit des benutzten Zeichenpapieres erforderlich. Es wird in einfacher Weise so bestimmt, daß mit Hilfe einer auf das Papier gelegten Quadratschablone aus Stahlblech mit einem scharfen Messer ein genau 1 qdm großes Stück herausgeschnitten und sodann ausgewogen wird. Vor der Wägung sind die ausgeschnittenen Zeichnungen und das 1 qdm große Papierstück einige Zeit an der Luft liegen zu lassen, um einen Ausgleich im Wassergehalt zu ermöglichen. Dieses von **Ambronn** angegebene Meßverfahren, das insbesondere für den mit feineren Wägungen vertrauten Chemiker wie geschaffen ist, liefert in kurzer Zeit völlig ausreichende Werte.

Um einen Anhaltspunkt für die mit den vorgenannten Meßverfahren zu erzielende **Genauigkeit** und für die zu ihrer Ausführung nötige **Zeit** zu erhalten, hat der Verfasser vergleichende Untersuchungen mit 3, in ihrer Form und Völligkeit verschiedenen Kunstseidenquerschnitten ausgeführt.

	Breite der Faser in μ	Völligkeit des Querschnitts in %
a	32	99
b	45	35
c	39	44

Die Fasern wurden in üblicher Weise mit Safranin vorgefärbt, und in Paraffin eingebettet. Sodann wurden mit einem Mikrotom Querschnitte von 5 μ Dicke angefertigt. Je ein, in jeder Hinsicht völlig einwandfreier Querschnitt der genannten Faserproben wurde nun seiner Fläche nach in verschiedener Weise sorgfältig ausgemessen. Das erzielte Ergebnis ist in der Tabelle 1 übersichtlich zusammengestellt. Als **Vergleichsmaßstab** dienten entsprechend hergestellte **Mikrophotogramme** der genannten 3 Querschnitte in 1500facher Vergrößerung. Durch Auflegen einer in Quadratmillimeter geteilten Glasplatte von R. Reiss-Liebenwerda wurden die von den Schnitten gedeckten Quadrate sorgfältig ausgezählt und so die Flächen ermittelt. Die Apertur des Beleuchtungsapparates wurde vor den Aufnahmen sorgfältig geregelt, um Diffraktionssäume, die die spätere Ausmessung gestört hätten, zu vermeiden. Da die mit Safranin gefärbten Schnitte in Kanadabalsam eingebettet waren, und dieser annähernd die gleiche Lichtbrechung zeigt wie Kunstseide, gelang diese Regelung in völlig befriedigender Weise, ohne daß es notwendig gewesen wäre, allzu weite, der Schärfe der Begrenzung abträgliche Beleuchtungskegel anzuwenden. Das benutzte Objektiv (Zeiss Apochromat $f = 3$ mm) wurde mit einem Zeissschen Homal gebraucht, das eine vorzügliche Ebnung des Bildfeldes gewährleistet. Zur Ausmessung wurde in jedem Falle das Negativ herangezogen, um Verzerrungen des Bildes, die bei Papierbildern niemals ganz zu vermeiden sind, von vornherein auszuschließen. Selbstverständlich kommt dieses an sich sehr genaue Flächenmeßverfahren für gewöhnlich nicht in Betracht.

In der Vertikalreihe 12 der Tabelle 1 ist versucht, die zur Ausführung der in Vergleich gezogenen Meßverfahren nötige Zeit annähernd zu charakterisieren. Aus diesen Angaben ist z. B. auf den ersten Blick ersichtlich, daß das photographische Meßverfahren wegen seiner langen Dauer praktisch gegenstandslos ist; dagegen liefert das Projektionsverfahren schon nach etwa 3 Minuten hinreichend brauchbare Schätzergebnisse. Die zur Herstellung der Schnitte erforderliche Zeit ist natürlich hierbei nicht berücksichtigt. Sie beträgt nach meiner Erfahrung etwa 40 Minuten, vorausgesetzt, daß alles Erforderliche so zu sagen schußbereit ist. Handelt es sich lediglich um eine rohe Schätzung der Fläche bzw. des Feinheitsgrades einer Kunstseidefaser, die in möglichst kurzer Zeit ausgeführt sein soll, so empfiehlt sich die Anfertigung von Querschnitten nach einem der im Abschnitt „Herstellung von Querschnitten" angegebenen Schnellverfahren und der unmittelbare Vergleich mit Kunstseiden von bekannter Feinheit unter dem Vergleichsmikroskop. S. Abschnitt „Vergleichsmikroskopie". Die hierfür erforderliche Gesamtzeit beträgt etwa 5 Minuten. Stehen hinsichtlich ihrer Feinheit genügend abgestufte Kunstseiden von zugleich verschiedenen Querschnittsformen zur Verfügung, so wird man auf diesem Wege bei nur etwas Übung in der Schätzung zu überraschend günstigen Ergebnissen gelangen.

Aus den in den Vertikalspalten 8 bis 11 der Tabelle 1 angegebenen Meßergebnissen geht hervor, daß alle zum Vergleich herangezogenen Meßverfahren brauchbar sind, sobald man sich hinsichtlich der aus der Fläche abgeleiteten Feinheit in Deniers auf etwa 1 bis 2 Einheiten der ersten Dezimale beschränkt. Praktisch reicht diese Genauigkeit unter allen Umständen völlig aus. Selbst die in etwa 3 Minuten ausführbare Schätzung nach dem Projektionsverfahren und die rohe Ausmessung der Zeichnung mit einer in ¼ Deniers geteilten Quadratnetzplatte liefern hinreichend genaue Werte (größte Abweichung vom Sollwert: — 5,64 %). Die Ausmessung mit dem Harfen-

Ta-

| Lfd. Nr. | Ausmessung des Schnittes | Meßverfahren | Benutzte Optik | | Zeichenapparat und Zeichen- bzw. Meßfläche |
			Objektiv	Okular	
1	2	3	4	5	6
1	auf dem Negativ	Mikrophotographie, Glastafel mit qmm-Teilung	Zeiss, Imm.-Apochr. $f = 2$ mm	Zeiss, Homal	—
2	unter dem Mikroskop	Okulardeniermeter nach A. Herzog	Zeiss, Achr. F mit Korrektion	Leitz, Okular II mit Deniermeter	—
3		Feines Okularnetzmikrometer, Einstellung der Netzteilung auf 1 $q\mu$	wie bei 2	Leitz, Okular III mit Netzmikrometer	—
4		Planimeterokular nach Metz	wie bei 2	Leitz, Planimeterokular II	—
5		Zeiss-Objektschraubenmikrometer und Meßtrommelokular	wie bei 2	Winkel, Komplanat. Meßtrommelokular 2	—
6	auf dem Projektions-Bilde	Projektionsapparat nach Greil und grobe Denierschätzplatte nach A. Herzog	Zeiss, Apochr. $f = 3$ mm	Zeiss, Projektions-Okular 4	proj. auf die Tischfläche
7	auf der Zeichnung	Glasplatte mit qmm-Teilung	wie bei 2	Winkel, Komplanat. Okular 4	großer Zeichenapparat nach Abbe, Zeichentisch nach Bernhard Zeiss,
8		Harfenplanimeter auf durchsichtigem Papier nach Kondin	wie bei 2	wie bei 7	
9		Coradisches Kugelrollplanimeter	wie bei 2	wie bei 7	
10		Ausschneiden und Wiegen der gezeichneten Schnitte nach Ambronn	wie bei 2	wie bei 7	
11		Grobe Denierschätzplatte nach A. Herzog; Teilung in $^1/_4$ Deniers	wie bei 2	wie bei 7	

belle 1.

Vergrößerung des Photogramms bzw. der Zeichnung	Querschnittsfläche der Faser in $q\mu$			Feinheit der Faser in Deniers	Zur Bestimmung der Fläche erforderliche Mindestzeit in Minuten (Nr. 6 = 1 gesetzt)	Anmerkung
	gemessen	berechnet aus der gefundenen Denierangabe	Abweichung in % der Sollfläche			
7	8	9	10	11	12	13
1500	a 795 b 550 c 528	—	—	a 10,12 b 7,00 c 6,72	225 (75)	sehr genau, aber umständl. u. sehr ermüdend, daher nicht empfehlenswert
—	—	a 810 b 550 c 519	a + 1,89 b 0 c − 1,71	a 10,3 b 7,0 c 6,6	6 (2)	empfehlenswert
—	a 790 b 545 c 530	—	a − 0,63 b − 0,91 c + 0,38	a 10,1 b 6,9 c 6,7	45 (15)	sehr ermüdend, daher nicht empfehlenswert
—	a 801 b 559 c 531	—	a + 0,75 b + 1,64 c + 0,57	a 10,2 b 7,1 c 6,8	15 (5)	empfehlenswert
—	a 804 b 555 c 534	—	a + 1,13 b + 0,91 c + 1,13	a 10,3 b 7,3 c 6,9	25 (8)	empfehlenswert
1500	—	a 810 b 570 c 542	a + 1,89 b + 3,64 c + 2,65	a 10,3 b 7,3 c 6,9	3 (1)	zur raschen Schätzung empfehlenswert
1500	a 796 b 544 c 524	—	a + 0,13 b − 1,09 c − 0,76	a 10,1 b 6,9 c 6,7	35 (12)	sehr ermüdend, daher nicht empfehlenswert
1500	a 803 b 537 c 515	—	a + 1,01 b − 2,36 c − 2,46	a 10,2 b 6,8 c 6,6	9 (3)	empfehlenswert
1500	a 784 b 535 c 529	—	a − 1,38 b − 2,73 c + 0,19	a 10,0 b 6,8 c 6,7	4 (1,3)	empfehlenswert
1500	a 812 b 551 c 544	—	a + 2,14 b + 0,18 c + 3,03	a 10,3 b 7,0 c 6,9	9 (3)	empfehlenswert
1500	—	a 794 b 519 c 546	a − 0,13 b − 5,64 c + 3,41	a 10,1 b 6,6 c 7,0	4 (1,3)	zur raschen Schätzung empfehlenswert

planimeter und die Methode des Auswiegens der ausgeschnittenen
Zeichnungen liefern schon genauere Werte (größte Abweichung vom
Sollwert: + 3,03%). Es folgt die Ausmessung mit dem Coradischen
Kugelrollplanimeter, bei welchem die größte Abweichung nur
— 2,73% beträgt. Die unmittelbaren Ausmessungen unter dem Mikroskop mit Hilfe von Okularnetzmikrometern, dem Planimeterokular nach Metz und dem Zeissschen Objektschraubenmikrometer liefern die besten Werte. Das rascheste Arbeiten ermöglichen
das Deniermeter und das Kugelrollplanimeter, die nur etwa
doppelt so viel Zeit in Anspruch nehmen wie die rohe Schätzung bei
dem Projektionsverfahren. Die Verfahren mit sehr feinen Okular-
mikrometerteilungen und in Quadratmillimeter geteilten Quadrat-
glasplatten kommen für gewöhnlich nicht in Frage, da sie zu ermüdend und zeitraubend sind. Es ist selbstverständlich, daß die in der
Tabelle 1 angegebene Genauigkeit in den Meßwerten nur dann zu erreichen ist, wenn alle experimentellen Bedingungen genau innegehalten
werden. Im anderen Falle sind die Abweichungen wesentlich größer und
können sich bis zur Unbrauchbarkeit des Meßergebnisses steigern.

15. Winkelmessungen.

Winkelmessungen kommen bei der mikroskopischen Bestimmung der Drehung von feinen Gespinsten und bei der Feststellung des
Steigungswinkels von Spiralstreifungen verschiedener Pflanzenfasern
häufig vor. Als Meßverfahren kommen in Betracht:

1. Die mikroskopische Zeichnung bzw. das Mikrophotogramm
in Verbindung mit einem gewöhnlichen Transporteur. Dieses Verfahren ist das einfachste und zugleich empfehlenswerteste.

2. Der drehbare und zentrierbare Objekttisch des Mikroskops, der mit einer Winkelteilung versehen ist; gleichzeitig ist ein
Fadenkreuzokular erforderlich. Einrichtungen dieser Art sind in
der Regel nur an den größeren Polarisationsmikroskopen angebracht
und kommen daher nur in Ausnahmefällen in Betracht.

3. Das Goniometerokular. Es besteht aus einem mit einem
Teilkreis versehenen Meßoku'ar. Auf der Okularblende liegt ein rundes
Glasplättchen, das eine Reihe von parallelen Linien trägt. Bei der
Winkelmessung stellt man die Linien so ein, daß sie zuerst mit dem
einen Schenkel und dann mit dem zweiten Schenkel des zu messenden
Winkels parallel stehen. Die Anbringung mehrerer Linien auf dem
Glasplättchen erleichtert die Einstellung auf Parallelität. In beiden
Fällen wird die Stellung des Index am Teilkreis abgelesen; die Differenz beider Ablesungen ergibt den gesuchten Winkel. Auf Veranlassung des Verfassers hat das Zeisswerk dieses von ihm für gewöhnlich gelieferte Goniometerokular noch mit einer Kontrastmikro-
meterteilung ausgerüstet, um bei der Bestimmung der Drehung von
Gespinsten neben dem Drehungswinkel auch die Dicke des Gespinstes
ablesen zu können (Abb. 166). Näheres s. „Quantitativ-mikroskopische Bestimmungen, Drehung von Gespinsten"

4. Das Universalokular nach A. Herzog. Es ist mit einem Teilkreis versehen und trägt auf dem Glasschieber (3. Feld) je 4 mittellange Linien, die den gleichen Zweck haben, wie bei 3 ausgeführt. S. „Universalokular".

5. Das große Demonstrationsokular von Leitz-Wetzlar und Reichert-Wien[1]. An Stelle des Zeigers im Okular wird ein Glasplättchen mit Strichkreuz auf die Blende des Okulars gelegt und im Seitentubus scharf eingestellt. Am Seitentubus wird ein schmales Holz- oder Metallstäbchen befestigt, dessen unteres bis zum Arbeitstisch reichendes Ende über einer großen Winkelskala spielt. Zur Zentrierung dieser Skala wird der Beleuchtungsspiegel des Mikroskops abgenommen und durch Verschieben des Abbeschen Beleuchtungsapparates in der Richtung der optischen Achse auf das Zentrum des Kreises in etwa 100facher Vergrößerung eingestellt und in die Mitte des Gesichtsfeldes gebracht. Um nun mit Hilfe dieser Einrichtung Winkelmessungen auszuführen, stellt man das Präparat unter dem Mikroskop so ein, daß der eine Schenkel des zu messenden Winkels mit einer der im Gesichtsfeld erscheinenden Linien des Strichkreuzes zusammenfällt und liest die Stellung des Stäbchens an der Kreisteilung ab. Sodann wird das Okular so lange gedreht, bis der zweite Schenkel des zu messenden Winkels mit der genannten Linie zusammenfällt und liest neuerdings ab. Die Differenz der Ablesungen gibt den gesuchten Winkel an. Um die Drehung des Okulars möglichst sicher zu bewirken, empfiehlt es sich, das Okular mit Hilfe der an ihm angebrachten Schraube am Tubus des Mikroskops zu befestigen und die Drehung nur mit dem vollkommen eingeschobenen Mikroskoptubus vorzunehmen.

16. Universalokular.

Zur Beseitigung der Übelstände des bei mikroskopischen Zählungen und Messungen gewöhnlich benutzten Meßokulares mit verschiedenen Mikrometerteilungen stellt das Zeisswerk ein nach den Angaben von A. Herzog[2] gebautes Universalokular her, das nicht allein zu Meßzwecken, sondern auch zu allen gewöhnlichen und polariskopischen Arbeiten verwendbar ist (Abb. 30). Es besteht im wesentlichen aus einem in der Ebene der Okularblende verschiebbaren Glasplättchen, das mit

Abb. 30. Universalokular nach A. Herzog.

----

[1] Herzog, A.: Mikrokosmos **1923/24**, H. 3 u. 4.
[2] Herzog, A.: Z. wiss. Mikrosk. **1923**, 279.

passend gewählten Teilungen und sonstigen Einrichtungen versehen ist (Abb. 31). Die Wand des Okulars ist an zwei gegenüberliegenden Stellen schlitzartig durchbrochen, um eine Verschiebung des Glasplättchens zu ermöglichen. Das Okular ruht drehbar um seine Längsachse, auf einem kleinen, mit einem Teilkreis ($^1/_1$-Winkelgrade) versehenen Zwischenstück, das am Mikroskoptubus mit einer seitlich angebrachten Schraube befestigt wird. Zum Schutz gegen Verstaubung und zur sicheren Führung des Glasschiebers bewegt sich dieser außerhalb der Okularröhre in je einem beiderseits angebrachten flachen Blechkästchen. Die Unterseite desselben ist geschlitzt, um einem an jeder Schmalseite des Glasschiebers befestigten, nach abwärts gebogenen Stift zur Verschiebung der Teilung den Durchtritt zu gestatten. Zweckmäßig wird der Glasschieber in einen schmalen Metallrahmen gefaßt. Die Okularblende ist quadratisch gewählt (Seitenlänge des Quadrats etwa 10 mm).

Auf dem Glasschieber befinden sich nun folgende Teilungen und Einrichtungen:

1. Feld. a) Dieser Teil des Schiebers stellt im wesentlichen eine Heimsche Zählscheibe dar und kann daher mit Vorteil zur Zählung verschiedener, im Gesichtsfelde zerstreuter Teilchen verwendet werden.

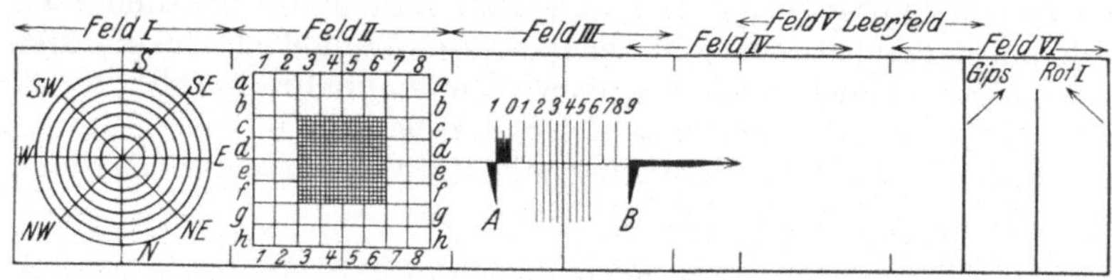

Abb. 31. Schieberteilung des Universalokulars nach A. Herzog.

b) Die vom Innen- und Außenkreis begrenzten Flächen verhalten sich wie 1 : 16; sie dienen zur Bestimmung des Zahlenverhältnisses von unterschiedlich gefärbten kleinen Teilchen.

c) Die Kreislinien gestatten ein rasches Zentrieren von mikroskopischen Schnitten bei der graphisch-mikroskopischen Bestimmung des Fasergehaltes von Pflanzenorganen.

d) Der in der Mitte des Feldes befindliche kleinste Kreis wird beim Markieren bestimmter Stellen in mikroskopischen Präparaten nach der vom Verfasser angegebenen Methode benützt. Vgl. „Markieren von Präparaten".

e) Die Radiallinien sind zur Festlegung der Haupt- und Nebenhimmelsrichtungen bei der mikroskopischen Bestimmung des Wolkenzuges bestimmt, ebenso die Beschriftung. Für die Zwecke der Faseranalyse kommen sie nicht in Frage.

f) Bei richtiger Zentrierung dieses Feldes, die an entsprechenden kleinen Marken der Okularblende rasch kontrolliert werden kann, dienen die Mittellinien als Fadenkreuz.

2. Feld. Dieser Teil des Schiebers besteht aus einer Netzteilung. Die Seitenlänge des Begrenzungsquadrats mißt etwa 6,5 mm.

a) In der Mitte befinden sich 16 mittelgroße Quadrate, die aus je 25 kleinen Quadraten zusammengesetzt sind. Letztere dienen hauptsächlich zur Ausmessung der Querschnittsfläche von Fasern behufs Bestimmung des Feinheitsgrades nach dem vom Verfasser angegebenen Verfahren. Sie können natürlich ebenso gut auch zu anderen mikroskopischen Flächenmessungen Verwendung finden.

b) Die mittelgroßen Quadrate dienen zu Zählzwecken aller Art (Spaltöffnungen in Oberhäuten, Faserabschnitte, Blutkörperchen usw.).

c) Das von der Okularblende begrenzte Quadrat findet nach entsprechender Eichung auf eine bestimmte Flächeneinheit (z. B. ¹⁄₄ qcm) Anwendung als Fadenzähler bei der Prüfung der Einstellung und Musterung von feinfädigen Geweben.

d) Der mittlere Teil des Netzes gibt einen bequemen Anhaltspunkt beim Zeichnen mikroskopischer Präparate.

3. Feld. a) Die bezifferte Teilung dient zu mikroskopischen Längenmessungen aller Art. Abweichend von den gewöhnlichen Mikrometerskalen ist nur das erste Intervall des Maßstabes unterteilt (Kontrastteilung nach Metz). Dies reicht vollständig aus, da die Möglichkeit besteht, dieses Stück der Teilung bei feinen Objekten in die Mitte des Gesichtsfeldes zu bringen. Bei gröberen Objekten stellt man auf deren rechten Rand so ein, daß er mit einem der weiter von einander abstehenden Teilstriche zusammenfällt, während der linke Rand in den Bereich der feinen Teilstriche zu liegen kommt. Die Möglichkeit, die Skala zu verschieben, erleichtert natürlich die Einstellung des zu messenden Objekts bzw. des Maßstabes außerordentlich.

b) Die zwischen dem Anfangs- und Endstrich der Teilung gelegene Strecke AB ist durch kräftig gehaltene, nach abwärts gerichtete Spitzen besonders hervorgehoben. Sie dient zur bequemen Abgrenzung einer relativ großen Längeneinheit (Auszählung von Fäden in textilen Geweben, Bestimmung der Anzahl der auf die Längeneinheit eines tierischen Haares entfallenden Oberhautschuppen usw.).

c) Rechts und links von der vertikalen Mittellinie befinden sich je 4 mittellange feine Striche die im Verein mit dem am Okular angebrachten Teilkreise zu mikroskopischen Winkelmessungen dienen.

4. Feld. Der an das rechte Ende der im vorigen Felde befindlichen Mikrometerteilung sich unmittelbar anschließende dicke Strich, der in eine Pfeilspitze ausläuft, dient als Zeiger zu Demonstrationszwecken. Seine Gesamtlänge beträgt etwa 5 mm. Durch entsprechendes Verstellen des Schiebers und Drehen des Okulars gelingt es mühelos, alle Stellen des Gesichtsfeldes mit der Pfeilspitze zu bestreichen.

5. Feld. Dieser Teil des Schiebers ist frei von jeder Teilung, um das Okular auch zu gewöhnlichen Betrachtungen verwenden zu können.

6. Feld. An das Leerfeld schließen sich 2 schmale Gipsplättchen Rot I an, deren Breite je ¹⁄₃ des Gesichtsfeldes, also etwa 3,3 mm ausmacht. Die längeren Achsen der Indexellipsen dieser Plättchen stehen zu einander senkrecht; sie sind durch je einen Pfeil markiert. Stellt man nun die links befindliche Gipsplatte so ein, daß sie in die Mitte des

Gesichtsfeldes zu liegen kommt, so ergeben sich in Summe 3 Felder, die bei Benutzung von polarisierenden Prismen in sehr bequemer Weise zum Nachweis von sehr schwachen Doppelbrechungen und zur genauen Feststellung der auftretenden Interferenzfarben herangezogen werden können. Auch der Charakter der Doppelbrechung kann ohne weiteres aus den nebeneinander auftretenden Additions- und Subtraktionsfarben abgeleitet werden. Besonders gute Dienste leistet dieses Feld bei der Untersuchung von Faserstoffen. Hierbei stellt man zweckmäßig die Einzelfaser so ein, daß sie in die von links unten nach rechts oben ansteigende Diagonale des das Gesichtsfeld begrenzenden Quadrats zu liegen kommt (Diagonalstellung). Es ergeben sich dann folgende, unmittelbar nebeneinander befindliche optische Lagen der Faser:

1. Nicols gekreuzt, Faser in Diagonalstellung.
2. Nicols gekreuzt, Gipsplatte Rot I, Faser unter $+ 45^0$ orientiert.
3. Nicols gekreuzt, Gipsplatte Rot I, Faser unter $- 45^0$ orientiert. (Abb. 52.)

17. Herstellung von Querschnitten.

1. Pflanzenorgane. Zum Verständnis der Arbeitsvorgänge bei der technischen Fasergewinnung ist die Kenntnis des inneren Baues des bezüglichen pflanzlichen Organes geradezu unentbehrlich. Nur durch das einschlägige Studium der anatomischen Verhältnisse ist es dem angehenden Fasertechnologen, dem Forscher und dem Erfinder auf dem Gebiete der Faserstoffbereitung möglich, sich die zu den weiteren Arbeiten nötigen Vorkenntnisse zu verschaffen. Den besten Einblick in den inneren Aufbau eines Faserstoffträgers gewährt das Mikroskop (Längs- und Querschnitte).

1. **Schleifverfahren**[1]. Um rasch eine Übersicht in jeder beliebigen Schnittrichtung zu erhalten, wird das betreffende Organ durch vorsichtiges Schleifen so weit vorbereitet, daß es zur mikroskopischen Betrachtung in auffallendem Lichte geeignet wird. Bei frischen Stengeln, Blättern usw. muß eine Entwässerung mit absolutem Alkohol vorangehen. Sodann wird, ebenso wie bei lufttrockenen Organen, unmittelbar in geschmolzenes Paraffin eingetragen und das Eindringen desselben nötigenfalls mit Hilfe einer Wasserstrahlpumpe gefördert. Nach der so vorgenommenen rohen Einbettung wird das Organ mittels eines scharfen Rasiermessers in der gewünschten Richtung angeschnitten, wobei aber zur Verhütung von Zerklüftungen jedes gewaltsame Abtragen sorgfältig vermieden werden muß, und hierauf die Schnittfläche unter mäßigem Druck auf einem belgischen Abziehstein geebnet und schließlich auf einem harten Arkansasstein feinpoliert. Selbstverständlich muß das auf den Stein übergehende Paraffin von Zeit zu Zeit mit einem mit Xylol befeuchteten Lappen abgewischt werden. Ist die Politur tadellos gelungen, wovon man sich durch Lupenbetrachtung überzeugt, so wird die Hauptmasse des außen befindlichen Paraffins so weit als möglich abgeschnitten und der verbleibende Rest, sowie der im Innern sitzende Anteil durch Einlegen in wiederholt erneuertes Xylol gänzlich entfernt. Nach dem

---

[1] Herzog, A.: Z. wiss. Mikrosk. **1918.**

Herausnehmen und Trocknen an der Luft treten die einzelnen Gewebe
auf der Schlifffläche überraschend schön in die Erscheinung. Durch Anwendung entsprechender Färbungsmittel kann außerdem noch eine
besondere Differenzierung der Gewebe vorgenommen werden. Die
Untersuchung der Schlifffläche erfolgt unter dem Mikroskop in auffallendem Lichte, wobei oftmals ein Lieberkühnspiegel gute
Dienste leistet. Bei photographischen Aufnahmen werden zweckmäßig
die kurzbrennweitigen Anastigmate benutzt, da sie ein sehr großes
und ebenes Gesichtsfeld besitzen. Selbstverständlich kommen bei
Untersuchungen dieser Art nur schwache Vergrößerungen in Frage.

Über das Aussehen solcher nach dem Schliffverfahren des Verfassers[1] hergestellten Präparate geben die Abb. 32 und 33 Aufschluß. Werden die auf dem
Schliffe vorkommenden verschiedenartigen Gewebe in ihren äußeren Begrenzungen genau
abgezeichnet, so kann die Zeichnung auch zur Ausmessung bzw. Bestimmung der absoluten
und relativen Größe der von den Gewebeneingenommenen Flächen und Raumteile herangezogen
werden. In einzelnen Fällen läßt sich sogar auf diesem

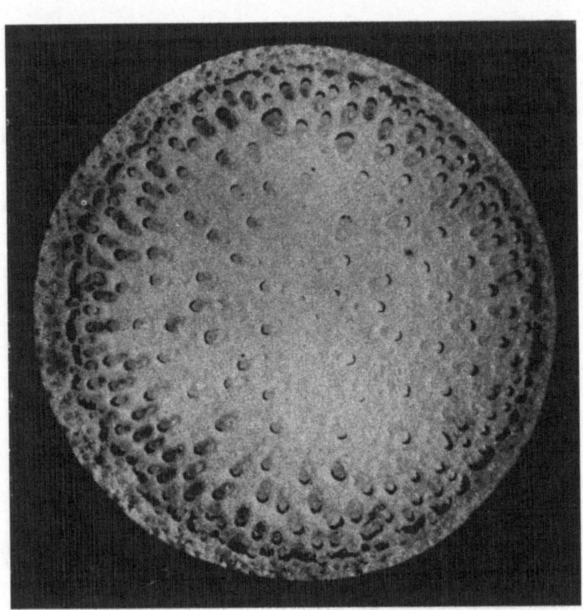

Abb. 32. Queransicht des Fruchtschaftes von Typha angustifolia.
Schliffpräparat nach A. Herzog. Die äußere Sklerenchymscheide
und die Bastbeläge der Gefäßbündel treten bei der Untersuchung in
auffallendem Licht als dunkle Flecken hervor. Vergr. 10.

Wege auch der absolute bzw. relative Fasergehalt des bezüglichen
Faserstoffträgers ermitteln. Tabelle 20. Vgl. „Quantitative Untersuchungen“.

2. Schneideverfahren. a) Zur rohen Orientierung können Freihandschnitte mittels eines Rasiersmessers hergestellt und mikroskopisch durchmustert werden. Bei trockenen Organen ist es angezeigt, diese einige Zeit in Glyzerin-Alkohol einzulegen, um eine
bessere Schneidefähigkeit zu erzielen.

b) Genauere Untersuchungen und mikrophotographische Aufnahmen
erfordern unbedingt die Herstellung von Mikrotomschnitten, die
jedoch eine sorgfältige Einbettung des Organes voraussetzen.

---

[1] Herzog, A.: Z. wiss. Mikrosk. **1918**.

Für den hier vorliegenden Zweck hat sich die Paraffineinbettung am besten bewährt. Kleine Stücke der frischen Organe werden in Alkohol von steigender Konzentration eingelegt, schließlich in absolutem Alkohol vollständig entwässert und sodann in ein Gemisch von gleichen Teilen Alkohol abs. und Chloroform übertragen. In diesem Gemisch muß das Objekt nach und nach untersinken. Erst dann wandert es in reines Chloroform, in welchem es etwa 24 Stunden zu verbleiben hat. Sodann wird es in ein Schälchen übertragen, in welchem sich Chloroform befindet, dem Späne von Weichparaffin (45⁰ Schmlzpt.) zugesetzt werden. Das Gefäß kommt in einen auf 55⁰ erwärmten Paraf-

finofen (Wärmeschrank) und verbleibt dort etwa 1 bis 2 Tage, bis das Chloroform vollständig verdunstet ist. Dann erfolgt die Übertragung in reines Paraffin von 45⁰ Schmlzpkt. (1 Tag im Trockenschranke), worauf die letzte Übertragung in Paraffin von 52⁰ erfolgt. In diesem wird das Objekt etwa 1 Tag gehalten, bis es vollständig durchtränkt ist. Hierauf überträgt man das Objekt in einen passenden Einbettungsrahmen aus Metall oder Glas

Abb. 33. Queransicht eines zweijährigen Stammes der Linde (Tilia parvifolia). Querschliff nach A. Herzog. Die Rinde läßt den großen Reichtum an Bastelementen (dunkel geflammt) erkennen. Auffallendes Licht. Vergr. 16.

(Abb. 44; auch aus Papier gefaltete Kästchen sind brauchbar), bringt das Objekt in die richtige Lage, füllt den vorhandenen Hohlraum mit flüssigem Paraffin vollständig aus und läßt sodann möglichst rasch erstarren. Damit sich der Paraffinklotz später gut von seiner Unterlage ablöst, ist es angezeigt, den Einbettungsrahmen vorher mit Glyzerin ganz dünn abzureiben. Der Paraffinklotz wird nach vollständiger Erhärtung auf ein Holz- oder Stabilitklötzchen mit flüssigem Paraffin so aufgeklebt, daß die spätere Schnittfläche nach oben zu liegen kommt. Sodann wird das Paraffinblöckchen roh beschnitten, um überflüssiges Paraffin zu beseitigen und die geeignetste Schnittfläche zu geben (dreieckig beim Schneiden mit gezogenem Messer, rechteckig bei senkrecht gestelltem Messer). Das in ein Mikrotom eingespannte Paraffinstück wird sodann feingeschnitten. Man unterscheidet die Mikrotome in solche ohne mechanische Messerführung, die Handmikrotome, und in solche mit mechanischer Messerführung, die eigentlichen Mikrotome. Nur die letzteren kommen bei den hier vorliegenden Untersuchungen in Betracht. Sie sind im wesentlichen wieder nach 2 verschiedenen Grundsätzen gebaut, die jedoch das eine gemeinschaftlich haben, daß das Präparat bei gleichstehendem Messer nach jedem Schnitt um so viel gehoben oder vorgeschoben wird, als die Dicke des nächsten Schnittes betragen soll. Es sind dies das **Schlittenmikrotom** und das **Spitzenmikrotom**. Verschieden von diesen Mikrotomen sind die **automatischen** Mikrotome, bei denen das Messer beim Schneiden feststeht, dagegen das Objekt nach jedem Schnitt durch eine Hebelvorrichtung vorwärts geschoben und an dem Messer vorbeigezogen wird. Die Modelle der genannten 3 Konstruktionstypen lassen sich gleich gut zum Schneiden der in obiger Weise eingebetteten pflanzlichen Organe verwenden. Über Einzelheiten der Konstruktion geben die Kataloge der liefernden Firmen Aufschluß (**Jung-Heidelberg, Leitz-Wetzlar, Reichert-Wien** usw.). Die **Schnittdicke** der Präparate betrage etwa 5 bis 10 μ. Beim Schneiden wird man oft gezwungen sein, das **Einrollen** der Schnitte mit einem feinen Pinsel zu verhindern. Die Schnitte werden am einfachsten auf einen **fettfreien** Objektträger gebracht (durch die Bunsenflamme ziehen), auf dem sich ein großer Tropfen **Leitungswasser** befindet. Über einer Bunsenflamme ganz mäßig erhitzt (jedes Schmelzen des Paraffins muß strengstens vermieden werden), **strecken** sich die Schnitte vollständig aus, so daß sie nach Abfließen des Wassers **faltenlos** auf dem Objektträger liegen. Nach völliger **Trocknung** auf der Wärmebank (40°) klebt der Schnitt auf dem Objektträger fest, so daß er die vorsichtige Weiterbehandlung mit Reagenzien ohne Schaden verträgt. Zuerst wird an die Lösung des vorhandenen **Paraffins** geschritten. Es geschieht dies durch aufeinanderfolgende Behandlung mit **Xylol, Alkohol** und **Wasser.** Sodann wird, falls es sich um ein **Dauerpräparat** handelt, **gefärbt** und in **Glyzeringelatine** eingeschlossen. Zur Färbung empfiehlt sich **Safranin** in wässeriger Lösung, da es sehr haltbare Präparate liefert und gleichzeitig gut differenziert. Besondere Sorgfalt erfordern naturgemäß Präparate, die **photographiert** werden sollen. Die vorliegende Arbeit enthält mehrere Übersichtbilder von Schnitten durch Stengel, Blätter und Wurzeln verschiedener Faserpflanzen (vgl. auch Abb. 34).

2. Querschnitte von Fasern. 1. **Schnellverfahren.** Zur raschen Beurteilung der Formverhältnisse von Kunstseide, Kunstroßhaar, Kunstbändchen, tierischen Wollen, Haaren und Borsten eignen sich die nachstehend beschriebenen Schnellverfahren, die schon nach wenigen Minuten brauchbare Ergebnisse liefern.

a) Bei dem von A. **Herzog**[1] beschriebenen Verfahren dient als Hilfseinrichtung ein kleiner Apparat, der im wesentlichen aus einem als Spiegel wirkenden totalreflektierenden dreiseitigen Glasprisma besteht, das die seitliche Betrachtung des vor ihm liegenden, mit einer scharfen Schnittfläche versehenen Faserbündelchens im Mikroskop

---

[1] **Herzog, A.:** Textile Forschung **1921,** H. 1.

ermöglicht. Um das Auseinanderweichen der Fasern zu verhindern, wird das Faserbündel vor dem Durchschneiden mit etwas 4proz. Kollodium betupft. Das Durchschneiden erfolgt auf einer harten glatten Unterlage (Glasplatte) mit Hilfe eines scharfen Rasiermessers. Natürlich sind wegen der Einschaltung des prismatischen Glaskörpers zwischen Präparat und Objektiv nur solche Objektive brauchbar, die einen großen Fokalabstand haben. Die Vergrößerung läßt sich jedoch durch starke Okulare steigern, falls dies in einzelnen Fällen erwünscht sein sollte. Unter Umständen führt auch die unmittelbare Betrachtung der Schnittfläche unter dem Mikroskop zum Ziele.

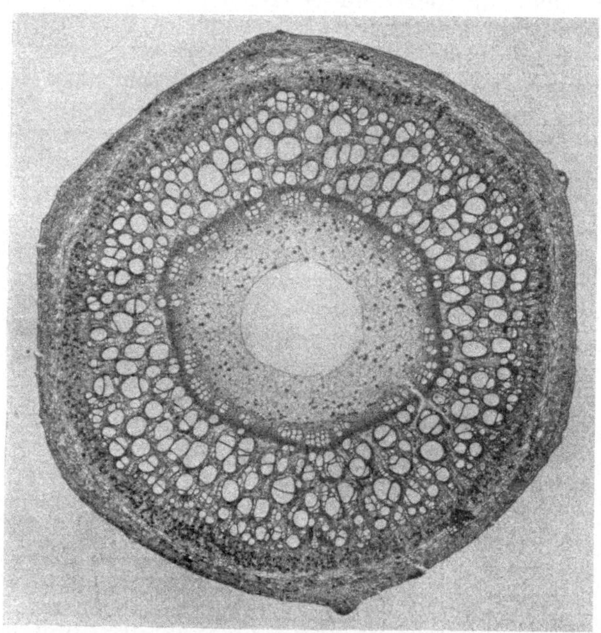

Abb. 34.   Querschnitt des Hopfenstengels (Humulus, Kulturform). Mikrotomschnitt. Durchfallendes Licht. Vergr. 20.

b) Um bei der Betrachtung des Faserbündels nach dem vorbeschriebenen Verfahren in der Wahl der Vergrößerung unabhängig zu sein, hat A. Herzog[1] ein neues Schnellverfahren ausgearbeitet, das trotz seiner Einfachheit vollständig befriedigende Ergebnisse liefert. Das mit etwas Kollodium zusammengehaltene Faserbündel wird, wie oben, auf einer Glasplatte quer durchschnitten und die eine Hälfte, mit der sauberen Schnittfläche nach oben, auf ein Stabilitklötzchen mit einem Tröpfchen Kollodium so aufgeklebt, daß die Schnittfläche mit der oberen Fläche des Stabilitklötzchens gerade abschneidet. Man erreicht dies in der einfachsten Weise dadurch, daß man das oben etwas

---

[1] Herzog, A.: Mell. Text. **1926**, 925.

überstehende Faserbündelchen, so lange das Kollodium noch weich ist, gegen eine ebene Unterlage aufstößt, wobei aber die senkrechte Lage des Bündelchens nicht verändert werden darf, was gegebenenfalls mit einer Nadel zu korrigieren ist. Zweckmäßig ist es, in das Klötzchen von vornherein eine schmale Führungsrinne einzufeilen, wodurch die erwähnte Korrektur in der Regel überflüssig wird. In die Nähe des Randes eines Deckgläschens bringt man sodann einen Tropfen Paraffinöl oder konzentriertes Glyzerin, kehrt das Gläschen um, und bringt den Tropfen unter tunlichster Vermeidung von Luftblasen mit der Schnittfläche des Faserbündels in Verbindung. Auf diese Weise werden die unvermeidlichen Rauhigkeiten der Schnittfläche vollkommen beseitigt, und diese dadurch optisch homogenisiert. Das Deckgläschen ruht naturgemäß größtenteils auf der oberen Fläche des Stabilitklötzchens (Abb. 35). Dieses wird nun auf einen Objektträger

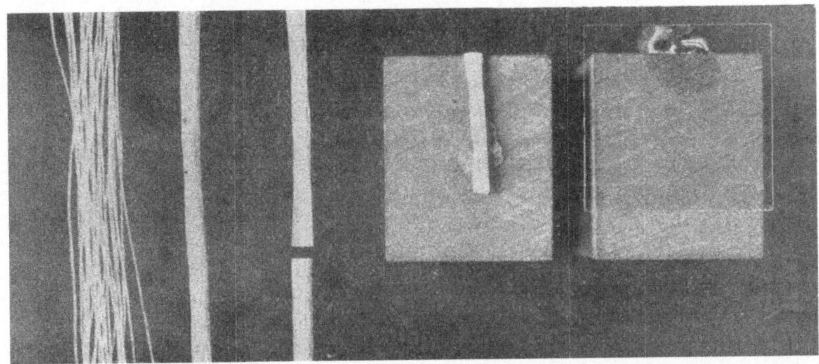

Abb. 35. Herrichtung von Fasern zum Schneiden (Schnellverfahren nach A. Herzog). Von links nach rechts: Lose Fasern, Fasern mit Kollodium verklebt, Faserbündel an einer Stelle querdurchschnitten, eine der beiden Hälften auf ein Stabilitklötzchen so aufgeklebt, daß die Schnittfläche mit dem oberen Rande des Klötzchens abschneidet. Aufsicht der mit einem Deckglase bedeckten Schnittfläche (zwischen dieser und dem Deckglase ein Tropfen Glyzerin).

unter dem Mikroskop so aufgestellt, daß das aufgeklebte Faserbündel nach vorn zu liegen kommt. An Stelle des Stabilitklötzchens verwendet der Verfasser[1] seit einiger Zeit mit gutem Erfolge die nachstehend beschriebene einfache Einrichtung: Auf einer Messingplatte von Objektträgergröße ist ein prismatischer Messingblock von rechteckigem Querschnitt aufgeschraubt. Je zwei gegenüberliegende Vertikalseiten sind mit Rinnen zur Aufnahme der mit Kollodium anzuklebenden Faserbündelchen bestimmt (für gewöhnlich wird nur eine Rinne benützt). Auf der Oberseite des Blockes ist die Mitte etwa 2 mm tief ausgeschliffen. Es hat dies den Vorteil, daß das aufgelegte Deckglas mit dem Flüssigkeitstropfen nur die Querschnittsfläche des Faserbündels berührt. Ein kapillares Abwandern des Tropfens in den zwischen Deckglas und Klotz vorhandenen Raum, wie es bei glatter Oberfläche stattfindet und manchmal störend wirkt, kann hier natürlich nicht er-

[1] Herzog, A.: Kunstseide **1929**, 334.

folgen. Der Objektträger läßt sich mit den Objekttischklemmen des Mikroskops festhalten und bei Vorhandensein eines drehbaren Objekttisches auch bequem drehen, um die jeweils günstigste Beleuchtung für die mikroskopische Betrachtung zu erhalten (Abb. 36).

Die zweckmäßigste Beleuchtung für die mikroskopische Betrachtung der Schnittfläche wird nun so erzielt, daß die Spitze eines horizontalen oder schräg nach unten gerichteten Lichtkegels einige Millimeter unter der Schnittfläche auf das Faserbündel trifft; es werden so Überstrahlungen und Verschleierungen des Bildes am sichersten vermieden. Bei dieser orthogonalen Anordnung der Achsen der beleuchtenden und der die Abbildung bewirkenden Strahlen können erforderlichenfalls auch sehr starke Objektive benutzt werden; in der Regel wird man aber mit den Objektiven A—D, entsprechend der älteren Bezeichnung von Zeiss, auskommen. Zur Konzentration des Lichtes benutzt man zweckmäßig ein schwaches Mikroskopobjektiv, das am

Abb. 36. Messingblock auf Objektträger.

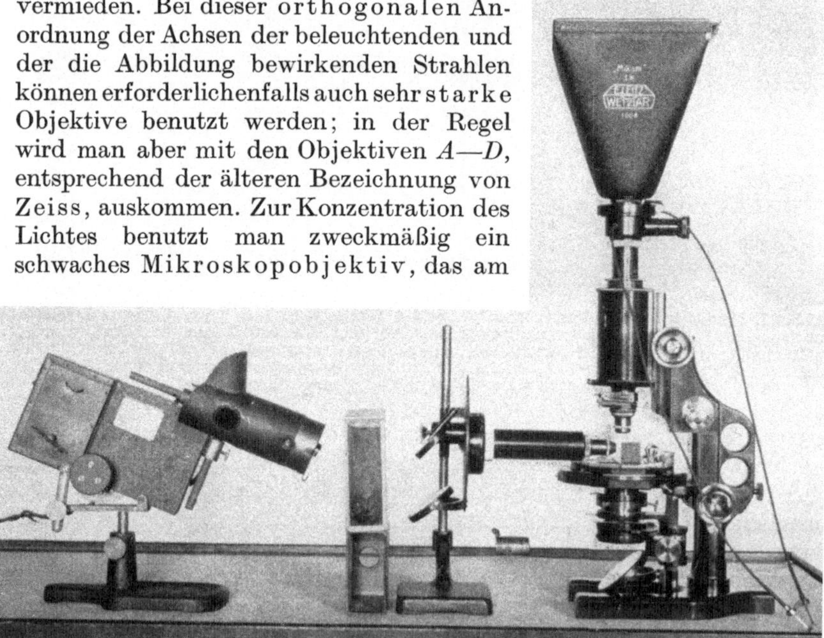

Abb. 37. Instrumentarium zum Schnellverfahren nach A. Herzog. Von links nach rechts: Kleine Bogenlampe, Kühlküvette, Beleuchtungsstativ mit Spiegeln, horizontalem Tubus und schwachem Mikroskopobjektiv (Reichert 3), Mikroskop mit aufgesetzter Kamera („Micam"). Auf dem Mikroskoptisch das Stabilitklötzchen als Träger des Faserstäbchens sichtbar.

Ende eines horizontal eingespannten Mikroskoptubus angeschraubt ist. Als Lichtquelle benutzt man entweder elektrisches Bogenlicht oder eine kräftige Glühlampe (Abb. 37). Sehr gut brauchbar ist auch die von der Firma C. Reichert-Wien hergestellte Beleuchtungsvorrichtung. Auf einem stabilen Sockel ist eine vertikale Stange aufgesetzt, an der das gut gelüftete Lampengehäuse in weitem Ausmaße in der Höhe verstellbar ist. Es besitzt eine große Beleuchtungslinse und davor einen mit einem Gewinde versehenen Konus, an den ein Mikroskopobjektiv (z. B. Reichert 3) angeschraubt wird. Das Gehäuse selbst ist um ein Gelenk neigbar, um dem Lichtbündel nach Bedarf einen schrägen Verlauf zu erteilen. Diese Einrichtung kann mit einer Halbwatt- oder einer Fixpunktbirne ausgestattet werden. Die nach diesem Verfahren hergestellten Schnitte können auch gezeichnet oder photographiert werden (Abb. 38). Bei Einhalten der gegebenen Vorschriften kann nach etwa 2 Minuten ein vollkommen erschöpfendes Bild über die Formverhältnisse von Kunstseide und tierischen Fasern erhalten werden, wobei die Feinheit des Materials gar keine Rolle spielt. Es ist dies immerhin von Wichtigkeit, da es bekanntlich nur schwer gelingt, von groben Fasern brauchbare Querschnitte nach einem der noch zu besprechenden Mikrotomschneideverfahren zu erhalten.

c) Ein anderes einfaches Verfahren wurde von E. Viviani[1] angegeben. Nach ihm wird mit einer Nähnadel ein starker Baumwollfaden in einen Kork eingeführt und durch dasselbe Loch wieder ausgeführt, derart, daß sich eine Öse bildet, in welche das zu untersuchende Faserbündel eingelegt wird. Nun zieht man die Fadenschlinge mit dem Faserbündel durch das Loch im Korke und schneidet von diesem mit einem scharfen Rasiermesser ein Scheibchen herunter. Die Prüfung der in der Mitte des Korkes befindlichen querdurchschnittenen Fasern erfolgt unter dem Mikroskop in durchfallendem Lichte. Bauer[2] arbeitet mit einer dünnen Nähmaschinennadel, mit der er den Kork durchsticht. Beim Zurückziehen der Nadel wird durch den eingezogenen Faden eine Schlinge gebildet, genügend groß, um das Faserbündel festzuhalten. Die besten Ergebnisse werden mit einem nicht zu elastischen Gummiklötzchen als Einbettmaterial erzielt (Abb. 39).

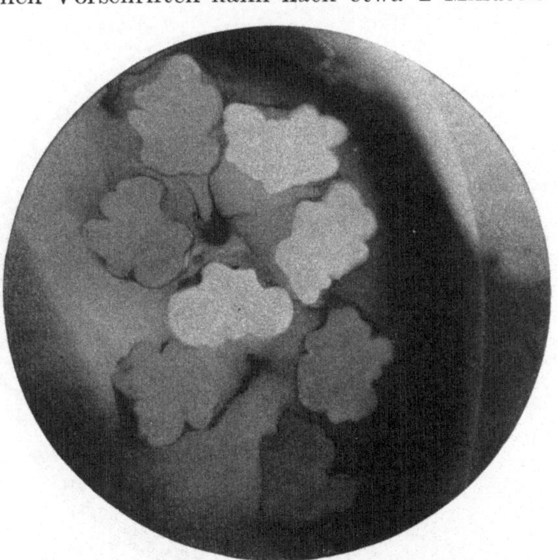

Abb. 38. Viskoseseide. Querschnitte nach der Schnellmethode von A. Herzog hergestellt. Vergr. 420.

---

[1] Viviani, E.: Kunstseide **1929**, 111.
[2] Bauer: Kunstseide **1929**, H. 8.

Es muß betont werden, daß die beschriebenen Schnellverfahren für tierische und künstliche Fasern, nicht aber für **pflanzliche**, geeignet sind.

A. **Herzog**[1] hat das Vivianische Verfahren noch weiter vereinfacht und durch Homogenisieren der Schnittfläche für sämtliche Fasern anwendbar gemacht. Die von ihm vorgeschriebene Arbeitsweise ist die folgende:

Ein kleiner Korkstopfen bester Qualität (unterer Durchmesser etwa 13 mm, oberer Durchmesser etwa 15 mm, Höhe etwa 20 mm) wird mit einer feinen Häkelnadel (Nr. 14) seiner Länge nach durchbohrt, wobei die Nadel an ihrem Griffe so bewegt wird, als wollte man sie in den Kork hineinschrauben. Sodann wird um das aus dem Korke hervorragende Häkchen der Nadel ein sehr fester, nicht zu feiner Zwirnsfaden gelegt und die Nadel mitsamt dem Faden vorsichtig aus dem Korke zurückgezogen, bis sich außerhalb eine größere Fadenschlinge bildet (Abb. 40). Von so ausgerüsteten Korken hält man stets einige vorrätig. Diese Art der Schlingenbildung mit einer Häkelnadel ist einfacher und daher vorteilhafter als die nach dem ursprünglich von **Viviani** und

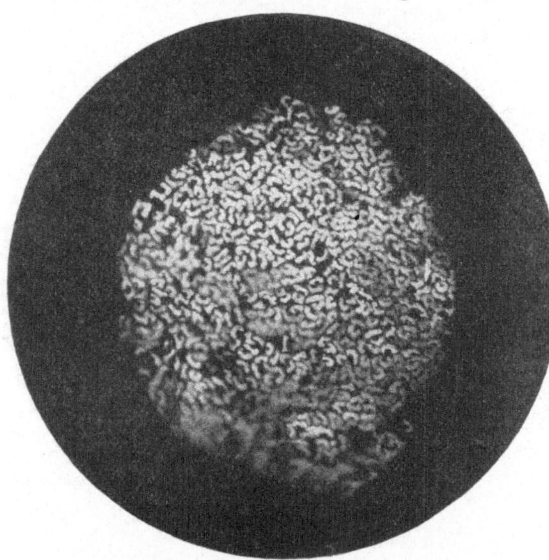

Abb. 39. Querschnitte von Viskoseseide nach dem Schnellverfahren von Viviani hergestellt. Übersichtsbild. Vergr. 55.

später von **Bauer** angegebenen Verfahren mit Hilfe einer Nähnadel, da jedes lästige Einfädeln entfällt und das Zurückführen der Nadel durch den zuerst gebildeten Kanal nicht besonders beachtet zu werden braucht. Auch ist das Einführen der Häkelnadel bequemer und mit weniger Kraftanstrengung verbunden als bei der Nähnadel, wo in der Regel die Hilfe einer Zange notwendig wird. In die auf obige Weise gebildete Fadenschlinge wird nun das zu untersuchende, vorher tunlichst parallel gelegte Fasermaterial gebracht und sodann mit der Schlinge durch den Kork gezogen, bis es an dessen anderem Ende zum Vorschein kommt. Es ist hierbei einerlei, ob die Fasern lose oder in versponnenem Zustand vorliegen; ebenso spielt in den meisten Fällen eine etwaige natürliche oder künstliche Färbung keine ausschlaggebende Rolle. Im allgemeinen mache man es sich zur Regel, so viel Fasern in die Schlinge einzuführen, a's man durch den zentralen Kanal gerade noch hindurchziehen kann.

---

[1] Herzog, A.: Kunstseide **1930**, 92.

Diese Menge ist natürlich ein Vielfaches von jener, die man bei anderen Einschlußverfahren (z. B. Paraffin) benötigt. Der beim Durchziehen des Fasermaterials erforderliche starke Zug ist für die Parallelität der Einzelfasern sehr vorteilhaft. Durch die natürliche Elastizität des Korkes werden die Fasern so stark zusammengepreßt, daß sie später beim Querschneiden keine Gleitbewegungen im Korke ausführen können.

Mit einem tadellos geschliffenen Rasiermesser werden dann von dem mit den Fasern beschickten Kork dünne Scheibchen freihändig abgeschnitten. Die Schnittdicke ist abhängig von der Art und etwaigen natürlichen oder künstlichen Fär-
bung der Fasern. So verlangt Baumwolle die verhältnismäßig fein-sten, gerade noch her-stellbaren Schnitte, während tierische und künst-liche Fasern selbst bei sehr groben Schnitten noch durchaus brauch-bare Ergebnisse liefern. Natürlich oder künstlich gefärbte Fasern setzen eine geringere Schnitt-dicke voraus als farb-lose, da sonst zu dunkle Bilder erhalten werden. Beim Schneiden ist das Messer durch den Kork zu ziehen. A. Herzog hat auch versucht, das Ab-tragen der Schnitte mit dem Mikrotom zu be-werkstelligen, wobei na-türlich nur Grobschnitte von etwa 0,3 mm Dicke in Betracht kommen und erhielt hierbei brauch-bare Ergebnisse. Einen

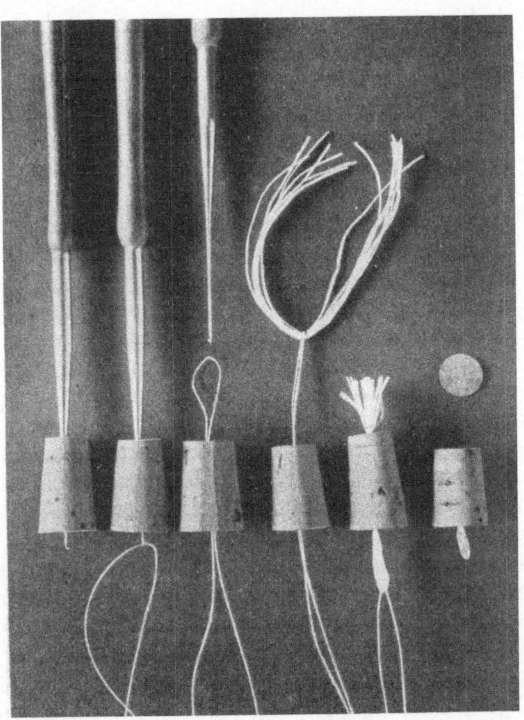

Abb. 40. Herstellung von Faserquerschnitten nach dem Schnell-verfahren von A. Herzog.

besonderen Vorteil kann Verfasser jedoch in der Anwendung des Mikrotoms nicht erblicken, abgesehen davon, daß das häufig notwendig werdende Schleifen der Messer mit besonderer Sorgfalt vorgenommen werden muß, was nicht gerade zu den Annehmlichkeiten gehört. Hinsichtlich des Schlei-fens und Abziehens der gewöhnlichen Rasiermesser sei hier kurz folgendes bemerkt: Schartig gewordene Messer werden auf einem weichen bel-gischen Stein, der mit wässeriger Palmölseife bestrichen wird, so lange geschärft, bis eine tadellose Schneide entsteht. Hierbei wird das Messer auf dem Stein mit der Schneide nach vorn und schräg nach dem Schlei-fer hin abgezogen. Das so geschärfte Messer wird dann einige Male auf einem bläulichgrünen Stein abgezogen. Zu diesem gehört unbedingt ein sogenannter Anreiber. Mit diesem wird auf dem mit Wasser benetzten Stein ein Schlamm angerieben, der während des Abziehens erhalten bleiben muß. Das so geschliffene und abgezogene Messer bedarf keiner weiteren Behandlung; insbesondere sind die üblichen Streichriemen nicht erforderlich, da sie bei unvorsichtiger Handhabung die Schneide des Messers beschädigen.

Die unmittelbare mikroskopische Betrachtung der in dem abgeschnittenen Korkscheibchen steckenden Fasern liefert in den meisten Fällen noch keine befriedigenden Ergebnisse. Nur bei Kunstseide erhält man auf diese Art eine genügende Vorstellung über die Formverhältnisse der Einzelfasern; in den übrigen Fällen sind aber die Bilder sehr unklar und wegen der beim Schneiden entstehenden unvermeidlichen Unebenheiten der Schnittfläche unsauber und zu dunkel. Zur Behebung dieser Übelstände nimmt der Verfasser eine Homogenisierung der Schnittoberfläche in ähnlicher Weise vor, wie er sie zuerst bei dem von ihm empfohlenen Schnellverfahren zur Herstellung von Faserquerschnitten angegeben hat. Er bringt zu diesem Zweck das Korkscheibchen in einen nicht zu großen Flüssigkeitstropfen (Wasser, Glyzerin, Paraffinöl usw.), der sich auf einem Deckglase befindet, so daß die eine Schnittfläche des Faserbündels dem Deckglase ohne zu großen Spielraum aufliegt. Ein etwaiger Überschuß der Flüssigkeit wird mit Filterpapier fortgenommen. Dann kehrt er das Deckglas um und legt es mit dem Korkscheibchen nach unten auf einen in der Mitte kreisförmig durchbohrten Objektträger oder auf einen niedrigen Glasring (Höhe etwa 2,5 mm), der mittels Kanadabalsam auf dem Objektträger aufgekittet ist. Die Verwendung eines durchbrochenen Objektträgers oder eines Ringes erleichtert die spätere mikroskopische Untersuchung ganz wesentlich, da hierdurch die Parallelität des Deckglases bzw. der oberen Schnittfläche der Fasern zum Objekttisch gewährleistet ist, so daß auch stärkere Vergrößerungen angewandt werden können. Das unmittelbare Auflegen des Scheibchens auf einen mit Flüssigkeit beschickten Objektträger ist in der Regel nicht zu empfehlen. Als Einbettungsflüssigkeit kommt in den meisten Fällen Wasser oder Glyzerin in Frage. Bei Kunstseide (ausgenommen Azetatseide, bei welcher sich Wasser empfiehlt) ist die Verwendung von konzentriertem Glyzerin oder Paraffinöl am Platze; Wasser bewirkt eine zu starke Quellung, so daß bei dem gegenseitigen starken Druck der sehr dicht liegenden Fasern leicht eine Deformation der Schnitte eintreten kann.

Die mikroskopische Betrachtung wird zuerst in schwacher Vergrößerung vorgenommen (Objektiv 10, Zeiss), wobei in den meisten Fällen eine mäßige Abblendung im Abbeschen Beleuchtungsapparat notwendig sein wird. An Stelle von Tageslicht ist vorteilhaft eine gute Mikroskopierlampe zu verwenden. Es liegt in der Natur der Sache, daß bei diesem außerordentlich einfachen Schneideverfahren nicht alle Einzelfaserquerschnitte in der gleichen Ebene liegen und daher auch nicht gleichzeitig im mikroskopischen Bilde scharf erscheinen können; es ist daher beim Absuchen des Präparats von der Mikrometerschraube des Mikroskops weitgehender Gebrauch zu machen. Nicht selten wird man in der Nähe der Peripherie des Faserbündels die besten und am günstigsten beleuchteten Faserquerschnitte finden. Bei Verwendung eines scharfen Messers erhält man gute und klare Bilder mit zahlreichen Einzelfaserquerschnitten, die einen bequemen Vergleich der Querschnittsform und der Größe bzw. Gleichmäßigkeit der Querschnittsfläche zulassen. Hierbei treten auch die geringfügigsten Unterschiede in der natürlichen oder künstlichen Färbung der Einzelfasern klar hervor, da die Schnittdicke verhältnismäßig beträchtlich ist; in manchen Fällen kann dieser Umstand von Nutzen sein (Untersuchung von Makobaumwolle). Richtig ausgeführte Schnitte lassen auch die Verwendung starker Vergrößerungen zu (Objektive 20, 40, 80 und 90 von Zeiss); in der Regel wird man jedoch mit den Objektiven 10 und 20 auskommen. Bei Benutzung von Objektiv 90 (Zeiss) ist dafür Sorge zu tragen, daß das Korkscheibchen möglichst dicht dem Deckglase aufliegt, da der Fokalabstand des Objektivs naturgemäß sehr gering ist (also möglichst wenig Flüssigkeit und ein sehr dünnes Deckglas wählen!). Dieses stärkste Trockenobjektiv ist nur dann erwünscht, wenn Zeichnungen in starker Vergrößerung angefertigt werden sollen. Mit einem komplanatischen Okular 4 gestattet es bei Benutzung des großen Abbeschen Zeichenapparats auf eine Vergrößerung von 1500 einzustellen. Es ist dies natürlich nur eine sogenannte leere Vergrößerung; bei der etwaigen Ausmessung von Querschnitten kommt aber eine möglichst großgehaltene Zeichnung des Schnittes bzw. seiner äußeren Begrenzung in den meisten Fällen in Betracht.

Die auf die angegebene Art hergestellten Schnitte sind in vielen Fällen selbst den nur auf sehr umständlichem Wege herstellbaren Mikrotomschnitten von Fasern überlegen und können natürlich auf entsprechenden Zeichnungen oder Lichtbildern zu Messungen allerart herangezogen werden. Lichtbilder geben allerdings nicht immer befriedigende Ergebnisse, weil die Fasern nach dem schon oben Ausgeführten nicht alle in derselben Ebene liegen, was namentlich bei Anwendung stärkerer Objektive sehr störend wirkt. Daß aber auf diesem Wege bei etwas Geduld doch Brauchbares geleistet werden kann, ist aus den hier angeschlossenen Lichtbildern zu ersehen (Abb. 41 und 42).

Bis zu einem gewissen Grade lassen sich mit den so hergestellten Querschnitten auch Färbeversuche oder mikrochemische Reaktionen ausführen; die Reagenzien müssen allerdings sehr verdünnt gewählt werden, da sonst die mikroskopischen Bilder zu dunkel ausfallen (Stärkenachweis in geschlichteten Gespinsten mit sehr verdünnter wässeriger Jodlösung).

Wer die außerordentlichen Schwierigkeiten, die sich in vielen Fällen der Anfertigung brauchbarer Faserquerschnitte, trotz sorgfältiger Einbettung und Einhaltung aller gegebenen Mikrotomschneidevorschriften, entgegenstellen, aus eigener Erfahrung kennt (z. B. bei Baumwolle, gebleichtem Flachs, echter und wilder Seide usw.), wird dem Verfasser darin Recht geben, daß das Korkschneideverfahren in der vorbeschriebenen Form einen wesentlichen Fortschritt auf dem Gebiete der Materialprüfung bedeutet, wobei als besondere Vorteile die außerordentliche Einfachheit und Raschheit in der Ausführung hervorzuheben sind. In letzterer Hinsicht sei nur erwähnt, daß, sofern alle Erfordernisse gewissermaßen schußbereit sind, schon etwa in einer Minute mit der mikroskopischen Betrachtung begonnen werden kann. Die Möglichkeit, feine und grobe Fasern in gleich guter Weise auf ihre Querschnittsverhältnisse prüfen zu können, muß gleichfalls als ein Vorteil des Korkschneideverfahrens bezeichnet werden.

2. Verfahren zur Herstellung von Dünnschnitten. Bei genaueren wissenschaftlichen und technischen Untersuchungen von Faserquerschnitten, bei denen neben der Form auch die Breite und Dicke, die Querschnittsfläche bzw. die Feinheit, der Völligkeitsgrad, die Gleichmäßigkeit in der Feinheit der Einzelfaser, die Quellung u. a. berücksichtigt werden sollen, kommen nur sorgfältig hergestellte mikroskopische Dünnschnitte in Frage. Hierbei sind haupt-

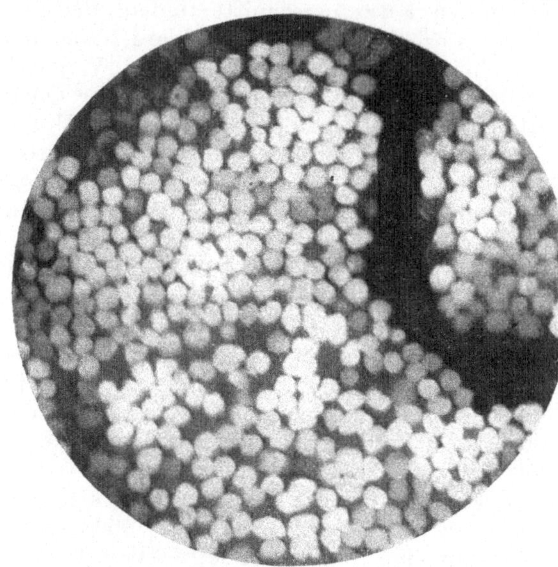

Abb. 41. Feinfädige Kupferseide. Querschnitte nach dem Viviani-Herzogschen Schnellverfahren. Vergr. 225.

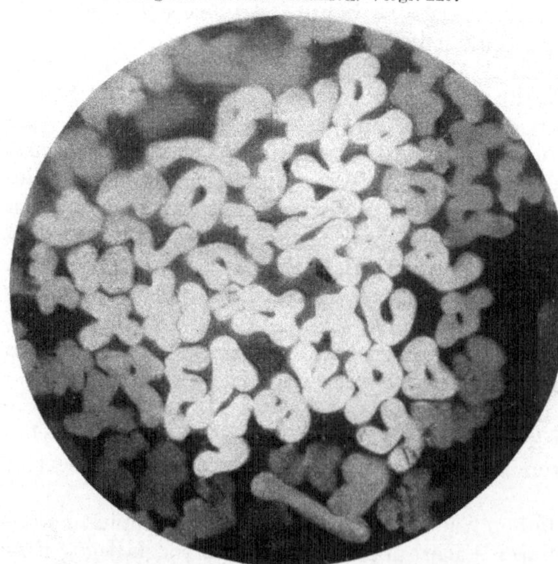

Abb. 42. Feinfädige Azetatseide. Querschnitte nach dem Viviani-Herzogschen Schnellverfahren. Vergr. 225.

sächlich folgende Umstände zu beachten:

a) Die Art der Einbettung.

b) Die Schärfe des Messers und die richtige Messerstellung.

c) Die Sorgfalt bei der Entfernung des zur Einbettung benutzten Stoffes.

d) Die Natur und der etwaige natürliche Verband der Fasern.

Einbettung. 1. Ein universell anwendbares, wenn auch nicht gerade bequemes Einschlußmittel ist das arabische Gummi in Verbindung mit Glyzerin. Nach v. Höhnel[1] wird das Einbetten der Fasern wie folgt vorgenommen: Ein Bündel möglichst parallel gelegter Fasern wird mit einer dicken, mit etwas Glyzerin versetzten Gummilösung vollständig durchtränkt und gut trocknen gelassen. Nach erreichter Lufttrockene wird das Bündel zwischen zwei flache Korkstücke gelegt und diese mit einem Faden fest umbunden. Das folgende Schneiden der Fasern wird mit einem Rasiermesser freihändig vorgenommen; es hat möglichst senkrecht zur Faserlängsrichtung zu geschehen.

Der Glyzerinzusatz darf nicht zu groß bemessen sein, weil sonst das Faserbündel nicht genügend erhärtet.

Die kleinen Schnittschnitzel werden auf einen Objektträger gelegt, mit einem Deckglas bedeckt und sodann wird ein kleiner Tropfen Wasser oder Glyzerin an den Rand des Deckglases gebracht, der sich durch Kapillarität zu den Fasern hineinzieht.

2. Kränzlin[2] verwendet mit Erfolg an Stelle des arabischen Gummis hellen Knochenleim: er gibt folgende Vorschrift: Eine Platte Tischlerleim von 35 g wird 18 bis 20 Stunden in kaltem Wasser quellen gelassen. Nach Abgießen des nicht aufgenommenen Wassers wird der Leim auf dem Wasserbade verflüssigt und auf je 2 g trockenen Leimes 1 g konzentriertes Glyzerin zugesetzt. Diese Lösung wird bis zur Sirupdicke eingedampft. Die einzubettenden Fasern werden durch Aufkochen in Wasser entlüftet und in Büscheln von etwa 3 cm Länge heiß mit der Pinzette in die Leimlösung eingetragen, zur besseren Durchdringung und Netzung mit Leim etwas hin- und herbewegt oder auch auseinander gebreitet und danach auf einen kleinen Holzspan gebracht. Der Leim erstarrt beim Erkalten sofort. Nach dem Erkalten wird bei Zimmertemperatur getrocknet, bis sich der Leim außen mit einer derben Haut überzogen hat; hiernach kann im Trockenschrank bei 30 bis 40° weitergetrocknet werden. Nach 2 bis 3 Tagen hat der Leim die zum Schneiden geeignete Konsistenz. Er muß so hart sein, daß er beim Schneiden mit dem Rasiermesser dem Drucke des Messers nicht mehr ausweicht. Die Schnitte gelangen vom Messer direkt in ein Härtebad, z. B. aus Formalin oder aus einem Gemisch von gleichen Teilen Formalin und hochprozentigem Alkohol, worin sie etwa 2 bis 3 Minuten verbleiben. Nach dieser Zeit ist der Leim so weit gehärtet, daß die Schnitte auf den Objektträger gebracht werden können, um in Glyzerin oder Glyzeringelatine untersucht zu werden. Die Schnitte können auch vorher gefärbt werden.

3. Kunstseide und tierische Fasern können nach dem folgenden,

---

[1] v. Höhnel, F.: Mikroskopie der Faserstoffe, 2. Aufl. Leipzig-Wien 1905.
[2] Kränzlin: Faserforschung **1922**, H. 1.

zuerst von A. Herzog[1] angegebenen einfachen Verfahren in Paraffin eingebettet werden. Eine kleine, möglichst parallel gestreckte Faserprobe wird in geschmolzenes Paraffin von etwa 60° Schmelzpunkt eingetaucht, aus demselben rasch herausgezogen und durch Ausdrücken in der Längsrichtung etwas flachgepreßt. Hierauf wird wieder in das Paraffin getaucht, jedoch nur einen Augenblick, damit die erste Schicht nicht abschmilzt, und das Herausnehmen bzw. Eintauchen so oft wiederholt, bis sich eine genügend dicke Paraffinkruste um das Faserbündel gebildet hat. Um das so erhaltene Paraffinstäbchen möglichst rasch schneidefähig zu machen, wird es einige Zeit in kaltem Wasser gekühlt. Dann wird das Stäbchen der Quere nach mit einem Rasiermesser durchschnitten und der eine Teil auf ein Holz- oder Stabilitklötzchen mit flüssigem Paraffin geklebt (Abb. 43). Die entweder mit einem Rasiermesser freihändig oder mit einem Mikrotom geschnittenen Fasern werden sonach in einen Tropfen

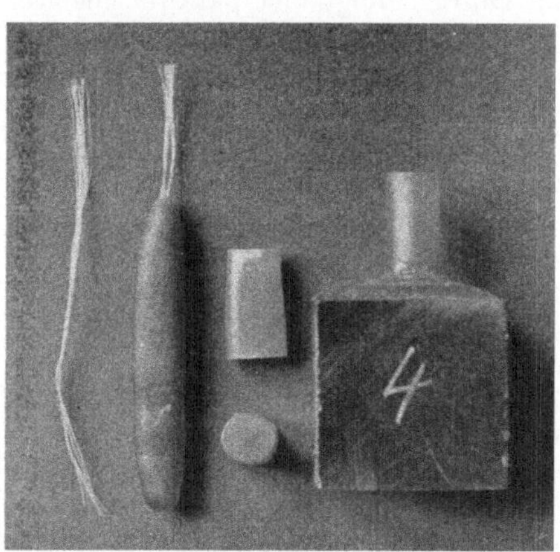

Abb. 43. Einbettung von Kunstseide in Paraffin als Vorbereitung zum Dünnschneiden.

Kanadabalsam gebracht, der sich auf einem Objektträger befindet, und mit einem Deckglase bedeckt. Um die stark aufgehellten Schnitte deutlich sichtbar zu machen, ist es notwendig, die Fasern vor dem Einbetten künstlich anzufärben (am besten mit einer wässerigen Lösung von Safranin). Das noch im Präparat zurückbleibende Paraffin stört die mikroskopische Betrachtung der Schnitte in keiner Weise. Je weniger die Schnitte nachbehandelt werden, um so günstiger!

4. Bei dem vorstehend beschriebenen Verfahren kommt es ab und zu vor, daß sich infolge der Kristallisation der einzelnen konzentrischen Paraffinzonen des Stäbchens beim späteren Schneiden die inneren

Abb. 44. Einbettungsrahmen aus Metall für flüssiges Paraffin.

Schichten mit den Fasern loslösen, so daß entweder gar keine oder nur stark zerfetzte Schnitte erhalten werden. Um diesen Übelstand zu vermeiden, verwendet der Verfasser[2] einen einfachen Einbettungsrahmen aus Metall, der an zwei gegenüberliegenden Seiten schmale

[1] Herzog, A.: Unterscheidung der natürlichen und künstlichen Seide. Dresden 1910.
[2] Herzog, A.: Mell. Text. **1927**, 429.

Einschnitte aufweist. Das einzubettende Faserbündel (gefärbt) wird durch die Schlitze des Rähmchens gezogen und fest angespannt (Abb. 44).

Nach Auflegen des Rähmchens auf eine ebene, schwach vorgewärmte Metallplatte wird das Innere mit Hartparaffin von 60⁰ Schmelzpunkt ausgegossen. Man überwache das Erstarren des Paraffins und füge nach und nach zum Ausgleich der durch die starke Kontraktion des erkaltenden Paraffins bedingten Einbuchtung der Oberfläche noch etwas heißes Paraffin hinzu und lasse erst dann vollständig erstarren. Die Erstarrung wird durch Einlegen in kaltes Wasser beschleunigt. Nach einigen Minuten ist der Paraffinblock so weit erhärtet, daß er von der Unterlage abgehoben und aus dem Rahmen entweder herausgedrückt

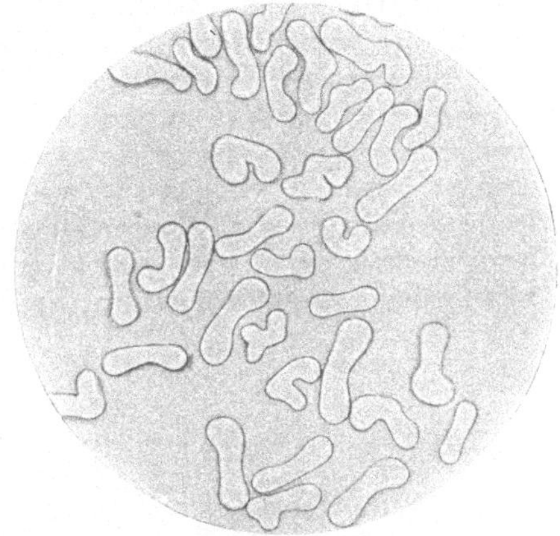

Abb. 45. Nitratseide. Mikrotomquerschnitte. Vergr. 173.

oder nach dem Auseinandernehmen der beiden Metallwinkel abgenommen werden kann. Der so erhaltene Paraffinblock, aus dem beiderseits die Enden der eingeschlossenen Fasern hervorsehen, wird nun in üblicher Weise auf einem Stabilitklötzchen mit heißem Paraffin befestigt und sodann mit dem Mikrotom geschnitten. Schnitte von nur $2\,\mu$ Dicke sind auf diesem Wege leicht zu erhalten, für gewöhnlich reichen jedoch solche von $10\,\mu$ vollständig aus (Abb. 45 und 46).

5. Um die einzelnen Fasern bei der Herstellung von Dauerpräparaten oder bei der photographischen Aufnahme in ihrer gegenseitigen Lage zu erhalten bzw.

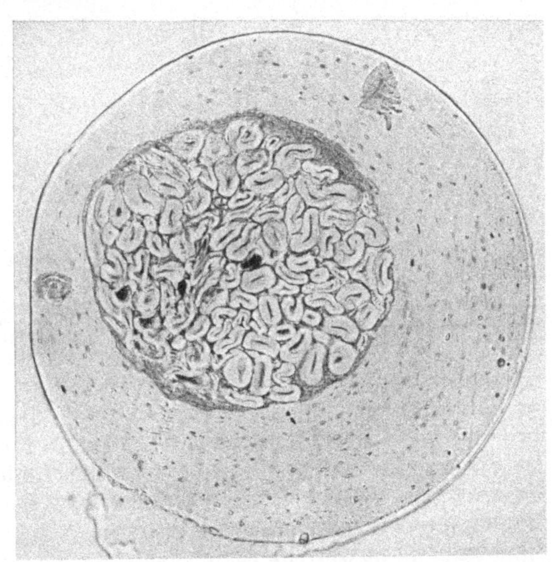

Abb. 46. Mikrotomschnitt durch ein Viscellingarn. Im Innern der aus zahlreichen Haaren bestehende zweidrähtige Baumwollzwirn sichtbar (etwas exzentrisch gelegen), außen die glasig durchsichtige Zelluloshülle mit festen und gasförmigen Einschlüssen. Vergr. 150.

am Umfallen zu verhindern, empfiehlt sich die Anwendung eines kleinen Kunstgriffes, der darin besteht, das Faserbündel vor der Einbettung mit einem Tropfen dicklichen Kollodiums vollkommen zu umhüllen. An Stelle des Kollodiums kann auch eine dicke Lösung von Zelloidin treten. Derart geschnittene Fasern vertragen das Herauslösen des Paraffins sehr gut, ohne dabei umzufallen (Abb. 47)[1].

6. Die Herstellung von Querschnitten ganz kurzer Fadenabschnitte, wie sie etwa im Flor von Samt vorkommen, verursacht keine Schwierigkeiten, wenn das folgende, vom Verfasser[1] angegebene Verfahren gewählt wird.

A. Ungefärbte Fadenstücke: Von den tunlichst parallel gelegten kurzen Fäserchen wird ein Büschel an die Oberfläche eines mit dicker Zelloidinlösung durchfeuchteten Fadens einer beliebigen, aber gefärbten Kunstseide festangedrückt, das Bündel sodann etwas zusammengedreht und nochmals mit etwas Zelloidinlösung behandelt. Dann läßt man vollständig austrocknen, schließt in üblicher Weise in Paraffin ein und schneidet mit dem Mikrotom.

B. Gefärbte Fadenstücke: An Stelle der im vorigen Falle benutzten gefärbten Kunstseide tritt ungefärbte Kunstseide (Abb. 14). Die sonstige Behandlung ist die gleiche.

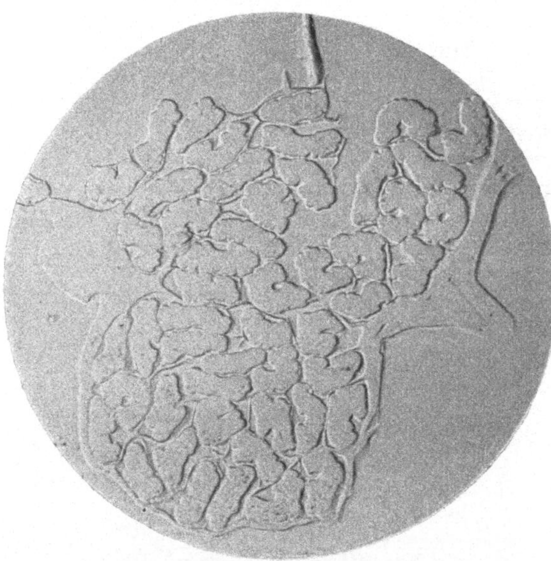

Abb. 47. Mikrotomschnitt von Viskoseseide nach Umhüllung mit Zelloidin. Fasern ungefärbt. Schiefe Beleuchtung. Vergr. 215.

7. In manchen Fällen kann es erwünscht sein, Querschnitte von ungefärbter Kunstseide möglichst scharf auf dem Untergrunde des mikroskopischen Gesichtsfeldes hervortreten zu lassen. Ein hierfür geeignetes Verfahren ist von A. Herzog[2] angegeben worden. Das zur Untersuchung bestimmte Faserbündel wird durch schwarzen Schuhlack gezogen (von Dr. Grübler & Co., Leipzig, unter der Bezeichnung „nubian waterproof-blacking" zu beziehen), bis die Fasern von ihm vollständig umzogen sind. Nach oberflächlicher Trocknung wird nochmals durch den Lack gezogen, damit sich eine genügend dicke Lackschicht auch an der Außenseite ansetzen kann. Sodann läßt man vollständig austrocknen. Der vom Lack umhüllte Faden wird nunmehr in üblicher Weise in Paraffin eingebettet, wobei zweckmäßig der oben beschriebene Metallrahmen Verwendung findet, und sodann geschnitten. Bei

<hr>

[1] Herzog, A.: Mell. Text. **1927**, 602.
[2] Herzog, A.: Mell. Text. **1927**, 524.

der mikroskopischen Betrachtung des Präparates treten die Einzelfaserquerschnitte gleichmäßig hell auf dunklem Grunde überraschend
scharf hervor (Abb. 48). Dieses Verfahren kann natürlich auch gut
zur Herstellung von Dauerpräparaten Verwendung finden.

8. Kronacher, Saxinger und Schäper[1] empfehlen Graphokoll (Zelloidin, Zelluloid mit Graphit versetzt) zur Einbettung von
tierischen Haaren. Sie geben folgende Arbeitsweise an: Haarsträhnchen
zu etwa 100 Fasern werden in ein am Rande eingekerbtes schwarzes
Tonpapier eingeklemmt. Darauf wird der an der Kerbe gelegene Haarstrang mit einem Kolophonium-Wachsgemisch angeklebt. Der
Kolophonium-Wachstropfen wird in noch heißem Zustande mit einem
Ölpapierfleckchen
bedeckt und nach sorg-
fältigem Spannen dann
auch das untere Ende
des gestrafften Strähn-
chens mit einem Kolo-
phonium - Wachstrop-
fen festgehalten, auf
den gleichfalls ein Öl-
papierfleckchen ange-
drückt wird. Sodann
werden die Haltestellen
mit einem etwa einen
halben Zentimeter über
diese   vorstoßenden
breiten Ölpapierstrei-
fen mit Hilfe von Peli-
kanol überklebt und
nach Aufspannen des
Tonpapiers mit dem
aufgezogenen Faser-
strähnchen auf eine mit
Fließpapier überzo-

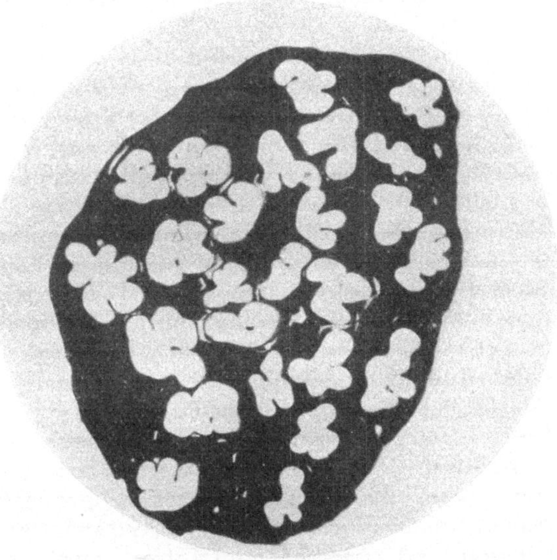

Abb. 48. Mikrotomschnitt von Nitratseide nach Einbettung in
Schuhlack-Paraffin. Vergr. 200.

gene waagrechte, ebene Unterlage die Faserbündel in einem Zuge mit dem
Graphokoll (zu beziehen von de Haën-Hannover) übergossen.
Darauf wird das Präparat ohne weitere Berührung 2 bis 6 Stunden
trocknen gelassen. Nun wird der Präparatstreifen möglichst lang und
möglichst schmal herausgeschnitten, zwischen zwei Weichholzklötz-
chen geklemmt und das Ganze in die Haltevorrichtung des Mikrotoms
senkrecht zur Messerschneide gespannt. Die mit dem Quermesser in
langsamem Zuge aus dem Streifen geschnittenen Querschnitte von
50 μ Dicke werden auf einen Objektträger gebracht und in Glyzerin
eingebettet.

9. Die hier und da vorgeschlagene Zelloidineinbettung für
botanische und zoologische Objekte kommt für Faserstoffe kaum in
Frage, da sie zu umständlich und zeitraubend ist und nur bei ge-

[1] Kronacher: Z. Tierzüchtg. **1925**, 213.

nauester Einhaltung der Arbeitsvorschriften brauchbare Ergebnisse
liefert. Abkürzungen sind hier kaum möglich, wenn man hinsichtlich
der Brauchbarkeit der Schnitte nicht von Zufällen abhängig sein will.
Daß sich mit Hilfe des Zelloidinverfahrens auch bei Faserstoffen
Brauchbares erzielen läßt, ist zweifellos; in manchen Fällen, so
etwa bei der Anfertigung von Baumwollgarnquerschnitten, die
aus zahlreichen einzelnen Haarquerschnitten bestehen, deren gegenseitige Lage im mikroskopischen Bilde unverändert erhalten werden soll, ist es sogar kaum zu umgehen. Allerdings muß in diesem
Falle eine größere Schnittdicke als unwillkommene Beigabe mit in
den Kauf genommen werden. Vorschriften für die oft sehr verwickelte
Zelloidineinbettung sind z. B. in Straßburgers Botanischem Praktikum enthalten.

Schneiden. Das Schneiden der eingebetteten Fasern kann entweder
freihändig oder mit dem Mikrotom vorgenommen werden. Für gewöhnlich kommt nur das letztere in Frage, indessen kann dem Anfänger
nicht genug empfohlen werden, sich auch mit dem Freihandschneiden
vertraut zu machen. In beiden Fällen ist auf die Schärfe des Messers
besonders zu achten. W. Walb gibt in seinem Preisverzeichnis über
Mikrotommesser auch eine Anleitung zum Schleifen und Abziehen
der Messer, der man mit gutem Gewissen folgen kann. Hinsichtlich der
Auswahl des erforderlichen Mikrotomes ist zu bemerken, daß selbst
mit einfachen Einrichtungen gute Ergebnisse erzielt werden können.
So liefert schon das einfache Studentenmikrotom von Sartorius-
Göttingen völlig brauchbare Schnitte. Auch das nach den Angaben
Wolffs gebaute Mikrotom nach dem Minotschen Typus ist verwendbar;
Verfasser arbeitet seit Jahren mit einem Albrechtschen Schlittenmikrotom der Firma C. Reichert, das sich auch in den schwierigsten Fällen als durchaus brauchbar gezeigt hat. Im allgemeinen sei
bemerkt, daß es nicht so sehr auf die Wahl eines bestimmten Modells
ankommt, als vielmehr auf Übung und gründliches Einarbeiten.
Bei den in Paraffin eingebetteten Fasern, insbesondere bei Kunstseide,
schneide man mit quergestelltem Messer, um sogenannte Schnitt-
bänder zu erhalten; in diesem Falle muß aber der Paraffinblock rechteckig beschnitten sein, damit die einzelnen Schnitte selbsttätig aneinander hängen bleiben.

Schneidefähigkeit. Selbst bei tadelloser Einbettung ist die
Schneidefähigkeit der Fasern verschieden; auf Grund langjähriger Erfahrungen lassen sich z. B. folgende Gruppen bilden:

1. Kunstseide.
2. Manila, Aloe, Sisal, Neuseelandflachs, Typha, Jute, Urena.
3. Kunstroßhaar, Kunstbändchen, tierische Wollen und Haare.
4. Flachs, Hanf, Ramie, Brennessel und andere ungebleichte
dikotyle Bastfasern.
5. Echte und wilde Seide, gebleichte monokotyle und dikotyle
Fasern, Baumwolle, Pflanzenseiden, Pflanzendunen.

Diese Einteilung ist so zu verstehen, daß die Fasern jeder folgenden
Gruppe schwieriger zu schneiden sind, als die der vorangehenden. So

z. B. gelingt es auch dem Anfänger fast mühelos, Querschnitte von Kunstseide herzustellen, während Baumwollquerschnitte selbst nach jahrelanger Übung im Mikrotomschneiden nur schwierig anzufertigen sind. Es hängt dies mit der von Haus aus verschiedenen Härte und Zähigkeit der Fasern zusammen (z. B. Kunstseide und echte Seide); es ist aber auch von Wichtigkeit, ob die Fasern zu größeren Bünde n vereinigt sind, oder vollkommen vereinzelt stehen (z. B. gebleichter und ungebleichter Flachs). Bei größerer Schnittdicke tritt natürlich bei vereinzelten Fasern sehr leicht ein Umfallen der Schnitte ein, was bei Faserbündeln nicht so leicht zu befürchten ist. Es gilt daher die Regel, die Schnittdicke nach Tunlichkeit zu beschränken (etwa 5 bis 10 μ).

Tabelle 2 zur Berechnung der wirklichen Querschnittfläche von Fasern (F in $q\mu$) aus der mittels des Zeichenapparats hergestellten und planimetrisch ausgemessenen Querschnittzeichnung (Q in qmm).

qmm auf der Zeichng. (Q)	Wahre Fläche (F) in $q\mu$[1] bei einer linearen Vergrößerung von				
	100	250	500	1000	1500
100	10000	1600	400	100	44,44
200	20000	3200	800	200	88,89
300	30000	4800	1200	300	133,33
400	40000	6400	1600	400	177,78
500	50000	8000	2000	500	222,22
600	60000	9600	2400	600	266,67
700	70000	11200	2800	700	311,11
800	80000	12800	3200	800	355,55
900	90000	14400	3600	900	400,00
1000	100000	16000	4000	1000	444,44

Beispiel: Ein in 1500facher Vergrößerung gezeichneter Faserquerschnitt ergab beim Planimetrieren eine Fläche (Q) von 897 qmm. Die wirkliche Fläche (F in $q\mu$) berechnet sich mit Hilfe der obigen Tafel wie folgt:

800 qmm	entsprechen	355,55	$q\mu$
90 „	„	40,000	„
7 „	„	3,1111	„
897 „	„	398,6611 = 399 $q\mu$.	

Zur genaueren wissenschaftlichen Kennzeichnung eines Faserstoffes sind nähere Angaben über die durchschnittliche absolute Größe des Einzelfaserquerschnittes erforderlich (Tabelle 3). Hierbei ist auch das Verhältnis der unterschiedlichen Flächenanteile (z. B. bei den pflanzlichen Fasern das Verhältnis der von der Faserwandung und dem Zellkanal gedeckten Anteile) entsprechend zu berücksichtigen. Vgl. Tabelle 3 (Abb. 49). Dies ist namentlich bei der Beurteilung der Festigkeitsverhältnisse einer Faser erwünscht, da natürlich nur die von der eigentlichen Faserwand gedeckte Fläche als tragender Querschnitt in Frage kommt.

---

[1] 1 $q\mu$ = 0,000001 qmm.

Tabelle 3.

Laufende Nr.		Einzelfaser Länge in mm	Einzelfaser Breite in μ	Einzelfaser Dicke in μ	Gesamtquerschnittsfläche der Einzelfaser in $q\,\mu$	Von der Gesamtquerschnittsfläche der Einzelfaser entfallen % auf Wand	Lumen	Metrische Nummer der Einzelfaser
	I. Pflanzenhaare:							
1	Ind. Baumwolle, Sindh	20	22	—	169	92,7	7,3	4275
2	„ „ Omrah	20	23	—	187	93,7	6,3	3835
3	Amerik. „ Sea Island . .	42	24	—	163	97,3	2,5	4221
4	„ „ Upland	28	24	—	171	97,0	3,0	4043
5	Afrik. „ Togo	24	25	—	165	96,4	3,6	4221
6	Ägypt. „ Mitafi	39	24	—	105	96,9	3,1	6580
7	Mazed. „	18	30	—	347	97,7	2,3	1980
8	Chines. „	20	28	—	286	96,4	3,6	2432
9	Pflanzenseide von Asclepias Cornutii	25	28	28	311	30.9	69,1	6944
10	„ von Calotropis procera	40	24	24	445	21,9	75,1	6000
11	Pflanzendune von Eriodendron anfractuosum	35	20	20	306	18,6	81,4	11700
12	Samenhaare von Salix pentandra .	2	11	11	84	48,8	51,2	16221
	II. Dikotyle Bastfasern:							
13	*Flachs, Linum usitatissimum L.* — Sorauer, blühreif) Stengelmitte	—	—	—	—	66,5	33,5	—
14	„ , grünreif	—	—	—	—	95,0	5,0	—
15	„ , gelbreif	—	—	—	—	98,7	1,3	—
16	„ , vollreif	—	—	—	—	98,7	1,3	—
17	Schles., 1 cm	10	außerordentlich schwankend					1480
18	„ , 0 „							1750
19	„ , 0—10 „ (unter den Ansatzstellen der Keimblätter)	25	40	24	450	79,0	21,0	1870
20	„ 10—20 „		33	27	386	86,5	13,5	2000
21	„ 20—30 „		25	18	227	98.5	1,5	2980
22	„ 30—40 „ (über den Ansatzstellen der Keimblätter)	32	21	17	184	98,7	1,3	3660
23	„ 40—50 „		20	17	172	98,6	1,4	3920
24	„ 50—60 „	38	19	17	173	97,3	2,7	3970
25	„ 60—70 „		18	15	141	94,6	5,4	5000
26	„ 70—80 „	—	14	10	75	92,0	8,0	9660
27	Russischer Steppenlein . . .	20	28	19	300	90,1	9,9	2469
28	Hanf, badischer, Cannabis sativa L.	25	25	18	297	95,9	4,1	2370
29	Brennessel, Urtica dioica L. . . .	30	40	15	573	96,7	3,3	1204
30	Ramie, Boehmeria nivea H. et A. .	140	55	30	815	95,8	4,2	848
31	Jute, Corchorus capsularis	3	20	—	161	89,0	11,0	4857
32	Chinajute, Abutilon avicennae L. .	2	18	16	171	87,4	12,6	4464
33	*Ginster, Sarothamnus scoparius W.* — Bastrippe, äußerer Teil . .	—	17	16	93	99,2	0,8	7180
34	„ innerer „ . .	—	24	18	161	99,1	0,9	4140
35	primärer Bast	2	26	21	208	97,5	2,5	3210
36	sekundärer Bast	—	17	10	72	90,6	9,4	9270
37	Steinklee, Melilotus albus Desr. . .	10	22	15	389	83,2	16,8	2060
38	Rotklee, Trifolium pratense L. . .	5	14	—	—	—	—	—
39	Bohne, Phaseolus vulgaris L. . . .	5	19	—	—	—	—	—
40	Lupine, Lupinus luteus Lindl. . .	5	40	—	—	—	—	—
41	„ , „ polyphyllos Lindl.	4	33	—	—	—	—	—
42	*Malve, Malva crispa L.* — Bastfasern der Wurzel . .	1	—	—	90	72,9	27,1	10209
43	„ 20 cm oberh. der prim.		—	—	312	72,8	27,2	2939
44	„ 20 „ der sek.		—	—	171	78,4	21,6	4987
45	„ 120 „ Keimblätt. prim.		20	20	212	83,4	16,6	3769
46	„ 120 „ Keimblätt. sek.		20	12	117	56,0	44,0	10178
47	„ aus den Blattstielen.	—	—	—	225	63,5	36,5	4658

Tabelle 3 (Fortsetzung).

Laufende Nr.		Einzelfaser Länge in mm	Einzelfaser Breite in μ	Einzelfaser Dicke in μ	Gesamtquerschnittsfläche der Einzelfaser in $q\mu$	Von der Gesamtquerschnittsfläche der Einzelfaser entfallen % auf Wand	Lumen	Metrische Nummer der Einzelfaser
48	Linde, Tilia parvifolia Erh. . . .	2	15	15	—	—	—	—
49	Kartoffel, Solanum tuberosum L. .	16	32	—	531	64,2	35,8	1954
50	Holunder, Sambucus nigra L. . .	—	24	20	204	86,7	13,3	3767
51	Weide, Salix alba L., prim. Bastfaser	2	18	10	122	99,2	0,8	5522
52	,, ,, ,, sek. ,, .	—	12	8	69	96,2	3,8	10086
53	Dotter, Camelia sativa L.	—	12	10	201	85,1	14,9	5605
54	Königskerze, Verbascum thapsif. L.	—	38	15	397	86,4	13,6	1943
55	Goldstaub, Solidago Virgo aurea L.	—	14	10	123	96,1	3,9	5645
	III. Monokotyle Sklerenchymfasern:							
56	Aloehanf, Aloë perfoliata Thbg. . .	3	20	—	160	73,6	26,4	5435
57	Sisal, Agave americ. var. sisal. . .	3	25	—	122	90,9	9,1	5848
58	Manila, Musa textilis L. N.	2	25	—	131	87,3	12,7	3115
59	Neuseel. Flachs, Phormium tenax L.	4	15	—	71	92,4	7,6	9901
60	Kokos, Cocos nucifera L.	1	16	—	168	76,8	23,2	4717
61	Ananas, Ananas sativa L.	5	8	—	20	90,0	10,0	36364
62	Schilfrohr, Phragmites communis L.	1	9	—	129	38,0	62,0	13654
63	Teichsimse, Scirpus lacustris L.: einfache Baststränge . . .	2	9	—	39	92,8	7,2	18365
64	Teichsimse, Scirpus lacustris L.: Bastgelag d. Gefäßb., Rand	2	7	—	24	89,9	10,1	28985
65	Teichsimse, Scirpus lacustris L.: ,, ,, ,, Mitte	2	7	—	26	92,8	7,2	30303
66	Teichsimse, Scirpus lacustris L.: ,, ,, kleinst. Gefb.	2	5	—	13	91,7	8,3	55096

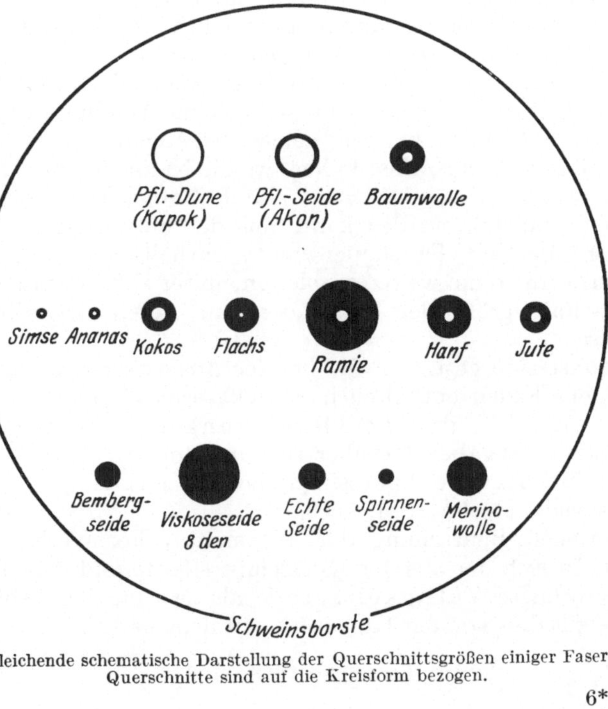

Abb. 49. Vergleichende schematische Darstellung der Querschnittsgrößen einiger Fasern. Sämtliche Querschnitte sind auf die Kreisform bezogen.

Aus der experimentell bestimmten Querschnitts- bzw. Wandfläche läßt sich unter Berücksichtigung des spezifischen Gewichtes der Fasersubstanz auch die metrische Nummer der Einzelfaser ableiten und so ein ungleich anschaulicheres und in den meisten Fällen richtigeres Bild für die Feinheit gewinnen, als dies aus den in der Literatur zu diesem Zweck fast ausschließlich herangezogenen Breitenwerten möglich ist. Die Berechnung der metrischen Nummer erfolgt nach der Formel:

$$\text{Metr. Nr.} = \frac{\text{Faktor}}{\text{Wirkl. Querschnittsfläche in } q\,\mu}$$

Der jeweilig zu wählende Faktor ist der nachstehenden Tabelle zu entnehmen.

Tabelle 4.

Faser	Spez. Gew. in g/ccm	Faktor	Log. Faktor
Schafwolle	1,32	757575	5,879426
Azetatseide	1,33	751880	5,876148
Naturseide	1,37	729927	5,863279
Pflanzenfasern	1,50	666667	5,823909
Nitrat-, Kupfer-, Viskoseseide . . .	1,52	657895	5,818156

Die Berücksichtigung des oben genannten Zahlenverhältnisses dürfte sich auch bei der Auswahl von zu Züchtungs- oder anderen ähnlichen Zwecken bestimmten Pflanzen empfehlen.

Daß die Kenntnis der durchschnittlichen absoluten Querschnittsfläche der Fasern auch bei der quantitativ-mikroskopischen Untersuchung von Fasergemengen wertvolle Anhaltspunkte für die rasche Schätzung bietet, geht aus den im Abschnitt „Quantitativ-mikroskopische Untersuchungen" gemachten Angaben zur Genüge hervor.

Ferner läßt sich in solchen Fällen, wo die Nummer eines Gespinstes aus irgendwelchen Gründen nicht durch Abwaage einer bestimmten Fadenlänge ermittelt werden kann, aus der mikroskopisch festgestellten Anzahl der im Fadenquerschnitt enthaltenen Einzelfasern die Fadennummer ohne weiteres ableiten, unter der Voraussetzung, daß die Querschnittsgröße der Einzelfaser bzw. deren metrische Nummer bekannt ist

Bei Kunstseide gestatten die bei der Ausmessung der Querschnitte der in einem Faden enthaltenen Einzelfasern gefundenen Werte auch ein sehr klares Bild über die Abweichungen im Titer der Einzelfasern. Nähere Angaben hierüber sind in dem von A. Herzog herausgegebenen Buche: Die mikroskopische Untersuchung der Seide und der Kunstseide, Berlin 1924, enthalten.

Zur raschen Beurteilung der allgemeinen Formverhältnisse einer Faser erweist sich der aus der Querschnittsfläche und dem Faserdurchmesser berechnete Völligkeitsgrad[1] als zweckmäßig (Abb. 50). Insbesondere gilt dies von der Kunstseide. In dem Maße, als der Völligkeits-

---

[1] Herzog, A.: Textile Forschung **1923**, H. 3.

grad abnimmt, wird die Faser immer flacher, d. h. bandartiger, und umgekehrt. Aus der Fläche des dem Faserquerschnitt umschriebenen Kreises (Durchmesser = Faserbreite = B in μ) und der Faserquerschnittsfläche (F in $q\,\mu$) berechnet sich der Völligkeitsgrad (V) in % wie folgt:

$$V = 127{,}32 \cdot \frac{F}{B^2}$$

Daß auch andere Eigenschaften (Feinheit, Geschmeidigkeit, Biegsamkeit, Lichtundurchlässigkeit, Glanz, scheinbares spezifisches Gewicht von Gespinsten) mit der Völligkeit der Einzelfaser in Zusammenhang stehen, braucht keiner besonderen Begründung, wenngleich die Beziehungen nicht immer gesetzmäßig zu formulieren sind.

In den meisten Fällen, namentlich bei annähernd runden Fasern mit ebensolchem Lumen, geben die nach den im Abschnitt „Flächenmessungen" angegebenen Verfahren bestimmten Flächenwerte ein genügend klares Bild über die vorliegenden Querschnittsverhältnisse. Nicht so jedoch bei solchen pflanzlichen Fasern, die infolge der Eigenart der Wachstumsverhältnisse der zugehörigen Pflanze, z. B. durch radial wirkenden Rindendruck, so stark zusammengepreßt sind, daß das Lumen auf dem Querschnitt nahezu linienförmig erscheint und dementsprechend die von ihm eingenommene Fläche fast Null wird (Epilobium, Verbascum, Boehmeria usw.). Um nun auch in solchen Fällen unmittelbar vergleichbare Werte zu erhalten, geht man so vor, daß aus dem Umfange des Lumens ein Kreis berechnet bzw. die ihm entsprechende Fläche als „rektifizierte" Lumenfläche angegeben wird.

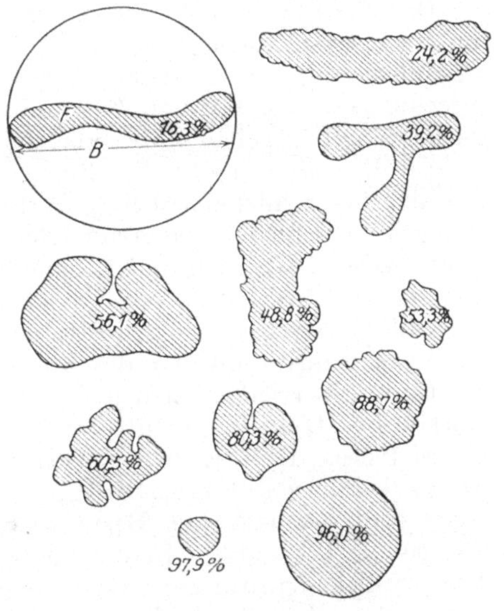

Abb. 50. „Völligkeitsgrad" der Kunstseide. Schema.

Die von der Faserwand gedeckte Fläche wird als ein den Lumenkreis umschließender Kreisring berechnet. Reduktionen dieser Art sind besonders für vergleichende zeichnerische Darstellungen zu empfehlen, sofern es nicht gerade auf die Wiedergabe der Formverhältnisse ankommt. Vgl. Abb. 49. Berücksichtigt man, daß Fasern mit sehr flach zusammengedrückten Querschnittsformen bei der Behandlung mit Färbe- oder anderen Flüssigkeiten infolge der stattfindenden Quellung oft eine deutliche Öffnung des Lumens erfahren, so wird man, um den praktischen Verhältnissen möglichst nahe zu kommen, der oben erwähnten rechnerischen Reduktion des Lumens auf die Kreisform bei der Beurteilung der Größe des Faserhohlraumes vor der sonst üblichen Darstellung den Vorzug geben. Der Durchmesser des Kreisringes gibt nun gleichzeitig ein Maß für die mittlere Dicke der Faser; er ist hierfür besser geeignet, als die unmittelbar, d. h. in der Längsansicht der Faser im Mikroskop gemessene Breite. Der so gefundene rektifizierte mittlere Faserdurchmesser stellt bei nicht zu unregelmäßigen Querschnittsformen annähernd das arithmetische Mittel aus der auf dem Querschnitt ermittelten Breite und Dicke der Faser dar.

Bedeutet F die Wandfläche des Faserquerschnitts in $q\,\mu$ und u den Umfang des Lumens in μ, so berechnet sich der rektifizierte äußere Durchmesser der Faser δ in μ wie folgt:

$$\delta = \sqrt{0{,}1013\,u^2 + 1{,}2732 \cdot F}$$

18. Untersuchungen im Polarisationsmikroskop.

Die Sichtbarkeit der nahezu vollständig durchsichtigen und im gebleichten Zustande farblosen Fasern auf dem hellen Untergrunde des mikroskopischen Gesichtsfeldes ist auf die unterschiedlichen Brechungsexponenten von Fasersubstanz und Einbettungsmedium zurückzuführen. In dem Maße, als sich die Faser in ihrem Brechungsvermögen dem des Einschlußmediums nähert, wird sie immer mehr aufgehellt, bis schließlich bei gleichen Brechungsexponenten ein fast völliges Verschwinden eintritt (Beispiel: Einlegen von Kunstseide in Luft, Wasser, Glyzerin und Kanadabalsam). Ein völliges Unsichtbarwerden der Faser ist jedoch im weißen Tageslichte nicht zu erzielen, weil die Fasersubstanz doppelbrechend ist und ihr Farbendispersionsvermögen mit dem der Einbettungsflüssigkeit nicht völlig übereinstimmt. Verwendet man jedoch linear polarisiertes, monochromatisches Licht (s. „Lichtfilter"), so gelingt es bei passend gewählten Flüssigkeiten, die Faser in bestimmten Lagen unsichtbar zu machen. Dieses Verfahren (Umhüllungs- oder Immersionsmethode) erweist sich demnach zur Bestimmung der Lichtbrechung von Faserstoffen als brauchbar. In der folgenden Tabelle 5 sind die Lichtbrechungsexponenten verschiedener, zu solchen Arbeiten geeigneten Flüssigkeiten angeführt. Durch geeignete Mischung lassen sich natürlich alle dazwischenliegenden Brechungsexponenten erzielen. Letztere müssen mit einem genau geeichten Refraktometer bestimmt werden. Die mikroskopische Einstellung auf das Verschwinden der parallel oder senkrecht zur Polarisationsebene des Nicols stehenden Faser wird nun so vorgenommen, daß einerseits möglichst schiefe, anderseits tunlichst engbegrenzte zentrale Beleuchtungskegel zur Anwendung gelangen. In einzelnen Fällen kann auch das Prinzip der Dunkelfeldbeleuchtung verwertet werden. Der „Schatten" einer Faser, der bei der schiefen Beleuchtung entsteht (am besten durch Verschieben der mit dem Abbeschen Beleuchtungsapparat verbundenen Irisblende zu erreichen), erscheint dann auf der gleichen Seite, auf der die Blende eingeschoben wurde, wenn der Brechungsexponent der Faser größer ist als der der umhüllenden Flüssigkeit (Abb. 8). Arbeitet man mit engen zentralen Beleuchtungskegeln, so verschiebt sich beim Heben oder Senken des Tubus je ein heller Streifen (Becke-

Tabelle 5. Lichtbrechungsexponenten einiger zur Untersuchung von Faserstoffen brauchbaren Flüssigkeiten.

	n_D ($t=20^0$)
Luft	1,000
Wasser	1,333
Alkohol, abs.	1,361
Paraldehyd	1,404
Chloroform	1,443
Glyzerin, konz.	1,456
Tetrachlorkohlenstoff.	1,461
Bergamotteöl G[1].	1,465
Cajeputöl G.	1,465
Olivenöl G	1,468
Terpentinöl	1,471
Rizinusöl G.	1,476
Zitronenöl G	1,479
Xylol G	1,497
Benzol G.	1,502
Zedernöl (Immersionsöl, Zeiss)	1,514
Kanadabalsam, neutral, G	1,521
Zedernöl, alt, G	1,522
Monochlorbenzol M[2]	1,523
Fenchelöl G.	1,529
Kanadabalsam G	1,535
Nelkenöl G	1,536
Äthylenbromid M	1,537
Salizylsäuremethylester M	1,537
Anisöl G	1,546
Anethol G	1,552
Nitrobenzol M.	1,552
Monobrombenzol M	1,559
Benzoesäurebenzylester M	1,569
Anilin M.	1,595
Zimtöl M.	1,602
Monojodbenzol M	1,618
Monobromnaphthalin Zeiss	1,657
Methylenjodid M	1,740

(Vorstehende Angaben haben lediglich den Zweck, in besonderen Untersuchungsfällen die Auswahl einer passenden Flüssigkeit zu erleichtern. Die genaue Bestimmung des Lichtbrechungsexponenten der gewählten Flüssigkeit muß in jedem Falle mit einem Refraktometer vorgenommen werden.)

sche Linie) parallel zum Faserrande. Die Faser ist stärker lichtbrechend als die umgebende Flüssigkeit, sobald sich die hellen Streifen beim Heben des Tubus nach der Fasermitte, beim Senken nach der Flüssigkeit hin verschieben. Zur Festlegung einer bestimmten Richtung im Nicol (Polarisationsebene) bedient man sich zweckmäßig eines der folgenden Verfahren: 1. Blickt man durch das Prisma auf eine polierte Tischfläche und dreht dabei das Prisma, so tritt in einer bestimmten Lage ein Auslöschen des gespiegelten Lichtes ein. Es liegt dann die Polarisationsebene des Nicols senkrecht zu der

---

[1] G: Präparat von G. Grübler-Leipzig.
[2] M: Präparat von E. Merck-Darmstadt.

Einfallsebene des Lichtes. 2. Mit Kongorot gefärbte Flachsfasern (in Kanadabalsam einzuschließen) zeigen unter dem Mikroskop beim Hin- und Herdrehen über einem Nicol einen sehr starken Dichroismus (Farbenwandlung von dunkelblutrot bis nahezu farblos). In jener Lage, in der die geringste Adsorption stattfindet, fällt die Polarisationsebene des Nicols mit der Faserlängsrichtung zusammen (Abb. 51).

Wie schon erwähnt, sind die natürlichen und künstlichen Faserstoffe doppelbrechende (anisotrope) Gebilde, d. h. die Fortpflanzung des Lichtes (und damit auch der Lichtbrechungsexponent) ist nach allen Richtungen verschieden. Vom rein geometrischen Standpunkt kann man in der Faser eine Fläche konstruieren, deren Radienvektoren den Brechungsexponenten in verschiedenen Richtungen proportional sind (Indexellipsoid). Bei den pflanzlichen Fasern ist diese Fläche ein dreiachsiges Ellipsoid, bei den tierischen und künstlichen Fasern ein Rotationsellipsoid, dessen Rotationsachse mit der Längsrichtung der Faser zusammenfällt. Die den drei Achsen des Ellipsoids entsprechenden Brechungsexponenten werden als Hauptlichtbrechungsexponenten bezeichnet. Die Differenz zwischen dem größten und kleinsten Hauptlichtbrechungsexpo-

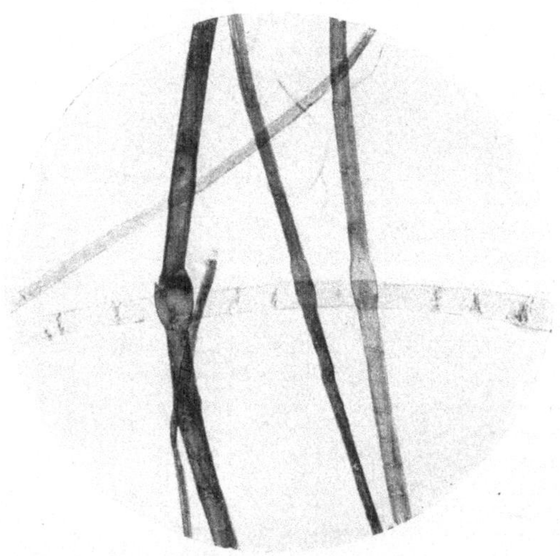

Abb. 51. Flachsfasern nach Färbung mit Kongorot über einem Objekttischnicol (Polarisator) betrachtet. Der Pleochroismus äußert sich beim Drehen der Faser in der Tischebene in einer auffallenden Farbenwandlung (blutrot bis nahezu farblos). Anwendung zur Bestimmung der Polarisationsebene von Nicols. Vergr. 180.

nenten ($\gamma - \alpha$) stellt ein Maß für die Stärke der Doppelbrechung dar (spezifische Doppelbrechung, Index der Doppelbrechung). In der nebenstehenden Tabelle 6 sind die extremen Hauptlichtbrechungsexponenten einiger Fasern zusammengestellt. Gleichzeitig sind auch die bezüglichen Differenzen und die mittlere Lichtbrechung zu entnehmen. Hieraus ist u. a. ersichtlich, daß die Gelatineseide (nicht mehr im Handel) nahezu einfachbrechend ist; auch die Azetatseide ist nur schwach doppelbrechend bei gleichzeitig auffallend niedriger mittlerer Lichtbrechung. Dagegen weist die Flachsfaser eine etwa 7 mal stärkere Doppelbrechung auf, als der zum Vergleich herangezogene Quarz. Inwieweit sich diese Eigentümlichkeiten und Verschiedenheiten im Verhalten der Fasern praktisch verwerten lassen, gibt der folgende Abschnitt Aufschluß.

Ohne hier auf die verschiedenen Arten der Doppelbrechung (Eigen-, Form-, akzidentelle Doppelbrechung) näher einzugehen, sei nur erwähnt,

Tabelle 6. Spezifische Doppelbrechung[1] einiger Faserstoffe.

Faserstoff	Lichtbrechung, wenn die Faserlängsachse $\perp$ zur Polarisationsebene steht (γ)	$\parallel$ zur Polarisationsebene steht (α)	Spezifische Doppelbrechung $(\gamma - \alpha)$	Mittl. Lichtbrechung	Autor
schwache Doppelbrechung					
Gelatineseide	1,540	1.539	+ 0,001	1,540	A. Herzog
Alte Azetatseide, chloroformlöslich. .	1,474	1,479	— 0,005	1,477	,,
Neue Azetatseide, azetonlöslich . . .	1,476	1,470	+ 0,006	1,473	,,
Agavenfaser, Agave americana.	1,530	1,522	+ 0,008	1,526	Schiller
Schafwolle	1,555	1,545	+ 0,010	1,550	A. Herzog
Schafwolle, gechlort .	1,555	1,543	+ 0,012	1.549	,,
mittelstarke Doppelbrechung					
Kupferseide	1,548	1,527	+ 0,021	1,538	,,
Sisal, Agave sisalana.	1.543	1,521	+ 0,022	1,532	Himmelbauer
Kantala, Agave cantala	1,547	1,522	+ 0,025	1,535	,,
Viskoseseide.	1,548	1,523	+ 0,025	1,536	A. Herzog
Henequen, Agave fourcroydes	1,546	1,519	+ 0,027	1.533	Himmelbauer
Nitratseide	1.548	1,518	+ 0,030	1,533	A. Herzog
starke Doppelbrech.					
Afrik. Spinnenseide .	1,581	1,542	+ 0,039	1,562	,,
Baumwolle	1,580	1,533	+ 0,047	1,557	,,
Echte Seide.	1,595	1,538	+ 0,057	1,567	,,
Hanf	1,591	1,526	+ 0,065	1,559	,,
Flachs	1,595	1,528	+ 0,067	1,562	,,
Quarz			+ 0,009		
Gips.			+ 0,009		
Orthoklas			+ 0,007		

daß die Doppelbrechung der Faserstoffe der Hauptsache nach auf
die Anisotropie ihrer Moleküle bzw. Molekülgruppen zurückzuführen
ist (Eigendoppelbrechung). Schon geringfügige Unterschiede in
der Doppelbrechung lassen sich bei der Untersuchung in polarisiertem
Lichte zwischen gekreuzten Nicols feststellen. Der unterhalb des
Präparates befindliche Nicol wird als Polarisator, der oberhalb auf-
gesetzte als Analysator bezeichnet. In der gekreuzten Lage stehen
die Polarisationsebenen beider Nicols senkrecht zueinander.

Die zu prüfenden Fasern werden am besten ungefärbt, und in
Kanadabalsam eingebettet, verwendet. Die Doppelbrechung verrät sich
durch eine Aufhellung der auf nahezu schwarzem Untergrunde erscheinenden Faser. Das Maximum der Aufhellung tritt in der Diagonalstellung ein, d. h. in jener Lage, in der die Längsachse der Faser mit der
Polarisationsebene der beiden Nicols einen Winkel von 45° einschließt.
Fällt hingegen die Faserlängsrichtung mit der Polarisationsebene eines

---

[1] Bezogen auf die D-Linie des Spektrums; Temperatur 20° C.

der beiden Nicols zusammen (Orthogonalstellung), so tritt in der Regel keine Aufhellung ein. Abweichungen von diesem Verhalten kommen besonders bei Pflanzenfasern häufig vor und sind diagnostisch von großem Interesse. Vgl. die Tabelle 11. Wesentlich seltener (Schafwolle) wird zwischen parallel gestellten Nicols beobachtet. Außer den beiden Nicols benötigt man zu Faseruntersuchungen noch verschiedene verzögernde Gips- und Glimmerplättchen (am besten in der Zusammenstellung des Mohlschen Plattensatzes). Das Gipsplättchen Rot I, welches für die meisten Faserstoffprüfungen ausreicht, wird so orientiert, daß die längere Achse seiner optischen Indexellipse (auf der Fassung in der Regel mit einem Pfeil angedeutet; Nachkontrolle notwendig) mit der Richtung $+ 45^0$ zu den polarisierenden Prismen zusammenfällt. Es dient hauptsächlich:

1. Zur Feststellung sehr schwacher Doppelbrechungen (Gelatinefäden, Glaswolle usw.).

2. Zur annähernden Feststellung des Gangunterschiedes bzw. der Höhe der Interferenzfarben von Fasern.

3. Zur Bestimmung des Charakters der Doppelbrechung aus den auftretenden Additions- bzw. Subtraktionsfarben.

4. Zur Bestimmung des Charakters der Interferenzfarben in den Orthogonalstellungen 0 und 90^0.

5. Zur Vornahme der unter 1 bis 4 genannten Bestimmungen mit einem Spektropolarisator. Die Beobachtung der Verschiebungen der Müllerschen Streifen im Spektrum wird zweckmäßig mit einem Gipsplättchen Rot III vorgenommen.

Die Aufhellung der Fasern zwischen gekreuzten Nicols macht sich durch das Auftreten von Interferenzfarben bemerkbar, die der Newtonschen Farbenreihe angehören. S. Tabelle 7.

Tabelle 7. Bezeichnung und Aufeinanderfolge der Interferenzfarben der 1.—3. Ordnung.

Nicols		Nicols	
gekreuzt	parallel	gekreuzt	parallel
Erste Farbenordnung		Indigo	Lebhaftgelb
Schwarz	Lebhaftweiß	Blau	Orange
Eisengrau	Weiß	Blaugrünlich	Orangebraun
Graublau	Gelblichweiß	Grün	Hellkarminrot
Hellergraublau	Gelbbräunlich	Hellergrün	Purpurrot
Hellbläulich	Gelbbraun	Gelblichgrün	Purpurviolett
Grünlichweiß	Braunrot	Grünlichgelb	Violett
Weiß	Rotviolett	Reingelb	Indigo
Gelblichweiß	Violett	Orange	Dunkelblau
Gelb	Hellindigo	Lebhaftorangerot	Grünlichblau
Braungelb	Graublau	Dunkelrotviolett	Grün
Bräunlichorange	Blau		
Rotorange	Blaugrün	Dritte Farbenordnung	
Rot	Blaßgrün	Violett	Grünlichgelb
Dunkelrot	Gelbgrün	Blau	Gelborange
		Grün	Rot
Zweite Farbenordnung		Gelb	Violett
Purpurrot	Hellgrün	Rosenrot	Grünlichblau
Violett	Grünlichgelb	Rot	Grün

Man hat diese Farben nach Ordnungen eingeteilt und spricht demgemäß z. B. von Gelb 1. Ordnung oder kurz Gelb I. Die Höhe der in einem bestimmten Falle auftretenden Interferenzfarbe ist naturgemäß von der spezifischen Doppelbrechung und der optischen Dicke der Fasersubstanz abhängig. Aus der Tabelle 6 geht ohne weiteres hervor, daß die spezifische Doppelbrechung der Fasern beträchtlich verschieden ist; wären alle Fasern gleich dick, so ließe sich demgemäß in vielen Fällen aus der Höhe der zwischen gekreuzten Nicols auftretenden Interferenzfarben ein Schluß auf die vorliegende Faserart ziehen. Vgl. z. B. die Tabelle 8, die sich auf Kunstseide bezieht.

Tabelle 8.
Interferenzfarben von Kunstseide zwischen gekreuzten Nicols.

	Gangunterschiede (in $\mu\mu$) und Interferenzfarben der Faser bei einer optischen Dicke von				
	10	15	20	25	30
			μ		
Gelatineseide[1]	10	15	20	25	30
	nahezu schwarz			dunkelgrau I	
Azetatseide	60	90	120	150	180
	eisen-grau I	lavendel-grau I		graublau I	
Kupferseide	210	315	420	525	630
	hell-grau I	gelb I	braun-gelb I	rot I	himmel-blau II
Viskoseseide	250	375	500	625	750
	weiß I	gelb I	rot-orange I	himmel-blau II	grün II
Nitratseide	300	450	600	750	900
	hell-gelb I	braun-gelb I	indigo II	grün II	gelb II

Nun ist aber die Dicke der technisch verwendeten Fasern sehr verschieden, selbst wenn man nur eine engbegrenzte Gruppe, die Kunstseide, in Betracht zieht, so daß für die praktische Unterscheidung der Fasern aus der Höhe der beobachteten Interferenzfarben nur die extremen Fälle übrig bleiben. Vgl. die am Schlusse dieses Abschnittes angeführten praktischen Anwendungen der polariskopischen Untersuchung.

Mit Hilfe des oben erwähnten Gipsplättchens Rot I läßt sich die Höhe der Interferenzfarben leicht bestimmen. Man beobachtet zu diesem Zweck die Farbe des Objektes zwischen gekreuzten Nicols und sodann nach Einschaltung eines unter 45⁰ orientierten Gipsplättchens. Aus der nachstehenden Tabelle 9 ist es dann ein Leichtes, aus den auftretenden Additions- und Subtraktionsfarben die der

---

[1] Nicht mehr im Handel.

Tabelle 9. Additions- und Subtraktionsfarben nach Einschaltung
eines Gipsplättchens Rot I.

1	2	3				
Nr.	Interferenzfarbe zwischen gekreuzten Nicol	Wie bei 2, jedoch nach Einschaltung eines Gipsplättchens Rot I				
		Summe		Addition	Differenz	Subtraktion
1	Grau I	(1 + 6)	7	Indigo II	(6 — 1) 5	Orange I
2	Hellbläulich I	(2 + 6)	8	Blau II	(6 — 2) 4	Gelb I
3	Weiß I	(3 + 6)	9	Grün II	(6 — 3) 3	Weiß I
4	Gelb I	(4 + 6)	10	Gelb II	(6 — 4) 2	Hellbläulich I
5	Orange I	(5 + 6)	11	Orange II	(6 — 5) 1	Grau I
6	Rot I	(6 + 6)	12	Rot II	(6 — 6) 0	Schwarz
7	Indigo II	(7 + 6)	13	Violett III	(7 — 6) 1	Grau I
8	Blau II	(8 + 6)	14	Blau III	(8 — 6) 2	Hellbläulich I
9	Grün II	(9 + 6)	15	Grün III	(9 — 6) 3	Weiß I
10	Gelb II	(10 + 6)	16	Gelb III	(10 — 6) 4	Gelb I
11	Orange II	(11 + 6)	17	Rosa III	(11 — 6) 5	Orange I
12	Rot II	(12 + 6)	18	Rot III	(12 — 6) 6	Rot I
13	Violett III	(13 + 6)	19	Hellrotviolett IV	(13 — 6) 7	Indigo II
14	Blau III	(14 + 6)	20	Bläulichgrün IV	(14 — 6) 8	Blau II
15	Grün III	(15 + 6)	21	Grün IV	(15 — 6) 9	Grün II
16	Gelb III	(16 + 6)	22	Hellgrünlich IV	(16 — 6) 10	Gelb II
17	Rosa III	(17 + 6)	23	Hellrosa IV	(17 — 6) 11	Orange II
18	Rot III	(18 + 6)	24	Hellrot IV	(18 — 6) 12	Rot II
19	Hellviolett IV	(19 + 6)	25	Hellrot V	(19 — 6) 13	Violett III
20	Bläulichgrün IV	(20 + 6)	26	Hellviolettrot V	(20 — 6) 14	Blau III
21	Grün IV	(21 + 6)	27	Hellblau V	(21 — 6) 15	Grün III

Faser zukommende Interferenzfarbe zu bestimmen. Additionsfarben
treten auf, wenn die längere Achse der Indexellipse der Faser mit der
des Gipsplättchens zusammenfällt; in diesem Falle erscheint die Faser
um die Dicke des Gipsplättchens optisch verstärkt, d. h. es tritt zu der
ursprünglichen Interferenzfarbe noch das Rot I summierend hinzu;
im anderen Falle tritt eine Subtraktion der optischen Wirkung ein,
die sich durch ein Sinken der ursprünglichen Interferenzfarbe (um Rot I)
bemerkbar macht.

Eine für solche Untersuchungen besonders geeignete Einrichtung
enthält der Schieber des Herzogschen Universalokulars. Das Gesichtsfeld (VI der Abb. 31) setzt sich aus 3 Streifen zusammen. Zwei derselben bestehen aus Gips Rot I-Plättchen, deren Indexellipsenachsen
zueinander senkrecht angeordnet sind, der dritte ist leer gelassen. Man
hat demnach die Möglichkeit, die diagonal gestellte Faser in ein und
demselben Gesichtsfelde in den oben erwähnten 3 Lagen gleichzeitig
übersehen zu können (Abb. 52). S. „Universalokular".

Mit Hilfe der Methode der Additions- und Subtraktionsfarben läßt
sich also nicht nur die Höhe der Interferenzfarbe, sondern auch die
Lage der optischen Indexellipse einer Faser bestimmen. Aus der
folgenden Darstellung geht hervor, daß die meisten technisch wichtigen Faserstoffe optisch positiv in bezug auf ihre Längsachse sind,
d. h die längere Achse der Indexellipse verläuft parallel zur Längsachse

der Faser. Optisch negativ sind z. B. die brasilianische Piassave und die Kokosfaser. Ein interessantes Verhalten zeigt die nitrierte Baumwolle. Ursprünglich optisch positiv in bezug auf die Längsrichtung, wird sie beim Nitrieren immer schwächer doppelbrechend, bis sie bei einem Stickstoffgehalt von 11,8% Isotropie zeigt (die Indexellipse geht in einen Kreis über); bei noch höherem Stickstoffgehalt wird die Faser in bezug auf die Längsrichtung optisch negativ. Dieses von H. Ambronn[1] gefundene Verhalten von Baumwolle und anderen Pflanzenfasern ist ein wichtiges Mittel der Betriebskontrolle in Nitratzellulosefabriken geworden (Tabelle 10).

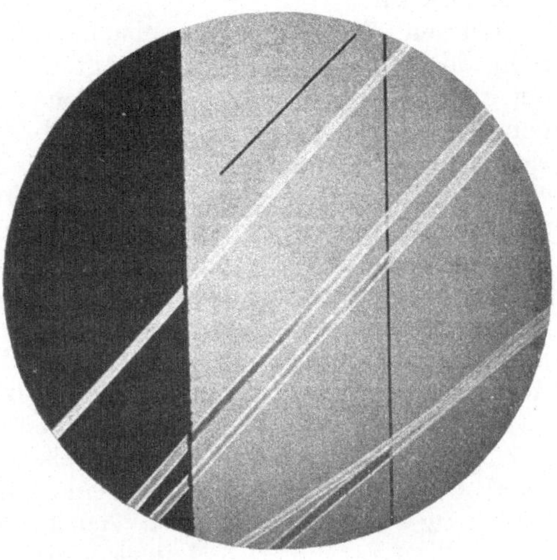

Abb. 52. Polarisationsfeld des A. Herzogschen Universalokulars. Links: Nicols gekreuzt, ohne Gipsplättchen; in der Mitte: Nicols gekreuzt, mit Gipsplatte Rot 1 unter + 45°; rechts: Nicols gekreuzt, Gipsplatte Rot 1 unter — 45°. Präparat: Einzelfaser von Kupferseide. Vergr. 100.

Tabelle 10.

In der Diagonalstellung sind die Fasern nach Einschaltung eines unter $+45^0$ orientierten Gipsplättchens Rot I in der Lage

$+45^0$ in Addition,	-45^0 in Subtraktion,	$+45^0$ in Subtraktion,	-45^0 in Addition,
also optisch positiv in bezug auf die Längsrichtung		also optisch negativ in bezug auf die Längsrichtung	

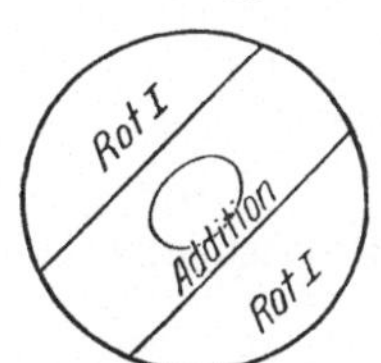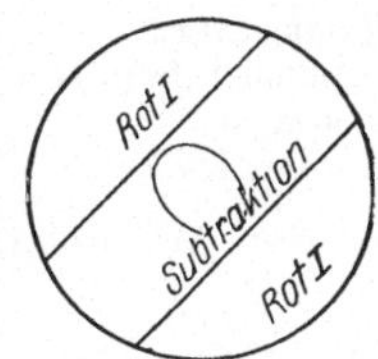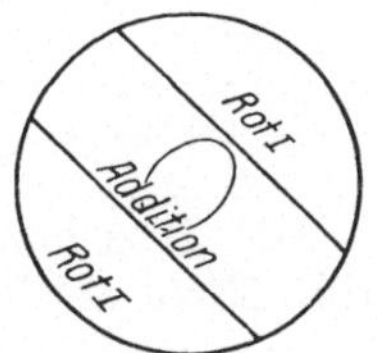

Flachs	Kokosfaser
Hanf	Brasilianische Piassave
Nesselfasern	Tillandsiafaser
Jute	Azetatseide (chloroformlöslich, aus primärer Azetylzellulose gesponnen)
Ginster	Nitratzellulose mit mehr als 11,8% Stickstoff
Hopfen	
Holzzellstoff	
Echte und wilde Seide	
Tierische Wollen und Haare	
Nitrat-, Viskose- und Kupferseide	
Azetatseide (azetonlöslich)	
Gelatinefäden	

[1] Ambronn, H.: Dissertation. Jena 1924.

Ein analoges Verhalten wurde von Möhring[1] auch für Azetatseide nachgewiesen.

Bei den Pflanzenfasern beobachtet man häufig eine schiefe Anordnung des Indexellipsoids. Es hängt dies mit dem spiraligen Aufbau der Zellmembranen zusammen. Solche Fasern zeigen auch in den beiden Orthogonalstellungen (0 und 90⁰) eine Aufhellung des Gesichtsfeldes zwischen gekreuzten Nicols. Nach Einschaltung eines unter 45⁰ orientierten Gipsplättchens treten in den Orthogonalstellungen je nach dem Drehungssinn der Spiralstreifen der Faser entweder Subtraktions- oder Additionsfarben auf. A. Herzog[2] hat u. a. nachgewiesen, daß sich Flachs- und Hanffasern diesbezüglich entgegengesetzt verhalten und dementsprechend praktisch unterschieden werden können. Ein noch verwickelteres optisches Bild zeigt die Baumwolle. Wie A. Herzog[3] gezeigt hat, ändert die Indexellipse in der Längsansicht der Baumwollfaser ihre Lage häufig sprunghaft, in der Weise, daß die linksläufige Richtung durch eine ganz kurze neutrale Stelle (längere Achse der Indexellipse parallel zur Längsachse der Faser) in die entgegengesetzte Richtung umschlägt, ohne daß der Neigungswinkel der Spiralstreifen nach der einen oder anderen Seite über 45⁰ zur Faser hinausginge. Vgl. hierzu die nebenstehende Tabelle 11 über das polariskopische Verhalten der Faserstoffe in den Orthogonalstellungen. Bei der Vornahme derartiger Untersuchungen ist die Stellung des Präparates zu dem unter + 45⁰ orientierten Gipsplättchens genau zu beachten. Die Aufeinanderfolge von polarisierenden Prismen, Präparat und Gipsplättchen ergibt sich aus der nachstehenden Zusammenstellung:

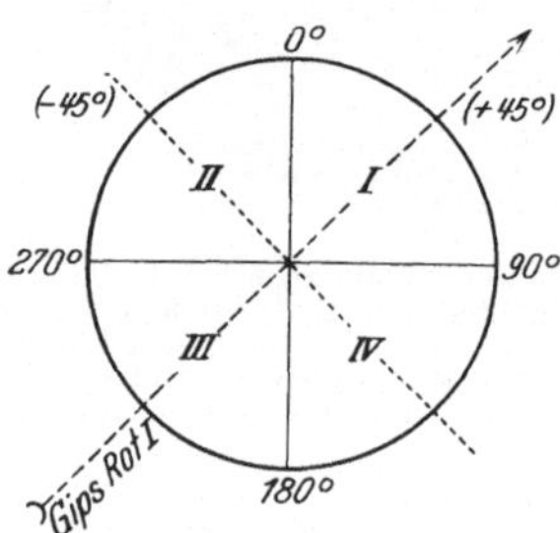

Abb. 53. Orientierungsteilung zur genauen Bezeichnung der Lage des Präparats und der polarisierenden Einrichtungen.

1. Polarisator.
2. Gipsplättchen Rot I, unter + 45⁰ orientiert.
3. Präparat.
4. Analysator.

Die Bezeichnung der Winkelstellungen nach Dippel ist aus der Abb. 53 zu ersehen.

Pleochroismus. Der Pleochroismus gefärbter Zellmembranen, der auf das unterschiedliche Absorptionsvermögen der die Fasern parallel und senkrecht zu ihrer Längsrichtung durchsetzenden Schwingungen des polarisierten Lichtes zurückzuführen ist, ist seit der Veröffentlichung der grundlegenden Arbeiten von H. Ambronn[4] wiederholt Gegenstand eingehender Untersuchungen gewesen. Insbesondere sind hier H. Behrens[5] und Fox zu nennen, die unsere Kenntnis des optischen

[1] Möhring, A.: Wissensch. u. Industrie, H. 2, 70. Hamburg 1923.
[2] Herzog, A.: Textile Forschung **1922**, H. 2.
[3] Herzog, A.: Z. Chemie u. Ind. d. Kolloide, **1909**, H. 5.
[4] Ambronn, H.: Ber. Dtsch. Bot. Ges. **1888**, H. 6.
[5] Behrens, H.: Mikrochemische Analyse, H. 2. Hamburg 1896.

Tabelle 11. Polariskopisches Verhalten der Faserstoffe in den Orthogonalstellungen (0⁰ bzw. 180⁰ und 90⁰ bzw. 270⁰).

I	II	III	IV
Beim Drehen in der Tischebene wird die zwischen gekreuzten Nicols liegende Faser			
4 mal fast vollständig dunkel bzw. nach Einschaltung von Gips Rot I rot (0⁰, 90⁰, 180⁰ und 270⁰)	auch in den Lagen 0⁰ bzw. 180⁰ und 90⁰ bzw. 270⁰ nicht vollständig dunkel. Nach Einschaltung eines Gipsplättchens (+ 45⁰) erscheinen unter 0⁰ bzw. 180⁰ Subtraktionsfarben (Alternativstellung), unter 90⁰ bzw. 270⁰ Additionsfarben (Konsekutivstellung)	unter 0⁰ bzw. 180⁰ Additionsfarben (Konsekutivstellung), unter 90⁰ bzw. 270⁰ Subtraktionsfarben (Alternativstellung)	in allen Lagen deutlich hell. Nach Einschaltung von Gips Rot I (+ 45⁰) zeigt die Faser stellenweise in den Orthogonalstellungen Subtraktions- und Additionsfarben, getrennt durch eine neutrale Zone

I	II	III	IV
Tierische Wollen und Haare Naturseide Kunstseide	Jute Weide Maulbeer Ginster Hopfen Hanf Sunnhanf Holzzellstoff	Brennessel Flachs[1] Kartoffel Malve Ramie	Baumwolle Merzerisierte Baumwolle

Anmerkungen: Die optische Elastizitätsellipse ist durchwegs für die obere Faserhälfte eingezeichnet. — Die Pfeilrichtung gibt den Drehungssinn der Faser beim Befeuchten wieder.

Verhaltens von mit Teerfarbstoffen gefärbten Fasern wesentlich erweitert haben. Vgl. die Tabelle 12. H. Ambronn hat in seiner ersten Arbeit auch darauf hingewiesen, daß der Pleochroismus unverholzter pflanzlicher Zellmembranen besonders schön nach Einwirkung von Chlorzinkjod oder einem der sonst bei histologischen Untersuchungen vielfach benützten zusammengesetzten Jodpräparate nachgewiesen werden könne. Die stärkste Adsorption findet nach ihm dann statt,

---

[1] Sehr ausgeprägt bei den Bastfasern aus dem Hypokotyl und den unteren Zonen des Flachsstengels.

Tabelle 12. Pleochroismus von Flachs, Hanf, Brennessel, Ramie und Kunstseide (ausgenommen Azetatseide).

Färbung der Faser mit	Farbe der Faser ohne Nicol	Achsenfarbe[1] nach Einschaltung eines Nicols		Basisfarbe[2] nach Einschaltung eines Nicols	
		ohne	mit	ohne	mit
		Gips Rot III		Gips Rot III	
Kongorot .	rot	dunkelrot	violettrot	blaßrot bis farblos	grünlichgelb
Benzoazurin	blau	dunkelblau	rotviolett	hellblau bis farblos	blaugrün
Diazobraun	braun	violettbraun	violettrot	blaßgelb-braun	gelbgrün
Benzobraun	gelbbraun	rötlichbraun	ziegelrot	hellgelb	grünlichgelb
Methylen-blau . .	blau, grün-stichig	grünlichblau	blau, rot-stichig	hellblau	blaugrün
Safranin. .	rosa	violettrot	violettrot	violettrot, orangestichig	hellviolettrot
Chlorzink-jod . . .	schmutzig violett	schwarz-violett	violettrot	hellrotviolett bis farblos	grün

[1] Faserlängsrichtung ⊥ zur Polarisationsebene des Nicols.
[2] Faserlängsrichtung ‖ zur Polarisationsebene des Nicols.

Tabelle 13. Pleochroismus der Baumwolle nach Färbung mit Dianilblau (nach A. Herzog).

			Spiralstreifen von links unten nach rechts oben verlaufend (obere Membranhälfte)	Übergangszone	Spiralstreifen von rechts unten nach links oben verlaufend (obere Membranhälfte)
Ohne Polarisator			Gleichmäßig helles Blau		
Mit Polari-sator	ohne Gips-platte	0°	Hellblau	Weiß	Hellblau
		+ 45°	Weißlichblau	Hellblau	Dunkelblau
		90°	Hellblau	Dunkelblau	Hellblau
		− 45°	Dunkelblau	Hellblau	Weißlichblau
	mit Gips-platte Rot III (+ 45°)	0°	Blaugrün	Blaugrün (ziemlich satt)	Blaugrün
		+ 45°	,,	Unscharfer Übergang	Neurot
		90°	Neurot	Neurot (ziemlich satt)	,,
		− 45°	,,	Unscharfer Übergang	Blaugrün
Zwischen gekreuzten Nicols		0°	Grünlichblau	Schwarz	Grünlichblau
		+ 45°	Weiß	Olivgrün	Dunkelblau
		90°	Grünlichblau	Schwarz	Grünlichblau
		− 45°	Dunkelblau	Olivgrün	Weiß

wenn die längere Achse der Indexellipse der Faser zur Polarisationsebene des benutzten Nicols senkrecht steht; bei paralleler Lage ist das
Minimum der Adsorption gegeben. Die
Gegensätze, die sich hierbei ergeben
(schwarz bis annähernd farblos), sind in
der Tat außerordentlich auffallend. Die
Untersuchung auf Dichroismus wird am
einfachsten mit einem Objekttischnicol
vorgenommen, über welchem das Präparat
hin- und hergedreht wird. A. Herzog[1]
hat gezeigt, daß Kunstseide (ausgenommen Azetatseide) nach vorheriger Färbung
mit gewissen Farbstoffen (z. B. Kongorot)
einen scharf ausgeprägten Dichroismus
aufweist, während ein solcher bei Naturseide nicht wahrgenommen werden kann.
Natürlich sind nicht alle Farbstoffe geeignet, Pleochroismus hervorzurufen und
ebensowenig ist die gefärbte Naturseide

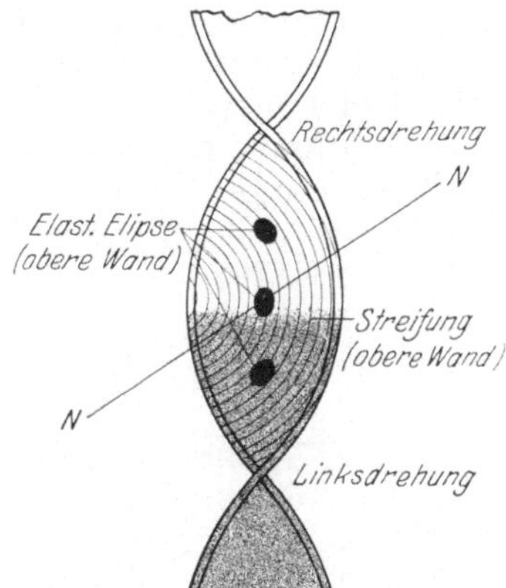

Abb. 54. Pleochroismus der Baumwollfaser nach A. Herzog. Schema.

rundweg als nichtpleochroitisch anzusprechen. Nach den Untersuchungen von Ambronn[2] kön-
nen manche Fasern auch
mit kolloiden Metallen
pleochroitisch gemacht werden (Kupfer, Silber, Gold,
Quecksilber); auch kol-
loide Nichtmetalle sind
hierfür geeignet (Arsen,
Antimon, Wismut, Selen,
Tellur u. a.). Über den
eigentümlichen Pleochroismus der Baumwollfaser
s. die Tabelle 13. (Abb. 54
und 55).

Zum Studium der Po-
larisationserscheinungen sei
besonders auf das vorzüg-
liche Werk von H. Am-
bronn und A. Frey, Das
Polarisationsmikroskop,
Leipzig 1926, verwiesen.

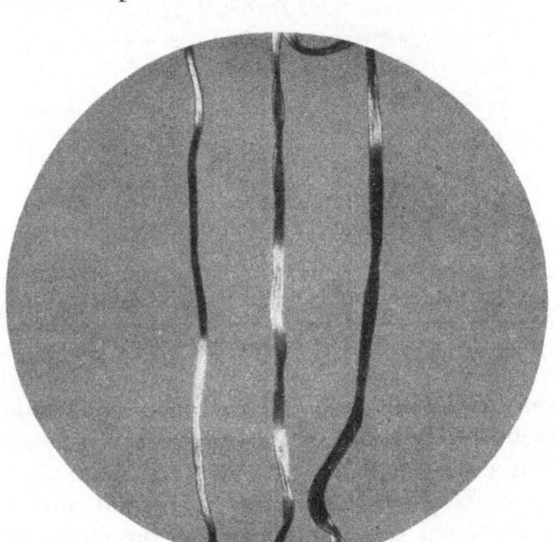

Abb. 55. Mit Chlorzinkjod gefärbte Baumwollfasern zwischen
gekreuzten Nicols. Gesichtsfeld etwas aufgehellt. Abwechselnd helle und dunkle Stellen der Fasern sichtbar.
Vergr. 80.

---

[1] Herzog, A.: Z. Farben- u. Textilind. **1904**, H. 5.
[2] Ambronn, H.: Ber. Sächs. Ges. d. Wissensch., math.-phys. Kl., **1896**, 613.

19. Praktische Anwendungen der Lichtbrechung von Faserstoffen bei mikroskopischen Arbeiten.

I. Untersuchung ohne polarisierende Prismen.

1. Physikalische Aufhellung von Faserpräparaten durch Einschluß in Flüssigkeiten von höherem Lichtbrechungsvermögen (Glyzerin, Paraffinöl, Kanadabalsam usw.).

2. Homogenisieren der rauhen Schnittfläche von Kunstseidefasern mit Glyzerin oder Paraffinöl bei dem Herzogschen Schnellverfahren zur Herstellung von Querschnitten. S. Abschnitt: „Querschnitte von Fasern".

3. Ölprobe zur Unterscheidung von Baumwolle und Flachs in gebleichten Geweben. Nach Einwirkung von Öl werden die Leinenfasern bzw. die aus ihnen zusammengesetzten Fäden auffallend durchscheinend, während Baumwolle infolge ihrer schlechten Benetzbarkeit Luft zurückhält und dementsprechend im auffallenden Lichte hell, im durchgehenden Lichte dunkel erscheint.

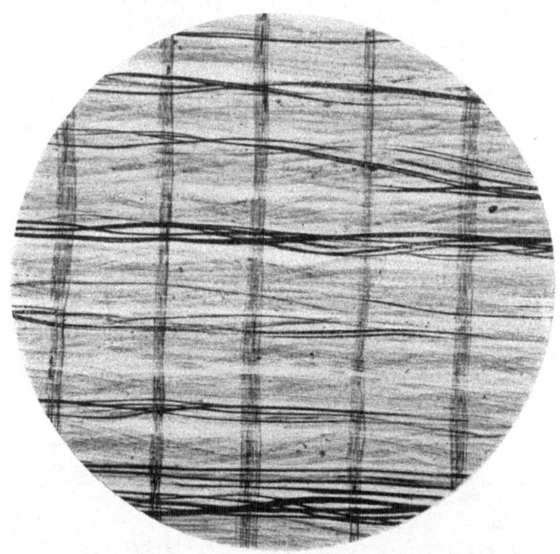

Abb. 56. Ungleichmäßig gefärbtes Gewebe aus Nitratseide und echter Seide in Öl liegend (schlecht denitrierte Kunstseide). Vergr. 25.

4. Auch bei der Feststellung von geringfügigen Farbenunterschieden gefärbter Fasern (z. B. bei streifig gefärbter Kunstseide) ist die Einbettung in eine farblose Flüssigkeit von stärkerer Lichtbrechung (z. B. Paraffinöl) von Nutzen (Abb. 56).

5. Durchsichtigmachen von meliertem Papier mit Kanadabalsam bei der quantitativen Bestimmung der vorhandenen gefärbten Fasern.

6. Wie bei 5, jedoch zum Zweck des Studiums der Faserverflechtung.

7. Unterscheidung der Azetatseide von den übrigen Kunstseiden (Nitrat-, Kupfer-, Viskoseseide). In Rizinusöl oder Zitronenöl wird Azetatseide nahezu unsichtbar, während die übrige Kunstseide infolge ihrer wesentlich stärkeren Lichtbrechung deutlich sichtbar bleibt.

II. Untersuchung nach Einschaltung eines Polarisators.

8. Unterscheidung von echter Seide und Kunstseide. In Anilin eingebettete echte Seide wird, sofern ihre Längsachse senkrecht zur

Polarisationsebene des Nicols steht, nahezu unsichtbar, während Kunstseide in allen Lagen deutlich sichtbar bleibt.

9. Herstellung gegensätzlicher Mikrophotogramme von ungefärbten, in stark aufhellend wirkenden Einschlußmitteln liegenden Fasern. Die Faser wird in der Objekttischebene so lange gedreht, bis sie das Maximum der Sichtbarkeit zeigt (Abb. 57 und 58). In einzelnen Fällen läßt sich auch die Stellung, in welcher die Faser hinsichtlich ihrer Lichtbrechung am wenigsten von der des Einschlußmittels abweicht, mit Vorteil dazu benützen, um etwaige Einschlüsse in der Fasermasse möglichst deutlich und optisch losgelöst von dieser wiederzugeben (Hervorheben der in

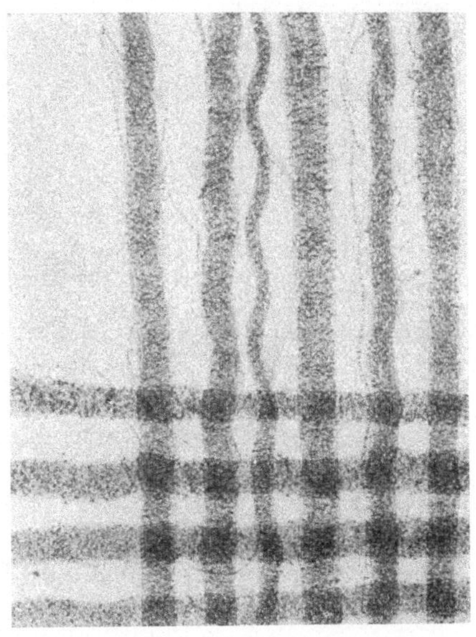

Abb. 57. Leinenbatist in Kanadabalsam. Vergr. 15.

den Schrägrissen der merzerisierten und nichtmerzerisierten Flachsfaser enthaltenen Luft, etwaiger fester Teilchen in Kunstseide usw.).

III. Untersuchung zwischen gekreuzten Nicols.

10. Verschiebungen, Schräg- und Querrisse und andere Deformationen von Bastfasern treten klarer hervor, als bei der Betrachtung in gewöhnlichem Lichte (Abb. 59).

11. Kristalle von Kalziumoxalat, die als „Leitelemente" verschiedener Pflanzenfasern von Wichtigkeit sind, können infolge ihrer starken spezifischen Doppelbrechung leicht nachgewiesen werden (Abb. 60).

12. Spontane chemische Zersetzungen, die mit Änderungen der Lichtbrechung Hand in Hand gehen, können bei manchen Fasern (Azetatseide, Nitratseide) schon zu einer Zeit deutlich nachgewiesen werden, wo die chemische Analyse noch keinen sicheren Anhaltspunkt ergibt (Abb. 61).

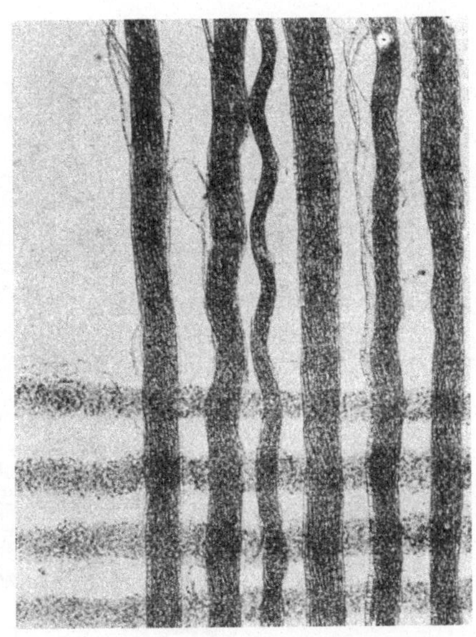

Abb. 58. Dieselbe Stelle wie in Abb. 57, jedoch nach Einschaltung eines Okjekttischnicols. Vergr. 15.

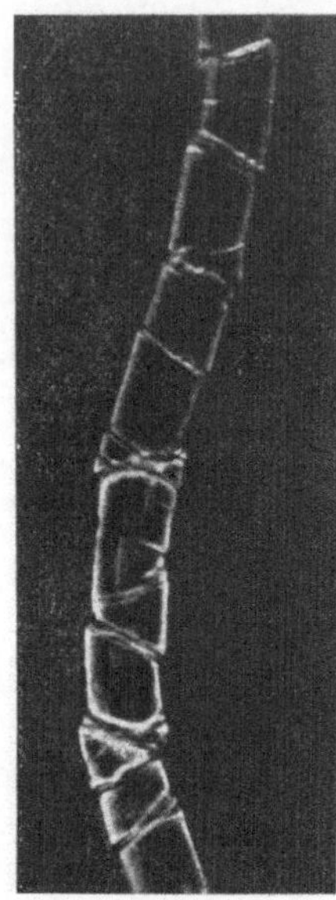

Abb. 59. Stück einer altägyptischen Flachsfaser (aus einer Mumienbinde) zwischen gekreuzten Nicols. Deutliches Hervortreten der Verschiebungen und Querrisse. Vergr. 350.

13. **Azetatseide** zeigt infolge ihrer sehr geringen spezifischen Doppelbrechung selbst bei größerer Dicke nur die niedersten Interferenzfarben der ersten Ordnung und kann hierdurch ohne weiteres von den übrigen Kunstseiden unterschieden werden.

14. **Ungefärbte Schafwolle** und andere tierische Haare sind nur schwach doppelbrechend (spez. Doppelbrechung $+ 0{,}010$) und zeigen dementsprechend in der Regel nur Interferenzfarben der 1. Ordnung. Durch Vergleich der entsprechenden Interferenzfarben zwischen parallelen Nicols läßt sich bis zu einem gewissen Grade auch auf die Feinheit der Wolle schließen:

$$\text{Haardicke} = \frac{\text{Gangunterschied}}{\text{spezifische Doppelbrechung}}.$$

Zur genaueren Bestimmung des Gangunterschiedes in $\mu\mu$ dient entweder der **Babinet**sche oder der **Berek**sche Kompensator. Da die spezifische Doppelbrechung der Schafwolle rund $+ 0{,}010$ Einheiten beträgt (vgl. Tabelle 6), so ergibt sich die Dicke der Faser in μ wie folgt:

$$\text{Dicke} = \frac{\text{Gangunterschied (in } \mu\mu)}{10}.$$

15. **Flachs, Hanf, Brennessel, Ramie** und **Seide** sind stark doppelbrechend. Mittlere Doppelbrechung zeigen **Jute, Nitrat-, Viskose-** und **Kupferseide.** Schwach doppelbrechend sind **Agaven-** und **Aloefasern, Manilahanf, Neuseelandhanf, tierische Wollen** und **Haare, Azetatseide.**

16. **Stark doppelbrechende Fasern,** wie etwa Flachs und Hanf, lassen auch in völlig zerschlitztem Zustande noch ein deutliches Aufleuchten ihrer Fibrillen erkennen (Papierprüfung).

17. **Unregelmäßig sternförmige Querschnitte** von Kunstseide machen sich in

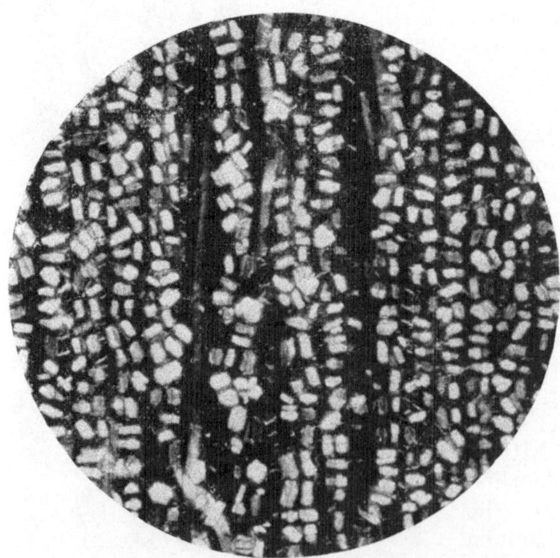

Abb. 60. Kristalle aus der Rinde der Bohne (Phaseolus multiflora) als Begleitbestandteile der Bohnenfaser. Nicols gekreuzt. Vergr. 150.

der Längsansicht bemerkbar durch eine auffallende, parallel zur Längsrichtung der Faser verlaufende Farbenstreifung (Nitrat-, Viskoseseide). Die auftretenden Interferenzfarben sind je nach der wirksamen optischen Dicke verschieden, so daß z. B. neben Grau I unmittelbar Orange I in Streifenform auftritt.

18. Schon geringfügige Änderungen in der Querschnittsform der Einzelfaser lassen sich bei Kunstseide (ausgenommen die sehr schwach doppelbrechende Azetatseide) an der Änderung der Interferenzfarben erkennen. Bekanntlich sind solche stellenweise vorkommende Änderungen in der Querschnittsform für die Gleichmäßigkeit des Glanzes der Kunstseide sehr nachteilig (Glanzpunkte, „Finken" usw.). Zum Nachweis eignet sich besonders gut der Babinetsche Kompensator.

19. Auch bei Schafwolle sind Änderungen in der Querschnittsform der Haare („Untreue") mit dem Babinetschen Kompensator bequem nachzuweisen (Nichtparallelismus der Parabelscharen, Abb. 62).

20. Stellenweise vorkommende Abplattungen mancher Fasern (Kreuzungsstellen bei echter und wilder Seide) sind ohne weiteres an dem starken Sinken der Interferenzfarben festzustellen. Kein anderes Verfahren ist zu ihrer Sichtbarmachung so geeignet wie das polariskopische (Abb. 63).

21. Tillandsia, Kokos und brasilianische Piassave können aus ihrem in bezug auf die Längsrichtung optisch negativen Verhalten von anderen Fasern unterschieden werden.

22. Nitrierte Baumwolle mit mehr als 11,8% Stickstoffgehalt ist in bezug auf die Längsrichtung der Faser optisch negativ. Mit abnehmendem Stickstoffgehalt wird die Faser zuerst

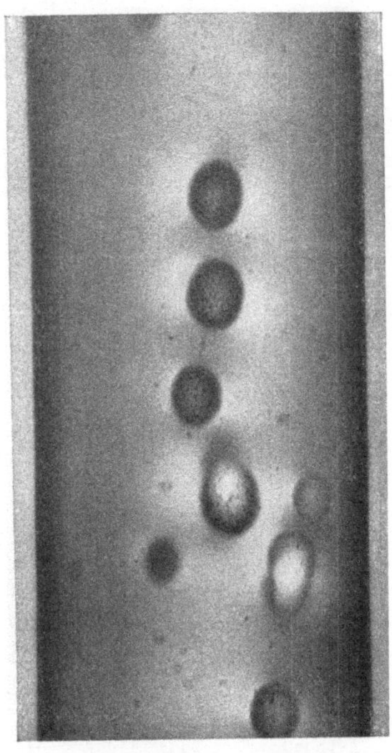

Abb. 61. Azetatroßhaar zwischen gekreuzten Nicols und einer Gipsplatte Rot I. Die beginnende chemische Zersetzung der Azetylzellulose macht sich optisch in Form von mehreren ovalbegrenzten Flecken bemerkbar (Änderung in der spezifischen Doppelbrechung). Vergr. 200.

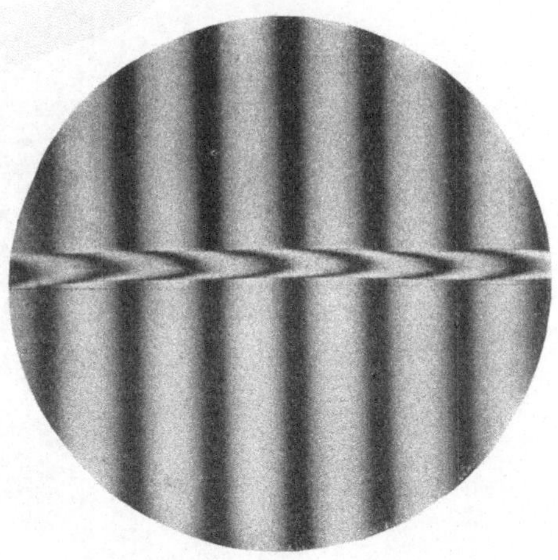

Abb. 62. Verschiebung der Interferenzstreifen im Babinetschen Kompensator nach Einschaltung einer Wollfaser. Nicols gekreuzt. Vergr. 75.

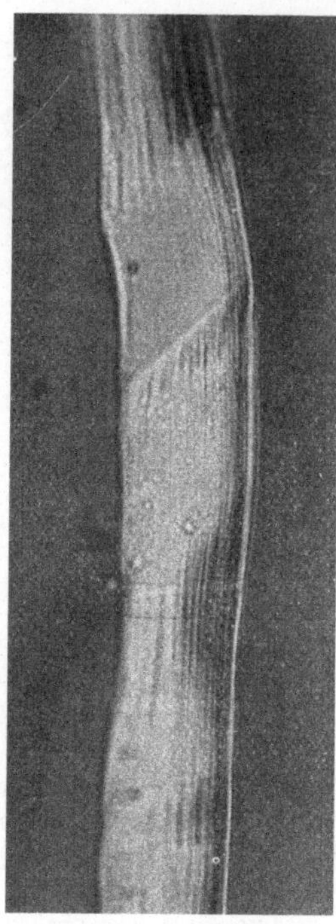

Abb. 63. Tussahseide zwischen gekreuzten Nicols. Mehrere natürliche Quetschstellen sichtbar. Vergr. 300.

nicht doppelbrechend und dann immer stärker optisch positiv (Betriebskontrolle).

23. Baumwolle bleibt beim Drehen in der Objekttischebene um 360⁰ in allen Lagen deutlich hell. Sie unterscheidet sich diesbezüglich wesentlich von allen anderen technisch wichtigen Fasern (Abb. 64).

24. Tote und unreife Baumwollhaare werden beim Drehen in der Objekttischebene um 360⁰ 4 mal hell und dunkel, im Gegensatz zu den nahezu reifen und vollreifen Haaren, die in allen Lagen hell bleiben (Abb. 90).

25. Baumwolle zeigt in der Längsansicht häufig einen plötzlichen Wechsel in der Lage der optischen Indexellipse (Betrachtung in den Orthogonalstellungen 0 und 90⁰ nach Einschaltung eines unter + 45⁰ orientierten Gipsplättchens Rot I). Es macht sich dies z. B. bemerkbar durch einen scharfen Übergang von Additionsfarben in Subtraktionsfarben. An der Übergangsstelle tritt Rot I auf (längere Achse der Indexellipse parallel zur Faserlängsachse).

26. Flachs- und Hanffasern zeigen in den Orthogonalstellungen 0 und 90⁰ nach Einschaltung eines unter + 45⁰ orientierten Gipsplättchens Rot I ein entgegengesetztes Verhalten:

	0⁰	90⁰
Flachs .	Additions-farben	Subtraktions-farben
Hanf . .	Subtraktions-farben	Additions-farben

IV. Mit Kongorot gefärbte Fasern nach Einschaltung eines Objekttischnicols.

27. Echte Seide läßt beim Hin- und Herdrehen der Fasern in der Objekttischebene keinen Dichroismus erkennen, im Gegensatz zu der Kunstseide (Nitrat-, Kupfer-, Viskoseseide), die eine auffallende Farbenwandlung (dunkelrot bis nahezu farblos) aufweist.

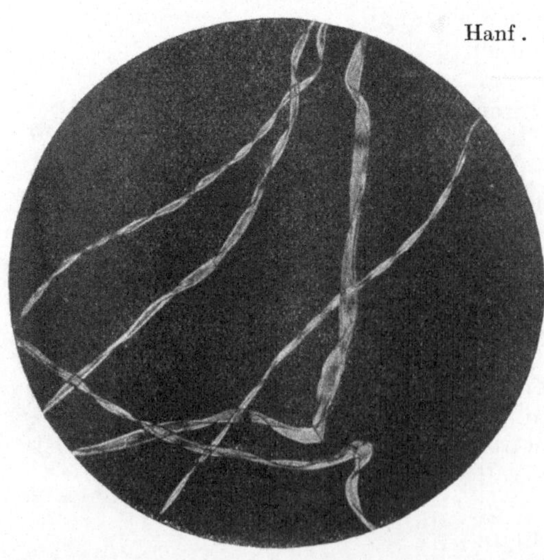

Abb. 64. Baumwollfasern zwischen gekreuzten Nicols in allen Lagen hell erscheinend. An der rechts befindlichen Faser (von oben nach unten verlaufend) eine neutrale (dunkle) Stelle sichtbar. Vergr. 60.

28. Mit Kongorot gefärbte Azetatseide zeigt fast keinen Dichroismus; sie kann auf Grund dessen leicht von der übrigen Kunstseide unterschieden werden.

29. Entsprechend dem Wechsel in der Lage der optischen Indexellipse der Baumwolle ist auch der Dichroismus an verschiedenen Stellen unterschiedlich (Abb. 55). Besser als Kongorot eignet sich Dianilblau. Vgl. die Tabelle 13.

30. Flachsfasern dienen zur Bestimmung der Polarisationsebene von Nicols (Abb. 51). Über die quantitativen Adsorptionsverhältnisse der mit Kongorot gefärbten Flachsfaser gibt die Tabelle 14 Aufschluß, in der die gemessenen Lichtintensitäten und die zugehörigen Extinktionskoeffizienten angegeben sind.

20. Dunkelfeldbeleuchtung.

Über die Anwendung der einfachen Dunkelfeldbeleuchtung s. Abschnitt: „Der Abbesche Beleuchtungsapparat".

Die Bedeutung der verfeinerten Dunkelfeldbeleuchtung bzw. die Ultramikroskopie der Faserstoffe ist im allgemeinen noch viel zu wenig gewürdigt. Auch in der Fachliteratur sind nur wenige Angaben über die sich bei solchen Untersuchungen enthüllenden Struktureigentümlichkeiten enthalten. Es mag dies hauptsächlich seinen Grund darin haben, daß in den meisten Fällen eine sehr kostspielige und dementsprechend nicht jedermann zugängliche Apparatur als unbedingte Voraussetzung für derartige Arbeiten angenommen wird. Auch die Vermutung einer besonderen, von der gewöhnlichen Art abweichenden Präparation hält viele Mikroskopiker davon ab, sich mit der Ultramikroskopie der Faserstoffe eingehender zu befassen. Näher besehen, zeigt sich jedoch, daß derartige Annahmen und Vorurteile nicht stichhaltig sind, da sich schon mit verhältnismäßig billigen Einrichtungen, z. B. dem Zeissschen Paraboloidkondensor, der sich in die Schiebehülse des Abbeschen Beleuchtungsapparates einsetzen läßt, bei Benutzung kräftiger Lichtquellen vollständig befriedigende Ergebnisse erzielen lassen. Die Fasern werden bei dieser Untersuchungsmethode in der Regel in Wasser eingelegt und mit einem Deckglase bedeckt, wobei man zweckmäßig noch dem letzteren eine Umrandung mit Krönigschem Deckglaskitt gibt, um eine Verdunstung des Wassers während der Beobachtung hintanzuhalten. Die Unterseite des Objektträgers, der die auf der Fassung des Paraboloidkondensors vorgeschriebene Dicke haben muß (vgl. „Dickenmessungen von Deckgläsern, Objektträgern usw."), wird sodann mit Zedernöl mit der nach oben liegenden Frontlinse des Kondensors optisch verbunden. Bei der Auswahl der zu solchen Arbeiten nötigen Objektträger und Deckgläser ist besonders sorgfältig vorzugehen und namentlich darauf zu achten, daß keine Unsauberkeiten und Schrammen im Glase vorhanden sind, da diese bei der ultramikroskopischen Untersuchung sehr unangenehm hervortreten und wegen der starken Überstrahlungen die eigentliche Untersuchung und Beobachtung der Fasern sehr stören oder gar unmöglich machen. Schon mit mittelstarken

Trockenobjektiven (z. B. Apochromat 40) oder Immersionsobjektiven (z. B. Immersionsachromat 90 von Zeiss) lassen sich bei Einhaltung der angegebenen Bedingungen wertvolle Ergebnisse erzielen, die in manchen Fällen auch von nicht zu unterschätzender praktischer Bedeutung sind. So hat der Verfasser schon früher gezeigt, daß auf diesem Wege die Unterscheidung der Viskose- und der Kupferseide rasch möglich ist, während dies sonst nur bei großer Erfahrung und Anwendung umständlicher Färbeverfahren gelingt. Besser als die vorgenannten Objektive ist das vom Zeisswerk für diesen Zweck besonders konstruierte Apochromatobjektiv 90 zu verwenden. Unter solchen Umständen scheint es angezeigt zu sein, der verfeinerten Dunkelfeldbeleuchtung auch vom Standpunkt des Analytikers eine erhöhte Aufmerksamkeit zu widmen. Ein sehr einfaches und daher billiges Verfahren wurde kürzlich vom Verfasser[1] vorgeschlagen.

Die nötige Apparatur ist im allgemeinen die gleiche wie sie bei dem A. Herzogschen Schnellverfahren zur Prüfung der Querschnittsverhältnisse von Kunstseide gebraucht wird (Abb. 37). S. „Herstellung von Querschnitten", Schnellverfahren. Als Lichtquelle ist allerdings Bogenlicht notwendig, da dieses eine beträchtlich stärkere spezifische Helligkeit besitzt, als die zu den vorgenannten Arbeiten völlig ausreichenden Fixpunkt- und Bandlampen. Besonders geeignet erweist sich in diesem Falle die von Leitz-Wetzlar gelieferte Beleuchtungseinrichtung, da sie mit Hilfe einer Schraube bequem hoch- und tiefgestellt werden kann. Sie besteht im allgemeinen aus dem für den Opakilluminator vorgesehenen Beleuchtungsstativ und einem an diesem angebrachten horizontalen Rohrstück mit einem am Ende desselben angeschraubten Mikroskopobjektiv Nr. 3. Das Licht der Bogenlampe (Liliputbogenlampe) wird mit Hilfe der Spiegel der Beleuchtungseinrichtung in den horizontalen Tubus geworfen, so daß es durch das am Ende angebrachte Objektiv austreten kann. Die Herrichtung des Präparates läßt sich in einfacher Weise wie folgt bewirken: Auf die obere Seite eines Stabilitklötzchens wird ein Glasplättchen mit Kanadabalsam aufgeklebt (am besten feinstmattiertes schwarzes Glas); auf diesem werden die zu prüfenden Fasern möglichst gleichmäßig, aber ja nicht zu dicht gelagert und mit einem Deckglas bedeckt. Die Präparation kann in Luft oder in einer Flüssigkeit (am besten Wasser) erfolgen. Nunmehr stellt man das Stabilitklötzchen auf den Mikroskoptisch oder man klebt es zuvor mit Kanadabalsam auf einen Objektträger auf, damit die Verschiebung auf dem Objekttisch bequemer vorgenommen werden kann und beleuchtet jetzt seitlich mit Hilfe der oben beschriebenen Beleuchtungsvorrichtung. Bei der Präparation in Luft dient das Deckglas lediglich zur Beschwerung, um die sperrigen Fasern niederzuhalten und bei Luftbewegungen am Fortfliegen zu verhindern. Auch sollen dadurch die durch die stetigen Änderungen im Wassergehalte der umgebenden Luft stattfindenden Bewegungen der Fasern tunlichst hintangehalten werden. Bei Anwendung stärkerer Mikroskopobjektive ist übrigens die Verwendung

---

[1] Herzog, A.: Kunstseide **1928**, 281.

eines Deckglases ohnehin erforderlich, da sonst, falls nicht Objektive
für unbedeckte Präparate gebraucht werden, vollkommen trübe
und daher unbrauchbare Bilder erhalten werden. Bei Luftpräparaten
geht der Verfasser übrigens auch so vor, daß er die Oberfläche des
Stabilitklötzchens mit Krönigschem Deckglaskitt überzieht und mit
einem heißem Spatel glättet. Auf die so vorbereitete, noch etwas
klebrige Fläche legt er die ganz lose verteilten Fäserchen und drückt
sie der Unterlage möglichst an. Die Aufstellung des Klötzchens auf
dem Mikroskoptisch und die Beleuchtung werden genau wie oben vorgenommen. In beiden Fällen ist auf die richtige Einstellung des Beleuchtungsapparates und der Bogenlampe große Sorgfalt zu verwenden. Die günstigste Beleuchtung wird am besten empirisch, d. h.
durch Heben und Senken der Beleuchtungsapparatur gefunden. Die
Helligkeit im mikroskopischen Bilde ist völlig ausreichend. Für analytische Zwecke genügt der Trockenachromat 20 von Zeiss in Verbindung
mit einem starken Okular. Es werden so auch bei unbedeckten Präparaten ausreichend klare Bilder erhalten. Zur Vermeidung von störenden
Reflexen, die insbesondere bei Kunstseide sehr hinderlich sind, weil
sie die außerordentlich feine Ultrastruktur des Faserinnern zum großen
Teil überstrahlen, ist es vorteilhaft, die Fasern in diagonaler Lage
zu studieren, d. h. so, daß ihre Längsachse durch die Gesichtsfeld-
quadranten I und III oder II und IV verläuft. Sehr bequem ist natürlich die Verwendung eines Mikroskopstativs mit drehbarem und
zentrierbarem Objekttisch, weil hierdurch die erwähnte Einstellung
der Fasern sehr erleichtert wird. Prinzipiell ist kein Unterschied gegenüber der ursprünglich von Siedentopf angegebenen Methode der
Ultramikroskopie mit seitlich angebrachter Beleuchtung vorhanden,
dagegen ist das beschriebene Verfahren hinsichtlich der Apparatur
und deren Handhabung wesentlich vereinfacht. Insbesondere ist
der Wegfall des Präzisionsspaltes und mehrerer Projektionslinsen
hervorzuheben. Auch die bei der Benutzung von Dunkelfeldkonden-
soren stets nötige Kontrolle in der Dicke der benutzten Deckgläser und
Objektträger kommt hier in Wegfall.

Prüfungen der Faserstoffe im Ultramikroskop sind von Schneider
und Kunzl[1], Gaidukov[2] und A. Herzog[3] vorgenommen worden.

Einzelheiten hierüber sind im speziellen Teile mitgeteilt. Bei der
Beurteilung des ultramikroskopischen Bildes kommen 2 Hauptmomente
in Frage: die Struktur und deren Lichtstärke. In bezug auf ihre
Struktur lassen sich die Faserstoffe wie folgt einteilen:

1. Optisch leere oder nur mit einer außerordentlich lichtschwachen
netzartigen Struktur ausgestattete Fasern (Glaswolle, Gelatineseide).

---

[1] Schneider, J. u. Kunzl, G.: Z. wiss. Mikrosk. Bd. 23.

[2] Gaidukov, N.: Dunkelfeldbeleuchtung und Ultramikroskopie. Jena 1910.
Z. angew. Chem. **1908**, 393.

[3] Herzog, A.: Die Unterscheidung der natürlichen und künstlichen Seide.
Dresden 1910. Kunstseide **1928**, 281.

Die bei Abschluß dieses Buches erschienene Arbeit von Fierz-David
(Naturwissenschaften **1929**, H. 36) konnte nicht mehr berücksichtigt werden.

2. Fasern mit einer deutlich ausgeprägten netzartigen Struktur (Baumwolle, Kunstseide, Zellstoff) (Abb. 65).

3. Fasern mit deutlich ausgeprägter Parallelstruktur (Seide, Tussahseide, Flachs, Hanf).

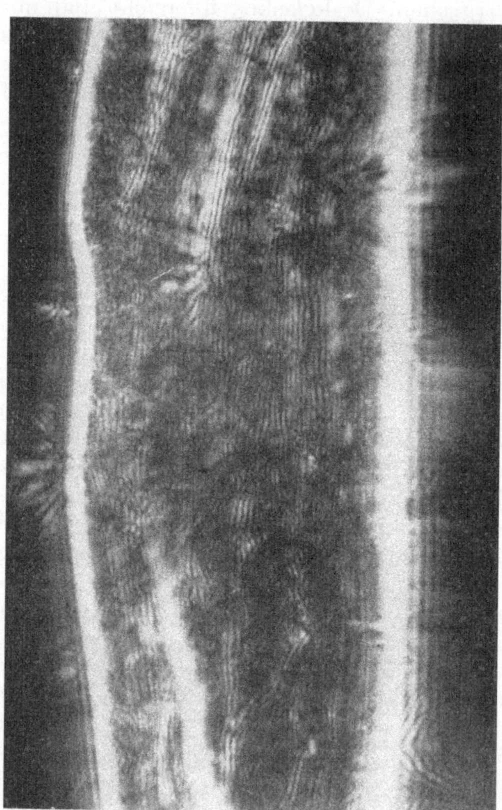

Abb. 65. Baumwollfaser in Dunkelfeldbeleuchtung. Vergr. 1800.

Die Beurteilung des ultramikroskopischen Bildes macht immerhin gewisse Schwierigkeiten; infolgedessen ist es angezeigt, die Präparate zu photographieren. Man sehe vollständig ab von den Randteilen der Fasern (sie sind fast immer überstrahlt und durch Interferenzsäume gestört), sondern beachte nur das Faserinnere. Man hüte sich auch davor, die in manchen Fasern (z. B. Viskoseseide) stets vorkommenden Verunreinigungen, die stark aufleuchten, mit der eigentlichen Ultrastruktur in Verbindung zu bringen.

21. Qualitative und quantitative Mikrospektralanalyse.

1. Qualitative Analyse. Zur Verwendung gelangt ein Mikrospektralokular, am besten in der von Abbe angegebenen Ausführung. Es gestattet die spektroskopische Untersuchung einzelner Fasern hinsichtlich ihrer Färbung, was in manchen Fällen, z. B. wenn nur kleine Mengen Probematerial vorliegen, die einzige Möglichkeit bietet, einen Anhaltspunkt zur Bestimmung der vorliegenden Farbstoffgruppe zu erhalten. Näheres hierüber enthält das Werk von Formánek: Untersuchung und Nachweis organischer Farbstoffe auf spektroskopischem Wege, Berlin 1911. In letzter Zeit hat das Zeisswerk eine kleine photographische Kammer im Format 4,5 mal 6 cm als Ergänzung des Mikrospektralokulars in den Handel gebracht; sie dient zur Fixierung der Absorptionsspektren:

1. gleichmäßig gefärbter Objekte ohne morphologische Strukturen (z. B. Lösungen pflanzlicher und tierischer Farbstoffe),

2. von Substanzen, die in Zellen oder Flüssigkeiten gleichmäßig verteilt sind,

3. einzelner Teilchen oder Körperchen mit gefärbtem Inhalt, fernerhin

4. der Emissionsspektren von Lichtquellen, besonders von den in der Mikroskopie gebräuchlichen, und

5. der Absorptionsspektren von Lichtfiltern.

Zur Auswertung der Spektralaufnahmen empfiehlt sich die Aufstellung einer Dispersionskurve der Spektralkammer. Man photo-

Tabelle 14. Spektrophotometrische Prüfung der mit Kongorot gefärbten Flachsfaser nach A. Herzog (Pleochroismus). (Kanadabalsampräparat, Objektiv: Apochr. 40, Zeiss, Mikrospektralphotometer nach Engelmann, Röhrenlampe 400 W.)

Spektralzone λ	Ohne Nicol		Mit Nicol							
			Faserlängsrichtung $\perp$ zur Polarisationsebene d. Nicols				Faserlängsrichtung $\parallel$ zur Polarisationsebene d. Nicols			
			Ohne Gips Rot III		Mit Gips Rot III		Ohne Gips Rot III		Mit Gips Rot III	
	i^1	e^2	i	e	i	e	i	e	i	e
Farbe der Faser	rot		blutrot		violettrot		blaßrot		grünlichgelb	
650—640	86	6,55	85	7,06	100	0	91	4,10	95	2,23
640—630	83	8,09	93	3,15	100	0	100	0	81	9,15
630—620	92	3,62	83	8,09	100	0	89	5,06	83	8,09
620—610	84	7,57	87	6,05	95	2,23	96	1,77	80	9,69
610—600	86	6,55	77	11,35	95	2,23	93	3,15	81	9,15
600—590	85	7,06	76	11,92	94	2,69	93	3,15	82	8,62
590—580	80	9,69	56	25,18	87	6,05	87	6,05	77	11,35
580—570	69	16,12	40	39,79	58	23,66	87	6,05	66	18,05
570—560	62	20,76	31	50,86	46	33,72	87	6,05	73	13,67
560—550	56	25,18	24	61,98	29	53,76	90	4,58	78	10,79
550—540	53	27,57	21	67,78	21	67,78	84	7,57	89	5,06
540—530	49	30,98	19	72,12	17	76,96	84	7,57	91	4,10
530—520	49	30,98	15	82,39	14	85,39	84	7,57	89	5,06
520—510	46	33,72	20	69,90	18	74,47	87	6,05	76	11,92
510—500	48	31,88	18	74,47	27	56,86	90	4,58	64	19,38
500—490	45	34,68	20	69,90	39	40,89	79	10,24	41	38,72
490—480	38	42,02	23	63,83	66	18,05	72	14,27	31	50,86
480—470	35	45,59	12	92,08	62	20,76	72	14,27	31	50,86
470—460	30	52,29	12	92,08	83	8,09	63	20,07	15	82,39
460—450	38	42,02	16	79,59	65	18,71	68	16,75	22	65,76
450—440	52	28,40	20	69,90	58	23,66	83	8,09	30	52,29
440—430	45	34,68	18	74,47	70	15,49	51	29,24	43	36,65
Mittlere Durchlässigk. (i) für $\lambda =$ 430—650	59,6		39,4	—	61.1	—	83,2	—	64,4	—

[1] Lichtstärke in % der ursprünglichen Lichtstärke.
[2] Extinktionskoeffizient.

graphiert ein bekanntes — möglichst linienreiches — Spektrum, wählt eine am Rande der Platte liegende markante Linie als Ausgangspunkt und trägt die Entfernung jeder einzelnen Linie von dieser als Abszisse, deren Wellenlänge als Ordinate auf. So erhält man eine stetige Kurve, die die Wellenlänge einer Spektrallinie als Funktion ihrer Lage auf der Platte angibt.

Auch der Mikrospektralkondensor nach Engelmann, der die Projektion eines objektiven Spektrums in die Präparatebene des Mikroskops zuläßt, kann, wenn auch weniger bequem, zu allen mikrospektroskopischen Arbeiten verwendet werden.

2. Quantitative Analyse. Zur quantitativen Bestimmung der Absorptionsverhältnisse von gefärbten Fasern usw. dient das Engelmannsche Mikrospektralphotometer, das entweder mit einer Prismenkombination von sehr hoher Dispersion oder einem Gitter ausgestattet wird. S. Tabelle 14. Die mitgelieferte Tafel mit einem farbigen Spektrum dient als Unterlage für die bildliche Darstellung des Absorptionsspektrums; in das darunter befindliche Liniensystem werden die Ergebnisse der zugehörigen photometrischen Messungen eingetragen. Als solche kommen in Betracht:

1. Die direkt gemessenen Intensitäten in % der ursprünglichen Lichtstärke.

2. Die aus den gemessenen Intensitäten abgeleiteten Extinktionskoeffizienten.

3. Die für andere Schichtdicken oder Konzentrationen berechneten Intensitäten.

4. Die bei bekanntem Farbstoffgehalt aus den Extinktionskoeffizienten berechneten Absorptionsverhältnisse.

5. Kann das Liniensystem zur bildlichen Veranschaulichung des Einflusses der Konzentration (bezüglich Schichtendicke) auf Lage und Ausdehnung von Absorptionsbändern verwendet werden, indem man letztere auf den Horizontalen, deren Ordinaten der Konzentration (bzw. Schichtendicke) entsprechen, einträgt, die übereinanderliegenden Endpunkte verbindet und den von der Kurve eingeschlossenen Flächenraum schattiert.

22. Lichtfilter.

Bei der mikroskopischen Prüfung der Faserstoffe kommen in bestimmten Fällen folgende Gelatinetrockenfilter in Betracht:

1. Annähernd monochromatische Lichtfilter für Mikrophotographie.

2. Lichtfilter für die Zeisssche Hageh-Lampe nach Köhler.

3. Speziallichtfilter zum Hervorheben bzw. Verstärken bestimmter Färbungen (gelb bis rot, blau bis grün) in mikroskopischen Präparaten.

4. Orange-Gelbfilter als Ersatz für Natriumlicht bei der Bestimmung der Lichtbrechung von Faserstoffen nach der Immersionsmethode.

5. **Kompensationsfilter für Mikroskopierlampen zur Dämpfung des im künstlichen Lichte zu stark vertretenen Rotanteiles.**

Die Herstellung der Filter erfolgt in der nachstehend angegebenen Weise:

8 g Filtergelatine werden in 100 ccm Wasser vorquellen gelassen und sodann in der Wärme gelöst; die Lösung wird heiß filtriert. Als Gelatine verwende man die von der I. G. Farbenindustrie Aktiengesellschaft, Berlin, beziehbare Filtergelatine. Von der mit der entsprechenden Farbstoffmenge versetzten Gelatinelösung werden 7 ccm auf den Quadratdezimeter Glasfläche verwendet. Der Farbstoff wird am besten in gelöster Form der Gelatinelösung zugesetzt. Zu diesem Zweck wird 1 g Farbstoff in 25 ccm Wasser gelöst und sorgfältig filtriert. Ist die gewünschte Farbstoffdichte n (d. h. n g Farbstoff auf den Quadratmeter Glasfläche), so ergibt sich folgende einfache Berechnung des Mischungsverhältnisses von Farbstoff- und Gelatinelösung für zusammen 70 ccm Farbgelatine:

$$
\begin{aligned}
\text{Farbstofflösung} &\quad\ldots\ldots\ldots\quad 2{,}5 \cdot n \text{ ccm} \\
\underline{\text{Gelatinelösung}} &\quad\ldots\ldots\ldots\quad \underline{70 - 2{,}5 \cdot n \quad ,,} \\
\text{Farbgelatinelösung} &\quad\ldots\ldots\quad 70 \qquad \text{ccm.}
\end{aligned}
$$

Für eine Platte im Format 9×12 cm (108 qcm) sind 7,6 ccm Farbgelatine zu verwenden. Vor dem Gießen sind die Glasplatten sorgfältig zu reinigen und tunlichst horizontal auszurichten. Beim Gießen wird die Farbgelatine auf der etwas vorgewärmten Glasplatte mit Hilfe eines an seinem unteren Ende etwas schief gebogenen Glasstabes vollkommen gleichmäßig ausgebreitet. Das Trocknen erfolgt in staubfreier Luft bei Zimmertemperatur. Das trockene Filter wird nach Art eines Diapositivs mit einem Deckglase versehen und mit gummierten Einfaßstreifen umrandet. Um vollständig gleichmäßige Filter zu erhalten, ist es angezeigt, die Farbstoffdichte nur halb so stark zu wählen, als gewünscht wird, dafür aber zwei Filter mit der Gelatineseite nach innen in der angegebenen Weise miteinander zu verbinden.

1. Annähernd monochromatische Lichtfilter. Wenn es sich lediglich um mehr oder weniger monochromatische Lichtfilter handelt (wirklich monochromatische Gelatinefilter gibt es nicht), die etwa zu mikrophotographischen Aufnahmen oder zur Demonstration des unterschiedlichen Auflösungsvermögens von Mikroskopobjektiven in verschiedenfarbigem Lichte usw. dienen sollen, mögen die in den folgenden übersichtlichen Tabellen 15 und 16 nach den Erfahrungen des Verfassers gemachten Angaben Verwendung finden.

2. Lichtfilter für die Hageh-Lampe nach Köhler. Diese Lampe ermöglicht es, das mikroskopische Gesichtsfeld mit monochromatischem Licht von drei verschiedenen Wellenlängen (577/579, 546 und 436 $\mu\mu$) zu be'euchten, indem nacheinander drei Farbenfilter angewandt werden, die diese Spektralbezirke aus dem Quecksilberbogenlicht allein wirksam werden lassen. Verwendet man außerdem noch eine Rotglasplatte in Verbindung mit einer gewöhnlichen guten Mikroskopier-

Tabelle 15.
Nach Wellenlängen begrenzte monochromatische Lichtfilter.

Farbe des Filters	Zusammensetzung des Lichtfilters[1]	Durchlässigkeit (λ)		Anmerkung
		Grenzen	maximale Helligkeit	
Gelb	Rose bengale . . 0,8 Tartrazin. . . . 3,2 Filterblaugrün . 3,0	580—605	—	sehr licht- schwach
Orange	Rose bengale . . 0,8 Tartrazin . . . 3,2 Filterblaugrün . 1,5	580—625	590—600	
Olivgrün . . .	Orange II . . . 3,0 Dunkelrotgrün . 1,6 Filterblaugrün . 1,5	555—600	570—580	
Olivgrün . . .	Rapidfiltergr. II 4,1 Naphtholgrün. . 2,3 Orange II . . . 3,0	555—590	570—580	
Grün	Toluidinblau . . 1,6 Tartrazin . . . 6,0 Filterblaugrün . 1,5	500—600	530—550	lichtstark
Grün	Patentblau . . . 8,0 Tartrazin. . . . 6,0 Filterblaugrün . 1,0	500—550	520—530	
Grün	Patentblau . . . 4,0 Tartrazin. . . . 3,0 Filterblaugrün . 1,0	490—570	515—530	
Blau	Kristallviolett . 1,4 Patentblau . . . 8,0 Filterblaugrün . 1,0	440—490	450—470	
Blau	Kristallviolett . 1,4 Patentblau . . . 2,0 Filterblaugrün . 1,0	430—490	450—470	lichtstark
Blau	Rose bengale . . 1,6 Filterblau II . . 3,0 Filterblaugrün . 3,0	430—510	450—480	
Blau	Patentblau . . . 8,0 Kristallviolett . 3,2 Filterblaugrün . 1,0	440—475	450—460	
Violett	Kristallviolett . 4,8 Filterblaugrün . 1,5	400—460	430—450	

lampe, so hat man noch einen weiteren Farbenbezirk von etwa 650 bis 675 $\mu\mu$ zur Verfügung, was z. B. bei der Messung von Phasendifferenzen (s. „Untersuchungen im Polarisationsmikroskop") sehr erwünscht ist. Aus den oben genannten Zusammenstellungen ist es ein Leichtes, das gerade passende Lichtfilter auszuwählen.

3. Spezialfilter zum Hervorheben bestimmter Präparatfärbungen. Zum Hervorheben bestimmter Färbungen in mikroskopischen Präpa-

[1] In g/qm Filterfläche.

Tabelle 16.

Nach dem blauen Ende des Spektrums gut begrenzte Lichtfilter.

Eigenfarbe des Filters	Zusammensetzung des Filters	Menge Farbstoff auf 1 qm Filterfläche in g	Absorptionsgrenze (λ)
Gelb	Tartrazin	6,0	510
Orange	Naphtholorange Tartrazin	1,2 3,0	540
	Naphtholorange Tartrazin	2,5 3,0	550
	Orange II Tartrazin	3,0 3,0	555
Rot	Rose bengale Tartrazin	0,8 3,0	580
	Rose bengale Tartrazin Filterblau II	0,8 3,0 3,0	600
	Säurerhodamin Tartrazin	3,9 3,0	620
	Säurerhodamin Tartrazin Filterblau II	3,9 3,0 4,5	630
	Kristallviolett Tartrazin	1,6 3,0	650
	Dunkelrotgrün Säurerhodamin	0,8 3,9	670
	Säuregrün Säurerhodamin	3,2 3,9	690
	Patentblau Tartrazin Säurerhodamin	4,0 3,0 3,9	700
	Patentblau Tartrazin Säurerhodamin	8,0 3,0 3,9	720

raten sind die oben genannten Filter nur wenig geeignet, hauptsächlich aus dem Grunde, weil sie naturgemäß nur engen Spektralbezirken angepaßt sind und ihre Lichtstärke auch viel zu wünschen übrig läßt. Besonders störend macht sich dies bemerkbar, wenn gewöhnliches Tageslicht mit seiner ständig wechselnden Intensität bei starken mikroskopischen Vergrößerungen verwendet wird. Auch die intensive Färbung des Untergrundes des Gesichtsfeldes in der dem Lichtfilter eigentümlichen Farbe ist auf die Dauer sehr lästig und ermüdend.

In vielen Fällen ist es nun erwünscht, über ein Trockenfilter zu verfügen, das optisch auf die vorhandene Präparatfärbung verstärkend wirkt, ohne die Intensität des Lichtes allzusehr zu schwächen. Dieser

Wunsch gilt namentlich für die Wintermonate, in denen notgedrungen mit künstlichem Lichte gearbeitet werden muß, das infolge des Reichtums an gelben und roten Strahlen der Wahrnehmung feinerer Farbenunterschiede wenig günstig ist, selbst wenn man die den Mikroskopen für gewöhnlich beigegebenen blauen Glasplättchen als Kompensationsfilter benutzt. In solchen Fällen verwendet der Verfasser seit geraumer Zeit ein Gelatinetrockenfilter, das vorwiegend die Strahlen von $\lambda = 540$ bis 620 stark dämpft (Grün, Gelbgrün, Gelb und Orange), während es für Rot, Blaugrün, Blau und Violett eine sehr gute Lichtdurchlässigkeit hat. Auf den sichtbaren Teil des Spektrums bezogen, beträgt die durchschnittliche Lichtdurchlässigkeit 63%, ist also sehr befriedigend. Die Eigenfarbe des Filters, in der naturgemäß auch der Untergrund des mikroskopischen Gesichtsfeldes erscheint, ist bei Benutzung künstlicher Lichtquellen (Gasglühlicht, elektrisches Glühlicht) hellviolett; sie wirkt auch bei langandauernder Arbeit in keiner Weise ermüdend. Für Tageslicht ist aber dieses Filter infolge seines hohen Blaugehaltes weniger zu empfehlen. Verfasser ersetzt es in diesem Falle durch ein anderes, das er u. A. auch zu Wolkenbetrachtungen benutzt; nur wird die Konzentration des Filters für mikroskopische Zwecke etwas schwächer gewählt, um unnötige Lichtschwächungen zu vermeiden. Die Farbstoffe und deren Konzentration sind folgende:

> a) für Tageslicht
>
>> Filterblau II 1,2
>> Filtergelb 0,6
>
> b) für Lampenlicht   g qm Filterfläche.
>
>> Filterblau II 0,8
>> Filterblaugrün 0,1

Über einige besondere Anwendungen dieses Lampenfilters bei Faserstoffuntersuchungen sei hier folgendes erwähnt:

Bei der Untersuchung von Kunstseidequerschnitten behufs Feststellung des Titers der Einzelfasern fällt die Stückfärbung der Fasern mit Safranin manchmal zu blaß aus, so daß sich die etwa $10\,\mu$ dicken Querschnitte, die in Kanadabalsam eingebettet liegen, nur wenig vom Untergrund des Gesichtsfeldes abheben. Schaltet man aber in solchen Fällen das obige Filter ein, so tritt eine auffallende, beinahe leuchtende Verstärkung der Rotfärbung ein, was der Zählarbeit mit dem Deniermeter oder der Zeichnung wesentlich zustatten kommt.

Häufig zeigen die nach der Dippelschen Methode in Glyzeringelatine eingebetteten Jodpräparate von Fasern usw. schon nach kurzer Zeit einen auffallenden Rückgang in der Färbung, selbst wenn man die selbstverständliche Vorsicht gebraucht, die Präparate vor der Einbettung stark zu überfärben. Verf. besitzt u. a. etwa 30 Jahre alte Präparate, die nurmehr eine schwachblaue Färbung zeigen. Diese erfährt aber sofort eine erhebliche Verstärkung, wenn die Betrachtung mit dem vorerwähnten Lichtfilter vorgenommen wird.

Sehr gute Dienste leistet dieses Filter auch bei der Untersuchung von **schwachrosa** erscheinenden kleinen **Kristallen** (Natrium-fluosilikat, Thallowolframat usw. bei der Untersuchung von Erschwe-rungsmitteln der Seide) und stark **verkieselten** Pflanzenzellen, die in stark aufhellend wirkenden Flüssigkeiten eingebettet sind.

Auch bei der mikroskopischen Untersuchung von **Indigosubli-maten** ist es vorteilhaft verwendbar, da das Auseinanderhalten von **Indigrot** und **Indigblau** überraschend scharf gelingt.

Nennenswerte Gegensätze werden auch erhalten bei der vom Ver-fasser empfohlenen Quellungsreaktion der Fasern mit **Kupferoxyd-ammoniak-Rutheniumrot**, wobei man selbst bei sehr weiten Be-leuchtungskegeln vorzügliche Differenzierungen erhält, ohne das Auge durch zu kräftige Beleuchtung zu ermüden. Es ist dabei ganz ausge-schlossen, auch nur Spuren von rot gefärbten Anteilen der Zellwand oder des Inhaltes einer Faser zu übersehen (Kutikula der Baumwolle und anderer Pflanzenhaare, Mittellamellen, Inhaltsbestandteile usw.).

Selbst **schwachgelbe** oder **bräunliche Färbungen** von mikro-skopischen Präparaten erfahren nach Einschaltung des Lichtfilters eine erhebliche optische Verbesserung, so daß sie kaum übersehen werden können. Dies ist z. B. bei der Prüfung **naturgefärbter Baumwolle** der Fall (Makobaumwolle). Nach Einwirkung von Kalilauge fällt die von Natur aus bräunlich gefärbte Makobaumwolle durch bräunliche oder gelbliche protoplasmatische Inhaltsbestandteile auf, die anderen Baumwollmarken nur in wesentlich geringerem Grade eigentümlich sind. Ebenso treten die an der Oberfläche von Bastfasern haftenden **zelligen Verunreinigungen** in Chloralhydratpräparaten sehr deut-lich hervor, wenn die Betrachtung mit dem genannten Lichtfilter vor-genommen wird.

Auf die sonstige Verwendung dieses Filters in der **Bakteriologie** (Doppelfärbungen) und bei der **Prüfung von Mikroskopobjektiven** mit-tels der **Abbe**schen Testplatte usw. soll hier nur andeutungsweise hingewiesen werden.

4. Orange-Gelbfilter als Ersatz für Natriumlicht bei der Bestimmung der Lichtbrechungsexponenten von Fasern nach der Immersions-methode. Die Zusammensetzung ist in der Tabelle 15 unter „Gelb" angegeben. Infolge seiner geringen Durchlässigkeit verlangt es kräftige künstliche Lichtquellen, leistet aber als Ersatz für das unbequeme Natriumlicht gute Dienste.

5. Als Kompensationsfilter für Mikroskopierlampen (elektr. Glüh-licht) verwendet der Verfasser das nachstehend zusammengesetzte:

Toluidinblau . . . . 0,25 ⎞
Echtrot . . . . 0,06 ⎠ g/qm Filterfläche.

23. Wichtigste Reagenzien für die Fasermikroskopie.

Arabisches Gummi.

Azeton.

Chloralhydrat. Vorzügliches Aufhellungsmittel. 5 g Chloralhydrat in 2 ccm Wasser zu lösen.

Chloroform.

Chlorwasser. Entfärbungsmittel für stark gefärbte Fasern. Reagens nach v. Allwörden auf unbeschädigte tierische Haare.

Chlorzinkjod. Wichtiges Reagens zur Gruppentrennung von Fasern. Nach Herzberg bereitet man 2 Lösungen:

a) 20 g trockenes Zinkchlorid in 10 ccm Wasser gelöst.

b) 2,1 g Jodkalium und 0,1 g Jod in 5 ccm Wasser gelöst.

a) und b) werden vermengt, der Niederschlag absitzen gelassen, die überstehende klare Flüssigkeit abgezogen und mit einem Blättchen Jod versetzt. Vor Licht zu schützen!

Chromsäure. Wichtiges Mazerationsmittel. 1 g doppeltchromsaures Kali in 10 bis 20 ccm Wasser gelöst und mit 10 ccm konz. Schwefelsäure versetzt. Kalt anzuwenden.

Deckglaskitt nach Krönig. Zur Herstellung von Abdrücken tierischer Haare (A. Herzog) und zum vorläufigen Verschluß mikroskopischer Präparate.

Diazoreagens nach Pauly. Für Qualitätsprüfungen von Wolle. 2 g Sulfanilsäure aufgeschwemmt in 3 ccm Wasser und 2 ccm konz. Salzsäure. Vorsichtig versetzt mit einer Lösung von 1 g Natriumnitrit in 2 ccm Wasser. Die hierbei entstehende Diazobenzolsulfosäure wird auf dem Filter rasch gewaschen und in 10% wässeriger Soda gelöst. Stets frisch herzustellen.

Digitonin. 1% Lösung in 85%igem Alkohol. Zum Nachweis von Cholesterin in Wollfett (Windaus, Brunswik).

Diphenylamin. Ein Tropfen konz. Schwefelsäure mit etwas festem D. versetzt. Vorzügliches Reagens auf Nitratseide (Blaufärbung).

Eisessig.

Eosin extra, I. G. Farbenind., in Verbindung mit Günther-Wagner Tinte Nr. 4001 vorzügliches Reagens zur Unterscheidung von Viskose- und feinfädiger Kupferseide (Zart). 15 ccm „Pelikantinte Nr. 4001" und 20 ccm einer 0,5%igen Lösung von Eosin extra und 65 ccm Wasser werden gemischt und in diesem Bade kleine Proben von Kunstseide bei Zimmertemperatur gefärbt. Nach gründlichem Waschen wird an der Luft getrocknet. Kupferstreckspinnseide wird tiefblau gefärbt, Viskoseseide rot.

Gelatine.

Glyzerin.

Glyzeringelatine.

Kanadabalsam in Tuben.

Kaliumhydrat (Kalilauge). 1 bis 2%ige wässerige Lösung zum Mazerieren von Pflanzenfasern. Konz. Lösung mit gleichem Volumen konz. Ammoniak vermengt, zu Baumwollprüfungen (Makobaumwolle, Merzerisierprobe).

Knochenleim.

Kongorot.

Kupferoxydammoniak (Kuoxam). Kupferdrehspäne werden so lange mit konz. Ammoniak behandelt, bis die entstandene dunkelviolette Flüssigkeit Baumwolle rasch löst. Frisch zu bereiten! Herstellung und Filtration zweckmäßig in dem Gefäß nach A. Herzog vornehmen (Abb. 3).

Mazerationsmittel, s. Chromsäure, Kalilauge, Natriumkarbonat, Reagens nach Schulze.

Methylenblau.

Natriumkarbonat. 10%ige wässerige Lösung als Mazerationsmittel (Vétillard).

Natriumplumbat. Durch Lösung von Bleiazetat in warmer Natronlauge erhalten. Zur makroskopischen Unterscheidung der tierischen Wollen und Haare von den Seiden und Pflanzenfasern.

Nickeloxydammoniak. 25 g Nickelsulfat (krist.) in 500 ccm Wasser gelöst und mit Natronlauge gefällt; der gewaschene Niederschlag wird in 125 ccm konz. Ammoniak und 125 ccm Wasser gelöst. Lösungsmittel für echte Seide.

Paraffin. Mehrere Sorten von verschiedenem Schmelzpunkt. Zu Fasereinbettungen: Paraffin von 60^0 Schmelzpunkt.

Paraffinöl.

Phloroglu zin. 1 g in 80 ccm Alkohol zu lösen. In Verbindung mit starker Salzsäure ausgezeichnetes Reagens auf verholzte Zellwände (v. Wiesner).

Rutheniumrot. Verdünnte wässerige Lösungen zur Pektinfärbung (Mangin). Nach A. Herzog ist R. in Verbindung mit Kupferoxydammoniak ein ausgezeichnetes Mittel, um die geringsten Spuren der Kutikula der Baumwolle und der protoplasmatischen Reste im Innern von Pflanzenfasern nachzuweisen.

Reagens nach Schulze. Mazerationsmittel. Die Fasern werden in Salpetersäure, die mit etwas chlorsaurem Kali versetzt wird, erhitzt und dann gut gewaschen.

Safranin.

Salpetersäure.

Schuhlack, englischer.

Schwefelsäure.

Tusche nach Burri.

Xylol.

Spezielle Mikroskopie der Faserstoffe.
A. Einteilung und Vorprüfung.
Vgl. Tabellen 17, 18 und 19.

Tabelle 17.

Einteilung der Faserstoffe

Natürliche — Pflanzliche

Gruppe	Nr.	Organ bzw. Gebilde	Faserstoffe
	1	Haarbildungen	Baumwolle, Pflanzenseiden u. Pflanzendunen, einheimische Wollhaare
Strang-	2	Bastbündel aus den Stengeln dikotyler Pflanzen	Flachs, Hanf, Jute, Brennnessel, Ramie, Hopfen, Ginster, Weide
	3	Sklerenchymfasern u. Gefäßbündel aus den Blättern, Schäften u. Früchten monokotyler Pflanzen	Phormiumhanf, Manila, Agaven- u. Aloefasern, Ananas, Typha, Kokos
Gewebe	4	Oberhaut, Kork	Raphiabast, Birkenkork
	5	Rinde	Lindenbast, Lagetta, Papiermaulbeerfasern
	6	Holz	Schliff, Zellstoff, Sparterie
	7	Mark	Chines. Reispapier
	8	Organe bzw. Teilstücke	Reiswurzeln, Crin d'Afrique
	9	Ganze Pflanzen bzw. Teilstücke	Echtes Seegras, Tillandsiafas., Torffas.

Natürliche — Tierische

Gruppe	Nr.	Gebilde	Untergruppe	Faserstoffe
Zellige Gebilde der Tierkörper	1	Oberhautgebilde	Wollen und Haare	Schafwolle, Alpakka, Kamelwolle, Ziegenhaar, verschiedene Pelzhaare
	2	Oberhautgebilde	Borsten, Stacheln	Schweinsborsten, Stacheln des Igels und Stachelschweines
	3	aus verschiedenen Geweben		Sehnenfaser, Muskelfaser
Nichtzellige Ausscheidungen des Tierkörpers („Seide")	4	Raupenseide von — Einzelspinnern	von kultivierten Tieren	„echte" Seide von Bombyx mori
	5	Raupenseide von — Einzelspinnern	von wildlebenden Tieren	„wilde" Seide (Tussah-, Ailanthus-, Yamamays.)
	6	Raupenseide von — Familienspinnern		Nesterseide von verschiedenen Arten der Gattung Anaphe
	7			Muschelseide
	8			Spinnenseide

Natürliche — Mineralische

Asbest

Künstliche

Rohstoff	Nr.	Art	Gebilde	Faserstoffe
aus organischen Rohstoffen	1	pflanzlicher Art	Feine Fäden	Viskose-, Kupfer-, Azetat- und Nitratseide, Stapelfaser
	2	pflanzlicher Art	Gröbere Gebilde	Künstliches Roßhaar, Kunstbändchen, künstliche Gewebe
	3	tierischer Art	Feinere und gröbere Fäden	Fäden aus Gelatine, Kaseïn usw.
aus anorg. Rohstoff.	4			Glaswolle, Schlackenwolle, Metalldrähte

Tabelle 18. Makroskopische Unterscheidung der tierischen, pflanzlichen, mineralischen und künstlichen Fasern.

	Faserstoffgruppe	Verhalten beim Anzünden	Reaktion[1] der Gase bei d. trockenen Destillation	Verhalten[2] bei der Mikrodestillation	Reaktion mit		
					α-Naphthol und Schwefelsäure	heißem[3] Natriumplumbat	warmer 40% Kalilauge
I · Tierische Fasern	Wollen und Haare	langsam verbrennend, schmelzend; Ende blasig-kohlig (koksartig)	basisch	schmelzend, stark blasig, braun (Abb. 136)	gelb bis rötlichbraun	schwarzbraun	gelöst
	Seiden					ungefärbt	
II	Pflanzenfasern	rasch verbrennend; Rückstand: Asche		kohlig, aber nicht schmelzend und nicht blasig			
III · Künstliche Fasern	Nitrat-, Kupfer-, Viskosekunstseide	dgl., jedoch sehr wenig Asche	sauer		tiefviolett (Zellulosereaktion)	ungefärbt	nicht gelöst
	Azetatseide	wie bei tier. Fasern		wie bei tier. Fasern			
IV	Mineralische Fasern	nicht brennend, höchstens schmelzend	—	—	—	—	—

[1] Im Probeglase trocken erhitzen, oben feuchtes Lackmuspapier zwischen Watte einhängen.

[2] Trockene Fasern zwischen Objektträger und Deckglas (besser zwischen 2 Glimmerplatten) erhitzen und nach dem Erkalten unter einer starken Lupe betrachten.

[3] Bleiazetat in heißer Kalilauge gelöst.

Tabelle 19. Mikrochemische Vorprüfung der Fasern.

	Chlorzinkjod	Phlorogluzin + Salzsäure	Kupferoxyd-ammoniak
Baumwolle	rotviolett	keine Reaktion	gelöst
Kapok	gelb	violettrot	nicht gelöst
Akon			
Flachs	rotviolett	keine Reaktion	
Hanf (Cannabis-)	schmutzig rotviolett, stellenweise grünlich	schwach violettrot	
Brennessel	rotviolett	keine Reaktion	größtenteils gelöst
Ramie			
Hopfen		schwach violettrot	
Sunnhanf	schmutzig rotviolett		
Ginster		keine Reaktion	
Weide			
Jute	gelb bis gelbbraun	violettrot	
Neuseelandflachs, Aloe- u. Agavenhanf, Yucca, Manila, Typha			ungelöst
Schafwolle und andere Tierhaare	gelb		
Echte Seide		keine Reaktion	
Kunstseide, Nitrat- Viskose- Kupfer-	rotviolett		gelöst
Azetat-	gelb		ungelöst

B. Mikroskopie der Pflanzenfasern.

Wie aus der Tabelle 17 hervorgeht, kommen bei den Pflanzenfasern hauptsächlich Haarbildungen und Faserstränge monokotyler und dikotyler Pflanzen in Frage. Während die ersteren ohne weiteres als Fasern kenntlich sind und nach ihrer mechanischen Loslösung
von der Unterlage (Früchte, Samen, Stengel) zur Verspinnung herangezogen werden können, ist dies bei den letzteren erst nach ziemlich
umständlichen, teils biologischen oder chemischen, teils mechanischen Verfahren möglich.

Die Pflanzenhaare sind ein- oder mehrzellige Oberhautgebilde
(Abb. 66). Mit Ausnahme der hierher gehörenden Baumwolle (ein-
zellig), die infolge ihrer hervorragenden technischen Eigenschaften und
aus wirtschaftlichen Gründen die wichtigste Faser überhaupt darstellt, kommen die übrigen pflanzlichen Haarbildungen trotz vielfacher

Bestrebungen für textile Zwecke kaum in Frage; insbesondere steht ihre durch starke Verholzung der Zellwände bedingte Sprödigkeit und Brüchigkeit und ihre hauptsächlich in der nur schwachen Wandverdickung begründete geringe Zugfestigkeit bei gleichzeitig starker äußerer Glätte der Verspinnung hindernd im Wege.

Die meisten technischen Fasern werden aus dem Stranggewebe von Stengeln und Blättern monokotyler und dikotyler Pflanzen gewonnen. Sie stellen, wie aus der Zusammenstellung hervorgeht, einfache Faserstränge, Gefäßbündelanteile, Gefäßbündel, Gefäßbündelgruppen oder noch höher zusammengesetzte Teile der Pflanze dar. Die im Grundgewebe des betreffenden Organs eingebetteten Gefäßbündel (Fibrovasalbündel) setzen sich aus zwei, wesentlich voneinander verschiedenen Teilen zusammen: dem Phloem (Siebteil, Rindenteil) und dem Xylem (Gefäßteil, Holzteil). Diese der Ernährung der Pflanze dienenden Teile bilden in ihrer Gesamtheit das Mestom des Gefäßbündels im Sinne der anatomischen Pflanzenphysiologie. Sie sind zur Erhöhung der Festigkeit des Organs, in welchem sie liegen, in den meisten Fällen noch von sogenannten mechanischen Zellen begleitet, die im weiteren Sinne des Wortes als Bastfasern bezeichnet werden. Als Bastfasern im engeren Sinne faßt man in der Regel nur den me-

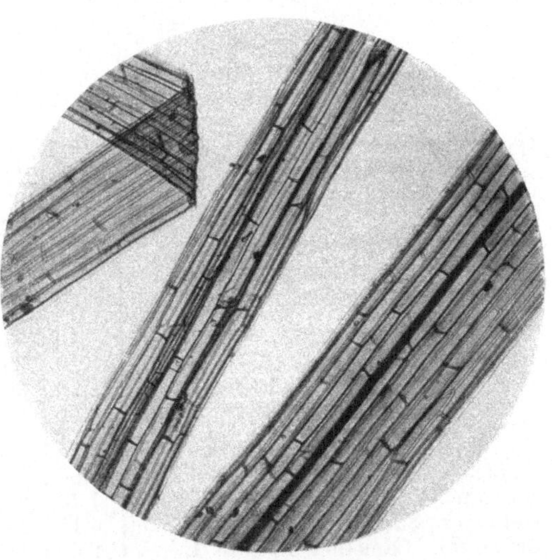

Abb. 66. Mehrzellige Haare des Wollgrases (Eriophorum vaginatum). Vergr. 120.

chanischen Teil des Phloems auf. Für die Faserstoffgewinnung kommen lediglich solche Gefäßbündel in Frage, die möglichst reich an mechanisch widerstandsfähigen Zellen sind. Vgl. die Tabelle 20, die über den relativen Fasergehalt verschiedener dikotyler Pflanzen unterrichtet. Erfahrungsmäßig ist bekannt, daß die Bereitung von Pflanzen mit weniger als 10% Fasergehalt wirtschaftlich nicht lohnend ist. Aus der Tabelle 20 ist ferner zu entnehmen, daß der Fasergehalt selbst bei ein und derselben Pflanze je nach der örtlichen Lage im Halme wesentlich verschieden ist (vgl. Flachs, Malve). Das gleiche gilt auch von den Stämmen und Blättern monokotyler Pflanzen.

Das Phloem der Gefäßbündel besteht in der Regel aus dem der Ernährung dienenden Siebteil und dem angelagerten, mechanisch sehr widerstandsfähigen Bastbelag. Bei dikotylen Pflanzen kommt in der Regel nur das Phloem bzw. sein Bastanteil für die Gewinnung von „Fasern" in Betracht. Der Holzteil des Gefäßbündels und seine

Tabelle 20.

	Stengeldicke in mm	Von der Gesamtquerschnittsfläche des Stengels entfallen % auf				Gesamtbastgehalt in % der Stengeltrockensubstanz
		Rinde	Holz	Mark	innerer Hohlraum	
Flachs (schlesischer), Linum usitatissimum L. — 3 cm unter den Keimblätter des Stengels	1,30	18,9	80,8	0,3	0	*0,5*
1 „	1,61	21,1	78,7	0,2	0	
0 „	2,14	25,2	62,9	11,9	0	
0—10 „ über den Ansatzstellen der blätter des Stengels	1,62	23,7	54,4	12,1	9,8	*17,7*
10—20 „	1,64	20,3	45,7	12,0	22,9	*25,5*
20—30 „	1,32	20,3	35,9	13,9	29,9	*27,4*
30—40 „	1,08	24,2	34,9	16,5	24,4	*27,6*
40—50 „	0,98	25,7	32,2	28,1	11,4	*27,2*
50—60 „	0,96	25,1	35,4	27,2	12,3	*23,8*
60—70 „	0,77	32,5	38,3	22,7	6,5	*19,0*
70—80 „	0,58	44,7	34,9	20,4	0	*15,0*
Hanf, ital., im Oderbruch gewachsen, Cannabis sativa L. — 2 cm über den Ansatzstellen der Keimblätt.	—	25,7	73,6	0,6	0,1	*23,2*
30 „	—	17,7	63,6	11,1	7,6	
90 „	—	22,8	44,5	22,3	10,4	
160 „	—	43,1	29,7	27,2	0	
Brennessel, Urtica dioica L.	—	—	—	—	—	*5,9*
Hopfen, wilder, Humulus lupulus L. .	5,74	29,5	16,9	12,8	40,8	*7,1*
Hopfen, kultiviert., „ „ „	5,60	36,6	49,6	10,0	3,8	*7,2*
Malve, Malva crispa L., Wurzel . .	14,40	53,3	46,7	0	0	*16,9*
20 cm über den Keimblättern	18,10	30,1	34,1	25,0	10,8	*8,1*
120 „	12,90	30,9	33,7	24,2	11,2	*8,2*
245 „	2,53	41,9	9,2	48,9	0	*8,0*
Ginster, Sarothamnus scoparius W. .	5,84	32,1	66,8	1,1	0	*18,9*
Weide, Salix alba L.	4,06	35,4	52,8	11,8	0	*14,2*
Kartoffel, Solanum tuberosum L.. .	7,70	21,8	14,0	44,8	19,4	*3,1*
Holunder, Sambucus nigra L. . . .	5,15	15,1	31,1	53,8	0	*5,1*
Leindotter, Camelina dentata L. . .	2,60	17,4	67,6	15,0	0	*5,0*
Königskerze, Verbascum thapsif. . .	5,15	23,7	30,7	45,6	0	*4,2*
Goldstaub, Solidago Virgo aurea . .	4,36	17,1	35,8	47,1	0	*5,8*
Lupine, Lupinus luteus L..	—	—	—	—	—	*7,1*
Weidenröschen, Epilob. hirsutum L. .	—	—	—	—	—	*5,5*

Wo nicht anders angegeben, beziehen sich die vorstehenden Angaben auf den der halben Stengelhöhe entsprechenden Querschnitt.

mechanischen Elemente (Libriform = Holzfaser) spielen nur bei der Gewinnung von Zellstoff für Papierzwecke eine Rolle. Bei den Nadelhölzern ist kein Libriform vorhanden; die faserförmigen Tracheiden des Xylems sind hier als die eigentlichen Faserlieferanten anzusprechen. Eine Trennung des Libriforms von den übrigen Bestandteilen des Xylems ist nicht möglich.

Von den 3 Hauptarten der Gefäßbündel (kollateral, konzentrisch, radiär) kommt nur das kollaterale für die Fasergewinnung in Frage (im Stengel ist das Phloem rindenwärts, das Xylem markwärts angeordnet). Eine Abart des kollateralen Bündels stellt das bikollaterale dar, das durch das Vorhandensein eines äußeren und eines inneren

Siebteiles gekennzeichnet ist. Auch der letztere ist von mechanischen Zellen (Bastfasern) begleitet, die jedoch an Zahl und Mächtigkeit der Ausbildung jenen des äußeren Siebteiles weit unterlegen sind; für die Fasergewinnung kommen sie nicht in Betracht (Asclepias, Epilobium, Solanum, Nicotiana, Verbascum). Die technisch wichtigen „Fasern" werden fast ausschließlich aus Stengeln dikotyler oder aus Blättern monokotyler Pflanzen gewonnen. Seltener werden auch Stengel und Früchte der Monokotylen zur Fasergewinnung herangezogen (Papyrusfaser, Strohstoff, Tillandsia, Kokos u. a.).

Die Stengel der Dikotylen lassen auf dem Querschnitt einen Kreis von kollateralen Gefäßbündeln erkennen. Der Siebteil ist nach außen, der Holzteil nach innen gelagert. In jüngeren Organen sind die Gefäßbündel noch deutlich voneinander getrennt wahrzunehmen, bei älteren nähern sie sich jedoch seitlich immer mehr und verschmelzen, wenigstens in ihren Holzteilen, infolge chemischer Veränderung des zwischen ihnen befindlichen Grundgewebes, so daß ein nahezu geschlossener Holzring entsteht. (Vgl. Abb. 33.)

Trotzdem ist an den in das Mark vorspringenden ältesten Teilen des Xylems (Markkrone) und ebenso an den dem Phloem angegliederten Bastbündeln die ursprüngliche Lagerung der einzelnen Gefäßbündel bis zu einem gewissen Grade noch zu erkennen. Bei den Stengeln dikotyler Pflanzen ist es verhältnismäßig leicht, eine Trennung der Bastbündel von den Siebteilen und den übrigen Geweben des Stengels zu bewirken. Dagegen gelingt dies bei Stengeln und Blättern monokotyler Pflanzen in ungleich geringerem Maße. Es hängt dies mit der auf dem Querschnitt des bezüglichen Organs zerstreuten Anordnung der Gefäßbündel auf das innigste zusammen. Vgl. Abb. 32. Das Stranggewebe der Monokotylen wird entweder nur aus Gefäßbündeln oder aus solchen und einfachen Basträngen, die zur Erhöhung der Biegungsfestigkeit in der Nähe der Oberfläche des betreffenden Organs eingelagert sind, gebildet. Die einfachen Bastränge treten den Gefäßbündeln gegenüber an Zahl und Mächtigkeit der Ausbildung in der Regel weit zurück. In einzelnen Fällen sind sie jedoch den Gefäßbündeln an Zahl überlegen. So zählte der Verfasser bei den dickfleischigen Blättern der Sanseviera sulcata auf dem Querschnitt durch das untere Blattdrittel 627 Gefäßbündel und 2235 einfache Bastränge. Die Bastränge und die Gefäßbündel, die das mechanische System des Blattes darstellen, sind in der Nähe der Blattperipherie wesentlich dichter gelagert als in den mittleren Teilen, was naturgemäß eine hohe Biegungsfestigkeit gewährleistet. Die verschiedenartige Verteilung der Stränge geht aus den folgenden Angaben deutlich hervor:

I. In der Nähe der Oberhaut   % der Gesamtquerschnittsfläche des
                                              Schnittes

Einfache Bastbündel 5,6
Gefäßbündel . . . . 5,6 davon 3,0% Bastbeläge
Grundgewebe und Oberhaut 88,8
                                     insgesamt 8,6% Bast

II. Im Blattinnern   % der Gesamtquerschnittsfläche des
                                                    Schnittes

Einfache Bastbündel   2,1
Gefäßbündel   3,0   davon 1,3% Bastbeläge
Grundgewebe.   94,9

                                            insgesamt 3,4% Bast

Über die quantitative Verteilung der Gewebe auf dem gesamten Blattquerschnitt gibt die folgende Übersicht Aufschluß. Aus derselben geht u. a. hervor, daß das Stranggewebe mit 6,3% (davon 4,4% Bast), das Grundgewebe mit 92,4% an der Gesamtquerschnittsfläche beteiligt ist.

Oberhaut 1,3%
Einfache Bastbündel 2,8%
Gefäßbündel. . . . .   3,5%   davon 1,6% Bastbeläge
Grundgewebe 92,4%

                                            insgesamt 4,4% Bast

Dem Gewichte nach nehmen die Faserstränge mit 30,1% an der Trockensubstanz des Blattes teil.

Die Anzahl der Bastfasern im einfachen Bastbündel betrug:

Blattrand . . . .   1 — 174 — 226
Blattmitte . . . .   2 — 30 — 146

Die Anzahl der Bastfasern im Gefäßbündel betrug:

Blattrand . . . . 120 — 130 — 191
Blattmitte . . . .   87 — 100 — 149

Von besonderem Interesse sind die Festigkeitsverhältnisse der Baststränge. Bei der Auswahl des Materials wurde eine Scheidung zwischen den in der Nähe der Blattoberfläche und solchen aus der Blattmitte vorgenommen. Zwischen Bastbündeln und Gefäßbündeln wurde hierbei nicht besonders unterschieden. Aus der folgenden Tabelle 21 ist zu ersehen, daß die mittlere Reißlänge der peripherisch gelegenen Bündel mehr als doppelt so groß ist, als jene der im Blattinnern befindlichen.

Tabelle 21.

	Faserbündel aus den	
	äußeren	inneren
	Blatteilen von Sanseviera sulcata	
Mittlere Festigkeit eines Bündels in g	433	108
Maximale „ „ „ in g	793	425
Minimale „ „ „ in g	30	30
Mittlere Reißlänge in km	24,0	11,4
„ Bruchdehnung in %	2,4	2,8

Diese qualitative und nach dem früher Gesagten auch quantitative Überlegenheit der äußeren Bündel, die zweifellos auf mechanisch-physiologische Ursachen zurückzuführen ist (Erzielung einer möglichst hohen Biegungsfestigkeit des Blattes), liefert auch einen schönen Beitrag zu der von Schwendener aufgestellten Lehre vom „mechanischen Prinzip in der Pflanze".

Bei solchen Gefäßbündeln, die von einem geschlossenen Bastringe umgeben sind (im Sinne v. Wiesners als hemikonzentrische bezeichnet), wie z. B. bei manchen Agaven, ist natürlich eine Trennung des Bastringes von dem eingeschlossenen Gefäßbündel von vornherein ausgeschlossen, wenn nicht zufällig zuvor eine Aufspaltung des Bündels eintritt; bei der Trocknung des Bündels schrumpft in der Regel der weiche Anteil des Phloems so stark ein, daß die technische Faser hohl erscheint (Agave cantala, Kokosfaser). Aber auch in solchen Fällen, in denen der Bastbelag das Gefäßbündel nicht vollständig umgibt (entweder nur dem Phloem, oder dem Phloem und dem Xylem

Tabelle 22.

Typ	Anordnung der Bastzellen auf dem Stengelquerschnitt	Pflanzengattung, bei welcher die nebenstehende Anordnung beobachtet wurde (an einjährigen Stengeln)
I **Linum** (Flachs)	bündelförmig; jedes Bündel in der Regel aus einer größeren Anzahl Bastzellen bestehend. Bündel unter sich gleichwertig, in einem Kreise angeordnet.	Linum, Epilobium, Verbascum, Camelina, Rosa, Lupinus, Sophora, Gomphocarpus
II **Urtica** (Nessel)	Wie vorstehend, jedoch im Bündel nur wenige Bastzellen vereinigt, häufig lose zerstreut	Urtica, Boehmeria, Solanum, Nicotiana
III **Cannabis** (Hanf) S. Abb. 67	Äußere Bündel (primäre) und deren Bastfasern größer u. weniger verholzt als die inneren (sek.). In der Regel in zwei Kreisen angeordnet.	Cannabis, Crotalaria, Salix, Genista, Asclepias
IV **Corchorus** (Jute) S. Abb. 68 u. 69	Bastzellen zu zahlreichen Bündelchen vereinigt; letztere in mehreren Kreisen angeordnet	Corchorus, Hibiscus, Pavonia, Malva, Tilia
V **Broussonetia** (Papiermaulbeer)	Bastzellen in der Regel vereinzelt oder nur in kleinen Gruppen stehend	Wickströmia, Broussonetia

Gemeinsame Klammer für Typ III–V: Bastbündel in zwei oder mehreren Kreisen angeordnet (primärer und sekundärer Bast). — Bündel u. deren Bastfasern in Form, Größe u. stofflicher Zusammensetzung ziemlich gleichwertig.

sichelförmig angelagert), gelingt es niemals, alle Reste des Gefäßbündels auf technischem Wege zu beseitigen. Da auch bei den technischen Bastfasern der Dikotylen zellige Verunreinigungen niemals zu vermeiden sind, stellen die Faserstränge der Monokotylen und Dikotylen in physikalischer und chemischer Hinsicht niemals ein so gleichmäßiges Material dar, wie es bei den Haarbildungen der Fall ist. Für den Spinnvorgang und für die Feinheit der aus den Fasern herzustellenden Gespinste ist dies natürlich von grundlegender Bedeutung. Die den Bastfasern in weiterem Sinne des Wortes von der Bereitung her anhaftenden zelligen Verunreinigungen bilden, wie noch gezeigt werden soll, wertvolle „Leitelemente" bei der Bestimmung der Fasern. Vgl. Abschnitt „Leitelemente".

Hinsichtlich der Baststränge der Dikotylen wäre noch zu erwähnen, daß sie im Stengel vertikal oder tangentialschief eine größere Anzahl von Blattinternodien durchlaufen (beim Flachs etwa 20 nach Tognini[1]); sie sind häufig durch seitliche Verästelungen miteinander verbunden. Auffallend zahlreiche seitliche Verbindungen sind z. B. beim Lindenbaste und Lagettabaste zu beobachten. Es ist klar, daß eine mechanische Verfeinerung solcher Baste, etwa durch einen Hechelvorgang, nur wenig Erfolg verspricht. Die Anordnung der Bastbündel auf dem Stengelquerschnitt verschiedener Faserpflanzen läßt große Verschiedenheiten erkennen. Verfasser unterscheidet in dieser Hinsicht die aus der Tabelle 22 ersichtlichen Typen. Vgl. auch die Abb. 67, 68 und 69. Die Anzahl der auf dem Querschnitt in einem Bündel vereinigten Bastzellen hängt nicht nur von der zugehörigen Stammpflanze, sondern auch von der örtlichen Lage im Stengel ab. Auch durch Kulturmaßregeln (Düngung, Saatdichte, Züchtung usw.) ist sie zu beeinflussen. Bei gutem schlesischen Flachsstroh beobachtete der Verfasser hinsichtlich der Lage der Bündel im Stengel folgende Verhältnisse (s. Tabelle 23):

Tabelle 23.

	3 cm über	1 cm unt.	Keimblatthöhe	0—10	10—20	20—30	30—40	40—50	50—60	60—70	70—80
	d. Keimblattansatzstellen			cm über den Keimblattansatzstellen							
Anzahl d. Bastfas. auf d. Querschnitt	0	6	36	358	780	870	924	930	711	338	136
Anzahl d. Bastbündel a. d. Querschn.	0	Fasern isoliert		30	29	34	31	28	27	28	12
Durchschn. Anzahl d. Bastfasern in 1 Bündel	0	—	—	11,9	26,9	25,6	29,8	33,2	26,6	12,1	11.3

[1] Tognini, F.: Atti dell Istit. Bot. Bd. 2. Pavia 1890.

Bei den dikotylen Holzgewächsen, deren Verjüngungsgewebe in jedem Frühjahre seine Tätigkeit wieder aufnimmt, erscheinen die primären Phloemteile am meisten nach außen gerückt, die nachgebildeten immer weiter nach innen, und infolge des Dickenwachstums des Stammes immer breitere Bänder darstellend, so daß der Bastteil oft in Form zugespitzter Lappen in das Rindengewebe vorspringt (Abb. 33). Auch bei einjährigen Pflanzen, z. B. bei Malva crispa, die besonders nach dem letzten Kriege als Faserpflanze vorgeschlagen und gezogen wurde, sind auf dem Querschnitt des Hypokotyls und der oberen Teile der Wurzel analoge Verhältnisse zu beobachten (Abb. 68). Vgl. auch die Tabelle 24.

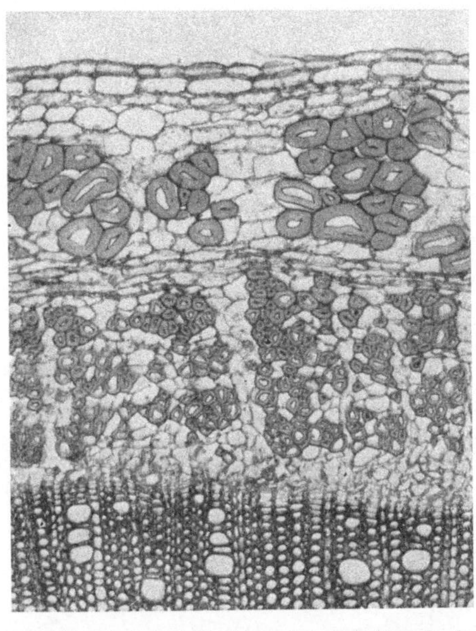

Abb. 67. Stück eines Hanfstengelquerschnittes. In der Rinde primäre (oben) und sekundäre (unten) Bastbündel sichtbar. Vergr. 130.

Die primären Bastbündel bzw. ihre Bastfasern zeigen in der Regel eine in technischer Hinsicht

Abb. 68. Stück eines Querschnitts durch den Basalteil eines Malvenstengels (Malva crispa) mit zahlreichen primären und sekundären Bastbündeln. Die Bastfasern sind untereinander gleichwertig. Vergr. 30.

Tabelle 24.

Kreis	(Malva crispa) Anzahl der in Gruppen stehenden Bastfasern eines Gefäßbündels der Wurzel	Zahl der Gruppen	Gesamtzahl d. Bastfasern
1	40	1	40
2	75	1	75
3	110	1	110
4	153	1	153
5	53 95	2	148
6	69 54 9 84	4	216
7	101 76 110	3	287
8	80 72 60 64	4	276
9	81 81 44 102	4	308
10	117 71 39 69 113	5	409
11	92 35 66 45 61 142	6	441
12	108 44 133 47 86 141	6	559
13	107 29 26 85 35 50 69 73 48 68	10	590
14	131 48 33 80 49 125 70 49	8	586
15	98 24 27 19 72 29 33 65 27	9	394
16	71 17 19 11 72 16 16 32 46 24 20	11	344
	Summe	56	4936

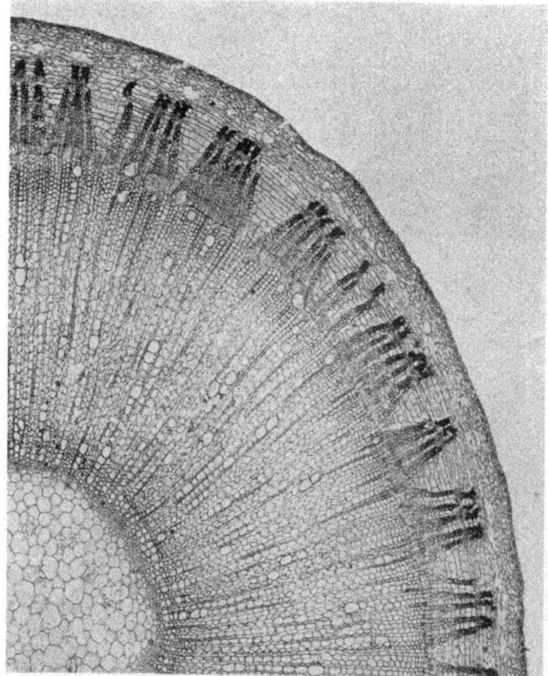

Abb. 69. Querschnitt durch einen grünreifen Jutestengel (Corchorus olitorius) mit zahlreichen primären und sekundären Bastbündeln. Die sekundären Bündel mit noch wenig verdickten Bastzellen. Vergr. 35.

günstigere Ausbildung als die sekundären im weiteren Sinne des Wortes (geringere Verholzung): auch sind sie den sekundären gegenüber durch größere Abmessungen ausgezeichnet (Hanf, Weide). Nicht selten sind jedoch die primären und sekundären Bastbündel gleichwertig (Jute, Hibiscus, Malva). Auf technischem Wege ist eine Scheidung der sekundären und primären Bündel nicht durchführbar (Abb. 68 und 69).

Die Form der Bastbündel ist in den meisten Fällen unregelmäßig oval; indessen kommen auch ganz flachgestreckte und nahezu kreisförmige vor. Vgl. die folgende Tabelle 25.

Tabelle 25.

Geprüfte Pflanze[1] (Stengel)	Breite des Bastbündels / Dicke des Bastbündels
Epilobium hirsutum	6,2
Linum usitatissimum, untere Stengelzone	5,6
Verbascum thapsiforme	5,4
Sophora flavescens	3,9
Camelina sativa	3,9
Lupinus luteus	3,4
Linum usitatissimum, obere Stengelzone	3,1
Humulus lupulus, wildwachsend	2,7
Linum usitatissimum, Stengelmitte	2,5
Rosa centifolia	2,4
Gossypium hirsutum	1,8
Vitis vinifera	1,4
Gomphocarpus fruticosus	1,3

Hinsichtlich des Aufbaues der Zellmembran von Bastfasern gilt nach Reimers[2] das folgende Schema:

A. In der Mitte von zwei benachbarten Bastzellen liegt als unpaare Membran die eigentliche Mittellamelle (im Sinne Dippels) = Interzellularsubstanz.

B. Daran schließen sich beiderseits als paarige Verdickungsschichten von außen nach innen an:

1. Die primäre Membran (mit der eigentlichen Mittellamelle zusammen die „Mittellamelle" der älteren Autoren bildend).

2. Der sekundäre Schichtenkomplex.

3. Die tertiäre Membran (nach Reimers scheint eine „Homologie" der tertiären Membran bei den Bastfasern am wenigsten begründet zu sein). (Abb. 70.)

Die Mittellamelle, die nach der jetzt herrschenden Ansicht aus Lignin- und Pektinstoffen besteht, färbt sich mit Rutheniumrot in der Regel dunkelrot, während die angrenzenden Membranen den Farbstoff wenig speichern. Dippel[3] mazeriert die Querschnitte vor der Färbung schwach, ohne daß sie auseinander fallen. Dadurch wird einerseits die Verholzungssubstanz herausgezogen, andererseits die feine Mittellamelle zur Quellung gebracht und infolgedessen bei der nachfolgenden Färbung mit Rutheniumrot viel deutlicher sichtbar. Die primäre und tertiäre Membran sind häufig stärker lichtbrechend als der sekundäre Schichtenkomplex, der seinerseits wieder aus abwechselnd stärker und schwächer lichtbrechenden Schichten zusammen-

---

[1] Wo nicht anders bemerkt, beziehen sich vorstehende Angaben auf die mittlere Stengelzone.

[2] Reimers: Z. angew. Botanik **1921**, 177; Mitt. d. D. Forschgs.-Inst. f. Textilstoffe, Karlsruhe 1922. S. 109—282.

[3] Dippel: Das Mikroskop, 2. Aufl., II. Teil. Braunschweig 1898.

gesetzt ist. Vgl. hierzu die schematischen Abb. 70 und 71. Über die
Abmessungen der Bastzellen verschiedener Pflanzen gibt die
Tabelle 3 (S. 82/83) Aufschluß.

Eine völlige Trennung der Bastzellen, etwa zu Meßzwecken, läßt
sich leicht auf chemischem Wege durch Anwendung von Mazerationsmitteln (s. Abschnitt „Reagenzien") bewirken. Beim technischen
„Kotonisieren" und in der Bleiche tritt gleichfalls eine Zerlegung
der Bastbündel ein. Der Zusammenhang bzw. die Festigkeit des Fadens
ist hier lediglich bedingt durch die beim Verspinnen gegebene Drehung
und den dadurch hervorgerufenen Reibungswiderstand. Kotonisierte
oder gebleichte Bastfasern bedürfen nach dem Gesagten keiner be-

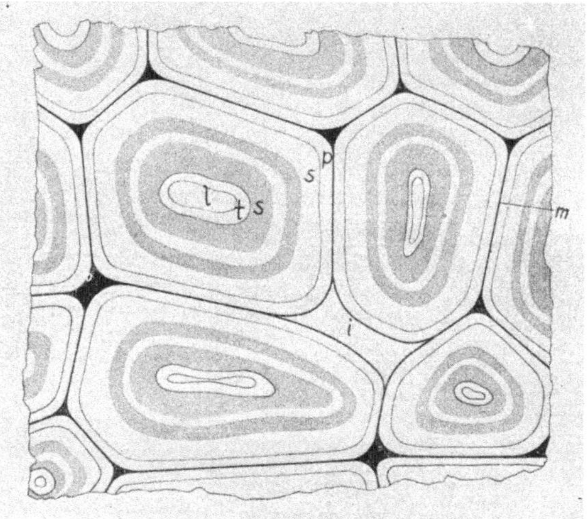

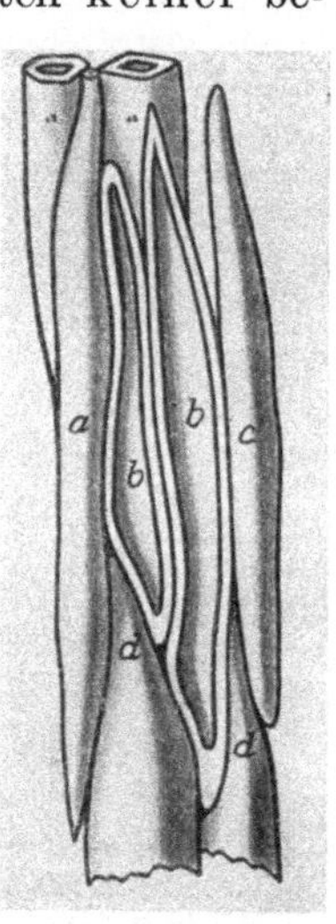

Abb. 70. Aufbau der pflanzlichen Zellwand. Schema. m = Mittellamelle, p = primäre Membran, s = sekundäre Verdickung, t = tertiäre Membran (Innenhaut), l = Lumen.

Abb. 71. Schematische
Darstellung des Längs-
verlaufes der Bastzellen in
einer technischen Faser.

sonderen Vorbehandlung bei der Herstellung von mikroskopischen Präparaten.

Die auf technischem Wege gewonnenen Bastfasern weichen in
ihrem mikroskopischen Aussehen nicht unerheblich von den noch im
ursprünglichen Zellverbande des betreffenden Organes sitzenden
Bastfasern ab. Die Unterschiede äußern sich hauptsächlich in dem Auftreten von knotigen Anschwellungen, den sogenannten „Verschiebungen" im Sinne v. Höhnels[1] und zahlreichen Quer- und
Schrägrissen der Zellwand (Abb. 72 u. 73). Nach den sorgfältigen Untersuchungen Schwendeners[2] sind diese Störungen im Gefüge der technischen Fasern der Hauptsache nach auf mechanische Beschädigungen
bei den Gewinnungsarbeiten zurückzuführen. Verletzungen sol-

---

[1] Höhnel, F. v.: Pringsheims Jahrb. w. Botanik, Bd. 15, 311.
[2] Schwendener, S.: Ber. Dtsch. Bot. Ges. 1894, 239.

cher Art, die für die Beurteilung der Haltbarkeit und des Glanzes von
Fasern von einschneidender Bedeutung sind, lassen sich schon bei den
Leinengeweben aus der jüngeren Steinzeit (Pfahlbautenfunde der
Schweizer Seen) und bei den Leinenfasern der altägyptischen
Mumienbinden mit Sicherheit nachweisen. (Abb 59). Störungen im
Gefüge der Zellwände sind fast allen dikotylen und monokotylen Bast-
fasern eigen. Bei den monokotylen
Sklerenchymfasern treten sie allerdings
seltener auf, was aber lediglich auf die
hier abweichende Gewinnungsart zurückzuführen ist. So werden z. B. die
Fasern verschiedener Agaven, Lilien
usw. nicht durch Brechen und Schwin-
gen gewonnen, sondern durch Schaben
und Kämmen und ähnliche Behandlungen der Blätter, so daß also die
Voraussetzung für die Entstehung von
Knoten und Rissen größtenteils fehlt.
Bei der Jute und bis zu einem gewissen
Grade auch bei manchen Hanfsorten
(badischer Schleißhanf), wo die Rinde
des gerösteten Stengels abgezogen bzw.
abgeschlissen wird, finden sich die erwähnten Störungen gleichfalls nur selten vor. Verschiebungen und Risse
kommen auch bei dem technisch so
wichtigen Holzzellstoff vor (besonders gut an Präparaten in Chlorzinkjod
oder zwischen gekreuzten Nicols wahrzunehmen). Auch bei der Baumwolle
sind sie ab und zu nachzuweisen. Die
feinen Risse werden am besten nach
Einlegen der trockenen Fasern in Kanadabalsam oder Öl mikroskopisch leicht
sichtbar, wobei sie wegen ihres Luftgehaltes als zarte schwarze Striche auf-
fallen. Namentlich dickwandige Haare
neigen zur Bildung von solchen Rissen.

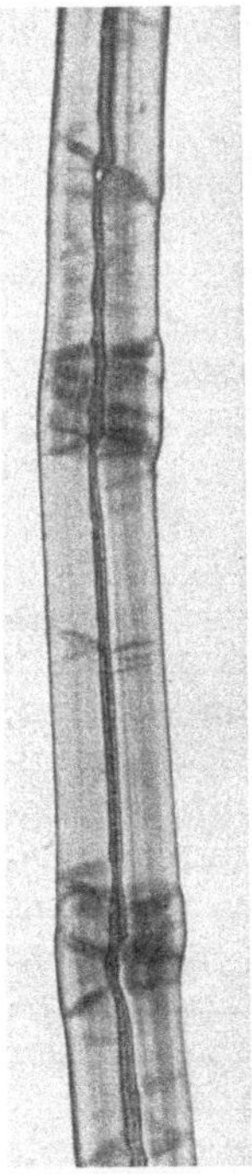

Abb. 72. Stück
einer Flachsfaser
aus den mittleren
Halmteilen in
Chlorzinkjod. Ver-
schiebungen und
Wandrisse deut-
lich sichtbar. Fa-
serkanal sehr eng,
mit protoplasma-
tischen Resten er-
füllt. Vergr. 400.

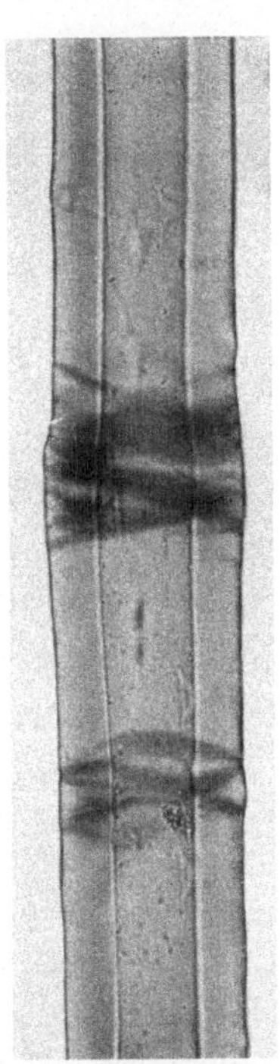

Abb. 73. Stück einer
Bastfaser aus dem
Stengel der Kartoffel-
pflanze (Solanum tu-
berosum) in Chlorzink-
jod. Knotige An-
schwellungen und
Wandrisse sichtbar.
Vergr. 540.

Durch mechanische Beeinflussungen können auch an an-
organischen Fasergebilden, wie Glas- und Schlacken-
wolle, Quer- und Schrägrisse hervorgerufen werden, die den bei Bastfasern vorkommenden sehr ähnlich sind. Auch bei Fäden aus Gelatine lassen sich beim Reiben Risse erzeugen, vorausgesetzt, daß die
Fasern vollständig trocken sind.

Daß es sich bei den genannten Beschädigungen um Störungen im
Gefüge der Zellwand handelt, geht u. a. aus dem Verhalten der „Verschiebungen" im polarisierten Lichte deutlich hervor. Stellt man
z. B. eine in Kanadabalsam eingebettete Flachsfaser zwischen gekreuz-

ten Nicols so ein, daß ihre Längsrichtung mit der Schwingungsrichtung des Polarisators oder Analysators zusammenfällt, so treten hierbei nur die knotigen Stellen und die Risse helleuchtend hervor, während die übrigen Teile der Zellwand fast vollständig dunkel bleiben. An den leuchtenden Stellen sind eben die anisotropen Zelluloseteilchen aus ihrer ursprünglichen Lage verschoben, so daß bei ihnen die Voraus-

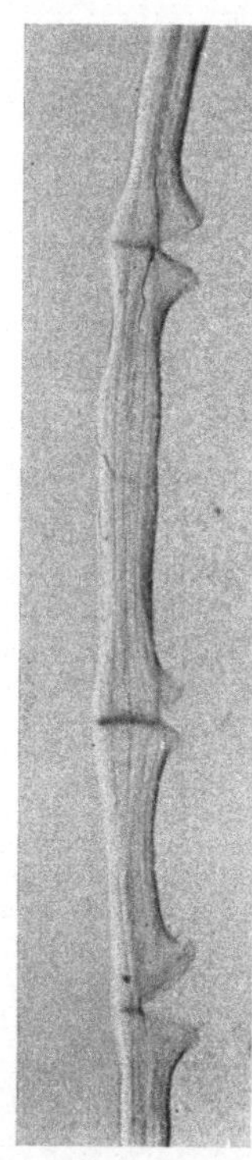

setzung für das Eintreten von Dunkelheit entfällt. Daß der mechanische Zusammenhang der Teilchen an den Verschiebungsstellen stark gelockert ist, geht schon daraus hervor, daß Fasern, die durch hohes Alter oder durch ungünstige Aufbewahrung an Festigkeit eingebüßt haben, zuerst an den knotigen Stellen zerfallen. Besonders gut läßt sich dies an Flachsfasern aus altägyptischen Mumienbinden feststellen (Abb. 59). Auch nach Einwirkung von Kupferoxydammoniak auf gebleichtes, im Gebrauch stark ausgenütztes Leinen läßt sich zeigen, daß die Lösung der Faser zuerst an den Verschiebungen beginnt (Abb. 74).

Das kräftige Hervortreten der Verschiebungen nach Behandlung der Fasern mit Chlorzinkjod, Methylviolett usw. ist sicher nicht auf stoffliche Unterschiede gegenüber den anderen Zellwandteilen zurückzuführen, sondern ausschließlich eine Folge der durch die stattgefundene Zerklüftung der Wandung bedingten größeren Oberfläche. Die von v. Höhnel stammende Bezeichnung „Verschiebung" für die erwähnten Störungen im Gefüge der Zellwand ist sehr glücklich gewählt, da die Wandschichten häufig, wenn auch nicht immer, gewissermaßen verschoben oder verworfen sind (ähnlich wie das von manchen Gesteinsschichten bekannt ist). Charakteristisch ist auch, daß die Knoten nicht immer um die Faser herumlaufen, sondern sich ab und zu nur

Abb. 74. Gebleichte Flachsfaser in Kupferoxydammoniak. Die Quellung setzt besonders an den mechanisch wenig widerstandsfähigen Verschiebungen ein. Schiefe Beleuchtung. Vergr. 200.

an einer Seite finden, die in der Regel der konkaven Stelle einer gebogenen Faser entspricht; da die Faserteilchen dieser Seite naturgemäß einen starken Druck auszuhalten haben, der in der von Haus aus nur geringen Elastizität wenig Ausgleich findet, tritt ein zumeist keilartiger Teil der Wandung durch Gleiten nach außen hervor. An der zarten Streifung der entsprechenden Stellen ist die ursprüngliche Lage der verschobenen Teilchen leicht festzustellen. Die große Regelmäßigkeit, mit der solche Erscheinungen durch kräftiges Reiben, Schlagen, Drücken usw. hervorgerufen werden können, und die nahezu gesetzmäßige Lage der Spalten berechtigen zu dem Schlusse, daß hier Beziehungen zu dem kristallinischen Aufbau der Faserwand vorliegen. Unwillkürlich denkt man hierbei an die bei manchen Kristallen (Kalzit, Glimmer) nach mechanischer Einwirkung (Druck, Schlag) auftretenden „Schlag-" bzw. „Gleitfiguren". Die annähernd parallele Richtung der in gleichem geometrischen Sinne liegenden Spaltrisse untereinander spricht auch dafür, daß die Flächen geringeren Zusammenhanges nicht regellos liegen, sondern mit dem feinen Bau der Faserwand in ursächlichem Zusammenhang stehen (versteckte Spaltbarkeit).

Außer den regelmäßig auftretenden Verschiebungen der technischen Bastfasern können bei längeren Beanspruchungen im Gebrauche oder bei unsachgemäßer Behandlung klaffende Längsspalten entstehen, die schließlich in eine völlige fibrilläre Zerschlitzung der Faser übergehen können (Abb. 75). Bei der Ramiefaser werden übrigens klaffende Längsspalten schon nach der Kotonisierung der Rohfaser wahrgenommen. Vorläufer der fibrillären Zer-

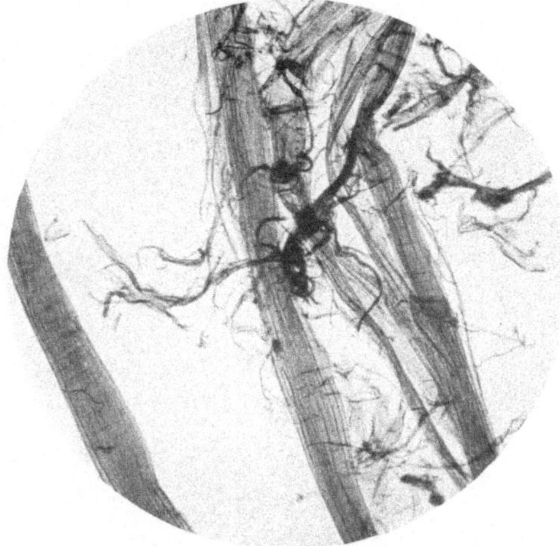

Abb. 75. Weitgehend zerschlitzte Hanffasern aus einem Urkundenpapier. Vergr. 170.

schlitzung der Zellwand sind häufig charakteristische Quetschstellen, die nach Anwendung von kräftigem Druck auf feuchte Fasern entstehen (Abb. 76). Werden gebleichte Flachsfasern mit wenig Wasser in der Achatreibschale gerieben, so zeigen sich bei der mikroskopischen Untersuchung alle erdenklichen Übergänge von Beschädigungen. Schließlich gelingt es, wie A. Herzog schon vor längerer Zeit gezeigt hat, einen Teil der Fasern rein mechanisch in Submikronen aufzulösen, die ultramikroskopisch, z.B. mit dem Kardioidkondensor, leicht sichtbar gemacht werden können.

Es verdient hervorgehoben zu werden, daß die Bastfasern, insbesondere Flachs, gegen mechanische Beeinflussungen weit empfindlicher sind als Baumwolle.

Leitelemente.

Mit Rücksicht auf den gleichen physiologischen Zweck, den die „Fasern" in der lebenden Pflanze zu erfüllen haben, ist ihre Form und chemische Zusammensetzung bei verschiedenen, im bota-

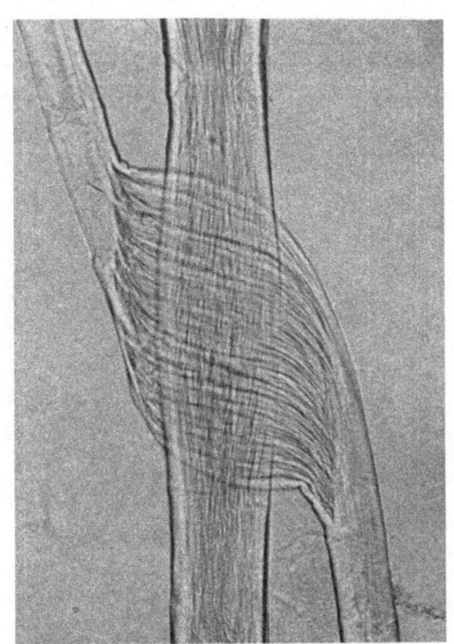

Abb. 76. Ramiefasern. Eine der beiden Fasern zeigt an der Quetschstelle zahlreiche Fibrillen. Vergr. 200.

nischen System weit auseinanderstehenden Pflanzen durchaus nicht immer so verschieden, daß aus der mikroskopischen bzw. mikroche-

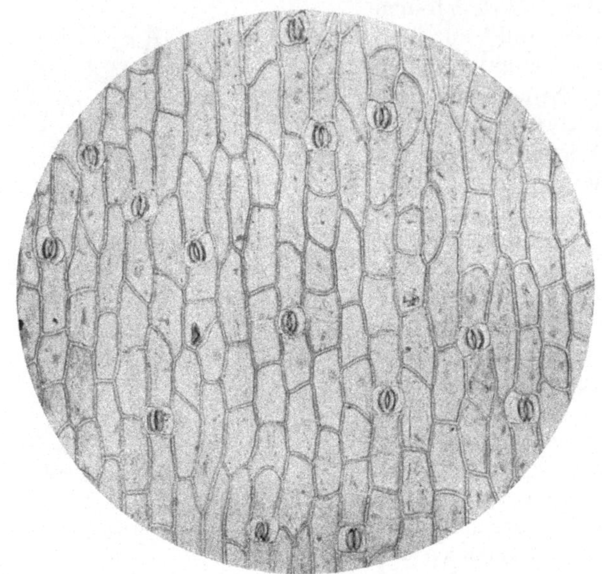

Abb. 77. Flachsstengeloberhaut mit zahlreichen Spaltöffnungen. Vergr. 150.

mischen Untersuchung der Faserelemente allein ein sicherer Schluß auf die zugehörige Stammpflanze gezogen werden könnte. So sind, um nur ein Beispiel anzuführen, die Bastzellen von Flachs und Hanf so ähnlich gebaut, daß ihre äußere Form nur mit größter Vorsicht bei der Unterscheidung beider Fasern zu verwerten ist.

Den Mangel an wirklich brauchbaren Unterscheidungsmerkmalen der Bastfasern hat man bald herausgefühlt, und sich genötigt gesehen, weitere Umschau zu halten. Wie nun die Erfahrung gelehrt hat, haben sich die den rohen oder verarbeiteten Fasern von der Gewinnung her anhaftenden zelligen Verunreinigungen als sogenannte „Leit-

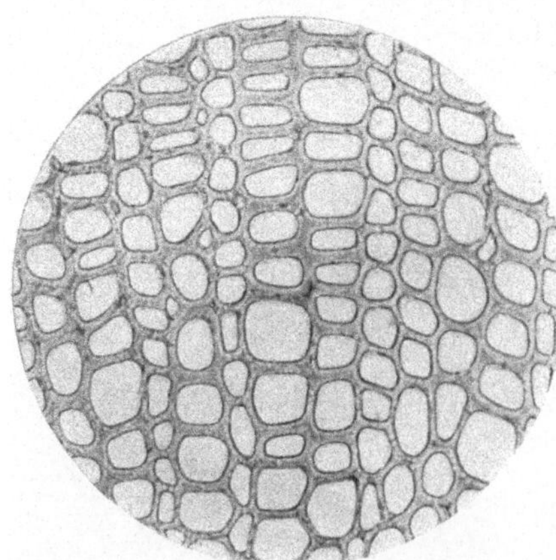

Abb. 78.   Querschnitt durch den Holzkörper des Flachsstengels. Vergr. 270.

elemente" der Untersuchung trefflich bewährt. J. v. Wiesner[1] hat als erster in den Sechziger Jahren des vorigen Jahrhunderts auf die große

---

[1] Wiesner, J. v.: Technische Mikroskopie. Wien 1867.

Wichtigkeit solcher Leitelemente hingewiesen. So werden in seinen Arbeiten über die Untersuchung der Mais-, Esparto- und Strohpapiere die Blatt- und Stengeloberhautzellen zur sicheren Feststellung der bezüglichen Rohstoffe herangezogen. Auch später hat der Genannte die zelligen Verunreinigungen der Fasern vielfach zu diagnostischen Zwecken be-

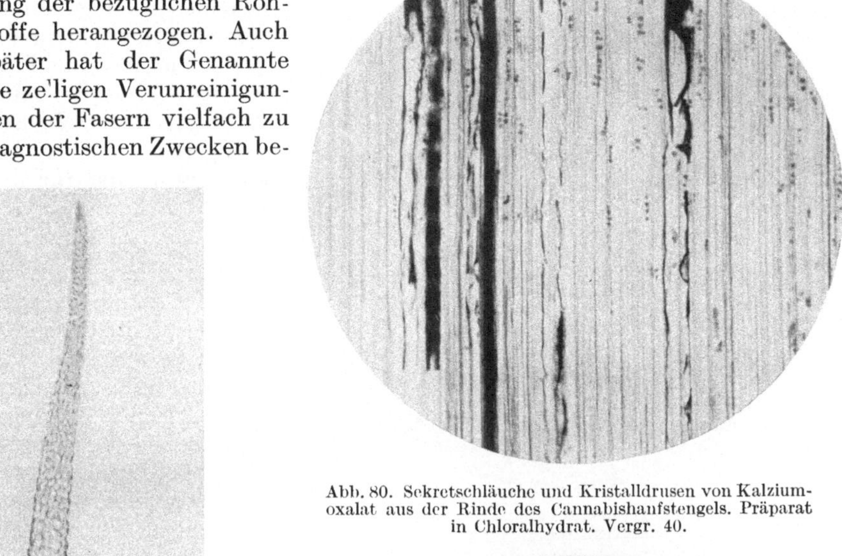

Abb. 80. Sekretschläuche und Kristalldrusen von Kalziumoxalat aus der Rinde des Cannabishanfstengels. Präparat in Chloralhydrat. Vergr. 40.

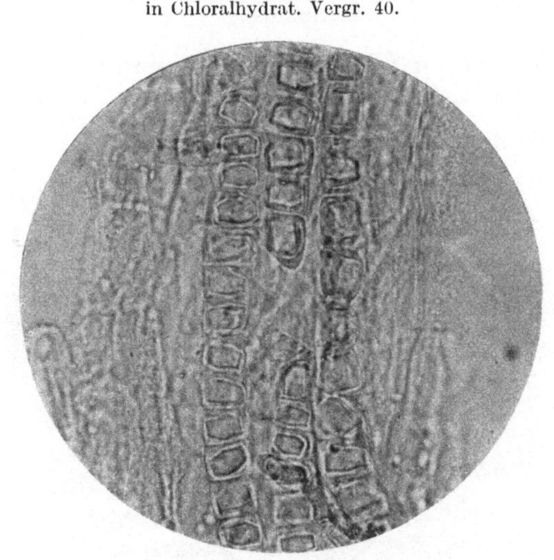

Abb. 79. Haar von der Stengeloberhaut des Cannabishanfes. Auffallend die feinwarzige Beschaffenheit der Oberfläche. Vergr. 300.

Abb. 81. Kalziumoxalatkristalle aus der Rinde des Weidenstengels (Salix alba). Vergr. 300.

nutzt. Die Leitelemente des Flachses und Hanfes wurden im Jahre 1881 von Cramer[1] zuerst beschrieben.

Als Leitelemente kommen z. B. Oberhaut- und Grundgewebszellen, Kristalle, Holzsplitter (Scheben) u. a. in Betracht. Die

---

[1] Cramer, C.: Progr. Polytechn. Schule. Zürich 1882.

nebenstehende Tabelle 26 gibt eine Übersicht der bei der mikroskopischen Untersuchung einiger Fasern zu beachtenden Verunreinigungen. Vgl. auch Abb. 77 bis 83. In der gebleichten Faser sind in der Regel Leitelemente nicht mehr zu finden; in manchen Fällen jedoch, z. B. beim Flachse, sind auch hier wenigstens die Kutikularanteile der für die sichere Erkennung der Flachsfaser so wichtigen Stengeloberhaut noch vorhanden.

Nicht immer sind die Leitelemente in solcher Menge vertreten, daß sie im erstbesten mikroskopischen Präparat mit Sicherheit nachgewiesen werden könnten. Es ist daher angezeigt, sie vor der eigentlichen Unter-

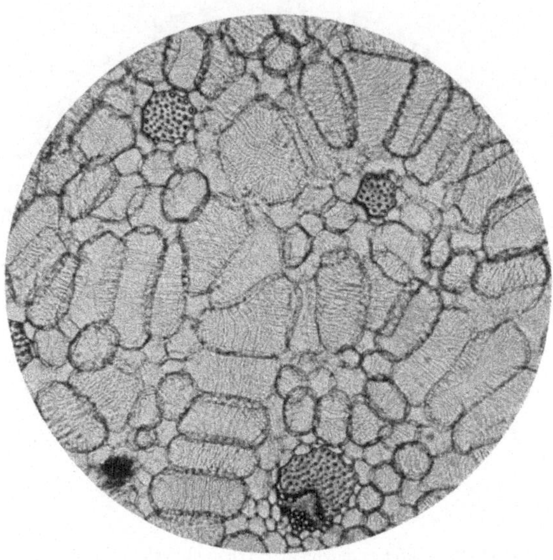

Abb. 82. Netzförmig verdicktes Parenchym aus dem Blatte von Sanseviera sulcata. Vergr. 120.

suchung in folgender Weise anzureichern: Die Fasern werden über einer glatten schwarzen Unterlage aus Papier oder Glas kräftig gerieben, und der abfallende Staub mit einem reinen Pinsel zusammengefegt. Die weitere Prüfung des so gewonnenen Staubes erfolgt durch Präparation in Wasser oder einem anderen Reagens. Am besten ist es nach den Erfahrungen des Verfassers, Kupferoxydammoniak zu verwenden, weil dieses die stets auch vorhandenen Fäserchen auflöst und so die Durchmusterung des Präparates erleichtert. Die Leitelemente selbst werden bei dieser Behandlung in keiner nachteiligen Weise

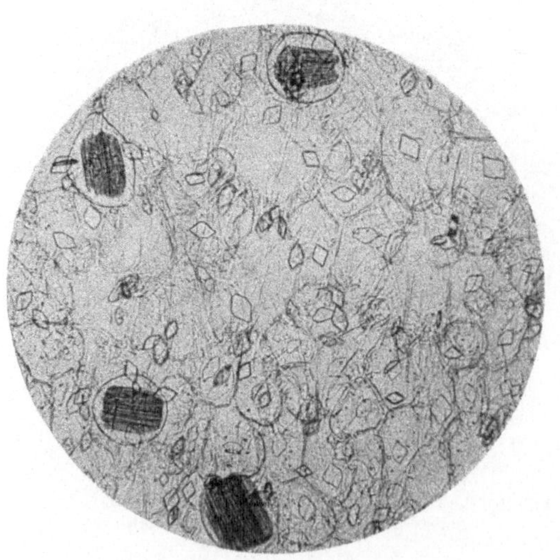

Abb. 83. Einzelkristalle und Raphiden aus den Blattscheiden von Musa paradisiaca. Vergr. 110.

beeinflußt. Bei der Herstellung von Präparaten verwende man vor allem den staubigen Anteil und dann erst, wenn es überhaupt

Tabelle 26. Bei der Untersuchung zu berücksichtigende „Leitelemente" einiger Fasern.

Faser	Oberhaut mit Haaren	Oberhaut ohne Haare	Parenchym	Sekret-schläuche	Holzteile	Kieselzellen (Stegmata)	Kristalle von Kalziumoxalat Drusen	Einzel-kristalle	Raphiden
Flachs, Linum usitatissimum L. (Abb. 77, 78)	−	+	−	−	+	−	−	−	−
Hanf, Cannabis sativa L. (Abb. 79, 80)	+	−	+	+	+	−	+	−	−
Brennessel, Urtica dioica L. (Abb. 107)	+	−	+	−	+	−	+	−	−
Ramie, Chinagras, Boehmeria nivea Hook et Arn.	+	−	+	−	−	−	+	−	−
Hopfen, wilder u. kultivierter, Humulus lupulus L.	+	−	+	+	+	−	+	−	−
Sophora, Sophora flavescens Ait.	+	−	−	−	+	−	−	−	−
Sunnhanf, Crotalaria juncea L. (Abb. 114)	+	−	−	−	+	−	−	−	−
Lupine, Lupinus luteus L., L. polyphyllos Lindl.	+	−	−	−	+	−	−	−	−
Ginster, Sarothamnus scoparius W. (Abb. 103)	−	+	−	−	+	−	−	−	−
Steinklee, Melilotus officinalis Lam.	−	+	−	−	+	−	−	+	−
Bohne, Phaseolus vulgaris L. (Abb. 60)	+	−	+	−	−	−	−	+	−
Weide, versch. Arten der Gattung Salix (Abb. 81)	−	+	+	−	+	−	−	+	−
Linde, Tilia parvifolia Erh.	−	−	+	−	−	−	+	−	−
Gambohanf, Hibiscus cannabinus L.	−	−	+	−	−	−	−	−	−
Malve, Malva crispa L.	+	−	−	−	−	−	−	−	−
Jute, versch. Arten der Gattung Corchorus	−	−	−	−	−	−	−	−	−
Tup-Khadia, Urena sinuata L.	−	−	+	−	−	−	+	−	−
Asklepiasfaser, Asclepias syriaca L.	−	+	−	−	+	−	−	−	−

Fortsetzung S. 136.

Bei der Untersuchung besonders zu berücksichtigen. Näheres s. Beschreibung der wichtigeren Fasern.

Tabelle 26 (Fortsetzung.)

Faser	Oberhaut		Parenchym	Sekret-schläuche	Holzteile	Kieselzellen (Stegmata)	Kristalle von Kalziumoxalat		
	mit Haaren	ohne Haare					Drusen	Einzel-kristalle	Raphiden
Gomphocarpus, Gomphocarpus fruticosus R. Br.	–	+	+	–	–	–	+	–	–
Kartoffel, Solanum tuberosum L.	±	–	–	–	+	–	–	–	–
Waldwolle, insbes. Pinus silvestris L.	–	+	–	–	–	–	–	–	–
Bambus, Bambusa arundinacea W.	–	+	–	–	+	+	–	–	–
Papyrusfaser, Cyperus papyrus L.	–	–	+	–	+	–	–	+	–
Scirpus, Teichsimse, Scirpus lacustris L.	–	+	+	–	+	–	–	–	–
Torffaser, Eriophorum vaginatum L.	–	+	–	–	–	–	–	–	–
Kokos, Koirfaser, Cocos nucifera L. (Abb. 125)	–	–	–	–	+	+	–	–	–
Bactris, Bactris setosa Mart.	–	–	–	–	–	+	–	–	–
Arghanfaser, Ananas macrodontes Morr.	–	+	–	–	–	+	–	–	±
Tillandsia, Tillandsia usneoides L.	+	–	–	–	+	–	–	–	–
Neuseeländ. Flachs (Hanf), Phormium tenax L. (Abb. 123, 124)	–	+	–	–	±	–	–	+	–
Aloe, Aloe perfoliata Thbg.	–	+	–	–	–	–	–	+	–
Yucca, versch. Arten der Gattung Yucca	–	+	–	–	+	–	–	–	+
Sanseviera, Sanseviera ceylanica Willd. (Abb. 82)	–	–	+	–	+	–	–	–	–
Sisal, Pite, Fibris usw., versch. Arten d. Gatt. Agave (Abb. 120, 121)	–	+	–	–	+	–	–	+	–
Manilahanf, versch. Art. d. Gattg. Musa, insbes. M. textilis L. N. (Abb. 83, 122)	–	–	–	–	±	+	–	+[1]	±[2]
Typha, Typha latifolia und angustifolia	–	+	–	–	+	–	–	+	–

Bei der Untersuchung besonders zu berücksichtigen. Näheres s. Beschreibung der wichtigeren Fasern.

[1] und [2] besonders bei Musa paradisiaca vertreten.

noch erforderlich sein sollte, die splitterigen holzigen Bestandteile (Abb. 78).

1. Baumwolle.

Je nach der örtlichen Lage der Haare auf dem Samen, dem Reifezustand und der morphologischen Beschaffenheit unterscheidet A. Herzog[1] folgende Gruppen:

1. Langhaare.

a) Vollausgereifte,

b) Halbreife, mit unvollständig ausgebildeten Verdickungsschichten,

c) Unreife, mit auffallend dünnen Wandungen,

d) Tote, d. h. vorzeitig abgestorbene, pathologisch veränderte Haare,

e) Anomal gestaltete, d. h. Haare mit ungleichmäßiger Verdickung, Ausbauchung, Verästelung usw.

2. Kurzhaare.

f) Samenfilz (nicht immer vorhanden),

g) Bartfasern, d. h. Kurzhaare vom Schmalende des Samens (stets vorhanden).

Beide Gruppen von Haaren sind bei der mikroskopischen Untersuchung von Baumwolle zu berücksichtigen.

a) Vollausgereifte Langhaare. Die einzelligen Haare sind bandartig flach und stellenweise gedreht (Abb. 84). An vielen Stellen sind die seitlichen Ränder rinnenartig aufgebogen. Unvollständige Drehungen und Faltungen, die an der Kräuselung des Baumwollhaares in erster Linie beteiligt sind, kommen regelmäßig vor. Der Drehungssinn des Haares ist wechselnd und ändert sich selbst bei ein und demselben Haar. Wie A. Herzog[2] gezeigt hat, richtet sich der Drehungssinn nach dem der Spiralstreifen der äußeren Verdickungsschichten der Zellwand. Zum Studium der letzteren ist besonders Kuoxam zu empfehlen. Das Haar besteht aus einer sehr feinen Außenhaut (Kutikula), die

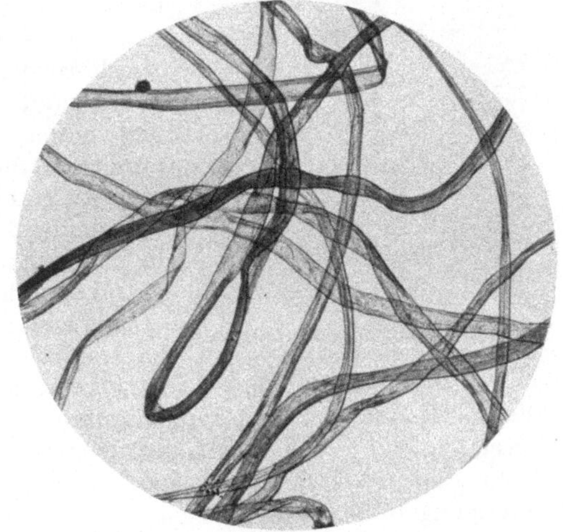

Abb. 84. Baumwollfasern in Chlorzinkjod (Übersicht). Vergr. 80.

durch chemische Umwandlung der äußersten Zellwandteile entsteht, und der eigentlichen, aus nahezu reiner Zellulose bestehenden, stark

---

[1] Herzog, A.: Chem.-Zg. **1914**, 114—117.
[2] Herzog, A.: Leipz. Monatschr. Textilind. **1924**, 284.

verdickten Zellwand. Nach dem Zellkanal wird sie von einer dünnen, mit protoplasmatischen Stoffen durchsetzten Innenhaut begrenzt. Der Zellkanal, der auf dem Querschnitt der Faser zumeist linienförmig erscheint, ist mit protoplasmatischen Resten und natürlichen Farbstoffen erfüllt. In Kuoxam läßt sich die Quellung bzw. Lösung im allgemeinen und das Verhalten der Wandschichten im besonderen deutlich verfolgen. A. Herzog[1] gibt folgendes Quellungsbild: Rasches Aufdrehen und starke Verkürzung des Haares, Querfältelung der Kutikula, Platzen der letzteren an zahlreichen Stellen, Zusammenschieben der nicht geplatzten Teile zu

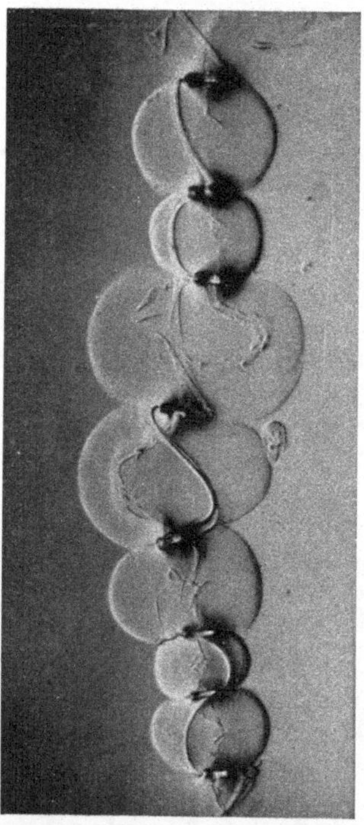

faltigen Ringen, Querfältelung der etwas widerstandsfähigeren inneren Zellwandteile, Entstehen von Zellulosebäuchen, die zwischen den Kutikularringen hervortreten, vollständiges Zerfließen der Zellulosewand und des Innenhäutchens; als Rückstände: Kutikula und protoplasmatische Anteile (Abb. 85). Nahezu alle rohen Baumwollen des Handels zeigen die beschriebene Quellungserscheinung, insbesondere die tonnenartige oder bauchige Anschwellung der Wandung; dagegen sind Unterschiede in der Raschheit der Quellung und Lösung zu beobachten. Einzelne Fasern zeigen ein von dem Vorbeschriebenen abweichendes Verhalten: An einigen Stellen wird die Kutikula von der stark quellenden Zellulosewand durchbrochen und tritt durch die entstandenen runden Öffnungen in Form von Halbkugeln aus. Nach einiger Zeit wird die noch vom Kutikularschlauch umschlossene Zellulose vollständig aufgelöst, ohne daß aber eine Sprengung der Kutikula stattfände. Schließlich bleibt nur der Kutikularschlauch mit den protoplasmatischen Resten des Zellkanals zurück.

Abb. 85. Ungebleichte Baumwollfaser in Kupferoxydammoniak. Vergr. 100.

Die in Wasser liegende Faser zeigt keine nennenswerte Schichtung der Zellwand. Es hat wohl manchmal den Anschein, als bestünde die Wand aus zwei, ungefähr gleich dicken Schichten; bei genauerem Zusehen kann man aber feststellen, daß es sich hier um die durch das flach zusammengepreßte Lumen getrennten, nach oben hin etwas aufgebogenen Wandhälften handelt (Abb. 86). Eine deutliche Schichtung wird erst nach Anwendung quellender Mittel (besonders Kuoxam) sichtbar. Nach deren Anwendung ist vielfach eine prachtvolle Spiralstreifung der äußeren Wandteile zu beobachten. Die dem Innenhäutchen zunächst liegenden Wandteile zeigen eine zur äußeren Begrenzung des Haares parallele Streifung. Die Spiralstreifung bedingt auch

<hr>

[1] Herzog, A: Kunststoffe 1911, 21—23.

die nicht selten zu beobachtende spiralige Ablösung der Kutikula (letztere ist ja ein Teil — allerdings chemisch umgewandelt — der äußeren Wandung). Die äußeren Wandschichten quellen erheblich rascher als die dem Innenhäutchen benachbarten oder dieses selbst. Die zarte Innenhaut gibt sich an manchen Stellen als doppelt begrenzte Schicht zu erkennen. Die Kutikula erscheint bei der Quellung in Kuoxam in verschiedenen Formen (faltig zusammengeschobene Ringe; glatte oder gefaltete Streifen von unregelmäßiger Gestalt; schraubenförmig gedrehte, gleichmäßig breite Bänder; schraubenförmig gedrehte, in der Breite stark gefältelte Bänder oder Teilstücke von solchen; zylindrische Schläuche von z. T. recht

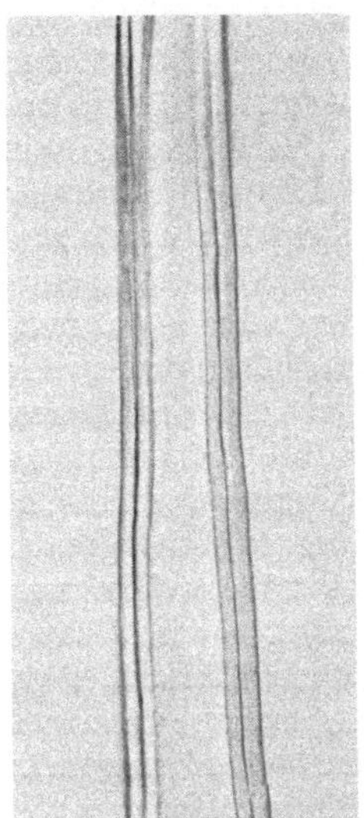

Abb. 86. Rinnenartig aufgebogene Baumwollfaser in Glyzerin. Scheinbare Grobschichtung der Zellwand. Vergr. 300.

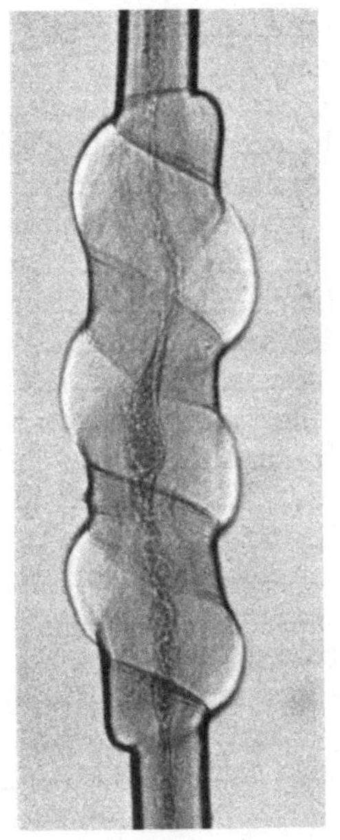

Abb. 88. Spiralige Ablösung der Kutikula einer Baumwollfaser in Kuoxam. Vergr. 200.

ansehnlicher Länge mit rundlichen oder rissigen Öffnungen) (Abb. 87 und 88). Poren im Sinne der Pflanzenanatomie sind in der Baumwolle nicht zu finden, dagegen sind feine Spaltrisse bei mechanisch stark beanspruchten Haaren sehr häufig. Die Kutikula ist von schwach gelblicher oder bräunlicher Färbung; sie ist mit Fettstoffen durchsetzt, so daß die rohe Faser in Wasser nur schwer netzbar ist. An den in Kuoxam zurückbleibenden Kutikularteilen ist keine Doppelbrechung nachweisbar; im Ultramikroskop erscheinen sie optisch leer. Die protoplasmatischen Bestandteile des Zellkanals zeigen an Kuoxampräparaten verschiedene For-

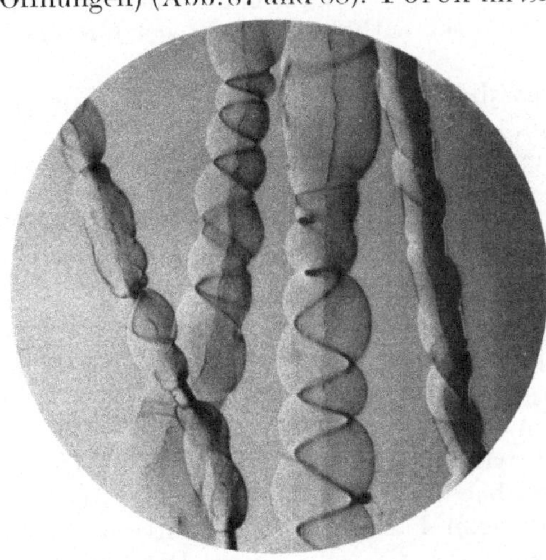

Abb. 87. Baumwollfasern in Kuoxam. Vergr. 100.

men (gleichmäßig zusammenhängende faltige Schläuche, die den ursprünglichen Wandbelag darstellen; unregelmäßig zusammenhängende, netzförmig durchbrochene Schläuche; körnige oder brockige Teile; faden- oder plattenförmige Stücke, manchmal gewellt, gefaltet oder gebogen). Bei manchen Baumwollen des Handels sind die protoplasmatischen Reste ausgesprochen gelbbraun gefärbt. Behandelt man z. B. Mako- baumwolle mit Kalilauge-Ammoniak, so zeigt nach A. Herzog[1] ein großer Teil der Haare viel gelbbraun gefärbte Inhaltsbestandteile (Abbesches Farbenbild betrachten). In Zusammenhang mit den ande- ren Eigentümlichkeiten (Haarlänge etwa 4 cm, Breite etwa $25\,\mu$, sehr befriedigende Gleichmäßigkeit in der Haarbreite) kann die genannte Färbung der Inhaltsbestandteile zur Erkennung der Makobaumwolle dienen. Nur in seltenen Fällen zeigt auch die Zellwand des Haares eine ausgeprägte Färbung (z. B. Nankingbaumwolle). Die Inhalts- bestandteile sind einfach lichtbrechend. Von den Formbestandteilen des Haares wird die Kutikula durch die Bleiche am meisten beein- flußt. Kochende Alkalien üben auf die Kutikula die stärkste Wirkung aus, besonders, wenn gleichzeitig unter Druck gearbeitet wird. Dem- entsprechend zeigt eine mit Alkalien gekochte und mit Chlorkalk ge- bleichte Baumwolle nur in sehr seltenen Fällen blasige Auftrei- bungen der Zellwand und Kutikularringe. Es sind stets nur sehr geringe schuppenartige Reste der Kutikula zu finden. Baumwolle, die ohne Vorkochungen mit Alkalien ein vereinfachtes Bleichverfahren durchgemacht hat, enthält noch beträchtliche Anteile der Kutikula, so daß man ab und zu ein der rohen Baumwolle ähnliches Quellungs- bild erhält. Nach A. Herzog empfiehlt es sich, dem Kuoxam etwas Rutheniumrot (Spuren) zuzusetzen, da hierdurch die Kutikular- anteile und protoplasmatischen Reste ausgezeichnet hervortreten (karmoisinrot). Die gebleichte Faser enthält in der Regel nur noch Spuren von Inhaltsresten.

Im Ultramikroskop zeigt die Zellwand eine grobe, sehr licht- starke Netzstruktur (Abb. 65). Über die optischen Verhältnisse (Lichtbrechung, Doppelbrechung, Pleochroismus) s. u. „Untersuchungen im Polarisationsmikroskop".

b) Halbreife Langhaare. Sie unterscheiden sich von den vorgenann- ten nur durch die wesentlich schwächer ausgebildete Zellwand, die in der Regel nur wenig oder gar nicht wulstig erscheint.

c) Unreife („grüne") Langhaare. Die Wandung des Haares ist sehr dünn, mißt aber mindestens $1\,\mu$. Die Kutikula ist nur sehr schwach entwickelt, dagegen ist das Innere der Faser sehr reich an proto- plasmatischen Resten (Abb. 89). Eine Schichtung ist nicht wahrzu- nehmen. Auch nach Einwirkung von Quellungsmitteln ist keine Diffe- renzierung der Zellwand zu beobachten. Infolge des hohen Eiweiß- gehaltes zeigt die unreife Faser beim Färben mit substantiven Farb- stoffen eine viel stärkere Färbung als die reife Faser. Die Zellwand bleibt aber in beiden Fällen nahezu ungefärbt. Mit Beizen vorbehandelte und mit basischen Farbstoffen gefärbte unreife Baumwolle nimmt im

---

[1] Herzog, A.: Kunststoffe **1913**, 10.

Gegensatze zur reifen nur helle Farbentöne an (Ursache: geringe Wandstärke). In der Breite stimmt das Haar nahezu völlig mit dem reifen überein. Drehungen sind fast gar nicht vorhanden. Kuoxam löst unter Hinterlassung eines sehr dünnen Kutikularschlauches.

d) Tote Baumwolle. Viele Fehler in gefärbten oder bedruckten Baumwollgeweben lassen sich auf das Vorkommen von toten Haaren (entartete oder vorzeitig abgestorbene Haare) zurückführen. Das Haar ist so stark zusammengedrückt, daß die gegenüberliegenden Zellwände sich innig berühren, und stark gefältelt. Die Zellwand ist vollkommen

Abb. 89. Unreife Baumwolle mit reichlichen protoplasmatischen Inhaltsresten. Vergr. 200.

durchsichtig und von auffallender Dünne (0,5 bis 0,6 μ). Die Haar-

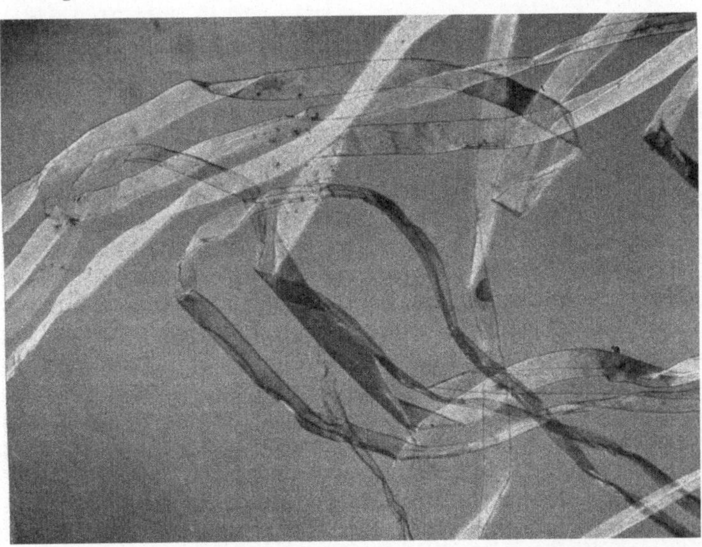

Abb. 90. Tote Baumwolle. Nicols gekreuzt, Glimmerplatte $^1/_8$ λ. Vergr. 200.

breite ist größer als bei der voll- und halbreifen Faser. Massiv geformte Haare kommen, entgegen vielfachen Angaben der Literatur, nicht vor.

Nur die Haarenden sind manchmal stark verdickt bzw. massiv; sie sind aber so brüchig, daß sie in verarbeiteter Baumwolle nur selten zu finden sind. Die Zellwand zeigt häufig eine etwa unter 45^0 verlaufende Schrägstreifung. Infolge ihrer abnormen Dünne schimmert die Streifung der unteren Wandhälfte durch die obere hindurch, so daß beide Streifensysteme als zarte, unter einem rechten Winkel sich kreuzende Linien gleichzeitig wahrgenommen werden können. Die äußeren Wandteile sind nur schwach kutinisiert. Das Haarinnere zeigt nur Spuren von protoplasmatischen Resten. Kuoxam löst unter Hinterlassung sehr

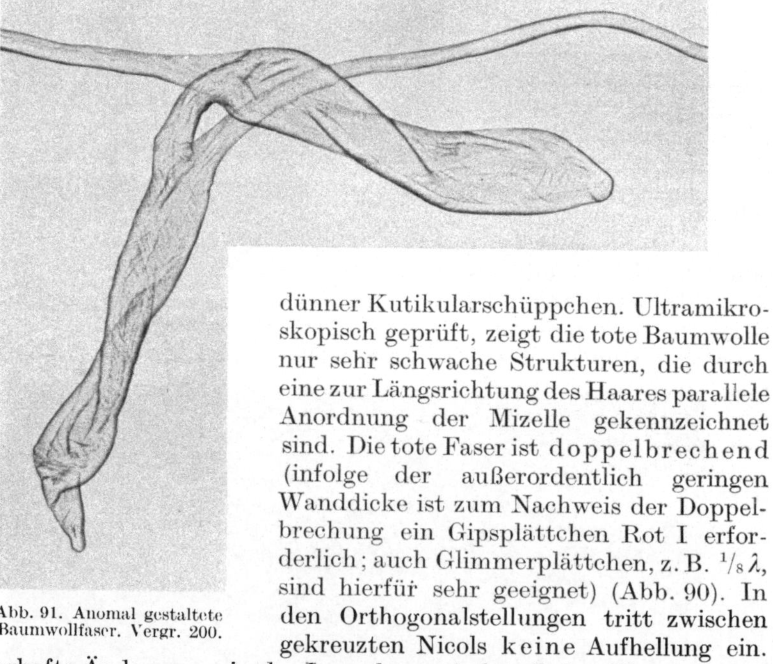

dünner Kutikularschüppchen. Ultramikroskopisch geprüft, zeigt die tote Baumwolle nur sehr schwache Strukturen, die durch eine zur Längsrichtung des Haares parallele Anordnung der Mizelle gekennzeichnet sind. Die tote Faser ist doppelbrechend (infolge der außerordentlich geringen Wanddicke ist zum Nachweis der Doppelbrechung ein Gipsplättchen Rot I erforderlich; auch Glimmerplättchen, z. B. $^1/_8\lambda$, sind hierfür sehr geeignet) (Abb. 90). In den Orthogonalstellungen tritt zwischen gekreuzten Nicols keine Aufhellung ein.

Abb. 91. Anomal gestaltete Baumwollfaser. Vergr. 200.

Sprunghafte Änderungen in der Lage der optischen Indexellipse, wie sie A. Herzog bei voll- und halbreifen Fasern nachgewiesen hat, kommen bei der toten Baumwolle nicht vor.

e) **Anomal gestaltete Langhaare.** Sie sind mikroskopisch an der auffallend unregelmäßigen Wandverdickung, etwaigen Ausbauchungen und Verzweigungen usw. leicht kenntlich (Abb. 91). Sie kommen besonders häufig in entarteten Baumwollen vor.

f) **Kurzhaare des Samenfilzes.** Sie stimmen in ihrem Bau und optischen Verhalten mit den halbreifen Langhaaren überein; sie unterscheiden sich jedoch von diesen durch eine wesentlich geringere Länge (nur wenige mm) und eine beträchtlich schwächere Ausbildung der Zellwand. Auch in der Breite sind sie den reifen Haaren unterlegen. „Nackte" Baumwollen, wie z. B. die Sea-Island, zeigen keinen Samenfilz.

g) „Bartfasern". Diese vom Schmalende des Samens stammenden Haare sind kurz, ungleichmäßig lang, sehr breit und steif (Abb. 92). Sie sind, ebenso wie die Langhaare, am oberen Ende des unteren Haardrittels am breitesten (Breite bis 125 μ). Sehr breite Haare zeigen oft eine besonders rasche Zuspitzung nach oben hin. A. Herzog[1] unterscheidet 3 Gruppen von Barthaaren: Die 1. Gruppe, die den meisten Baumwollen entspricht, zeigt auffallend braun bis schmutzig grün gefärbte Haare. Das Haar ist auffallend breit und sehr ungleichmäßig in der Breite; stellenweise tiefgehend gegabelt. Die Wanddicke ist beträchtlich; relativ tritt sie jedoch den Langhaaren gegenüber zurück. Im Innern des Haares sind tiefbraun gefärbte protoplasmatische Reste vorhanden (die Zellwand ist nur schwach gefärbt, nur die auffallend

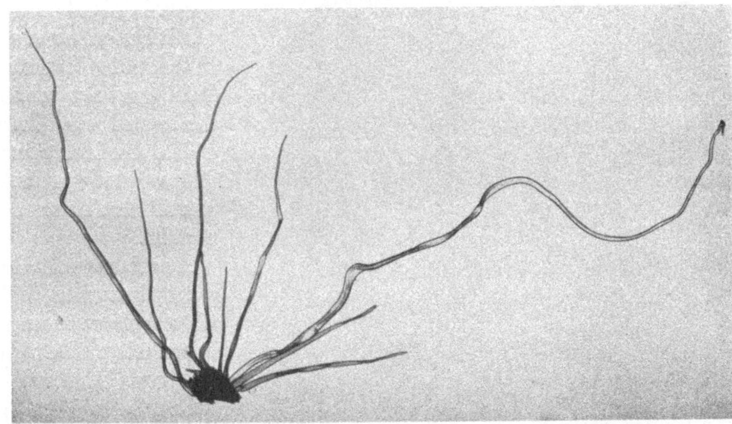

Abb. 92. Baumwollschalenstück mit anhängenden „Bartfasern". Länge der Haare auffallend ververschieden. Vergr. 30.

groben Haare sind auch in der Zellwand ausgesprochen braun gefärbt). Die Kutikula ist nur schwach entwickelt. In starker Kalilauge treten die Inhaltsbestandteile stark körnig hervor. Gleichzeitig wird auch eine prächtige Schichtung der mittleren und inneren Wandschichten sichtbar. Besonders charakteristisch ist das Verhalten gegen Kuoxam. Die Quellung verläuft erheblich langsamer als bei den Langhaaren. Oft ist erst nach mehreren Stunden eine deutliche Aufquellung der inneren Verdickungsschichten festzustellen. Unmittelbar nach der Einwirkung des Reagens werden nach erfolgter Sprengung der Kutikula nur die äußeren Zellwandanteile ziemlich rasch gelöst. Die mittleren und inneren Wandschichten zeigen nach und nach eine prachtvolle Schichtung, wie sie bei Langfasern in dieser Schönheit und Mannigfaltigkeit niemals beobachtet werden kann (Abb. 93). In einem Falle zählte der Verfasser bis zu 28 Schichten. Die einzelnen Schichtlinien sind häufig stark gekräuselt, was besonders gut an den Rißenden beobachtet

[1] Herzog, A.: Chem.-Zg. **1914**, 114—117.

werden kann. Die protoplasmatischen Reste des Innern treten durch ihre braune Farbe und wechselnde Gestalt (Brocken, Platten, Fäden usw.) deutlich hervor. Diese Barthaare sind sehr fettreich.

Die Bartfasern der 2. Gruppe kommen nur selten vor. Die Haare sind bandartig flach, auffallend breit und stark gefältelt. Auch Drehstellen sind häufig zu beobachten. Die Wand ist im Verhältnis zur Breite des Haares nur schwach entwickelt. Sie ist farblos und zeigt auch nach Einwirkung starker Quellungsmittel keine Schichtung. Besonders charakteristisch sind die im Zellinnern befindlichen protoplasmatischen Reste, die einen intensiv braunen Farbstoff enthalten. Nach Einwirkung von Kalilauge färbt er sich dunkel rotbraun; zugleich hebt sich das als Wandbelag vorhandene Protoplasma deutlich gezackt von der Zellwand ab. In der Nähe der Basis ist das Haar mit protoplasmatischen Resten ganz erfüllt.

Bartfasern der Gruppe 3 kommen besonders bei wilden oder entarteten Baumwollen vor. In der Breite stimmen sie mit den Langfasern überein. In vielen Fällen sind die Verdickungsschichten noch unvollständig als spiralig verlaufende Leisten ausgebildet.

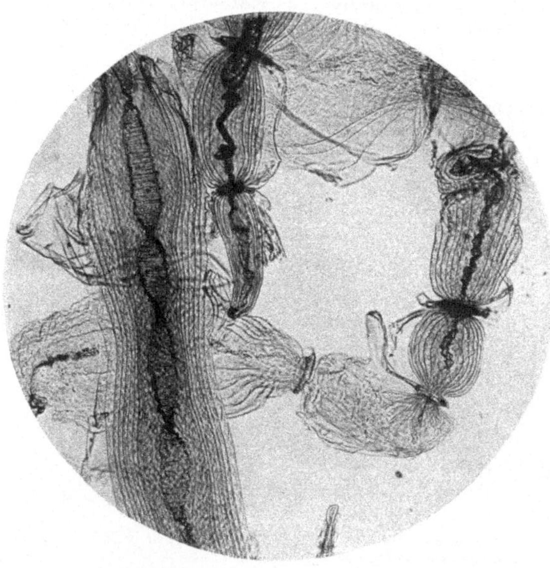

Abb. 93. „Bartfasern" der Baumwolle in Kupferoxydammoniak mit ausgezeichneter Wandschichtung. Im Innern protoplasmatische Reste. Vergr. 100.

Von sehr zarten Spiralfäden bis zu breiten, zwischen sich klaffende Spalten lassenden Spiralbändern finden sich alle Übergänge in der Ausbildung der inneren Wandschichten vor. Die Spiralen sind teils rechts-, teils linksläufig. Die nur schwach gefärbten Fasern dieser Gruppe zeigen eine schwach ausgebildete Kutikula und sind eiweißarm. Kuoxam löst, ohne besondere Quellungserscheinungen zu zeigen. Das Innere des Haares enthält häufig Pilzfäden, die bei der Färbung mit Anilinblau-Glyzerin eine schöne Himmelblaufärbung annehmen.

Bartfasern sind häufig in ungebleichten Baumwollgespinsten und -geweben als Verunreinigung nachzuweisen.

Feststellung der Herkunft der Baumwolle. Bei ungebleichter Baumwolle läßt sich, wie Haller[1] gezeigt hat, aus den stets vorhandenen Leitelementen (Blatt- und Kapselwandstücke, Reste der

---

[1] Haller: Chem.-Zg. **1918**, 1089.

Samenschale usw.) ein gewisser Schluß auf die vorliegende Baumwollart ziehen. Die Schwierigkeiten der Untersuchung sind jedoch so beträchtlich und die Untersuchungsergebnisse durchaus nicht so eindeutig, daß sie zu mehr als Wahrscheinlichkeitsschlüssen berechtigen könnten. Bei gebleichten Gespinsten ist dieses Verfahren naturgemäß nicht anwendbar. A. Herzog[1] lehnt die Feststellung der Herkunft einer Baumwollmarke von vornherein ab, setzt aber dafür die Kennzeichnung der Fasern nach ihrer qualitativen Beschaffenheit. Die objektiven Feststellungen erfolgen teils auf mikroskopischem, teils auf makroskopischem Wege. Als wertbestimmende Eigenschaften werden hierbei folgende berücksichtigt: 1. Die Stapellänge, 2. die Feinheit, 3. die je nach dem Reifezustand verschiedene Ausbildung der Zellwand des Haares, 4. das Merzerisiervermögen. 5. vorkommende Verunreinigungen, 6. die

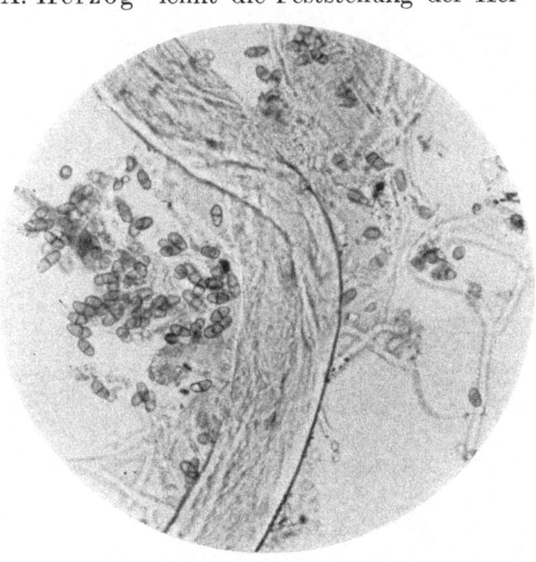

Abb. 94. Stockig gewordene Baumwollfaser mit Pilzfäden und Sporen. Vergr. 400.

Festigkeit und Bruchdehnung des Haares, 7. die Farbe und 8. der Glanz (Tabelle 27 und 28; Abb. 94). Näheres s. u. „Quantitativ-mikroskopische Untersuchungen".

Makroskopische Unterscheidung von Baumwolle und Leinen. Einfache physikalische und chemische Verfahren zur makroskopischen Unterscheidung von Baumwolle und Leinen sind in der Tabelle 29 übersichtlich zusammengestellt.

2. Merzerisierte Baumwolle.

Chlorzinkjod färbt auffallend dunkel rotviolett bis schwarz, also wesentlich dunkler als die gewöhnliche Baumwolle. Die Faser sieht straff und walzenförmig glatt aus. Das Lumen zeigt vielfach Verjüngungen und Erweiterungen (Abb. 95). Protoplasmatische Inhaltsreste sind häufig in körniger Form vorhanden. In Kuoxam zeigt sich, je nach dem Zustand, in dem das Merzerisieren vorgenommen wurde, ein verschiedenes Verhalten:

a) Roh merzerisierte, ungebleichte Baumwolle. Die Kutikula liegt in nahezu demselben Zustand vor, wie bei der gewöhnlichen rohen Faser. Der einzige Unterschied besteht nur darin, daß im ersteren Falle

---

[1] Herzog, A.: Faserforschung 1928, 56.

Tabelle 27.

Entwicklungszustand des Haares	Wandverdickung	Form des Haares nach Einwirkung von kalter konz. Natron- oder Kalilauge	Zwischen gekreuzten Nicols		Protoplasmatische[1] Inhaltsreste im Innern der Faser	Lichtstärke[2] der ultramikroskopischen Netzstruktur	Anmerkung
			vorherrschende Interferenzfarben auf der Breitseite des Haares (Diagonalstellung)	in beiden Orthogonalstellungen			
1. vollreif . . .	auffallend kräftig, wulstig	bei nicht zu groben Sorten auffallend walzenförmig, sonst bandartig	Weiß-Gelb I	hell	reichlich vertreten	auffallend groß	—
2. halbreif . . .	mäßig oder gar nicht wulstig	bandartig	Weiß I	„	„ „	groß	—
3. unreif (grün).	sehr gering (etwa 1 μ)	„	Grau I	dunkel	„ .,	gering	Wandung gefärbter
4. tot	außerordentlich gering (etwa 0,5—0,6 μ)	„	Dunkelgrau I-Schwarz[3]	„	fast fehlend	sehr gering, da optisch nahezu leer	Haare auffallend hell gegenüber 1 und 2

[1] Am raschesten nach Einwirkung von nicht zu konzentriertem Kupferoxydammoniak-Rutheniumrot festzustellen.
[2] Nach dem vereinfachten Verfahren von A. Herzog oder mit dem Paraboloidkondensor zu prüfen.
[3] Nach Einschaltung eines Glimmerplättchens $^1/_8$ λ erscheint die Faser unter $+ 45^0$ weiß, unter $- 45^0$ schwarz.

Tabelle 28.

Entwicklungszustand des Haares	Querschnittsfläche des Haares			Mittlere metrische Nummer des Einzelhaares (abgerundet)	Mittlere Wanddicke in μ	Mittlere Haarbreite in μ
	Mittel in $q\mu$	Verhältnis				
		Nr. 4 = 1 gesetzt	Mittel von Nr. 3 u. 4 = 1 gesetzt			
1. vollreif	150	6,0	4,6	4400	3,5	22
2. halbreif	105	4,2	3,2	6400	2,6	21
3. unreif (grün).	40	1,6	1,0	16700	1,0	20
4. tot	25	1,0		26700	0,6	25

Tabelle 29. Makroskopische Unterscheidung von Baumwolle und Leinen. (S. a. A. Herzog, Die Unterscheidung von Baumwolle und Leinen, 2. Aufl. Sorau 1908.)

	Prüfungsverfahren	Baumwolle	Leinen
a	Zerreißen des Gewebes	Rißenden der Garnfäden gleichmäßig lang; stark gekräuselt, matt, Geräusch beim Zerreißen dumpf	Rißenden der Garnfäden ungleichmäßig lang; straff, glänzend. Geräusch beim Zerreißen schrill
b	Aufdrehen der Garnfäden	Einzelfasern stark gekräuselt, wirr durcheinanderliegend, matt	Einzelfasern straff, nahezu parallel, glänzend
c	Betrachtung des Gewebes gegen das Licht	Garnfäden gleichmäßig dick	Garnfäden ungleichmäßig dick (knotig)
d	Einlegen des Gewebes in Öl (Frankenstein und Leykauf)	Bleibt undurchsichtig; Auffallend. Licht: hell Durchf. Licht: dunkel	Wird durchscheinend; Auff. Licht: dunkel Durchfallend. Licht: hell
e	Anbrennen der Garnfäden	Angekohlte Enden pinselartig auseinandergehend	Angekohlte Enden glatt
f	Kalte, konzentr. Schwefelsäure (Kindt und Lehnert)	Löst rasch	Löst langsam
g	Fuchsinprobe[1] (Böttger)	Farblos	Rosa
h	Zyaninprobe[2] (A. Herzog)	Farblos	Blau
i	Methylenblauprobe[3] (H. Behrens)	Nach längerem Wässern hellblau bis farblos	Nach längerem Wässern noch deutlich grünlichblau
k	Kupferprobe[4] (A. Herzog)	Farblos	Rotbraun

Die Proben *e* bis *k* werden an Gespinsten oder an etwa 1 qcm großen quadratischen Gewebestückchen (appreturfrei) ausgeführt, deren Randfäden vorher entfernt werden.

---

[1] Das Gewebe wird in warme 1%ige alkoholische Fuchsinlösung eingelegt, in Wasser gespült, sodann etwa 3 Min. mit konzentriertem Ammoniak behandelt.

[2] Das Gewebestück wird einige Minuten in eine lauwarme alkoholische Lösung von Zyanin eingelegt, in Wasser gespült und schließlich mit verdünnter Schwefelsäure behandelt.

[3] Die zu untersuchende Probe wird in warmer Methylenblaulösung gefärbt, dann fortgesetzt in Wasser gespült. Dadurch entfärbt sich die Baumwolle fast vollständig, die Flachsfaser nicht. In einem früheren Stadium zeigt die Baumwolle ein von der Farbe der Leinenfaser verschiedenes Blau. Die Probe gewinnt an Gegensatz, wenn man sie mit der Ölprobe (*d*) kombiniert. Da jedoch Methylenblau, wie fast alle basischen Farbstoffe, auch Oxyzellulose anzeigt, ist dieses Prüfungsverfahren nicht unbedingt zuverlässig.

[4] Eine entsprechend vorbereitete Gewebeprobe wird etwa 10 Min. in 10%ige Kupfervitriollösung eingelegt, behufs Entfernung der anhaftenden Kupfersalze

eine teilweise Lockerung und Zerklüftung der Kutikula stattgefunden hat (Spiralbänder, querzerklüftete Stücke). Mit zunehmender Spannung bei der Merzerisation geht auch eine stärkere Zerklüftung Hand in Hand. Blasige Auftreibungen der Zellwand sind ab und zu, aber bedeutend seltener als bei der rohen Faser zu beobachten.

b) Gebleichte merzerisierte Faser. Ein wesentlich anderes Verhalten zeigt die gebleichte merzerisierte Faser, gleichgültig, ob die Bleiche vor oder nach der Merzerisation vorgenommen wurde. Von der Kutikula sind fast stets nur geringfügige Reste vorhanden; nicht selten ist sie ganz verschwunden. Infolgedessen quillt die Faser unter starker Verkürzung ziemlich gleichmäßig auf, um sich nach kurzer Zeit bis auf die Inhaltsreste vollständig aufzulösen. Die von T. F. Hanausek[1] beschriebenen rhombenförmigen Erweiterungen des Zellkanales sind auf größeren Strecken ziemlich deutlich zu verfolgen. Die Zellwand zeigt in vielen Fällen eine sehr schöne äußere Spiralstreifung und eine innere Parallelstreifung. Nicht selten ist die Wand in deutlich voneinander abgesetzte, an mehreren Stellen durch klaffende Spalten getrennte Zonen gegliedert.

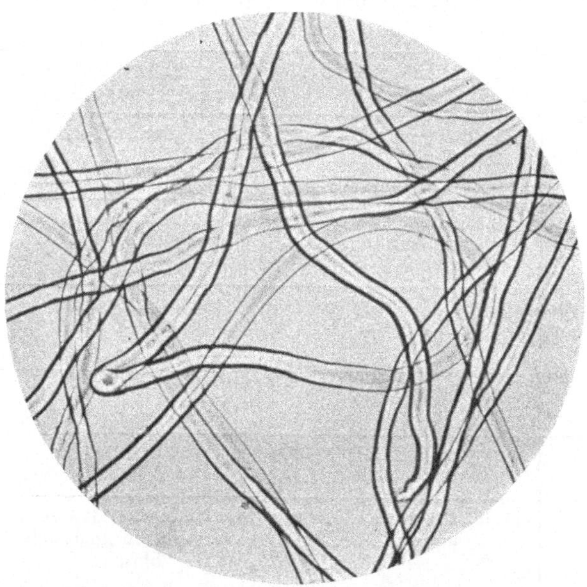

Abb. 95. Merzerisierte Baumwolle. Vergr. 150.

Über die Bestimmung der Merzerisierfähigkeit einer Baumwolle s. u. „Quantitativ-mikroskopische Untersuchungen".

Merzerisierte Baumwollgewebe werden oft noch durch „Seidenfinish" veredelt (Einprägen von feinen Furchen, schrägen Pyramidenstumpfen usw.). Unter dem schwach vergrößernden Mikroskop sind die Pressungen in auffallendem Licht leicht festzustellen. S. u. „Untersuchungen in auffallendem Licht".

---

gründlich in Wasser gespült und sodann in eine 10%ige Lösung von gelbem Blutlaugensalz gebracht, wobei sich auf der Flachsfaser kolloides Ferrozyankupfer ausscheidet.

[1] Hanausek, T. F.: Lehrbuch der Technischen Mikroskopie. Stuttgart 1901.

3. Pflanzenseiden (Akon).

Die Samenhaare verschiedener Apocyneen und Asclepiadeen sind stark glänzend, jedoch von geringer Festigkeit und auffallender Sprödigkeit, so daß sie für textile Zwecke kaum in Frage kommen. Nach v. Höhnel sind die gemeinsamen Kennzeichen der Pflanzenseiden folgende: Sie sind 1 bis 6 cm lang, seidenglänzend, weiß bis schwachgelblich oder rötlichgelb gefärbt und steif. Sie sind auffallend dünnwandig und zeigen innen der Länge nach verlaufende Verdickungsleisten, die oft netzförmig miteinander verbunden sind. Die Breite der Haare beträgt gewöhnlich 35 bis 60 μ, das Maximum 80 μ. Der Querschnitt ist fast kreisrund. Die Zellwand ist deutlich verholzt.

Die Untersuchung der Haare einer Kalotropisart ergab nach A. Herzog[1] folgendes Ergebnis:

Mittlere Faserlänge in cm	4,0
Mittlere Faserdicke in μ	24
Mittlere Wanddicke in μ	1,6
Gesamtquerschnittsfläche in qμ	445
Von der Gesamtquerschnittsfläche entfallen auf $\begin{cases} \text{die Wand } q\mu \\ \text{die Wand \%} \\ \text{das Lumen } q\mu \\ \text{das Lumen \%} \end{cases}$	111 / 24,9 / 334 / 75,1
Scheinbares spezifisches Gewicht in g/ccm	0,37
Methylzahl bezogen auf die Trockensubstanz	8,2

4. Pflanzendunen (Kapok).

Die Samen- und Fruchthaare verschiedener Bombaceen dienen hauptsächlich als Ersatz für tierische Federn und als Füllmaterial für Rettungsgürtel. Zur Herstellung von Gespinsten sind sie wegen ihrer Glätte und geringen Festigkeit nicht zu gebrauchen. Sie eignen sich auch nicht zur gleichzeitigen Verarbeitung mit Baumwolle, da sie aus den Gespinsten und Geweben schon nach schwachen mechanischen Beanspruchungen herausfallen. Die Pflanzendunen sind Haare von 1 bis 4 cm Länge und etwa 20 bis 30 μ Breite. Der Querschnitt ist kreisrund, zeigt aber keine der für die Pflanzenseiden so charakteristischen Längsleisten. Die Basis ist häufig keulenförmig angeschwollen und getüpfelt. Die Zellwand ist deutlich verholzt. Eine von A. Herzog untersuchte Probe von Eriodendron anfractuosum D. C. ergab folgendes Ergebnis:

Mittlere Faserlänge in cm	3,5
Mittlere Faserdicke in μ	20
Mittlere Wanddicke in μ	1,0
Gesamtquerschnittsfläche in qμ	306
Von der Gesamtquerschnittsfläche entfallen auf $\begin{cases} \text{die Wand } q\mu \\ \text{die Wand \%} \\ \text{das Lumen } q\mu \\ \text{das Lumen \%} \end{cases}$	57 / 18,6 / 249 / 81,4
Scheinbares spezifisches Gewicht in g/ccm	0,27
Methylzahl bezogen auf die Trockensubstanz	6,9

---

[1] Herzog, A.: Tropenpflanzer 1912, 185.

Mikrophotogramme verschiedener Pflanzenseiden und Pflanzendunen enthält der von A. Herzog herausgegebene Mikrophotographische Atlas der technisch wichtigen Faserstoffe, München 1908.

Eine noch geringere technische Bedeutung haben verschiedene heimische Pflanzenwollhaare (Pappel-, Weiden-, Rohrkolben-, Wollgras- und andere Haare), so daß sie hier übergangen werden können.

5. und 6. Flachs und Hanf.

Die sichere Erkennung bzw. Unterscheidung der makroskopisch und mikroskopisch sehr ähnlich gebauten Bastfasern von Flachs und Hanf ist verhältnismäßig schwierig. Man bedient sich hierbei vorzugsweise des verschiedenen Verhaltens beider Fasern gegen Quellungsmittel (insbesondere Kuoxam) und der oberflächlich anhaftenden

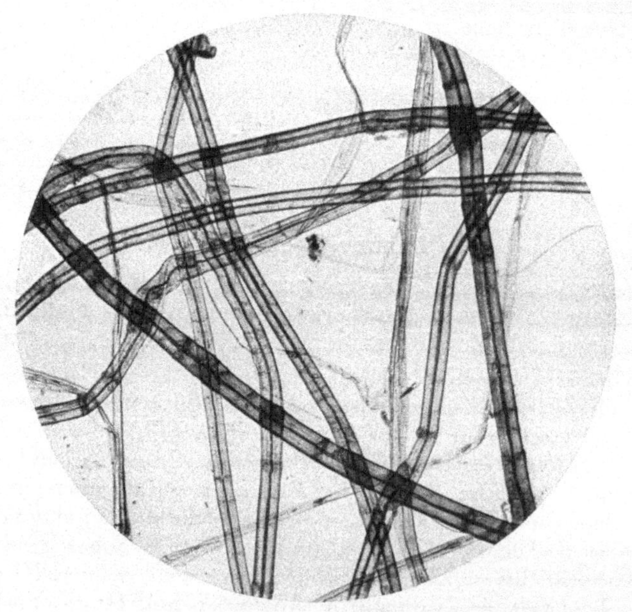

Abb. 96. Flachsfasern in Chlorzinkjod. Vergr. 120.

zelligen Bestandteile (Leitelemente). Auch das mikrochemische Verhalten kann zu Unterscheidungszwecken herangezogen werden. Zur Vermeidung unnötiger Wiederholungen sind die wichtigsten Unterscheidungsmerkmale in den beigefügten Tabellen 30, 31 und 32 vereinigt. Ausführlichere Angaben enthält die Arbeit: A. Herzog, Die Unterscheidung der Flachs- und Hanffaser, Berlin 1926.

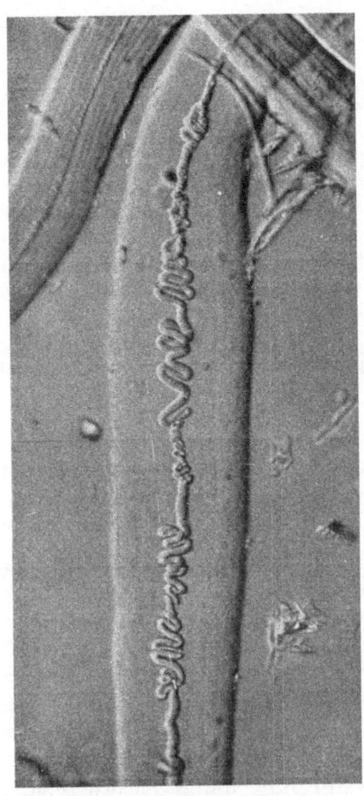

Abb. 97. Ungebleichte Flachsfaser in
Kupferoxydammoniak. Die im Faser-
innern befindlichen protoplasmatischen
Reste schlangenartig gewunden.
Vergr. 100.

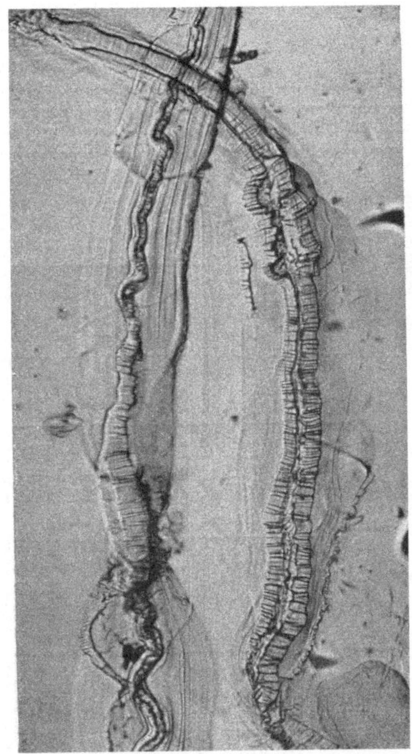

Abb. 99. Zwei ungebleichte Hanffasern in
Kupferoxydammoniak. Charakteristisches Zusammenschieben der Mittellamelle und der primären Membran. Vergr. 100.

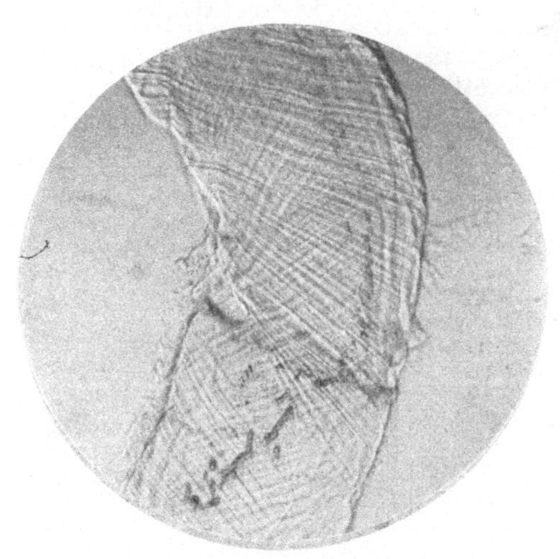

Abb. 98. Gebleichte Flachsfaser in Kupferoxydammoniak
mit ausgezeichneter Schrägstreifung; schiefe Beleuchtung; protoplasmatische Inhaltsreste. Vergr. 200.

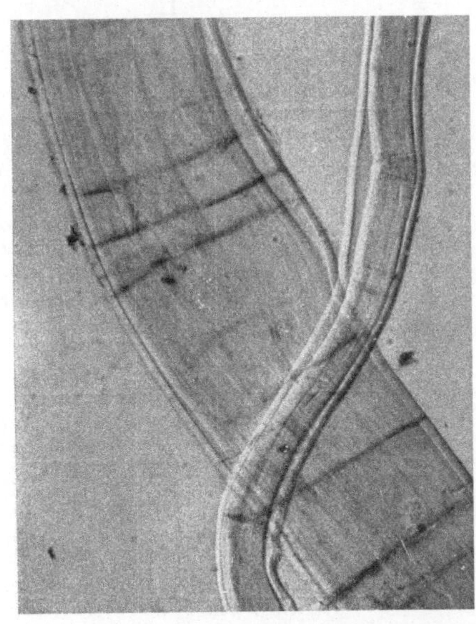

Abb. 100. Zwei gebleichte Hanffasern in Kupferoxydammoniak mit stellenweise abgetrennter primärer Zellwand. Vergr. 200.

Tabelle 30. Unterscheidung von **ungebleichten** Flachs- und Hanffasern.

Reaktion		Zu beachten:	Flachs	Hanf
Längsansicht	der Fasern in Chlorzinkjod	Enden	vorwiegend scharf spitz, daneben aber auch abgerundet (für Unterscheidungszwecke kaum brauchbar)	abgerundet, z. T. gegabelt (für Hanf nur dann beweisend, wenn fast alle Fasern abgerundete Faden zeigen)
		Wandung	rotviolett; Lumen scharf abgesetzt (Abb. 96)	schmutzig rotviolett, auch grünlich; Lumen häufig undeutlich begrenzt
		Inhaltsreste	gelb, fadenförmig, fast in jeder Faser vorhanden	gelb, meist körnig oder brockig, selten
Querschnitt		Wandung	rotviolett, nur einzelne Fasern gelb umrandet oder ganz gelb; manchmal gelbe Knoten in den Kantenecken	rotviolett, alle Fasern deutlich gelb umrandet (Abb. 67)
		Inhaltsreste	gelb, meist als Punkt im Faserinnern sichtbar, bei gröberen Fasern das Lumen nur z. T. ausfüllend	gelb, meist körnig oder brockig, selten
Fasern in Kupferoxydammoniak		im allgemeinen	rasche Quellung und Lösung, wenig Rückstände	langsame Quellung und Lösung, viel Rückstände
		Inhaltsreste	die meisten Fasern zeigen im Innern einen feinen gewellten Plasmafaden (Abb. 97)	nur wenige Fasern zeigen Plasmareste in körniger oder schuppiger Form
		Mittellamelle	wenig auffallende Reste	höchst charakteristische Reste in Form von zahlreichen Querfalten an der Oberfläche der Fasern (Abb. 99)
		Schichtung	zu Beginn der Quellung sehr deutlich, später wenig sichtbar	gröber als beim Flachse, äußere Schicht häufig z. T. abgetrennt; Innenschlauch gut sichtbar
		Streifung (äußere)	an den meisten Fasern gut sichtbar (linksläufige Spirale), häufig Spalten und Ablösung in Form spiraliger Bänder (Abb. 98)	schwer nachzuweisen und dann rechtsläufig
		Verschlußstellen u. Plasmaknoten	an einzelnen Fasern stets mit Sicherheit nachzuweisen	fehlen
Fasern in Chromsäure		Wandung	wenig geschichtet; rasch gelöst	stark geschichtet, plastisches Hervortreten des Innenhäutchens als gerade Röhre; langsam gelöst
		Inhaltsreste	wie bei Kupferoxydammoniak	wie bei Kupferoxydammoniak

Tabelle 30 (Fortsetzung.)

Reaktion	Zu beachten:	Flachs	Hanf
Staub beim Reiben der Fasern: Leitelemente (natürliche Verunreinigungen) in Kupferoxydammoniak	Oberhaut — Zellen	langgestreckt, meist gut erhalten	kurz, dazwischen große Haarnarben
	Oberhaut — Spaltöffnungen	in großer Zahl vorhanden, mit je 4 Nebenzellen (Abb. 77)	fast fehlend, mit je 2 Narbenzellen
	Oberhaut — Haare	fehlen	stets vorhanden, an der Oberfläche feinwarzig (Abb. 79)
	Sekretschläuche mit rotbraunem Inhalt	fehlen	häufig in großer Menge vorhanden (Bruchstücke) (Abb. 80)
	Rindenparenchym	kristallfrei	kristallführend (Drusen von Kalziumoxalat) (Abb. 80)
	Holzgefäße	beiderseits offen, eng, von den Holzfasern in der Weite kaum verschieden. Hoftüpfeldurchmesser etwa 2 μ (Abb. 78)	beiderseits offen, weit, von den Holzfasern in der Weite auffallend verschieden. Hoftüpfeldurchmesser etwa 5 μ
Verhalten der Fasern beim Befeuchten mit Wasser (makroskopische Probe)		stark linksdrehend	Drehungsrichtung wechselnd, aber immer nur schwach
Verhalten zwischen gekreuzten Nicols (nur die Orthogonalstellungen der Fasern kommen hier in Betracht) (vgl. Tab. 11, S. 95)		0^0 ... Additionsfarben (Konsekutivstellung) 90^0 ... Subtraktionsfarben (Alternativstellung)	0^0 ... Subtraktionsfarben (Alternativstellung) 90^0 ... Additionsfarben (Konsekutivstellung)

Tabelle 31. Unterscheidung von **gebleichten** Flachs- und Hanffasern.

		Flachs	Hanf
Form der Zellenden		vorwiegend scharf spitz, daneben aber auch abgerundet (für Unterscheidungszwecke kaum brauchbar)	abgerundet, z. T. gegabelt (für Hanf nur dann beweisend, wenn alle Fasern abgerundete Enden zeigen)
Fasern in Kupferoxydammoniak-Rutheniumrot	Inhaltsreste	Plasmafaden in vielen Fasern noch nachzuweisen (karmoisinrot gefärbt) (Abb. 74)	kaum noch Spuren vorhanden
	Schichtung der Zellwand	zu Beginn der Quellung sehr deutlich, später wenig auffallend	gröber als beim Flachse, äußere Schicht häufig z. T. abgetrennt; Innenschlauch gut sichtbar (Abb. 100)
	Streifung der äußeren Wandschichten	an den meisten Fasern gut sichtbar (linksläufige Spirale), häufig Spalten und Ablösen in Form spiraliger Bänder (Abb. 98)	schwer nachzuweisen und dann rechtsläufig

Tabelle 31 (Fortsetzung.)

	Flachs	Hanf
Leitelemente	in der Regel nur noch der kutikulare Anteil der Oberhaut vorhanden, der aber die ursprüngliche Form der Zellen noch deutlich erkennen läßt	Oberhautreste selten und dann häufig bis zur Unkenntlichkeit verändert
Verhalten zwischen gekreuzten Nicols nach Einschaltung von Gips Rot I unter 45° (nur die Orthogonalstellungen der Fasern sind zu berücksichtigen) (vgl. Tabelle 11, S. 95)	0° ... Additionsfarben (Konsekutivstellung) 90° ... Subtraktionsfarben (Alternativstellung) ein Teil der Fasern verhält sich neutral	0° ... Subtraktionsfarben 90° ... Additionsfarben Gegensätze im allgemeinen weniger stark als bei Flachs; ein Teil der Fasern verhält sich neutral
Verhalten der Fasern beim Befeuchten mit Wasser	stark linksdrehend	Drehungsrichtung wechselnd, aber immer nur schwach

7. Jute.

Die Jute wird aus den Stengeln verschiedener Corchorusarten gewonnen. Sie besteht auch im rohen Zustand fast nur aus Bastfasern. Nur ab und zu können Reste von anhängenden Rindenparenchymzellen festgestellt werden. Die Fasern sind sehr stark, u. z. gleichmäßig verholzt und zeigen dementsprechend mit Phlorogluzin und Salzsäure eine sehr deutliche violettrote Färbung. Auch mit anderen Verholzungsreagenzien werden positive Ergebnisse erzielt. Die Bastzellen der Jute stehen immer in Gruppen und sind mechanisch sehr schwer voneinander zu trennen (Abb. 69

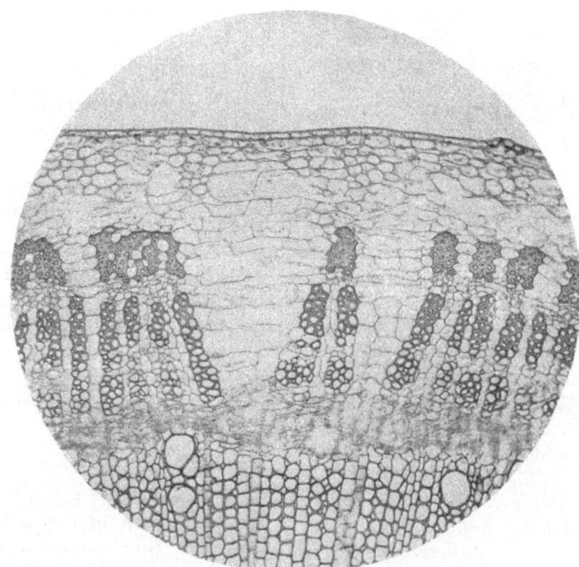

Abb. 101. Stück eines Querschnitts durch den Jutestengel (Rinde) Vergr. 90.

und 101). Mit Mazerationsmitteln behandelt, tritt eine Zerlegung der Bündel in Bastzellen von etwa 2 mm Länge ein. Chlorzinkjod färbt aus-

Tabelle 32.

<table>
<thead>
<tr><th rowspan="3"></th><th colspan="4">Hanf</th><th colspan="4">Flachs</th></tr>
<tr><th rowspan="2">Mittel-lamelle</th><th colspan="3">Verdickung</th><th rowspan="2">Mittellamelle</th><th colspan="3">Verdickung</th></tr>
<tr><th>primäre</th><th>sekundäre</th><th>tertiäre (Innenhaut)</th><th>primäre</th><th>sekundäre</th><th>tertiäre (Innenhaut)</th></tr>
</thead>
<tbody>
<tr><td>Phlorogluzin + Salzsäure. . . . . .</td><td>violettrot</td><td>hell-violettrot</td><td colspan="2">ungefärbt</td><td>violettrot (schwierig nachzuweisen)</td><td>manchmal stellenweise schwach-violettrot</td><td colspan="2">ungefärbt</td></tr>
<tr><td>Anilinsulfat. . . . .</td><td>gelb</td><td>hellgelb</td><td colspan="2">ungefärbt</td><td>schwachgelb (schwierig nachzuweisen)</td><td>schwachgelb (stellenweise)</td><td colspan="2">ungefärbt</td></tr>
<tr><td>Mäules Reagens. . .</td><td>rot</td><td>zartrosa</td><td colspan="2">ungefärbt</td><td>rot (schwierig nachzuweisen)</td><td>rot (stellenweise)</td><td>ungefärbt</td><td>ungefärbt, manchmal schwachrot</td></tr>
<tr><td>Chlorzinkjod . . . .</td><td colspan="2">gelb bis gelbbraun</td><td>rotviolett häufig geschichtet</td><td>—</td><td>gelb (schwierig nachzuweisen)</td><td>rotviolett (ab und zu gelb)</td><td>rotviolett häufig geschichtet</td><td>—</td></tr>
<tr><td>Rutheniumrot. . . .</td><td>dunkel-karmoisin-rot</td><td>karmoisin-rot</td><td colspan="2">ziemlich gleichmäßig hellkarmoisinrot</td><td>dunkel-karmoisinrot (auf sehr dünnen Schnitten)</td><td>hell-karmoisinrot</td><td>hell-karmoisinrot häufig geschichtet</td><td>dunkleres karmoisinrot</td></tr>
<tr><td>Phenosafranin. . . .</td><td colspan="2">violettrot</td><td colspan="2">orangerot</td><td>violettrot (schwierig nachzuweisen)</td><td>orangerot stellenweise violettrot</td><td>—</td><td>—</td></tr>
</tbody>
</table>

gesprochen gelb bis gelbbraun; mazerierte Fasern geben jedoch wegen der Abwesenheit bzw. Beseitigung der Ligninsubstanzen eine reine Zellulosereaktion (Rotviolettfärbung). Die einzelnen Bastzellen sind von beträchtlicher Feinheit. Nach v. Höhnel[1] sind sie etwa $23\,\mu$, nach v. Wiesner[2] meist 15 bis $25\,\mu$ breit. Für Corchorus capsularis gibt v. Wiesner die mittlere Breite zu $16\,\mu$, für Corchorus olitorius zu $20\,\mu$ an. Die Querschnitte zeigen Gruppen von scharf polygonal begrenzten Bastzellen mit rundlichem oder ovalem Lumen. Die Mittellamelle und die primäre Membran heben sich auf Querschnitten sehr gut von den sekundären Verdickungsschichten ab. Im Längsverlauf beobachtet man eine auffallend ungleichmäßige Verdickung der Zellwand, d. h. es wechseln Verjüngungen und Erweiterungen des Lumens miteinander ab. Stellenweise können sogar gänzliche Unterbrechungen des Lumens stattfinden; dies ist allerdings nicht sehr häufig zu beobachten

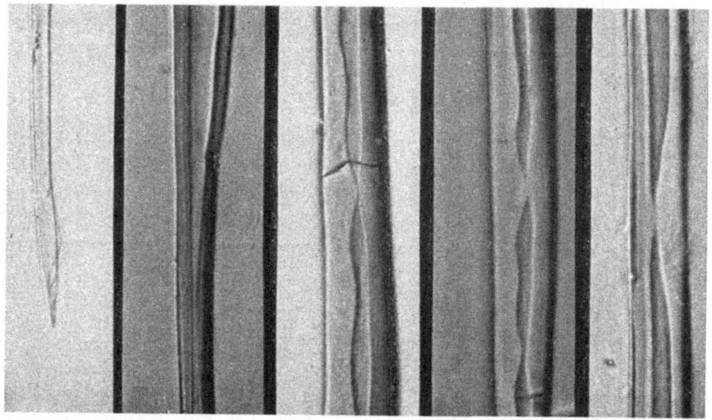

Abb. 102. Fünf Jutefasern in Chlorzinkjod. Auffallend ungleichmäßige Verdickung der Zellwand
Vergr. 300.

(Abb. 102). Diese Ungleichförmigkeit der Wandverdickung ist aber durchaus nicht allein der Jute eigentümlich; wie schon v. Wiesner angibt, kann sie auch bei den Bastzellen von Abelmoschus tetraphyllos, Urena sinuata, Hibiscus cannabinus, Thespesia macrophylla, Holoptelea integrifolia und Kydia calycina festgestellt werden. Verschiebungen und Querrisse sind nur hier und da, besonders gut im polarisierten Licht, festzustellen. Kuoxam wirkt stark quellend, ohne jedoch zu lösen. Hierbei treten die Ungleichmäßigkeiten in der Wandverdickung sehr deutlich hervor. Bei mazerierten oder gebleichten Fasern tritt in Kuoxam Lösung ein; hierbei ist auch eine deutliche Streifung der Zellwand zu beobachten (auf der oberen Wandhälfte von links unten nach rechts oben verlaufend). Das Innere der Faser zeigt beträchtliche Mengen von protoplasmatischen Resten, die in Form von körnigen oder fädigen Teilchen auftreten. Die Zellenden sind nach v. Wiesner bald rund, bald ziem-

---

[1] v. Höhnel: Mikroskopie der Faserstoffe, 2. Aufl. Leipzig-Wien 1905.
[2] v. Wiesner: Rohstoffe des Pflanzenreichs, 4. Aufl. Leipzig 1927.

lich spitz zulaufend, mit stark verdickter, etwas abgerundeter Spitze.
Die Jutefaser zeigt zwischen gekreuzten Nicols Interferenzfarben, die
vorwiegend der 1. Ordnung angehören. Selbstverständlich werden bei
den Faserbündeln auch Interferenzfarben der höheren Farbenordnungen
wahrgenommen. Bei Einzelfasern tritt in der Regel Weiß I oder Gelb I
auf. Im polarisierten Licht treten auch die Ungleichmäßigkeiten in der
Wandverdickung sehr deutlich hervor. In den beiden Orthogonalstellungen verhält sich die Jute wie die Hanffaser, aber entgegengesetzt wie die Flachsfaser. Vgl. „Untersuchungen im Polarisationsmikroskop". Die hierbei auftretenden Interferenzfarben sind wesentlich ausgesprochener und lebhafter als beim Hanf (0⁰ ... Alternativ-
stellung, 90⁰ ... Konsekutivstellung).

8. Ginsterfaser.

Die Bastbündel des Ginsters (Sarothamnus scoparius) sind entweder
den Siebteilen der Gefäßbündel angelagert oder stellen selbständige Stränge in den zur Versteifung des Stengels vorhandenen 5 Außen-
rippen dar. Die Bastbeläge können nach der Zeit ihrer Entwicklung
und nach der Art ihrer Ausbildung in primäre und sekundäre
geschieden werden. Auf einem Stengelquerschnitt von 8 mm Durchmesser zählte A. Herzog:

5 äußere	Bastrippen		400 Einzelfasern
5 innere	Bastrippen	mit zusammen	140 Einzelfasern
50 primäre	Bastbeläge		1386 Einzelfasern
82 sekundäre	Bastbeläge		1380 Einzelfasern

Zusammen: 142 Bündel mit zusammen   3306 Einzelfasern

Hinsichtlich der Zahl der in den einzelnen Bündeln enthaltenen
Bastfasern wurden folgende Grenz- und Mittelwerte gefunden:

Äußere Bastrippen . . . . 69—80—90
Innere Bastrippen . . . . 23—28—33
Primäre Bastbeläge . . . . 1—28—95
Sekundäre Bastbeläge . . . . 1—17—71

Zahlenmäßige Angaben über die Größenverhältnisse der Bastzellen enthält die Tabelle 33.
Aus derselben ist zu ersehen, daß die Ginsterfaser durch große
Feinheit ausgezeichnet ist und in dieser Hinsicht fast vollständig mit
der Bastzelle des Flachses übereinstimmt. Im allgemeinen sind die
Bastzellen des Ginsters infolge des durch das Dickenwachstum des
Stengels bedingten starken Rindendruckes in tangentialer Richtung
deutlich gestreckt. Die einzelne Zelle zeigt in der Regel in den mittleren Teilen die größte Breite bzw. Dicke; nach den beiden Enden hin
nimmt der Durchmesser ziemlich gleichmäßig ab. Die Länge der Bastzellen schwankt zwischen 0,4 und 5 mm, im Mittel beträgt sie etwa
2 mm. Auf dem Querschnitt erscheint die Faser scharfeckig begrenzt;
nur die unmittelbar an das Rindengewebe grenzenden Zellen zeigen
nach außen etwas abgerundete Formen. Auffallend groß ist die Wanddicke: bei den Fasern der Rippenbündel ist sie so bedeutend, daß das

Tabelle 33. Meßwerte der Ginsterfaser.

	I	II	III	IV
Dicke der äußeren Verdickungs- schicht in μ (Mittel)	1,3	1,7	1,7	2,1
Breite der Faser in μ { Mittel . . .	17,1	24,4	25,7	16,7
Maximum .	20,4	25,7	34,7	22,5
Minimum[1] .	8,1	11,7	9,9	9,3
Dicke der Faser in μ { Mittel . . .	16,2	20,3	21,4	9,5
Maximum .	17,8	18,0	28,0	13,5
Minimum[2] .				
Verhältnis von Breite und Dicke .	1,06	1,18	1,20	1,76
Form des Kanalquerschnittes (vor- herrschend)	rund	kurz linien- förmig	spalt- förmig	spalt- förmig bis weit
Absolute Querschnittsfläche d. trok- kenen Faser in $q\,\mu$	93	161	208	72
Metrische Nummer der Faser . . .	7180	4140	3210	9270
Von der Gesamtquerschnittsfläche der Faser (in Glyzerin) entfallen % auf				
die Wandung.	99,2	99,1	97,5	90,6
das Lumen.	0,8	0,9	2,6	9,1

I. einfacher Baststrang der Stengelrippe (unmittelbar unter der Oberhaut).
II. einfacher Baststrang der Stengelrippe (aus der Mitte der Rippe).
III. Bastbelag des Gefäßbündels (primär).
IV. Bastbelag des Gefäßbündels (sekundär).

Zellinnere auf dem Querschnitt nur als feiner Punkt erscheint. In der Längsansicht ist der Kanal nur sehr schwer sichtbar zu machen. Beträchtlich dünnwandiger sind die sekundären Bastfasern; sie sind daher von den primären und Rippenfasern sofort zu unterscheiden. Zudem weisen sie auch oft Ungleichmäßigkeiten in der Wanddicke und einen zackigen Verlauf der äußeren Begrenzung auf. Die Unterschiede in der Wanddicke gehen auch aus den in der Tabelle 33 gemachten Angaben deutlich hervor. Die Zellwand weist zahlreiche Verschiebungen und Querrisse auf. Das Innere ist bis auf geringe Reste von eingetrocknetem Protoplasma leer, d. h. nur mit Luft erfüllt. Die Zellenden sind fast ausnahmslos abgerundet und oft knorrig ausgebildet. Häufig werden auch Gabelungen beobachtet, die manchmal bis 100 μ lang sind. Auch fingerförmige Lappungen kommen vor. Die Mittellamelle und die primäre Zellwand sind deutlich verholzt. Mit Chlorzinkjod färben sich diese Teile der Zellwand gelb, was allerdings nur auf Querschnitten sicher nachgewiesen werden kann. Die Hauptmasse der Zellwand wird von den gänzlich unverholzten sekundären Verdickungsschichten gebildet, die mit Chlorzinkjod rotviolett gefärbt werden. Ab und zu ist eine Schichtung der Wand festzustellen. Bei den sekundären Bastfasern ist eine stärkere Verholzung zu verzeichnen, auch

---

[1] In der Längsansicht der Faser ermittelt.
[2] Mit Sicherheit nicht zu bestimmen gewesen.

sind deren sekundäre Verdickungsschichten schwächer ausgebildet als bei den primären Fasern. In Kupferoxydammoniak lockern sich die im Bündelverband befindlichen Fasern sehr rasch und geraten unter starker Verkürzung in lebhaft schraubige Bewegung; häufig drehen sich zwei oder mehrere lose Fasern zu einem lange erhalten bleibenden Strang zusammen.

Während der Quellung lösen sich die an der Oberfläche befindlichen Verunreinigungen in Form von zahlreichen feinen Schuppen ab, was besonders gut in Dunkelfeldbeleuchtung wahrzunehmen ist. Die primäre Membran färbt sich mit Kuoxam deutlich blau und löst sich infolge ihrer Verholzung beträchtlich langsamer auf als die inneren Verdickungsschichten. Die protoplasmatischen Inhaltsreste und die Mittellamellen (zarte Schuppen) bleiben ungelöst zurück. Eine Spiralstreifung der Wand ist oft zu beobachten. Ab und zu zeigen manche Fasern nach längerem Verweilen in Kuoxam folgendes Verhalten: Sie zerfallen in zahlreiche kurze, hintereinander gestellte zylindrische Stücke, die bei schwacher Vergrößerung wie auf eine Schnur gereihte Perlen aussehen. Der Aschengehalt der rohen Faser beträgt 1,6 %; geformte Bestandteile sind in der Asche nicht vorhanden. Die Doppelbrechung ist sehr stark; auf Querschnitten läßt sich nachweisen, daß die primäre Zellwand beträchtlich stärker doppelbrechend ist, als die sekundären Verdickungsschichten. Mit Chlorzinkjod, Kongorot, Benzoazurin oder anderen hierfür geeigneten Stoffen vorbehandelte Fasern zeigen einen sehr starken Pleochroismus.

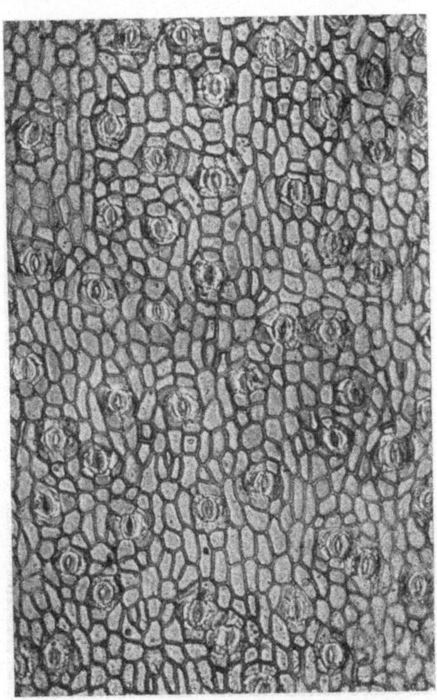

Abb. 103. Oberhaut des Ginsterstengels mit zahlreichen Spaltöffnungen. Vergr. 120.

Der technischen Faser haften fast stets Reste der Oberhaut und des Korkgewebes des Stengels an. Sie sind als Leitelemente bei der sicheren Bestimmung der Ginsterfaser von großer Bedeutung. Vgl. Abb. 103. An sonstigen Verunreinigungen sind noch die in den Stengelrippen häufig vorkommenden Sklerenchymzellen von Interesse, die an ihren dicken Zellwänden und deren Tüpfelung kenntlich sind (etwa 65 μ lang und 40 μ breit). Verhältnismäßig selten sind Holzsplitter zu finden. Die weiten Holzgefäße sind beiderseits offen und mit prächtigen spiraligen, seltener netzartigen Verdickungen versehen.

9. Brennesselfaser[1].

Der Stengel der Brennessel (Urtica dioica) ist verhältnismäßig arm an
Bastfasern (2 bis 5 bis 8%). Diese zeigen auf Querschnitten ovalplatt-
gedrückte, z. T. nierenartige Formen; daneben kommen auch der Kreisform angenäherte, flachsähnliche vor. Nach den statistischen Angaben
der folgenden Tabelle 34 ist die Faser etwa 40 μ breit, also doppelt
so breit wie die Flachsfaser. Die Ungleichmäßigkeit in der Breite ist
jedoch sehr beträchtlich, wie schon daraus hervorgeht, daß neben ge-

Tabelle 34. Statistische Angaben über die Bastfasern der Brennessel.

Länge in mm	2—30—87
Breite in μ	12,0—40,0—126,3
Länge : Breite	750
Dicke in μ	11,3—15,4—31,3
Breite : Dicke	2,6
Mittlerer Durchmesser in μ	27,7
Rektifizierter Durchmesser in μ	31,0
Gesamtquerschnittsfläche in $q\mu$	103—573—1143
Davon Wandung in $q\mu$	554
Davon Wandung in %	96,7
Davon Lumen in $q\mu$	19
Davon Lumen in %	3,3
Völligkeit des Querschnitts in %	23—46—82
Rektifizierte Gesamtquerschnittsfläche in $q\mu$	778
Davon Wandung in $q\mu$	554
Davon Wandung in %	71,2
Davon Lumen in $q\mu$	224
Davon Lumen in %	28,8
Metrische Feinheitsnummer	1204
Spezifisches Gewicht in g/ccm	1,50

(Sämtliche Angaben beziehen sich auf die lufttrockene Bastzelle.)

drungenen dünneren Fasern ganz unvermittelt sehr breite, bandartig
gestaltete Bastzellen auftreten. In der Längsansicht ist ferner zu beobachten, daß die bandartige Faser an manchen Stellen fast plötzlich
gedrungen wird. Nicht zu verwechseln sind aber damit die nicht selten
zu beobachtenden Drehstellen, wo die bandartige Faser fast unvermittelt um 90° gedreht erscheint bzw. ihre Schmalseite dem Beschauer
zukehrt. Verschlußstellen sind ab und zu vorhanden, aber seltener
als beim Flachse. Die Zellwand ist geschichtet und schräggestreift.
Die Streifung verläuft auf der dem Beschauer zugekehrten Seite von
rechts unten nach links oben (Winkel selten über 20° hinausgehend, in
vielen Fällen nur 14°). Die Spiralstreifen lassen nicht selten zwischen sich
klaffende, lufterfüllte Spalten erkennen. Die Doppelbrechung ist
sehr stark, so daß bei der an sich beträchtlichen optischen Dicke der
Faser in der Diagonalstellung sehr lebhafte Interferenzfarben der 1.
und 2. Ordnung zu beobachten sind. Hierbei treten auch alle Störungen im Gefüge der Zellwand (Spalten, Verschiebungen, Quer- und
Schrägrisse) sehr deutlich hervor. Die Enden der Faser sind spitz zu-

---

[1] Vgl. Herzog, A.: Mell. Text. **1927**, 37.

laufend, jedoch deutlich abgerundet; auch verzweigte Enden kommen vor. T. F. Hanausek[1] hebt besonders die „löffelartige" Gestalt vieler Zellenden hervor. Der fibrilläre Charakter der Zellwand zeigt sich an den knotigen Stellen sehr deutlich, etwa so, wie die Gefäßbündel eines mannigfach hin- und hergebogenen und geknickten spanischen Rohrs. Die Zellwand ist gänzlich unverholzt und gibt daher mit Chlorzinkjod die reine Zellulosereaktion (Rotviolettfärbung). In Kuoxam quillt die Zellwand stark an und löst sich schließlich vollständig auf. Besonders auffallend sind hierbei die anhängenden parenchymatischen Rindenzellen des Stengels, die der Faser ein gekammertes Aussehen verleihen, und ferner bei den Rohfasern das hanfähnliche Quellungsbild (Zusammenschieben der Mittellamelle). Auch tonnenartige Anschwellungen sind ab und zu wahrzunehmen. Anders verhält sich die gebleichte Faser: Besonders charakteristisch ist das Verhalten der protoplasmatischen Inhaltsbestandteile. An sich ist deren Menge nur gering (0,3% Eiweiß); sie zeigen jedoch eine auffallend spröde Beschaffenheit, so daß sie bei der starken Längsverkürzung der Zellwand in Kuoxam eine weitgehende Zersplitterung erfahren. Diese ist oft so stark, daß es den Anschein hat, als ob im Innern mehr oder weniger nadelförmige Kristalle enthalten wären. Dort, wo das Protoplasma das Lumen vollständig, also in der Regel plattenförmig erfüllt, erscheinen nach der Einwirkung von Kuoxam querzerklüftete, breitsplitterige Teile (Abb. 104). In der Nähe der Zellenden sind häufig kurze, fadenförmige Teile zu beobachten. Sie ähneln den Plasmafäden des Flachses, sind aber spröder und dünner als diese. Auch körnige bzw. feinbrockige Teile werden beobachtet. Bei nicht zu weit vorgeschrittener Quellung läßt sich auch die Schichtung und Schrägstreifung der Wand gut erkennen (Abb. 105). Besonders schön tritt der fibrilläre spiralige Aufbau der Zellwand hervor (Abb. 106). An Leitele-

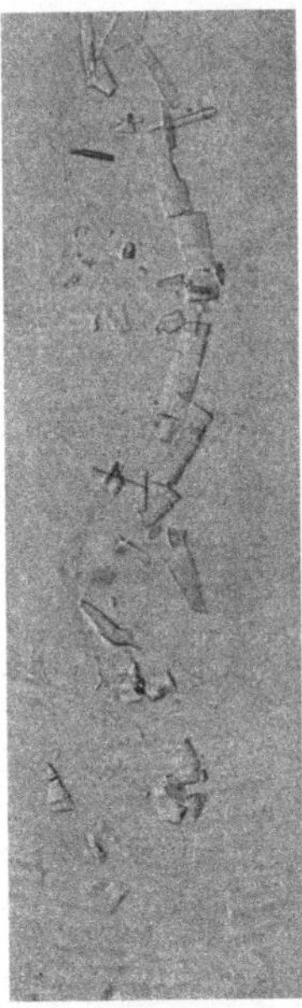

Abb. 104. Brennesselfaser in Kupferoxydammoniak. Die protoplasmatischen Reste des Faserinnern sind spröde und splitterig. Vergr. 200.

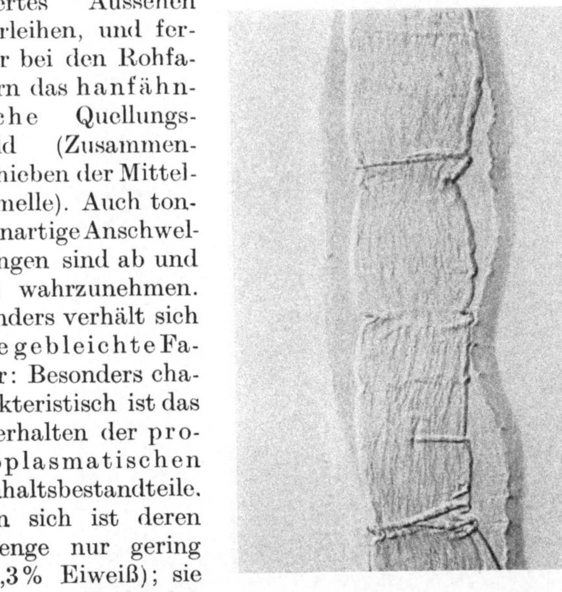

Abb. 105. Gebleichte Brennesselfaser in Kupferoxydammoniak mit deutlicher Wandschichtung. Vergr. 200.

---

[1] Hanausek, T. F.: Lehrbuch der Technischen Mikroskopie. Stuttgart 1901.

menten sind in der rohen Faser vor allem Kristalldrusen von Kalziumoxalat jederzeit leicht nachzuweisen (Abb. 107). Bei der gebleichten Faser kommen sie ungleich seltener vor, und auch dann sind sie oft bis zur Unkenntlichkeit verändert (knäuelartig zusammengeballt). Die der rohen Faser anhängenden parenchymatischen Rindenzellen bieten nichts Bemerkenswertes. Wertvoller sind dagegen die Oberhautzellen mit den ihnen eigentümlichen Haaren. Letztere sind entweder

Abb. 106. Gebleichte Brennesselfaser in Kupferoxydammoniak. Ausgezeichnete Spiralstruktur der Zellwand. Vergr. 200.

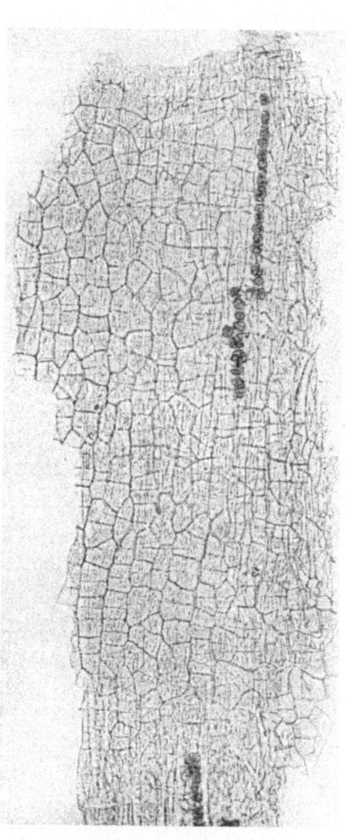

Abb. 107. Parenchym aus der Rinde des Brennesselstengels mit Kalziumoxalatdrüsen. Vergr. 80.

lange Brennhaare oder kurze Haare ohne besonderen Inhalt. Erstere kommen nur selten in der Faser vor, und auch dann nur in kurzen Teilstücken, während die Kurzhaare häufiger und besser erhalten auftreten. Sie ähneln den genarbten Haaren des Hanfstengels. Oberhautstücke mit Haarnarben sind sehr häufig anzutreffen. Holzsplitter sind ab und zu vorhanden, bieten aber untersuchungstechnisch nicht viel Interessantes. Nach entsprechender Mazeration derselben treten die Tüpfelgefäße des Holzkörpers als breite, beiderseits offene Glieder von verhältnismäßig geringer Länge deutlich hervor. Die Holzfasern und die Markstrahlzellen bieten nichts Bemerkenswertes.

10. Ramie (Chinagras).

Die Bastfasern aus dem Stengel von Boehmeria nivea zeigen in ihren gestaltlichen und strukturellen Verhältnissen große Ähnlichkeit mit den vorbeschriebenen Brennnesselfasern(Abb.108). Sie sind jedoch wesentlich länger und gröber (60 bis 260 mm, in der Regel 120 bis 150 mm lang, und 40 bis 80 μ, in der Regel 50 bis 60 μ breit). Im allgemeinen ist die Faser sehr ungleichmäßig im Längsverlauf. Mechanische Deformationen (Verschiebungen, Längs- und Querrisse) sind häufig zu beobachten

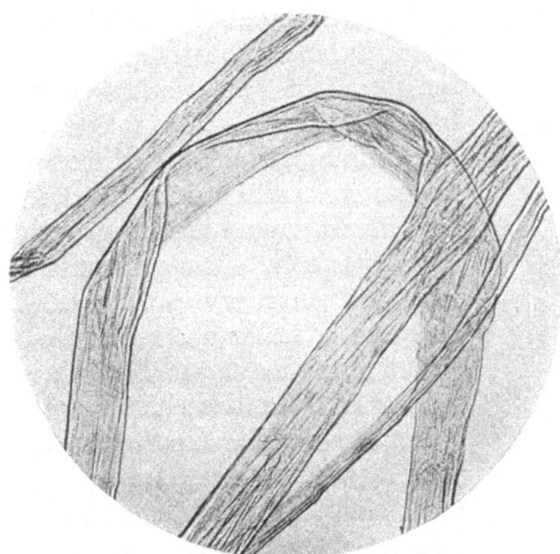

Abb. 108. Ramiefasern. Übersicht. Vergr. 100.

(Abb. 109); sie treten besonders zwischen gekreuzten Nicols deutlich hervor (Abb. 110). Der Querschnitt ist groß, meist länglich und flach zusammengedrückt, aber doch mit offenem Lumen. Inhaltsreste sind nur bei der rohen Faser in ziemlich großer Menge vorhanden. Nach v. Wiesner ist in den Bastzellen auch Stärke enthalten. Die Zellenden sind deutlich abgerundet. Läßt man mäßig starkes Kuoxam auf die Fasern einwirken, so tritt starke Quellung ein. Übt man hierauf einen kräftigen Druck auf das Deckglas aus, so zeigen sich an den Quetschstellen der Fasern zahlreiche Fibrillen. Manche Rohfasern sind mit einem gelbbraun gefärbten Inhalt erfüllt; insbesondere ist dies bei den dünnwandigeren Fasern der Fall. Die protoplasmatischen Inhaltsreste sind häufig stark zerklüftet. In Chloralhydrat quellen sie sehr stark an und treten an einzelnen mechanisch beschädigten Stellen der Zell-

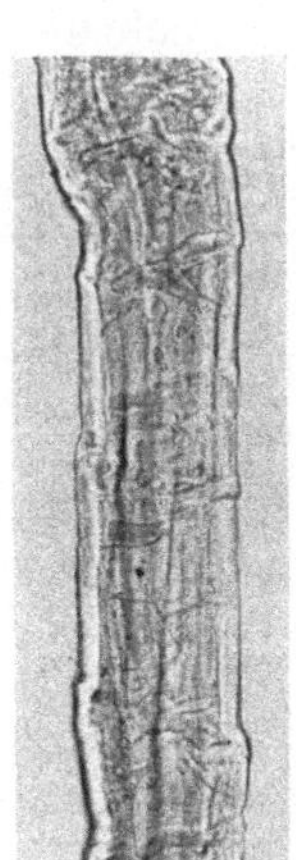

Abb. 109. Ramiefaser mit knotigen Anschwellungen(Verschiebungen). Vergr. 100.

Abb. 110. Ramiefaser zwischen gekreuzten Nicols. Verschiebungen und Längszerklüftungen der Zellwand sehr deutlich. Vergr. 200.

wand in Form von Wülsten hervor (Abb. 111). Besonders charakteristische Bilder liefert Kuoxam. Infolge der starken Faserverkürzung verbiegt sich der bandartige Inhalt wellig, z. T. faltet er sich und zerfällt nach und nach in kurze Stücke (Abb. 112). Im Abbeschen Farbenbilde erscheinen die Inhaltsstoffe deutlich violett gefärbt. Eigenartige Gebilde von länglicher oder kugeliger Form sind ebenfalls häufig anzutreffen (Abb. 113). Manche Fasern sind auch im rohen Zustand nahezu inhaltslos. In optischer Hinsicht verhält sich die Faser wie die Bastzelle der Brennnessel, nur sind die Farbenerscheinungen in den Orthogonalstellungen nicht so ausgeprägt wie bei dieser. Der Rohfaser haften hier und da Leitelemente in Form von Oberhautfetzen mit narbigen Haaren an. Auch Rindenzellen mit Kristalldrusen von Kalziumoxalat sind häufig zu finden. In der gebleichten bzw. kotonisierten Faser fehlen Leitelemente vollständig.

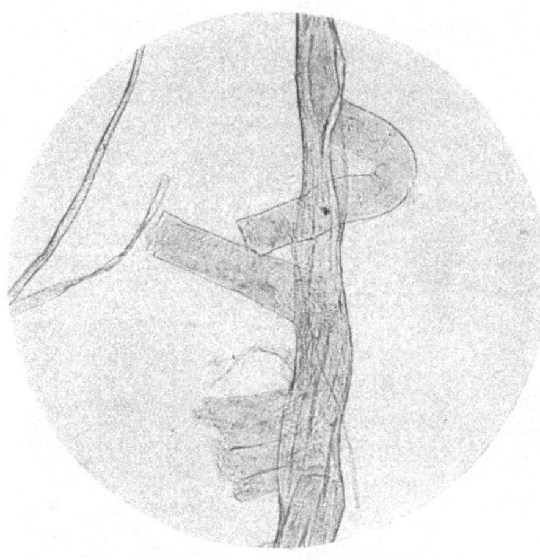

Abb. 111. Ramiefaser (roh) in Chloralhydrat mit hervorquellendem Plasmaband. Vergr. 100.

11. Sunnhanf (Madrashanf, Bombayhanf).

Die technische Faser setzt sich aus bündelförmig vereinigten Bastzellen des Stengels von Crotalaria juncea B. zusammen. Neben primären Bastbündeln sind auch sekundäre vorhanden. Die primären Bastfasern sind dickwandig, deutlich geschichtet und größtenteils nur in der primären Wandschicht verholzt. S. Tabelle 36 (Seite 170). Die sekundären Bastfasern sind erheblich kleiner und meist auch in den inneren Membranschichten deutlich verholzt.

Die Breite der Bastzelle beträgt durchschnittlich 36 μ. Die Zellenden sind spitz; daneben kommen aber auch abgerundete Formen häufig vor. Die Angabe Aißlingers[1], daß die primäre Membran ab und zu an der Spitze stark verdickt ist, kann der Verfasser[2] bestätigen, ebenso, daß in manchen Fällen die innersten Schichten nicht

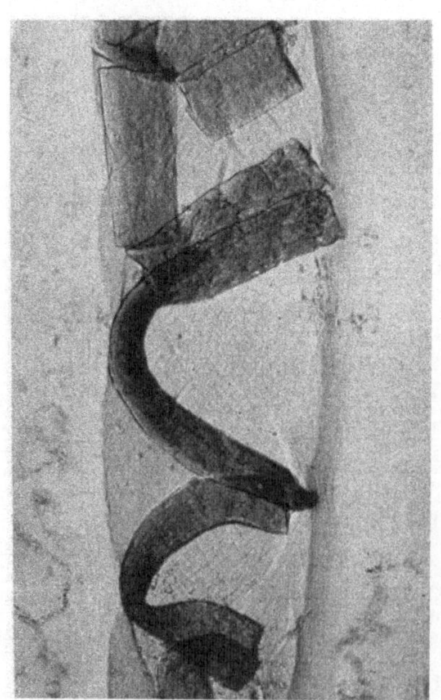

Abb. 112. Ramiefaser (roh) in Kupferoxydammoniak mit sehr breitem, zerbrochenem Plasmaband. Vergr. 100.

[1] Aißlinger, H.: Beiträge zur Kenntnis wenig bekannter Pflanzenfasern. Dissertation, Zürich 1907.

[2] Herzog, A.: Tropenpflanzen 1914, 117.

bis ans Ende reichen, so daß zwischen den benachbarten Wandschichten ein klaffender Hohlraum entsteht. Die Quellung in **Kupferoxydammoniak** verläuft so wie die des Cannabishanfes. Von größter Wichtigkeit für die sichere Erkennung des Sunnhanfes sind die „Leitelemente" (Stengeloberhaut und Holzsplitter).

Die **Stengeloberhaut** setzt sich wie folgt zusammen:

1. **Tafelförmig flache Zellen,** die nach außen von einer mehr oder weniger deutlich gerunzelten Kutikula begrenzt sind.

2. **Spaltöffnungszellen.**

3. **Haare.**

Zu 1: Die **tafelförmig** gestalteten Zellen der **zweischichtigen** Oberhaut sind in der Richtung der Längsachse des Stengels gestreckt und polygonal begrenzt. Die Außenwand der oberen Zellage ist stark verdickt und deutlich geschichtet. Die Kutikula stellt ein feines Häutchen von etwa $3\,\mu$ Dicke dar.

Zu 2: Spaltöffnungen sind in großer Zahl vorhanden (etwa 140 auf den qcm); sie sind jedoch nicht gleichmäßig über die Oberhaut verteilt, sondern es wechseln spaltöffnungsführende Streifen und spaltöffnungsfreie miteinander ab. Die spaltöffnungsfreien Streifen zeigen Zellen von stärkerer Doppelbrechung, auch

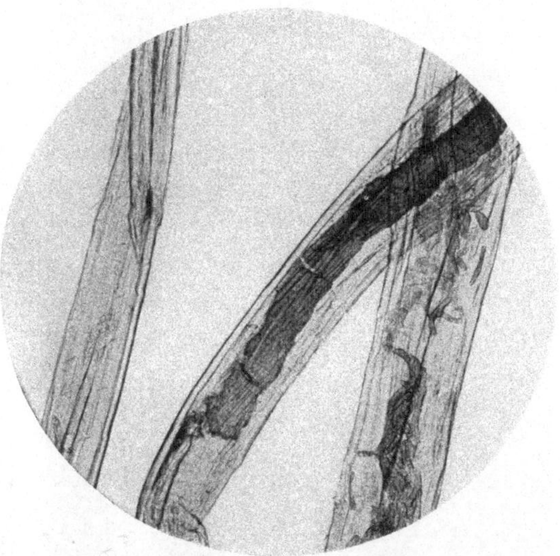

Abb. 113. Wie in Abb. 112; die rechts befindliche Faser zeigt pilzsporenartige Plasmastücke. Vergr. 100.

sind sie etwas schmäler und kürzer als die spaltöffnungsführenden.

Zu 3: Von größter Wichtigkeit sind die in namhafter Menge vertretenen **Haare.** Wie die Betrachtung von Stengelquerschnitten lehrt, sind einzelne Zellen der oberen Hautschicht von auffallender Größe und nach außen hin stark vorgewölbt. Oberhalb derselben befindet sich eine zweite Zelle von der Größe der vorgenannten Oberhautzellen, deren stark verdickte und gelbgefärbte Wand vollständig kutinisiert ist. Zwischen gekreuzten Nicols zeigen diese Wandschichten das gleiche optische Verhalten wie die Kutikula. Die spezifische Doppelbrechung ist jedoch so schwach, daß sie auch nach Einschaltung eines Gipsplättchens Rot I schwer nachzuweisen ist. Derartige Zellen ragen etwa 15 bis $22\,\mu$ über die eigentliche Oberhaut hinaus; ihre obere Wandung ist meist etwas eingedrückt. In der Aufsicht ist ihre Begrenzung kreisförmig bis elliptisch. Das Verhältnis der beiden Durchmesser schwankt von 100 : 100 bis 100 : 125, der längere Durchmesser beträgt 17 bis 42 bis 60 μ. Wegen ihrer starken Wandverdickung (10 μ) heben sich diese Zellen in der Aufsicht besonders gut von den übrigen Oberhautzellen ab; sie sind für den Sunnstengel außerordentlich charakteristisch. Oberhalb der sich warzenförmig über die Oberhaut erhebenden Zelle befindet sich das eigentliche Haar, dessen Größenverhältnisse aus der Tabelle 35 zu entnehmen sind. Das Haar ist außen glatt (nur ab und zu kommen feine, sehr spitze Kutikularzäpfchen vor) und in seinen mittleren und oberen Teilen vollständig flach. Im allgemeinen läßt es sich mit

Abb. 114. Stengeloberhaupt von Crotalaria juncea (Sunnhanf). Nicols gekreuzt. Vergr. 100.

einem breiten Schwerte vergleichen. Unmittelbar auf der Oberhaut nebeneinander sitzende Haare zeigen oft sehr beträchtliche Abweichungen in der Länge, während in der Breite keine so auffallenden Schwankungen zu verzeichnen sind. Die Haare sind ziemlich dünnwandig (etwa 4 μ); nur in den unteren Teilen sind sie erheblich dicker. Die basalen Teile sind häufig gespalten, so daß eine Kammerung entsteht. Das Innere ist, ebenso wie bei der Warzenzelle der Basis, in der Regel mit eingetrockneten protoplasmatischen Resten erfüllt. Die Kutikula ist nur schwach entwickelt und tritt an manchen Stellen in Form von kurzen, zur Längsrichtung parallelen, sehr feinen Strichen hervor. Wieder andere Teile lassen eine bogige Streifung der Kutikula erkennen. Die Haare sind ziemlich gleichmäßig und in großer Zahl über die Oberhaut verteilt. Vgl. Abb. 114 und die Tabelle 35. Die im Staube der geriebenen Sunnfaser enthaltenen Haare zeigen häufig noch die vollständig erhaltenen kutinisierten Basalzellen. Letztere treten besonders deutlich nach der Färbung mit Sudan-Glyzerin und nachherigem Auswaschen mit wässerigem Glyzerin in die Erscheinung (intensive Gelbrotfärbung). Das Haar selbst nimmt hierbei fast keine Färbung an. Die elliptischen Wälle der oben genannten Warzen- oder Becherzellen fallen hierbei durch besonders kräftige Färbung auf.

Rutheniumrot färbt die Haare prachtvoll karmoisinrot; die

Haarspitze wird hierbei entweder nur schwach oder gar nicht angefärbt. Nach Einwirkung von Kupferoxydammoniak ist das obere Ende mancher Haare wie eine Lanzenspitze abgesetzt. Häufig sind die Oberhautzellen von Fäden und Fruchtkörpern verschiedener „Schwärzepilze" durchzogen. Die spezifische Doppelbrechung der Haare ist trotz der geringen Wandstärke sehr beträchtlich. Vgl. Abb. 114. Vorwiegend werden Farben der 1. Ordnung beobachtet (Hellgrau bis Gelbbräunlich).

Holzsplitter. Der Holzkörper des Sunnstengels setzt sich aus Gefäßen, Tracheiden, Holzfasern und parenchymatischen Zellen zusammen. Diagnostisch sind nur die Gefäße von Interesse. Die Dimensionen betragen:

$$\text{Durchmesser} \quad . \quad . \quad . \quad . \quad 29{-}\ 50{-}\ 65\ \mu$$
$$\text{Länge} \quad . \quad . \quad . \quad . \quad . \quad . \quad 215{-}396{-}619\ \mu$$

Die Wandung der Gefäße ist entweder mit Hoftüpfeln bedeckt oder schraubig verdickt. Die getüpfelten Gefäße sind beiderseits offen und mit nicht zu langen Endfortsätzen versehen. Die elliptisch geformten Hoftüpfel sind durchschnittlich $4\ \mu$ breit und $2\ \mu$ hoch. Auch die erwähnten Endfortsätze sind mit solchen Tüpfeln versehen.

Tabelle 35. Formverhältnisse und mikrochemisches Verhalten der Haare des Crotalariastengels.

1. Haarbreite in μ (gemessen an der breitesten Haarstelle)	Mittel	46,0
	Minimum	26,7
	Maximum	58,8
2. Haarlänge in μ	Mittel	366
	Minimum	87
	Maximum	850
3. Wandstärke in μ (gemessen an der breitesten Haarstelle)	Mittel	4
	Minimum	2
	Maximum	6
4. Zahl der Haare auf 1 qmm Oberhaut	Mittel	80
	Minimum	52
	Maximum	129
5. Chlorzinkjod	Färbt grau bis schmutzig rotviolett	
6. Kupferoxydammoniak	Wirkt fast gar nicht ein	
7. Verholzungsreagenzien	Bewirken keine Veränderung	
8. Rutheniumrot	Färbt intensiv karmoisinrot; Haarende wenig oder gar nicht gefärbt	
9. Kalilauge	Färbt gelb	
10. Sudan-Glyzerin	Färbt das Haar fast gar nicht, dagegen die oft noch vorhandene Basalzelle intensiv gelbrot	
11. Spezifische Doppelbrechung		
a) Haar	Sehr stark	
b) Basalzelle	Kaum nachzuweisen	
12. Vorherrschende Interferenzfarben zwischen gekreuzten Nicols . .	Grau I, Gelblichweiß I, Gelbbräunlich I	
13. Charakter der Interferenzfarben		
$+ 45^0$	Addition	
$- 45^0$	Subtraktion	

Tabelle 37. Mikroskopische Unterscheidungs-

Nr.	Faserpflanze	Häufig vorkommende Zell- Länge in mm	Breite in μ	Querschnitte	Begrenzung des Lumens auf den Querschnitt
12	**Hopfen** (Humulus lupulus) a) primäre Fasern . . .	13	28	a) bündelförmig, flach elliptisch; auch einzelne Faserschnitte	elliptisch
	b) sekundäre Fasern . .	8	21	b) bündelförmig, rundlich polygonal, Porenkanäle (Abb. 34)	rundlich, klein
13	**Lupine** . . . . (Lupinus albus und L. polyphyllos)	5	36	bündelförmig, abgeplattet	rundlich oval bis tiefgebuchtet
14	**Steinklee** . . . . (Melilotus albus)	8	22	bündelförmig, Einzelfasern sehr unregelmäßig	stark eingebuchtet
15	**Bohne** . . . . (Phaseolus vulgaris)	5	19	vereinzelt bis bündelförmig, in NaOH fast kreisrund quellend	schmallänglich, ohne Inhalt
16	**Weide** . . . . (versch. Arten der Gattung Salix)	1	12	bündelförmig, rundlich polygonal, klein, konzentrisch geschichtet	punktförmig, wenig deutlich
17	**Malve** . . . . (Malva crispa)	2	30	bündelförmig, scharf polygonal	kreisförmig bis elliptisch (Abb. 68)
18	**Kartoffel** . . . . (Solanum tuberosum)	16	32	vereinzelt oder in kleinen Gruppen	flachoval, weit

merkmale einiger dikotyler „**Ersatzfasern**".

Längsverlauf	Poren	Zellenden	Färbung mit Chlorzinkjod	Leitelemente
Mittellamelle als „Hülle" an der Faser	nicht sichtbar	a) breit abgerundet, b) scharf ausgezogen	blau mit Stich ins Violette (Hülle hellblau)	1. Tiefbraune Schläuche (Gerbstoffschläuche) 2. Einzelkristalle und Drusen von Kalziumoxalat 3. Korkgewebe 4. Klimmhaare 5. Tüpfelgefäße mitHoftüpfeln
derbwandig, „Hülle" (Gallertmembran) vorhanden, gleichmäßig	Längsspalten	stumpf, auffallend verdickt	gelb	1. Langgestreckte Oberhautzellen, Spaltöffnungen ohne Nebenzellen. Raum unter den Spaltöffnungen charakteristisch spitz eiförmig
hanfähnlich, schmal bis breit, gleichmäßig, längsgestreift, „Hülle" vorhanden, viel Inhaltsreste	dgl.	abgerundet, auch verbreitert, oft verdickt und geschichtet. „Hülle"überragt das Ende	rotviolett	1. Oberhaut, polygonal dünnwandig, viel Spaltöffnungen. 2. Einzelkristalle in verholzten Kammerzellen
bandartig, z. T. gedreht, ungleichmäßig, „Hülle" vorhanden	nicht vorhanden	abgerundet bis spitz	dgl.	1. Oberhaut mit viel Spaltöffnungen, oft stärkehaltige Haare: a) Groß, dickwandig, mit mehreren Grundzellen b) Dünnwandig (gemshornartig) c) Keulenart. (mehrzellig.Drüsenhaar) 2. Einzelkristalle (Abb. 60)
fein, längsgestreift, manchmal wellig begrenzt	dgl.	zugespitzt, jedoch etwas abgerundet	gelb bis gelbbraun	Reichlich lange Reihen von Kalziumoxalatkristallen (Abb. 81)
dickwandig, Lumen sehr ungleichmäßig (wie bei Jute), keine Streifung und Schichtung, fast inhaltsleer	schräg spaltenförmig	abgerundet, schwach verdickt, oft gegabelt und verästelt	dgl.	1. Oberhaut mit viel Inhalt. Haare: a) Lang, dickwandig b) Kurz, keulenförmig
grob, aber dünnwandig, fast inhaltsleer (Abb. 73)	rundlich klein bis spaltenförmig	stark verdickt, abgerundet, auch gabelig verzweigt	dgl.	1. Oberhaut 2. Holzsplitter 3. Blattreste

Tabelle 36. Mikrochemisches Verhalten der primären Bastfasern von Crotalaria juncea B. auf Querschnitten.

Reagenzien	Mittellamelle	primäre	sekundäre		tertiäre	Inhaltsbestand-teile des Zell-innern
			äußere	innere		
			Zellmembran			
Kaliumpermanganat, Salzsäure und Ammoniak (Mäule)	dunkelrot (starke Quellung)	dunkelrot	rosa	rosa	rosa	ungefärbt
Phlorogluzin und Salzsäure (v. Wiesner)	dunkel-violettrot	dunkelviolett-rot, jedoch heller als die Mittellamelle	ungefärbt, ab und zu zart rosa	ungefärbt, ab und zu zart rosa	ungefärbt	dgl.
Anilinsulfat (v. Wiesner)	gelb	gelb	ungefärbt, manchmal gelblich	ungefärbt, manchmal gelblich	dgl.	dgl.
Rutheniumrot (Mangin)	dunkelkar-moisinrot	deutlich rosa	ungefärbt	ungefärbt	manchmal zart rosa, sonst un-gefärbt	karmoisinrot
Chlorzinkjod	gelb	gelb	schmutzig dunkelrotviolett, deutlich ge-schichtet	schmutzig hell-rotviolett, deutlich geschichtet	rotviolett	gelb
Kupferoxydammoniak	ungelöst	ungelöst	größtenteils gelöst	größtenteils gelöst	langsam gelöst	unverändert, violettlich ge-färbt

19. Holzzellstoff (Holzzellulose, Zellstoff).

Die Holzzellulose bildet das wichtigste Ausgangsmaterial zur Herstellung von Zellstoffgarnen (Papiergarne). Diese lassen sich je nach ihrer Herstellung wie folgt gruppieren:

I. Aus geschnittenen Papierstreifen hergestellt.

   1. Gedreht (Rundgarne).

      a) Ohne Vliesauflage (Sylvalin, Xylolin usw.).

      b) Mit Vliesauflage (Textilose).

      c) Mit anderen Fasern (z. B. Jute) zusammengedreht (Textilit).

   2. Unmittelbar, also ungedreht, oder nach entsprechender Faltung zum Weben benützt (Flachgarne, Textilin).

II. Aus einem Zwischenstadium der Papiererzeugung stammende, nichtgeschnittene Papierstreifen, zusammengedreht (Zellulon).

III. Mit anderen Fasern unmittelbar, also ohne vorherige Anfertigung von Papier bzw. Papierstreifen versponnener Zellstoff (Neogarne).

Um die Zellstoffasern der mikroskopischen Untersuchung zugänglich zu machen, wird eine kleine Probe des zu prüfenden Gespinstes einige Minuten mit verdünnter Natronlauge gekocht, sodann mit Wasser wiederholt gewaschen und schließlich mit Wasser kräftig geschüttelt. Von dem so erhaltenen Faserbrei werden in üblicher Weise mikroskopische Präparate angefertigt. Nach Einwirkung von Chlorzinkjod färben sich vollständig entholzte Zellulosen schmutzig rotviolett bis blauviolett, während die noch Lignin enthaltenden Fasern eine deutliche Gelbfärbung erkennen lassen. Nach Klemm[1] kann der Verholzungsgrad auch nach dem Farbton und der Stärke der Färbung mit Malachitgrün in essigsaurer Lösung beurteilt werden (Farbstoff in 2%iger Essigsäure bis zur Sättigung gelöst). Bestgebleichte Zellstoffe färben sich hierbei fast gar nicht, halbgebleichte himmelblau und ungebleichte stark grün an. Auch die von H. Behrens[2] vorgeschlagene Doppelfärbung mit Malachitgrün und Kongorot ist brauchbar: Verholzte Fasern stark grün gefärbt, wenig verholzte bläulichgrün bis hellgrün und unverholzte rot. Die Frage nach der zugehörigen Holzart des Zellstoffes läßt sich nicht immer mit Sicherheit beantworten; es ist dies aber kein erheblicher Mangel, da es praktisch fast immer ausreichen wird, anzugeben, ob Nadelholz- oder Laubholzzellstoff vorliegt (Abb. 115 und 116). In der Mehrzahl aller Fälle wird Nadelholzzellstoff zur Herstellung von Zellstoffgarnen verwendet. Für die Laubholzzellulose ist das Vorkommen von auffallend breiten, teils offenen, teils unvollständig geschlossenen Gefäßen charakteristisch. Sie sind, abgesehen von ihrer Breite, auch durch eine auffallende Tüpfelung gekennzeichnet. Der von A. Herzog herausgegebene „Mikrophotographische Atlas der technisch wichtigen Faserstoffe" (München 1908) enthält zahlreiche Angaben und Abbildungen,

---

[1] Klemm, P.: Papier-Ind.-Kalender. Leipzig.

[2] Behrens, H.: Anleitung zur mikrochemischen Analyse, H. 2. Hamburg-Leipzig 1896.

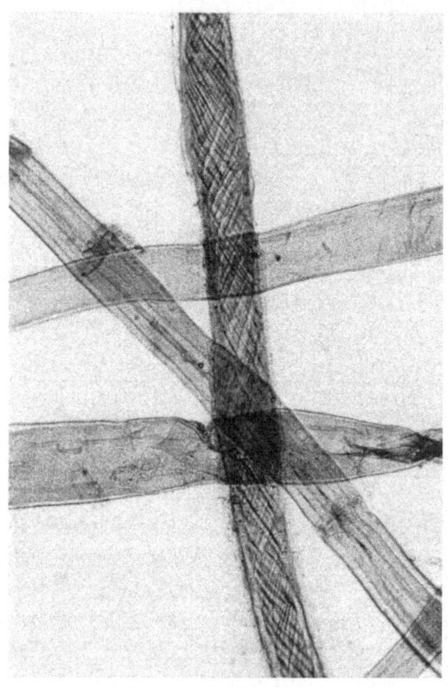

Abb. 115. Nadelholzzellstoff (Tanne) in Chlorzinkjod. Eine der Tracheiden mit auffallender Spiralstreifung. Vergr. 190.

die sich auf die Mikroskopie der Laubholzzellulosen beziehen. Vgl. auch die Abb. 116 im vorliegenden Buche. Der Nadelholzzellstoff ist völlig frei von Gefäßen. Die Hauptmasse der „Fasern" wird von beiderseits geschlossenen, breiten, bandartigen und daher vielfach gefalteten Tracheiden gebildet, die mit zahlreichen Hoftüpfeln versehen sind. Letztere sind allerdings nicht immer so deutlich sichtbar wie im ursprünglichen Holze (Abb. 117). Zu ihrer besseren Wahrnehmung ist die Betrachtung zwischen gekreuzten Nicols zu empfehlen. Infolge ihres radiären Baues zeigen sie an solchen Stellen, wo die Achsen der optischen Indexellipsen mit den Polarisationsebenen der Nicols zusammenfallen, ein dunkles Kreuz. Bei der nur schwachen spezifischen Doppelbrechung und der geringen optischen Dicke der Faser (Wanddicke bei den Frühjahrstracheiden 2,1 bis 4,0 μ, bei den Herbstholztracheiden 2,6 bis 6,1 μ, durchschnittlich etwa 3,8 μ) ist die Einschaltung eines Gipsplättchens Rot I angezeigt. Bei manchen Zellstoffen kommen auch Tracheiden mit sehr großen, fensterartigen Tüpfeln vor, die einreihig angeordnet sind. In der Seitenansicht sehen solche Fasern wie gekerbt aus (Föhre). Wieder andere Tracheiden zeigen eine auffallende spiralige Streifung der Zellwand. Neben dünnwandigen und breiten, bis 70 μ messenden Fasern kommen auch dickere, aber schmälere (bis 30 μ) vor. Erstere entstammen dem Frühjahrsholze, letztere dem Herbstholze des bezüglichen Jahresringes.

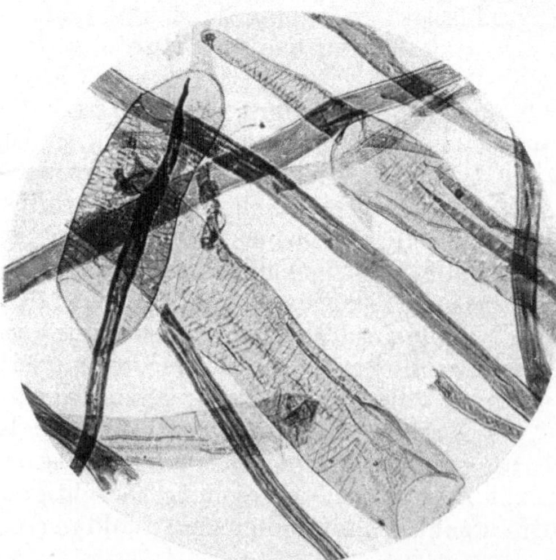

Abb. 116. Laubholzzellstoff (Vogelbeerbaum). Neben schrägspaltenförmig getüpfelten Tracheiden sind auch sackartig breite „Gefäße" mit zahlreichen Tüpfeln und Spiralstreifen vertreten. Vergr. 190.

Nach Rühlemann[1] beträgt die Feinheit der Tracheiden für Mitscher-
lichzellstoff aus böhmischer Fichte:

	Metrische Nummer
Ungebleicht	2430
½ gebleicht	2560
¾ gebleicht	2700
Vollgebleicht	2790

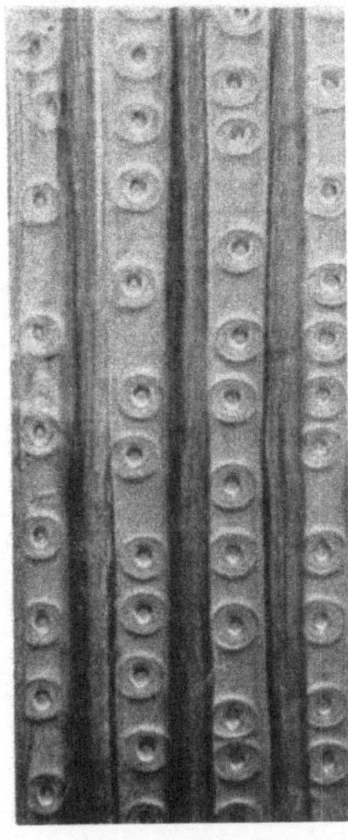

Abb. 117. Radialschnitt durch das Holz der Fichte. Die Tracheiden zeigen zahlreiche „Hoftüpfel“. Schiefe Beleuchtung. Vergr. 250.

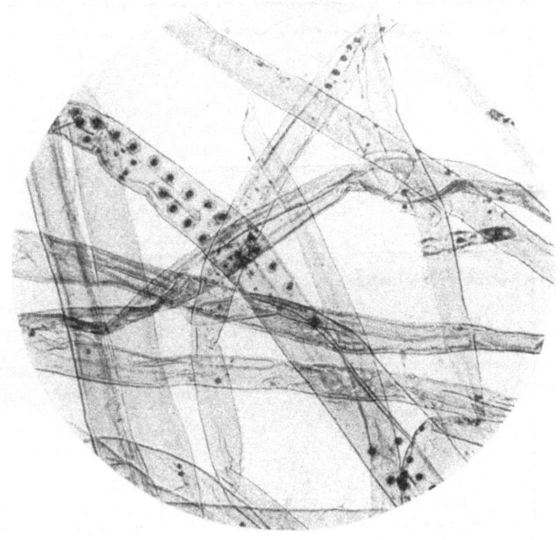

Abb. 118. Nachweis von ungebleichtem Sulfitzellstoff mit Zyanin-Glyzerin nach A. Herzog. Scharfes Hervortreten vieler Hoftüpfel. Vergr. 190.

Für böhmisches Fichtenholz (40jährig) bestimmte A. Herzog die
metrische Nummer der Herbst- und Frühjahrstracheiden:

Herbstholz 2795
Frühjahrsholz 2257

Die Unterscheidung von Natron- bzw. Sulfatzellstoff und Sulfitzellstoff wird am besten mit Hilfe der Färbeprobe von Klemm vorgenommen. Bei der sauren Aufschließung mit Sulfitlauge bleiben Harzreste im Zellstoff erhalten, die bei der alkalischen Kochung vollständig aufgelöst werden. Die erwähnten Harzreste können durch Aus-

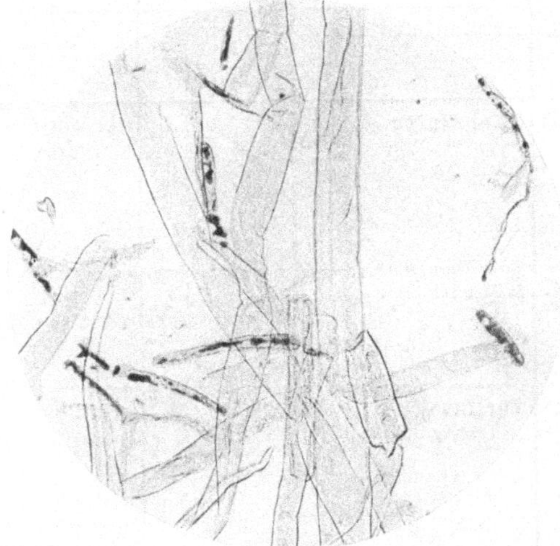

Abb. 119. Nachweis von gebleichtem Sulfitzellstoff mit Zyanin-Glyzerin nach A. Herzog. Nur die harzigen Anteile der Markstrahlen werden deutlich angefärbt. Vergr. 190.

---

[1] Rühlemann, F.: Dissertation, Dresden 1925.

Tabelle 38. Wichtigste Unterscheidungsmerkmale
(Vgl. auch die

Nr.		Häufig vorkommende Zell-		Farbe der Rohfaser	Querschnitte	Lumen des Faserquerschnittes
		Länge in mm	Breite in μ			
20	Agavenhanf . . .	1—5	24	gelblichweiß	bündelförmig, polygonal	polygonal, teilweise abgerundet, mäßig weit
21	Manilahanf	4	24	gelb, rotstichig	bündelförmig, rundlich bis polygonal	rundlich, weit, manchmal mit Inhalt
22	Sansevierahanf . .	5	24	gelblichweiß	bündelförmig, Rohfaser häufig ausgehöhlt, polygonal	rundlich, klein
23	Neuseelandflachs . (-hanf)	4	15	bräunlichgelb	wie bei Manila	rundlich, weit, inhaltslos
24	Aloefaser.	3	20	gelblichweiß	bündelförmig, polygonal	polygonal, mäßig weit
25	Arghanfaser . . .	7	6	dgl.	dgl., jedoch fast unverholzt	punktförmig
26	Typhafaser	1	12	bräunlich	bündelförmig, rundlich	dgl.
27	Kokosfaser	1	18	rotbraun	bündelförmig, Rohfaser häufig ausgehöhlt, polygonal	rundlich, ziemlich eng
28	Torffaser . . . . . (Torfwolle)	1	9	dunkelbraun	bündelförmig, polygonal	rundlich bis oval, weit

Mit Ausnahme der Arghanfaser sind die oben genannten Faserstoffe stark
jod färbt ausgesprochen gelb (nur die Arghanfaser wird schmutzig rotviolett

einiger **monokotyler** Faserstoffe.
Tabelle 26, S. 135/36.)

Faserenden	Poren in der Faser	Wichtige „Leitelemente"	Sonstiges
abgerundet, verdickt, selten gegabelt	—	Spiralgefäße (häufig). Asche reich an „wetzsteinartigen" Scheinkristallen v. Kalziumkarbonat n. Kalziumoxalat (bis 0,5 mm lang). Blattoberhäute selten (Abb. 120 u. 121)	Asche hellgrau bis weiß
spitz	—	Kieselplättchen (Stegmata), am raschesten in der Asche nachzuweisen (Abb. 122)	Asche fast schwarz, da stark kohlig
stumpf	schief verlaufend, spaltförmig	Grundgewebszellen, teilweise mit prächtiger Netz- und Schraubenverdickung	—
spitz	—	Blattoberhaut (Ober- und Unterseite verschieden). Gefäße (selten) (Abb. 123 und 124). Lange Oxalatkristalle (selten)	Asche dunkelbraun
abgerundet, selten gegabelt	schief verlaufend, spaltförmig	Blattoberhaut (selten). Oxalatkristalle (selten)	Asche reinweiß, in 10 % Salzsäure fast ganz löslich. Mit Kalilauge zeigt die gequetschte Faser eine schraubenförmige Streifung
spitz	—	Kieseleinlagerungen in der Oberhaut. Gefäße	—
bald spitz, bald spindelförmig	klein, schwer sichtbar	Oberhaut. Stäbchenförmige Kristallzellen. Grundgewebszellen, z. T. sternförmig. Gefäße	—
stumpf	oval, klein	Hefeähnliche Kieselkörper in der Asche (Abb. 125). Gefäße	—
stumpfspitz bis ausgesprochen abgerundet	—	Blattoberhaut von Eriophorum vaginatum (verholzt). Wurzelstücke. Stämmchen von Sphagnum, Calluna und Andromeda. Gefäße	Faser schwer glimmend, verbrennt ohne zu flammen

verholzt (deutlich positive Reaktion mit Phlorogluzin + Salzsäure); Chlorzinkangefärbt).

färbung mikroskopisch sichtbar gemacht werden; sie finden sich in Form von Kügelchen oder Ketten von Perlen hauptsächlich in den Markstrahlzellen des Zellstoffes vor. Klemm[1] benutzt eine wässerig-alkoholische Lösung von Sudan III, der man etwas Glyzerin zugesetzt hat; die Harzreste färben sich hierbei rot. Natron- oder Sulfatzellstoffe enthalten keine Harzreste. An Stelle von Sudan III kann nach A. Herzog[2] auch Zyanin treten, das gleichzeitig eine gute Bestimmung des Verholzungsgrades zuläßt. Bei beiden Verfahren färben sich neben den Harzresten der Markstrahlzellen auch die Hoftüpfel der Tracheiden von Sulfitzellstoff (ungebleicht oder halbgebleicht)

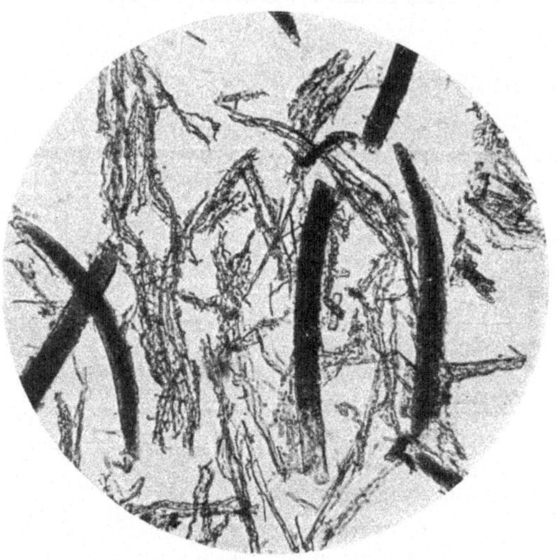

Abb. 120. Scheinkristalle von Kalziumkarbonat nach Kalziumoxalat in der Asche von Agavefasern. Vergr. 100.

sehr deutlich an (Abb. 118 und 119). Charakteristisch für Sulfitzellstofffasern ist ferner, daß die Innenseite der Zellwand stärker gefärbt ist als die Außenseite. An Stelle von Sudan III oder Zyanin ist auch Chlorzinkjod zur Unterscheidung verwendbar: Die Inhaltsreste nehmen dann eine schwefelgelbe Färbung an, die sich von der umgebenden schmutzig grau- oder blauvioletten Färbung der Zellwand der Tracheiden deutlich abhebt. Wasicky[3] färbt mit 0,2%iger Lösung

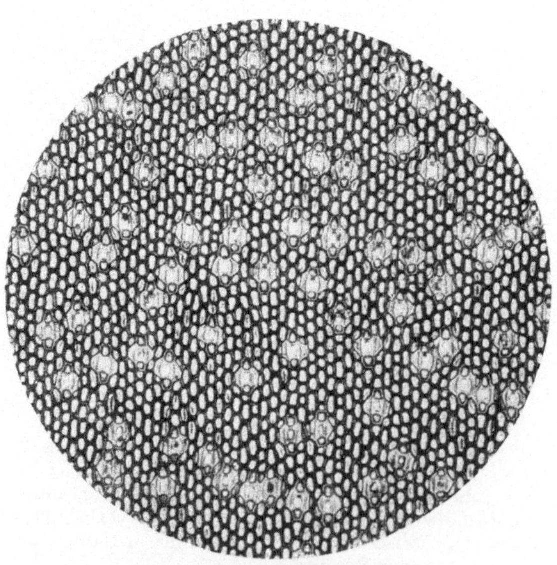

Abb. 121. Oberhaut der Blattoberseite von Agave sisalana (Sisal) mit zahlreichen Spaltöffnungen. Vergr. 60.

[1] Klemm, P.: Wochenbl. Papierfabr. 1918, 2159.
[2] Herzog, A.: Mitt. Forschungsstelle Sorau 1919, 22.
[3] Wasicky, R.: Mitt. Techn. Versuchsamt Wien 1918, 31.

von Gentianaviolett. Nach dem Spülen mit 95% igem Alkohol, der 0,5%
Salzsäure enthält, und mit reinem Alkohol und Wasser verliert Na-
tronzellstoff den Farbstoff voll-
ständig, während Sulfitzellstoff
tiefviolett gefärbt bleibt.

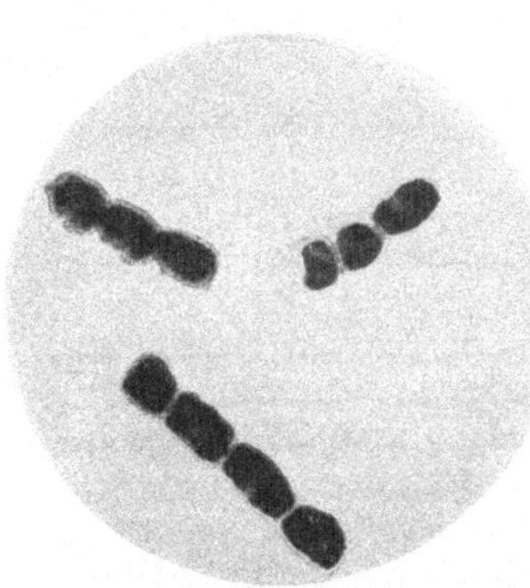

Abb. 122. Kieselzellen („Stegmata") in
der Asche des Manilahanfs. Vergr. 200.

Abb. 123. Oberhaut der Blattunterseite von Phormium
tenax. Vergr. 150.

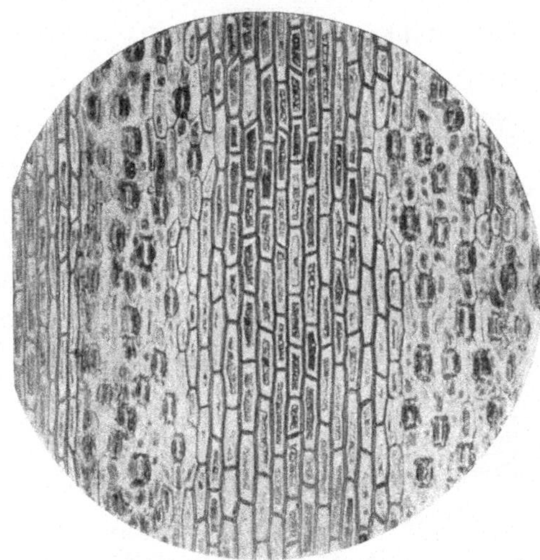

Abb. 124. Oberhaut der Blattoberseite
von Phormium tenax. Vergr. 150.

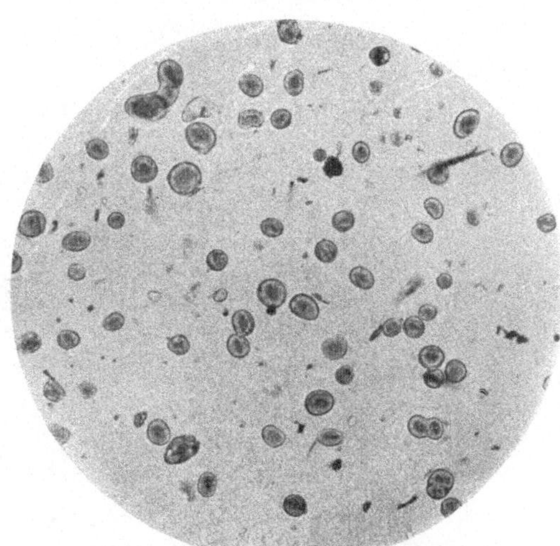

Abb. 125. Kieselskelette in der Asche
der Kokosfaser. Vergr. 350.

C. Mikroskopie der tierischen Seiden und der Kunstseiden.

Die Gruppe der Seiden und Kunstseiden umfaßt zahlreiche natürliche und künstliche Faserrohstoffe, die in erster Linie durch einen
schönen Glanz ausgezeichnet sind. Von den natürlichen Seiden kommen
für textile Zwecke nur die dem Tierreich entstammenden in Betracht,

die abgesehen von ihrem Glanze auch durch eine besondere Festigkeit und Elastizität ausgezeichnet sind. Die künstlichen Seiden haben sich in den letzten Jahren ein sehr weites Feld auf textilem Gebiete erobert und sind berufen, in der Zukunft eine noch größere Bedeutung zu erlangen.

Natürliche Seide (oder schlechtweg „Seide“).

Raupenseide

von Einzelspinnern: {Echte oder edle Seide (Bombyx mori), Wilde Seide.

von Familienspinnern: „Nesterseide“ (Anaphe, Setalana). Spinnenseide, Muschelseide.

Künstliche Seide (Kunstseide):

Nitratseide (Nitro-), Kupferseide, Viskoseseide, Azetatseide.

Im allgemeinen handelt es sich bei den angeführten Seiden um nichtzellige, in den meisten Fällen strukturlose, durchsichtige und massive Fadengebilde. In letzterer Hinsicht muß allerdings bemerkt werden, daß neuerdings auch sogenannte Luftseide hergestellt wird, die hohle Fäden darstellt (s. „Luftseide“).

Zur Vermeidung unnötiger Wiederholungen ist das mikrophysikalische und chemische Verhalten der natürlichen und künstlichen Seiden in den Tafeln 39 und 40 übersichtlich zusammengefaßt[1].

29. Echte oder edle Seide.

Das fadenförmige Sekret von Bombyx mori erscheint im Handel als Rohseide und als gekochte (degummierte, entleimte, entbastete) Seide. Daneben kommt auch eine Mittelsorte (halbgekocht) vor, die noch beträchtliche Anteile des Seidenleimes enthält.

A. Rohseide. Sie besteht aus zwei, von einer gemeinschaftlichen Hülle (Leim, Bast, Gummi, Serizin) umgebenen Einzelfäden (Fibroin-). Der wertvolle Anteil der Rohseide wird von den sehr festen, elastischen und dehnbaren Fäden (Fibroin-) gebildet (Abb 126). Die Hüllmasse ist im trockenen Zustand sehr spröde, so daß sie bei der mechanischen Beanspruchung der Fäden zerklüftet. Stellenweise ist der Doppelfaden bloßgelegt oder nur noch mit Resten des Leimes bedeckt. Je nach der Kokonschicht,

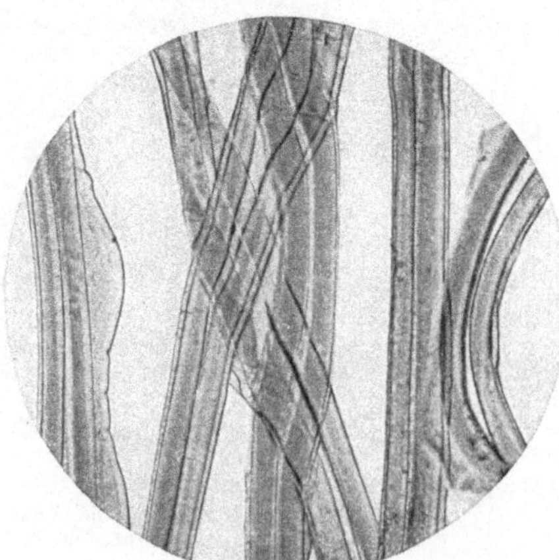

Abb. 126. Rohseide von Bombyx mori. Vergr. 150.

---

[1] Siehe auch A. Herzog: Mikroskopische Untersuchung der Seide und der Kunstseide. Berlin 1924.

Tabelle 39. Physikalisches Verhalten der natürlichen und künstlichen Seiden.

		Form des Querschnitts der Einzelfaser	Aussehen der künstlichen Rißenden	Quellung in Wasser	Mittleres spezifisches Gewicht in g/ccm	Mittlere Lichtbrechung (n_D)	Doppelbrechung			Pleochroismus (Kongorot)	Ultramikroskop. Verhalten		Anmerkung
							im allgemeinen	spezifische	Vorherrschende Interferenzfarben zwischen gekreuzten Nicols		Lichtstärke[1]	Art der Struktur	
1	Echte Seide. . .	rundlich	fast gar nicht zerfasert	schwach (unter 20%)	1,37	1,57	sehr stark	+ 0,057	Weiß I bis Indigo II	fehlt	—	schwache Parallelstruktur	—
2	Wilde Seide. . .	schmal dreieckig	häufig stark zerschlitzt	dgl.	—	—	dgl.	—	wie bei 1, jedoch stark wechselnd	,,	+	sehr auffallende Parallelstruktur	braune Naturfärbung
3	Muschelseide . .	elliptisch bis zweieckig	glatt	dgl.	—	—	schwach	—	—	,,	—	wie bei 1	braune bis olivgrüne Naturfärbung
4	Spinnenseide . .	rund	,,	stark (etwa 40%)	1,28	1,56	sehr stark	+ 0,039	Weiß I bis Gelb I	,,	—	dgl.	—
5	Nesterseide . . .	wie bei 2	wie bei 2	wie bei 1	—	1,55	dgl.	+ 0,045	Gelb I bis Rotorange I	,,	+	wie bei 2	wie bei 2
6	Nitratseide . . .	unregelmäßig, z. T. gelappt	gezackt	stark (über 30%)	1,52	1,53	stark	+ 0,031	Farben 1. u. 2. Ordnung, parallel abgesetzt	stark	±	Netzstruktur	—
7	Kupferseide. . .	rund	,,	dgl.	1,52	1,54	.,	+ 0,021	Weiß I bis Gelbbraun I	,,	+	Netzstruktur	—
8	Viskoseseide . .	teils rund, teils unregelmäßig u. gelappt	,,	dgl.	1,52	1,54	,,	+ 0,024	wie bei 6 oder 7 (je nach der Querschnittsform)	,,	±	Netzstruktur	—
9	Azetatseide . . .	wie bei 8	glatt oder gezackt	schwach	1,33	1,48	schwach	+ 0,006	Grau I	fehlt	—	Netzstruktur	—

[1] —...lichtschwache Struktur. +...lichtstarke Struktur.

Tabelle 40. Mikrochemisches Verhalten

		Verhalten bei der Verbrennung			Chlorzinkjod	Kalte konzentrierte Schwefelsäure	Eisessig	Halbgesättigte Chromsäure
		Rückstand	Geruch	Reaktion gegen Lackmuspapier				
1	Echte Seide	blasigkohlig	auffallend unangenehm (n. verbrannt. Federn)	alkalisch	gelb	rasch gelöst	kalt und warm ohne Einwirkung	in der Wärme rasch gelöst
2	Wilde Seide	dgl.	dgl.	dgl.	dgl.	dgl.	dgl.	in der Wärme sehr langsam gelöst. Fibrillen sehr deutlich
3	Muschelseide	dgl.	dgl.	dgl.	dgl.	dgl.	schwache Quellung	deutliche Längsstreifung, in d. Wärme vollständige Lösung
4	Spinnenseide	dgl.	dgl.	dgl.	dgl.	dgl.	kalt: starke Quellung, Längsschrumpfung u. Kräuselung; warm: teilweise Lösung	in der Kälte starke Verkürzung, in der Wärme nach einiger Zeit gelöst
5	Nesterseide	dgl.	dgl.	dgl.	dgl.	dgl.	wie bei 1	wie bei 2
6	Nitratseide	sehr wenig Asche	wenig ausgeprägt(w. b. Baumwolle)	sauer	rotviolett	dgl.	dgl.	kalt: allmähliche Lösung; warm: rasche Lösung
7	Kupferseide	dgl.	dgl.	dgl.	dgl.	etw. langsamer gelöst; anfangs deutliche Längsstreifung	dgl.	dgl.
8	Viskoseseide	dgl.	dgl.	dgl.	dgl.	rasch gelöst	dgl.	dgl.
9	Azetatseide	blasigkohlig	auffallend unangenehm, sauer	dgl.	gelb (teilweises Zerfließen der Faser)	langsam gelöst	in der Kälte rasch gelöst	kalt und warm: starke Quellung ohne Lösung

der natürlichen und künstlichen Seiden.

40% Kalilauge (heiß)	Kupferoxydammoniak (kalt)	Nickeloxydammoniak	Alkalisches Kupfer-Glyzerin	Diphenylamin und Schwefelsäure	Eosin extra und Günther-Wagner-Tinte Nr. 4001
rasch gelöst	Fibroin rasch gelöst; Serizin stark quergefaltet, ungelöst	in der Kälte rasch gelöst, Färbung hellbräunlich; Serizin ungelöst	in der Kälte Fibroin gelöst, Serizin ungelöst; Flüssigkeit violett gefärbt	keine charakteristische Färbung	—
erst nach längerem Kochen Zerfall u. teilweiseLösung	wie bei 1, jedoch langs., Quetschstellen zuerst gelöst. Fibrillen sehr deutlich (Abb. 129)	erst beim Erwärmen starke Quellung und teilw. Lösung, Farbe d. Lösung hellbräunlich	kalt: ohne Einwirkung, heiß: Zerklüftung u. Lösung; Flüssigkeit violett gefärbt	dgl.	—
wie bei 2, deutl. Längsstreifung	starke Quellung ohne Lösung	kalt u. warm: starke Quellung ohne Lösung; Längsstreifung	kalt und warm: schwache Quellung ohne Lösung	dgl.	—
Trübung der Faser und langsame Lösung	rasch gelöst, stellenweise längsgestreift	starke Kräuselung u. Quellung, schließlich Lösung; Braunfärbung wie bei 1	wie bei 1, jedoch starke Kräuselung	dgl.	—
wie bei 2	in kurze Stücke zerfallend, dann gelöst	starke Quellung und teilweise Lösung	wie bei 2	dgl.	—
starke Quellung ohne Lösung	starke Quellung und langsame Lösung	wie bei 3, jedoch keine Längsstreifg.	auch nach längerem Kochen ungelöst	intensiv blau	—
wie bei 5	wie bei 5	wie bei 3, manchmal Längsstreifg.	dgl.	keine charakteristische Färbung	blau (nur für feinfädige Kupferseide gültig)
dgl.	dgl.	wie bei 5	dgl.	dgl.	rosa
mäßige Quellung ohne Lösung	starke Quellung ohne Lösung	kalt und warm: schwache Quellung ohneLösung	dgl.	dgl.	—

welcher der Faden entstammt, ist auch dessen Bau verschieden. Die feinste Seide liefert die mittlere abhaspelbare Schicht: der Einzelfaden ist hier rundlich, d. h. nur wenig abgeplattet, oder dreikantig. Fasern von sehr ungleichmäßiger Querschnittsform und Feinheit sind in der lockeren Außenschicht und in der pergamentartigen Innenschicht enthalten. Die Fibroinfäden sind meist völlig strukturlos; nur ab und zu ist eine sehr zarte Längsstreifung wahrzunehmen. Nach Einwirkung von Kuoxam tritt eine starke Quellung ein, die sich in einer starken Verdickung des Fadens zu erkennen gibt; gleichzeitig tritt eine deutliche Verkürzung in der Längsrichtung ein. Da der Seidenleim hierbei nicht sichtbar verändert wird, schiebt er sich bei der Verkürzung der Fibroinfäden stark zusammen und bildet auffallende Querfalten (Abb. 127).

Nach einiger Zeit geht alles Fibroin in Lösung, während das Serizin in Form von leeren, mannigfach verbogenen Schläuchen zurückbleibt. Wird bei der Quellung eine Spur Rutheniumrot zugesetzt, so färbt sich das Fibroin karmoisinrot, während das Serizin nur rosa gefärbt erscheint. Dieses Verfahren kann auch zum Nachweis von geringen Mengen Seidenleim vorteilhaft Anwendung finden. Ultramikroskopisch geprüft, zeigt der Fibroinfaden eine zwar lichtschwache, aber deutliche Parallelstruktur.

Abb. 127. Rohseide von Bombyx mori in Kupferoxydammoniak. Fibroin geht in Lösung, Serizin bleibt ungelöst zurück (anfänglich stark quergefaltet). Vergr. 80.

B. Gekochte Seide. Sie besteht lediglich aus Einzelfäden (Abb. 128). Durch Behandeln des Rohseidenfadens mit schwachen Seifenlösungen, kalten verdünnten Alkalien usw. wird der Seidenleim gelöst, während die beiden Fibroinfäden, nunmehr allerdings getrennt, unverändert zurückbleiben. Der Einzelfaden mißt 13 bis 25 μ in der Breite und hat eine Feinheit von etwa $1\frac{1}{3}$ Deniers. An der Oberfläche ist er glatt und glänzt daher stark. Er ist ferner durchsichtig und fast strukturlos. Die Doppelbrechung ist sehr stark. S. u. „Untersuchungen im Polarisationsmikroskop". Über die sonstigen physikalischen und chemischen Eigentümlichkeiten des Fibroinfadens vgl. die Tabellen 39 und 40.

30. Wilde Seide.

Sie stellt einen Sammelnamen für Fäden von verschiedenen wildlebenden Schmetterlingen bzw. deren Raupen dar. Die wichtigeren sind die folgenden:

1. **Bombyx Mylitta** und **B. Selene** liefern die technisch wichtigste wilde Seide, die als **Tussahseide** im Handel erscheint.

2. **Bombyx Yamamaya** oder **Antherea Y.** liefert die **Yamamayseide.**

3. **Bombyx (Attacus) Cynthia** liefert die **Ailanthusseide.**

4. **Bombyx Faidherbii** liefert die **Senegalseide.**

5. **Zahlreiche** andere Spinner aus der Gattung **Bombyx** im weitesten Sinne des Wortes.

Die wilden Seiden sind mikroskopisch ziemlich ähnlich gebaut, so daß ihre Unterscheidung nicht unerheblichen Schwierigkeiten begegnet. Vgl. Tabelle 41. Praktisch ist dies allerdings kein wesentlicher Mangel, da es in der Regel ausreichen wird, eine vorliegende Faser als zur Gruppe der wilden Seiden gehörig zu bestimmen.

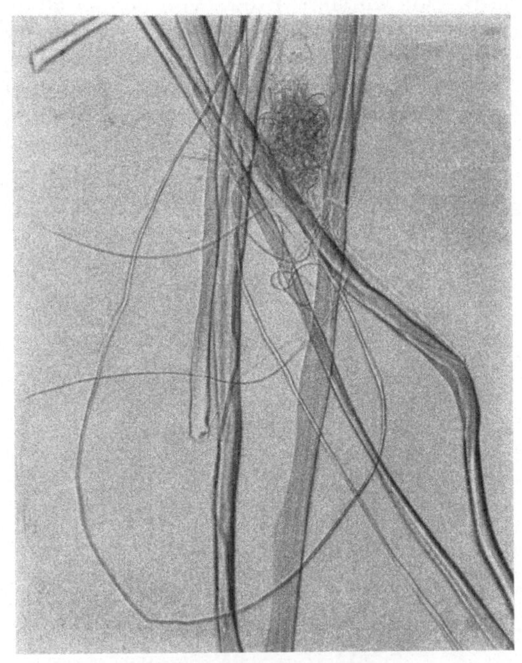

Abb. 128. Gekochte echte Seide mit sogenannten „Läusen" (Fehler). Vergr. 200.

Die **gemeinsamen** Merkmale der wilden Seiden sind folgende: Im rohen Zustand sind sie mehr oder weniger **dunkel gefärbt, band-**

Tabelle 41.

	Größte auffindbare Breite der Faser in μ	Fibrillär-streifung	Kreuzungs-stellen	Mikroskopisches Aussehen der Fadenenden nach Zerreißen eines Faserbüschels
Tussahseide B. Mylitta	60—100	sehr deutlich	s. häufig	wenig oder gar nicht zerfasert
B. Selene.	40— 55	dgl.	dgl.	dgl.
Yamamayseide (Antherea Yamamaya) . .	40— 50	dgl., jedoch etwas schwäch.	dgl.	dgl.
Ailanthusseide (Attacus Cynthia) .	40— 50	besonders auffallend	selten	fast jede zweite Faser zerschlitzt
Senegalseide (Faidherbia Bauhini)	30— 35	dgl.	dgl.	fast alle Fasern zerschlitzt

artig, und stark fibrillös. Der Querschnitt des Einzelfadens ist flachkeilförmig. Bemerkenswert ist auch die beträchtliche Breite. Bei der technisch wichtigsten Seide dieser Art, der Tussahseide, wird z. B. eine mittlere Breite von 30 bis 40 μ beobachtet. Der Rohseidenfaden besteht auch hier aus zwei Einzelfäden, die von einer gemeinsamen Hülle (Serizin) umgeben, ja sogar von dieser durchdrungen sind. Sehr auffallend ist die Längsstreifung des Fadens, die besonders nach Einwirkung von verdünnter Chromsäure deutlich wird; sie ist eine Folge des fibrillösen Aufbaus der Faser. Nach v. Höhnel besteht der Fibroinfaden aus einer geringen Menge einer Grundmasse, in welcher zahlreiche dichtere und festere, sehr feine Fäden (Fibrillen) eingelagert sind. Letztere sind nur 0,3 bis 1,5 μ dick, von rundlichem Querschnitt und parallelem Längsverlauf. Bei vielen wilden Seiden (besonders Tussahseide) werden auch stellenweise Abplattungen der Fäden wahrgenommen; es sind dies Kreuzungsstellen der im Kokon schräge verlaufenden Fibroinfasern. Sie erscheinen im Mikroskop etwas heller und breiter als die übrigen Stellen. Besonders gut sind sie zwischen gekreuzten Nicols sichtbar zu machen, da schon geringe Abweichungen in der optischen Dicke der an sich sehr stark doppelbrechenden Faser beträchtliche Schwankungen in den Interferenzfarben hervorrufen. S. a. ,,Untersuchungen im Polarisationsmikroskop" (Abb. 63). Kuoxam läßt die Kreuzungsstellen gleichfalls sehr gut hervortreten, da die Lösung des Fadens bei ihnen den Anfang nimmt (Abb. 129). Im Ultramikroskop erscheint die wilde Seide auffallend schön parallel gestreift und rein. Offenbar handelt es sich hier um die optisch klare Wiedergabe der Fibrillen. Nach v. Höhnel ist die halbgesättigte Chromsäure ein gutes quantitatives Trennungsmittel für echte und wilde Seide. Jene löst sich in etwa 1 Minute vollständig auf, während diese erst nach längerer Zeit, und auch da nicht vollständig, in Lösung übergeht. Weitere physikalische und chemische Eigentümlichkeiten der wilden Seiden enthalten die übersichtlichen Tabellen 39 und 40.

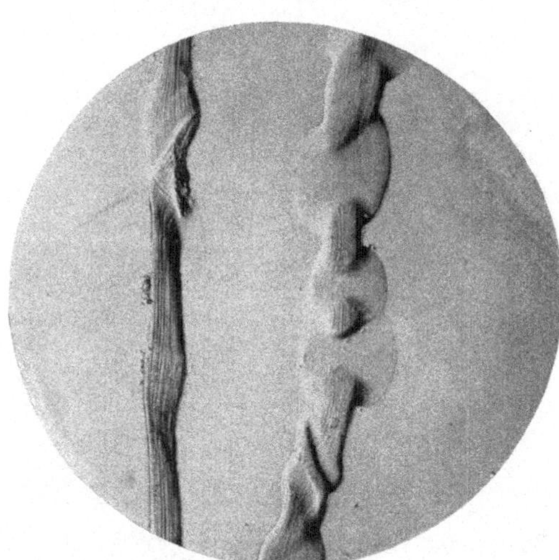

Abb. 129. Tussahseide in Kupferoxydammoniak. Vergr. 100.

31. Nesterseide (afrikanische Seide, Anapheseide, Setalana).

Eine vom Verfasser[1] kürzlich geprüfte Nesterseide zeigte folgendes Verhalten: In ihrer Feinheit übertrifft die von Natur aus hellbräun-

---

[1] Herzog, A.: Kunstseide **1927**, 139.

lich gefärbte Faser die von Bombyx mori (metrische Nummer 8370 bzw. Titer 1,1 Deniers). Die Breite des einzelnen entbasteten Fadens schwankt zwischen 12 und 24 μ; der Durchschnitt beträgt etwa 16 μ. In der äußeren Form und feinerer Struktur besteht große Übereinstimmung mit der „wilden" Seide. Es geht dies schon aus der Querschnittsform hervor, die in der Regel flachkeilförmig ist; daneben kommen aber auch Querschnitte von höherem Völligkeitsgrade vor (Begrenzung drei- bis viereckig). Dementsprechend sind die Schwankungen in der Dicke der Einzelfaser größer als in der Breite (6 bis 18, meist 12 μ). In der Längsansicht erscheint die Faser bandartig flach, stark verbogen, und mäßig fibrillös. Einzelne Stellen lassen klaffende Längsspalten erkennen. Häufig sind die Fibrillen vom Rande her abgelöst. Natürliche Quetschstellen sind, wie bei der Tussahseide, in großer Anzahl vorhanden, können aber in der Regel erst im Polarisationsmikroskop deutlich wahrgenommen werden. Wie schon Zeising[1] für die Nesterseide festgestellt hat, zeigt die Faser bei hoher mikroskopischer Einstellung in Abständen von etwa 150 bis 250 μ eigentümliche, quergestellte Lichtlinien. Offenbar handelt es sich hier um periodische Stauchungen des Fadens, die bei seiner Entstehung, d. h. beim ruckweisen Herauspressen der Fadenmasse aus dem Tierkörper entstanden sein müssen. Die mittlere Lichtbrechung ist etwas geringer als die der echten Seide (1,55). Das gleiche gilt von den Hauptlichtbrechungsexponenten bzw. deren Differenz, die ein Maß für die Doppelbrechung darstellt (+ 0,045). An sich ist die Doppelbrechung der Nesterseide sehr beträchtlich; wegen der geringen optischen Dicke zeigt die Faser aber zwischen gekreuzten Nicols in der Regel nur die Interferenzfarben der 1. Ordnung (Gelb I bis Rotorange I). Im Ultramikroskop läßt die Setalana eine ausgezeichnete Parallelstruktur erkennen, die besonders scharf an den Stauchungsstellen hervortritt. Im allgemeinen ist sie wesentlich zarter als die der gewöhnlichen „wilden" Seide. Sehr charakteristisch ist das Verhalten gegen Kupferoxydammoniak. Unter deutlicher Violettfärbung tritt Quellung ein, ohne daß aber eine besonders starke Verdickung der Faser festzustellen wäre. Auch in der Länge findet keine auffallende Veränderung statt. Bei der Quellung treten die Stauchungsstellen bzw. Lichtlinien außerordentlich deutlich hervor. Nach kurzer Zeit beginnt die Faser an diesen Stellen zu zerfallen, so daß sie alsbald in lauter kurze Stücke zerlegt erscheint. Dieses Verhalten ist so auffallend und kennzeichnend, daß es mit größtem Vorteil zur Erkennung der Nesterseide überhaupt herangezogen werden kann. Die Enden der kurzen Stücke sind ab und zu nach außen aufgebogen bzw. trichterförmig erweitert, so daß die Teilstücke entfernt an Turnhanteln erinnern. In starker Vergrößerung kann auch der fibrilläre Aufbau der Faser sehr gut wahrgenommen werden; insbesondere zeigen die Enden zahlreiche sehr feine Fibrillen, die pinselartig auseinander weichen. Manche Fasern zeigen sich schon unmittelbar nach der einsetzenden Quellung aus Fibrillen zusammengesetzt und zugleich

<hr>

[1] Zeising, H.: Leipz. Monatschr. Textilind. **1910**, H. 8.

opak. In einzelnen Fällen zerfällt der Faden nicht sofort in einzelne Stücke; aber auch hier erfolgt die Lösung von den Stauchungsstellen aus, die dementsprechend stark wulstig erscheinen. Auch die Violettfärbung tritt an solchen Stellen besonders klar hervor, wie namentlich die Betrachtung des Abbeschen Farbenbildes unzweideutig ergibt. Eine Lösung des Fadens tritt erst nach längerer Zeit ein; jedenfalls verläuft sie wesentlich langsamer als die der echten Seide.

32. Spinnenseide.

Die afrikanische Spinnenseide von Nephila madagascariensis ist sehr fein und von weißer oder orangegelber Farbe. Die Einzelfaser ist strukturlos, nahezu vollständig durchsichtig und von annähernd kreisrundem Querschnitt. Nach A. Herzog[1] beträgt der Durchmesser der farblosen Seide nur 7 μ. Mit dem geringen Durchmesser und dem niedrigen spezifischen Gewicht (1,28 g) geht die hohe Feinheitsnummer des Fadens Hand in Hand (metr. Nr. = 20830); dementsprechend stellt die Spinnenseide das feinste tierische Seidenprodukt dar. Der Längsverlauf ist sehr gleichmäßig. Eine dem Seidenleim entsprechende Hüllsubstanz fehlt. Im Wasser tritt eine starke Quellung ein; besonders auffallend ist hierbei die Längsverkürzung (35%), die so rasch erfolgt, daß die Faser in eine lebhafte Bewegung gerät. In chemischer Beziehung herrscht große Übereinstimmung mit dem Fibroin der echten Seide vor. Unterschiede bestehen nur in der größeren Empfindlichkeit der Spinnenseide gegen verdünnte Mineralsäuren und in der stärkeren Quellung in den meisten Reagenzien. Beim Ansengen verkohlt die Faser unter Hinterlassung eines blasig aufgetriebenen Rückstandes (Asche 0,7%). Ultramikroskopisch ist eine ausgesprochene Parallelstruktur nachzuweisen. Die Spinnenseide ist stark doppelbrechend: trotz ihrer geringen Dicke zeigt sie zwischen gekreuzten Nicols Interferenzfarben, die bis zum Gelb I reichen. Die Faser ist optisch positiv in bezug auf die Längsrichtung.

33. Muschelseide.

Die Haftfäden verschiedener Steckmuscheln (Pinna nobilis und P. rudis), die früher als Muschelseide im Handel erschienen, sind olivbraun gefärbt und von großer Ungleichmäßigkeit im Durchmesser (10 bis 100 μ). Sie sind sehr zart längsgestreift und ab und zu um ihre Längsachse gedreht. Die durchschnittliche Faserlänge beträgt 3 bis 6 cm. Die feineren Fasern sind nach v. Höhnel fast glatt, während die gröberen, die häufig bandartig flach sind, stellenweise rauh und am Rande zerfressen aussehen. Die Muschelseide ist nur sehr schwach doppelbrechend. Kuoxam wirkt stark quellend, aber nicht lösend; ebenso verhält sich Nickeloxydammoniak. Die Querschnittsform ist stark wechselnd (rundlich, elliptisch, zweispitzig usw.).

---

[1] Herzog, A.: Kunststoffe **1915**, H. 3 u. 4.

Mikroskopie der Kunstseiden.

Zur Zeit sind folgende Kunstseiden im Handel:

Die Nitratseide oder Nitroseide, die Kupferseide, die Viskoseseide und die Azetatseide.

Ausführliche Angaben über das mikroskopische und mikrochemische Verhalten dieser Faserstoffe enthält das Werk: A. Herzog, Die mikroskopische Untersuchung der Seide und der Kunstseide, Berlin 1924. Vgl. auch die Tabellen 39 und 40.

34. Nitratseide (Nitroseide).

Die Breite der Einzelfaser unterliegt großen Schwankungen (30 bis 40 μ), um so mehr, als auch feinfädige Nitroseide im Handel vorkommt (Breite 11 bis 25 μ). Je nach der Herstellung ist der Querschnitt rundlich bis unregelmäßig sternförmig (Abb. 48). Auch bandartig flache bzw. im Querschnitt biskuitartige Fasern kommen häufig vor (Abb. 45). Die Faser ist stark doppelbrechend und zeigt daher zwischen gekreuzten Nicols lebhafte Farben der 1. Ordnung, die manchmal (sternförmige Querschnitte) in deutlich voneinander abgesetzten Streifen parallel zur Faserlängsrichtung auftreten. Die ultramikroskopische Struktur ist sehr lichtschwach und bietet nichts Bemerkenswertes. Von entscheidender Wichtigkeit für die sichere Erkennung der Nitratseide ist das Verhalten gegen Diphenylamin und Schwefelsäure. Infolge der in der Faser noch enthaltenen Salpetersäurereste tritt nach dem Betupfen mit diesem Reagens eine auffallend dunkelblaue Färbung ein, die selbst an gefärbter Nitratseide fast stets noch zu erkennen ist.

35. Kupferseide.

Gegenwärtig kommt nur die nach dem Streckspinnverfahren hergestellte feinfädige Kupferseide im Handel vor („Bembergseide", „Adlerseide" usw.). Sie zeigt einen Titer von durchschnittlich 1,3 Deniers und eine mittlere Breite von 12,2 μ. Der Querschnitt ist rundlich bis oval; nicht selten sind 2 oder mehrere Einzelfasern miteinander verklebt (Abb. 41 und 130 p). Im Innern des Fadens ist manchmal eine sehr zarte Querlamellierung wahrzunehmen, die höchstwahrscheinlich auf Spannungen während der Härtung des Fadens zurückzuführen ist. Über die Unterscheidung von der Viskoseseide s. „Viskoseseide".

36. Viskoseseide.

Die Form des Viskoseseidenquerschnitts ist in hohem Grade von der chemischen Natur des angewandten Fällungsbades abhängig[1]. So liefert ein 19%iges Salmiakbad (Versuch 1, s. Tabelle 42 und Abb. 131) nahezu vollkommen kreisrunde Formen, während eine Spinnflüssigkeit, bestehend aus 11,8% Schwefelsäure und 31,1% Natriumsulfat (Versuch 15), ausgesprochen bandartige und gekerbte Querschnitte liefert. Im ersten Falle beträgt der Völligkeitsgrad 93,0%, im zweiten nur 28,5%. Auch der Glanz-

---

[1] Herzog, A.: Leipz. Monatschr. Textilind. **1926**, 352.

charakter der Fäden zeigt insofern wesentliche Unterschiede, als dem
ersten Bade eine Seide von ausgeprägt glasigem, dem zweiten eine

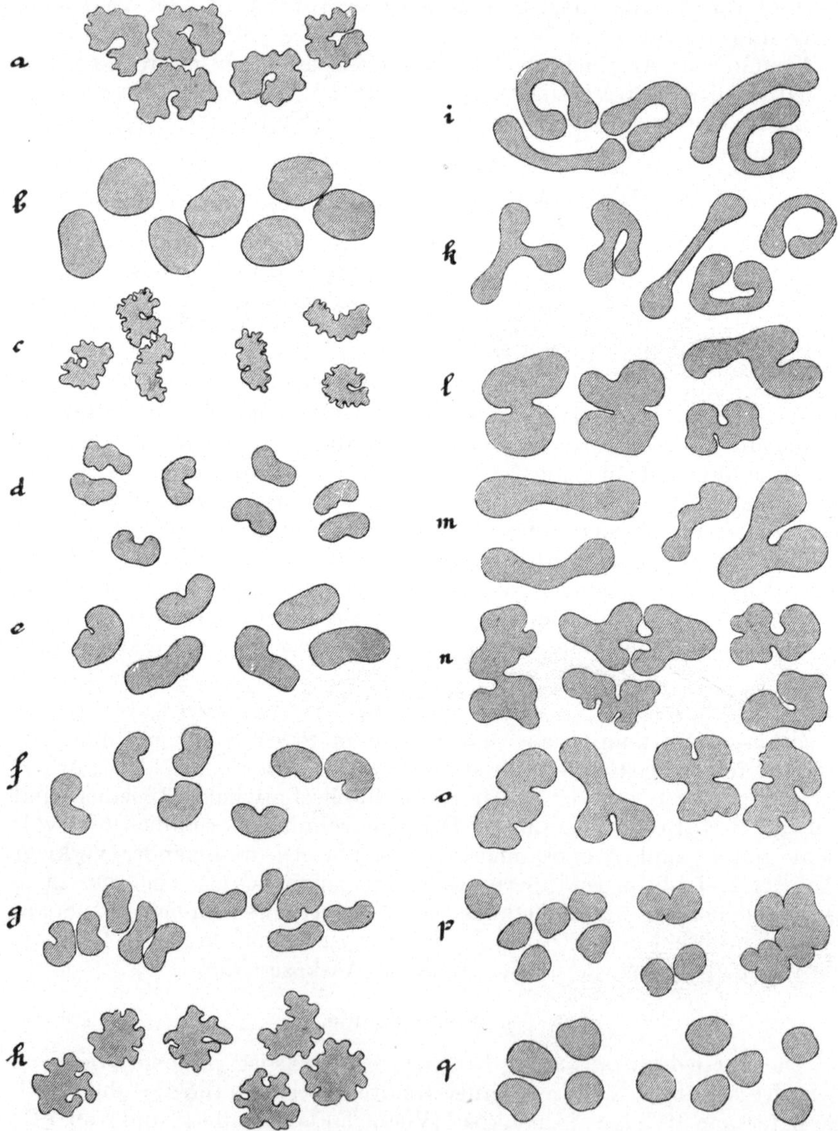

Abb. 130. Feinfädige Kunstseide (zugleich Beispiel für verschiedene Querschnitts-
a—h = Viskoseseide, i—o = Azetatseide, p—q = Kupfer-

solche von ruhigem, an Seidenfinish erinnernden Glanz zukommt.
Bei qualitativ gleicher, quantitativ aber verschiedener chemischer
Zusammensetzung des Fällbades ändert sich die Querschnittsform des

Fadens in erheblichem Maße mit der Konzentration. Besonders lehrreich kommt dies in dem praktisch so überaus wichtigen Falle: Schwefelsäure und Natriumsulfat zum Ausdruck (Hauptversuchsreihen A und B, Versuche 4 bis 15): Schwefelsäure allein ergibt, wie aus dem Versuch 4 hervorgeht, rundliche, nur wenig gekerbte Querschnittsformen. In dem Maße jedoch, als der Schwefelsäure steigende Mengen von Natriumsulfat zugesetzt werden, ändert sich die Form insofern merklich, als die Schnitte eine stärkere Kerbung erhalten; ein entscheidender Wendepunkt tritt aber erst ein, wenn beide Stoffe in annähernd äquimolekularer Menge vorhanden sind. Der Querschnitt wird in diesem Falle infolge der besonders starken Kerbung ausgesprochen unregelmäßig sternförmig, ohne dabei aber in der Völligkeit nennenswert nachzugeben (Versuche 7 und 13; Völligkeit 64,1

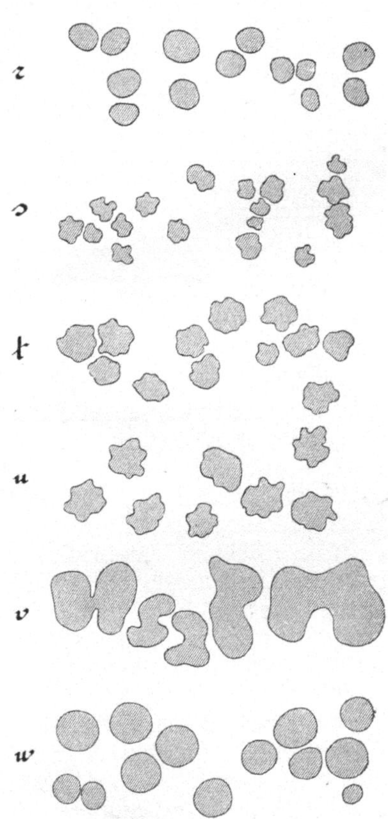

bzw. 65,0%). Ist mehr Natriumsulfat zugegen, als dem angegebenen Verhältnis entspricht, so tritt infolge der besonders starken plasmolytischen Wirkung des Salzes eine erhebliche Schrumpfung des Fadens ein, die sich in einer auffallend unregelmäßig sternförmigen Querschnittsbegrenzung äußert. Das Endglied bilden ausgeprägt bandartige Fasern, die an den Seiten etwas eingerollt sind (nierenförmig). Vgl. Versuche 9 und 15. Hand in Hand geht eine starke Abnahme des Völligkeitsgrades. Naturgemäß bedingt die Verflachung der Querschnittsform, bei sonst annähernd gleicher Fadenfeinheit (Deniers), eine beträchtliche Zunahme in der Fadenbreite bzw. eine Abnahme in der Fadendicke. Gleichzeitig wird die Deckkraft immer größer, da mit steigendem Salzzusatz die Zahl der feinen und groben Kerbungen zunimmt und gleichzeitig ein teilweises Einrollen der immer bandartiger werdenden Fasern stattfindet. Im ungebleichten trockenen Zustand sind die in reiner Schwefelsäure bis zu einer Mischung von Schwefelsäure und äquimolekularer Menge von Natriumsulfat gesponnenen Fäden vollkommen trüb und undurchsichtig bzw. glanzlos (Abscheidung von Schwefel in grobkörniger Form); darüber hinaus zeigt der Faden einen ausgesprochenen Hochglanz. In gleichem Sinne ändert

formen der Kunstseide überhaupt).
seide, *r—w* = Nitratseide.

sich auch die Geschmeidigkeit der ungebleichten Faser. Bei gleicher Schwefelsäurekonzentration liefert Magnesiumsulfat wesentlich anders geformte Querschnitte als Natriumsulfat (vgl. Abb. 131). Annähernd äquimolekulare Mengen von Schwefelsäure und Magnesiumsulfat (Versuch 2) liefern einen Faden mit auffallend groben, tiefreichenden Furchen, jedoch ohne die zahlreichen feinen Zähnelungen, die bei Anwendung der ungefähr gleichen Menge von Natriumsulfat so kennzeichnend sind. Bei einem starken Überschuß von Magnesiumsulfat werden ausgesprochen glatte, bandartige Formen erhalten, die an den Rändern etwas eingerollt sind. Die Beeinflussung der Querschnittsform des Viskoseseidenfadens durch das angewandte Fällbad ist in jedem Falle derart charakteristisch, daß es aus der in einem konkreten Falle mikroskopisch festgestellten Form des Fadens bis zu einem gewissen Grade zulässig ist, einen Rückschluß auf die Zusammensetzung und Konzentration des bei der Herstellung benutzten Fällbades zu ziehen.

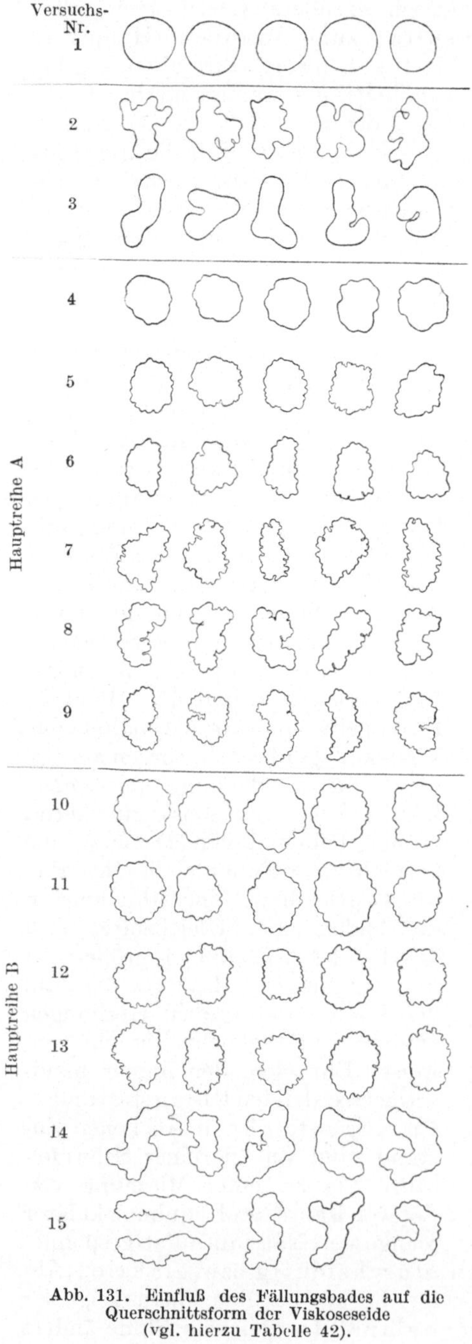

Zur sicheren Unterscheidung von der Kupferseide ist die Querschnittsform nicht immer ausreichend; nur wenn ausgesprochen unregelmäßig sternförmige Querschnitte vorliegen, ist man berechtigt, auf Viskoseseide zu schließen (Kupferseide stets rundlich). Vorher überzeugt man sich durch die Diphenylaminreaktion, daß Nitratseide, die ähnliche Querschnitte zeigt, nicht in Betracht kommt (Abb. 14, 17, 27, 38, 39, 41, 47). Ohne auf die sonstigen, von verschiedener Seite vorgeschlagenen Unterscheidungsver-

Abb. 131. Einfluß des Fällungsbades auf die Querschnittsform der Viskoseseide (vgl. hierzu Tabelle 42).

Tabelle 42. Im besonderen wurden Spinnversuche mit folgenden Fällungsbädern ausgeführt (vgl. auch Abb. 131):

	Versuch	Fällungsbad	Konzentration in %	Spez. Gewicht $t = 50^0$
	1	Chlorammonium	19	1,057
	2	Schwefelsäure. . . . . Magnesiumsulfat	10,04 14,82	1,210
	3	Schwefelsäure. . . . . Magnesiumsulfat	10,02 28,80	1,364
Hauptreihe A	4	Schwefelsäure.	9,95	1,053
	5	Schwefelsäure. . . . . Natriumsulfat.	10,13 5,35	1,098
	6	Schwefelsäure . . . . Natriumsulfat.	9,97 8,87	1,130
	7	Schwefelsäure . . . . Natriumsulfat	10,05 14,21	1,173
	8	Schwefelsäure . . . . Natriumsulfat	10,09 24,47	1,299
	9	Schwefelsäure . . . . Natriumsulfat	9,92 29,38	1,364
Hauptreihe B	10	Schwefelsäure . . . . Natriumsulfat	12,05 1,21	1,082
	11	Schwefelsäure . . . . Natriumsulfat	12,00 5,69	1,119
	12	Schwefelsäure . . . . Natriumsulfat	12,03 11,70	1,170
	13	Schwefelsäure . . . . Natriumsulfat	11,94 16,13	1,220
	14	Schwefelsäure . . . . Natriumsulfat	11,93 24,89	1,316
	15	Schwefelsäure . . . . Natriumsulfat	11,83 31,09	1,416

fahren näher einzugehen, seien hier lediglich zwei Methoden angeführt, die sich gut bewährt haben.

1. Färbeverfahren nach Zart: Mit Günther-Wagner-Tinte Nr. 4001 und Eosin extra (I. G.) gefärbt (s. „Reagenzien"), erscheinen:
Kupferseide blau (gilt jedoch nur für feinfädige Seide),
Viskoseseide rosa.

2. Prüfung im Dunkelfeld nach A. Herzog:

a) Viskoseseide. Die Ultrastruktur der grob- und feinfädigen Viskoseseide ist sehr lichtschwach; sie hat sonst große Ähnlichkeit mit der der Kupferseide. Dagegen ist die Grundmasse der Viskoseseide sehr unrein (auffallend viel körnige oder feinsplitterige Teilchen, die sehr stark leuchtend hervortreten). Mit der Ultrastruktur der Faser haben diese Einlagerungen nichts zu tun.

b) **Kupferseide.** Schon bei schwacher Vergrößerung zeigt sich bei der Prüfung der grob- und feinfädigen Kupferseide im Dunkelfelde eine auffallend milchige Trübung. Die eigentliche Ultrastruktur tritt aber erst in starker Vergrößerung hervor. Sie zeigt ein sehr lichtstarkes Netz mit quergestellten Maschen. Die Grundmasse des Fadens ist sehr rein und gleichmäßig.

37. Azetatseide[1].

a) Deutsche Azetatseide. Die Einzelfasern der trocken gesponnenen Azetatseide sind auffallend flachbiskuitförmig und z. T. rinnenartig eingerollt. Seltener kommen auch drei- oder mehrfach gelappte Formen vor (Völligkeitsgrad etwa 32%). Vgl. Abb. 130. Infolge der stark zusammengedrückten Querschnittsform erscheinen die Fasern in der Längsansicht als breite Bänder mit wulstigen Rändern. Die Dicke des Bandes beträgt nur 5 bis 8 μ. S. Tabelle 43. Da auch Drehungen um die Längsachse häufig vorkommen, erinnert das mikroskopische Bild dieser Seide sehr stark an Baumwolle. Fasern, die an den Rändern stark eingerollt sind, haben das Aussehen von relativ dünnwandigen Bastzellen (Scheinlumenbildung). Neuerdings werden auch völligere Fasern hergestellt. Rasch zerrissene Fasern zeigen in der Nähe der Rißstellen eine grobe Querzerklüftung. Die naß gesponnene Azetatseide weist angenähert kreisrunde bis bohnenförmige Querschnittsformen auf. Einkerbungen sind nicht zu beobachten (Völligkeitsgrad etwa 88%).

b) Englische Azetatseide. Sie zeigt große Ähnlichkeit mit der deutschen Seide, jedoch herrschen im allgemeinen unregelmäßig sternförmige bzw. mehrfach gelappte Formen vor (Abb. 42). Infolgedessen ist auch der Völligkeitsgrad höher als bei der deutschen Seide.

c) Schweizer Azetatseide. Flachbiskuitartige Formen wechseln mit s- und v-förmigen und mehrstrahligen Formen ab.

d) Belgische Azetatseide. Unter allen trocken gesponnenen Mustern zeigt diese Seide die gedrungensten Querschnittsformen. Besonders fallen auch hier die stark gelappten Schnitte auf. Völlig flachgestreckte Formen sind nur selten. Aus diesem Grunde sind die Fasern in der Längsansicht völlig ungedreht.

Das spezifische Gewicht der jetzt hergestellten Azetatseide schwankt zwischen 1,328 und 1,333 g/ccm, im Durchschnitt beträgt es 1,33 g/ccm (die früher versponnene primäre Azetylzellulose, chloroformlöslich, zeigte das spezifische Gewicht 1,25 g/ccm). Das elektrische Leitungsvermögen ist außerordentlich gering. Im Wasser wird nur eine sehr schwache Quellung beobachtet. Chlorzinkjod färbt unter rascher Quellung gelb bis gelbbraun; nach einiger Zeit zerfließt die Faser unter Zurücklassung sehr dünner häutiger Reste. Kuoxam löst nicht, dagegen findet in Azeton, Eisessig oder in Chloralhydrat eine rasche Lösung statt. Beim Erhitzen auf 200 bis 300° erweicht die Azetatseide und verliert dabei ihre Festigkeit. Die Einzelfasern ziehen sich hierbei in der Länge stark zusammen und beginnen untereinander zu

---

[1] Herzog, A.: Kunstseide **1927**, 7.

Tabelle 43. Azetatseide.

	England	Belgien	Schweiz		Deutsches Reich						
	1925	1926	1926	1926	1925	1926	1925	1926	1926	1926	1926
	t^1	t	t	t	t	t	t	t	t	f^2	f
	1	2	3	4	5	6	7	8	9	10	11
Breite d. Einzelfaser in μ											
Mittel	38,8	26,4	40,3	33,7	34,9	38,0	37,1	33,8	30,9	17,1	23,9
Maximum	56,0	31,5	62,0	13,5	47,5	45,0	50,5	47,5	42,5	25,0	30,0
Minimum	27,0	21,0	25,0	21,5	24,5	25,0	27,5	23,5	23,5	13,0	18,0
Ungleichmäßigkeit in %	14,7	9,9	21,4	13,1	20,9	12,6	16,2	16,0	15,5	8,2	13,4
Querschnittsfläche der Einzelfaser in $q\mu$											
Mittel	485	323	430	448	—	362	—	341	253	203	246
Maximum	578	391	813	609	—	449	—	547	307	369	338
Minimum	358	240	227	244	—	213	—	169	160	120	178
Ungleichmäßigkeit in %	9,9	12,4	15,4	21,0	—	9,4	—	27,5	15,1	19,9	12,8
Völligkeit d. Querschnitts in %	41,0	59,0	33,7	50,2	27,1	31,9	27,5	38,0	33,7	88,4	54,8
			42,0 %		31,6 %					71,6 %	
Feinheit der Einzelfaser in Deniers											
Mittel	5,3	3,6	4,8	5,0	4,0[3]	3,9	3,6[3]	3,7	2,8	2,2	2,7
Maximum	6,3	4,3	9,1	6,8	—	4,9	—	6,0	3,3	4,0	3,9
Minimum	3,9	2,7	2,5	2,7	—	2,3	—	1,8	1,7	1,3	1,7
Banddicke der Einzelfaser in μ (Mittel)	—	—	—	—	6	8	6	6	5	—	—
Spezifisch.Gewicht in g/ccm	—	1,328	1,330	—	1,333	1,332	—	1,329	—	—	—
					1,330 g						

¹ t . . . trocken versponnen.   ² f . . . naß versponnen.
[3] Aus dem Titer des Fadens und der Anzahl Einzelfasern im Faden berechnet.

verschmelzen, ohne sich aber dabei zu verfärben. Schließlich entsteht eine von Luftblasen durchsetzte formlose Masse, die sich bei stärkerem Erhitzen bräunt. Nach dem Erkalten ist sie sehr spröde und von zahlreichen Sprüngen durchsetzt. Beim Ansengen eines Fadens aus Azetylzellulose schmilzt das angebrannte Ende blasig-kohlig zusammen. Die zurückbleibende Kohle ist verhältnismäßig schwer zu veraschen. Der Geruch der Verbrennungsgase ist ausgesprochen sauer. Unter allen Faserstoffen weist die Azetatseide die schwächste Lichtbrechung auf. Vgl. Tabelle 6, S. 89. In dem stärker brechenden Kanadabalsam hebt sie sich sehr gut von dem Untergrund des mikroskopischen Gesichtsfeldes ab. Beim Heben des Tubus erscheint sie dunkel, beim Senken hell. Vgl. Abschnitt „Praktische Anwendungen der Lichtbrechung". In Zitronenöl oder Rizinusöl ist die Faser nahezu unsichtbar. Die Doppelbrechung ist gering. Zwischen gekreuzten Nicols treten nur die niedersten Farbentöne der 1. Ordnung auf (Dunkelgrau-Hellgraublau-Weiß I). In bezug auf den Charakter der auftretenden Interferenzfarben ist zu bemerken, daß er der gleiche ist wie bei den übrigen Kunstseiden (optisch positiv in bezug auf die Längsrichtung); nur bei der gesponnenen primären Azetylzellulose ist er optisch negativ. Nach Färbung mit Kongorot zeigt die Faser keinen Dichroismus; höchstens sind Andeutungen eines solchen vorhanden. Ebenso verhalten sich Benzoazurin, Curcumin u. a.). Die Prüfung auf Gleichmäßigkeit im Längsverlauf der Einzelfaser erfolgt am besten mit dem Babinetschen Kompensator. Ultramikroskopisch geprüft, erweisen sich die meisten Fasern als optisch leer; nur bei intensivster Beleuchtung ist ein sehr lichtschwaches Netz mit längsgestreckten Maschen zu erkennen. Mechanisch deformierte Fasern zeigen dagegen eine wesentlich lichtstärkere Struktur der gleichen Art.

38. Luftseide („Celta", Soie nouvelle, tubulated silk usw.).

Die Luftseide setzt sich im Gegensatz zu der gewöhnlichen Kunstseide aus hohlen Fäden zusammen. Sie ist durch ein geringeres scheinbares spezifisches Gewicht, eine größere Undurchsichtigkeit bzw. Deckkraft und durch eine erhöhte wärmehaltende Kraft ausgezeichnet.

Die Einzelfasern der Viskose-Luftseide lassen unter dem Mikroskop einen ausgesprochenen bandartigen Charakter erkennen. An vielen Stellen sind Faltungen und rillenartige Streifungen festzustellen. Die Faserbreite ist sehr beträchtlich (Mittelwerte von 5 verschiedenen Proben 35,4 bis 49,6 μ). Im allgemeinen bietet die Längsansicht der Faser, sofern man von den bei der mikroskopischen Präparation im Innern zurückbleibenden Luftblasen und schwach angedeuteten Kammerungen absieht, nichts, was auf einen Hohlraum hindeuten würde. Anders jedoch, wenn man Querschnitte in üblicher Weise herstellt und diese in starker Vergrößerung betrachtet. Vor allem fällt auch hier der bandartige Charakter der Fasern auf. Was aber besonders interessiert, sind die in der Faser befindlichen Hohlräume. Wie aus der beigegebenen Abb. 132 zu ersehen ist, ist die Verteilung der Hohlräume auf dem Querschnitt ziemlich verschieden: Während einzelne Fasern einen einfachen, seitlich stark zusammengedrückten, also spaltenförmigen Kanal aufweisen, zeigen andere zwei oder mehrere, unregelmäßig begrenzte Hohlräume. Die unregelmäßigsten Formen fand der Verfasser[1] bei einem der geprüften französischen Muster (Nr. 3). Zu bemerken ist noch, daß in allen Proben Fasern enthalten sind, die keinen Hohlraum zeigen, die also massiv gebaut sind. Die äußere Begrenzung der Querschnitte ist unregelmäßig gelappt und zum Teil feingekerbt. Einzelne flache Schnitte sind eingerollt und etwas flachgedrückt, so daß nicht selten ein Scheinlumen entsteht, wie dies schon von der gewöhnlichen Kunstseide her bekannt ist. Entsprechend der flachen Form der Schnitte ist

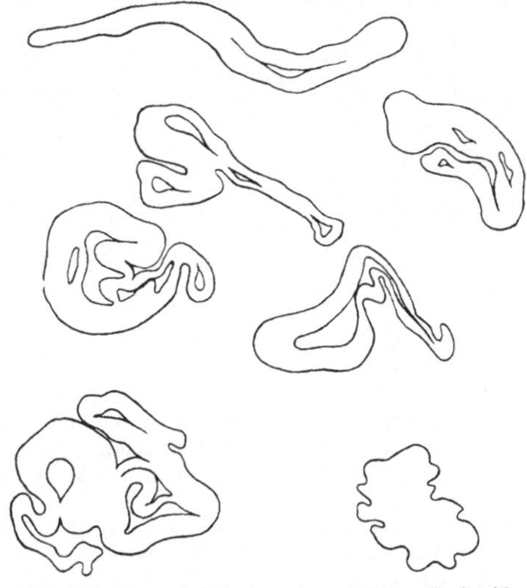

Abb. 132. Querschnitte von französischer Luftseide.

deren Völligkeitsgrad ziemlich gering (24,1%). Der Feinheitsgrad der vom Verfasser geprüften Muster schwankte zwischen 4 und 5 Deniers. Von besonderem Interesse erscheint naturgemäß das Verhältnis des auf dem Querschnitt der Einzelfaser von der Zellulose gedeckten Flächenanteiles und der vom inneren Hohlraum eingenommenen Fläche:

Tabelle 44.

Vers.-Nr.	Von der Gesamtquerschnittfläche der Einzelfaser entfallen % auf die	
	Wandfläche	Lumenfläche
1 (englisch)	93,3	6,7
2 (französisch)	90,4	9,6
3 (französisch)	87,0	13,0
4 (deutsch)	86,9	13,1
5 (deutsch)	87,2	12,8
Mittel	89,0	11,0

Vom Luftseidefaden werden demnach rund $^9/_{10}$ Volumsanteile von der eigentlichen Fasersubstanz eingenommen, während das restliche $^1/_{10}$ auf den inneren Hohlraum entfällt. Nimmt man das spezifische Gewicht der aus der Viskose regenerierten Zellulose zu 1,52 g/ccm an, so berechnet sich das scheinbare spezifische Gewicht der Luftseideeinzelfaser wie folgt:

$$s = \frac{9}{10} \cdot 1{,}52 = 1{,}37 \text{ g/ccm.}$$

[1] Herzog, A.: Kunstseide **1926**, 397.

13*

Da nun das spezifische Gewicht der echten Seide gleichfalls 1,37 g/ccm beträgt, verhält sich also der Einzelfaden der Luftseide im fertigen Gespinst dem der echten Seide gleich.

Eine kürzlich vom Verfasser geprüfte deutsche Azetatluftseide zeigte folgendes Untersuchungsergebnis:

Tabelle 45.

Breite der Einzelfaser in μ

Mittel	40,6
Maximum	49,5
Minimum	35,0
Ungleichmäßigkeit in %	9,6

Gesamtquerschnittsfläche der Einzelfaser in $q\mu$

Mittel	489
Maximum	529
Minimum	408
Ungleichmäßigkeit in %	8,2

Von der Gesamtquerschnittsfläche entfallen im Mittel $q\mu$ auf

die **Wandfläche der Einzelfaser**	**358** = **73,2**%
die vom **Hohlraum** ausgefüllte Fläche	**131** = **26,8**%
Völligkeit des Querschnitts (Mittel) in %	27,7
Feinheit in Deniers	4
Wirkliches spez. Gewicht in g/ccm	1,33
Scheinbares spez. Gewicht in g/ccm	**0,97**
Querschnittsform der Faser	baumwollartig, jedoch mit weiterem Lumen.

D. Mikroskopie der tierischen Wollen und Haare.

Die tierischen Wollen und Haare sind kegelförmige oder zylindrische Horngebilde, die der Haut entstammen. Sie stecken mit ihrem unteren Teile, der Haarwurzel (Radix pili), in taschenartigen Vertiefungen der Cutis, den Haarbälgen. An diesen unterscheidet man den blindsackartigen Grund, den verengten Hals und die erweiterte Mündung, den Haarbalgtrichter. Im Grunde der Vertiefung befindet sich eine Papille. Der Haarbalg besteht aus einem äußeren, bindegewebigen Teil (Haarbalg) und einem inneren epithelialen Anteil (Wurzelscheide). Die Haarwurzel sitzt mit einem knopfartig verdickten Ende (Haarzwiebel) der Papille derart auf, daß sie von unten her konisch eingebuchtet wird. Hinsichtlich seiner äußeren Gestalt besteht das Haar aus einer an der Basis eiförmigen Anschwellung (Haarzwiebel), über dieser aus einem meist stark verengten Teil (Hals) und, nach oben zu, aus dem eigentlichen verbreiterten Haar (Schaft), das sich nach seinem Ende hin allmählich zuspitzt (Abb. 133). Nach der Art der Haare unterscheidet man 1. Stichelhaare (gerade, straff, kurz, spröde, markhaltig); sie sind entweder Spürhaare, oder sie bilden das Haarkleid (Pferd); 2. Grannenhaare (länger als die Stichelhaare, meist schlicht, markführend); 3. Wollhaare oder Flaumhaare (gekräuselt, meist markfrei, stets büschelweise auf der Haut angeordnet).

Die meisten Haare setzen sich aus drei, wesentlich voneinander verschiedenen Gewebearten zusammen: Außen befindet sich eine einfache bis mehrfache Schicht von Oberhautzellen (Epidermis), darauf folgt ein Hohlzylinder aus spindelförmigen, parallel zur Haarlängsrichtung angeordneten Hornzellen mit linienförmigen Kernresten (Rindenschicht), und in der Mitte ein Strang von ein- oder mehrreihigen Zellen (Mark). In der Rinden- und Markschicht sind bei gefärbten Haaren Pigmentkörperchen von verschiedener Form und Größe eingelagert. Ab und zu ist das Pigment auch in gelöster Form vorhanden.

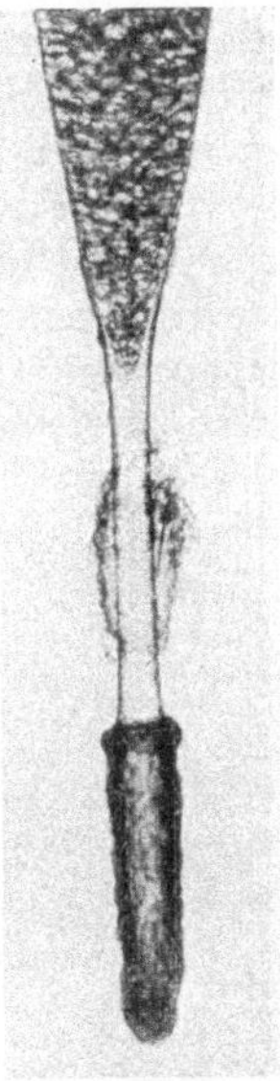

Die Zellen der Oberhaut sind nach der Art ihrer Anordnung, der Zahl der Schichten, der Form, Dicke usw. sehr verschieden gebaut. Sie umfassen manchmal das ganze Haar an der betreffenden Stelle oder es sind zwei oder mehrere Schuppen an demselben Querschnitt beteiligt. Nach T. F. Hanausek[1] soll die Zahl der Oberhautschuppen für ein und dieselbe Haarart eines Tieres annähernd konstant sein. Nach ihm beträgt die Zahl der Oberhautschuppen auf $100\,\mu$ Haarlänge

bei: Schafwolle, Merino. 11,4
Schafwolle, Superelekta 10,0
Schafwolle, Prima Streichwolle, sächs. . . . 5,3
Angorawolle 5,3
Wolle vom Trampeltier 9,0

Abb. 133. Renntierhaar (unterer Teil). Vergr. 100.

Es bleibt aber zu berücksichtigen, daß die Zahl der auf die Längeneinheit entfallenden Oberhautzellen je nach dem Haarteil großen Schwankungen unterworfen ist. Am kleinsten ist sie unmittelbar über der Haarzwiebel, am größten in den obersten Teilen des Haares. So erhielt A. Herzog bei Schweinsborsten auf je $100\,\mu$ Haarlänge folgende Werte:

Unmittelbar über der Haarzwiebel 12,5
Mitte des Wurzelhalses 15,0
Haarmitte 21,2
Oberes Haarende 28,1

Auch bei Kaninchenhaaren konnte der Genannte ähnliche Verhältnisse beobachten:

	I	II
Unmittelbar über der Haarzwiebel . . .	10	9
Mitte des Wurzelhalses	10	11
Haarschaft, unterer Teil	12	12
Haarschaft, mittlerer Teil	12	13
Haarschaft, oberer Teil	22	20

Ob unter solchen Umständen an eine Verwertung der Befunde Hanauseks zur Erkennung der tierischen Haare gedacht werden kann, ist zum mindesten zweifelhaft.

Sofern es sich beim Studium der Oberhautzellen um ungefärbte oder nur wenig gefärbte Haare handelt, die zudem nicht zu stark markhaltig sind, liefert die übliche mikroskopische Untersuchung

---

[1] Hanausek, T. F.: Lehrbuch der Technischen Mikroskopie. Stuttgart 1901.

ein vollständig ausreichendes Bild, wenn man nur die eigentlich selbstverständliche Vorsicht gebraucht, die Haare vor der Präparation von dem anhängenden Wollschweiß durch aufeinander folgende Behandlung mit Wasser, Alkohol und Äther zu befreien. Anders jedoch, wenn stark pigmentierte Haare vorliegen, oder solche, die stark markhaltig sind. Hier liefert die gewöhnliche mikroskopische Untersuchung der Oberhaut keine klaren Bilder. Diesem Übelstand läßt sich leicht steuern, wenn man nach dem Vorschlag A. Herzogs[1] einen Abdruck der Haare in einem passenden Medium herstellt und diesen der mikroskopischen Untersuchung unterwirft. Als geeignetes Mittel bewährt sich der Krönigsche Deckglaskitt. Er ist genügend hart, so daß nachträgliche Deformationen der Abdrücke, die sonst leicht eintreten, nicht zu befürchten sind. Die Arbeit wird in folgender Weise ausgeführt:

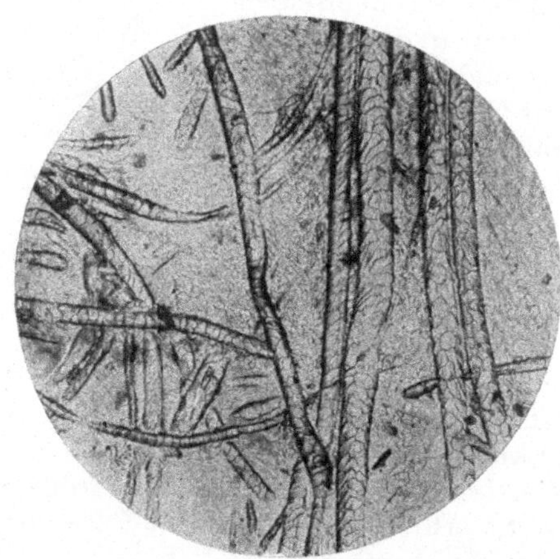

Abb. 134. Abdrücke von Schafwollfasern in Krönigschem Deckglaskitt nach A. Herzog (Übersichtsbild). Vergr. 100.

Der Kitt wird auf einer Wärmebank verflüssigt und etwas davon auf einen vorgewärmten Objektträger in dünner Schicht aufgetragen. Auf besondere Gleichmäßigkeit der Schicht kommt es dabei nicht an, da bei nochmaligem Erwärmen des Objektträgers ohnehin ein ausreichender Ausgleich in der Verteilung stattfindet. Sodann läßt man erkalten und legt die abzuformenden Fasern in mäßig dünner Lage auf den so vorbereiteten Objektträger. Mit der Kuppe des Zeigefingers werden die Fasern gegen die Kittschicht fest angedrückt, und nach einiger Zeit mit der Hand oder einer Pinzette vollständig abgezogen. In der Kittschicht sind jetzt Abdrücke der Fasern vorhanden, die ohne weiteres zum Studium der Anordnung und Form der Oberhautzellen herangezogen werden können (Abb. 134). Die Zellen treten hierbei viel schöner und schärfer hervor als an den wirklichen Fasern selbst. Die Betrachtung kann auch in starker mikroskopischer Vergrößerung vorgenommen werden. In diesem Falle empfiehlt es sich, auf die Abdrücke einen Tropfen Wasser zu geben und mit einem Deckglas zu überdecken (Abb. 135).

Die Länge der Zellen der Rindenschicht ist je nach der Tierart großen Schwankungen unterworfen. Beim Schafe beträgt sie etwa 80 μ. Die Zellen sind in der Regel flachgedrückt. Einzelne Hornfasern sind besonders groß und mit beträchtlichen Kernresten ausgestattet; sie geben zur Entstehung der sogenannten „Faserspalten" Veranlassung. Das Studium der Rindenzellen erfolgt zweckmäßig an Maze-

---

[1] Herzog, A.: Mell. Text. **1927**, 341.

rationspräparaten. Am besten hat sich dem Verfasser Glyzerin-Schwefelsäure als Mazerationsmittel bewährt. Nach etwa 24 stündiger Einwirkung in der Kälte tritt ein gänzlicher Zerfall der Haare ein. Die Oberhautzellen rollen sich allerdings mehr oder weniger ein; die Zellen der Rinden- und Markschicht sind aber der weiteren Untersuchung leicht zugänglich. Auch zum Studium der Pigmentkörperchen ist dieses Verfahren gut geeignet. Bei manchen Haaren (Kamelwolle, Pelzhaare) ist eine viel größere Widerstandsfähigkeit dem Glyzerin-Schwefelsäuregemenge gegenüber vorhanden, so daß die Mazeration hier wesentlich längere Zeit in Anspruch nimmt. Nach der Haarzwiebel zu werden die Rindenzellen in der Regel kürzer, weicher, und sind schließlich länglich rund mit kugeligen Kernen. Der Luftgehalt der Rindenschicht ist im allgemeinen beträchtlich schwächer als der der Markschicht. Die Markzellen zeigen alle Übergänge zwischen langen Gebilden und dünnen Platten. Meist sind sie rundlich parenchymatisch bis kurzzylindrisch. Bei Borsten und Stacheln zerreißen die Markzellen zum Teil, so daß eine Markhöhle entsteht. Das Mark ist entweder einreihig oder mehrreihig. Die Markzellen sind mit Luft erfüllt. Manchmal tritt das Mark nicht als geschlossener Zentralstrang auf, sondern es sind nur stellenweise in der Mitte des Haares Markzellen vorhanden (Markinseln). An der Basis und an der Spitze vollausgebildeter Haare fehlen die Markzellen stets. Auch den feinen Wollhaaren des Schafes und der Wiederkäuer überhaupt gehen sie ab; dagegen sind die Flaumhaare der Nagetiere, Insektenfresser und Raubtiere fast stets markhaltig.

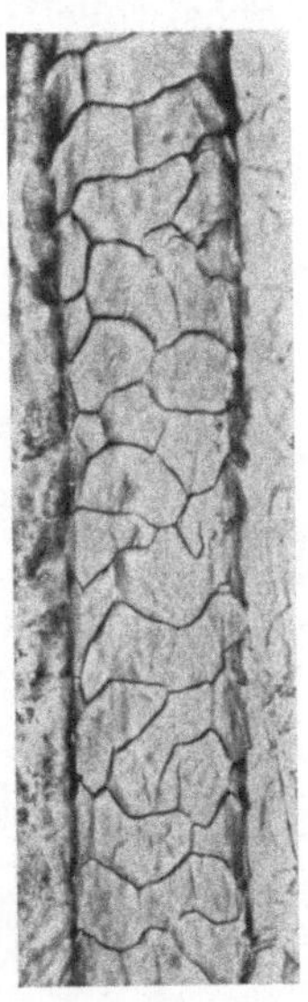

Die Haare verschiedener Tiere zeigen abweichende Querschnittsformen (kreisrund, oval elliptisch, plattgedrückt, seitlich eingebuchtet usw.). Auch bei demselben Haar kann man in verschiedenen Teilen erhebliche Unterschiede in der Querschnittsform nachweisen.

Abb. 135. Abdruck eines Schafwollhaares in Krönigschem Deckglaskitt nach A. Herzog (stark vergr.). Die Anordnung der Oberhautzellen tritt deutlich hervor. Vergr. 300.

Die Grundsubstanz der tierischen Wollen und Haare ist das Keratin, eine nicht einheitlich zusammengesetzte, Schwefel und Stickstoff enthaltende Substanz. Der Träger des Schwefels ist das Zystin, welches neben Tyrosin und Tryptophan die Leitkörper der Verhornung bildet. Die Oberhaut der tierischen Wollen und Haare besteht aus Keratin A im Sinne Unnas; im Mark und in der Rindenschicht ist Keratin C vorhanden. Die Pigmente bestehen aus den noch wenig erforschten Melaninen. Das natürliche Haar enthält stets auch Schweißbestandteile, die sich aus Salzen und fettartigen Substanzen zusammensetzen. Erstere bestehen vorzugsweise aus Kaliumsalzen verschiedener organischer und anorganischer Säuren, letztere aus Gemengen von freien Fettsäuren mit höheren einwertigen Alkoholen und unverseifbaren Anteilen (Choleste-

rin, Isocholesterin, Ketylalkohol usw.). Zellige Verunreinigungen
sind gleichfalls häufig zu finden (Früchte von Kletten, Schnecken-
klee; Stroh-, Holz-, Futterstücke usw.). Alkalische Bleilösung
färbt Tierhaare beim Erwärmen braun bis schwarz (Schwefelreaktion).
Eine Lösung der Haare in Kalilauge gibt mit Nitroprussidnatrium
eine rote bis rotviolette Färbung. In kochender Kali- oder Natronlauge tritt zuerst eine starke Quellung und dann eine völlige Lösung
ein. Salpetersäure färbt gelb; beim Erhitzen mit starker Salpetersäure geraten die Haare in starke Bewegung und rollen sich spiralig
zusammen. Über die Reaktionen von Allwörden und Pauly s. u.
,,Schafwolle''. Bei der Mikrodestillation schmelzen die Fasern unter
starker Bräunung und bilden schaumigblasige Gebilde (Abb. 136).

Nach dem hier Ausgeführten kann es keiner Schwierigkeit unterliegen, auf chemischem oder mikroskopischem
Wege zu entscheiden, ob eine Faser als tierisches Haar zu bezeichnen ist, oder nicht. Dagegen ist die Bestimmung der zugehörigen Tierart nicht immer mit der wünschenswerten Sicherheit durchzuführen. Nicht allein, daß die Zahl der faserliefernden Tiere außerordentlich groß ist, steht auch die Vielgestaltigkeit der Haare bei ein und demselben Tier, je nach den Körperstellen und dem Aussehen der Haare im Längsverlauf, der Lösung solcher Fragen hindernd im Wege. Die Schwierigkeiten wachsen im quadratischen Ver-

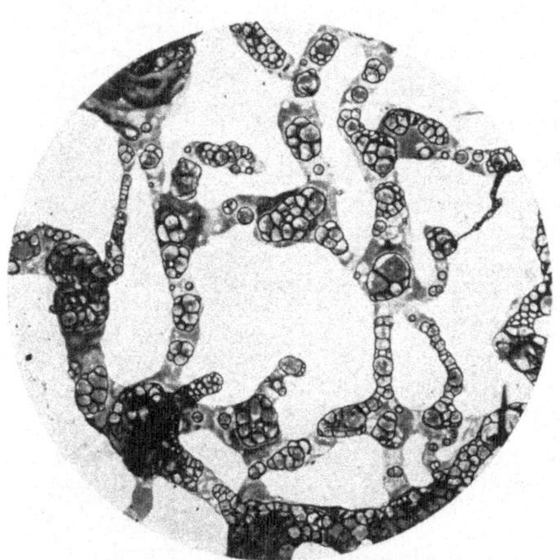

Abb. 136. Mikrodestillation tierischer Haare.
Vergr. 50.

hältnis, sobald man zu Mischungen übergeht, wie sie z. B. in Abfall-
garnen häufig vorliegen. Nach dem heutigen Stande der Unter-
suchungstechnik sind derartige Aufgaben nicht einmal qualitativ, geschweige denn quantitativ mit Sicherheit zu lösen.
Hieran ändern auch die in manchen, sonst ausgezeichneten Handbüchern
(z. B. v. Höhnel) enthaltenen Abbildungen nicht viel, weil sie eher ver-
wirrend, als aufklärend wirken. Unter solchen Umständen erscheint es
geboten, an dieser Stelle nur eine kleine Auswahl der wichtigsten, im
übrigen aber relativ gut charakterisierten Tierhaare zu geben
(Schafwolle, Ziegenhaare, Kamelwolle, Kamelziegenhaar,
Kalb- und Kuhhaare).

39. Schafwolle (oder schlechtweg Wolle).

Die Schafwolle des Handels kann aus dreierlei verschiedenen
Haaren bestehen: 1. Aus reinen Wollhaaren (Merino, Elektoralwolle,
Negretti, Hampshiredown, Southdown usw.). 2. Aus reinen Grannen-

haaren (Newleicesterrasse). 3. Aus einem Gemenge von Grannen-
und Wollhaaren (gewöhnliche Landrassen). Die der 1. Gruppe zu-
gehörenden Wollen sind sehr fein (12 bis 37 μ) und zeigen Oberhautzellen, die sich deutlich dachziegelartig decken. Die Schuppen sind am
Rande merklich verdickt, stets gezackt oder gesägt (Abb. 137). Auf
den Querschnitt entfallen 1 bis 2 Oberhautzellen. Die Faserschicht
zeigt deutliche Längsstreifung. Mark ist niemals vorhanden. Wollen
der 2. Gruppe bestehen aus gleichmäßig feinen Grannenhaaren (30 bis
60 μ) von beträchtlicher Länge (10 bis 20 cm). Der äußerste Teil (3 bis
4 cm) ist stets markfrei, mit zackigen, sich dachziegelartig deckenden
Schuppen. Weiter nach innen sind Markinseln ($^1/_4$ bis $^1/_5$ der Faserbreite einnehmend) vorhanden. In der Mitte der Faser ist oft ein undeut-
liches plattenartiges Oberhautgewebe vertreten. An der Basis ist Mark
vorhanden (zusammenhängend, etwa die Hälfte der Haarbreite einnehmend). Feinere Sorten äh-
neln den Merinowollen, sind
aber länger und gröber als
diese. Grobe Wollen dieser Art
nähern sich in ihren mikroskopischen Eigentümlichkeiten
den gemeinen Landwollen der
Gruppe 3. Die letzteren, die
aus Woll- und Grannenhaaren
bestehen (deutsches Schaf, ost-
europäische, australische, süd-
amerikanische Rassen usw.),
sind lang und dick (bei der
ungarischen Wolle z. B. 10 bis
15 cm lang und etwa 80 μ
dick), steif und schlicht. Sie
besitzen einen das ganze Haar
durchsetzenden Markkörper.
Die Wollhaare sind nur 5 bis

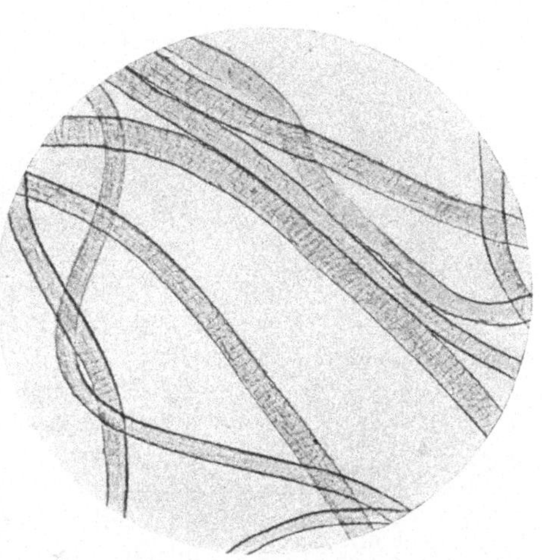

Abb. 137. Schafwollfasern ohne Markschicht. Vergr. 100.

7 cm lang und etwa 30 μ dick. Sie sind markfrei und grobbogig,
sehr gleichmäßig und ungezähnt. Die Oberhautzellen der Grannenhaare sind auffallend länglich und decken sich entweder dachziegelartig, oder sie sind muschlig konkav und stoßen plattenförmig aneinander. Die oberen Teile der in der Regel fettarmen Haare sind häufig
ohne Epidermis (abgerieben). Die Wollhaare sind sehr gleichmäßig,
im Querschnitt stielrund, fast nicht gezähnt und ohne regelmäßige
Kräuselung. Ähnlich sind auch die übrigen Landwollen gebaut.

Schafwollen der ersten Schur (Lammwollen) zeigen oft die natürlichen Haarspitzen (Lammspitzen); sie sind markfrei und deutlich
gestreift. Die Gerberwolle (durch Enthaaren von chemisch vorbehan-
delten Fellen gewonnen) und die Rauf- und die Sterblingswolle (von
abgezogenen Fellen und von umgestandenen Tieren durch Ausraufen
gewonnen) weisen regelmäßig Haarzwiebeln auf.

In schlechten Wollen sind auffallend breite, opak aussehende

Stichelhaare zu finden, die einen sehr breiten, mehrreihigen Markzylinder aufweisen (Faserschicht nur schwach entwickelt).

Die spezifische Doppelbrechung der Schafwolle ist gering (vgl. Tabelle 6, S. 89); dementsprechend werden zwischen gekreuzten Nicols in der Diagonalstellung nur die niederen Farben der 1. Ordnung wahrgenommen. Zur Bestimmung der Interferenzfarben empfiehlt es sich, die Beobachtung auch zwischen parallelen Nicols vorzunehmen. Erst bei einer Dicke des Haares von etwa 70 bis 80 μ tritt das Übergangsrot I auf. In den Orthogonalstellungen wird keine Aufhellung wahrgenommen. S. u. „Untersuchungen im Polarisationsmikroskop". Die mittlere Lichtbrechung beträgt 1,55. Chlorzinkjod färbt die Schafwolle gelb. Kuoxam bewirkt Anquellung (Oberhautzellen etwas abstehend und daher deutlicher sichtbar), aber keine Lösung.

Zu den bei der Qualitätsprüfung von Schafwolle häufig ausgeführten Reaktionen gehören vorzugsweise die von v. Allwörden[1] und Pauly[2] angegebenen. Nach v. Allwörden zeigt Schafwolle nach Einwirkung von Chlorwasser mikroskopisch ein perlschnurartiges Abheben der Oberhaut (Abb. 138). Die Reaktion ist nach heutiger Auffassung darauf zurückzuführen, daß das Chlorkeratin der Rindenschicht sehr stark quellungsfähig ist, während das Chlorkeratin der Oberhaut größere Widerstandsfähigkeit zeigt und die Faser wie ein Panzer umschließt. Bei unbeschädigten Wollhaaren tritt nun die stark gequollene Rindensubstanz an den Kittungsstellen der Oberhautzellen, die den geringsten Widerstand entgegensetzen, in Form der bläschenartigen Ausstülpungen hervor. Bei alkaligeschädigter Wolle erfolgt eine allseitige Verquellung des Chlorkeratins (der Kittstoff der Oberhautzellen ist durch das Alkali gelöst oder gelockert), so daß

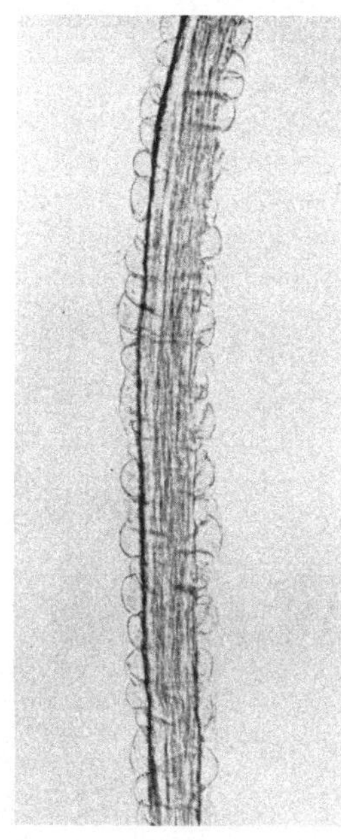

Abb. 138. Reaktion nach v. Allwörden. Vergr. 140.

die obige Reaktion ausbleibt. Sichere Ergebnisse sind allerdings mit Hilfe dieser Reaktion nicht zu erzielen. Wesentlich besser ist die von Pauly angegebene Diazoreaktion, die sowohl Alkali- und Säurebeschädigungen, als auch lokale mechanische Verletzungen des Wollhaares anzeigt. An solchen Stellen, an denen die Oberhaut chemisch oder mechanisch geschwächt ist, dringt das Reagens zu der Rindenschicht und bewirkt dort Rotfärbung. Bis zu einem gewissen Grade läßt sich hierbei auch eine quantitative Bestimmung der beschädigten Fasern durchführen. Über die Herstellung der sodaalkalischen Diazobenzolsulfosäure s. u. „Reagenzien". Ähnliche Ergebnisse werden bei der Färbung mit Baumwollrot 10 B (Benzopurpurin) erzielt (Sieber).

[1] Allwörden, v.: Z. angew. Chem. 1910, 77; 1917, 125, 297.
[2] Pauly: Z. Farb. u. Text.-Ind. 1904 373.

Der Nachweis von Neutralfetten wird mikroskopisch durch Färben mit Sudan-Glyzerin geführt (Orangerotfärbung). Brunswik[1] konnte hierbei feststellen, daß bei Rohwolle die gesamte Haaroberfläche wie mit Firnis von einer Fettschicht wechselnder Dicke überzogen ist. Stellenweise sind sogar auffallende Fettklumpen oder Krusten vorhanden (Abb. 139). Schafwolle, die etwa 4% Fett enthält, zeigt nur noch an den Grenzlinien der Schuppen Spuren von mit Sudan III nachweisbarem Fett; bei 1% Fett auch dies nicht mehr. Vollständig entfettete Wolle läßt nach Brunswik

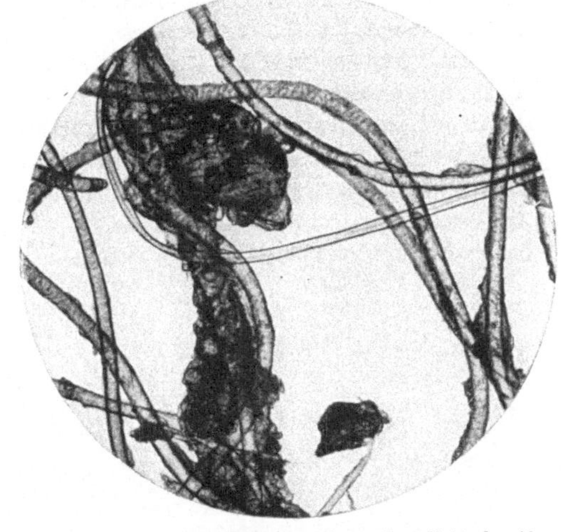

Abb. 139. Rohe Schafwolle mit anhängendem Fettschweiß. Vergr. 100.

zahlreiche feine Poren in der Rindenschicht erkennen (Faser in Glyzerin, Paraffin- oder Olivenöl einlegen); er spricht sie als nicht ganz verhornte Zellumina der Faserzellen an. Das Auftreten solcher Löcher deutet also auf eine hochgradige, wenn nicht totale Entfettung des Wollhaares hin. Der Nachweis von Cholesterin läßt sich nach dem Vorschlage Brunswiks mit Digitonin (Merck) führen. Freies Cholesterin bildet hierbei (1 proz. Lösung von Digitonin in 85 proz. Alkohol) eine unlösliche, kristallisierte Verbindung, die unter dem Mikroskop in Form äußerst zierlicher Nadeln oder Nadelbüschel leicht kenntlich ist (Abb. 140). Die Reaktion, die bei Rohwolle sonst nur träge verläuft, wird auffallend beschleunigt, wenn man die trockene Faser unter dem Deckglas von der einen Seite mit etwas Äther versetzt und von der anderen Seite rasch die alkoholische Digitoninlösung zufließen läßt. An der Mi-

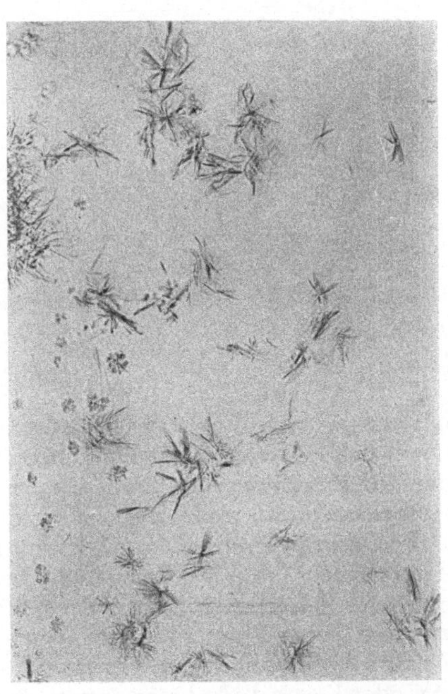

Abb. 140. Mikrochemischer Nachweis von Cholesterin im Fettschweiß der Schafwolle mit Digitonin. Vergr. 150.

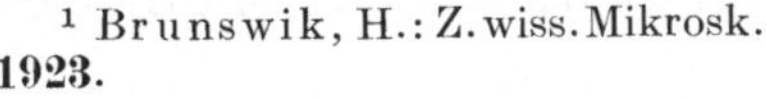

[1] Brunswik, H.: Z. wiss. Mikrosk. **1923.**

schungszone treten sofort die Kriställchen und Nadelbüschel des Digitonincholesterins auf. Es soll auf diesem Wege selbst bei Wolle von nur 1% Fettgehalt Cholesterin nachgewiesen werden können.

Mit sauren Chlorkalkbädern gechlorte Wolle zeigt nach A. Herzog[1] folgendes Verhalten: Die Oberfläche des Haares ist glatt, da die Oberhautzellen verändert sind; insbesondere fehlen die zackigen Anteile der Epidermiszellen. Die Rindenschicht weist eine ziemlich scharfe Differenzierung in einen stärker lichtbrechenden, äußeren Teil (in Chlorkeratin umgewandelt) und einen weniger stark lichtbrechenden, inneren Teil (unverändertes Keratin der Rindenschicht) auf. Schon

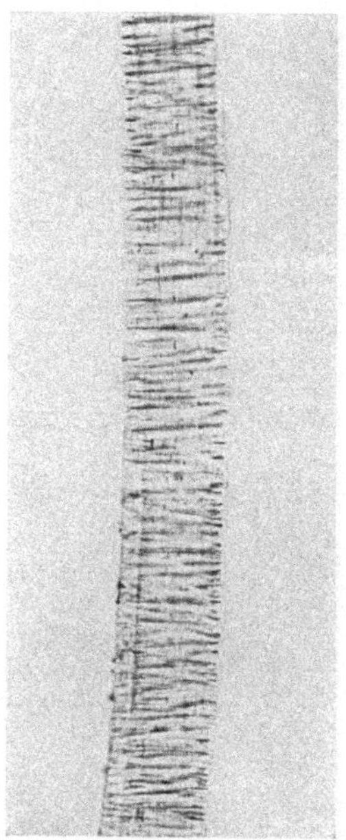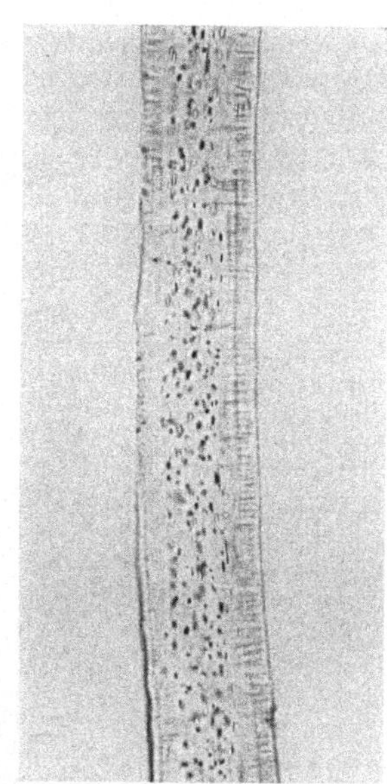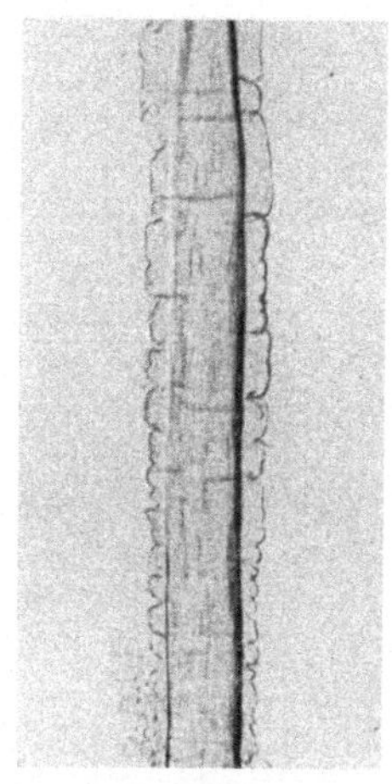

Abb. 141. Gechlorte Wolle mit zahlreichen Querrissen (Kanadabalsam). Vergr. 320.   Abb. 142. Gechlorte Schafwolle mit Poren in der innern Faserschicht. Vergr. 320.   Abb. 143. Gechlorte Schafwolle in Chloralhydrat. Vergr. 140.

in Wasser, noch besser aber in Kanadabalsam, zeigen viele Haare zahlreiche, außerordentlich feine Querrisse, welche die äußeren Anteile der Rindenschicht durchsetzen und infolge ihres Luftgehaltes dunkel erscheinen (Abb. 141). Auch Schrägrisse sind ab und zu wahrzunehmen. Daß die Risse nur dem Chlorkeratin der Rindenschicht angehören, kann man daraus ersehen, daß die Rißenden der Fasern manchmal eine gänzliche Lostrennung der stark querzerklüfteten äußeren Zone von der keine Spur Risse zeigenden Kernzone erkennen lassen. Beim Zerren der Fäden treten besonders zahlreiche Querrisse auf. In Glyzerin oder Kanadabalsam treten oft zahlreiche kleine elliptische Poren in der inneren Faserschicht auf (Abb. 142). In der Lichtbrechung und

---

[1] Herzog, A.: Mell. Text. **1928**, 33.

Doppelbrechung zeigt die gechlorte Wolle im allgemeinen die gleichen Verhältnisse wie die nichtgechlorte. Über das Verhalten der gechlorten Wolle gegen verschiedene **Reagenzien** gibt die folgende Tabelle 46 Aufschluß. Vgl. auch Abb. 143.

Tabelle 46.

Reagens	Gechlortes Wollhaar		
	Epidermis	Äußere (gechlorte)	Innere (nichtgechlorte)
		Rindenschicht	
Wasser, Glyzerin, Kanadabalsam	stärker lichtbrechend, zackige Vorsprünge der Epidermisschuppen fehlen Dicke etwa $0,8\,\mu$ (Abb. 141)	beim Dehnen oder Zerreißen starke Querzerklüftung	schwächer lichtbrechend, Poren in der Faserschicht (Abb. 142)
Methylenblau	dunkelblau		schwach hellblau
Safranin	dunkelrot		schwach rötlich
Rutheniumrot	kräftig karmoisinrot		fast farblos
Chloralhydrat, Kupferoxydammoniak, Ammoniak, konz., Eisessig, Soda, 10%	ungelöst, stark gekräuselter bzw. gefältelter Schlauch (Abb. 143)	Abnahme der Lichtbrechung, rasch gelöst	ungelöst, Faserspalten sehr deutlich
Papierschwefelsäure nach v. Höhnel	wie vorstehend	zuerst opak, deutliche Querfalten, sodann alles gelöst	Lichtbrechung von außen nach innen abnehmend (besonders auf Querschnitten gut sichtbar!), Faserspalten sehr deutlich
Osmiumsäure, 1%	stärker gebräunt, schaumig		schwächer gebr.
Chlorzinkjod	dunkelgelb, schaumig, völlig desorganisiert		hellgelb
Konz. **Glyzerin,** heiß	Abnahme der Lichtbrechung, keine Lösung, klaffende Querspalten, im optischen Längsschnitt auffallende Kerbung der Faser	manchmal zwei feine, sich kreuzende Liniensysteme	—

Anmerkung. Die wichtigeren Reagenzien sind durch fetten Druck hervorgehoben.

40. Kunstwolle.

Sie wird aus alten oder neuen Wollabfällen oder aus Lumpen wiedergewonnen. Die Kunstwolle unterscheidet man im allgemeinen in **Thybet** (nicht zu verwechseln mit der Tibetwolle, die von der Tibetziege stammt) (aus ungewalkten Lumpen), **Shoddy** (gestrickte Wollumpen) und in **Mungo** (aus Tuchlumpen). Eine andere Einteilung ist die folgende: **Shoddy** (aus ungewalkten Wollstoffen), **Alpakka** oder **Extrakt** (aus Wollabfällen, die jedoch auch Pflanzenfasern enthalten) und **Mungo** (aus tuchartigen gewalkten Stoffen). Auch weitere Unterteilungen sind je nach dem Ausgangsmaterial üblich.

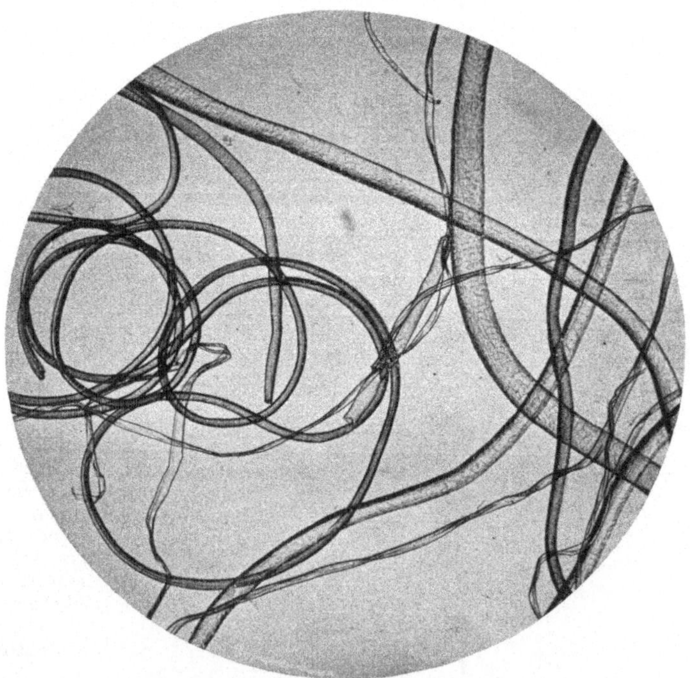

Abb. 144. Kunstwolle. Neben sehr groben Wollfasern auch feine vorhanden; daneben Baumwollfasern. Vergr. 80.

Die Untersuchung der Kunstwolle gehört zu den interessantesten, aber auch schwierigsten Aufgaben der technischen Mikroskopie. Allgemein gültige Regeln können hier nicht gegeben werden, da nicht ein Merkmal zur sicheren Erkennung der Kunstwolle genügt, sondern nur das Zusammenfallen vieler. Nach den Untersuchungen von Cramer[1] und v. Höhnel[2] sind insbesondere folgende Umstände zu beachten:

1. **Fremde Fasern.** Da in guten Wollstoffen nur einheitliche Wollfasern enthalten sind, so ist es zum mindesten stark verdächtig, wenn bei der Untersuchung z. B. neben feiner Merinowolle auch grobe Landwolle nachgewiesen werden kann (Abb. 144). Allerdings muß dabei

[1] Cramer, C.: Progr. d. Polytechn. Schule Zürich, 1882.
[2] v. Höhnel: Mikroskopie d. Faserstoffe, 2. Aufl. Leipzig-Wien 1905.

beachtet werden, daß die Dicke der Haare bei ein und demselben Tier außerordentlich wechseln kann (nach Cramer von 12 bis 85 μ). Das Vorkommen von sehr geringen Mengen Baumwolle und sonstigen pflanzlichen Stoffen, mit denen das Tier zufällig in Berührung gekommen sein

kann, ist gleichfalls noch kein absolut sicheres Anzeichen für das Vorliegen von Kunstwolle. Ebensowenig ist das Fehlen von pflanzlichenBeimengungen, z. B. Baumwolle, ein Kennzeichen für reine Wolle, da die pflanzlichen Stoffe der Kunstwolle in der Regel durch Karbonisation beseitigt werden. Nur wenn ein Stoff größere Mengen von gefärbten Baumwoll- und anderen Pflanzenfasern enthält, kann auf das Vorliegen von Kunstwolle geschlossen werden (Abb. 145).

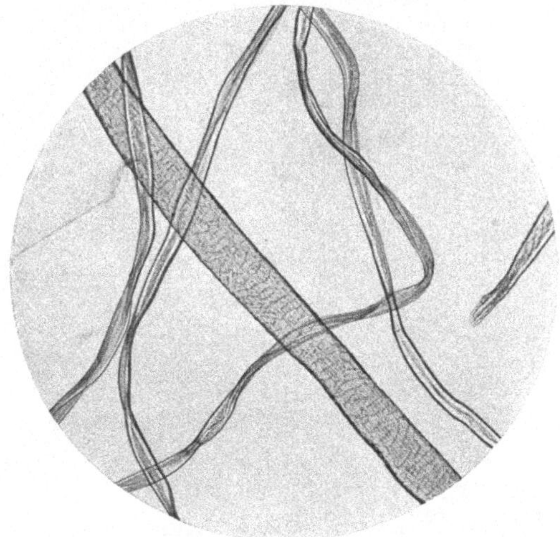

Abb. 145. Kunstwolle. Grobe Schafwollfaser neben viel Baumwolle. Vergr. 100.

2. Die Länge der Wollfasern. Trotzdem die Wollfaser durch die Wiederverarbeitung naturgemäß kürzer wird, kann die Länge doch nicht als Erkennungsmerkmal für Kunstwolle angesehen werden, weil die Schwankungen in der Faserlänge der ursprünglichen Wollhaare zu groß sind.

3. Aussehen der Fasern. Kunstwollfasern entbehren an einzelnen Stellen der Oberhaut. Hierbei ist aber zu beachten, daß bei manchen sonst guten Landwollen die oberen Teile der Haare gleichfalls schuppenlos sein können (vgl. „Schafwolle"). Auch sonstige angebliche Kennzeichen der Kunstwolle sind nicht eindeutig (Ungleichmäßigkeit in der Haardicke, Verdünnungen usw.).

4. Enden. Kunstwolle zeigt, wie auch Marschik[1] hervorhebt, infolge der starken mechanischen Beanspruchung der Fasern bei der Wiederverarbeitung (Reißen) stark zerrissene Enden. Besonders bei chemisch vorbehandelter Kunstwolle sehen die Rißenden ausgesprochen pinselartig aus (Abb. 146). Gewöhnliche Schafwolle, die bekanntlich durch Scheren gewonnen wird, hat in der Regel glatte Schnittenden. Werden in einer Faserprobe zahlreiche Pinselenden gefunden, so ist der Schluß auf Kunstwolle berechtigt. Selbstverständ-

Abb. 146. Kunstwolle. Pinselartig auseinandergehendes Rißende eines Wollhaares. Vergr. 250.

____
[1] Marschik: Mell. Text. **1920**, 156.

lich weisen mechanisch und chemisch stark beanspruchte Kunstwollfasern auch in ihren mittleren Teilen fibrilläre Zerschlitzungen
und Quetschungen auf (Abb. 147).

5. Die Färbung der Fasern. Sie ist ein sehr wichtiges Kennzeichen für Kunstwolle. Die meisten Lumpen enthalten Wollen von sehr verschiedener Färbung, die sich nicht durch Sortierung scharf auseinanderhalten lassen. Infolgedessen weisen nur wenige Kunstwollproben eine einzige Färbung auf. Durch Überfärbung werden die Kunstwollfasern in ihrem Aussehen vereinheitlicht. Wenn daher in einem Faden, der scheinbar gleichmäßig gefärbt ist, unter dem Mikroskop verschieden gefärbte Einzelfasern aufgefunden werden, so ist dies ein Beweis für das Vorhandensein von Kunstwolle. Namentlich, wenn das Gespinst eine unbestimmte graue, braune oder schwarze Farbe aufweist und aus Fasern der verschiedensten Farben zusammengesetzt ist, besteht es entweder ganz oder der Hauptsache nach aus Kunstwolle. Um die Farbe der Einzelfasern besser hervortreten zu lassen, legt man sie in verdünnte Salzsäure und beobachtet unter dem Mikroskop. Über die quantitative Bestimmung der Kunstwolle s. u. „Quantitativ-mikroskopische Untersuchungen“.

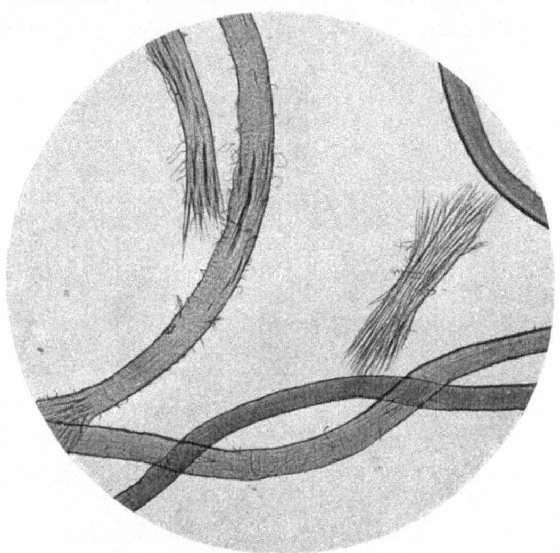

Abb. 147. Kunstwolle. Stark beschädigte Wollhaare ohne Oberhaut; Rindenzellen z. T. bloßgelegt. Vergr. 100.

41. Ziegenhaare.

Von den Ziegen stammen hauptsächlich vier verschiedene Haararten des Handels: 1. das gemeine Ziegenhaar, 2. das Geißbarthaar, 3. die sogenannte Mohair- oder Angorawolle und 4. die Tibet- oder Kaschmirwolle.

1. Gemeines Ziegenhaar. Es besteht fast nur aus Grannenhaaren, ist weiß, gelblichbraun bis schwarz, 4 bis 10 cm lang, hat als Raufwolle immer Haarzwiebeln (im Schafte 80 bis 100 μ dick), ein 80 μ breites Mark und nur dünne Faserschicht. Kurz vor der Spitze ist das Haar bis 130 μ breit, das Mark hat 6 bis 10 Zellreihen. Es ist leicht knickend, die Kutikularschuppen sind hoch, querbreit und scharfrandig. An der Spitze ist es feingesägt; es zeigt Faserspalten (Abb. 148).

2. Geißbarthaar. Die Geißhaare (Ziegenbarthaare) sind grannig, etwa 30 cm lang, steif; an der Basis 100 μ dick und ohne Mark. Weiße Ziegenflaumhaare (Südrußland) und bräunlicher Ziegenflaum (Böhmen)

sind Haare, die den im Freien lebenden Ziegen auch selbst ausfallen. Meist sind sie mit Haarzwiebeln versehen. Die Oberhautschuppen an der Basis sind sehr schmal und feingezähnt, sich dachziegelförmig deckend.

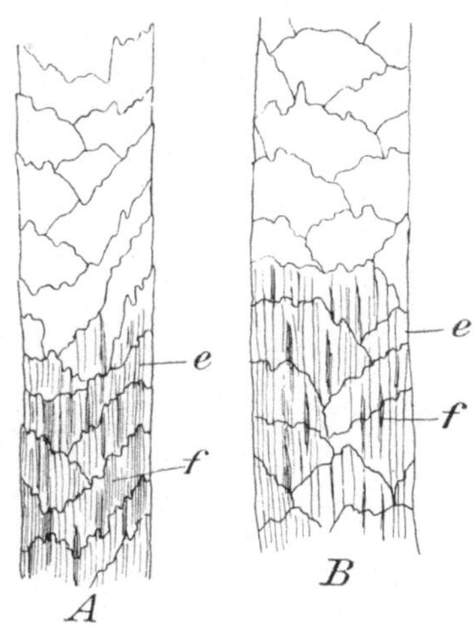

3. **Mohair- oder Angorawolle.** Diese stammt von der Angoraziege (Capra hircus angorensis, Kleinasien). Das Haar ist geschmeidig, weiß, grau oder schwarz, 12 bis 18 cm lang, im Mittel 42 μ dick (vereinzelt bis 60 bis 100 bis 150 μ dick und den gemeinen Ziegenhaaren ähnlich), hat dünne, flache, halb- bis ganzzylindrische Schuppen mit grobzähnigem Rand, grobstreifige, nicht körnelige Oberfläche, kein Mark, keine Randsägung. Die Faserspalten sind regelmäßig und breit (Abb. 149).

4. **Tibet- oder Kaschmirwolle.** Diese stammt von der Tibet- oder Kaschmirziege (Capra hircus laniger), wird durch Ausrupfen gewonnen und bildet weiße, graue oder braune Rohwolle, die nach der Reinigung nur 20% schöne, weiche spinnbare Wolle liefert. In der Rohwolle sind Grannen- und Wollhaare enthalten. Das Wollhaar ist etwa 7 cm lang,

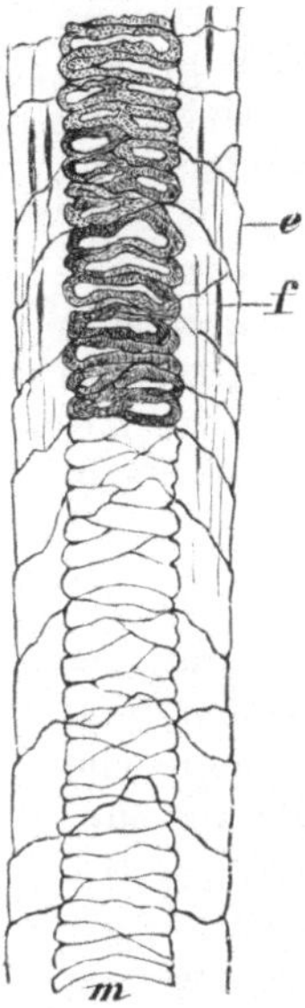

Abb. 148. Ziegenhaar (nach v. Höhnel). Mitte eines Grannenhaares. Vergr. 340. *m* Mark, *f* Faserspalten, *e* sich dachziegelförmig deckende Epidermisschuppen.

Abb. 149. Mohair- oder Angorawolle (nach v. Höhnel). Vergr. 340. Sind Grannenhaare. Markfrei. Epidermisschuppen *e* sehr dünn, dachziegelförmig sich deckend, mit gezähneltem Vorderrande. Grobstreifig, mit großen Faserspalten *f*. *A* Prima-, *B* Sekundasorte.

oben etwa 7 μ dick, bis 26 μ nach unten zu wachsend, meist ohne natürliche Spitze (die abgebrochen ist), grobwellig, stielrund, mit hohen, halb- oder ganzzylindrischen Schuppen bedeckt, am Faserrand fein gesägt, grob gestreift und mit Faserspalten, markfrei, ohne Haarzwiebel. Die Grannenhaare sind etwa 12 cm lang, an der Basis 70 bis 80 μ dick, markführend, im ganzen dem gemeinen Ziegenhaar ähnlich.

Vielfach werden die Bezeichnungen „Thybet“ und „Tibet“ miteinander verwechselt und geben zu Mißverständnissen Anlaß: 1. Unter „Tibetwolle“ sind die Haare der in Tibet gezüchteten Tibet- oder Kaschmirziege zu verstehen; 2. „Thybet“- (oder manchmal auch „Thibet“- geschrieben) Wolle ist dagegen eine Art Kunstwolle (s. d.); 3. „Thybetgarne“ sind aus „Thybetwolle“ gesponnene Garne; 4. „Tibet“ wird ein weicher, wollener Stoff ohne glänzende Appretur genannt, der in verschiedenen Färbungen hergestellt wird (z. B. Tibetschals) und entweder aus Tibet- d. i. Kaschmirwolle erzeugt ist oder dieser im Charakter sehr ähnlich ist.

42. Kamelhaare.

Die echte **Kamelwolle**, vom Kamel stammend, besteht aus a) sehr feinen, welligen, grauen bis braunen, über 10 cm langen, 10 bis 16 μ dicken, markfreien Wollhaaren und b) meist dunkelbraunen bis schwar-

zen Grannenhaaren. Das Wollhaar ist fein und regelmäßig längsstreifig, die Schuppen sind langzylindrisch; der Rand der Schuppen
ist nicht gezähnelt. Die Grannenhaare sind meist nur 5 bis 6 cm lang
und bis 70 bis 80 μ dick. Sie gleichen den Grannenhaaren des Kalbes,
aber die Schuppen sind derber, daher der Faserrand deutlich gesägt.
Der Markzylinder ist sehr groß und kontinuierlich. Der reichliche braune
Farbstoff ist auch in Form von größeren Knoten vorhanden. Die
Grannenhaare der Kamelwolle unterscheiden sich von den Grannenhaaren des Rindes durch geringere
Dicke, derbere Oberhaut, schmälere
Markzellen und derbere Querwände,
meist dunklere Färbung mit Farbstoffknoten (Abb. 150).

43. Kamelziegenhaar.

Die Kamelziegen (Auchenia) liefern meist seidenartige Wollen; von
ihnen stammen vier verschiedene
Wollarten des Handels, die nur zum
geringsten Teil von praktischer Bedeutung sind. 1. Huanaco (Auchenia
Huanaco); 2. Lama (Auchenia Lama) liefert die Lamawolle; 3. die
Alpakawolle (Auchenia Paco) ist
meist schön rotbraun bis schwarz,
seltener grau oder weiß. Sie kommt
gegenwärtig in Europa noch viel vor;
4. die Vicogne (Vicunna, Vicugnawolle von Auchenia Vicunna) kommt
heute schon selten in Europa vor.
Sie ist 5 cm lang, seidig, bräunlich
bis schwarz. Die „Vigognewolle"
des Handels ist ein Gemenge von
Baumwolle und Schafwolle.

Alpakawolle. Die Wolle hat
Grannen- und Wollhaare, welche 10
bis 30 cm lang sind. Die braunen
und schwarzen Haare sind am mei

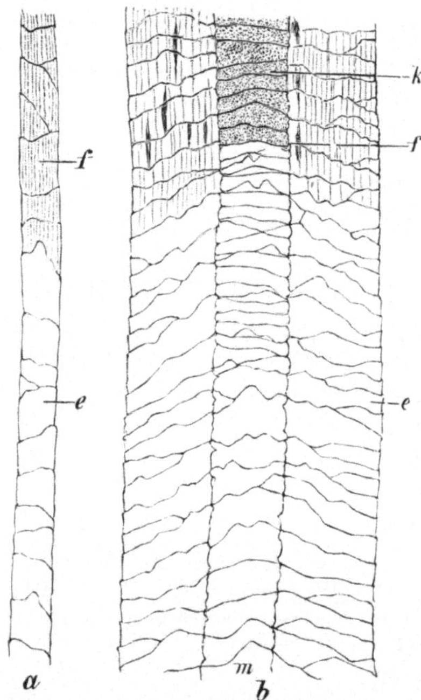

Abb. 150. Kamelhaar (nach v. Höhnel).
Vergr. 340. *a* Wollhaar, *b* Grannenhaar. Das
Wollhaar ist markfrei, zeigt zylindrisch ineinandergeschobene Epidermisschuppen *e* und
eine feine Längsstreifung mit braunen Körnchenreihen *f*; das Grannenhaar zeigt einen
breiten Markzylinder *m*, der aus einer Reihe
flacher, dünnwandiger Zellen mit feinkörnigem Inhalt *k* besteht. Die Faserschicht zeigt
Körnchenstreifen und grobe braune Farbstoffknoten *f*. Die Epidermisschuppen *e* sind niedrig,
dünn, sehr breit.

sten geschätzt. Die Wollhaare sind 10 bis 15 cm lang, 15 bis 20 μ dick,
markfrei, längsstreifig. Die Grannenhaare, die in geringem Maße vorkommen, sind 20 bis 30 cm lang, unten 35 μ dick, haben volles Mark
und grobkörnigen Inhalt. Das Mark ist etwa 15 μ breit. Die Schuppen
der Alpakahaare sind höchst fein, fehlen jedoch meist (Abb. 151).
Vgl. auch das über „Alpakka" auf S. 206 Gesagte.

44. Kalb- und Kuhhaare.

Die Kalb- und Kuhhaare sind fast stets geäscherte oder gekalkte
Raufhaare und zeigen deshalb fast immer die Haarzwiebel. Diese Haare

werden von Hand (z. B. zu groben Tierhaargarnen) versponnen und
zu Fußabstreifern, groben Teppichen und Decken verarbeitet. Sie sind
weiß, rötlich oder schwarz gefärbt und matt. Kalb- und Kuhhaare
haben denselben anatomischen Bau und erscheinen in drei typischen
Abstufungen entwickelt (vgl. Abb. 152 und 153):

1. Dicke, steife, 5 bis 10 cm lange Grannenhaare mit länglichen
Haarzwiebeln. Der fast ebenso lange Hals weist einen einreihigen Markzylinder oder Markinseln auf. Hier sind die Oberhautschuppen sehr dünn, gezähnelt, sich dachziegelförmig deckend. Die Dicke des Halses ist 120 μ, von
da ab langsam bis 130 μ
wachsend, bei 74 μ breitem
Markzylinder. Gegen die

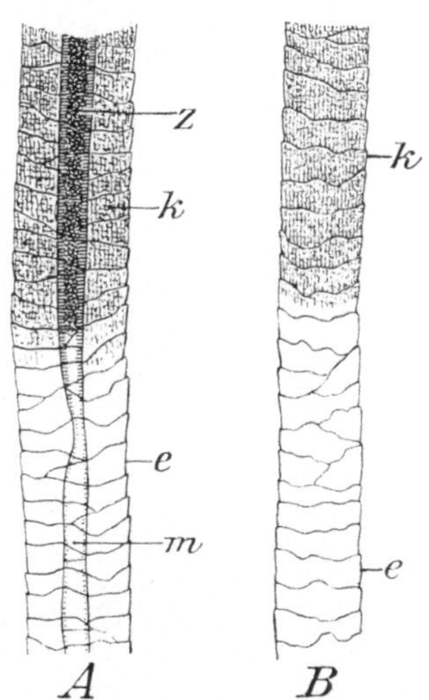

Abb. 151. Alpakawolle (nach v. Höhnel). Vergr. 340. *A* markhaltiges
Grannenhaar, *B* markfreies Wollhaar. *e* Epidermisschuppen, sehr
dünn und breit; Faserschicht mit
Körnchenreihen *k*; *m* Markzylinder,
am Rande wie fein gesägt, aus
schmalen Zellen *Z* aufgebaut.

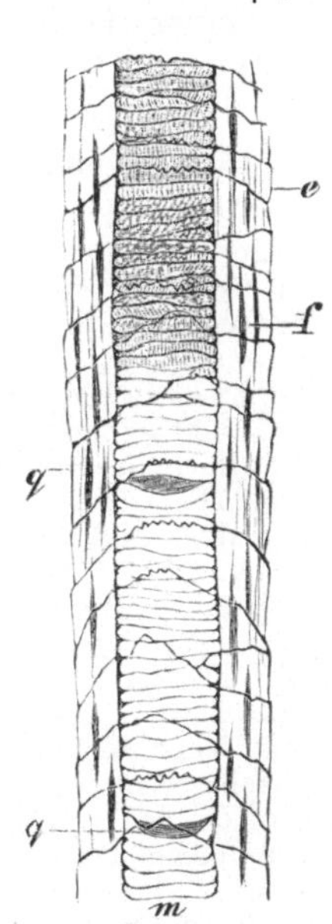

Abb. 152. Kuhhaar (nach
v. Höhnel). Mitte eines
Grannenhaares. Vergr. 340.
m Mark, *f* Faserspalten,
e sich dachziegelförmig
deckende Epidermisschup-
pen, *q* charakteristische
Querspalten.

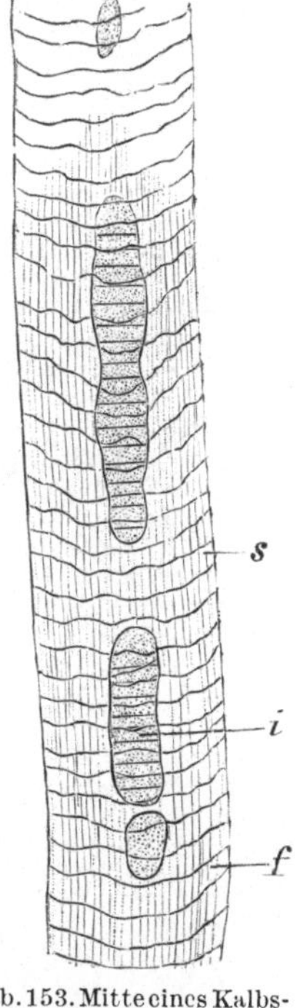

Abb. 153. Mitte eines Kalbs-
grannenhaares (nach v.
Höhnel). Vergr. 340. Man
sieht die sehr dünnwandi-
gen Markzellen, welche die
Markinseln *i* bilden, grobstreifige Faserzellen *f* und
die schmalen, dünnen,
dachziegelförmig sich dek-
kenden Epidermiszellen *s*.

farblose Spitze des Haares treten deutliche Faserspalten auf; kurz vor der
Spitze verschwindet das Mark, und die Faserspalten werden deutlicher.

2. Feinere Grannenhaare, im ganzen den ersten ähnlich; der Hals
ist 75 μ breit und markfrei. Der Markzylinder wird rasch dicker und
besteht aus dünnwandigen Zellen, stellenweise wie gefächert. Die Oberhautzellen decken sich dichtschuppig, sind fast zylindrisch, schmal,
feingezähnelt. Der Markzylinder löst sich 1 cm über dem Grunde in
Markinseln auf, die bis zur Mitte beobachtet werden; hier verschwinden
sie völlig und treten gegen die Spitze wieder auf, wo sie in einen kon-
tinuierlichen Zylinder übergehen, der kurz vor der Spitze verschwindet.

14*

3. **Feinste, 1 bis 4 cm lange, markfreie Wollhaare**, oft nur 20 μ dick. Oberhautzellen sind grob, der Rand der Faser grob und deutlich gesägt. Meist mit Zwiebel, natürlicher Spitze und deutlichen Faserspalten. Daneben kommen ebenso feine Haare mit kontinuierlichem oder unterbrochenem Markzylinder vor, der nur an Spitze und Basis fehlt. Eingehende Untersuchungen über die chemische und anatomische Zusammensetzung geäscherter Haare verdanken wir F. Fein[1].

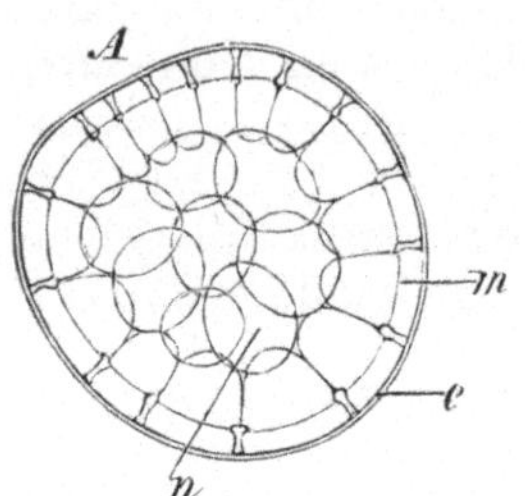

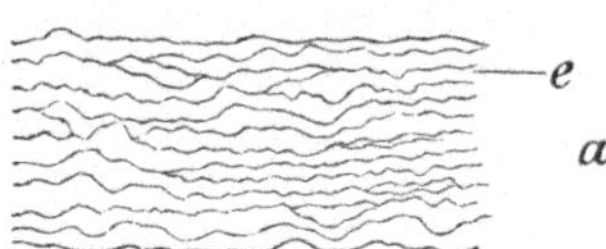

Abb. 155a.

45. Rehhaare.

Es sind 2 bis 4 cm lange, dicke, spröde, unten weiße, oben braune Haare, meist mit Zwiebel und Spitze. Die Zwiebel ist klein (90 μ breit und 300 μ lang) und geht in einen etwa 250 μ langen Hals über, der nur 60 μ dick und markfrei ist (s. Abb. 154). Der Halsteil besteht aus körnchenfreien Fasern, mit häufigen, breiten Faserspalten, und aus einer sehr zarten Epidermis. Von hier ab wird das Haar plötzlich kegelförmig dicker und schwillt bis zu einer Dicke von 360 bis 400 μ an. Die zarte Epidermis ist kaum sichtbar; die ganze Breite des Haares wird von großen Markzellen erfüllt. Gegen die Spitze hin wird das Haar wieder dünner mit braunem Farbstoff. Weiter gegen die Spitze werden die Zellwände selbst braun und treten braune Inhaltskörper auf. An der äußersten Spitze besteht das Haar nur aus der Faserschicht und der Epidermis.

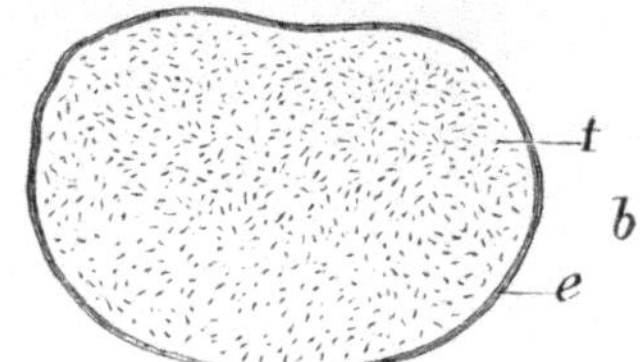

Abb. 155b.

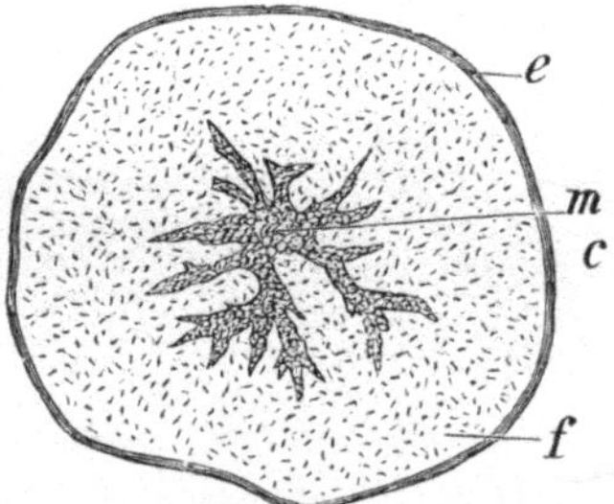

Abb. 155c.

Abb. 155a bis c. Schweinsborste (nach v. Höhnel). a (Vergr. 340). Stück der mehrschichtigen Epidermis, aus dünnen, sich dachziegelförmig deckenden Zellen *e* bestehend. b und c Querschnitte (Vergr. 90). b näher der Basis, c über der Mitte derselben Borste, *e* Epidermis, *f* derbwandige Faserschichten, *m* strahliger Markkörper.

Abb. 154. Grobes Rehgrannenhaar (nach v. Höhnel). Vergr. 90. *A* Querschnitt in der Mitte des Haares. *B* Basis des Haares mit Hals *h* und Wurzel (Zwiebel) *w*. *m* derbwandige Markzellen der äußersten Schicht, *n* dünnwandige Markzellen des Innern, *e* Epidermis; im Halse *h* kurze Faserspalten.

Neben diesen dicken Haaren kommen auch dünne, ganz braune, kürzere Haare vor; sowie auch Übergänge beider Unterarten; die Dicke derselben geht bis 150 μ.

---

[1] Fein, F.: Beiträge zur Kenntnis des Einflusses des Äscherns auf die Eigenschaften der Rinderhaare. Dissertation, Dresden 1923.

46. Schweinsborsten.

Die Schweinsborsten sind von Natur aus weiß, gelb, rosa, braun, schwarz oder grau, oder beliebig künstlich gefärbt; sie sind unter dem Mikroskop streifig und von besonderer Dicke (500 μ). Der untere Teil ist marklos oder hat unterbrochenen Markzylinder; der obere Teil hat mächtiges Mark, das im Querschnitt sternförmig erscheint (s. Abb. 155 c). Die Epidermis ist mehrschichtig und besteht aus 3 bis 4 und mehr Lagen von dünnen Schuppen, welche sich dachziegelförmig decken und deren dünne Ränder gezähnelt sind (Abb. 155).

47. Roßhaare.

Die Roßhaare sind sehr verschieden dick (80 bis 400 μ) und sehr verschieden lang, außen meist ganz glatt und häufig künstlich schwarz gefärbt. Schwarze Haare sind undurchsichtig und strukturlos, müssen deshalb für die genaue mikroskopische Untersuchung tunlichst entfärbt werden. Bei weißen Haaren sieht man eine äußerst zarte und glatte Epidermis, welche aus schmalen, gezähnelten Zellen besteht (Abb. 156). Die Faserschicht zeigt zahlreiche kurze, breite Spalten und der starke Markzylinder besteht in der Längsansicht aus 1 bis 2 Reihen von ganz schmalen, blättchenförmigen Zellen mit sehr dünnen Wänden und einem feinkörnigen Inhalt.

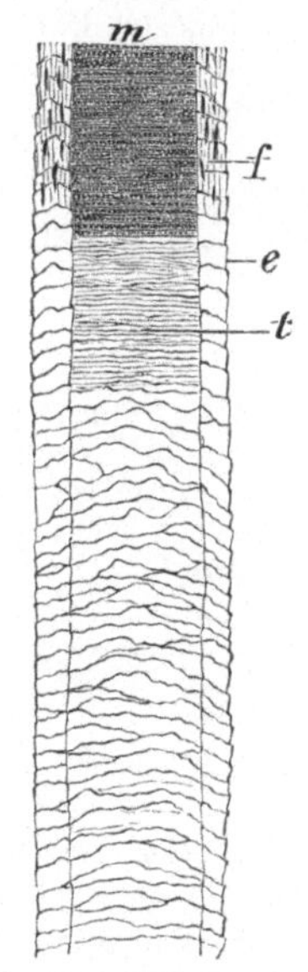

Abb. 156. Weißes Roßhaar (nach v. Höhnel). Vergr. 90. Mächtiger Markzylinder m, aus ganz schmalen, dünnwandigen Zellen t bestehend, e Epidermis. Die Faserschicht enthält kurze, breite Faserspalten f.

E. Mikroskopie der anorganischen Fasern.

48. Asbest.

Asbest (Hornblendenasbest, Serpentinasbest, Amianth, Bergflachs, Bergseide, Federalaun) ist eine Abart des Tremoliths und besteht aus sehr weichen und etwas elastischen, lose miteinander verbundenen, bis über ⅓ m langen Fasern (Nadeln), welche meist gleichlaufend, leicht voneinander trennbar, durchscheinend und grünlichweiß, selten gelblich oder rötlich sind. Er besitzt Perlmutterglanz, fühlt sich sanft und seidig an und hat ein spezifisches Gewicht von 1,9 bis 3 g/ccm, die Härte von 5,5 bis 6. Er besteht aus Magnesia, Kalk und Kieselsäure mit wechselnden Mengen von Wasser und Eisenverunreinigungen. In Säuren ist er z. T. löslich. Die Hauptfundorte sind: Kanada, Südafrika, Sibirien; kleinere Fundorte sind in Europa, einschließlich Deutschlands, zerstreut.

Man benutzt den Asbest vielfach zu feuerfesten Geweben, Seilen, und als geschätztes Dichtungs- und Wärmeschutzmittel zu Platten, Zylindern usw. Der Rohasbest wird durch Reißmaschinen zerteilt oder durch Walzwerke gequetscht und in Kochkesseln vollkommen in seine faserigen Elemente zerlegt. Die Trennung der längeren von den kürzeren Fasern geschieht mit dem Reißwolf, die weitere Verarbeitung mit der Vorspinnkrempel. Das Feinspinnen erfolgt mit zwei- bis dreimaliger Streckung auf Spindelbänken. Das Asbestgarn wird gezwirnt, geflochten und verwebt wie andere Garne, mit oder ohne Verwendung anderer Fasern, z. B. Baumwolle.

Mikroskopisch läßt sich Asbest von sämtlichen pflanzlichen und tierischen Fasern durch seine mineralisch-kristallinische Struktur und seine Feinheit (Elementarfasern bis 0,5 μ breit) sofort unterscheiden. Chemisch und physikalisch unterscheiden sich die verschiedenen Asbeste in bezug auf Glühverlust, Säurelöslichkeit und chemische Zusammensetzung sehr wesentlich untereinander[1].

Sehr häufig ist in Asbestgespinsten das Vorhandensein und die Menge von Baumwolle zu bestimmen. Das Vorhandensein von Baumwolle ist auf mikroskopischem Wege sehr einfach nachzuweisen. Auch läßt sich der Baumwollgehalt

---

[1] S. a. Heermann und Sommer: Mell. Text. **1922**, 338.

bei einiger Erfahrung auf Grund des mikroskopischen Bildes annähernd schätzen (innerhalb etwa 5 bis 10%). Die genaue Bestimmung des Baumwollgehaltes ist nach den Untersuchungen von Heermann und Sommer (a. a. O.) am besten durch Herauslösen der Baumwolle mit Kupferoxydammoniak (Kuoxam) und Zurückwägen des baumwollfreien Asbestes zu bewerkstelligen. Auch läßt sich die gelöste Baumwolle wieder mit Säure ausfällen und direkt zur Wägung bringen. Dahingegen läßt sich der Baumwollgehalt nicht durch Ermittelung des Glühverlustes bestimmen, weil der Glühverlust der Asbeste innerhalb weiter Grenzen schwankt (zwischen 1 und 20%); ebensowenig läßt sich die Baumwolle (ohne einen Teil des Asbestes mit zu lösen) durch Herauslösen der Baumwolle mit konzentrierter Mineralsäure bestimmen, zumal die Löslichkeit der verschiedenen Asbeste in Säuren gleichfalls sehr verschieden ist.

49. Glas.

Glas, ein Doppelsilikat des Kalziums mit einem Alkali (Kalium, Natrium) oder mit Bleioxyd, kann zu feinen Fäden bis zu der metrischen Nummer 5000 ausgezogen und zu Geweben als Schuß in Seidenstoffen, Phantasieartikeln usw. verwendet werden. Seine Anwendung ist aber eine sehr beschränkte und ohne Bedeutung.

Die Glasfäden werden ohne weiteres makro- und mikroskopisch, sowie auf chemischem Wege und durch die Glühprobe erkannt.

50. Metalle.

In der Textilindustrie werden zu Weberei- und ähnlichen Zwecken sowohl unedle als auch edle Metalle verwendet.

Von unedlen Metallen sind die wichtigsten: Eisen, Kupfer und Messing. Neben einfachen kommen auch gezwirnte Drähte vor.

Die wichtigsten Drähte aus edlem Metall sind: Silber- und Golddraht. Der echte Silberdraht besteht aus Feinsilber, der „echte Golddraht" aus vergoldetem Feinsilber. Die Vergoldung kann eine leichtere, galvanische, und eine dickere, Feuervergoldung, sein. Erstere ist die meist angewendete. Im Gegensatz zu „echtem Golddraht" würde man Draht, der aus Feingold besteht, als „massiven Golddraht" bezeichnen.

Der unechte Silberdraht besteht aus Kupfer mit Silberüberzug; unter unechtem Golddraht versteht man meist Messingdraht, mitunter auch vergoldeten Kupferdraht. Unechten Golddraht bezeichnet man auch als leonischen (oder lyonischen) Golddraht. Die Metallfäden aus edlen Metallen verwendet man meist in der durch Auswalzen entstandenen Bandform als sogenannten Lahn, der dann durch Zusammenzwirnen mit einem Seiden- oder Wollfaden (Brillantwolle) oder durch Umspinnen des letzteren in die Fadengestalt gebracht wird. Der Goldfaden in alten goldgewirkten Geweben, der sogenannte zyprische Faden, besteht aus einem Kernfaden von Leinen oder Seide, der mit einem vergoldeten Darmhäutchen umwickelt ist.

Metalldrähte und Lahn verwendet man zu Borten, Tressen, Bändern, Schnüren sowie zu Posamentierartikeln sonstiger Art, dann zu Gold- und Silberbrokaten, zu Gobelins für Gold- und Silberstickereien usw. Ein großer Nachteil der meisten Metallfäden ist, daß sie in Stickereien und Geweben leicht anlaufen, was in der Regel auf Rückstände in den Textilien oder auf atmosphärische Einflüsse zurückzuführen ist.

Bei der Untersuchung der Metallfäden kommt in erster Linie die chemische Analyse zu Wort. Die Fäden haben bei edlen Metallen stets einen vorgeschriebenen Feinsilber- oder Feingoldgehalt zu erfüllen, der je nach dem Erzeugnis und der Bestimmung desselben sehr schwankend ist.

Bestimmungsschlüssel für die am häufigsten vorkommenden Fasern.

Tabelle 47.

1a)	Chlorzinkjod färbt rotviolett (höchstens stellenweise schmutziggrünlich) . . . . siehe 2
b)	Chlorzinkjod färbt gelb bis gelbbraun . . . . siehe 8
2a)	Einzelfasern mit knotigen Anschwellungen (Verschiebungen) und zahlreichen Quer- und Schrägrissen der Zellwand (besonders gut zwischen gekreuzten Nicols sichtbar) siehe 3
b)	Nicht so . . . . siehe 5
3a)	Faserbreite stark wechselnd; einzelne Fasern sehr breit (etwa 60 μ und darüber), bandartig, stellenweise gefaltet oder um die Längsachse gedreht, mit auffallend groben Längsrissen . . . . Ramie (und andere Nesselfasern)
b)	Nicht so . . . . siehe 4
4a)	Beim Befeuchten der vertikal freihängenden technischen Faser Aufdrehungsrichtung unbestimmt, meist rechtsläufig und gering. Kuoxam bewirkt starke Querfaltung (Mittellamelle), Zellwand gelöst. Leitelemente: kleine, wenig gestreckte Oberhautzellen des Stengels mit wenig Spaltöffnungen, narbige Haare, braune Sekretschläuche und Kalziumoxalatkristalle in farblosen Rindenzellen. . Hanf
b)	Beim Befeuchten der vertikal freihängenden technischen Faser zahlreiche schnelle Linksdrehungen, dann nach kurzer Zeit 6 bis 10 ziemlich schnelle Rechtsdrehungen. Kuoxam löst die Zellwand; der ungelöst zurückbleibende Protoplasmafaden des Zellinnern stark gewellt. Leitelemente: langgestreckte Oberhautzellen mit zahlreichen Spaltöffnungen. Haare, Sekretschläuche und Kalziumoxalatkristalle fehlen . . . . Flachs
5a)	Einzelfasern bandartig, gekräuselt, gedreht, gefaltet; Drehungssinn wechselnd; Seitenränder wulstig erscheinend. Kuoxam löst die Zellwand; Rückstände: Kutikularringe und -fetzen (nur bei ungebleichten Fasern klar zu sehen), Inhaltsbestandteile. Charakteristisches Verhalten zwischen gekreuzten Nicols und einer unter $+ 45^{0}$ eingestellten Gipsplatte Rot I in den Orthogonalstellungen (Wechsel im Charakter der Interferenzfarben bei ein und derselben Faser). Nach Färbung mit Dianilblau erscheint ein und dieselbe Faser zwischen gekreuzten Nicols bald blau, bald weiß . . . . Baumwolle
b)	Fasern straff,' Kuoxam löst völlig; spezifische Doppelbrechung stark, jedoch wenig charakteristisch . . . . . siehe 6
6	Einzelfasern von verschiedener Querschnittsform und Feinheit
a)	Diphenylamin und konz. Schwefelsäure färben blau bis blauschwarz . . . . Nitratseide
b)	Keine Blaufärbung . . . . siehe 7

Tabelle 47 (Fortsetzung).

7a)	Im Ultramikroskop lichtschwache Netzstruktur (Maschen etwas längsgestreckt), daneben zahlreiche stark leuchtende, unregelmäßig angeordnete Teilchen. Günther Wagner-Tinte Nr. 4001 und Eosin gelbl. (I.G.Farbenind.) färben rosa **Viskoseseide** (fein- und grobfädig)
b)	Im Ultramikroskop lichtstarke reine Netzstruktur (Maschen quergestreckt) mit wenig leuchtenden Verunreinigungen. Günther Wagner-Tinte Nr. 4001 und Eosin gelbl. (I.G.Farbenind.) färben blau . . . . **Kupferseide** (feinfädig)
8a)	Beim Ansengen schmelzend, angebrannte Enden blasig-kohlig[1] . . . . siehe 9
b)	Beim Ansengen rasch verbrennend unter Hinterlassung von ziemlich kohlefreier Asche. Verbrennungsgase reagieren sauer. Mit Phlorogluzin und Salzsäure starke Rotviolettfärbung. Einzelfasern in Bündeln stehend. Die Breite des Faserlumens wechselt selbst bei ein und derselben Faser sehr stark . . . . **Jute** (und andere ähnliche Fasern wie: Urena, Gambohanf usw.)
9a)	Verbrennungsgase reagieren sauer. Faser löslich in Azeton, Chloralhydrat, Essigsäure usw., unlöslich in Kuoxam. Faserquerschnitte in der Regel stark gelappt. Spezifische Doppelbrechung schwach . . . . **Azetatseide**
b)	Verbrennungsprodukte reagieren alkalisch. Faser unlöslich in Azeton, Chloralhydrat und in Essigsäure . . . . . . siehe 10
10a)	Sehr feine Fasern ohne auffallende Struktureigentümlichkeiten. Kuoxam löst (bei Rohseide bleibt der Seidenleim ungelöst zurück). Spezifische Doppelbrechung stark . . **Echte Seide**
b)	Fasern von verschiedenem Feinheitsgrade. Querschnittsform kreisförmig bis ausgesprochen oval; Oberfläche deutlich geschuppt. Im Innern häufig Markzellen vorhanden. Kuoxam löst nicht. Glyzerin-Schwefelsäure bewirkt völligen Zerfall der Fasern. Spezifische Doppelbrechung schwach . **Schafwolle** (und andere tierische Fasern)

F. Quantitativ-mikroskopische Untersuchungen.

Quantitativ-mikroskopische Prüfungsverfahren sind schon seit längerer Zeit bei Gespinsten und Geweben in Anwendung. Obwohl sie sich an Schärfe und Genauigkeit mit den sonst üblichen chemisch-analytischen Methoden nicht vergleichen lassen, so läßt sich doch nicht in Abrede stellen, daß mit ihrer Hilfe in vielen Fällen durchaus brauchbare Ergebnisse zu erzielen sind. Dabei ist zu beachten, daß sie oft die einzige Möglichkeit darstellen, eine gestellte Aufgabe in befriedigender Weise zu lösen. So z. B. ist bei der Analyse von Mischgespinsten aus Baumwolle und kotonisiertem Flachs wegen der gleichen chemischen Zusammensetzung der Komponenten an ein

---

[1] Stark erschwerte echte Seide hinterläßt kohlige Asche, ohne vorher zu schmelzen.

chemisches Trennungsverfahren nicht zu denken; auch der quantitativen Analyse von Papieren ist chemisch nicht beizukommen, während auf mikroskopischem Wege ein praktisch völlig ausreichendes Bild über die stoffliche Zusammensetzung zu erhalten ist.

Die heute in Verwendung stehenden quantitativ-mikroskopischen Verfahren beziehen sich im besonderen auf die folgenden Prüfungen:

1. Die Bestimmung des Fasergehaltes von pflanzlichen Organen.

2. Die Feststellung der in einem Natur- oder Kunstseidefaden im Querschnitt vorhandenen Einzelfasern.

3. Die Analyse von Fasergemengen:

a) Mischungen verschieden gefärbter Fasern gleichen Art (Melangen).

b) Mischungen von Baumwolle und Schafwolle.

c) Mischungen von Baumwolle und kotonisiertem Flachs oder Hanf.

d) Mischungen von Schafwolle und Kunstseide.

e) Mischungen von Flachs und Hanf.

f) Mischungen von Flachs und Hanf einerseits und Jute andererseits.

g) Kunstwolle.

4. Die Bewertung von verarbeiteter und unverarbeiteter Baumwolle.

5. Die Beurteilung der Merzerisierfähigkeit von Baumwolle.

6. Die Bestimmung der Feinheit von Flachs- und Baumwollgespinsten.

7. Die Bestimmung des Titers von Kunstseideeinzelfasern.

8. Die Prüfung des Dralles von Gespinsten.

9. Die Bestimmung der Quellung von Kunstseide.

1. Die Bestimmung des Fasergehaltes von pflanzlichen Organen[1]. Die Ausführung des Verfahrens gestaltet sich wie folgt: Aus der Mitte des zu untersuchenden Organes (Stengel, Blatt) wird ein Stück von genau bestimmter Länge (z. B. 10 cm) herausgeschnitten und dessen Trockensubstanz durch längeres Trocknen bei 110° bestimmt. Dieses Gewicht ist der späteren Berechnung des Fasergehaltes zugrunde zu legen. Von einem der beiden Organreste wird sodann, unmittelbar an die schon vorhandene Schnittfläche anschließend, ein etwa 1 cm langes Stück vorsichtig abgeschnitten, und von diesem ein möglichst feiner Schnitt abgetragen. Dieser wird, sofern nicht in Paraffin in üblicher Weise eingebettet und mit dem Mikrotom geschnitten wurde, nicht immer die gesamte Querschnittsfläche in tadelloser Beschaffenheit umfassen, was aber keinen erheblichen Mangel bedeutet. Der Schnitt wird in Glyzerin liegend unter das Mikroskop gebracht und möglichst gut zentriert. Vgl. „Universalokular, 1.Feld". Die Bestimmung des Fasergehaltes läuft nun darauf hinaus, die von

---

[1] Herzog, A.: Z. angew. Botanik, **1919**, H.3 u. 4.

den Faseranteilen des Schnittes gedeckten Flächen auszumessen und hieraus unter Berücksichtigung des mittleren spezifischen Gewichtes der Zellulose (1,5 g/ccm) die in der oben gewählten Längeneinheit (10 cm) enthaltene Fasermenge zu berechnen. Nach erfolgter Zentrierung des Schnittes wird ein vollständig erhaltener Sektor entsprechend markiert (Tuschepünktchen). Innerhalb dieses Sektors werden nunmehr die Faseranteile (zumeist in Bündeln vorhanden), ihrer Begrenzung nach, mit einem Zeichenapparat gezeichnet. Die Vergrößerung betrage etwa 300 bis 500. In solchen Fällen, wo die Fasern größtenteils vereinzelt liegen (Brennessel, Ramie), kann an die Stelle der Zeichnung die Zählung treten. Die so gezeichneten Bündel werden nach einem der bekannten Verfahren (s. „Flächenmessungen") ihrer Fläche nach ausgemessen. Das summarische Ergebnis ist natürlich noch durch das Quadrat der Vergrößerung zu dividieren, um die wahre Fläche zu erhalten. Diese Fläche ist außerdem noch um den von den Zellkanälen gedeckten Flächenanteil zu verringern. Die Bestimmung dieses Anteiles erfolgt durch Zeichnung eines Bündels in sehr starker Vergrößerung und nachherige Ausmessung der auf dem Querschnitt von den Hohlräumen eingenommenen Fläche (Abb. 157). In analoger Weise wird bei den oben genannten isolierten Fa-

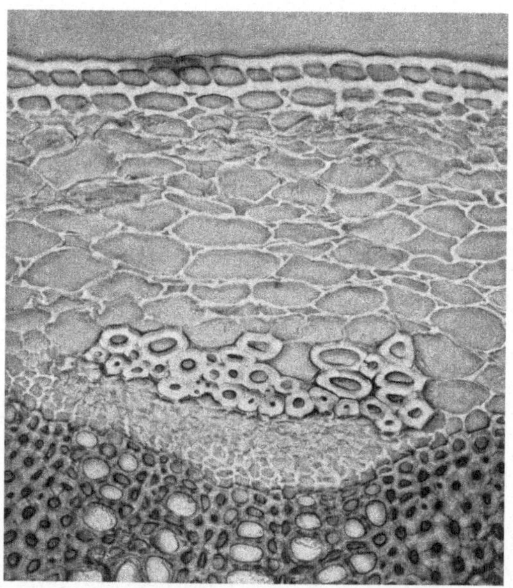

Abb. 157. Stück eines Stengelquerschnittes des Leindotters (Camelina dentata) zum Abzeichnen eines Faserbündels vorbereitet. Vergr. 280.

sern vorgegangen. Die Berechnung erfolgt hier durch Multiplikation der von einer Faser gedeckten Fläche mit der Anzahl der auf dem ganzen Querschnitt ermittelten Einzelfasern. Stellen die zu bestimmenden „Fasern" neben Baststrängen auch Gefäßbündel dar (Schäfte und Blätter von Monokotylen), so sind nur die eigentlichen Bastbeläge zu ermitteln, da nur diese als wertvolle Bestandteile anzusehen sind.

Die Berechnung des Gesamtfasergehaltes ergibt sich aus folgender Betrachtung: Bedeutet Q die von den Wandungen der Fasern gedeckte Gesamtquerschnittsfläche in qmm und s das spezifische Gewicht der Fasersubstanz (1,5 g/ccm), so ergibt sich das in mg ausgedrückte Gewicht g des in einem 10 cm langen Organstück enthaltenen Bastes zu:

$$g = 100 \cdot Q \cdot 1,5.$$

Der Fasergehalt in % berechnet sich hieraus und aus dem in mg ausgedrückten Gewichte G des 10 cm langen Organstückes zu:

$$F = \frac{100 \cdot g}{G}.$$

2. Feststellung der in einem Natur- oder Kunstseidefaden im Querschnitt vorhandenen Einzelfasern. Infolge der parallelen Lagerung der Einzelfasern im Faden verursacht die Auszählung unter dem schwach vergrößernden Mikroskop keine Schwierigkeiten. Von dem zu prüfenden Faden wird ein Stück abgeschnitten und das eine Ende in einen auf einem Objektträger befindlichen Wassertropfen getaucht. Schon nach wenigen Sekunden geht das Fadenende infolge der Quellung der Einzelfasern pinselartig auseinander (Abb. 158). Durch entsprechendes Verschieben eines aufgesetzten Deckglases hat man es jederzeit in der Hand, etwa noch zu dicht beisammen liegende Fasern genügend weit zu trennen. A. Herzog benutzt zu diesen Arbeiten Objektträger aus starkem Glase mit rillenförmiger Umrandung, um einer Beschmutzung des Objekttisches mit Wasser vorzubeugen. In vielen Fällen ist die Auszählung schon im trockenen Zustand des Fadens unter der Lupe möglich, wobei zweckmäßig auf einem dunklen Untergrund gearbeitet wird.

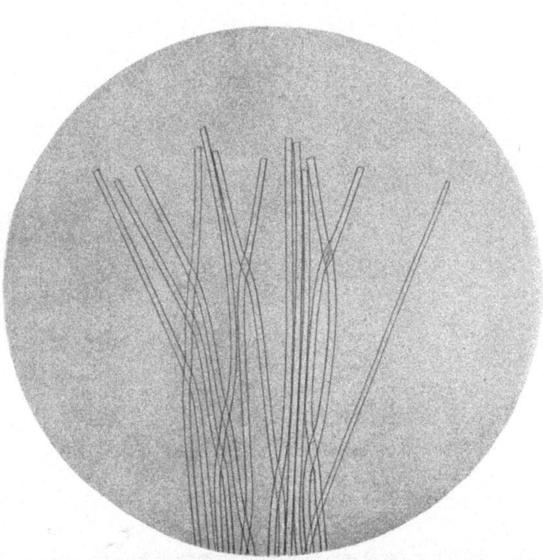

Abb. 158. Zählung der Einzelfasern in einem Viskoseseidenfaden. Die mikroskopische Auszählung ergibt 13 Einzelfasern. Vergr. 38.

Von der Anzahl der Fasern im Faden wird nicht allein dessen Titer bestimmt, sondern auch bei gleichem Titer der Glanz und die Weichheit des Fadens.

3. Analyse von Fasergemengen. Schon Vétillard befaßte sich mit der quantitativen Analyse von Fasergemengen. In seinen ausgezeichneten „Études sur les fibres végétales“, Paris 1876, führt er als spezielles Beispiel die Analyse eines aus Flachs und Hanf bestehenden Gespinstes an. Sein Verfahren gründet sich auf die direkte mikroskopische Ausmessung der im Garnquerschnitt enthaltenen Fasern mittels eines feinen Netzmikrometers. Einen anderen Weg schlug v. Höhnel in seiner „Mikroskopie der technischen Faserstoffe“, Wien-Leipzig 1905, ein. Er bezieht sich im besonderen auf die Analyse von Vigognegarn (Gemenge von Baumwolle und Schafwolle). Nach seiner Anweisung werden die an einer Fadenstelle nebeneinander liegenden Einzelfasern gezählt und aus den ermittelten Zahlen, unter Berücksichtigung der verschiedenen Querschnittsfläche von Baumwolle und Schafwolle, das prozentuale Verhältnis beider Fasern berechnet. Er nimmt hierbei an, daß gleiche Längen von Baumwolle und Schafwolle sich dem Gewichte nach wie 1 : 2 verhalten. Es bedarf wohl keiner näheren Auseinandersetzung, daß bei der außerordentlich wechselnden Querschnittsfläche der Schafwollsorten des Handels das Ergebnis auf keine besondere Genauigkeit Anspruch erheben kann. Dazu kommen noch die Schwierigkeiten der Zählung. So einfach es auf den ersten Blick erscheint, Fasern zu zählen, so schwierig gestaltet sich die praktische Durchführung. Selbst unter Einhaltung aller Vorsichtsmaßregeln (Ausbreiten des Fadens auf dem Objektträger, Zählung bei ganz schwachen Vergrößerungen usw.), ist die Arbeit bei einigermaßen gröberen Gespinsten wegen der sich vielfach kreuzenden und übereinanderliegenden Fasern und der dadurch bedingten fortwährenden Änderung in der Einstellung der Mikrometerschraube nicht mit der wünschenswerten Sicherheit auszuführen.

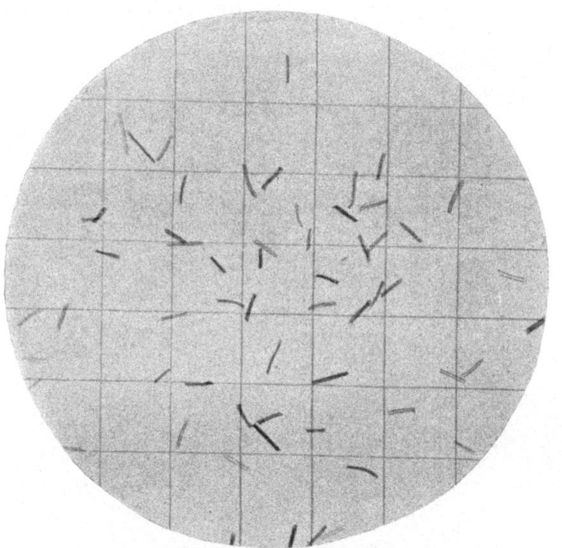

Abb. 159. Mikroskopische Auszählung kurzer Faserabschnitte mit einem Okularnetzmikrometer. Vergr. 55.

Schon bei einer früheren Gelegenheit hat A. Herzog[1] darauf hingewiesen, daß die Zählung wesentlich vereinfacht wird, wenn man das Fadenende nicht durch Präparation mit Nadeln auflockert, sondern ein kurzes Stück mit einer Schere abschneidet und nunmehr die in einem Tropfen Wasser, Glyzerin oder Chloralhydrat verteilten kurzen Fadenabschnitte der systematischen mikroskopischen Auszählung unterwirft (Abb. 159).

Gegenwärtig kommt fast ausschließlich das gleichfalls von A. Herzog[2] ausgearbeitete Gelatine-Zählverfahren, das im folgenden beschrieben ist, in Frage. Es berücksichtigt nicht nur die unvermeidlichen Ungleichmäßigkeiten in der Fadendicke und im Mischungsverhältnis der Fasern, sondern gestattet auch eine wirklich einfache und sichere Zählung. Von dem zu prüfenden Faden werden an zahlreichen Stellen (25 bis 50) mit einer kleinen sehr scharfen Schere kurze Stücke von nicht über 1 mm Länge abgeschnitten und in ein besonderes Wäge-

[1] Herzog, A.: Z. f. Chemie u. Ind. d. Kolloide **1907**, H. 7.
[2] Herzog, A.: Textile Forschung **1922**, H. 2.

gläschen fallen gelassen (Abb. 160). Kommt bei der folgenden Auszählung nur das gegenseitige Zahlenverhältnis der vorhandenen unterschiedlichen Fasern in Betracht, so ist keine besondere Wägung erforderlich. Wenn jedoch die Anzahl der im Querschnitt des Fadens enthaltenen Einzelfasern genau bestimmt werden soll (Nummerbestimmung von Flachs- und Baumwollgarnen), so muß die Tara des Gläschens bekannt sein. Letzteres hat die Form eines Erlenmeyerkölbchens, das mit einem hohlen Glasstopfen verschlossen werden kann. Der Stopfen ist in einen Glasstab ausgezogen, der an seinem unteren Ende schräg abgebogen ist. Das Glas trägt außen eine kreisförmige Rinne, über welche eine leichte Glaskappe aufgeschliffen ist (Abb. 160). Die in das Wägegläschen gebrachten Fadenabschnitte werden mit einigen Kubikzentimetern flüssiger 10% Gelatinelösung versetzt und das Ganze behufs guter Verteilung der Fasern kräftig geschüttelt. Einige zugesetzte Glaskügelchen befördern die rasche Zerteilung der Fäserchen in der Gelatine. Nach Verschwinden des Schaumes wird die Gelatinefasermischung nochmals, aber vorsichtig, durch Hin- und Herbewegen durcheinandergemengt, und sodann ausgewogen (falls es nicht lediglich auf das Verhältnis der Faseranzahl ankommt). Nunmehr wird die Glashaube abgenommen, der Glasstopfen herausgezogen und ein Teil der Faser-

Abb. 160. Wägeglas nach A. Herzog.

gelatinemischung längs des Glasstabes auf einen vorher nivellierten Objektträger mit Linienteilung ausgegossen, wobei aber die Linienteilung nicht überschritten werden soll. Der Glasstopfen wird in das Wägeglas sofort zurückgebracht, die Glashaube aufgesetzt und sodann wieder gewogen (ausgenommen den obigen Fall). Die Berechnung der auf den Objektträger gebrachten Fadenabschnitte ergibt sich hieraus von selbst. Angenommen, es seien insgesamt 50 Fadenabschnitte ins Wägegläschen gebracht worden, und die nachfolgenden Wägungen hätten folgendes Ergebnis geliefert:

Wägeglas, leer . . . . 35,265 g
Wägeglas + Gelatine + Fasern . . . . . . 46,389 g

Nach dem Gießen zurückgeblieben:

Wägeglas + Gelatine + Fasern . . . . . . 40,827 g

Es wurden sonach von 11,124 g ursprünglich vorhandener Gelatinefasermischung 5,562 g zum Ausgießen verbraucht, 11,124 g entsprechen nach der obigen Annahme 50 Fadenabschnitten, es sind demnach in 5,562 g 25 Fadenabschnitte enthalten bzw. zur Auszählung ihrer Einzelfasern auf dem Objektträger vorbereitet worden.

Der als Unterlage erforderliche Objektträger im Format 6 × 10 cm besteht aus Spiegelglas mit abgeschliffenen Kanten und ist versehen mit je 2 mm voneinander abstehenden, mit Diamant eingerissenen und nachher geschwärzten Linien, die parallel zur Längskante des Objektträgers angeordnet sind (Abb. 161). Jeder der so gebildeten Streifen (22) ist an beiden Seiten numeriert. Die Verwendung von Gelatinelösung gewährt einen 3fachen Vorteil: 1. Schweben die aufgeschwemmten Fasern sehr lange in der Flüssigkeit, so daß eine Entmischung oder teilweise Sedimentation im Wägeglase nicht zu befürchten ist. 2. Sind die zum Auszählen bestimmten Fasern in der erstarrten Gelatine vollkommen fixiert; eine Verschiebung ihrer gegenseitigen Lage bei der darauf folgenden Auszählung ist demnach gänzlich unmöglich, und 3. gestattet die unveränderliche Lage der Fasern auch die Benutzung

Abb. 161. Großer Objektträger mit Teilung zur Zählung von Fasern nach der A. Herzogschen Gelatinemethode.

des Mikroskops in schräger Lage, was im Hinblick auf die Bequemlichkeit der Zählarbeit immerhin ins Gewicht fällt. Zur bequemen Verschiebung des vorgenannten großen Objektträgers dient die folgende, auf jedem Mikroskopobjekttisch verwendbare Einrichtung: Eine Spiegelglasplatte von 13 × 6,5 cm Größe trägt eine am Rande der einen längeren Seite aufgekittete Glasleiste von 0,5 cm Breite. Die Unterseite dieser Glasplatte ist feinmattiert, bis auf ein mittleres Feld von etwa 3 cm Breite, welches durchsichtig gelassen ist (Abb. 162). Der Objekttisch des Mikroskops wird mit Wasser, dem etwas Glyzerin beigemischt ist, benetzt, und sodann die Glasplatte mit den mattierten Feldern nach unten aufgelegt. Sie haftet jetzt fest auf dem Tische, läßt aber dennoch Verschiebungen mit der Hand bequem zu. Der oben aufgelegte Objektträger läßt sich nunmehr längs der Glasleiste von links nach rechts und umgekehrt verschieben, so daß die Auszählung der in einem von je 2 benachbarten Linien gebildeten Streifen enthaltenen Fasern ohne Schwierigkeit vorgenommen werden kann (Abb. 163). Ist diese beendet, so wird der Glastisch mit der Hand bzw. mit beiden Händen um eine Streifenbreite verschoben und die Auszählung durch Verschiebung des Objektträgers von links nach rechts oder umgekehrt, vollzogen. Selbstverständlich ist die Verschiebung auch um mehrere Streifenbreiten möglich, falls nur einzelne Streifen (etwa jeder dritte oder vierte) ausgezählt werden sollen. Ein gutes Haften der Glasplatte auf der Glasplatte setzt einen gut abgeschliffenen, also ebenen Objekttisch voraus, was bei den Stativen unserer ersten optischen Firmen ohnehin der Fall ist; andernfalls muß ein Nachschleifen erfolgen. Zur Zählung eignet sich am besten das Zeissobjektiv 6 in Verbindung mit einem Okular mit besonders erweitertem Gesichtsfeld. Selbstverständlich muß der Arbeitende mit den Unterscheidungsmerkmalen der Fasern vollständig vertraut sein.

Abb. 162. Objekttisch aus Glas für Zählzwecke.

a) Mischungen verschieden gefärbter Baumwoll- oder Wollfasern derselben Art werden am einfachsten in der vorstehend angegebenen Weise bestimmt. Eine Wägung der Gelatinemasse kommt natürlich nicht in Frage. Das gefundene Zahlenverhältnis entspricht hier auch dem Gewichtsverhältnis der vorhandenen Fasern.

b) Mischungen von Baumwolle und Schafwolle werden in derselben Weise ausgezählt. Bei der Berechnung des Gewichtsverhältnisses ist die durchschnittliche metrische Nummer der Baumwollfaser mit rund 5000 anzunehmen; dagegen ist das Gewicht der Längeneinheit von Schafwolle in jedem einzelnen Falle zu bestimmen (aus der durchschnittlichen Breite des Haares und dem spezifischen Gewicht 1,32 g/ccm).

Abb. 163. Mikroskopische Auszählung von Fasern (Schafwolle, Baumwolle und Viskoseseide) nach dem A. Herzogschen Gelatineverfahren. Vergr. 30.

Sofern die durchschnittliche Breite bekannt ist, kann das Gewicht der Längeneinheit auch aus der in Abb. 164 enthaltenen graphischen Darstellung entnommen werden.

c) Mischungen von Baumwolle und kotonisiertem Flachs bzw. Hanf sind in gleicher Weise zu prüfen. Bei der Berechnung des

Gewichtsverhältnisses ist zu beachten, daß 5 Flachsfasern dem Gewichte nach etwa 4 Baumwollhaaren gleichwertig sind. Der Flachsgehalt (F) berechnet sich demnach wie folgt:

$$F\% = \frac{400 \cdot n}{4\,n + 5\,m},$$

n bedeutet die Anzahl der gezählten Flachsfasern, m die der Baumwollfasern.

Bei einer anderen Zählmethode wird ohne Rücksicht auf die vorhandene Baumwolle nur die durchschnittliche Anzahl der im Fadenquerschnitt befindlichen Flachsfasern (n) ermittelt und aus dieser und der dem ganzen Faden zukommenden metrischen Nummer (N) der Flachsgehalt (F) berechnet nach der Formel:

$$F\% = \frac{n \cdot N}{60}.$$

Hierbei ist die Annahme gemacht, daß der gebleichten Bastzelle des Flachses die durchschnittliche metrische Nummer 6000 zukommt. Näheres hierüber enthält die Originalarbeit[1].

d) Durch Auszählung lassen sich auch Mischungen von Schafwolle und Kunstseide analysieren. Das Ergebnis ist dem auf chemischem Wege gefundenen vollkommen ebenbürtig. Die Berechnung

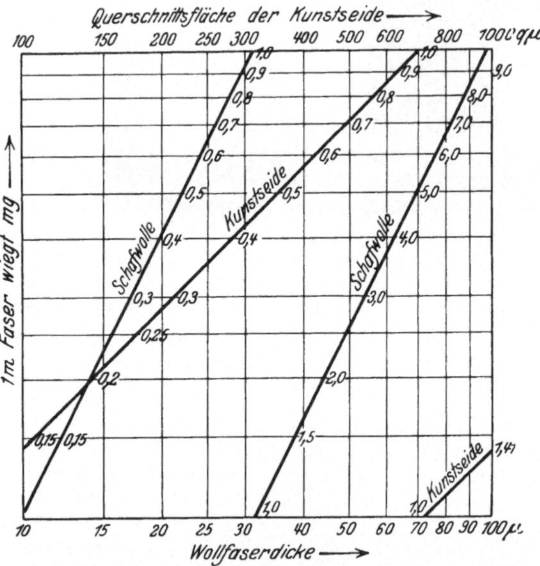

Abb. 164. Tafel zur Berechnung des Einheitsgewichtes von Schafwolle und Kunstseide (ausschl. Azetatseide).

erfolgt auf Grund der gesondert zu ermittelnden durchschnittlichen Breite des Wollhaares, der Querschnittsfläche der vorhandenen Kunstseide und des Zahlenverhältnisses beider Fasern. Bei der Wollfaser, die bekanntlich einen runden bis elliptischen Querschnitt aufweist, erübrigt sich die besondere experimentelle Bestimmung der Querschnittsfläche, da diese aus dem mittleren Faserdurchmesser mit einer für den vorliegenden Zweck ausreichenden Genauigkeit als Kreisfläche abgeleitet werden kann. Anders be der Kunstseide, wo wegen der vorkommenden beträchtlichen Abweichungen in der Querschnittsform die Breite der Faser in keinem vorher bekannten Verhältnis zur Querschnittsfläche steht. Hier ist daher die Ausmessung von entsprechenden Mikrotomschnitten in der im Kapitel „Flächenmessungen" angegebenen Weise nicht zu umgehen. Aus den der bei-

---

[1] Herzog, A.: Textile Forschung 1922, H. 2.

gefügten graphischen Darstellung (Abb. 164) entnommenen Gewichten berechnet sich das Gewicht der Faserkomponenten nach folgenden Grundsätzen:

Es sei

m ..... die Anzahl der gezählten Wollfasern,

n ..... die Anzahl der gezählten Kunstseidefasern.

Ferner:

g_1 ..... das Gewicht von 1 m Wollfaser in mg,

g_2 ..... das Gewicht von 1 m Kunstseidefaser in mg.

Hieraus ergibt sich:

$m \cdot g_1$ .... das Gewicht von m Metern Wollfaser in mg,

$n \cdot g_2$ .... das Gewicht von n Metern Kunstseidefaser in mg.

x (Gew.-% Wollfaser) $: 100 = m \cdot g_1 : (m \cdot g_1 + n \cdot g_2)$

y (Gew.-% Kunstseide) $: 100 = n \cdot g_2 : (m \cdot g_1 + n \cdot g_2)$

$$x = \frac{100 \cdot m \cdot g_1}{(m \cdot g_1 + n \cdot g_2)},$$
$$y = \frac{100 \cdot n \cdot g_2}{(m \cdot g_1 + n \cdot g_2)}.$$

Bei einem Mischgarne aus Schafwolle und Viskosekunstseide, das auch etwas Baumwolle enthielt, sollte auf Verlangen des Verbrauchers festgestellt werden, ob die vorhandene Baumwollmenge mehr oder weniger als 5% der ganzen Fasermenge ausmache. Diese Frage ließ sich mit Hilfe des obigen Zählverfahrens ohne Schwierigkeit lösen, während dies auf chemischem Wege nicht möglich gewesen wäre. Es wurden gezählt bzw. gemessen:

840 Schafwollfasern, mittlere Faserdicke 28 μ,

270 Kunstseidefasern, mittl. Querschnittsfläche 690 $q\mu$,

51 Baumwollfasern, mittl. metr. Nummer 2500 (auffallend grobe Fasern).

Hieraus ergibt sich die Berechnung:

Gewicht von 1 m Schafwollfaser . . . . . 0,81 mg
Gewicht von 1 m Kunstseidefaser . . . . . 0,98 mg
Gewicht von 1 m Baumwollfaser . . . . . 0,40 mg

bzw. die prozentische Zusammensetzung des Gemenges:

Schafwolle . . . . . 71 Gew.-%
Kunstseide . . . . . 27 Gew.-%
Baumwolle . . . . . 2 Gew.-%

Es konnte also die gestellte Frage dahin beantwortet werden, daß das fragliche Garn weniger als 5% Baumwolle (offenbar als Verunreinigung) enthält.

e) **Mischgespinste aus Flachs und Hanf.** Bei sehr dunkel aussehenden Mischgespinsten bietet das Quellungsbild nach Einwirkung von Kupferoxydammoniak den besten Anhaltspunkt für eine rohe Schätzung. Der geübte Mikroskopiker wird aus der Häufigkeit der im Mikroskop auftretenden zusammengeschobenen Mittellamellen der Hanffasern und den wellenförmig gebogenen protoplasmatischen Fäden der Flachsfasern einen brauchbaren Schluß auf die Menge beider Fasern ziehen können. Selbstverständlich müssen verschiedene Präparate in dieser Weise geschätzt werden. Zählungen kommen hier nicht in Frage, da es nicht gelingt, die einzelnen Fasern in jedem Falle scharf zu unterscheiden. Praktisch kommen nur einfache Mischungsverhältnisse in Frage (1 : 1, 1 : 2, 1 : 3, 2 : 3 usw.). so daß die Schätzung bei etwas Übung fast immer ausreicht.

f) **Mischgespinste aus Flachs bzw. Hanf einerseits und Jute andererseits können nach der Sortiermethode ohne Schwie**rigkeit untersucht werden. Bei Anwendung von **Phlorogluzin** und **Salzsäure** nimmt die Jutefaser eine so starke Dunkelrotviolettfärbung an, daß eine Verwechslung mit der nur schwach rötlich gefärbten Hanffaser oder der ungefärbten Flachsfaser ausgeschlossen ist. Der Faden wird auf einem **weißen** Porzellanteller zerlegt und mit Phlorogluzin und Salzsäure behandelt. Die roten Fasern werden **aussortiert, ge**waschen und getrocknet. Sodann wird gewogen. Ist das Gewicht des in Arbeit genommenen Fadens bekannt, so ist es ein leichtes, den %-Gehalt an **Jute** zu berechnen.

g) **Kunstwolle.** Die Auszählung nach der Gelatinemethode führt nur zum Ziel, wenn der **Baumwollgehalt** bestimmt werden soll. Wolle ist nach diesem Verfahren nicht bestimmbar, da es bei **kurzen** Faserstückchen nicht gelingt, zwischen Kunstwolle und gewöhnlicher Schafwolle zu unterscheiden. Hier führt nur der von v. Höhnel[1] angegebene, allerdings sehr umständliche Weg der **direkten** Auszählung der im Faden nebeneinanderliegenden **Einzelfasern** zum Ziel. Die Genauigkeit ist allerdings nicht sehr groß. Nach den Erfahrungen des Verfassers ist es kaum möglich, mehr als grobe **Schätzungen** vorzunehmen. Es muß ferner dahingestellt bleiben, ob auf diesem Wege Kunstwollzusätze von **weniger** als 10% nachgewiesen werden können.

4. Die Bewertung von verarbeiteter und unverarbeiteter Baumwolle. Bei der Bewertung der Baumwolle spielt, wie A. Herzog[2] kürzlich ausführlich dargelegt hat, die verschiedenartige Ausbildung und Mächtigkeit der **Zellwand** der Haare eine ausschlaggebende Rolle. Es lassen sich folgende Gruppen bilden: **Vollausgereifte Haare, halbreife Haare** mit unvollständig ausgebildeten Verdickungsschichten, **unreife Haare** mit auffallend dünnen Wandungen, **tote,** d. h. vorzeitig abgestorbene, pathologisch veränderte Haare und **anomal gestaltete Haare** (ungleichmäßig verdickt, ausgebaucht, verästelt usw.).

Um **zahlenmäßige** Unterlagen für die Berechnung des Mischungsverhältnisses der den genannten Gruppen zugehörigen Haare einer Baumwollprobe (roh oder in Gespinsten) zu erhalten, empfiehlt es sich, die oben beschriebene Gelatinezählmethode anzuwenden. Das Zählergebnis bedarf noch einer Korrektur, da in der Regel Gewichts-

---

[1] v. Höhnel: Mikroskopie d. Faserstoffe, 2. Aufl. Leipzig-Wien 1905.
[2] Herzog, A.: Faserforschung **1928**, 56.

prozente gewünscht sind. S. Tabellen 48 und 49. Da es bei der Zählarbeit nicht immer möglich ist, die tote Baumwolle von der unreifen Faser scharf zu trennen (beide sind übrigens gleich minderwertig), sind beide Gruppen in der Tabelle 48 zusammengefaßt, wodurch sich das Verhältnis der Querschnittsfläche gegenüber der vollausgereiften Faser wie 1 : 4,6 und gegenüber der halbreifen Faser wie 1 : 3,2 ergibt. Als Beispiel für die Berechnung sei im folgenden ein der Praxis entnommener Fall angeführt. S. Tabelle 49.

Tabelle 48.

| Entwicklungs-zustand des Haares | Querschnittsfläche des Haares | | | Mittlere metr. Nr. d. Einzel-haares (abgerun-det) | Mittlere Wand-dicke in μ | Mittlere Haar-breite in μ |
| | Mittel in qμ | Verhältnis | | | | |
		Nr. 4 = 1 gesetzt	Mittel v. Nr. 3 u. 4 = 1 gesetzt			
1. vollreif . . .	150	6,0	4,6	4400	3,5	22
2. halbreif . . .	105	4,2	3,2	6400	2,6	21
3. unreif (grün).	40	1,6	} 1,0	16700	1,0	20
4. tot	25	1,0	}	26700	0,6	25

Tabelle 49.

| Entwicklungs-zustand des Haares | Zählergebnis | | Gewichts-berechnung (Gewichtseinheit beliebig) | Gewichts-% |
	Ausgezählte Haare	in % aller Haare		
1. vollreif.	165	66,0	165·4,6 = 759,0	77,4
2. halbreif	62	24,8	62·3,2 = 198,4	20,2
3. unreif und tot .	23	9,2	23·1 = 23,0	2,4
Summe	250	100,0	980,4	100,0

5. Die Beurteilung der Merzerisierfähigkeit von Baumwolle. Kurze Fadenabschnitte werden in Kalilauge von hoher Konzentration eingetragen und mikroskopisch geprüft. Hierbei wird eine Sonderung in 2 Gruppen vorgenommen: 1. Unvollständig walzenförmige oder ausgesprochen bandartige Haare und 2. vollständig walzenförmige Haare. Wie Versuche des Verfassers[1] gezeigt haben, ist eine wenig befriedigende Glanzwirkung beim Merzerisieren fast ausschließlich auf das Vorhandensein von unvollständig ausgereiften oder aus anderen Gründen nicht merzerisierfähigen Haaren zurückzuführen (Abb. 165). Er stellte u. a. fest:

Tabelle 50.

Glanzwirkung nach dem Merzerisieren	Von 100 rohen Fasern waren nach dem Merzerisieren walzenförmig angeschwollen
sehr gut.	93—98
befriedigend	83—87
schlecht	68—75

---

[1] Herzog, A.: Chem.-Zg. **1917**, 114—117.

6. Die Bestimmung der Gespinstfeinheit auf mikroskopischem Wege.

Sehr häufig stehen in der Untersuchungspraxis nur sehr geringe Garnmengen zur Verfügung, so daß für die Nummerbestimmung der
sonst allgemein übliche Weg durch Wägung einer abgeweiften Fadenlänge nicht beschritten werden kann. In derartigen Fällen empfiehlt
es sich, die Fadenfeinheit mikroskopisch festzustellen. Die leicht
meßbare Garndicke bietet aber keine feste Grundlage für die
Beurteilung der Gespinstfeinheit, da, ganz abgesehen von den stets
vorhandenen Gleichmäßigkeitsdifferenzen, der Fadendurchmesser auch
bei gleicher Gespinstfeinheit nicht immer denselben Wert besitzt:
jener ist nämlich von der Fadendichte abhängig, ändert sich also mit
dem Drahte und mit der
Erzeugungsart des Ge-
spinstes. Da aber auch
die Drehungskoeffizien-
ten in sehr weiten Gren-
zen schwanken, mithin
auch die zur Nummer-
bestimmung aus der Fa-
dendicke erforderlichen
scheinbaren Garndich-
ten, so ist auf dieser
Grundlage überhaupt
nur eine annähernde
Feinheitsangabe mög-
lich.

Neben dem Faden-
querschnitt ist die An-
zahl der Einzelfa-
sern im Gespinstquer-
schnitt dem Gewichte
einer bestimmten Garn-
länge direkt proportio-

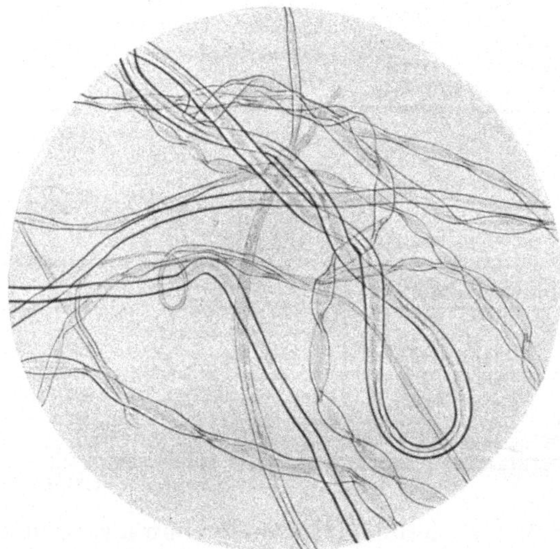

Abb. 165. Schlecht merzerisierte bzw. merzerisierfähige Baumwolle. Vergr. 100.

nal; erfahrungsgemäß liegen desto mehr Fasern im Faden, je gröber
die Garnnummer ist, und umgekehrt. Die Faseranzahl im Garnquerschnitt ist somit eine nummerbestimmende Größe ersten Ranges, und
es ist also möglich, aus ihr die Gespinstfeinheit unmittelbar abzuleiten,
sofern die nötigen Grundlagen hierfür bekannt sind.

Die Hauptgrundlage für das Verfahren zur Feinheitsbestimmung
von Gespinsten aus der Einzelfaseranzahl bildet das unumstößliche
Gesetz der Fadenbildung:

$$\text{metr. Garnnummer} = \frac{\text{metr. Feinheitsnummer der Einzelfaser}}{\text{Anzahl der Einzelfasern im Garnquerschnitt}}$$

oder

$$N = \frac{\mathfrak{N}}{z}.$$

Es ist von vornherein aussichtslos, auf Grund der wirklichen
Faserfeinheitsnummer $\mathfrak{N}$ und der Faseranzahl z etwa in der Weise

die Garnnummer N bestimmen zu wollen, daß durch verschiedene Korrektionsfaktoren je nach der Erzeugungsart usw. der Gespinste die tatsächlichen Verhältnisse im Garn, d. h. alle außer der Faseranzahl die Garnfeinheit mitbestimmenden Faktoren berücksichtigt werden. Diese Variablen sind: a) der Feuchtigkeitsgehalt des Materials, b) die Drehung des Garnes, c) die Nummer der Einzelfaser und d) die fremden Beimengungen (= Nichtfaserstoffe). Als Ergebnis umfangreicher Untersuchungen für die beiden Hauptvertreter der pflanzlichen Rohstoffe, Flachs und Baumwolle, wurde von E. Wagner[1] festgestellt, daß das obige Gesetz fast vollkommen nur innerhalb bestimmter Garnnummergruppen gültig ist, wenn für $\mathfrak{N}$ nicht die wirkliche, dem einzelnen Baumwollhaare oder der Bastzelle des Flachses als solche zukommende Feinheitsnummer, sondern die mittlere Faserfeinheit im Gespinst eingesetzt wird, die also die genannten Faktoren in ihrem Gesamteinfluß gleichzeitig erfaßt. $\mathfrak{N}$ ist dann ein in bestimmten Garnfeinheitsgrenzen nahezu konstanter Wert, der wohl den allgemeinen Charakter einer Einzelfasernummer besitzt, letzten Endes aber diese Bedeutung überhaupt verliert, da die Einflußmomente der anderen variablen Faktoren, z. B. der Gehalt an zelligen Verunreinigungen bei groben und mittelfeinen Leinengespinsten, unter Umständen so groß werden können, daß sie die Faserfeinheit vollständig überdecken. Mit Hilfe dieser Konstanten K und der nach dem bekannten, an anderer Stelle bereits beschriebenen Herzogschen Gelatineverfahren in jedem konkreten Falle zu ermittelnden Faseranzahl z im Gespinstquerschnitt läßt sich dann ohne weiteres leicht die konditionierte metr. Garnnummer aus der Formel: $N_{m_k} = \dfrac{K}{z}$ bestimmen. Den Konstanten kommen folgende Mittelwerte zu:

Leinengarne

für grobe	Garne der engl. Nummer	20 bis	35	. . . .	$K = 3000$
„ mittelfeine	„ „ „ „	40 „	50	. . . .	$K = 4200$
„ feine	„ „ „ „	60 „	90	. . . .	$K = 4700$
„ feinste	„ „ „ „	100 „	210	. . . .	$K = 4900$

Baumwollgarne

für grobe	Garne der engl. Nummer	20 bis	50	. . . .	$K = 5500$
„ mittelfeine	„ „ „ „	55 „	90	. . . .	$K = 6000$
„ feine und	„ „ „ „	100 „	200	. . . .	$K = 6500$

Diese Werte lassen erkennen, daß feine Leinengespinste relativ mehr Fasern enthalten als gröbere, und daß die der reinen Flachsfaser, also der vollständig gebleichten Bastzelle des Flaches zukommende metr. Feinheit von etwa $\mathfrak{N} = 6000$ in keinem Falle erreicht wird, allerhöchstens etwa rund 5000. Die zelligen Verunreinigungen sind nach vorstehenden Angaben auch in den feinsten Flachsgespinsten enthalten; sie können trotz sorgfältigster Leitung des Hechelprozesses aus praktischen Gründen nie ganz fehlen.

Bei den Baumwollgespinsten sind die Unterschiede in der Konstante K einerseits durch den Einfluß der Garndrehung, andererseits

---

[1] Wagner, E.: Die Bestimmung der Gespinstfeinheit auf mikroskopischem Wege. Dissertation, Dresden 1930.

durch die Feinheit der Baumwolleinzelhaare selbst bedingt. Zweifellos sind die Haare einiger hervorragender ägyptischer und nordamerikanischer Sorten (Sakelaridis, Sea-Island) feiner, als solche mittelguter Qualitäten, sofern sie dem Gewichte und der Länge, nicht der Querschnittsfläche der Fasermitte nach, miteinander in Vergleich gezogen werden.

Was die Bestimmung der mittleren Faseranzahl im Gespinstquerschnitt nach dem Herzogschen Gelatineverfahren anlangt, so sei besonders hervorgehoben, daß bündelförmig verklebte Fasern (z. B. bei Flachsgarnen) zunächst durch längeres Kochen (etwa 20 bis 30 Min.) mit 10%iger Sodalösung sorgfältigst isoliert werden müssen, um die Einzelfasern der nachfolgenden mikroskopischen Zählung leicht zugänglich zu machen. Ferner sei darauf aufmerksam gemacht, daß hier systematisch sämtliche Felder des mit Linien versehenen, großen Objektträgers ausgezählt werden müssen; es genügt also nicht ein Absuchen einzelner Streifen wie bei der Bestimmung des Mischungsverhältnisses von Fasern nach der Gelatinemethode. Ferner ist die Gelatinefasermischung nach Feststellung ihres Gewichtes sorgfältigst vor Wasserverlust durch Verdunsten zu schützen, um fehlerhafte Ergebnisse zu vermeiden.

Nachstehendes Beispiel mag die Bestimmung der Garnnummer nach dieser Methode erläutern:

Von einem groben Flachsgarn wurden insgesamt 30 kurze, etwa 1 mm lange Fadenabschnitte von verschiedenen Garnstellen in ein Wägegläschen gebracht, die Einzelfasern vorher gut isoliert, ausgewaschen und mit einigen ccm 10%iger warmer Gelatinelösung versetzt. Ergebnisse der Wägungen:

G_1 = Gewicht des leeren Wägegläschens . . . . 31,175 g
G_2 = dasselbe + Gelatinelösung + Fasern . . . . 46,920 g
g_1 = vorhandene Gelatinefasermischung = $G_2 - G_1$ . . . . 15,745 g
G_3 = nach Entnahme eines Teiles der Fasergelatine zurückgeblieben:
     Glas + Gelatine + Fasern . . . . 43,044 g
g_2 = zum Ausgießen verbrauchte, auf dem Objektträger befindliche
     Gelatinefasermischung = $G_2 - G_3$ . . . . 3,876 g

Es entsprechen dann:

g_1 = 15,745 g ursprünglich vorhandener Fasergelatine: n = 30 Fadenabschnitte,
g_2 = 3,876 g zum Ausgießen verbrauchter, bzw. zur Auszählung auf dem Objektträger verteilter Fasergelatine demnach:

$$m = \frac{n \cdot g_2}{g_1} = \frac{30 \cdot 3,876}{15,745} = 7,4 \text{ Fadenabschnitte.}$$

Diesen m = 7,4 Fadenabschnitten kommen als Ergebnis der Auszählung x = 1352 Einzelfasern auf der gesamten Glasplatte zu, mithin sind in einem Gespinstquerschnitt:

$$z = \frac{x}{m} = \frac{1352}{7,4} = 183 \text{ Fasern}$$

enthalten. Im vorliegenden Falle stellt also das Zählergebnis einen Durchschnittswert aus 30 Garnstellen dar. Mit Hilfe der angegebenen

Konstanten berechnet sich die Nummer des vorliegenden Garnes zu:

$$N_m = \frac{K}{z} = \frac{3000}{183} = 16{,}4 \, .$$

Die Bestimmung der Garnnummer auf mikroskopischem Wege aus der mittleren Faseranzahl im Gespinstquerschnitt gewährt insbesondere folgende Vorteile und Anwendungsmöglichkeiten:

1. Das Verfahren ist leicht ausführbar.

2. Der zur experimentellen Durchführung benötigte Zeitaufwand ist nach kurzer Übung gering (für Baumwollgarne etwa 30 Min., für Flachsgarne 45 Min., allerhöchstens 1 Stunde).

3. Der allgemeinen Einführung des Verfahrens stehen keine Hindernisse im Wege, da Spezialerfordernisse nicht zu beschaffen sind; es werden lediglich Apparaturen benötigt, die ohnehin in jedem besser eingerichteten Laboratorium stets vorhanden sind (analytische Waage und Mikroskop).

4. Hinsichtlich der erzielbaren Genauigkeit werden die bisher üblichen Verfahren zur Nummerbestimmung weit übertroffen; als besonderer Vorzug ist hervorzuheben, daß die Gelatinemethode um so genauere Ergebnisse liefert, je feiner die zu prüfenden Gespinste sind, im Gegensatz zum Wäge- und dem auf der Fadendickenmessung beruhenden Verfahren nach Marschik. Bei Baumwollgespinsten kann durch Berücksichtigung des Entwicklungszustandes, der qualitativen Beschaffenheit der einzelnen Haare usw. die Genauigkeit des Verfahrens erheblich gesteigert werden.

5. Die Bestimmung der konditionierten Nummer ist ohne besondere Feuchtigkeitsgehaltsermittelung möglich. Der jeweilige Wassergehalt des zu untersuchenden Materials und die relative Luftfeuchtigkeit sind nicht in jedem Einzelfalle zu berücksichtigen.

6. Die geringste Garnmenge genügt für die Durchführung der Feinheitsbestimmung aus der Faseranzahl; gerade bei Fäden, deren Länge zu gering ist, um den sonst üblichen Weg durch Wägung beschreiten zu können, empfiehlt sich das Gelatineverfahren besonders, da auch in solchen Fällen einwandfreie Ergebnisse erzielt werden.

7. Für die Garnnummerbestimmung in Geweben bleibt der Einwebverlust und die jeweilige Spannung der Fäden ohne Einfluß.

8. Die konfektionierten Waren entnommenen Fadenstücke brauchen weder entfettet, noch gewaschen, noch entschlichtet zu werden; das lästige Abziehen der Farbstoffe von gefärbten Geweben, sowie das Entfernen von Imprägnierungsmitteln, erübrigen sich. Trotzdem ergibt sich ohne weiteres die im Garnhandel übliche Rohgarnnummer mit größter Sicherheit.

9. Das Verfahren ist geeignet, auch die Rohgarnnummer von gebleichten Gespinsten ohne willkürliche Annahme des in weiten Grenzen schwankenden Bleich- und Bäuchverlustes auf das genaueste festzustellen; eine direkte Bestimmung der Rohgarnnummer war bis jetzt überhaupt nach keinem der bekannten Verfahren möglich.

10. Die Anwendung des Gelatineverfahrens ist schließlich in allen solchen Fällen der Untersuchungspraxis von Vorteil, wo andere Methoden versagen, in den übrigen liefert es genauere Ergebnisse.

Zum bequemen Gebrauch ist der zitierten Originalarbeit eine Tabelle beigegeben, die neben einigen Werten für die Faseranzahl z im Gespinstquerschnitt die entsprechenden kond. engl. Garnnummern, sowohl für Gespinste aus Flachs wie aus Baumwolle, enthält.

7. Bestimmung des Titers von Kunstseide. Stehen nur kurze Fadenstücke zur Verfügung, so kann man sich des mikroskopischen Titerbestimmungsverfahrens bedienen. Auch zur Bestimmung der Schwankungen im Titer der Einzelfasern eines Kunstseidefadens ist das Mikroskop gut geeignet. Bedeutet F die wirkliche Querschnittsfläche der Einzelfaser in $q\mu$ ($1\,q\mu = 0{,}000001$ qmm) und s das spezifische Gewicht der Fasersubstanz in g/ccm, so berechnet sich das Gewicht von 9000 m Fadenlänge in g (Titer):

$$T = 0{,}000001 \cdot 9000 \cdot F \cdot s = 0{,}009 \cdot F \cdot s.$$

Da das spezifische Gewicht durchschnittlich mit 1,52 g/ccm angenommen werden kann, so lautet die Formel auch: Titer $= 0{,}01368 \cdot F$. Erfahrungsgemäß ist dieser Titer noch mit dem Korrektionsfaktor 0,93 zu multiplizieren. Man braucht also für die Bestimmung des Feinheitsgrades der Einzelfaser nur ihre Querschnittsfläche F zu ermitteln und den so erhaltenen Wert mit 0,01272 zu multiplizieren. Die Ermittlung der Fläche F aus tadellos hergestellten, in Kanadabalsam eingebetteten Faserquerschnitten erfolgt nach den im Abschnitt: „Flächenmessungen" angegebenen Verfahren. Sehr geeignet ist hierfür das von A. Herzog angegebene Deniermeter, das im wesentlichen aus einem feinen Netzmikrometer besteht. Auch auf dem Wege der mikroskopischen Zeichnung läßt sich die wirkliche Querschnittsfläche und damit der Titer der Faser ableiten. Ist die Anzahl der in einem Faden enthaltenen Einzelfasern bekannt, so läßt sich aus dem gefundenen Einzelfasertiter auch der Titer des Fadens berechnen (annähernd). Aus der Querschnittsfläche und der Breite des Querschnittes läßt sich ferner der Völligkeitsgrad ableiten. S. Abschnitt „Herstellung von Querschnitten".

8. Bestimmung der Drehung von Gespinsten. Bei sehr feinen Gespinsten oder bei solchen, von denen nur kurze Stücke zur Verfügung stehen, erweist sich das mikroskopische Prüfungsverfahren als sehr nützlich. Bezeichnet d den Durchmesser des Fadens, h die Schraubenganghöhe einer am Umfang des Garnzylinders gedachten Faserspirale und φ den Winkel, den diese im abgerollten Zustand mit der Fadenlängsachse einschließt, so besteht folgende einfache Beziehung:

$$\cotg \varphi = \frac{h}{d \cdot \pi}.$$

Daraus ergibt sich:
$$h = \cotg \varphi \cdot d \cdot \pi.$$

Die Drehungen (T) für 100 cm Fadenlänge berechnen sich demgemäß zu

$$T_{1m} = \frac{1000}{\pi \cdot \cotg \varphi \cdot d}.$$

Zur Feststellung der Drehung auf mikroskopischem Wege reicht sonach die Bestimmung des **Fadendurchmessers** und des **Drehungswinkels** aus. Der Durchmesser wird mit einem Okularmikrometer in schwacher Vergrößerung, der Drehungswinkel nach einem der im Abschnitt „Winkelmessungen" angegebenen Verfahren ermittelt (Abb. 166). Nach den Untersuchungen E. Wagners[1] gibt dieses von A. Herzog[2] stammende Verfahren gut brauchbare Werte, sofern noch mit einem Korrektionsfaktor $c = 1,144$ gerechnet wird, so daß die obige Formel übergeht in:

$$T_{1m} = \frac{1144}{\pi \cdot \cot g\ \varphi \cdot d}.$$

9. Ermittlung der Quellung von Kunstseide. Die **Volumenvergrößerung** der Kunstseide ist am sichersten durch direkte mikroskopische Messung der Veränderungen in der **Länge** und **Querschnittsfläche** der Einzelfaser festzustellen. In der **Längsrichtung** ist die Zunahme — bei den Kunstseiden kommt nur eine solche in Betracht — ziemlich einfach zu bestimmen, wenn nur Sorge dafür getragen wird, daß nicht zu kurze Stücke zur Messung gelangen. A. Herzog arbeitet mit 2 cm langen Faserstücken, die er auf einen Objektträger legt und unter dem Mikroskop vor und nach dem Befeuchten mit einem [Zeichenapparat abzeichnet. Dabei genügt es vollständig, die **Mittellinie** der Faser in der Zeichnung durch eine einfache **Linie** wiederzugeben und deren Länge mit

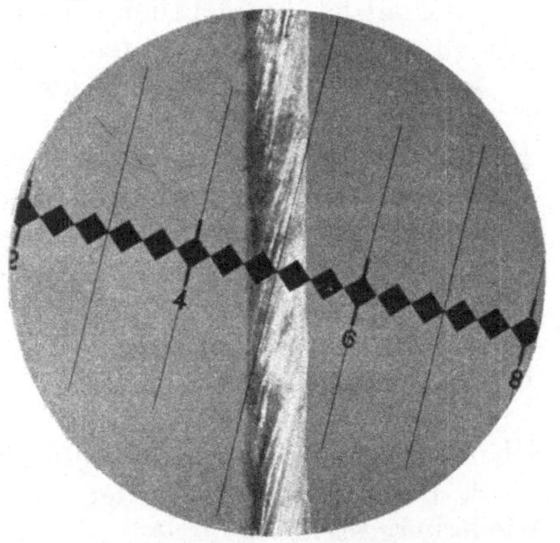

Abb. 166. Bestimmung der Drehung eines Leinengespinstes auf mikroskopischem Wege. Vergr. 55.

einem **Meßrädchen** zu bestimmen. Schwieriger ist es, die Quellung in der **Breite** und **Dicke** der Faser zu bestimmen. Die zu prüfende Seide wird in üblicher Weise in Paraffin eingebettet, und es werden mit dem Mikrotom Querschnitte hergestellt (Bandschnitte). Die Schnittdicke hat etwa 5 bis 10 μ zu betragen. Je zwei aufeinanderfolgende Querschnitte dienen nun ohne weitere Vorbereitung zur Anfertigung von mikroskopischen Präparaten. Der eine Schnitt wird in Kanadabalsam, der andere in einen Tropfen Wasser eingebettet und mit einem Deckglas bedeckt. Eine in beiden Schnitten enthaltene Faser wird nunmehr in starker Vergrößerung in üblicher Weise gezeichnet und ausgemessen. S. „Flächenmessungen". Die durch das Wasser bedingte Flächenzunahme wird schließlich in % der ursprünglichen Fläche berechnet. Bei jeder Probe sind in dieser Weise 5 bis 10 Schnitte auszumessen. Das vorhandene Paraffin stört die Betrachtung in keiner

[1] Wagner, E.: Die Bestimmung der Gespinstfeinheit auf mikroskopischem Wege. Dissertation, Dresden 1930.
[2] Herzog, A.: Z. f. Farben- u. Text.-Ind. **1904**, H. 1.

Weise, um so weniger, als die Fasern vor der Einbettung in Paraffin mit Safranin vorgefärbt werden, so daß die Querschnitte durch ihre rote Färbung deutlich hervortreten. Das Suchen geeigneter Fasern, die in beiden Schnitten vorhanden sind, wird zweckmäßig mit einem Vergleichsmikroskop oder Vergleichsaufsatz vorgenommen. S. „Vergleichsmikroskopie". Wenn das Zeichnen erst später erfolgt, empfiehlt es sich, die Präparate zu markieren. S. „Markieren von Präparaten".

Bei Kunstseide beobachtet man hinsichtlich der Quellung folgendes:

1. Beim Einlegen in Wasser tritt stets eine deutlich nachweisbare Zunahme in der Länge, Breite und Dicke der Faser ein.

2. Der Grad der Quellung ist je nach dem geprüften Material großen Schwankungen unterworfen.

3. Verhältnismäßig gering ist die Quellung in der Längsrichtung; sie beträgt 0,14% (Azetatseide) bis 7,4% (Viskoseseide).

4. Ungleich beträchtlicher ist die Zunahme in der Breite und Dicke der Faser (5,7% bei Azetatseide bis 356% bei Gelatinefäden).

5. Die gequollene Faser (Querschnitt) ist nicht immer ein getreues, vergrößertes Abbild der trockenen Faser; insbesondere gilt dies von Kunstseiden, die einen stark gekerbten oder gelappten Querschnitt aufweisen. Aus diesem Grunde ist es wertlos, die Quellung durch bloße Messung der Breitenzunahme einer Faser zu messen.

6. Die kubische Quellung, d. h. die räumliche Zunahme der Faser beim Einlegen in Wasser, weicht nur wenig von der quadratischen ab, so daß im allgemeinen die letztere ein ausreichendes Bild über den Quellungsvorgang gewährt.

7. Die Festigkeitsverminderung der Faser verläuft annähernd parallel der quadratischen bzw. kubischen Quellung.

8. Beim Austrocknen der Faser wird der ursprüngliche Zustand wiederhergestellt.

<h2 style="text-align:center">Literatur.</h2>

(Nur die wichtigsten selbständigen Schriften sind berücksichtigt.)

Hanausek, T. F.: Lehrbuch der Technischen Mikroskopie. Stuttgart 1900.

Heermann, P.: Enzyklopädie der textilchemischen Technologie. Abschnitt „Gespinstfasern", bearbeitet von A. Herzog. Berlin: Julius Springer 1930.

Herzog, A.: Unterscheidung von Baumwolle und Leinen, 2. Aufl. Sorau 1908.

— Mikrophotographischer Atlas der technisch wichtigen Faserstoffe. München 1908.

— Was muß der Flachskäufer vom Flachsstengel wissen? Sorau 1918.

— Die mikroskopische Untersuchung der Seide und der Kunstseide. Berlin: Julius Springer 1924.

— Die Unterscheidung der Flachs- und Hanffaser. Berlin: Julius Springer 1926.

Herzog, R. O.: Technologie der Textilfasern. Botanik und Kultur der Baumwolle, bearbeitet von L. Wittmack, 4. Bd., 1. T. Berlin: Julius Springer 1927.

Höhnel, F. v.: Mikroskopie der technisch verwendeten Faserstoffe, 2. Aufl. Wien-Berlin 1905.

Krais, P.: Werkstoffe. Abschnitt Textilfasern, bearbeitet von Glafey. Leipzig 1921.

Mark, H.: Beiträge zur Kenntnis der Wolle und ihrer Verarbeitung. Berlin 1925.

Matthews-Anderau, J. M.: Die Textilfasern. Berlin: Julius Springer 1928.

Tobler, F.: Der Flachs. Berlin: Julius Springer 1928.

— und H. Hager: Das Mikroskop und seine Anwendung. Berlin: Julius Springer 1925.

Wiesner, J. v.: Rohstoffe des Pflanzenreichs, 4. Aufl. Abschnitt „Fasern und Baste", bearbeitet von J. Weese und S. Zeisel, 1. Bd. Leipzig 1927.

Luftfeuchtigkeit.

Absolute Luftfeuchtigkeit. Die atmosphärische Luft enthält stets eine bestimmte Menge unsichtbaren Wasserdampfes im schwebenden Zustande. Wird diese Menge Wasserdampf in absoluten Zahlen, also z. B. in Grammen pro Kubikmeter Luft (g/cbm) ausgedrückt, so haben wir die **absolute** Feuchtigkeit der Luft.

Sättigung. Die Luft vermag bei einer bestimmten Temperatur nur eine bestimmte Menge Wasserdampf schwebend aufzunehmen. Enthält die Luft diesen Höchstgehalt an Wasserdampf, so ist sie von Feuchtigkeit gesättigt: Man nennt diesen Punkt den **Sättigungspunkt.** Wird dieser überschritten, so scheidet sich die überschüssige Feuchtigkeit in Tropfenform ab (Niederschlag, Nebel, Tau usw.; in der Natur auch Regen oder Schnee): deshalb heißt der Punkt der Sättigung auch **Taupunkt.** In der Regel enthält die Atmosphäre aber nicht den Höchstgehalt an Wasserdampf, ist also nicht gesättigt, sondern enthält nur einen Teilbetrag des aufnehmbaren Wassers.

Relative Luftfeuchtigkeit oder Sättigungsgrad. Drückt man den Feuchtigkeitsgehalt der Luft nicht in Grammen pro Kubikmeter aus, sondern in Hundertteilen der Sättigung, also in Prozenten der bei einer Temperatur maximal aufnehmbaren Wassermenge, so erhält man die relative Luftfeuchtigkeit. Wenn die Luft beispielsweise bei 20° C in 1 cbm 12,9 g Wasserdampf enthält, so ist, da sie nach der unten stehenden Tabelle 51 bei dieser Temperatur maximal 17,31 g Wasser aufnehmen kann, nur zu 74,5% gesättigt

$$\left(100 \cdot \frac{12,9}{17,31} = 74,5\right),$$

d. h. die Luft hat eine relative Feuchtigkeit von rund 74.5%. Gesättigte Luft hat also immer die relative Feuchtigkeit von 100%, absolut trockene von 0%.

Sättigungsdefizit. Der jeweilige Fehlbetrag der Sättigung zu 100 heißt Sättigungsdefizit oder -Fehlbetrag. Bei einer relativen Luftfeuchtigkeit von 75% vermag die Luft noch 25% aufzunehmen; das Sättigungsdefizit ist demnach 25%.

Temperatur und Luftfeuchtigkeit. Bei jeder Temperatur vermag die Luft verschiedene Mengen Wasserdampf bis zum Sättigungspunkt aufzunehmen, und zwar bei höheren Temperaturen mehr als bei niedrigeren. (In Laienkreisen wird dagegen bisweilen fälschlicherweise angenommen, daß einer bestimmten Temperatur stets eine und dieselbe Feuchtigkeit entspricht.) Die absoluten Sättigungszahlen nehmen indessen mit zunehmender Temperatur **nicht gleichmäßig** zu. Nachstehende Tabelle 51 gibt den Wassergehalt der gesättigten Luft bei Temperaturen von 0 bis 100° C an.

Abb. 167 zeigt den maximalen Wassergehalt (in Gramm) von 1 cbm Luft bei den Temperaturen von 0 bis 100° C. Wenn wir beispielsweise gesättigte Luft von gewöhnlicher Temperatur (20°) auf 75° erwärmen, so ziehen wir von dem Kurvenpunkt 17,177 die Waagerechte bis zur

Tabelle 51.

In 1 cbm Luft	In 1 cbm Luft	In 1 cbm Luft
bei — 10⁰ C = 2,36 g	bei + 11⁰ C = 10,03 g	bei + 24⁰ C = 21,80 g
„ — 5⁰ C = 3,41 g	„ + 12⁰ C = 10,68 g	„ + 25⁰ C = 23,07 g
„ 0⁰ C = 4,85 g	„ + 13⁰ C = 11,37 g	„ + 26⁰ C = 24,40 g
„ + 1⁰ C = 5,20 g	„ + 14⁰ C = 12,09 g	„ + 27⁰ C = 25,80 g
„ + 2⁰ C = 5,57 g	„ + 15⁰ C = 12,85 g	„ + 28⁰ C = 27,24 g
„ + 3⁰ C = 5,96 g	„ + 16⁰ C = 13,65 g	„ + 29⁰ C = 28,78 g
„ + 4⁰ C = 6,37 g	„ + 17⁰ C = 14,50 g	„ + 30⁰ C = 30,39 g
„ + 5⁰ C = 6,80 g	„ + 18⁰ C = 15,40 g	„ + 35⁰ C = 39,60 g
„ + 6⁰ C = 7,27 g	„ + 19⁰ C = 16,33 g	„ + 40⁰ C = 51,12 g
„ + 7⁰ C = 7,76 g	„ + 20⁰ C = 17,31 g	„ + 50⁰ C = 82,98 g
„ + 8⁰ C = 8,28 g	„ + 21⁰ C = 18,35 g	„ + 60⁰ C = 129,81 g
„ + 9⁰ C = 8,83 g	„ + 22⁰ C = 19,45 g	„ + 80⁰ C = 290,8 g
„ + 10⁰ C = 9,41 g	„ + 23⁰ C = 20,60 g	„ + 100⁰ C = 589,0 g

Ordinate AB; die Differenz $A'B$ ist das Sättigungsdefizit (Fehlbetrag zu 100). Wollen wir die Luft nur mit 75% Feuchtigkeit beladen, so ergibt die Kurve $A'C$ die Wassermenge, die von der Luft aufgenommen

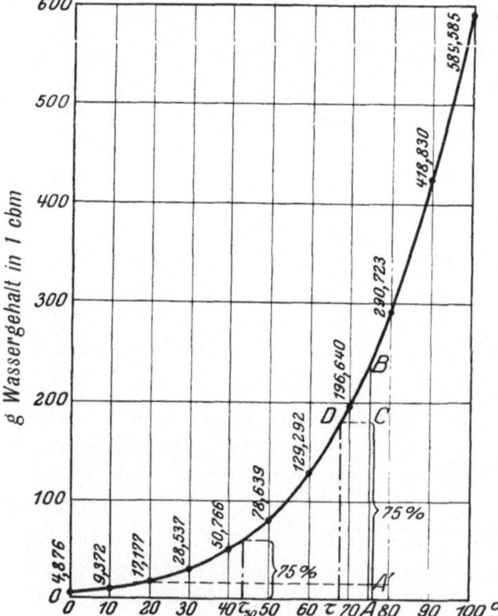

Abb. 167. Maximaler Wassergehalt der Luft (g/cbm) bei verschiedenen Temperaturen (nach Bergmann-Marschik).

werden darf. Ziehen wir von C die Waagerechte bis zur Kurve, so ergibt der Schnittpunkt D die maximale Wassermenge für die zugehörige Temperatur oder den sog. Taupunkt (τ), den man durch Projektion von D auf die Abszissenachse findet. Dieser Punkt τ ist also 68,5⁰ C. In der Abb. 167 ist der gleiche Linienzug auch für 50⁰ C eingezeichnet.

Bei der Prüfung von Textilien ist nicht der absolute, sondern der relative Luftfeuchtigkeitsgehalt ausschlaggebend, denn die Luft gibt ihr Wasser um so leichter an andere hygroskopische Gegenstände ab, je mehr sich ihr Wassergehalt demjenigen des Sättigungspunktes nähert.

Da nun einerseits alle Textilfasern bis zu einem gewissen Grade hygroskopisch sind, d. h. die Eigenschaft besitzen, aus der sie umgebenden Luft eine gewisse Menge Feuchtigkeit aufzunehmen (in trockener Luft aber wiederum bis zu einem gewissen Gleichgewichtszustand abzugeben), anderseits aber der Feuchtigkeitsgehalt der Fasern z. T. einen größeren Einfluß auf deren physikalische Eigenschaften hat (s. Festigkeitsprüfungen), so ist es sowohl für industrielle Betriebe[1] als

[1] Nach Literaturangaben soll z. B. die relative Luftfeuchtigkeit in technischen Arbeitsräumen etwa betragen: a) In Baumwollspinnereien, Vorbereitung 50 bis

auch für genaue Prüfungen erforderlich, unter stets gleichem relativen Feuchtigkeitsgehalt der Atmosphäre zu arbeiten. Dieses ist aber nur dann möglich, wenn die Untersuchungsstelle mit den nötigen Einrichtungen zum Messen und zum Regulieren der Luftfeuchtigkeit ausgestattet ist.

Was die gerade herrschende Temperatur und ihren Einfluß auf die Faserfeuchtigkeit bei gleichbleibender relativer Luftfeuchtigkeit betrifft, so hatte A. Scheurer früher den Standpunkt vertreten, daß der maximale Feuchtigkeitsgehalt der Fasern von der Temperatur gänzlich unabhängig sei[1]. Nach neueren Versuchen von J. Obermiller[2], die bei 75% rel. Luftfeuchtigkeit und 20 und 25° C ausgeführt worden sind, trifft dies jedoch nicht zu, wenngleich die Differenzen praktisch nicht sehr belangreich sind. So fand Obermiller folgende Feuchtigkeitsgehalte der Fasern:

Tabelle 52.

Tempe-ratur	Feuchtigkeitsgehalt der Fasern bei 75% Feuchtigkeit				
	Wolle	Seide roh	Seide entb.	Baumwolle amer.	Baumwolle indisch
20°	17,6%	15,0%	13,35%	9,5%	10,06%
25°	17,4%	14,25%	12,7%	9,35%	9,85%

Nach S. N. Kowalewsky[3] schwankt der Feuchtigkeitsgehalt der Wolle nicht nur in Abhängigkeit von der Luftfeuchtigkeit und der Temperatur, sondern auch vom Luftdruck, und zwar letzteres bis zu 0,5% Wassergehalt der Wolle.

1. Messung der Luftfeuchtigkeit.

Hygrometer. Die Hygrometer beruhen auf der Eigenschaft der Haare, sich bei zunehmender Feuchtigkeit zu längen, bei abnehmender zu verkürzen. Man hat insbesondere gefunden, daß sich ein sorgfältig entfettetes Menschenhaar bei einer bestimmten Feuchtigkeit mit großer Genauigkeit auf ein und dieselbe Länge einstellt. Bei starker Trockenheit erfährt das Haar bleibende Schädigung. Das Hygrometer ist deshalb zu durchfeuchten, wenn es längere Zeit in ausgetrockneter Luft benutzt worden ist.

Koppe (System Saussure) verwendet ein einzelnes Haar (Frauenhaar), das über einen Rahmen gespannt ist. Es ist oben um einen Stift geschlungen, unten um ein am Gestell drehbar gelagertes Röllchen geführt, daran befestigt und mit einem Gewicht von etwa 0,5 g belastet. Das Gewicht kann auch durch

---

60%, Spinnerei 60 bis 70%, in Leinenspinnereien, Vorbereitung 60 bis 70%, Spinnerei 70 bis 80%; in Jutespinnereien 70 bis 80%; bei der Verarbeitung der Seide 70 bis 80%; Wolle 80 bis 90%; Ramie 80 bis 90%. b) In Webereien: Baumwolle 80 bis 90%, Leinen 75 bis 85%, Jute 70 bis 80%, Seide 75 bis 85%, Wolle 70 bis 80%, Ramie 80 bis 90%.

[1] Scheurer, A.: Bull. Mulh. **1921**, 129.
[2] Obermiller, J.: Z. angew. Chem. **1926**, 50.
[3] Kowalewsky, Mell. Text. **1929**, 782.

eine Feder ersetzt werden. Auf der Achse der Rolle ist ferner ein Zeiger angebracht, welcher sich über einer Skala bewegt. Verkürzt sich nun das Haar, so schlägt der Zeiger nach links aus, wird es bei zunehmender Feuchtigkeit länger, so bewegt

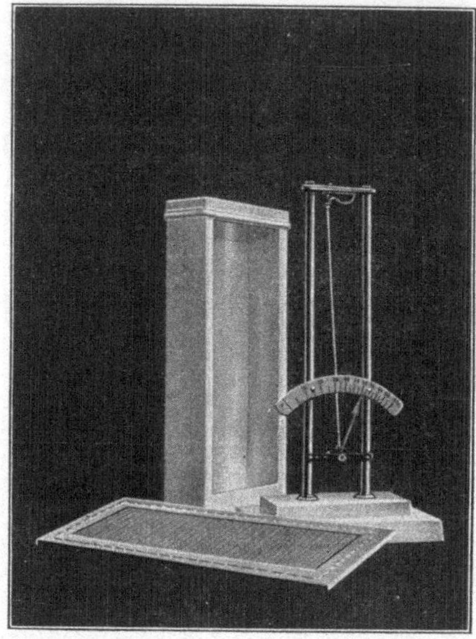

sich der Zeiger nach rechts. Die Skala ist so eingerichtet, daß sie unmittelbar die relative Feuchtigkeit ablesen läßt. Abb. 168 zeigt ein verbessertes Koppesches Hygrometer von Lambrecht.

Das Hygrometer von Lambrecht (s. Abb. 169) beruht auf demselben Grundsatz, hat jedoch statt eines Haares einen Strang von mehreren Haaren. Eine zweckmäßige Verbesserung gegenüber dem Saussureschen Haarhygrometer ist darin zu erblicken, daß der Haarstrang unten nicht über eine Rolle geführt ist, also auch nicht der Beanspruchung unterworfen ist, die durch das beständige Umbiegen und Strecken des Haares verursacht wird. Der Apparat hat ferner den Vorzug größerer Haltbarkeit, ist zum Aufhängen an die Wand eingerichtet und hat verschiedene Ausführungsformen.

Abb. 168. Demonstrations-Hygrometer von Lambrecht (System Koppe-Saussure).

Das Polymeter von Lambrecht enthält außerdem auf der Feuchtigkeitsskala und einem beigegebenen Thermometer noch verschiedene Angaben über den Taupunkt und die größte Sättigungsspannung der betreffenden Temperatur (s. Abb. 170).

Auf der Feuchtigkeitsskala ist außer den Feuchtigkeitsgraden noch eine zweite Gradteilung so angebracht, daß man die zu einer Zeigerstellung gehörende Temperatur nur von der jeweiligen Lufttemperatur abzuziehen braucht, um den Taupunkt der vorhandenen Temperatur zu finden. Ferner besitzt das Thermometer rechts eine zweite Skala, welche die zu den linksstehenden Temperaturen erforderliche größte Sättigungsspannung und die ungefähre Sättigungsmenge des Dampfes in Grammen auf 1 cbm angibt. Aus diesen Ablesungen kann man annähernd die jeweilige Dampfspannung und den absoluten Feuchtigkeitsgehalt der Luft berechnen. Denn es ist bei f % relativer Sättigung der

Abb. 169. Hygrometer von Lambrecht.

herrschende absolute Wassergehalt $= \dfrac{f}{100}$ multipliziert mit dem an dem Thermometer abgelesenen Höchstgehalt an Wasser, der bei dieser Temperatur möglich ist. Desgleichen findet man die vorhandene Spannung des in der Luft befindlichen Wasserdampfes, wenn man mit demselben

Faktor die von dem Thermometer angezeigte, bei der betreffenden Temperatur mögliche Höchstspannung multipliziert.

Abb. 171 zeigt ferner ein bequemes und überall aufstellbares Standhygrometer von R. Fueß mit neuartiger Befeuchtungseinrichtung (s. auf der Abb. 171 links). Diese besteht aus einem Metallhohlzylinder, der oben einen Deckel mit einer Öffnung für die Justierschraube und vorn einen Ausbruch zwecks Anpassung an das Anzeigegehäuse trägt. Die Innenfläche des Rohres ist mit einem besonders saugfähigem Stoff ausgekleidet. Soll das Hygrometer neu auf 96% rel. Feuchtigkeit justiert werden, so taucht man dieses Rohr eine Min. in Wasser, schleudert das überschüssige Wasser ab und schiebt den Zylinder von oben über die Deckelplatte mit den vier Säulen bis auf den Fuß. Es entsteht so ein sehr enger, dicht abgeschlossener Raum, der sich sehr schnell mit Feuchtigkeit sättigt, so daß schon sehr bald die Nachjustierung auf 96% durch das Loch im Deckel erfolgen kann.

Stechhygrometer. Zur Ermittelung der Luftfeuchtigkeit im Innern eines Ballens bedient man sich mit Vorteil eines sog. Stechhygrometers. Man kann mit Hilfe desselben schnell feststellen, ob im Innern einer Ballensendung oder auch nur eines Ballens überall die gleiche Feuchtigkeit, und welche, herrscht (s. Abb. 172).

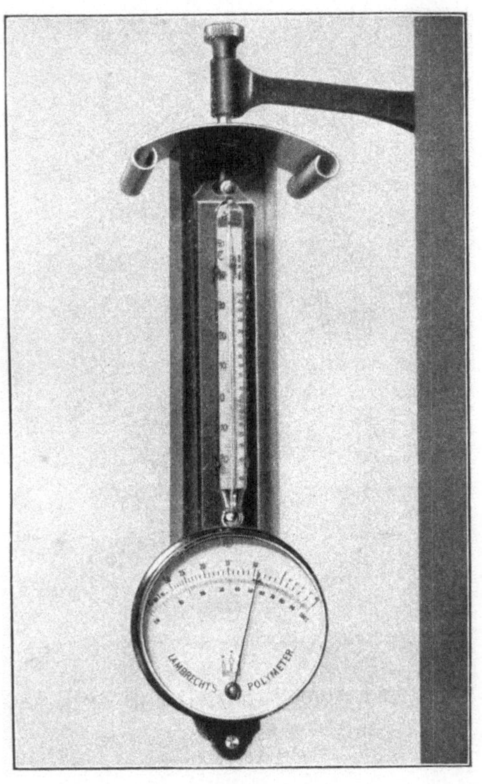

Abb. 170. Polymeter nach Lambrecht.

Der Schaft des Hygrometers wird in das Innere eines Ballens eingeschoben, wobei die den Zeiger und die Skala enthaltende Kapsel außerhalb bleibt, um die Ablesung zu ermöglichen. Die Skala ist, wie bei anderen Hygrometern, in Prozent rel. Feuchtigkeit geteilt.

Selbstregistrierende Hygrometer. Um die Veränderung der Luftfeuchtigkeit über einen längeren Zeitraum beobachten zu können, hat man sogenannte selbstregistrierende Hygrometer, sogenannte Hygrographen, gebaut, die mit einer Schreibvorrichtung ausgestattet sind und auf einer durch eine Uhr in Umdrehung versetzten Trommel dauernd die jeweilige Luftfeuchtigkeit in Gestalt einer Kurve aufzeichnen. Auch kann gleichzeitig die Temperatur registriert werden durch sogenannte Thermo-Hygrographen, die z. B. von R. Fueß oder auch Lambrecht gebaut werden (s. Abb. 173 u. 174). Sehr wichtig sind diese Kontrollinstrumente in allen Betrieben, wo die Luftfeuchtigkeit eine wichtige Rolle spielt und dauernd in bestimmten Grenzen gehalten werden soll, ferner in Prüfungslaboratorien, wo häufig bei über längere Zeit sich erstreckenden Versuchen genaue Kenntnis der dabei herrschenden Luftfeuchtigkeit oder eine Kontrolle hinsichtlich der Luftfeuchtigkeit erforderlich ist. Bei dem Hygrographen von Lambrecht sind mehrere abgestimmte Haarbündel rahmenartig parallel zueinander angeordnet. Die Längenänderungen werden auf diese Weise nicht nur vergleichmäßigt, sondern auch so verstärkt, daß selbst bei sehr kleinen Änderungen der Schreibstift mit Sicherheit betätigt wird. Auch andere Firmen wie Fueß in Berlin-Steglitz und auch C. P. Goerz in Berlin-Friedenau bauen derartige Registrier-Instrumente. Die selbsttätige Regelung der Feuchtigkeit und Temperatur wird heute auch von der Gesellschaft für selbständige Temperaturregelung G. m. b. H., Berlin-Wilmersdorf, durchgeführt[1], vollautomatische Regelungsanlagen für Temperatur und Feuchtigkeit vor allem auch von der Firma Lambrecht A.-G., Göttingen.

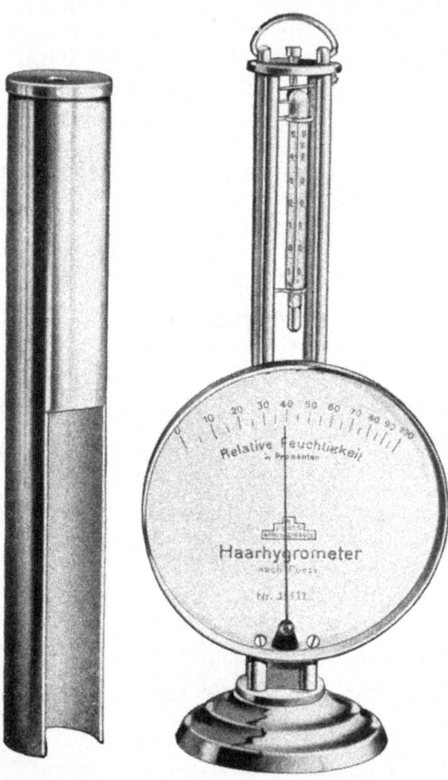

Abb. 171. Standhygrometer von R. Fueß.

Nachdem die Hygrometer lange Jahre den Ruf hatten, nur sehr ungenaue und unzuverlässige Instrumente zu sein, sind in den letzten Jahren verschiedene Forscher[2] für dieselben eingetreten, nachdem man besonders gelernt hat, die Hygrometer in einfacher und zuverlässiger Weise zu eichen.

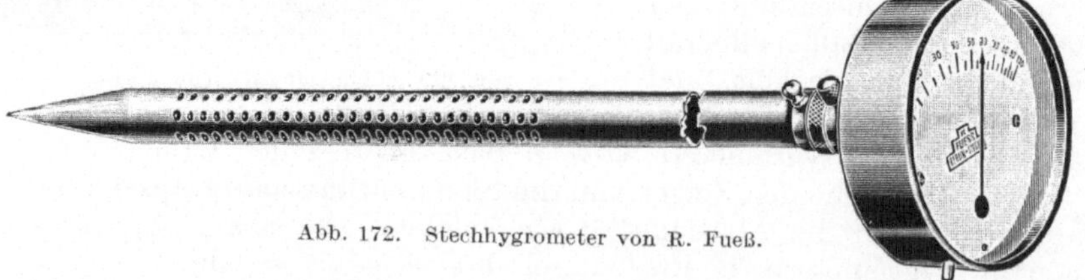

Abb. 172. Stechhygrometer von R. Fueß.

Eichung der Hygrometer. Nach den Vorschriften der Firma Lambrecht, Göttingen, soll eine gröbere Eichung in der Weise vor-

---

[1] S. Mell. Text. **1929**, 88.

[2] Obermiller, J.: Mell. Text. **1925**, 765, 818; **1926**, 75, 166; Leipz. Monatschr. Textilind. **1927**, 527. Z. angew. Chem. **1926**, 46. Bongards, A.: Feuchtigkeitsmessung, 242ff. München und Berlin: Oldenbourg 1926. Weltzien, W.: Seide **1927**, 175.

genommen werden, daß man eine mit Feuchtigkeit gesättigte Atmosphäre (100% rel. Feuchtigkeit) durch Einschlagen des Instrumentes in feuchte Tücher erzeugt und dann den Zeiger des Hygrometers, nachdem nach leichtem Beklopfen des Rahmens Konstanz eingetreten ist, auf 100% einstellt. Brüggemann[1] benetzt sogar den Haarstrang des Hygrometers mit einem Zerstäuber und stellt nach Konstanz des Zeigers auf 95% ein. (Nur im dichten Nebel zeigt der Apparat auf 100%) Obermiller u. a. haben nun aber (Bongards schließt sich dieser Ansicht nicht an) die Beobachtung gemacht, daß sich die Hygrometerhaare verziehen, wenn sie einer Feuchtigkeit von 100% ausgesetzt werden.

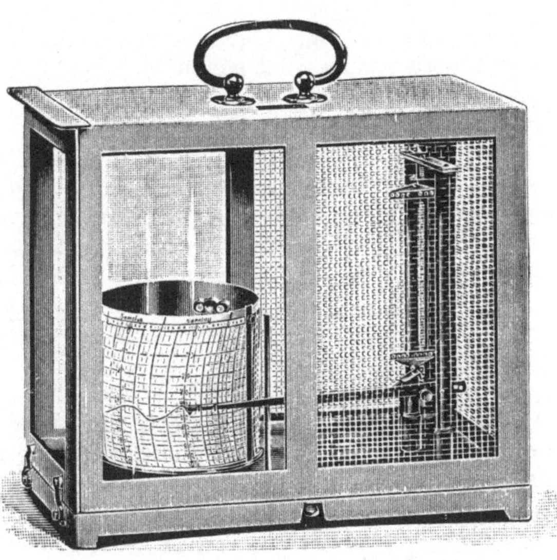

Abb. 173. Hygrograph nach Lambrecht.

Obermiller eicht deshalb bei niedrigerer Feuchtigkeit. Er hat einen Eichapparat konstruiert[2] (siehe Abb. 175), in den das zu justierende

---

[1] Brüggemann: Die nötigen Eigenschaften der Gespinste und deren Prüfung.

[2] Im Handel zu haben bei R. Fueß, Berlin-Steglitz, Düntherstr. 8.

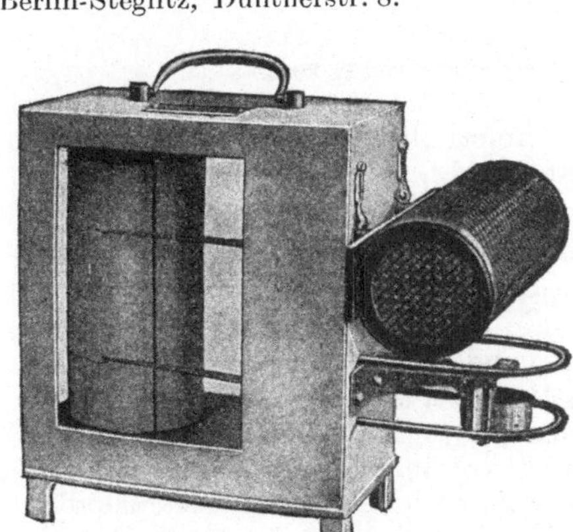

Abb. 174. Thermo-Hygrograph nach Fueß.

Abb. 175. Hygrometer-Eichapparat nach Obermiller (R. Fueß).

Hygrometer eingehängt wird und der eine stets gleichbleibende Feuchtigkeit von 75% hat. Diese Feuchtigkeit von 75% rel. wird am einfachsten durch Einstellen einer gesättigten Kochsalzlösung in den Apparat erzeugt. Über dieser Lösung herrscht eine relative Luftfeuchtigkeit von ziemlich genau 75%. Nach Abnahme der Deckelschraube kann die Regulierung des im abgeschlossenen Luftraum liegenden Hygrometers vorgenommen werden.

Will man verschiedene Punkte des Hygrometers nachprüfen, so verwendet man außer gesättigter Kochsalzlösung zweckmäßig Lösungen anderer Salze, deren Dampfdrucke in letzter Zeit genau studiert sind[1]. Geeignete Lösungen hierfür sind u. a. folgende gesättigte wässerige Lösungen bei 18 bis 20° C:

Gesättigte Kaliumchloridlösung entspricht 85% rel. Feucht.
„   Natriumchloridlösung   „   75% „   „
„   Kalziumnitratlösung   „   55% „   „
„   Kalziumchloridlösung   „   35% „   „

Auch sind Schwefelsäurelösungen für diesen Zweck verwendbar. So entsprechen z. B. folgende Schwefelsäurelösungen den Luftfeuchtigkeiten:

Schwefelsäure spez. Gew. bei 15° von 1,2856 (37,7 %ig) : 62,4% Feuchtigkeit
„   „   „   „ 15° „   1,4772 (57,65%ig) : 21 %   „

In jüngster Zeit hat die Firma R. Fueß eine noch einfachere Vorrichtung zum Eichen der Hygrometer geschaffen (s. Abb. 176). Der Haar-

Abb. 176. Material- oder Eichhygrometer von R. Fueß.

strang eines Eichhygrometers ist innerhalb des nur an der Bodenfläche offenen Gehäuses ausgespannt (s. Abb. 176 rechts). Durch Aufsetzen des Hygrometers auf ein wannenartiges Füllgefäß (s. Abb. 176 links) entsteht ein nach außen vollständig abgeschlossener Luftraum. Wird nun in das Füllgefäß eine bestimmte Salzlösung (s. o.) von bekanntem Dampfdruck eingefüllt, so stellt sich die Luft im Füllgefäß auf eine bestimmte relative Luftfeuchtigkeit ein, und das Hygrometer kann dann nach Erreichung der Endlage in etwa 10 bis 15 Min. nachjustiert werden.

Die Firma R. Fueß will sogar mit dieser Vorrichtung, die sie „Materialhygrometer" nennt, den Feuchtigkeitsgehalt von Materialien direkt messen. Der Vorgang soll derart vonstatten gehen, daß die zu untersuchende Materialprobe

---

[1] S. z. B.: Ebert, H.: Dampfdrucke einiger wässeriger Lösungen und ihre Verwendung zur Herstellung bestimmter relativer Feuchtigkeiten. Z. Instrumentenk. **1930**, 43 bis 57.

in das erwähnte Füllgefäß eingefüllt und das Hygrometer aufgesetzt wird. Der abgeschlossene Raum innerhalb des Gehäuses sättigt sich nun in kürzester Zeit gerade so weit mit Feuchtigkeit, als es dem Wassergehalt der Probe entspricht. Nach Verlauf weniger Sekunden beginnt der Zeiger des Hygrometers sich einzustellen und hat in 10 bis 15 Min. seine Endlage erreicht. Die Ablesung erfolgt in Prozent rel. Feuchtigkeit (und natürlich nicht in Prozent Wassergehalt der Probe). Physikalisch bedeutet die Messung nichts anderes als eine Messung des Dampfdruckes über der Materialprobe. Für diese, in der Praxis allerdings noch nicht eingeführte Untersuchung sollen die geringsten Mengen Material genügen (bei der Feuchtigkeitsbestimmung von Tabak z. B. schon eine Zigarette).

Die Firma W. Lambrecht bringt ferner noch einen von Bongards (a. a. O.) gebauten Hygrostaten in den Handel, der gleichfalls zum Eichen von Hygrometern bestimmt ist. Der Apparat besteht aus einem luftdicht abschließbaren Prüfraum für die Aufnahme der Instrumente, und zwar von drei Regelgefäßen und einem Gebläse mit Motorantrieb und gestattet es, drei verschiedene Punkte des Hygrometers gleichzeitig nachzuprüfen bzw. zu eichen.

Über die Eichung der Hygrometer s. a. weiter unter Aspirations-Psychrometer.

Aspirations-Psychrometer nach Aßmann[1]. Es gilt zur Zeit als das genaueste Instrument zur Bestimmung der Luftfeuchtigkeit und Justierung der vorerwähnten Apparate. Es besteht aus zwei nebeneinander angeordneten Thermometern, von denen das eine am Quecksilbergefäß mit einem feuchten Lappen umgeben ist (s. Abb. 177). Ferner ist ein kleiner mit Uhrwerk betriebener Ventilator (Aspirator) vorhanden, welcher die Luft an den Thermometern vorbeisaugt. Um ein gegenseitiges Beeinflussen der beiden Thermometer zu verhüten, sind diese durch eine Wand getrennt. Während nun das trockene Thermometer die jeweilige Zimmertemperatur angibt, zeigt das feuchte Thermometer einen niedrigeren Stand, und zwar einen um so niedrigeren, je schneller die Wasserverdunstung an der Quecksilberkugel vor sich geht, also je trockener die Luft ist. In mit Wasserdampf gesättigter Luft zeigen dagegen beide Thermometer gleich hoch an. Aus diesem Grunde ist es wichtig, die zirkulierende Luft in möglichst innige Berührung mit dem feuchten Läppchen zu bringen, was Aufgabe des Ventilators ist. Aus dem Barometerstand, der Zimmertemperatur und dem Stand beider Thermometer (und der psychrometrischen Differenz) kann man nun den relativen Feuchtigkeitsgehalt des Arbeitsraumes auf verschiedene Art ermitteln.

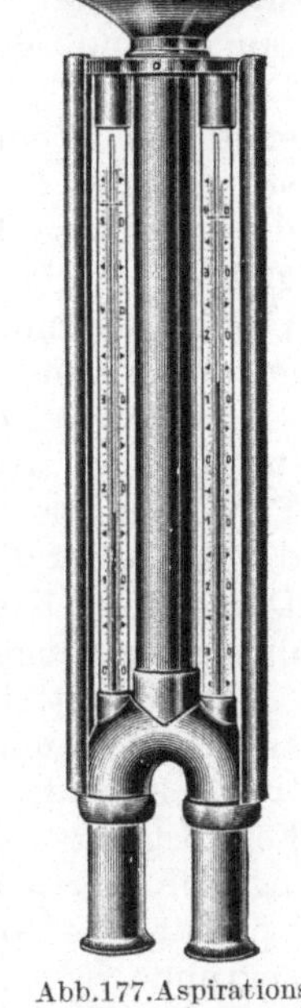

Abb.177.Aspirationspsychrometer nach Aßmann (R. Fueß).

Als besondere Vorsichtsmaßregeln bei der Verwendung von Psychrometern empfiehlt Weltzien, 1. Wärmeausstrahlung durch den Körper auf den Apparat zu vermeiden[2], also in genügender Entfernung vom

---

[1] S. a. Ebert, H.: Das Aspirationspsychrometer. Z. Physik **1926**, 689; **1927**, 335; **1928**, 420. Weltzien, W.: Seide **1927**, 175.

[2] Insbesondere ist darauf zu achten, daß die ausgeatmete Luft vom Aspirator nicht angesogen wird.

Apparat zu bleiben, 2. das feuchte Thermometer nur mit einer dünnen Musselinhülle zu umgeben und vor Beginn des Versuches mit Wasser zu befeuchten, da dicke Hüllen den gleichmäßigen Wärmeaustausch verhindern, 3. das Vorratsgefäß für dauernde Befeuchtung während des Versuches zu entfernen und dafür zu sorgen, daß keine größeren Wassertropfen an der Musselinhülle hängen bleiben.

Gute und zuverlässige Resultate erhält man nur mit Psychrometern mit Aspiration (zu diesen gehört auch das preiswertere Psychrometer von August), bei dem die Luft zwangsläufig mit großer Geschwindigkeit am nassen Thermometer vorbeigeführt wird. Die einfachen, nicht aspirierten Psychrometer. wie sie vielfach anzutreffen sind, arbeiten höchst ungenau. Zur Vermeidung der Anschaffungskosten für einen immerhin recht teuren Aspirationspsychrometer empfiehlt Weltzien[1] die Verwendung eines einfachen Psychrometers (eines sog. Standpsychrometers) und eines kleinen Laboratoriumsventilators, wie sie heute im Haus und Laboratorium als Fön usw. vielfach im Gebrauch sind. Man arbeitet alsdann in folgender Weise sehr zuverlässig. Die Luftbewegung wird durch den Fön erzeugt, der schräg von unten etwa aus 20 cm Entfernung einen ununterbrochenen, kräftigen Luftstrom gegen das Instrument bläst. Schon nach drei Minuten ist meist die konstante Einstellung des feuchten Thermometers erreicht. Vergleichsversuche mit dem Aßmannschen Psychrometer ergaben gute Übereinstimmung, mit dem Fön meist um 2% höhere Luftfeuchtigkeitsgehalte als mit dem Aßmannschen Aspirationspsychrometer.

In der Praxis wird man bei regelmäßigem Gebrauch der Hygrometer etwa wöchentlich einmal eine solche Eichung mit Hilfe des Psychrometers vornehmen und nötigenfalls nachregulieren, obwohl die Hygrometer ihre Einstellung oft monatelang einwandfrei behalten. Durch diese Kontrolle und regelmäßige Eichung der Hygrometer wird dieses Instrument zu einem sehr zuverlässigen.

Die Ermittelung der jeweiligen Luftfeuchtigkeit aus den Ablesungen am trocknen und feuchten Thermometer geschieht für wissenschaftliche Zwecke meist nach der Sprungschen Formel (s. Bongards, Feuchtigkeitsmessung S. 135 und' 146). Auch das Preußische Meteorologische Institut gibt Luftfeuchtigkeitstabellen heraus, denen die Sprungsche Formel, auf die hier nicht näher eingegangen werden kann, zugrunde liegt[2]. Für technische Zwecke genügt in den weitaus meisten Fällen eine Genauigkeit von $\pm$ 2% Feuchtigkeit, und man bedient sich hier 1. der abgekürzten Zahlentabellen, wo aus der Temperatur des trocknen Thermometers und der psychrometrischen Differenz die Luftfeuchtigkeit direkt abgelesen wird, 2. verschiedener graphischer Verfahren bzw. Tabellen.

1. Nachstehend wird eine abgekürzte Tabelle 53 zum Ablesen des relativen Feuchtigkeitsgehaltes der Luft aus trockenem Thermometer und psychrometrischer Differenz nach Bongards wiedergegeben.

---

[1] Weltzien, W.: Seide **1927**, 175.

[2] Aspirations-Psychrometer-Tafeln. Herausgegeben vom Preußischen Meteorologischen Institut. Braunschweig: Vieweg & Sohn, 1927.

Tabelle 53. Abgekürzte Tabelle für das Aspirationspsychrometer.

(Hier sind nur die meist vorkommenden Temperaturen von 8 bis 40° C für das trockene Thermometer und von 0 bis 12° C für die psychrometrische Differenz berücksichtigt. Die Tabelle ist bei Barometerständen von 740 bis 770 mm benutzbar.)

Trockenes Thermometer ° C	Psychrometrische Differenz $t - t'$												
	0°	1°	2°	3°	4°	5°	6°	7°	8°	9°	10°	11°	12°
8	100	87	75	62	51	40	29	18	7% relat. Feuchtigkeit				
9	100	88	76	64	53	42	31	21	11	1 „	„		
10	100	88	77	65	55	44	34	24	14	5 „	„		
11	100	88	77	66	56	46	36	26	17	8 „	„		
12	100	89	78	68	57	48	38	29	20	11	3 rel.Feucht.		
13	100	89	79	69	59	49	40	31	23	14	6 „	„	
14	100	90	79	70	60	51	42	33	25	17	9	2 r. F.	
15	100	90	80	71	61	53	44	35	27	20	12	5 r. F.	
16	100	90	81	71	62	54	46	37	30	22	15	8	1
17	100	90	81	72	63	55	47	39	32	24	17	10	4
18	100	91	82	73	65	56	49	41	34	27	20	13	6
19	100	91	82	74	65	58	50	43	36	29	22	15	9
20	100	91	83	74	66	59	51	44	37	31	24	18	12
21	100	91	83	75	67	60	52	45	39	32	26	20	14
22	100	92	83	75	68	61	54	47	40	34	28	22	16
23	100	92	84	76	69	62	55	48	42	36	30	24	18
24	100	92	84	77	70	62	56	49	43	37	31	26	20
25	100	92	85	77	70	63	57	51	44	39	33	27	22
26	100	92	85	78	71	64	58	51	45	40	34	29	24
27	100	93	85	78	71	65	59	53	47	41	36	31	25
28	100	93	86	79	72	65	59	53	48	42	37	32	27
29	100	93	86	79	72	66	60	54	49	43	38	33	28
30	100	93	86	79	73	67	61	55	50	44	39	34	30
31	100	93	86	80	73	67	61	56	51	45	41	36	31
32	100	93	87	80	74	68	62	57	52	46	42	37	32
33	100	93	87	80	74	69	63	58	52	47	43	38	34
34	100	93	87	81	75	69	63	58	53	48	44	39	35
35	100	93	87	81	75	70	64	59	54	49	44	40	36
36	100	93	87	81	76	70	65	59	55	50	45	41	37
37	100	94	87	82	76	71	65	60	55	51	46	42	38
38	100	94	88	82	76	71	66	61	56	51	47	43	39
39	100	94	88	82	77	71	66	61	57	52	48	44	40
40	100	94	88	83	77	72	67	62	57	53	49	44	40

Beispiel: Trockenes Thermometer = 35°, feuchtes Thermometer = 30°; psychrometrische Differenz $t - t' = 5°$. Relative Luftfeuchtigkeit gemäß Tabelle = 70%.

2. Graphische Methoden. Sehr einfach und den technischen Anforderungen genügend sind auch die graphischen Methoden bzw. die graphischen Psychrometer-Tabellen. Abb. 178 zeigt z. B. ein Lambrechtsches Psychrometer nach Bongards, bei dem der Gebrauch eines aspirierten Psychrometers nicht notwendig ist, anderseits eine sofortige Ablesung von relativer Feuchtigkeit, absoluter Feuchtigkeit, des Sättigungsdruckes und des Taupunktes auf graphischem Wege möglich ist.

Eine andere sehr einfache Tafel, ebenfalls für starkbewegte Luft, zeigt Abb. 179 nach Bongards. Aus ihr erhält man die relative Luftfeuchtigkeit in der Weise, daß man die auf den beiden Skalen gegebenen Ablesungen des trocknen und des feuchten Thermometers durch einen feinen Faden oder ein Lineal gradlinig verbindet. Der Punkt, in dem diese Linie die rechte Kurve schneidet, gibt die relative Luftfeuchtigkeit an. Beispiel: Man verbindet den Punkt 25 des linken, trocknen Thermometers mit dem Punkt 19 des feuchten Thermometers, verlängert die Linie und findet auf der Kurve die Feuchtigkeit von 56%.

Draka-Hygrometer. Das Draka-Hygrometer (Dr. Katz, Waiblingen in Württemb.) ist im wesentlichen die Vereinigung eines Psychrometers mit den psychrometrischen Tabellen, die in Kurven umgearbeitet sind. Auf einer Grundplatte sind die beiden Thermometer, das trockene und das nasse, angeordnet. Zwischen beiden Thermometern ist ein zweiarmiger Zeiger angebracht, der mit seiner oberen Spitze über einer Skala mit den psychrometrischen Differenzen und mit seiner unteren Spitze über der Kurventafel spielt. Diese ist auf die psychrometrischen Tabellen aufgebaut, indem die Tabellenwerte in ein Koordinatensystem eingetragen sind, so daß die Schnittpunkte der gleichen relativen Feuchtigkeit eine Kurve ergeben. Will man die Luftfeuchtigkeit eines Raumes bestimmen, so sucht man die psychrometrische Differenz auf und stellt auf diese Zahl die obere Zeigerspitze auf der oberen Skala. Hierauf verschiebt man den auf einem Schlitten angeordneten Zeiger so weit nach oben oder unten, bis die untere Spitze auf die Kurve einspielt, die der Temperatur des feuchten Thermometers entspricht; alsdann gibt die Zeigerstellung den relativen Feuchtigkeitsgehalt der Raumluft an. Die Kurven sind von 5 zu 5% geteilt und lassen eine Schätzung auf 1% zu. Das Draka-Hygrometer wird in zwei Ausführungen in den Handel gebracht, mit einem Meßbereich von 0 bis 47° C und von 35 bis 94° C.

Daqua-Hygrometer. Ganz ähnlich ist das Daqua-Hygrometer (Dannenberg und Quandt, Berlin); auch dieses benutzt die bekannte psychrometrische Differenz zur Bestimmung des Luftfeuchtigkeitsgehaltes und erspart durch eine Rechenscheibe die Rechnungsarbeit. Es enthält die Feuchtigkeitsprozente auf einer hinter den beiden Thermometern angeordneten, drehbaren, verdeckten Tafel, die nach der Thermometerdifferenz einstellbar ist und die dann an einem Schlitz die gesuchte Feuchtigkeit anzeigt. Die Daten erstrecken sich über ein Bereich von 2 bis 80° C (Temperaturen) und 1 bis 25° (Temperaturdifferenzen).

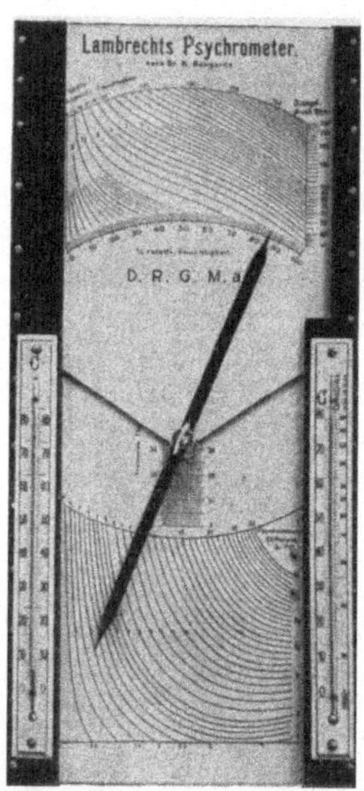

Abb. 178. Lambrechts Psychrometer nach Bongards.

Beide letztgenannten Hygrometer genügen den gewöhnlichen Anforderungen der Technik, sofern die Thermometer richtig anzeigen.

Hygrometer mit Fernanzeige. Erwähnt seien noch die Feuchtigkeitsmesser mit elektrischer Fernanzeige. Apparate dieser Art werden gebaut von Siemens und Halske (Konstruktion von C. Schmitz), von Hartmann und Braun (Frankfurt a. M.) und von Lambrecht. Die Hartmann-Braunsche Ausführung benutzt keine Thermometer, wie sonst üblich, sondern Thermoelemente; Siemens und Halske benutzen elektrische Quarzglas-Widerstandsthermometer.

2. Regelung der Luftfeuchtigkeit.

Die Luftbefeuchtung in kleinen Räumen wird am einfachsten durch Besprengen des Fußbodens, durch Aushängen feuchter Tücher oder durch Aufstellung bzw. Verdampfung von Wasser in offenen Gefäßen

bewerkstelligt. Für die kontinuierliche Luftbefeuchtung großer Versuchs-
oder Arbeitsräume werden von verschiedenen Maschinenfabriken[1] besondere Wasserzerstäubungsapparate her-
gestellt. Die Wirkung dieser Apparate besteht
u. a. darin, daß kaltes Wasser in feinster, staub-
artiger Verteilung in die Räume geblasen, z. B.
aus feinen Düsen gegen feine Siebe gespritzt wird.

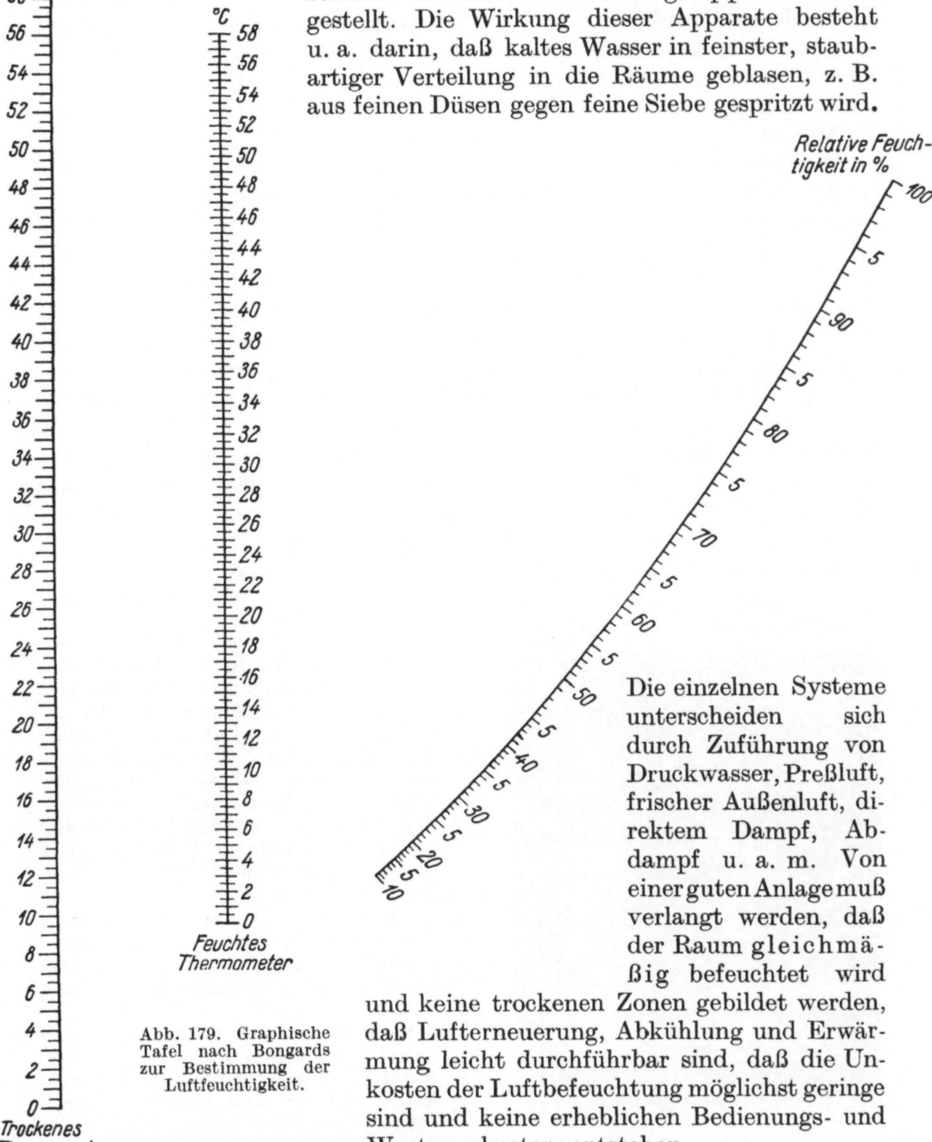

Abb. 179. Graphische Tafel nach Bongards zur Bestimmung der Luftfeuchtigkeit.

Die einzelnen Systeme unterscheiden sich
durch Zuführung von Druckwasser, Preßluft,
frischer Außenluft, direktem Dampf, Ab-
dampf u. a. m. Von einer guten Anlage muß
verlangt werden, daß der Raum gleichmä-
ßig befeuchtet wird und keine trockenen Zonen gebildet werden,
daß Lufterneuerung, Abkühlung und Erwär-
mung leicht durchführbar sind, daß die Un-
kosten der Luftbefeuchtung möglichst geringe
sind und keine erheblichen Bedienungs- und
Wartungskosten entstehen.

Dannenberg und Quandt, Berlin, bauen Luftbefeuchtungs-
anlagen, bei denen der Wassernebel durch Preßluft erzeugt wird[2]:

---

[1] Derartige Apparate bauen z. B. die Firmen: Gebr. Körting in Hannover,
Hurling & Biedermann in Zittau, Dannenberg & Quandt in Berlin.

[2] Voß, G.: Mell. Text. **1929**, 23.

Preßluftdüsen saugen die benötigte Wassermenge durch das Kaltwasserzuführungsrohr selbsttätig an und zerstäuben es restlos zu feinstem Wassernebel ohne jede Tropfenbildung. Ein mit dem Luftbefeuchter verbundener Ventilator führt einen kräftigen Luftstrom so unter den entstandenen Wassernebel, daß dieser, vom Luftstrom getragen, 6 bis 10 m tief in den Arbeitsraum geschleudert wird, wodurch jede lokale Übersättigung vermieden wird und gleichmäßige Verteilung im Raum stattfindet.

Will man in einem Raume eine bestimmte Luftfeuchtigkeit erreichen, so stellt man zunächst die gerade herrschende Raum- und Außenluftfeuchtigkeit fest. Bei trockener Raum- und genügend feuchter Außenluft wird in vielen Fällen durch Öffnen der Fenster und Inbetriebsetzung der Ventilatoren der gewünschte Feuchtigkeitsgrad erreicht. Genügt dies nicht, so werden die Befeuchtungsapparate angestellt usw. Ungleich größere Schwierigkeiten bereitet es, bei zu feuchter Innenluft und gleichzeitig feuchter Außenluft den gewünschten Zweck zu erreichen. In solchem Falle muß man sich durch Heizen des Raumes, durch Aufstellen oder Aushängen Wasser anziehender Stoffe u. ä. zu helfen suchen. Besonders ist darauf zu achten, daß der Raum frische, reine Luft enthalte (da unreine Luft die Regelung der Feuchtigkeitsverhältnisse erschwert) und daß die Feuchtigkeit in dem ganzen Raume gleichmäßig ist.

Für besondere Versuche ist es manchmal erforderlich, eine von dem Versuchsraum abweichende bestimmte Feuchtigkeit zu erzeugen. Hierzu bedient

man sich eines doppelwandigen, luftdicht schließenden Glaskastens, in welchem man die gewünschte Feuchtigkeit herstellt. In den Glaskasten kann ein elektrisch betriebenes Flügelrad eingebaut werden, das die gleichmäßige Luftverteilung herbeiführt. Alle Einstellungen der Feuchtigkeit und der Temperatur können von außen bequem abgelesen werden. In Ermangelung einer solchen Vorrichtung genügt für kleinere Versuche bisweilen schon eine luftdicht schließende Glasglocke.

Hygrostat Dr. Schreiber. Der Apparat (s. Abb. 180) dient dazu, konstante Feuchtigkeiten in einem kleineren Raum zu erzeugen bzw. zu erhalten, um das Versuchsmaterial in demselben auslegen zu können. Er besteht aus Aluminium und ist in Form eines leicht tragbaren Kastens konstruiert, in dem Gewebestreifen, Garnstränge, loses Material u. dgl. eingehängt oder eingelegt werden können. Eine unten angebrachte Schieblade enthält eine feuchte Filz- oder Filterpapier-Einlage, die durch Verstellen eines Deckels mehr oder weniger abge-

Abb. 180. Hygrostat nach Dr. Schreiber (L. Schopper-Leipzig).

schlossen werden kann, so daß nach Bedarf eine geringere oder höhere Feuchtigkeit in dem Hygrostaten erzeugt werden kann. An einer Seitenwand des Hygrostaten ist ein verglastes Schauloch angebracht, durch das an einem im Inneren aufgehängten Hygrometer die Luftfeuchtigkeit abgelesen werden kann. Ist die Luftfeuchtigkeit in dem Außenraum höher als für die Versuche erforderlich, so legt man statt des Filzes etwa 40 g (= zwei Eßlöffel voll) Chlorkalzium in möglichst gleichmäßiger Verteilung ein und reguliert in üblicher Weise. Es ist vor allem darauf zu achten, daß unmittelbar nach der Entnahme des Versuchsmaterials aus dem Kasten der Reißversuch o. dgl. folgt und sich der Feuchtigkeitsgehalt der Faser bis zum Versuch nicht wieder verändert. Nach Angaben amtlicher Prüfstellen arbeitet der Apparat zuverlässig und gestattet es, die Feuchtigkeit in demselben innerhalb $\pm\,2\%$ konstant zu erhalten.

Konditionierung oder Trockengehaltsbestimmung.

1. Wasseraufnahme der Textilfasern aus der Luft.

Alle Textilfasern nehmen, wie vorstehend ausgeführt, mehr oder weniger Wasser aus der Atmosphäre auf, die tierischen Fasern im allgemeinen mehr als die pflanzlichen. Diese Aufsaugefähigkeit der Fasern an Wassergehalt, der in der Regel in Prozenten des Trockengewichtes angegeben wird, ändert sich mit der relativen Luftfeuchtigkeit. E. Müller[1] hat hierüber als erster grundlegende Versuche angestellt und den Wassergehalt der wichtigsten Textilfasern bei verschiedenen Luftfeuchtigkeiten (von 44 bis 80% rel.) ermittelt.

Die Wasseraufnahme von 100 T. absolut trockener Spinnfaser in Abhängigkeit von der Luftfeuchtigkeit ist dann auch später von

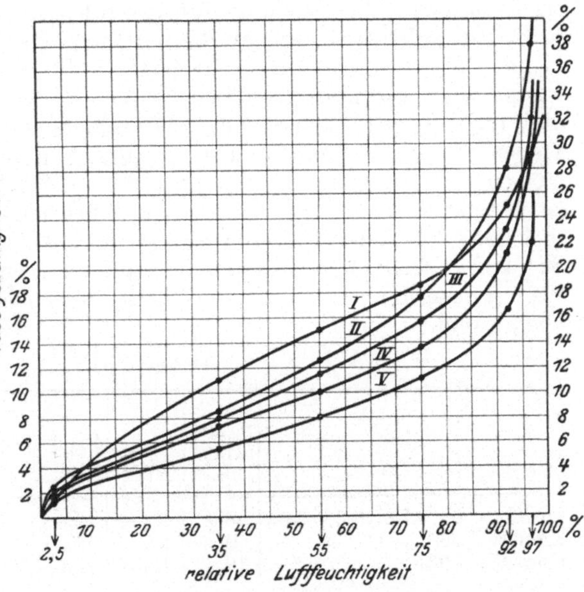

Abb. 181. Feuchtigkeitsgehalt der Fasern bei 20° und verschiedenen Luftfeuchtigkeiten. *I* Wolle, *II* Kunstseide, *III* Seide, roh, *IV* Seide entbastet, *V* Baumwolle. Nach J. Obermiller.

der Manchester Konditionieranstalt (Manchester Chamber of Commerce Testing House and Laboratory) ermittelt und graphisch dargestellt worden. Später hat J. Obermiller[2] umfassende Versuche hierüber angestellt. Abb. 181 zeigt die Feuchtigkeitsaufnahme verschiedener Fasern bei verschiedenen Feuchtigkeitsgehalten der Luft nach Obermiller. Auf Grund dieser Schaubilder ist man in der Lage, den Feuch-

---

[1] Müller, E.: Ziviling. **1882,** 157ff.; Textile Forschung **1920,** 1. S. a. Hönig: Forschungshefte des Dresdn. Forschungsinstituts für Textilind. **1919,** Nr. 3 bis 5.
[2] Obermiller, J.: Z. angew. Chem. **1926,** 46; Mell. Text. **1926,** 71.

tigkeitsgehalt einer Faser bei einer gegebenen Luftfeuchtigkeit vorauszusagen bzw. fest einzusetzen.

Nach Versuchen von Obermiller berechnen sich nach den gefundenen Feuchtigkeitsgehalten im Mittel die Konditionierzuschläge zu den verschiedenen Fasern (bei 20° und 65% Luftfeuchtigkeit) wie folgt (vgl. auch Tabelle 52, S. 237):

Baumwolle	Wolle	Rohseide	Seide entbastet	Kupfer- u. Viskoseseide
9,5%	16,5—17%	13,5%	11,5—12%	15%

In neuerer Zeit hat weiter u. a. Schaposchnikoff[1] umfangreiche Versuche über den Einfluß der Luftfeuchtigkeit auf die Feuchtigkeit der Fasern während eines Jahres ausgeführt und seine Ergebnisse mit etwa 5500 Daten systematisch zusammengestellt. Es ist interessant, daß er dabei zu wesentlich anderen Ergebnissen gelangt, als den üblichen europäischen Usancen entspricht (den sog. Turiner Usancen). Sehr wichtig ist u. a. die Feststellung Schaposchnikoffs, daß sich die Faserstoffe nur sehr langsam an die Luftfeuchtigkeit anpassen, so daß das vielfach übliche Auslegen der Textilstoffe für ein paar Stunden in einen Raum von bestimmter Luftfeuchtigkeit, oder selbst ein 24stündiges und mehrtägiges Auslegen ganz zwecklos erscheint. Nach den Versuchen von Schaposchnikoff paßt sich die Faser erst nach mehrmonatiger Auslegung an die betreffende Feuchtigkeit der Luft an. Nachstehend seien die üblichen europäischen oder Turiner Usancen (bei 60% Luftfeuchtigkeit ermittelt) und die aus den Versuchen von Schaposchnikoff errechneten Reprisen (nachstehend als Kiewer Werte bezeichnet) für 60% und 70% Luftfeuchtigkeit einander gegenübergestellt[2].

Tabelle 54.

	Baum-wolle	Seide	Flachs	Hanf	Jute	Vis-kose-Kunst-seide	Wolle
Turin 60% Luftfeuchtigk.	8,5	10,—	12,—	12,—	14,—	13,—	17,5
Kiew.W. 60% „	9,—	11,—	11,—	11,5	13,—	15,—	15,5[3]
Kiew.W. 70% „	10,—	12,5	12,5	13,—	15,—	17,—	18,—

Die Feuchtigkeitsaufnahme von Kunstseiden verschiedener Art und Titer ist auch noch von Biltz[4] speziell untersucht worden. Nachstehende Tabelle 55 (S. 251) gibt die Ergebnisse dieser Untersuchungen wieder. Die mittlere Temperatur betrug 18,7% C.

Demnach hat Viskose- und Kupferseide, unabhängig von ihrer Denierzahl, praktisch die gleiche Feuchtigkeitsaufnahme; bei Nitroseide

---

[1] Schaposchnikoff: Mell. Text. **1928**, 844; **1930**, 113.
[2] S. a. Rosenzweig, A.: Mell. Text. **1929**, 365.
[3] Auch P. Krais fand bei Luftfeuchtigkeiten von 45 bis 65% bei Wollen einen Wassergehaltszuschlag von nur 12,5 bis 15,5%.
[4] Biltz: Textile Forschung **1921**, 89.

Tabelle 55. Wasseraufnahme von Kunstseiden bei verschiedener
Luftfeuchtigkeit.

| Relative Luftfeuchtigkeit in % Mittel | Viskoseseide | | Kupferseide | | Nitroseide | Azetatseide | Naturseide entbastet[1] |
	3 den. %	5 den. %	1 den. %	9 den. %	8 den. %	7 den. %	
30,97	5,72	6,09	5,57	5,92	7,00	1,88	6,4
45,38	8,10	8,04	8,30	8,15	10,97	2,92	7,5
53,86	10,46	10,13	10,56	10,22	13,30	3,52	8,1
62,08	11,55	11,26	11,62	11,34	14,70	4,40	8,5
70,25	14,20	14,05	14,43	14,32	16,38	5,23	9,0
81,93	17,01	17,07	17,05	17,21	21,35	7,08	12,61
90,86	26,04	26,07	26,40	26,30	30,23	9,26	—

liegen die Werte erheblich höher. Die geringste Wasseraufnahme zeigt
Azetatseide. Auch Baroni[2] findet bei Nitrokunstseiden im Mittel rund
14% Wasseraufnahme, bei Kupferseide nur 12% und bei Viskoseseide rund 12,2%. Baroni meint sogar, daß man auf Grund dieser Verschiedenheit Nitrokunstseide von den beiden anderen Kunstseiden
unterscheiden kann.

2. Bestimmung des Trockengehaltes und des Handelsgewichtes.

Um den bekannten Mißständen im Handel und Verkehr mit Textilmaterialien nach Möglichkeit zu begegnen, hat man sich im Verkehr
zwischen Erzeugern und Abnehmern auf einen bestimmten zulässigen
und gesetzlich festgelegten Wassergehalt geeinigt, der etwa dem mittleren Feuchtigkeitsgehalte des jeweiligen Materials entspricht. Zur
ständigen Überwachung dieses Feuchtigkeitsgehaltes sind die Seidentrocknungsanstalten oder Konditionierungsanstalten ins Leben
gerufen worden, deren Aufgabe es ist, das ihnen vorgelegte Material
auf den Wassergehalt zu prüfen und das „legale Handelsgewicht"
festzustellen und amtlich zu beglaubigen. Das Verfahren besteht im
Grundsatze darin, daß eine größere Anzahl Proben entnommen wird
und die Proben dann in besonderen Trockenöfen, den sogenannten
Konditionierapparaten, bis zum gleichbleibenden Gewicht getrocknet werden. Auf Grund des so gefundenen Mittels wird dann das
Trockengewicht der ganzen in Frage stehenden Partie berechnet.
Dem ermittelten Trockengewicht rechnet man alsdann noch den erwähnten zulässigen Feuchtigkeitszuschlag (die „Reprise", engl.
„regain") zu und erhält damit das legale „Handelsgewicht". Dieser
Feuchtigkeitszuschlag für Garne beträgt heute nach Vereinbarung
der beteiligten Kreise[3]:

---

[1] Nach den Bestimmungen von Hönig: Forschungsarbeiten, Nr. 3 bis 5, 98.
Dresden 1918.

[2] Baroni, G.: Mell. Text. **1924**, 28.

[3] Vgl. Satzungen der Krefelder, Elberfeld-Barmer, Aachener usw. Konditionierungsanstalten.

Für Seide und Kunstseide 11%
Für Streichgarn und Kunstwollgarn 17%
Für Wolle, Plöcke in gewaschenem Zustande, Kämmlinge 17%
Für alle anderen wollenen Garne, einschließlich Mohair, Genappe, Alpaka,
   Kammgarn sowie Kammzug 18¼%
Für Baumwollgarn (Imitatgarn) 8½%
Für Leinen, Ramie und Hanfgespinst 12%
Für Jutegarn (s. weiter unten) 13¾%
Für Mischgarne aus Wolle und Baumwolle (Halbwollgarn) (s. weiter unten) 10%
Für Mischgarn aus Wolle und Seide 16%
Für Papiergarn 15%

Beispiel der Berechnung des „Handelsgewichtes" von Leinengarn aus der Trockensubstanz: Das Garn mag 87% Trockensubstanz und 13% Wasser enthalten. Der Trockensubstanz von 87% wird der legale Feuchtigkeitszuschlag für Leinengarne von 12% (s.o.) zugerechnet. Die ermittelte Trockensubstanz von 87% mit der legalen Feuchtigkeit (10,44%) ergibt zusammen das normalfeuchte Garn oder

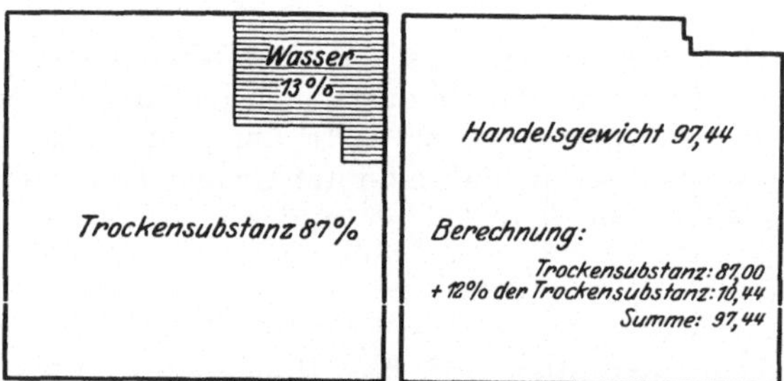

Abb. 182. Veranschaulichung der Berechnung des Handelsgewichtes.

das „Handelsgewicht" von 97,44%. Es waren also 97,44% des effektiven Gewichtes (Ist-Gewichtes) als Handelsgewicht (Soll-Gewicht) in Rechnung zu setzen (s. Abb. 182).

Nach den Versuchen von Krais[1] ist die für Jute festgelegte Zuschlagszahl von 13¾% zu niedrig. Krais fand als Mittel aus etwa 30 Versuchen mit Jutegarn (im Sommer und im Winter entnommen) 16,47% Feuchtigkeitsgehalt (= 19,82% Feuchtigkeitszuschlag). Als niedrigste Zahl fand er 14,32% Wassergehalt (= 16,72% Wasserzuschlag), als höchste Zahl 20,31% Wassergehalt (= 25,48% Wasserzuschlag). Die mittlere Sommerzahl betrug 15,31%, die mittlere Winterzahl 17,68% Wassergehalt. Danach hält Krais die Aufstellung einer Normalfeuchtigkeit für Jutegarne als unzweckmäßig und empfiehlt den Handel hiermit auf Treu und Glauben.

Der Feuchtigkeitszuschlag zu Mischgarnen (Kunstwollgarnen, Streichgarnen mit Baumwollzusatz u. ä.) beträgt im allgemeinen 10%. Hiergegen haben die Streichgarnspinner Einspruch erhoben, da meist ein höherer Zuschlag gerechtfertigt erscheint. Es erscheint auch in der Tat angemessen[2], einen Feuchtigkeitszuschlag im Verhältnis der Zusammensetzung der Mischgarne vorzunehmen, und zwar für den Wollgehalt 17%, für den Baumwollgehalt 8½%. In diesem Falle muß aber die Zusammensetzung der Mischgarne bekannt sein oder besonders ermittelt werden. Wird auf dieser Grundlage ein wechselnder Zuschlag gemacht, so läßt er sich je nach der Zusammenstellung nach folgender einfacher Formel berechnen: 8½% + Wollgehalt × 0,085.

Beispiele: 5% Wolle, 95% Baumwolle: 8,5 + 5·0,085 = 8,92% Zuschlag
     25%   „   75%   „   8,5 + 25·0,085 = 10,62%   „
     50%   „   50%   „   8,5 + 50·0,085 = 12,75%   „
     75%   „   25%   „   8,5 + 75·0,085 = 14,87%   „
     95%   „   5%   „   8,5 + 95·0,085 = 16,57%   „

---

[1] Krais, P.: Textile Forschung 1922, 52.
[2] S. a. Pinagel: Die Entwicklung der Konditionieranstalten S. 16.

Vorübergehend wurde für Kunstwollgarne eine einheitliche Reprise von 14% im Handel angewendet, die aber nicht als allgemein gültig vereinbart worden ist.

Fetthaltige Wollgarne müssen vor der Konditionierung erst entfettet und gewaschen, dann wieder getrocknet und um den Feuchtigkeitszuschlag vermehrt werden (Pinagel a. a. O.). Pinagel fand in einer Reihe von Kunstwollgarnen Waschverluste von 5,53 bis 27,59 %, bei Mischgarnen solche von 10,31 bis 17,61 %.

Feuchtigkeitsgehalt und Feuchtigkeitszuschlag (Reprise, regain) sind scharf voneinander zu unterscheiden. Unter dem Feuchtigkeitsgehalt versteht man ganz allgemein den Feuchtigkeitsgehalt in 100 T. des Versuchsmaterials in dem Zustande, in dem es zur Prüfung gelangt. Der Feuchtigkeitszuschlag bezieht sich dagegen auf 100 T. der vorher getrockneten Ware (des absolut trockenen Versuchsmaterials). Die Umrechnung des einen Wertes in den andern sei am folgenden Beispiel erläutert. Eine Garnmenge möge lufttrocken (oder nach dem Auslegen bei 65% Luftfeuchtigkeit) 680 g wiegen, nach dem Trocknen möge sie nur noch 590 g wiegen (= Gewicht des absolut trockenen Garnes). Die Feuchtigkeitsmenge in den 680 g lufttrockenen Materials beträgt also 680 — 590 = 90 g, oder in Prozenten des lufttrockenen Garnes = 13,24% Feuchtigkeitsgehalt (680 : 90 = 100 : x; $x = 13,24$). Die Zuschlagsmenge beträgt gleichfalls 90 g Feuchtigkeit, aber nicht auf 680, sondern auf 590 g Trockensubstanz; d. h. = 15,25% Feuchtigkeitszuschlag (590 : 90 = 100 : x; $x = 15,25$). Einem Feuchtigkeitsgehalt von 13,24% entspricht also der Feuchtigkeitszuschlag von 15,25%. Da für Baumwollgarne ein Feuchtigkeitszuschlag von 8½% festgelegt ist, so beträgt das „legale Handelsgewicht" = 590 + 8½% = 640,15 g.

Die Berechnungen des Feuchtigkeitszuschlages, des Feuchtigkeitsgehaltes usw. nach allgemeinen Formeln geschehen wie folgt:

1. Der Feuchtigkeitsgehalt x in Prozenten der lufttrockenen (oder feuchten) Ware beträgt bei der Einwaage a und dem Trockengewicht b:

$$x = \frac{(a - b)\,100}{a} = 100 - \frac{100\,b}{a}\,.$$

2. Der Feuchtigkeitszuschlag y in Prozenten der absolut trockenen Ware beträgt bei der Einwaage a und dem Trockengewicht b:

$$y = \frac{(a - b)\,100}{b} = \frac{100\,a}{b} - 100\,.$$

3. Der gesuchte Feuchtigkeitszuschlag z bei dem bekannten Feuchtigkeitsgehalt von c beträgt:

$$z = \frac{100\,c}{100 - c}\,\%\,.$$

4. Der gesuchte Feuchtigkeitsgehalt w bei dem bekannten Feuchtigkeitszuschlag von d beträgt:

$$w = \frac{100\,d}{100 + d}\,\%\,.$$

Nach den Bestimmungen der Krefelder Konditionieranstalt vollzieht sich die Trocknung nach dem System Corti durch Einblasen heißer Luft, die beim

Eintritt in die Seide eine Temperatur von 140° C, beim Eintritt in die Kunstseide 120° C und beim Eintritt in die übrigen Garne eine solche von 110° C zeigt. Die Elberfelder Konditionieranstalt trocknet nach ihren „Satzungen und Bestimmungen" in demselben Cortischen Apparat in einem Heißluftgebläse Seide und Kunstseide bei 140° C, sonstige Garne bei 105 bis 110° C[1]. Die Probestränge aus Rohseide werden bei diesen Temperaturen 15 Minuten getrocknet und dann deren Gewicht notiert, ebenso nach einer weiteren 5 Minuten dauernden Einwirkung des Heißluftstromes. Alsdann ist bei unbeschwerten Seiden Gewichtsbeständigkeit eingetreten, so daß die Austrocknung als vollendet angenommen wird. Beschwerte Seiden zeigen bei längerer Erhitzung weitere Abnahmen, die aber nicht auf Feuchtigkeitsverlust, sondern auf Verdampfung oder Zersetzung der Beschwerung zurückzuführen sind. Diese Gewichtsabnahmen kommen bei Feststellung des Konditionsgewichts nicht in Betracht, so daß auch die Trocknung dieser Öl, Seife und dergleichen enthaltenden Seiden in 20 Minuten beendet ist. Garne sowie Kunstseide bedürfen einer längeren Austrocknung bis zu dem Zeitpunkte, wo dieselben weniger als 0,03% an Gewicht verlieren. Alsdann wird Gewichtskonstanz angenommen; Seiden müssen weniger als 0,02% Gewichtsabnahme nach erneuter Trocknung erleiden, wenn deren Gewicht als gleichbleibend angenommen werden soll.

Konditionieren von Rohseide. Nach den Beschlüssen des internationalen Seidenkongresses in Zürich 1929[2] findet der Verkauf von Rohseide grundsätzlich nach dem Handelsgewicht statt; ausgenommen sind Seiden auf Bobinen oder Canetten, die nach dem Nettogewicht verkauft werden. Bei China- und Japan-Grègen mit dem handelsüblichen Ballengewicht von rund 60 kg wird von jedem Lot nur eine gewisse Anzahl von Ballen konditioniert und hieraus das Handelsgewicht des gesamten Lots berechnet.

Deutscher Baumwollgarnkontrakt. Das gesamte Konditionierungswesen der Baumwollgarne regelt der am 1. April 1913 in Kraft getretene „Deutsche Baumwollgarnkontrakt". Die wichtigsten technischen Grundlagen desselben seien nachfolgend in abgekürzter Form wiedergegeben. Maßgebend ist die englische bzw. metrische Numerierung, wobei hervorzuheben ist, daß im Sinne des Kontraktes unter metrischer Nummer die Anzahl 1000 m verstanden wird, die auf ½ kg gehen (nicht aber, wie bis dahin üblich, auf 1 kg). Demgemäß wird von Kuhn vorgeschlagen, die frühere metrische Nummer (Anzahl der Meter auf 1 g) als gramm-metrische zu bezeichnen. Das gepreßte Bündel von 10 Pfd. engl. rohen Baumwollgarnes soll netto (ohne Schnüre, Deckel und Papier) mindestens 4,48 kg, bei metrischer Numerierung mindestens 4,938 kg netto an Garn wiegen. Abweichungen im Gewicht der einzelnen Bündel sind bis zu $\pm\,3\%$ gestattet, die ganze Sendung zusammen soll aber volles Gewicht haben.

Als handelsüblicher Feuchtigkeitsgehalt gilt der Satz von 8½% als Durchschnitt einer Serie. Das rechtmäßige Handelsgewicht ergibt sich also, indem auf das bei 105 bis 110° C ausgetrocknete Gewicht 8½% zugeschlagen werden. Auf Vereinbarung naßgezwirnte Garne fallen nicht unter diese Bestimmung. Für die Ermittelung des Feuchtigkeitsgehaltes sind die öffentlichen, unter staatlicher Aufsicht (bzw. unter der Aufsicht einer Handelskammer) stehenden Konditieranstalten maßgebend. Die Musterentnahme hat innerhalb 3 Werktagen, vom Tage der Beanstandung an gerechnet, nach aufgestellten Normen zu erfolgen. Die Muster sind in luftdicht schließenden Blechbehältern der Prüfanstalt einzusenden (wenn nicht die ganze Partie angefahren wird).

Zur Feststellung der Nummer des Garnes werden der Partie Proben im Gewicht von etwa 1000 g an den verschiedenen Stellen entnommen, deren Fadenlänge festgestellt wird. Dann wird bei 105 bis 110° C vollständig getrocknet und dem ermittelten Trockengewicht ist der festgestellte Feuchtigkeitsgehalt oder, falls derselbe mehr als 8½% ausmacht, der zulässige Feuchtigkeitsgehalt von 8½% zuzurechnen, wonach dann die Nummerberechnung erfolgt.

---

[1] Besteht die Partie aus Cops, so wird eine Anzahl derselben abgewunden und wie bei Garn verfahren.

[2] Königs, W.: Seide **1929, 449.**

Zur Feststellung des Handelsgewichtes sind Proben aus allen Teilen der Partie zu entnehmen; die aus den verschiedenen Teilen der Partie entnommenen Proben sollen ferner möglichst gleichmäßig in drei Lose verteilt werden. Das Gewicht der Probe soll 1000 g betragen. Die drei Lose werden unmittelbar nach der Auswahl auf einer Waage gewogen, die bei einer Belastung von 750 g bis auf 0,01 g genau ist. (Tara- und Nettogewicht der übergebenen Bündelgarne, Kopse oder Kreuzspulen werden vorher genau ermittelt.) Zwei von den drei Losen werden in zwei Apparaten bei 105 bis 110° C getrocknet. Der höchste zulässige Unterschied zwischen den beiden Austrocknungen wird für Garn auf ½% festgesetzt. Ist der Unterschied größer als ½%, so wird noch das dritte Los getrocknet. Überschreitet alsdann der größte Unterschied der drei Austrocknungen nicht 1%, so wird das Mittel der drei Austrocknungen der Berechnung des Handelsgewichtes zugrunde gelegt. Bei einer Feuchtigkeit von mehr als 11% ist die Ware als nicht lieferbar zu betrachten, andernfalls findet Verrechnung statt.

Kammgarne. Für die Konditionierung und Nummerbestimmung von Kammgarnen sind besondere Vereinbarungen zwischen den Verbänden der Webereien und dem Verein deutscher Wollkämmer und Kammgarnspinner getroffen worden. Danach beträgt der zulässige Feuchtigkeitszuschlag für Kammgarne 18,25%. Getrocknet wird bei 105 bis 110° C, vorgetrocknet nicht über 100° C. Für jede Kiste oder jeden Ballen bis zu 100 kg brutto ist eine, über 100 kg sind zwei Austrocknungen vorzunehmen. Bei einem ermittelten Feuchtigkeitsgehaltsunterschied von über 0,5% ist noch eine dritte Austrocknung vorzunehmen. Die Vorschriften bestimmen noch die Art der Probeentnahme, die Größe der Trockenproben, die Feststellung des Hülsengewichtes usw. Besonders schwierig gestaltet sich die sachgemäße Probeentnahme, die möglichst in der Diagonalrichtung der Kiste zu geschehen hat, aber praktisch in diesem Sinne nicht immer durchführbar ist.

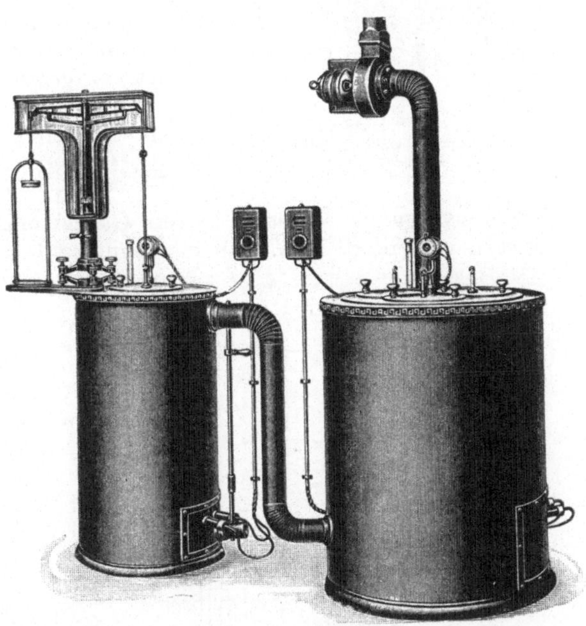

Abb. 183. Konditionierapparat von L. Schopper.

3. Konditionierapparate.

Die Konditionierapparate oder Trockengehaltsprüfer zur Bestimmung des Trockengehaltes bzw. des Handelsgewichtes von Seide, Wolle, Baumwolle usw. als Garn oder loses Material, von Halbstoffen, Zellstoffen usw. unterscheiden sich zunächst in dem System dadurch voneinander, daß das betreffende Material a) durch (in einem besonderen Calorifère auf bestimmte Temperaturen) vorerwärmte Luft getrocknet wird, b) daß die Luft in dem Apparat selbst vermittels Wasserdampf,

Elektrizität, Gas oder Benzin erhitzt wird. Wegen der höheren Wirtschaftlichkeit sollte der direkten Beheizung der Vorzug gegeben werden.

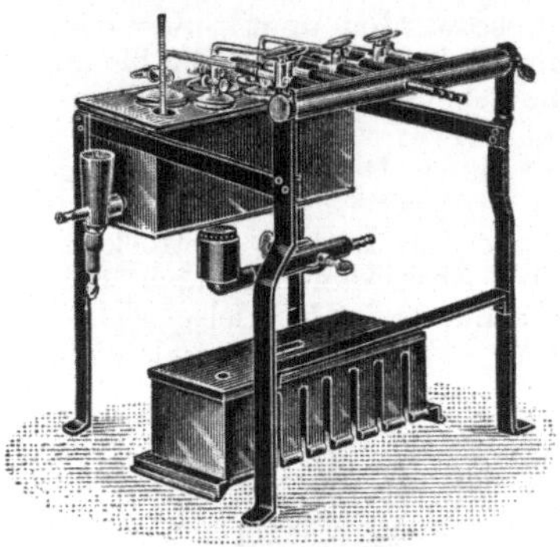

Abb. 184. Laboratoriums-Konditionierapparat nach E. Müller (H. Keyl-Dresden).

Wenn Dampf zur Verfügung steht, empfiehlt sich zum Heizen der Konditionierapparate die Verwendung von Dampf, da hierbei die geringsten Betriebskosten erwachsen, außerdem kann die Temperatur durch Einstellen des Dampfdruckes leicht konstant gehalten werden. Die elektrische Heizung hat den Vorteil, daß der Anschluß schnell und in allen Räumen erfolgen kann. Da Strom zumeist ohne Unterbrechung zur Verfügung steht, können die Apparate auch jederzeit in Betrieb gesetzt werden. Die Trockenapparate für elektrische Heizung werden zumeist mit einem selbsttätig arbeitenden Temperaturregler ausgestattet, die die eingestellte Temperatur während des ganzen Trockenvorganges konstant halten. Gasheizung kann bei niedrigen Gaspreisen vorteilhaft sein. Benzinheizung sollte nur dann verwendet werden, wenn die erstgenannten Heizquellen nicht zur Verfügung stehen.

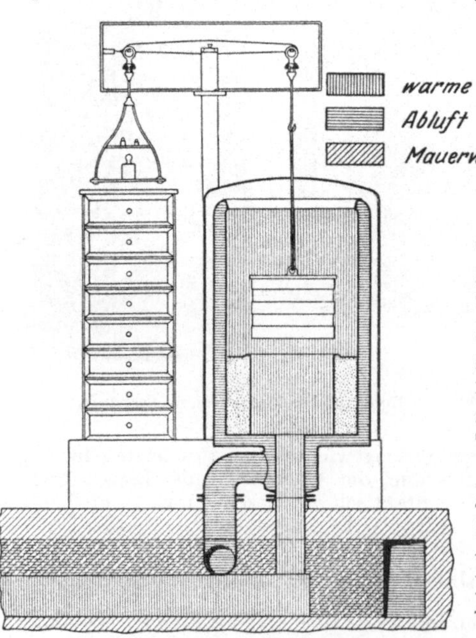

Abb. 185. Verbands-Konditionierapparat, System Corti.

Zum Wiegen der Trockenproben ist auf den Trockengehaltsprüfern eine Präzisionswaage unmittelbar aufgebaut, so daß das Wiegen der Proben im Trockenraum vorgenommen werden kann. Genaueste Ergebnisse sind dadurch gewährleistet. Wenn täglich eine größere Anzahl Proben zu trocknen ist, empfiehlt sich die Aufstellung einer oder mehrerer Trockenanlagen.

1. In Abb. 183 ist eine Trockenanlage, wie sie von der Firma Louis Schopper, Leipzig, geliefert wird, dargestellt, die aus einem Fertigtrockner und einem Vortrockner besteht. Der Vortrockner faßt 3 Trockenkörbe und ist so mit dem Fertigtrockner verbunden, daß die Abwärme nochmals ausgenutzt wird. Zur Erzielung einer ausreichenden Luftbewegung ist ein Ventilator vorgesehen, der die Luft durch die Trockenanlage saugt. Das Absaugen der Luft bringt den Vorteil, daß die Apparate

geruchfrei arbeiten, da es unmöglich ist, daß die Trockenluft durch irgendwelche Spalten herausgedrückt wird und in den Prüfraum gelangt. Bei den Schopper-Trockengehaltsprüfern ist auf größte Ausnutzung der Wärme und geringste Wärmeausstrahlung nach außen Rücksicht genommen, so daß sich die Apparate durch Wärmeabgabe im Zimmer nicht lästig machen.

2. Zum Konditionieren kleinerer Mengen Versuchsmaterial eignet sich der **Laboratoriums-Konditionierapparat nach E. Müller** (s. Abb. 184).

Der Apparat besteht aus kupfernem Wasserbad mit Widerstandsregler und Thermometerstutzen. Im Deckel des Wasserbades sind Messingeinsätze für je 3 Wägegläser mit Hahndeckel von 20 und 40 ccm Inhalt eingesetzt. Diese Wägegläser sind mit 6 Hahnstücken durch Vakuumschlauch mit einem gemeinsamen Verteilungsstück aus Metall verbunden, das seinerseits an die vorhandene Luftpumpe angeschlossen wird. Die ganze Apparatur sitzt auf einem gemeinsamen Eisengestell. Unter dem Wasserbad ist ein Spezialbrenner angeordnet.

3. **Verbandsapparat nach Corti.** Abb. 185[1] zeigt die innere Anordnung des Cortischen sog. Verbandsapparates, den die Mailänder Konditionsanstalt (Società Anonima Cooperativa per la Stagionatura e l'Assaggio delle Sete ed Affini, Milano) bei sämtlichen europäischen Anstalten der Vereinigung zwecks einheitlicher Untersuchungsmethoden aufgestellt hat. Abb. 186 zeigt den Konditionierungs- und Trocknungsapparat nach Corti im Betrieb.

Abb. 186. Cortischer Konditionierapparat im Betrieb (nach H. Ley).

Der Verbands-Trocknungsapparat von Corti besteht aus einem etwa 1,25 m hohen Metallzylinder, von einem äußeren Durchmesser von 50 cm. Er ist oben mit einem abnehmbaren Deckel verschlossen, während sich unten eine Öffnung befindet, durch welche heiße Luft eintreten kann. Über diesem Heißlufteintritt befindet sich ein Zylinder, in dessen oberer Öffnung ein runder, aus Aluminium hergestellter und mit einem Siebboden versehener Korb genau hineinpaßt. Der Apparat ist mit einer doppelten Wandung versehen, welche dazu dient, die in den Apparat eintretende und durch den mit dem Prüfungsgut beschickten Korb hindurchströmende heiße Luft abzuleiten. An dem Korb befindet sich am Henkel

---

[1] Von der Elberfeld-Barmer Seiden-Trocknungs-Aktiengesellschaft frdl. zur Verfügung gestellt.

eine Stange, welche durch den Deckel hindurchgeht und an dem einen Schenkel eines Waagebalkens anzuhängen ist. Der Waagebalken gehört zu einer seitlich am Apparat angebrachten Waage, an deren anderem Schenkel sich eine Schale zur Aufnahme der Gewichte befindet. Die Heißluft wird durch den Apparat mit Hilfe eines Exhaustors mit einer solchen Geschwindigkeit gedrückt, daß in der Minute 2,5 cbm Luft durch den Apparat hindurchgehen.

Das Arbeiten mit dem Apparat gestaltet sich wie folgt: Der betreffende Ballen Seide wird geöffnet, das Brutto- und Nettogewicht werden festgestellt. Sodann werden aus allen Schichten des Ballens Seidenmasten herausgenommen und gleichmäßig auf drei Lose verteilt. Besteht der Inhalt des Ballens aus Paketen oder Bündeln, so wird die Zahl derselben festgestellt. Alsdann werden drei Pakete oder Bündel geöffnet, deren Verpackung gewogen und hieraus die Gesamttara berechnet. Aus den geöffneten Paketen werden dann die Masten für die drei Lose entnommen. Die drei Lose werden genau gewogen und zwei von ihnen zur Trockenbestimmung verwendet, während das dritte für eine etwaige Kontrollprüfung zurückgelegt wird. Von den zwei Losen wird je eins in einen Aluminiumkorb des Apparates hineingelegt, der Korb in den Zylinder eingepaßt, und nun wird 15 Min. Heißluft von 140° C durchstreichen gelassen. Nach 15 Min. wird gewogen und nochmals 5 Min. bei 140° C Heißluft getrocknet und abermals gewogen. Das so festgestellte Gewicht ist das Trockengewicht der Seide. Der Unterschied zwischen den Wägungen der beiden Lose darf ⅓% nicht überschreiten, andernfalls wird noch das dritte Los getrocknet und das Mittel der drei Trocknungen als maßgebend angenommen. Ist der Unterschied zwischen den zwei oder drei Losen aber 1% oder mehr, so müssen Probenahme und Trocknungen vollständig wiederholt werden, nachdem zuvor der Balleninhalt 48 Stunden bei normaler Luftfeuchtigkeit ausgebreitet worden ist. Dem Trockengewicht werden 11% Feuchtigkeitszuschlag (Reprise) zugerechnet, woraus sich dann das „Handelsgewicht“ ergibt.

Numerierung der Garne.

Allgemeines.

Gleichzeitig mit der Konditionierung wird häufig auch die Nummerbestimmung der Garne vorgenommen. Die Nummer oder (bei Seide) der Titer bringt den Feinheitsgrad des Gespinstes zum Ausdruck, und zwar durch das Verhältnis einer bestimmten Fadenlänge zu deren Gewicht oder eines bestimmten Gewichtes zu seiner Fadenlänge.

Die Garnnummer kann also zweierlei bedeuten:

1. Die Anzahl von Längeneinheiten, welche auf ein bestimmtes Gewicht gehen. Die kleinere Fadenlänge, d. h. die niedrigere Nummer wird dann dem gröberen Gespinste entsprechen. Diese Längennumerierung kommt bei allen Gespinsten außer Seide, Kunstseide und zum Teil Jute, also bei Baumwolle, Wolle, Flachs, Schappe usw. in Betracht.

2. Die Anzahl Gewichtseinheiten, welche auf eine bestimmte Garnlänge gehen. Das höhere Gewicht, d. h. die höhere Nummer entspricht in diesem Falle dem gröberen Faden. Diese Gewichtsnumerierung kommt bei Seide, Kunstseide und zum Teil Jute in Betracht.

Je nach den Maß- und Gewichtseinheiten, die dabei zugrunde gelegt werden, kommt man zu verschiedenen Numerierungssystemen. Bei Anwendung des metrischen Maßes und Gewichtes (Meter, Gramm) bezeichnet man die Numerierungsart als „metrische Garnnumerierung“. Hierbei kann man wieder unterscheiden zwischen grammmetrischer und halbgramm-metrischer Numerierung, je nachdem, ob die Anzahl Meter pro Gramm oder pro Halbgramm (= französische

Numerierung, s. weiter unten) die Nummer ausdrücken. Diese Unterscheidung ist besonders von Wichtigkeit, seitdem im Baumwollkontrakt (s. S. 254) die halbgramm-metrische Nr. einfach als „metrische Nr." bezeichnet wird und dadurch Mißverständnisse entstehen können, weil bis dahin nur die gramm-metrische Nr. als „metrische" bezeichnet wurde. Bei Anwendung der englischen Maß- und Gewichtseinheiten erhält man das englische Numerierungssystem.

Zur praktischen Bestimmung der Längeneinheiten und zur Erreichung der mittleren Feinheit werden die Garne von einer bestimmten Anzahl Spulen in einer bestimmten Länge auf einen Haspel von bestimmtem Umfange gehaspelt und als Stränge abgenommen. Die Stränge teilen sich in so viele Gebinde als Spulen ablaufen. Jedes Gebinde besteht aus einer festgesetzten Zahl von Fäden, deren jeder dem Haspelumfang entspricht. Die Fadenlänge eines Stranges ist somit gleich der Zahl der Gebinde im Strang mal Anzahl der Fäden (d. h. Haspelumfängen im Gebinde) mal Haspelumfang.

Die Zahl der in Deutschland gebräuchlichen Numerierungssysteme für die verschiedenen Gespinstarten aus Baumwolle, Flachs und Wolle (als Kammgarn oder Streichgarn) ist sehr groß und wenig einheitlich. Nachstehende Tabelle 56 gibt die wichtigsten Numerierungssysteme für verschiedene Garnsorten wieder.

1. Garnnumerierungen[1].

Tabelle 56.   A. Längen-Numerierungssysteme.

Bezeichnung der Garnsorte	Bezeichnung der Numerierung	Numerierungslänge		Numerierungsgewicht	Meterzahl von Nr. 1 auf 1 g
		im Originalmaß	in m umgerechnet		
Baumwolle	englisch	840 Yards	768 m	1 Pfd. engl.	1,693
	franzos.	1000 m	1000 m	½ kg	2
	metrisch	1000 m	1000 m	1 kg	1
Leinen und Hanf .	englisch	300 Yards	274,32 m	1 Pfd. engl.	0,604
Juteleinen	englisch	300 Yards	274,32 m	1 Pfd. engl.	0,604
Ramie	metrisch	1000 m	1000 m	1 kg	1
Kammgarn, deutsch (weich) .	metrisch	1000 m	1000 m	1 kg	1
Cheviot, Weft, Lüster Mohair, Alpaka, Kamelhaargarn (hart)	englisch	560 Yards	512 m	1 Pfd. engl.	1,129
Streichgarn. . . .	metrisch	1000 m	1000 m	1 kg	1
	Berlin	2200 Berl. Ell.	1476 m	½ kg	2,934
	Sachsen	800 Leipz. „	453 m	½ kg	0,940
	Sachsen	760 Leipz. „	430 m	½ kg	0,860
	Sachsen	760 Leipz. „	430 m	1 Handelspfd. (= 467,7 g)	0,919
Vigogne	metrisch	1000 m	1000 m	1 kg	1
Kunstwolle. . . .	Sachsen	760 Lpz. Ell.	430 m	½ kg	0,860
Imitat- und Papiergarn.	metrisch	1000 m	1000 m	1 kg	1
Schappe-, Bourette- und Stapelfasergarn.	metrisch	1000 m	1000 m	1 kg	1

[1] Nach Gräbner: Mell. Text. **1925**, 481.

Tabelle 56 (Fortsetzung).   B. Gewichts-Numerierungssysteme.

	System	Länge	Gewicht
Gehaspelte Naturseide (Grège, Organzin, Trame, wilde Seiden), Kunstseiden	legaler oder internationaler Titer, Deniertiter	9000 m 450 m Das Grammgewicht von 9000 m gibt den Titer an: Wiegen z. B. 9000 m Garn = 20 g, so hat das Garn den Titer von 20 den.	1 g 1 den. (= 0,05 g)
Jutegarn, Jutewerggarn .	schottische oder Belfaster Nr.	14400 Yards (= 13162 m) Das Grammgewicht von 29 m gibt die schottische Nr. an. Wiegen z. B. 29 m = 50 g, so hat das Garn die Nr. 50.	1 engl. Pfd.

Umrechnungsbeispiele.

1. Welche metrische Garnnummer entspricht dem Watergarn Nr. 20 engl.? Nach der Tabelle in der letzten Spalte: $20 \times 1,693 = 33,86$. Umrechnung: Wenn auf 1 Pfd. engl. (453,6 g) 20×768 m gehen, so gehen auf 1 g = 33,86 m $(15360 : 453,6 = x : 1;\ x = 33,86)$.

2. Welche metrische Garnnummer entspricht dem rohen Leinengarn Nr. 24 engl.? Nach der Tabelle, letzte Spalte: $24 \times 0,604 = 14,5$. Umrechnung: Wenn auf 1 Pfd. engl. $24 \times 274,32$ m gehen, so gehen auf 1 g = 14,5 m.

3. Welche französische Baumwollgarnnummer entspricht der englischen Baumwollgarnnummer 20? Wenn auf 1 Pfd. engl. 20×768 m gehen, so gehen auf 500 g = 16930 m, d. h. die französische Nummer = 16,93.

4. Welche deutsche Kammgarnnummer entspricht dem 24er Mohairfaden? Nach der Tabelle in der letzten Spalte: $24 \times 1,129 = 27,09$ m. Umrechnung: Wenn auf 1 Pfd. engl. 24×512 m gehen, so gehen auf 1 g = 27,09 m.

5. Welcher Schappefaden ist so schwer wie der Baumwollfaden Nr. 16 engl.? Nach der Tabelle, letzte Spalte: $16 \times 1,693 = 27,08$. Umrechnung: Wenn auf 1 Pfd. engl. 16×768 m gehen, so gehen auf 1 g = 27,08 m.

6. Welche metr. Garnnummer hat ein roher Organzinfaden von 25 den.? Wenn 9000 m = 25 g wiegen, so gehen auf 1 g = 360 m, metr. Nr. ist also 360 $(9000 : 25 = x : 1;\ x = 9000 : 25 = 360)$.

2. Die gramm-metrische oder internationale Garnnummer (für alle Garne anwendbar).

Die gramm-metrische Nummer oder Feinheitsnummer zeigt an, wie viele Längeneinheiten von 1000 Metern (d. h. Kilometern) ein Kilogramm erfüllen oder wieviel Meter auf ein Gramm gehen.

Nach dieser Begriffsbestimmung wird die gramm-metrische Nummer durch folgende Formel zum Ausdruck gebracht:

$$N_{\mathrm{m}} = \frac{L_{\mathrm{km}}}{G_{\mathrm{kg}}} = \frac{L_{\mathrm{m}}}{G_{\mathrm{g}}} = \frac{\text{Meter}}{\text{Gramm}}.$$

Wenn z. B. 1000 m = 20 g wiegen, so ist die gramm-metrische Nr. $(Nr_{\mathrm{m}}) = 1000 : 20 = 50$, oder — ganz allgemein — wenn a Meter = b Gramm wiegen, so ist die gramm-metrische Nummer $= \dfrac{a}{b}$.

Die Strangeinteilung beim metrischen System ist folgende. Es ist:
1 Gebinde (échevette) = 100 m,
1 Strang (Strähn, Strähne, Schneller, Zahl, écheveau) = 10 Gebinde = 1000 m.

Nach den Beschlüssen des Internationalen Kongresses zu Paris 1900 hat diese metrische Nummer für alle Gespinste mit Ausnahme der einfachen und gezwirnten Seide, Geltung und ist somit — allerdings nur nominell — zur internationalen Nummer erhoben worden. Die Strähnlänge für alle Arten abgehaspelter Garne ist mit 1000 m unter dezimalen Unterteilungen festgesetzt.

Jedes Weifensystem ist zulässig unter der Bedingung, daß es 1000 m auf den Strähn ergibt. Die gebräuchlichsten Weifenumfänge betragen 1 m, 1,25 m, 1,3716 m (= 1½ Yard), oder 1,4286 m. Bei Baumwollgarn sind in einem Gebinde meist 70 Fäden vereinigt, wonach sich der Haspelumfang zu 100 : 70 = 1,4286 m berechnet. Bei Einhaltung der englischen Weife (1½ Yard = 1,3716 m) würde das Gebinde 73 Fäden ergeben (1,3716 × 73 = 100,126). Statt 1000 m würde der Strang also 1001,26 m enthalten, was praktisch vernachlässigt werden dürfte.

3. Baumwollnumerierungen.

Die englische Baumwollnummer. Die englische Baumwollnummer gibt an, wie viele Längeneinheiten von 840 Yards ein Pfund engl. wiegen (oder im Verhältnis zur gramm-metrischen Nummer: wie viele Längen von 1,7 m das Gewicht von 1 g erfüllen).

Die Einheit des englischen Längenmaßes ist das Yard.
1 Yard = 0,9144 Meter (= 3 Fuß = 36 Zoll).
1 Meter = 1,09363 Yard = 3,2809 Fuß = 39,3708 Zoll.
(Millimeter × 0,93973 = engl. Zoll; Meter × 3,281 = engl. Fuß.)
Die Einheit des englischen Gewichtes ist das Pfund.
1 Pfund engl. (lb.) = 453,598 Gramm (g) oder rund 453,6 g = 16 Unzen (ounces oder oz.) = 7000 grains (gr).
1 Kilogramm (kg) = 2 Pfund deutsch = 2,204 Pfund engl. = 1000 g.

Strangeinteilung:
1 hank (Zahl, Schneller, Strang) = 840 Yards = 768,096 m.
1 hank = 7 Gebinde (leas) zu 80 Fäden = 560 Fäden (threads).
1 Gebinde = 80 Fäden zu 1½ Yards = 120 Yards = 109,7 m.
1 Faden = 1,5 Yard = 1,3716 m (= Haspelumfang).

Bedeutet also L_e die englische Längeneinheit (in Schnellern oder hanks zu 840 Yards) und G_e die englische Gewichtseinheit (in englischen Pfunden), so lautet die Formel für die englische Nummer:

$$N_e = \frac{L_e}{G_e}.$$

Werden (statt der Schneller oder hanks) geringere Yardlängen (L_y) zugrunde gelegt, so rechnet sich die Formel (da $L_e = L_y : 840$ ist) um in:

$$N_e = \frac{L_y}{840\,G_e} = 0,00119\,\frac{L_y}{G_e}.$$

Wiegen z. B. 42 Yards 0,1 Pfund engl., so ist die englische Nummer $= 0,00119 \cdot \dfrac{42}{0,1}$ oder rund 0,5.

Wird die Länge in Metern und das Gewicht in Grammen ausgedrückt, so kommt man zu der Formel:

$$N_e = 0,59\,\frac{L_\mathrm{m}}{G_\mathrm{g}} \quad \text{oder} \quad = 0,50\,N_\mathrm{m}.$$

Mit anderen Worten: Zur Umrechnung der metrischen Nummer in die englische Nummer wird erstere mit 0,59 multipliziert, umgekehrt durch 0,59 dividiert.

Die halbgramm-metrische (französische) Baumwollnummer. Die halbgramm-metrische (französische) Nummer zeigt an, wie viele Längeneinheiten von je 1000 Metern oder Kilometern ein halbes Kilogramm wiegen bzw. wie viele Meter auf 0,5 g gehen.

Dieses durch den Baumwollgarnkontrakt von 1913 in Deutschland zu höherer Geltung gekommene System unterscheidet sich vom gramm-metrischen nur durch die Gewichtseinheit des ½ kg oder des deutschen Pfundes an Stelle des Kilogramms. Die französische Nummer (N_f) ist also halb so groß wie die metrische, sie ist also halb-gramm-metrisch.

$$N_f = 0{,}5 \frac{L_\mathrm{m}}{G_\mathrm{g}} \quad \text{oder } 0{,}5\, N_\mathrm{m}.$$

[Strangeinteilung:

1 Strang (écheveau) = 1000 m.
1 Strang (écheveau) = 10 Gebinde (échevettes) = 700 Fäden (fils).
1 Gebinde = 100 m = 70 Fäden.
1 Faden = 1,4286 m (= Haspelumfang) (oder auch 1 m).

Da die halbgramm-metrische oder französische Nummer sich nur wenig von der englischen unterscheidet, ist ihre Einführung in Deutschland an Stelle der englischen viel leichter durchführbar, als diejenige der gramm-metrischen. Aus diesem Grunde ist diese Nummer durch den Baumwollgarnkontrakt neben der englischen offiziell eingeführt worden und wird dort schlechtweg „metrische" Nummer genannt.

Die österreichische Baumwollnummer. Die österreichische Baumwoll-nummer zeigt an, wie viele Längeneinheiten von 1487,5 Wiener Ellen ein österreichisches Pfund (560 g) wiegen.

1 Schneller = 1487,5 Wiener Ellen.
1 Wiener Elle = 2,465 österreichische Fuß.
1 österreichischer Fuß = 0,31611 m.

Demnach ist:

1 Wiener Elle = 0,7792 m und
1487,5 Wiener Ellen = 1159 m = 1267,6 Yards.
1 Strang (Zahl) = 7 Gebinde.
1 Gebinde = 100 Faden.
1 Gebinde = 1487,5 : 7 = 212,5 Wiener Ellen.
Umfang des Haspels = 212,5 : 100 = 2,125 Wiener Ellen = 1,6558 m.
1 österreichisches Pfund = G_0 = 560 g = 0,56 kg.

Die österreichische Nummer wird also sein:

$$N_0 = 0{,}483 \frac{L_\mathrm{m}}{G_\mathrm{g}} = 0{,}483\, N_\mathrm{m}.$$

Die niederländische Baumwollnummer. Die niederländische Nummer zeigt an, wie viele Längeneinheiten von 840 Yards ein halbes Kilo-gramm wiegen.

Diese Numerierung enthält also Längen- und Gewichtseinheiten verschiedener Systeme.

Die niederländische Nummer steht in folgendem Verhältnis zu der metrischen:

$$N_n = 0{,}651\, N_\mathrm{m}.$$

Ein Schneller wird in 7 Gebinde à 80 Faden (wie englische hanks) eingeteilt. Der Haspelumfang beträgt 1,5 Yard oder 54 englische Zoll = 1,3716 m.

Tabelle 57. Umwandlungstafel für Baumwollnummern.

Metrisch Nr. N_m		Englische Nr. N_e		Franzsö. Nr. N_f		Österreich. Nr. N_o		Niederländ. Nr. N_n
1	=	0,59	=	0,5	=	0,483	=	0,651
1,694	=	1	=	0,8475	=	0,818	=	1,103
2	=	1,18	=	1	=	0,966	=	1,302
2,07	=	1,222	=	1,035	=	1	=	1,3478
1,535	=	0,90629	=	0,768	=	0,74193	=	1

Bezeichnung der Zwirnnummern. Die Nummer gezwirnter Garne gibt man durch die Nr. des einfachen Fadens unter Angabe der Fadenzahl an, aus welchem der Zwirn hergestellt ist. Nr. 40/2 fach oder 2/40 heißt also: Zwei einfache Fäden, von denen jeder die Nr. 40 hat, sind zusammengezwirnt.

Die Strähnlänge des Zwirns beträgt nicht wie die des einfachen Fadens (z. B. bei dem englischen System) 768 m, vielmehr ist von derselben für das Einzwirnen im Mittel 1,5% (beim englischen System also etwa 12 m) abzurechnen, so daß ein Zwirnsträhn engl. im Durchschnitt 756 m mißt. Bei groben Garnen und fester Drehung beträgt diese Korrektur mehr, bei feinen Garnen und loser Drehung weniger. Werden Einzelfäden verschiedener Feinheitsnummer zusammen verzwirnt, so läßt sich die Nummer des Zwirnes (bei den Nummern der Einzelfäden von a und b) nach der Formel: $\dfrac{ab}{a+b}$ berechnen.

Beispiel: Ein Faden Nr. 25/1 fach wird mit einem anderen von der Nr. 56/1 fach zusammengezwirnt. Die Nummer des Zwirnes ist dann ungefähr 17,28.

4. Die Flachs-, Werg- und Hanfgarn-Numerierung.

Die gebräuchlichste englisch-irische Nummer (Längennummer) zeigt an, wie viele Gebinde von je 300 Yards Länge ein Pfund engl. wiegen.

Haspelumfang = 2½ Yards (oder seltener 3 Yards).
Fadenzahl eines Gebindes = 120, also ist die
Gebindelänge = 120 · 2,5 = 300 Yards = 274,32 m.
1 Schock à 10 Bündel, à 5 Stück (hasp), à 4 Strähn (hank), à 12 Gebinde (lea) = 720 000 Yards oder 658 368 m[1].

Da also die englische Baumwollnummer auf 840, die engl. Leinennummer auf 300 Yards bezogen wird, so entspricht Nr. 1 engl. Baumwollnummer = Nr. 2,8 engl. Leinennummer.

Man unterscheidet bei Leinengarn nach der Art des Spinnens trocken gesponnenes und naß gesponnenes Garn. Das erstere besitzt in der Regel höhere Festigkeit, während durch Naßspinnen höhere Nummern erhalten werden können; beide Garne sind leicht durch ihr Äußeres zu erkennen. Die aus den Abfällen der Flachsspinnerei hergestellten Werggarne (und die Hedegarne, Tow-line) lassen sich ebenfalls sehr leicht von Flachsgarn unterscheiden. Der Werggarnfaden weist viele knotige Stellen, von mitversponenen Schäberesten herrührend, auf, während der Flachsfaden solche nicht zeigt.

Man spinnt den Flachs in Deutschland trocken etwa von Nr. 10 bis 30, naß bis etwa 80, in Belgien und Schottland bis Nr. 200. Werg spinnt man trocken etwa von Nr. 6 bis 20, naß bis 35 Nr. Die letzteren Garne dienen zu geringeren Geweben als Kette, mit loser Drehung und in gebleichtem Zustande als Schuß für Halbleinen.

---

[1] Oder auch: 1 Schock à 2 Pack, à 6 Bündel, à 5 Stück, à 4 Strähne, à 10 Gebinde, à 300 Yards = 720 000 Yards.

Man unterscheidet ferner das Handgespinst vom Maschinengespinst dadurch, daß sich ersteres fetter und glatter anfühlt, elastischer, stellenweise schwächer und im Umfange weniger gerundet ist, sich auch nicht aufrollt, während Maschinengarn sich steifer und rauher anfühlt, von gleichförmiger Dicke und vollkommener Rundung ist.

Die österreichische Leinennummer zeigt an, wie viele Strähne (von 3600 Wiener Ellen) 10 Pfund engl. wiegen. 10 Pfund engl. = 8,1 Wiener Pfund.

1 Schock à 12 Bündel à 20 Strähne à 30 Gebinde à 40 Stück à 3 Wiener Ellen = 864000 Wiener Ellen. Ein Strähn hat demnach 3600 Wiener Ellen (à 0,77921 m) oder 2805,156 m. Weifenumfang = 3 Wiener Ellen.

Die französische Nummer zeigt an, wieviel Kilometer ½ Kilogramm wiegen. Sie ist also mit der französischen Baumwollnummer identisch und ist auch teilweise in Belgien in Gebrauch.

1 Schock à 12 Bündel à 50000 m = 600000 m. Der Weifenumfang beträgt 2½ m.

Deutsche (schlesische) Nr. s. Spalte 6 der Tabelle 58 auf S. 265.

Bindegarne. Bei Bindegarnen (Garbenbindegarnen) für die Getreidemäh- und Bindemaschinen hat sich der Handelsbrauch herausgebildet, die Feinheit durch die sogenannte Lauflänge pro Kilogramm und die Zahl der Einzeldrähte auszudrücken. Die Lauflänge gibt danach die Anzahl Meter an, die erforderlich ist, um das Gewicht von 1 kg zu erfüllen; sie ist also die 1000fache gramm-metrische Nummer.

Bindfaden. Während man früher die Langhanfqualitäten als 2-, 4-, 6- usw. bis 20schnürig, die Wergqualitäten dagegen mit der englischen Leinengarn-Nr. bezeichnete, ging man später dazu über, auch für die Langhanfqualitäten die englischen Leinengarnnummern zu gebrauchen und so die Numerierung zu vereinheitlichen. Um nun aber Tow- und Langhanfqualitäten in der Bezeichnung auseinander zu halten, setzte man vor die Nummern der ersteren ein „T", vor diejenigen der letzteren ein „L". Ebenso wird heute die früher allgemein übliche Angabe der Farbe (hell, grau, dunkel, gefärbt usw.) nur ausnahmsweise angegeben.

Packkordel wurde früher mit der Nummer des einfachen Fadens, z. B. ⅔, ¾, ½ usw. bezeichnet, nicht entsprechend der englischen Nummer. Neuerdings werden alle Kordeln aus dem gleichen einfachen Garn hergestellt, und man bezeichnet sie nur nach der Anzahl der Einzeldrähte, z. B. 2fach, 3fach Kordel usw.

5. Die Jutegarnnumerierung.

Die gebräuchlichste englische Nummer zeigt an, wie viele Gebinde von je 300 Yards Länge ein Pfund engl. wiegen. Sie ist also mit der englischen Flachsnummer identisch.

Haspelumfang = 2¼ Yards.

1 Bündel à 16 bis 20 Umfänge, 20 Strähne à 5 Gebinde à 15 bis 120 Fäden.

Diese englische Jutenumerierung, Längennumerierung, gilt im Handel, während in den Fabriken, die zugleich spinnen und weben, die sogenannte schottische Gewichtsnummer gebräuchlich ist.

Die schottische oder Belfaster Jutenummer zeigt an, wie viele Gewichtseinheiten von je 1 Pfund engl. eine Längeneinheit (Spyndle oder Spindel) von 14400 Yards oder rund 13167 Meter erfüllen.

Jute wird demnach sowohl nach dem Längen- als auch nach dem Gewichtssystem numeriert.

1 Spyndle à 8 Strähne à 6 Gebinde = 5760 Fäden à 2,5 Yards = 14400 Yards, bzw. 1 Spyndle à 8 Strähne à 6 Gebinde à 120 Fäden à 2½ Yards = 14400 Yards.

Man unterscheidet wie bei Leinen Jute-line und Jute-tow (Werggarn). Bei ersterem kommen die Nummern 12 bis 24 vor, während die gröberen Nummern von Nr. ¼ an in der Regel in Towgarn gesponnen werden.

In Holland wird die Feinheit der Jute auch durch die Zahl angegeben, die anzeigt, wieviel Hektogramm die Länge von 150 m erfüllen.

6. Die Ramiegarnnumerierung (Chinagras, Nessel).

Die Ramie wird entweder nach der englischen Flachsnummer oder nach der gramm-metrischen (internationalen) Nummer (Anzahl Kilometer in 1 kg) angegeben.

Tabelle 58.
Umwandlungstafel für die gebräuchlichsten Numerierungen von Gespinsten aus Baumwolle, Leinen und Jute. (Nach E. Müller.)

1	2	3	4	5	6	7
Gramm-metrische oder internationale Nr. (Anzahl km in 1 kg)	Englische Baumwoll-Nr. (und Florettseide) (Anzahl von je 840 Yards in 1 Pfund engl.)	Halbgramm-metrische oder französ. Baumwoll- und Leinen-Nr. (Anzahl km in $^1/_2$ kg)	Englische Leinen- und Jute-Nr. (Anzahl von je 300 Yards in 1 Pfund engl.)	Österreich. Leinen-Nr. (Anzahl von je 3600 Wiener Ellen in 10 Pfd. engl.)	Deutsche Leinen-Nr. (Anzahl von je 1152 Ellen in 2,4 Pfd.)	Schottische Gewichts-Nr. für Jute (Anzahl Pfd. engl. in 14400 Yards)
1	$\times$ 0,590	$\times$ 0,500	$\times$ 1,65	$\times$ 1,62	$\times$ 1,67	29,0 :
$\times$ 1,694	1	$\times$ 0,847	$\times$ 2,8	$\times$ 2,74	$\times$ 2,84	17,1 :
$\times$ 2,00	$\times$ 1,18	1	$\times$ 3,30	$\times$ 3,24	$\times$ 3,34	14,5 :
$\times$ 0,606	$\times$ 0,358	$\times$ 0,303	1	$\times$ 0,982	$\times$ 1,01	48,0 :
$\times$ 0,617	$\times$ 0,364	$\times$ 0,309	$\times$ 1,02	1	$\times$ 1,03	47,0 :
$\times$ 0,599	$\times$ 0,353	$\times$ 0,299	$\times$ 0,988	$\times$ 0,971	1	48,4 :
29,0 :	17,1 :	14,5 :	48,0 :	47,0 :	48,4 :	1

Anmerkung: Beim Gebrauch dieser Tabelle ist zu beachten, daß, um das Verhältnis zweier höherer Nummern der Gespinste zu finden, bei den Spalten 1 bis 6 die Verhältniszahlen mit den Nummern zu vervielfältigen sind, während bei Spalte 7 (Jute, schottische Gewichts-Nr.) eine Division durch die Nummern stattzufinden hat. Beispiel: Nr. 1 metrisch = Nr. 1,65 Leinen engl.; Nr. 20 metrisch = Nr. 33 Leinen engl.; Nr. 1 Baumwolle engl. = Nr. 17,1 Jute schottisch; Nr. 50 Baumwolle engl. = Nr. 0,342 Jute schottisch (17,1 : 50 = 0,342).

7. Die Wollgarnnumerierung.

Die gramm-metrische Numerierung ist bisher nur bei Kammgarnen fast ganz allgemein durchgeführt worden, während bei Streichgarn noch immer verschiedene Numerierungen im Gebrauch sind. So unterscheidet man bei Streichgarn heute noch eine preußische, sächsische, rheinländische, berlinische, französische, englische Nummer usw.

Die gramm-metrische oder internationale Nummer zeigt an, wieviel Längen von 1 km das Gewicht eines Kilogramms erfüllen. Sie ist für Kammgarne im Gebrauch.

1 Strähn à 10 Gebinde = 730 Fäden = 1000 m oder 1 Strähn à 10 Gebinde = 800 Fäden = 1000 m. Haspelumfang also = 1,37 oder 2,15 m.

Die englische Wollnummer zeigt an, wieviel Längen von je 560 Yards („Conets") ein Pfund engl. erfüllen (s. a. unter Baumwolle).

1 Strähn (hank) = 7 Gebinde = 560 Fäden = 560 Yards = 512 m. Haspelumfang = 1 Yard.

Die preußische oder Berliner Wollnummer zeigt an, wieviel Stück (à 2200 Berliner Ellen = 1467 m) auf ein Berliner Handelspfund (à 467,7 g) oder meist auf ein Zollpfund (à 500 g) gehen (stückig Streichgarnnumerierung).

Man spricht von 2-, 3-, 4- usw. stückigem Garn zu 2200 Berliner oder 2000 Brabanter Ellen usw.

Niederländische Haspelung in zwei Abarten:

a) 1 Stück à 4 Zahlen à 220 Fäden = 2200 Berliner Ellen = 1467 m. Haspelumfang = 2½ Berliner Ellen oder 1,666 m.

b) 1 Stück à 20 Gebinde à 44 Fäden = 2150 Berliner Ellen = 1434 m.

c) Rheinische Haspelung: 1 Stück à 10 Gebinde = 1000 Fäden = 2000 Brabanter Ellen = 1390 m. Haspelumfang = 2 Brabanter Ellen = 1,39 m.

d) Cockerillsche Weife, auch in Belgien gebräuchlich: 1 Stück à 2240 Berliner Ellen = 1494 m.

Die sächsische Wollnummer zeigt an, wieviel Stück (s. preußische Nummer) auf 500 g gehen.

a) 1 Stück à 5 Gebinde à 80 Fäden = 800 Leipziger Ellen = 452 m. Haspelumfang = 2 Leipziger Ellen = 1,133 m.

b) 1 Zahl à 4 Gebinde à 80 Fäden = 800 Leipziger Ellen = 452 m. Haspelumfang = 2½ Leipziger Ellen — 1,412 m.

c) 1 Strähn à 5 Gebinde à 80 Fäden = 1200 Leipziger Ellen = 678 m. Haspelumfang = 3 Leipziger Ellen = 1,695 m.

d) 1 Stück à 4 Strähne à 3 Gebinde = 2400 Leipziger Ellen = 1356 m.

e) 1 Stück à 2200 Leipziger Ellen = 1243 m.

Die Wiener Wollnummer zeigt an, wieviel Strähne (à 1371 m) auf ein Wiener Pfund (560 g) gehen. In Österreich fast überall gebräuchlich.

1 Strähn à 20 Gebinde (Klapp) = 880 Fäden = 1760 Wiener Ellen = 1371 m. Haspelumfang = 2 Wiener Ellen = 1,558 m.

In Böhmen haspelt man noch häufig 1 Strähn = 800 Leipziger Ellen und numeriert nach 1 Pfund engl. (453,6 g). Haspelumfang 2 Leipziger Ellen.

Die französische Wollnummer zeigt an, wie viele Strähne ½ kg wiegen (seltener Pariser Pfund von 489,5 g).

a) Sedan und Umgegend:

1 Strähn (écheveau) à 22 Gebinde (macques) = 968 Fäden = 1493,6 m. Haspelumfang = 1,543 m. Einheitsgewicht 500 g, seltener das Pariser Pfund von 489,5 g.

b) Elboeuf:

1 Strähn = 3600 m. Haspelumfang = 2 m. Einheitsgewicht 500 g.

Tabelle 59.

Umwandlungstabelle für Wollgarnnummern verschiedener Systeme.

Metrische Nr.	Preußische Nr.	Sächsische Nr.	Österreich. Nr.	Englische Nr.	Elboeufer Nr.	Sedaner Nr.
1	0,34	1,11	0,41	0,885	0,139	0,328
2,94	1	3,26	1,2	2,6	0,41	0,96
0,90	0,306	1	0,37	0,8	0,125	0,3
2,44	0,83	2,7	1	2,16	0,34	0,8
1,13	0,38	1,25	0,46	1	0,157	0,37
7,2	2,45	8,0	2,93	6,37	1	2,36
3,05	1,04	3,4	1,25	2,7	0,42	1

8. Die Kunstwollgarnnumerierung.

(Mungo, Shoddy usw.)

Das Kunstwollgarn wird fast überall, England ausgenommen, nach dem internationalen gramm-metrischen System, in England meist wie Baumwollgarn (1 Strähn = 840 Yards), numeriert.

9. Die Titrierung der gehaspelten Seide.

(Edle Seiden und wilde Seiden.)

Die Numerierung oder wie es bei Seide heißt die „Titrierung" der gehaspelten Seide (Grège, Organzin, Trame usw.), die Bestimmung des „Titers", geschieht nach dem Gewichtsnumerierungssystem, also (außer der Kunstseide und der schottischen Jutenumerierung s. d.) entgegengesetzt zu allen anderen Fasern.

Der legale oder internationale Titer zeigt an, wieviel Gewichtseinheiten von 0,05 g (0,05 g = 1 denier[1]) die Längeneinheit von 450 m, oder wieviel Gramm die Längeneinheit von 9000 m wiegt.

Haspelumfang = meist 112,5 cm.

Der alte internationale Titer zeigte an, wieviel Gewichtseinheiten (Deniers à 0,05 g) die Längeneinheit von 500 m wog.

Der Titer der Seide wird ermittelt[2], indem aus allen Teilen des zu prüfenden Ballens eine Anzahl möglichst gleichmäßig verteilter Proben von je 450 m in 400 Umgängen auf einem Haspel von 112,5 cm Umfang abgehaspelt wird. Aus dem Gesamtgewicht der Proben wird der Titer und aus den Einzelgewichten die Streuung festgestellt. Zur Vermeidung von Schwankungen ist auf eine gleichmäßige und bestimmte Spannung zu achten. Um alle Ungleichmäßigkeiten zu erfassen, muß man die Messung auf kürzere Fadenlängen ausdehnen und die Gleichmäßigkeit, eventuell auf Grund eines besonders aufgestellten Titerdiagramms beurteilen. Mit Einführung des Seriplans ist eine erhöhte Meßgenauigkeit erzielt worden. Das Seriplan ist letzten Endes nur eine Verbesserung der in der gesamten Textilindustrie verwendeten Aufwickelapparate und ist mit einer Reihe photographischer Tafeln ausgerüstet, welche Schaubilder der am häufigsten vorkommenden Qualitätsunterschiede darstellen. Die Beurteilung ist also auch hier nur eine vergleichende und liefert keine objektiven, zahlenmäßig ausgedrückten Werte (s. a. u. Lunometrie).

Über die Zahl der Einzelversuche sind nach den Beschlüssen des Seidenkongresses in Zürich 1929 folgende Normen festgelegt worden: 1. Bei Grègen aus Europa und der Levante werden aus 10 Strängen je 3 Proben entnommen (= 30 Einzelproben); 2. Bei Grègen aus China und Japan werden aus 6 Strängen je 5 Proben entnommen (= 30 Einzelproben); 3. Bei gezwirnten Seiden werden aus 15 Strängen je 2 Proben entnommen (= 30 Einzelproben); 4. Bei den sogenannten „geschnellerten" Seiden (à tours comptés) werden aus jedem Ballen 3 Stränge vollständig abgehaspelt und zugleich die Länge der Stränge festgestellt[3].

---

[1] 1 denier, italienisch „denaro", ist also 0,05 g; abgekürzt wird für deniers geschrieben: „d" oder „den." oder „drs.".

[2] S. a. Evers, H.: Seide **1929**, 307.

[3] Siehe Königs, W.: Seide **1929**, 449.

Tabelle 60. Umwandlungstafel für verschiedene Seidentiters.

Legaler oder internat.Titer	Alter internat. Titer	Alter Turiner Titer	Alter Mailänd. Titer	Alter franzÖs. Titer	Alter Lyoner Titer
1	1,111	0,992	1,035	0,996	1,049

Verhältnis der metrischen Nummer zum legalen Seidentiter.

1. 9000 dividiert durch Denier-Titer = metrische Nummer, z. B. Organzin

$$25 \text{ den.} = \frac{9000}{25} = 360 \text{ metr. Nr.}$$

2. 9000 dividiert durch metrische Nummer = Denier-Titer, z. B. Metrische

$$\text{Nummer } 360 = \frac{9000}{360} = 25 \text{ den.}$$

Die wichtigsten Seidentiters sind für Organzin 18/19 bis 24/26, für Trame 20/22 bis 36/38, für Grège 9/11 bis 11/13 den.

10. Die Numerierung der gesponnenen Seide.

(Edle und wilde Seiden.)

Im Gegensatz zu der gehaspelten Seide wird die gesponnene Seide (Schappe- oder Chappe-, Florett-, Bouretteseide[1] usw.) nach dem gramm-metrischen System numeriert.

Die gramm-metrische Nummer gibt wiederum an, wie viele Schneller von je 500 m Länge ½ kg wiegen, oder wieviel Kilometer ein Kilogramm, wieviel Meter ein Gramm erfüllen.

Haspelumfang = 1,25 m (auch 1 und 1,4286 m).
400 Fäden = 1 Schneller (Strähn, Masten, écheveau) von 500 m Länge. 1 Schneller = 4 Gebinde.

Die englische Nummer ist dieselbe wie bei Baumwolle; ebenso die Stranglänge und die Einteilung des Stranges (s. d.).

Die französische Schappenummer entspricht der französischen Baumwollnummer. Haspelumfang = 1,25 m.

11. Die Numerierung der Kunstseide.

Die Kunstseiden werden fast allgemein nach dem Denier-System der gehaspelten Naturseide (s. d.) numeriert. Der Titer gibt die Anzahl Gramm an, die eine Länge von 9000 m wiegt. Sehr vereinzelt wird noch der sogenannte Dezimaltiter geführt (alte internationale Seidentiter, s. d.). Derselbe gibt die Anzahl Gramm an, die eine Länge von 10000 m wiegt

---

[1] Die gesponnenen Seidengarne kommen unter mancherle Namen in den Handel, so z. B. noch als Crescentin-, Galettam-, Fiorettino-, Sambatellagarne usw. und werden aus den Abfällen der Haspelseide gesponnen. Die Abgänge von Florettseide werden wiederum zu Bouretteseide (Bour de soie) verarbeitet.

Die Nummerbestimmung der Garne.

Die vorgeschriebene Zahl Garnkörper wird auf einer Waage genau gewogen und abgehaspelt[1]. Das Haspelsystem ist bis heute kein einheitliches; der Haspelumfang für Kammgarne beträgt in der Regel 1428 mm, für Baumwollgarne 1371,6 mm (1½ Yards), für Seiden- und Kunstseidengarne 1125 mm, für Schappegarne meist 1250 mm usw. An einem der Haspelarme soll eine Justiervorrichtung angebracht sein, damit der vorgeschriebene Haspelumfang stets genau eingehalten werden kann. Die Fadenspannung muß eine derartige sein, daß sie dem Charakter des Garnes entsprechend bequem einzustellen ist; für lose gedrehte Garne schwächer als für hartgedrehte, und zwar so, daß die Hand elastisch auf dem abgehaspelten Strang ruht. Die Entfernung zwischen der Schiene des Hülsenstandes und der Fadenführung soll 15 cm nicht überschreiten. Die Konstruktion der Fadenführung ist richtig, wenn der Faden bei 1000 m Länge nicht mehr als zweifach übereinander liegt. Endlich soll der mechanisch angetriebene Haspel etwa 150 bis 200 Touren in der Minute laufen. Dieses sind die Grundbedingungen für die Konditionieranstalten. Je nach der Garnschwere empfiehlt Pinagel, die Strähne pro 250, 500, 750 oder 1000 m zu unterbinden.

Die Länge der Strähne, geteilt durch deren Gewicht, ergibt die Längengarnnummer. Soll diese a) auf der Basis des normalen Luftfeuchtigkeitsgehaltes (65%) berechnet werden, so wird das Versuchsmaterial erst mehrere bis 24 Stunden bei 65% Luftfeuchtigkeit ausgelegt, bei der normalen Luftfeuchtigkeit gehaspelt, gewogen und die Nummer auf Grund dieses Gewichtes berechnet. Soll die Garnnummer dagegen — was meistens vorgeschrieben ist — b) auf Basis des legalen Feuchtigkeitsgehaltes berechnet werden, so wird das Garn vorschriftsmäßig getrocknet, dem absoluten Trockengewicht der legale Feuchtigkeitszuschlag zugerechnet (s. unter Konditionierung, S. 252) und die Nummer auf Grund dieses legalen Handelsgewichtes berechnet (konditionierte Nummer).

Muß das Garn entfettet und gewaschen werden, so wird dasselbe hierauf wieder getrocknet und gleichfalls nach a) oder b) verfahren. Abb. 187 zeigt, in welchem Umfange die Garnnummer (rechts) von dem jeweiligen Feuchtigkeitsgehalt des Garnes (links) beeinflußt wird.

Indem man die Länge durch das ermittelte Gewicht der Länge (nach *a* oder *b*) dividiert, erhält man die Längen-Garnnummer. Beispiel: 15975 m Kammgarn wiegen (absolut trocken) 365,950 g; hierzu kommt ein Zuschlag von 18¼% = 66,785 g. Das konditionierte Gewicht beträgt demnach: 432,735 g und die konditionierte gramm-metrische Nummer: 15975 : 432,7 = 36,92.

---

[1] Die einzelnen Operationen des Messens und Wägens und die dazu gebrauchten Geräte werden aus Zweckmäßigkeitsgründen in einem besonderen Kapitel über das „Messen und Wägen von Gespinsten" (s. S. 293 ff.) eingehend behandelt. S. a. Pinagel: Die Entwicklung der Konditionieranstalten. Über die Garnnummerbestimmung in Geweben s. S. 392. Über die graphische Methode der Nummerbestimmung s. a. Walz: Leipz. Monatschr. Textilind. **1916**, 65; Beckers: Ebenda **1916**, 97; Frenzel: Ebenda **1917** 50.

Oder allgemein ausgedrückt: Wenn a Meter, b Gramm (Trocken-gewicht $+$ Feuchtigkeitszuschlag) wiegen, so ist die gramm-metrische Nummer $= \dfrac{a}{b}$ und (bei Seide) der legale Seidentiter: $\dfrac{b \cdot 9000}{a}$.

Besteht ein Zwirn aus zwei Einzelfäden von verschiedenen Feinheits-nummern (a und b), so wendet man die Formel an: $\dfrac{a \cdot b}{a + b}$. Ist also ein Faden 25/1 fach, der andere 56/1 fach, so ist die Nummer $\dfrac{25 \cdot 56}{25 + 56}$ $= 17{,}28/1$ fach oder $34{,}56/2$ fach.

Die Abweichung der Garnnummer von der Sollnummer.

Die tatsächliche Nummer (die Istnummer) weicht fast immer von der vom Spinner gewollten, der bestellten bzw. vereinbarten Nummer (der Sollnummer) mehr oder weniger ab. Im Handelsverkehr mit Garnen hat sich deshalb seit jeher das Bedürfnis fühlbar ge-macht, klare und bündige Abmachungen zwischen dem Hersteller und Verbraucher der Garne über die sogenannte „Toleranz" zu treffen, d. h. darüber, welche Abweichun-gen jeweils noch als zulässig zu betrachten sind. Nachste-hend seien einige handelsüb-liche Abweichungen und Ab-machungen zwischen den Par-teien genannt.

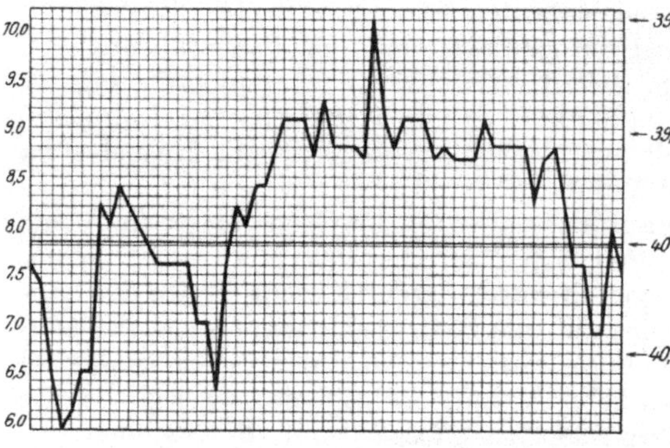

Abb. 187. Der Einfluß der Luftfeuchtigkeit auf die Garn-nummer. Tägliche Nummerschwankungen innerhalb zweier Monate (nach Manchester Testing-House).

Baumwollgarne. § 11 des „deutschen Baumwoll-garnkontraktes" (seit 1. 4. 1913 in Kraft getreten), besagt folgendes:

Im Falle der Bemängelung der Nummer ist diese in der Weise zu ermitteln, daß bei Bündelgarnen mindestens 20 Stränge à 840 Yards oder 10 Doppelstränge à 1680 Yards abgemessen und gewogen werden und daraus die Nummer berechnet wird. Bei Kops und Spulen sind mindestens 20 Kops oder Spulen

bei Garnen unter ·Nr. 8 . . . . 10 Stränge ⎫
„   „   über   „   8 bis einschl. Nr. 11 . 15   „ ⎬ zu 840 Yards
„   „   „   „ 11 20   „ ⎭

abzuhaspeln, abzuwägen und auf die Nummer zu berechnen.

Der Durchschnitt der auf diese Weise von der Konditionieranstalt vorgenom-menen Numerierung gilt als Nummer für den betreffenden Ballen (Bündel) oder die betreffende Kiste (Faß).

Alle vorhandenen Kolli müssen den Bestimmungen der §§ 7 und 8 (betrifft vorgeschriebene Musterentnahme und Konditionierung, s. d. S. 254) entsprechend der Numerierung unterzogen werden, und es gilt sodann das Ergebnis als Durchschnitt der Numerierung für die ganze der Mustererziehung unterzogene Menge der an-gefochtenen Garnsendung.

Ausgenommen von der Einbeziehung in diese Durchschnittsberechnung sind jedoch die Ergebnisse jener Ballen oder Kisten bzw. Fässer, deren Inhalt bei Garnen:

bis einschließlich Nr. 5 . . . . mehr als 10 %
über Nr. 5 bis einschl. Nr. 10 . . . . „   „   8 %
„   „ 10 „   „   „ 14 . . . . „   „   7 %
„   „ 14 „   „   „ 22 . . . . „   „   6 %
„   „ 22 „   „   „ 30 . . . . „   „   5 %
„   „ 30 . . . . „   „   4½ %

nach oben oder unten von der zu liefernden Nummer abweicht. Der Käufer ist befugt, diese auszuscheidenden Ballen oder Kisten bzw. Fässer dem Verkäufer gegen Ersatz der darauf entfallenen Spesen zur Verfügung zu stellen. Dem Verkäufer steht das Recht einer Ersatzlieferung in den in § 3 erwähnten Fristen zu. Diese Ersatzleistung ist nur einmal zulässig.

§ 12. Bei feiner gelieferten Garnen findet eine Vergütung nicht statt. Die Grenze, innerhalb welcher in bezug auf zu grobe Numerierung eine Vergütung nicht stattfindet, wird mit 3% bestimmt. Beträgt der Nummernunterschied im Durchschnitt mehr als 3%, so ist das Plus über 2%, nach Maßgabe des Mehrverbrauchs bei Verarbeitung der Garne zu vergüten; doch braucht der Verkäufer eine Vergütung nicht zu leisten, wenn er die bemängelten Mengen innerhalb der im § 3 bedungenen Fristen spesenfrei gegen, im Sinne dieses Paragraphen, richtig numerierende Garne umtauscht.

§ 13. Die Kosten der Konditionierung hat der unterliegende Teil zu tragen. Der Verein süddeutscher Baumwollindustrieller in Augsburg hat (demgegenüber etwas abweichende) folgende erlaubte Schwankungen bei Baumwollgarnen festgelegt[1]:

Engl. Nr. 5 bis 10 = 8%, also 4%   auf- und abwärts,
   „   „ 11 „ 15 = 7%, „ 3½% „ „ „
   „   „ 16 „ 25 = 6%, „ 3% „ „ „
   „   „ 26 „ 35 = 5%, „ 2½% „ „ „
   „   „ 36 und höher 4½%, also 2¼% auf- und abwärts.

Kammgarne. § 8 der Vorschriften über die Konditionierung und Nummerbestimmung von Kammgarnen[2] besagt u. a. folgendes: Ist lediglich die Garnnummer zu bestimmen, so sind mindestens 500 g Garn abzuhaspeln. Die mit Zählapparat versehene sechskantige Weife muß 1428 mm Haspelumfang haben und muß mit einer Fadenspanneinrichtung versehen sein, welche gestattet, die beim Spinnprozeß vorhandene Spannung einzustellen; außerdem muß die Weife eine Fadenführung haben, welche gestattet, die Fäden möglichst gut nebeneinander zu legen. Der Haspel ist mechanisch anzutreiben. Die Tourenzahl hat den Betriebsverhältnissen mechanischer Weifen zu entsprechen und 150 bis 200 Touren in einer Minute zu betragen. Aus der Summe der Einzellängen der Garnkörper wird die Gesamtlänge der Probe berechnet und letztere dann (wenn nicht bereits die Untersuchung zur Feststellung des Handelsgewichtes vorausgegangen ist) nach eventueller Vortrocknung in den Konditionierapparat gebracht und bei 105 bis 110° C so lange ausgetrocknet, bis die Gewichtsabnahme in 10 Minuten Trockenzeit weniger als 0,05% = 0,25 g bei 200 g Trockenprobe beträgt. Aus dem so ermittelten Trockengewicht, zu welchem 18,25% Feuchtigkeit addiert werden, wird die Nummer berechnet.

Bei Bündelgarnen werden die sämtlichen zur Handelsgewichtsfeststellung als Muster verwendeten Strähne aufgespult, deren Meterlänge bestimmt und auf Grund ihres Trockengewichts die Nummer berechnet.

Als erlaubte Abweichung von der bestellten Garnnummer gelten für weiße Kammgarne 2% nach oben und nach unten als handelsgebräuchlich; für farbige Kammgarne wird als zulässige Nummerabweichung anerkannt:

3% auf oder ab bei Dispositionen von 100 kg oder mehr pro Farbe, Qualität und Nummer,

4% auf oder ab bei Dispositionen von 50 bis 99 kg pro Farbe, Qualität und Nummer,

und entsprechend mehr bei Dispositionen unter 50 kg pro Farbe, Qualität und Nummer.

Etwaige Differenzen, die diese Fehlergrenze nach unten überschreiten, werden durch Vergütung am Gewicht ausgeglichen. Für zu fein gesponnene Garne tritt

---

[1] Holtzhausen: Leipz. Monatschr. Textilind. **1917**, 1.
[2] Im Jahre 1912 vereinbart zwischen den Verbänden sächsisch-thüringischer Webereien und elsässischer Wollwebereien einerseits und dem Verein deutscher Wollkämmer und Kammgarnspinner anderseits.

eine Vergütung nicht ein. Abweichungen innerhalb der Fehlergrenze sind nicht entschädigungsberechtigt. Die Überschreitung der Fehlergrenze muß außerdem im Garn selbst, aber nicht nach seiner Verarbeitung nachgewiesen werden.

Die Berechnung der Gewichtsvergütung für zu stark gesponnene Garne geschieht wie folgt:

Es wird zunächst die Abweichung der ermittelten Durchschnittsnummer von der bestellten Nummer in Prozenten berechnet und von diesem Prozentsatz die als Fehlergrenze zulässige Nummerabweichung in Prozenten abgezogen, wodurch sich die zu vergütende Abweichung in Prozenten ergibt. Letztere wird auf das Handelsgewicht in Kilogramm umgerechnet und so die dem Käufer zu gewährende Vergütung am Gewicht für zu stark gesponnene Garne festgestellt.

Außerhalb der vorstehenden offiziellen Vereinbarungen soll es nach einem Gutachten der Chemnitzer Handelskammer Handelsbrauch sein, 1. bei gezwirnten Garnen die Abweichung auf die Nummer des einfachen Fadens zu berechnen; 2. bei reinem Stapelfaser-Kammgarn und Stapelfasermischgarn die zulässige Nummerabweichung in allen Fällen um 1% zu erhöhen (gegenüber reinwollenen Kammgarnen). 3. Soll der Käufer berechtigt sein, die Abnahme des Garnes zu verweigern, wenn die Nummerabweichung das Doppelte des Zulässigen beträgt; jedoch soll der Verkäufer das Recht haben, innerhalb angemessener Frist Ersatz zu liefern. 4. Auf Crepon-, Voile- und ähnliche Spezialgarne finden die vorstehenden Bestimmungen keine Anwendung.

Streichgarne. Bei Streichgarnen besteht nach Vereinbarung des Tuch- und Wollwarenfabrikanten-Vereins und anderer Fabrikantenkreise die Vereinbarung[1], daß die handelsübliche Toleranz beträgt in bezug auf die Garnnummer:

    a) bei weißen Streichgarnen:

        Bis Nr. 5 metrisch 6% nach oben und unten,
        von Nr. 5 bis 10 metrisch 5% nach oben und unten,
        über Nr. 10 metrisch 4% nach oben und unten.

    b) bei melierten und gefärbten Streichgarnen:

        Bis Nr. 5 metrisch 7% nach oben und unten,
        von Nr. 5 bis 10 metrisch 6% nach oben und unten,
        von Nr. 10 bis 15 metrisch 5% nach oben und unten,
        über Nr. 15 metrisch 4% nach oben und unten.

Die Berechnung der Differenzen bei der Garnnummer geschieht auf Grund des ermittelten Netto-Garngewichtes in ungewaschenem Zustande.

Technische Titerbestimmung der Kunstseiden. RAL-Konventionsmethode (s. a. RAL Nr. 380, B 2): Zur Titerbestimmung ganzer Partien werden von mindestens 10 Proben je zwei Bestimmungen, also im ganzen 20 Bestimmungen, ausgeführt; aus diesen wird der Durchschnittstiter berechnet. Es werden jedesmal 450 m abgeweift. Die abgeweiften Proben werden mindestens 24 Std. in einem Raum von 60% rel. Luftfeuchtigkeit (s. a. S. 250) bei 18—22° C locker ausgebreitet frei aufgehängt und in dem gleichen Raume gewogen. (Gespulte Kunstseide muß vor jeder Längen-, Gewichts- und Festigkeitsmessung in Strangform gebracht und sodann, wie abgeweifte Strähnseide, mindestens 24 Stunden bei 60% Luftfeuchtigkeit locker ausgebreitet frei aufgehängt werden.) Zur Messung der Luftfeuchtigkeit dient als Eichinstrument das Aspirations-Psychometer nach Aßmann (s. S. 243 und Abb. 177). Die Nachprüfung der Eichinstrumente übernimmt die Physikalisch-Technische Reichsanstalt. — Zur Bestimmung des Trockentiters wird bei 105—110° C unter Durchleiten trockener Luft solange getrocknet, bis die Probe innerhalb 10 Min. weniger als 0,05% an Gewicht verliert.

Handels-Stapellänge und Stapeldiagramm.

Bei den sog. „stapeligen" Fasern, wie Baumwolle und Wolle, die von Natur aus zu Büscheln vereinigt sind, dient die „Stapellänge" zur Kennzeichnung ihrer Spinnbarkeit. Bei der Rohbaumwolle wird

---

[1] Pinagel: Die Entwicklung der Konditionieranstalten, S. 18.

die Stapellänge bekanntlich in die Qualitätsbezeichnung mit einbezogen.

Unter „Stapel" versteht man die mittlere Länge des längsten Fasermaterials. Spricht man also von einer Stapellänge von 20 mm, so bedeutet das, daß die durchschnittliche Länge der längsten Fasern 20 mm beträgt, nicht aber, daß jede Faser die Länge von 20 mm hat. Kuhn[1] definiert den Begriff „Handelsstapel" als „annähernde Höchstlänge der Fasern". Der Spinnerstapel ist einige Millimeter kürzer als der Handelsstapel. Frenzel[2] gibt für die „Handelsstapellänge" folgende zwei Begriffsbestimmungen: 1. Die Stapellänge des Handels ist diejenige Faserlänge, welche ungefähr von 10% aller Fasern überschritten (von 90% unterschritten) wird. 2. Mit Beziehung auf die Häufigkeit der Faserlängen: Die Handelsstapellänge ist diejenige den Mittelwert überschreitende Faserlänge, welche in einer Menge vertreten ist, die halb so groß ist wie die der am häufigsten vorkommenden Faserlänge. Man sieht, der Begriff „Stapel" ist nicht eindeutig umschrieben. Unter „Stapelware" versteht man eine Faser, z. B. Baumwolle, mit besonders langer, kräftiger Faser. Fasern, wie Wolle und Baumwolle, die einen Stapel besitzen, könnte man nach Kuhn unter dem Sammelnamen „Stapelfasern" zusammenfassen (vgl. a. u. „Stapelfaser").

Die Stapellänge im Handel oder die Handels-Stapellänge stellt also nicht die mittlere Faserlänge dar; sie genügt dem Spinner aber nicht immer allein zur Beurteilung eines Spinnstoffes. Den Spinner interessieren nicht nur die längsten, sondern sämtliche im Rohmaterial vorkommenden Faserlängen. Aus der mittleren Faserlänge und dem Mengenverhältnis der einzelnen Faserlängen im Rohstoff wird das sog. „Stapeldiagramm" oder „Faserschaubild" zusammengestellt. Diese Bestimmung der mittleren Faserlänge und die Aufstellung des Stapeldiagramms hat sich in letzter Zeit immer mehr eingeführt.

1. Praktische Stapelbestimmung bei Baumwolle.

Das Stapelbestimmungsverfahren der Praxis ist mehr ein Schätzungsverfahren als ein exaktes Verfahren. Gleichwohl gibt es in den Händen des geübten Fachmannes brauchbare und übereinstimmende Ergebnisse. Man arbeitet nach Kuhn etwa, wie folgt[3]:

Ist die Klasse der Baumwolle nach der Erfahrung abgeschätzt, so entnimmt man der Probe eine kleine Handvoll Fasermasse, die mit beiden Händen gefaßt und, die Daumen nach oben, auseinander gezogen wird. Man wirft die eine Hälfte weg und klemmt die Enden der Fasern, welche beim anderen Stück vorstehen, zwischen den Daumen und ersten Finger der rechten Hand, während die linke mit dem Entfasern der kurzen Fasern und des Abfalls vom Büschel beschäftigt ist. Der Baumwollbüschel, nun in Umfange viel verringert, wird jetzt an den anderen Enden der Fasern durch die linke Hand gehalten, während die rechte die kurzen Fasern und den Abfall weiter entfernt.

---

[1] Kuhn: Mell. Text. **1920**, 87.
[2] Frenzel: Leipz. Monatschr. Textilind. **1922**, 3.
[3] Kuhn: Mell. Text. **1920**, 109.

Durch diese wenigen, raschen Griffe hat ein erfahrener Baumwoll-schätzer einen kleinen Büschel parallel liegender Fasern erreicht, deren mittlere Länge gewöhnlich nach dem Augenmaß gemessen werden kann. Es gehört viel Übung dazu, ein Büschel Fasern, von denen kaum eine so lang ist wie die andere, auf ½ mm genaue Durchschnittslänge zu

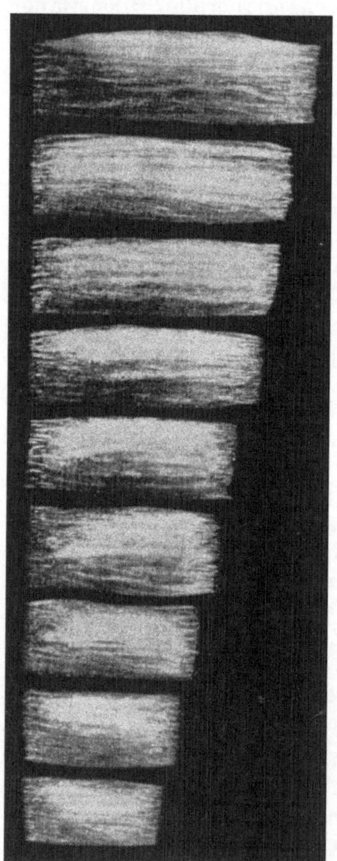

Abb. 188. Offizielle Baumwollstandards der USA. in engl. Zoll (von oben nach unten: $1^{3}/_{4}$, $1^{5}/_{8}$, $1^{1}/_{2}$, $1^{3}/_{8}$, $1^{1}/_{4}$, $1^{1}/_{8}$, 1, $^{7}/_{8}$, $^{3}/_{4}$ Zoll). Nach Kuhn.

schätzen. Derselbe Büschel wird dann zwischen dem ersten Finger und Daumen jeder Hand, die Daumen nach oben, durch einen kurzen, starken Ruck zerrissen und dadurch die Faserfestigkeit gefühlsmäßig geschätzt. Beim Zerreißen entsteht außer-dem ein knisterndes Geräusch, aus dem der Praktiker ebenfalls auf die Festig-keitseigenschaften der Fasern Schlüsse zieht. Nimmt man immer die gleiche Menge Baumwolle auf einmal in die Hand und verringert diese zur gleichen Büschel-größe, so erhält der Baumwollfachmann für sich selbst einen Standard für Länge und Festigkeit, durch den er den Wert fast jeder Baumwollart bestimmen kann. Baumwollkenner sind sich untereinander klar, was 28 und was 28/30 mm Stapel ist. Im Zweifelsfalle entscheidet die Bremer Baumwollbörse. Für den Tagesge-brauch genügt dieses Verfahren zur Klas-sierung innerhalb derselben Fasergat-tung, z. B. Baumwolle.

Bei Bestimmung der Stapellänge nach dem praktischen Schätzungsverfahren wird zugleich von gleichmäßigem, kräf-tigem, schwachem, mürbem Stapel, von weicher, rauher, feiner oder grober Faser, von reinem und unreinem Spinnstoff mit wenig oder viel Abgang (Flug, un-reifen Fasern usw.) gesprochen.

Abb. 188 zeigt die offiziellen ame-rikanischen Stapelstandards, die um $^{1}/_{8}$ Zoll = 3,17 mm voneinander ver-schieden sind.

Nach den Vorschlägen von Th. Bühler[1] sollten für die spinnerei-tech-nische Wertbeurteilung der Baumwolle noch folgende Faktoren in Betracht kommen:

1. Stapel und Gleichmäßigkeit . . . S	mit	4 Einheiten
2. Reinheit (Rendement) . . . . . . R	„	4 „
3. Farbe . . . . Co	„	1 „
4. Festigkeit . . . . Fe	„	2 „
Zusammen Spinnwert W mit		11 Einheiten

---

[1] Bühler, Th.: Leipz. Monatschr. Textilind. **1927**, 5.

2. Mittlere Faserlänge, Stapeldiagramm, Faserschaubild.

Schwieriger als die Bestimmung der Handels-Stapellänge ist die Ermittelung eines genauen Bildes über das Vorkommen der verschiedenen Einzelfaserlängen in einem bestimmten Material. Hierfür ist die Ermittelung der **mittleren Faserlänge** und die Aufstellung eines **Stapeldiagramms** oder **Faserschaubildes** sowie die Ermittelung des die Ungleichmäßigkeit angebenden **Steigungsverhältnisses** der auf eine bestimmte Diagrammlänge bezogenen Stapelkurve notwendig.

Die Ermittlung der mittleren Faserlänge bzw. die Herstellung eines Faserlängendiagrammes an **ungeordnetem Faserrohmaterial** kommt in der Praxis kaum in Frage, sondern hat nur theoretischen Wert. Man wird wegen der Umständlichkeit der Ermittlung gewöhnlich auf die Feststellung dieser Größe verzichten, zumal die Genauigkeit sehr zweifelhaft ist und wird sich mit der Stapelschätzung begnügen, wie sie im Handel üblich ist. Bei der Prüfung der Fasern in einem **geordneten Faserbande** (Kammzug, Flyerlunte) und in fertigen Garnen gestalten sich die Verhältnisse einfacher und kommen häufiger vor. Auf diese Untersuchungen beziehen sich auch die nachfolgend beschriebenen Verfahren.

Diese **exakte Stapelbestimmung** (im Gegensatz zur handelsüblichen Stapelbestimmung) kann nach verschiedenen Verfahren ausgeführt werden. Zu erwähnen sind vor allem: 1. **Einzel-Auszähl- und Ausmeßverfahren,** 1a) abgekürztes Verfahren nach **Berndt;** 2. **Handmeßverfahren nach Kuhn;** 3. **Kämmverfahren nach Johannsen;** 4. **Faserbartverfahren nach E. Müller** bzw. Verfahren mit dem hieraus entwickelten **Stapelmesser von E. Müller;** 4a. **Doppelbartverfahren nach H. Sommer.** Am meisten in der Praxis verwendet werden die Verfahren 3. und 4., die sich im Laufe der letzten Jahre noch verfeinert und verbessert haben. Für andere Fasern als **Baumwolle** kamen diese Verfahren bisher kaum in Betracht. Für sämtliche Verfahren gilt die allgemeine Voraussetzung, daß sich die Fasern in vollkommen gleichmäßiger Mischung bzw. Verteilung im Material befinden. Da dies aber nur angenähert zutrifft, so sind die Werte auch als mehr oder weniger angenähert zu betrachten, wobei auch noch die Art der Probeentnahme von erheblichem Einfluß auf das Ergebnis ist.

1. Einzel-Auszählverfahren. Methodisch am einfachsten und primitivsten ist das Einzel-Auszählverfahren; auf der anderen Seite ist es sehr mühselig und zeitraubend.

Ein Faden wird aufgedreht, und aus dem aufgedrehten Faden werden einzelne Fasern, Stück für Stück, vorsichtig herausgezogen und einzeln durch Auflegen auf eine Glasplatte mit darunter befindlichem Maßstab mit Millimeterteilung gemessen. Man zieht **Baumwollfasern** hierbei zweckmäßig durch Öl, um die Kräuselung der Fasern in ungezwungener Weise aufzuheben. Kurze und lange Fasern werden, wie sie einander im Fadenstück folgen, gemessen und ihre Längenmaße verzeichnet. Nachdem auf solche Weise mindestens 100 Fasern aus mindestens zwei verschiedenen Fadenstücken isoliert und gemessen worden sind, kann entweder 1. ein regelrechtes **Stapeldiagramm** entworfen werden (s. w. u.), oder 2. die Fasern werden in bestimmte **Längenklassen** geordnet und prozentual berechnet, oder es kann 3. das **wirkliche Mittel** der Faserlänge berechnet werden. (Hierzu braucht man nur die Gesamtlänge aller gemessenen Fasern durch die Anzahl derselben zu dividieren.) Werden die Baumwollfasern in Längenklassen prozentual geordnet, so legt man z. B. folgende Längenklassen zugrunde:

$$\text{I. Klasse} = \text{über } 26 \text{ mm}$$
$$\text{II. }\quad,, \quad = 18 \text{ bis } 26 \text{ mm}$$
$$\text{III. }\quad,, \quad = 12 \quad,, \quad 18 \text{ mm}$$

Vereinzelte Fasern unter 12 mm Länge werden hierbei meist nicht mitgerechnet, da angenommen wird, daß die Verkürzungen durch die mechanische Bearbeitung des Materials in der Spinnerei entstanden sind.

Die in Gespinsten ermittelte Stapellänge oder mittlere Faserlänge ist selbstredend nicht mit der Stapellänge des **Rohmaterials** (Rohbaumwolle, Rohwolle) zu identifizieren, da die Stapellänge des letzteren bei der Verarbeitung stets eine mehr oder weniger erhebliche Verkürzung erfährt. Im allgemeinen soll die mittlere Länge der Baumwollfasern bis zum Selfaktorgarn insgesamt um 5% verkürzt werden, die meist vorkommende Faserlänge um rund 12½%. Durch Ausscheidung der extremen Längen gruppiert sich das Fasermaterial jedoch mehr um den Mittelwert[1].

Selbst bei **kurzem** Fasermaterial sind Hunderte von Einzelmessungen erforderlich, wenn man sicher sein will, daß alle Faserlängen in einer ihrem Vorkommen im Gespinst entsprechenden Menge erfaßt

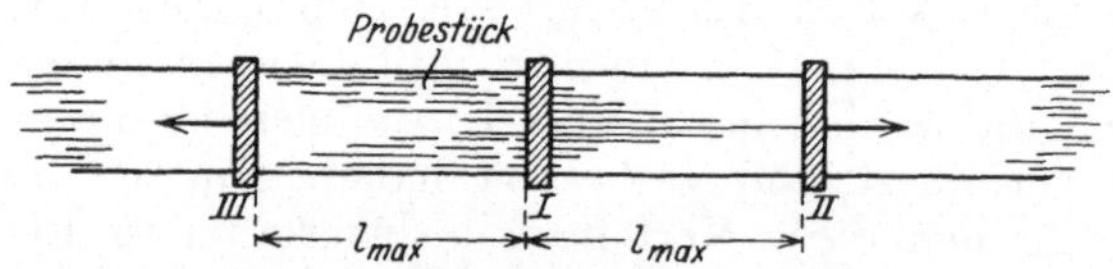

Abb. 189. Probeentnahme für Faserlängenbestimmungen an sämtlichen Fasern (nach H. Sommer).

werden. Man müßte ein Stück des Gespinstes von mindestens gleicher Länge wie die vorkommende längste Faser (l_{max}) vollkommen auflösen und ausmessen. Die Probeentnahme dieses Stückes müßte so erfolgen, daß zunächst alle zwischen den Klemmstellen *I* und *II* (s. Abb. 189) befindlichen, von Klemme *I* nicht festgehaltenen Fasern und darauf alle von Klemme *III* erfaßten Fasern entfernt werden. Bei **langfaserigem** Material würde man jedoch auf diese Weise zu einer phantastisch hohen Zahl von Messungen kommen. Bei einem 48er Croßbred-Kammzug ($N_m = 0{,}045$), der von H. Sommer[2] zu Versuchen benutzt wurde, und der eine längste Faser von $l_{max} = 330$ mm, eine wirkliche mittlere Faserlänge $l_m = $ etwa 120 mm und eine metrische Wollfeinheitsnummer von etwa $N_m = 500$ aufwies, wären z. B.

$$\frac{330 \cdot 500}{120 \cdot 0{,}045} = 30\,600 \text{ Einzelmessungen}$$

<hr>

[1] Frenzel und Buskop: Leipz. Monatschr. Textilind. **1922**, 229.
[2] Sommer, H.: Mell. Text. **1929**, 448.

erforderlich gewesen. Das Einzel-Auszähl- und -Ausmeßverfahren kommt daher für langfaseriges Material praktisch nicht in Frage.

1a. Modifikation von Berndt. Nach dem abgekürzten Verfahren von Berndt[1] wird erst ein Doppelbart hergestellt (s. w. u.) und nun der Doppelbart durch Entnahme von Faser zu Faser aufgelöst und jede Einzelfaser gemessen. Berndt bemerkt, daß zum Auflösen eines Faserbartes von 1000 bis 1500 Fasern eine Arbeitszeit von 4 bis 5 Std. erforderlich ist, daß aber diese Zahl von mindestens 1000 Fasern nötig ist, um ein von den Ungleichmäßigkeiten des Materials möglichst unabhängiges Stapeldiagramm zu erhalten. Man arbeitet nach Berndt wie folgt.

Die Zangenprobe (der Doppelbart) wird in der Mitte mit einer ausgefütterten Flachzange erfaßt und erst auf der einen Seite ausgekämmt. Das Umspannen des Bartes nach der anderen Seite geschieht am besten durch Zuhilfenahme einer zweiten Zange, indem man mit ihr den bereits ausgekämmten Bart dicht am Maule der ersten Zange packt (oder den Bart zwischen zwei mit den Kanten aufeinander passenden Papierstreifen mit den Fingern faßt und samt den Papierstreifen in die Zange nach der anderen Seite wieder einspannt). Alsdann wird die andere Hälfte des Bartes ausgekämmt. Nun wird der Bart auf ein mit Samt bespanntes Brett gelegt und mit einem sauberen Objektträger bedeckt. Man schiebt alsdann den auf dem Faserbart ruhenden Objektträger so weit nach rechts, daß die längsten Fasern 1 mm hervorragen, schiebt eine geöffnete Zange (Maulbreite 25 mm), mit den ungefütterten scharfen Backen gegen die Unterlage drückend, an die Kante des Objektträgers heran, läßt sie zufallen (Federdruck) und kann eine oder mehrere Fasern aus dem Bart unter dem Objektglas herausziehen. Dann bedeckt man die in der Zange festgehaltenen Fasern mit einem Objektträger (der auf der Unterseite eine eingeätzte von der rechten Kante als Nullinie ausgehende Millimeterskala trägt), legt ihn mit der rechten Kante an das Zangenmaul an und führt beides, geschlossene Zange und durchsichtige Skala, gleitend nach rechts über die Samtunterlage hin. Dadurch strecken sich die Fasern und ihre Länge ist durch die Lage der freien Enden zum Maßstab, gegebenenfalls mit Lupe, ablesbar. Auf diese Weise löst man den ganzen Faserbart auf.

2. Handmeßverfahren nach Kuhn. Es ist dies gewissermaßen eine zeitsparende Ausführungsform des Auszähl- und Ausmeßverfahrens, indem das Ausmessen hier nicht an einzelnen Fasern, sondern an Fasergruppen vorgenommen wird. Zu diesem Zweck müssen zunächst sämtliche Fasern des Probemusters von Hand durch wiederholtes Ausziehen und Übereinanderlegen parallel auf eine Grundlinie geordnet werden. Dann werden, mit den längsten Fasern beginnend, die einzelnen Fasergruppen entnommen und a) ihre Faserlängenklasse ($l =$ Mittel der längsten und kürzesten in der Gruppe enthaltenen Fasern) durch Messen sowie b) die zugehörigen Faserzahlen z durch Auszählen bestimmt. Die mittlere Faserlänge l_m berechnet sich aus der Summe

---

[1] Berndt: Mell. Text. **1921**, 197.

aller Einzelergebnisse, dividiert durch die Summe der Einzelfasern:

$$\frac{\Sigma l \cdot z}{\Sigma z}.$$

Dieses Verfahren hat nach Sommer den Nachteil, daß das Ablegen einer so großen Faserzahl, wie sie nach obigem bei langfaserigem Material in Frage kommt, auf eine Grundlinie sehr schwierig und zeitraubend ist, und dies gilt allgemein für alle Verfahren, die eine solche Anordnung sämtlicher Fasern des Probematerials verlangen.

Auf Grund der nach 1. und 2. gewonnenen Ergebnisse kann zuletzt das Stapeldiagramm aufgestellt werden, indem die erhaltenen Werte prozentual (auf 100 Einzelversuche reduziert) berechnet werden. Die Einzelergebnisse werden dann nach aufeinanderfolgenden Längen geordnet, in 1 mm Abstand als Senkrechte auf einer Grundlinie von 100 mm Länge aufgetragen und die Endpunkte zur Diagrammkurve verbunden (= Stapeldiagramm, s. Abb. 190). Die mittlere Faserlänge wird durch

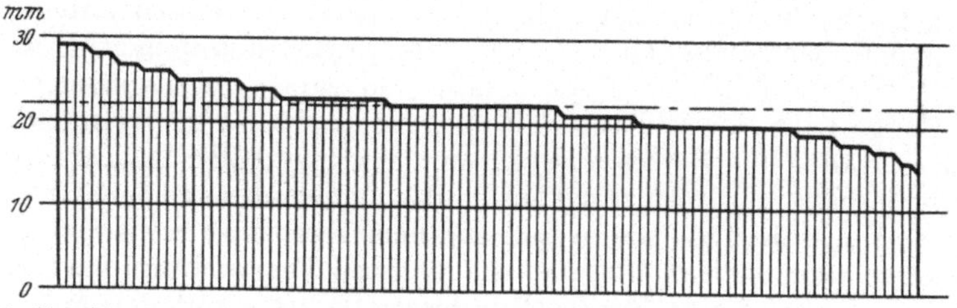

Abb. 190. Stapeldiagramm. 100 Einzelversuche. Amerikanische Rohbaumwolle „Barely good middling". Handstapel = 26/27 mm. Mittlerer Stapel = 22,36 mm. Steigung = 10%. (Nach Kuhn).

Zusammenziehen aller Einzelergebnisse und Teilung durch die Summe der Versuchszahl berechnet.

3. Kämmverfahren nach Johannsen[1]. Dieses Verfahren verzichtet vollständig auf jegliches Auszählen der Fasern, liefert vielmehr ein Stapelbild in Natur, woraus durch Messung das Stapeldiagramm entworfen wird. Die zu untersuchende Faserprobe wird im Gillfeld (Nadelfeld) mehrerer, in geringem Abstand hintereinander stehender Kämme so geordnet, daß alle Faserenden einer Seite auf gleicher Linie liegen. Dann werden von der anderen Seite die aus dem Kamm vorschauenden Fasern mittels einer geeigneten Zange herausgezogen, der Kamm wird entfernt und mit den übrigen Kämmen wird auf gleiche Weise verfahren. Die einzelnen Risten werden nebeneinander auf einer Tuchunterlage (Kontrastfläche) zum Stapelbild zusammengefügt (s. Abb. 191).

Aus dem auf diese Weise sichtbar entstandenen Stapeldiagramm kann nach Auflegen einer dünnen Glasplatte die mittlere Faserlänge planimetrisch bestimmt werden. Es bedarf jedoch einer großen Übung, um die Verteilung sämtlicher Faserlängen der Menge nach so auszuführen, wie sie den fortschreitenden Faserzahlen jeder einzelnen Fasergruppe entspricht; dasselbe gilt auch für Sortierapparate, die auf der Verzugswirkung beruhen (Sledge Sorter[2]).

---

[1] Johannsen, O.: Stapeldiagramme. Leipz. Monatschr. Textilind. **1914**, H. 6/7.

[2] Lawrence-Ball, W.: A Method for Measuring the Length of Cotton Hairs. Ind. Research Handb. Manchester 1921.

Eine Verbesserung des Johannsenschen Stapelziehapparates stellt in dieser Hinsicht der neue Stapelsortierapparat oder Wollsortierapparat der Firma K. Zweigle, Reutlingen, dar[1]. In Anlehnung an das weiter unten beschriebene Prinzip der Müllerschen Methode der Faserlängenmessungen werden hier die Anteile der einzelnen Faserlängengruppen gewichtsmäßig bestimmt. So gut sich das Kämmverfahren für Baumwolle bewährt hat[2], so kommt es für langfaseriges

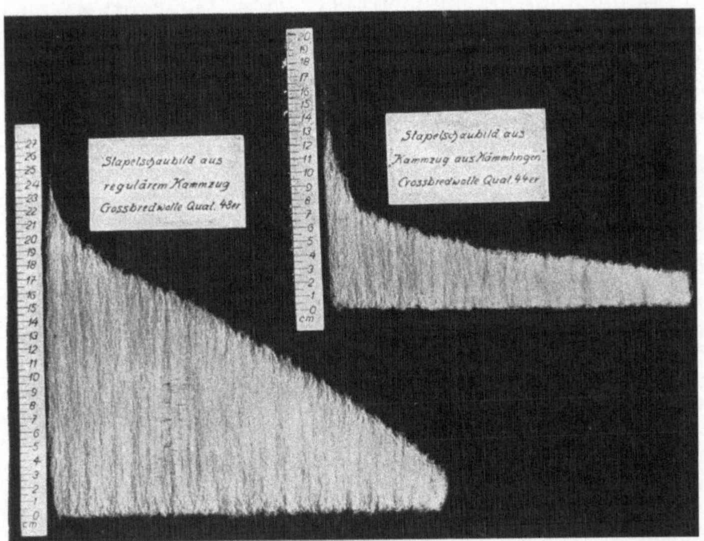

Abb. 191. Zwei Stapelschaubilder, die den Unterschied in den beiden Wollqualitäten sehr deutlich zeigen. (Angefertigt vom Deutschen Forsch.-Inst. für Textilind. in Dresden.)

Material (z. B. auch nicht für Hechelgarne aus Bastfasern) von vornherein nicht in Frage[3].

4. Faserbartverfahren nach E. Müller[4] (Verfahren zur Ermittlung der mittleren Faserlänge im Gespinstquerschnitt). Das Verfahren ist nur bei Gespinsten anwendbar[5].

Das Verfahren beruht auf folgenden Überlegungen: Wenn man ein Gespinst auskämmt, so müssen Länge und Gewicht des ausgekämmten Bartes notwendiger-

---

[1] Schmidt, E.: Der neue Kammstapelzieher für Baumwolle. Leipz. Monatschrift Textilind. **1928**, 453.

[2] S. z. B. Kuske, W.: Erfahrungen mit Handstapeln und Stapeldiagrammen. Leipz. Monatschr. Textilind. **1925**, 238. — Jehle, K.: Über Stapelmessungen. Leipz. Monatschr. Textilind. **1927**, 493.

[3] Sommer, H.: Die Bestimmung der mittleren Faserlänge und des Stapeldiagramms langfaseriger Gespinste. Leipz. Monatschr. Textilind. **1929**, 449.

[4] Müller, E.: Verfahren zur Bestimmung der mittleren Faserlänge in Gespinsten. Leipz. Monatschr. Textilind. **1894**, 51; Z. V. d. I. **1894**, 997. — Über den Müllerschen Stapelmesser s. a. Müller, E.: Leipz. Monatschr. Textilind. **1923**, 151; **1924**, 346; **1926**, 124.

[5] Vgl. auch S. 283 w. u.: „Ermittelung der mittleren Haarlänge im Querschnitt".

weise im Zusammenhang stehen mit der Faserlänge des Gespinstes selbst. In einem
gleichmäßigen Gespinst von der angenommenen gleichen Faserlänge l muß eine
völlig gleichmäßige Verteilung der Fasern vorausgesetzt werden, wie es dem idealen
Zustand entspricht, der bei allen Gespinsten angestrebt wird. Die Anordnung der
Fasern würde dann der schematischen Darstellung Abb. 192 entsprechen. Kämmt
man das in einem beliebigen Querschnitt a bis b festgehaltene Gespinst aus, so würde
der Faserbart die Gestalt Abb 193 aufweisen, die mit der Abb. 194 gleichwertig
ist. In jedem Falle würde das Gewicht des Bartes dasselbe bleiben und gleich sein
dem Gewicht eines gleichmäßigen langen Bartes von der halben Faserlänge und
dem gleichen Querschnitt.

Man bestimmt die gramm-metrische Feinheitsnummer des zu untersuchenden Gespinstes, klemmt ein Stück (welches länger sein soll als
die größte Faserlänge) an einem Ende ein, kämmt alle nicht eingeklemm-
ten Fasern aus, schneidet den Bart mit einem scharfen Rasiermesser
an der Klemmstelle glatt ab und bestimmt das Gewicht G eines solchen Bartes. Die mittlere Faserlänge im Quer-
schnitt l_m, in Millimeter ausgedrückt, ist dann gleich
dem doppelten Gewicht G des Bartes, in Milligramm
ausgedrückt, multipliziert mit der metrischen Feinheitsnummer, N_m, des Gespinstes. Die mittlere Faserlänge berechnet sich also aus der Müllerschen Formel:

$$l_m = 2 \cdot G \cdot N_m.$$

Wie aus der Müllerschen Formel hervorgeht,
müssen die Gewichte zweier an der gleichen Klemmstelle erfaßten Faserbärte, von denen der eine durch

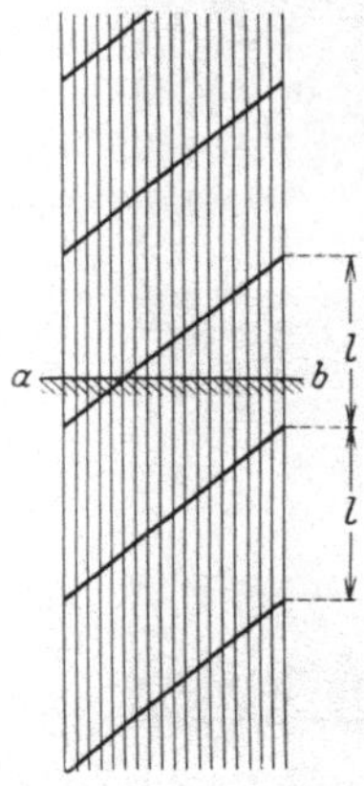

Abb. 192. Anordnung der
Fasern im Bande (nach
E. Müller).

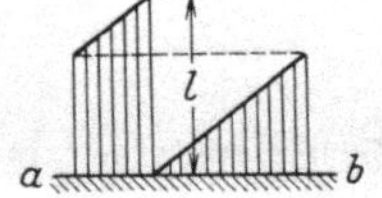

Abb. 193. Stapeldiagramm
im Querschnitt $a\,b$.

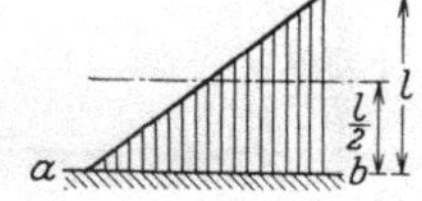

Abb. 194. Geordnetes Stapeldiagramm.

Auskämmen in der einen, der andere durch Auskämmen in der entgegengesetzten Fadenrichtung gewonnen worden ist, gleich sein. Das verlangt der gedachte Zustand ideal gleichmäßiger Faserverteilung. Frenzel[1] hat diese Voraussetzung einer Nachprüfung unterzogen und sie bei
Baumwollgarnen in guter Annäherung bestätigt gefunden.

Später ist das Müllersche Verfahren auch von Gies[2] diskutiert,
von Colditz[3] genau beschrieben und von H. Sommer[4] neuerdings zu
einem Doppelbartverfahren für langfaserige Gespinste erweitert
worden. Colditz bespricht auch die Müllersche Methode, das Mengenverhältnis der Faserlängen eines Gespinstes im Querschnitt aus den Ge-

[1] Frenzel, W.: Über die Faserlage in Baumwollgespinsten. Leipz. Monatschr.
Textilind. **1924**, 169.

[2] Gies: Einfluß des Spinnverfahrens auf die mittlere Haarlänge von Kammgarn. Dissertation Dresden 1907 (Verlag f. Textilind.).

[3] Colditz: Textile Forschung **1919**, 17, 45; **1920**, 15.

[4] Sommer, H.: Die Bestimmung der mittleren Faserlänge und des Stapeldiagramms langfaseriger Gespinste. Mell. Text. **1929**, 448, 701, 786, 864, 943.

wichten der immer um eine bestimmte Länge (5 bis 10 mm) gekürzten Faserbärte zu bestimmen. Aus der so erhaltenen Faserbartkurve I für die eine Faserbarthälfte wird eine Faserbartkurve II für den ganzen, doppelt so schweren Faserbart entworfen und auf Grund eines aufgestellten Satzes: „Sind die Fasergattungen im Querschnitt eines Gespinstes in gleicher Menge — der Zahl nach — vorhanden, so verhalten sich ihre Mengen im Gespinste umgekehrt wie ihre Längen", eine Faserbartkurve III berechnet, die das Mengenverhältnis im Gespinst angibt. Die Faserbartkurve I läßt sich zeichnen, wenn man die Gewichte der auf eine bestimmte Länge gekürzten Bärte eines Gespinstes ermittelt und die Gewichtsdifferenzen für die einzelnen Längen graphisch aufträgt. Unter der Annahme, daß bei gleichmäßigem Gespinst die Faserbartkurve nach der anderen Hälfte die gleiche Form hat, wird zu der Faserbartkurve I die gleiche Kurve graphisch addiert, und man erhält so die graphische Darstellung der Kurve II. Hieraus läßt sich die Faserbartkurve III entwickeln, die das Mengenverhältnis im Gespinst angibt.

Beispiel: Man bestimmt das Gewicht eines Faserbartes (G) und mißt die längste Faser. Sie sei z. B. 50 mm lang. Nun bestimmt man das Gewicht eines auf 45 mm abgeschnittenen Bartes (G_1). Die Gewichtsdifferenz G—G_1 gibt an, in welcher Menge alle von 45 bis 50 mm langen Fasern in dem Bart enthalten sind. Schneidet man den dritten Bart auf 40 mm ab und bestimmt sein Gewicht (G_2), so ist die Gewichtsdifferenz G_1—G_2 ein Maßstab für das Mengenverhältnis aller über 40 mm langen Fasern. Fährt man nun so fort, indem man die ausgekämmten Bärte immer um gleiche Längeneinheiten verkürzt, die Längeneinheiten der einzelnen Faserbartstücke auf der Ordinate, die Gewichtsdifferenzen der verschieden langen Bärte auf der Abszisse eines Koordinatensystems abträgt, so erhält man ein System von Rechtecken, welches das Mengenverhältnis aller Fasern in den einzelnen abgegrenzten Längen darstellt, und bildet so das Faserbartdiagramm. Dieses zeigt, wie sich das Längenverhältnis der Fasern im Querschnitt des Gespinstes, und zwar nach der einen Seite hin gestaltet. Der nach der anderen Seite der Einspannlinie sich erstreckende Faserbart wird, gehörig geordnet, dieselbe Form aufweisen. Im Mittel reichen also die Fasern nach beiden Seiten der Einspannlinie gleichweit hervor.

Mittlere Faserlänge des Gespinstes. Die mittlere Faserlänge im Querschnitt eines Gespinstes ist nicht gleichbedeutend mit der mittleren Faserlänge des Gespinstes. Man kann vielmehr beliebig viele Beispiele konstruieren, aus denen hervorgeht, daß die beiden Werte in keiner unmittelbaren Beziehung zueinander stehen. Denkt man sich z. B. ein Gespinst aus Fasern der gleichen Faserfeinheit, aber derart zusammengesetzt, daß auf je zwei Fasern von 5 cm eine Faser von 10 cm kommt, so wird die mittlere Faserlänge des Gespinstes sein: $\frac{10 + 5 + 5}{3} = 6\frac{2}{3}$ cm . Nach der Müllerschen Bartmethode würde dagegen (d. h. bei einer ausreichenden Zahl von Einzelversuchen) der Wert: $\frac{10 + 5}{2}$ $= 7\frac{1}{2}$ cm erhalten werden. Da nun nach dem Müllerschen Verfahren (außer der mittleren Faserlänge im Querschnitt) auch das Mengenverhältnis der Faserlängen eines Gespinstes im Querschnitt bestimmt werden kann, so muß danach auch — wenn dieses Verhältnis festliegt — ein Rückschluß auf das Mengenverhältnis der Faserlängen im Gespinst rechnerisch möglich sein, und zwar nach dem Satz: „Sind zwei Fasergattungen im Querschnitt eines Gespinstes der Zahl nach in gleicher Weise vorhanden, so verhalten sich ihre Mengen im Gespinst umgekehrt wie ihre Längen." Die Berechnung ist aber weitläufig[1]. Man kann von ihr stets absehen und die mittlere Faserlänge im Gespinste viel einfacher durch graphische Behandlung aus der Faserbartkurve ermitteln.

---

[1] S. Colditz: a. a. O.

In neuerer Zeit hat H. Sommer (a. a. O.) das Doppelbartverfahren entwickelt, das sich in seinen Grundzügen an das Müllersche
Verfahren anlehnt. Nach Sommer ist das Anordnen der in einem
Doppelbart enthaltenen Fasern weniger schwierig und zeitraubend.
Die Sommersche Formel ist der Müllerschen analog, nur daß nicht
das doppelte Bartgewicht, sondern das einfache Bartgewicht, mit der
metrischen Nummer multipliziert, die mittlere Faserlänge ergibt:

$$l_m = G \cdot N_m.$$

Wegen der Einzelheiten usw. sei auf das Original verwiesen.

Frenzel hat ferner ein Verfahren ausgearbeitet, das die Vorzüge
der Müllerschen und Johannsenschen Methoden vereinigen soll.
Der Verfasser gibt in der Beschreibung verschiedene Handgriffe und
Hilfsmittel für die praktische Durchführung des Verfahrens an, auf das
hier aber nicht näher eingegangen werden kann[1].

3. Bestimmung der Haarlänge von Kammgarnen.

Nach Nr. 420 und 421 des Deutschen Zolltarifs genießt „hartes
Kammgarn aus Glanzwolle von über 20 cm Länge, auch gemischt
mit anderen Tierhaaren, wenn das Garn nicht dadurch die Eigenschaft
des harten Kammgarns verloren hat“, eine besondere Zollvergünstigung
gegenüber gewöhnlichem Kammgarn von geringerer Länge als 20 cm.
Maßgebend für die Ausführung der notwendigen Prüfung ist die vom
Reichsschatzamt herausgegebene „Anweisung für die Abfertigung harter Kammgarne“ vom 1. Juli 1910[2].

**Anweisung für die Abfertigung harter Kammgarne der Nr. 420 und 421
des Zolltarifs (vom 1. Juli 1910 in Kraft).**

1. Wird bei der Abfertigung von Garn aus Wolle oder anderen Tierhaaren die Verzollung nach Nr. 420 oder 421 des Zolltarifs in Anspruch
genommen, so ist zunächst durch sorgfältige Prüfung, erforderlichenfalls
unter Anwendung des Mikroskops festzustellen, ob in dem Garne andere
Spinnstoffe als Tierhaare enthalten sind. Enthält das untersuchte Garn
andere Spinnstoffe als Tierhaare, so ist es von der Verzollung als hartes
Kammgarn zu den Sätzen der Nr. 420 oder 421 ohne weiteres auszuschließen.

2. Enthält das untersuchte Garn keine anderen Spinnstoffe als Tierhaare, so ist in der am Schlusse unter A angegebenen Weise seine mittlere Haarlänge im Querschnitte zu ermitteln.

3. Beträgt diese mittlere Haarlänge 130 mm oder darüber, und macht
das Garn nach seiner äußeren Beschaffenheit (Griff, Glanz usw.) den
Eindruck eines harten Kammgarnes aus Glanzwolle, so ist die Verzollung
nach Nr. 420/421 vorzunehmen; beträgt die mittlere Haarlänge unter
110 mm, so ist diese Zollbehandlung zu versagen.

---

[1] Frenzel: Leipz. Monatschr. Textilind. **1922**, 3ff.
[2] Fünfter Nachtrag für die Anleitung der Zollabfertigung **1910**, 80ff. —
S. a. Müller, E.: Die Bestimmung der mittleren Haarlänge im Querschnitt des
Garnes. Leipz. Monatschr. Textilind. **1908**, H. 4, 5, 6.

4. Macht bei einer mittleren Haarlänge von 130 mm oder darüber das Garn nach seiner äußeren Beschaffenheit (Griff, Glanz usw.) nicht den Eindruck eines harten Kammgarnes aus Glanzwolle, oder beträgt die mittlere Haarlänge zwar unter 130 mm, jedoch nicht unter 110 mm, so ist in der am Schlusse unter B angegebenen Weise die Härte und der Glanz des Garnes an der mittleren Feinheitsnummer des das Garn zusammensetzenden Wollhaares zu prüfen.

5. Beträgt die mittlere Feinheitsnummer 900 oder darunter, so ist das Garn nach Nr. 420/421 zu verzollen; andernfalls ist diese Verzollung ausgeschlossen.

6. Bestehen hinsichtlich der Richtigkeit des Ergebnisses der Feststellung der mittleren Haarlänge sowie der Härte und des Glanzes Zweifel, so sind beide Prüfungen zu wiederholen. Weichen die Ergebnisse der mehrmaligen Feststellung voneinander ab, so ist das durchschnittliche Ergebnis als maßgebend anzusehen.

7. Der Zollpflichtige ist in jedem Falle berechtigt, eine Nachprüfung der Feststellung durch das Staatliche Materialprüfungsamt in Berlin-Dahlem oder durch andere von dem Reichsfinanzminister bestimmte Stellen zu beantragen; er hat aber die Kosten der Nachprüfung zu tragen, falls das Ergebnis zu seinen Ungunsten ausfällt.

Die Nachprüfungsstellen haben bei der Nachprüfung ebenfalls nach den in den vorstehenden Ziffern 1 bis 6 angegebenen Grundsätzen zu verfahren; jedoch sind die Feinheitsnummern unter Berücksichtigung von 65% relativer Luftfeuchtigkeit bei Zimmerwärme festzustellen.

A. Ermittelung der mittleren Haarlänge im Querschnitt. Aus der abzufertigenden Sendung ist ein ihrer Durchschnittsbeschaffenheit entsprechendes, etwa 2,20 m langes noppenfreies Stück auszuwählen. Die beiden Enden dieses Fadenstückes werden verknotet. Hierauf wird die so entstandene Schleife mit dem Knoten nach unten über einen Nagel gehängt, mit einem Gewicht belastet, das der angemeldeten, aus den Versandpapieren sich ergebenden oder abzuschätzenden metrischen Feinheitsnummer für den Einzeldraht[1] dieses Garnes entspricht und bei einfachen Garnen beträgt:

Für eine metrische Feinheitsnummer von 40 oder höher . . . 4 g
  ,,   ,,   ,,   ,,   ,, 28 bis 39 . . . . . 6 g
  ,,   ,,   ,,   ,,   ,, 22 ,, 27 . . . . . 8 g
  ,,   ,,   ,,   ,,   ,, 16 ,, 21 . . . . 10 g
  ,,   ,,   ,,   ,,   ,, 12 ,, 15 . . . . . 15 g
  ,,   ,,   ,,   ,,   ,, 8 ,, 11 . . . . . 20 g

Bei Garnen von niedrigerer Feinheitsnummer ist das zur Belastung zu verwendende Gewicht in Gramm in der Weise zu berechnen, daß die Zahl 200 durch die metrische Feinheitsnummer geteilt wird. Für mehrdrähtige Garne ist die Belastung der Zahl der Drähte entsprechend zu erhöhen (für zweidrähtige auf das Doppelte, für dreidrähtige auf das Dreifache usw.). Das so belastete Garnstück wird genau auf 2 m Länge abgeschnitten und in fünf etwa 40 cm lange Teile geteilt, die zusammen auf einer genauen Präzisionswaage gewogen werden. Mittels Teilung der Zahl 2000 durch das in Milligramm ausgedrückte Gewicht dieser fünf Fadenstücke ist sodann die metrische Feinheitsnummer für das einfache oder mehrfache Garn genau bis auf Hundertstel zu berechnen.

Von jedem der fünf Fadenstücke wird darauf zunächst an denjenigen Enden, die nicht im Zusammenhange gestanden hatten, ein etwa 5 mm langes Stück

---

[1] Bei Behandlung des ganzen Fadens wird entsprechend verfahren und berechnet.

mit der Schere über der Mitte eines mit kurzem Baumwollsamt oder mit Tuch
überzogenen Brettchens (es ist zweckmäßig, für helle Garne eine dunkelfarbige,
für dunkle Garne eine hellfarbige Unterlage zu verwenden) abgeschnitten und
nach Bedecken mit einem Uhrglase für die etwa erforderlich werdende Prüfung
der Härte und des Glanzes aufbewahrt. Demnächst werden die fünf Fadenstücke
oder — bei mehrdrähtigen Garnen — die sämtlichen Einzeldrähte dieser Stücke
einzeln nacheinander mit einem Ende in einen mit Leder oder Papier ausgefütterten Feilkloben oder in eine in derselben Weise vorgerichtete breitmäulige Flachzange eingespannt. Das freie Ende wird dann unter Aufdrehen in der der Drehungsrichtung des Garnfadens entgegengesetzten Richtung in die Einzelfasern aufgelöst
und von den losen Fasern durch sorgfältiges Ausziehen mit den Fingern befreit.
Jeder so entstandene Faserbart wird unmittelbar an der Vorderseite des Feil-
kloben- oder Zangenmauls mit einem Rasiermesser abgeschnitten, worauf sämtliche Bärte auf der Präzisionswaage gewogen werden. Das Zweifache des erhaltenen Gesamtgewichtes in Milligramm, vervielfältigt mit der metrischen Feinheitsnummer und geteilt durch 5, stellt die mittlere Haarlänge des Garnes im Querschnitte dar.

    B. Ermittelung der Härte und des Glanzes. Die nach der Vorschrift für
die Ermittelung der mittleren Haarlänge abgeschnittenen fünf Fadenenden von
je 5 mm Länge sind unter Zuhilfenahme einer Präpariernadel oder dgl. in der
Breitenrichtung vorsichtig auseinander zu streichen oder auseinander zu ziehen.
Durch Fortnehmen der einzelnen Haarenden mit einer Pinzette oder durch
Zählen der Teilstücke unter einer aufgelegten, mit aufgeätzten Teilstrichen versehenen Zählplatte wird dann die Gesamtfaserzahl der fünf Fadenenden ermittelt,
die, mit der metrischen Feinheitsnummer des Garnes vervielfältigt und durch 5
geteilt, den Wert, der als Maßstab für die Härte und den Glanz des Garnes heran-
zuziehenden mittleren Feinheitsnummer des das Garn zusammensetzenden Wollhaares ergibt.

    C. Prüfung auf künstliche Färbung. Da gefärbte Garne einem anderen
Zollsatz unterliegen als ungefärbte bzw. naturfarbige, so wird in Zweifelsfällen
die Prüfung auf etwaige künstliche Färbung auszuführen sein. Die Zollbehörden
schreiben hierfür folgendes Verfahren vor[1]: Ein kleines Strängchen des Garnes
wird erst mit Benzin oder Äther entfettet und alsdann ¼ Stunde lang in 0,5%iger
Sodalösung gekocht, aber nur so, daß die eine Stranghälfte benetzt wird, also das
Strängchen nicht umgezogen wird. Dann wird mit Wasser gespült und ¼ Stunde
in verdünnter Salzsäure (1 T. 25%ige Salzsäure mit 10 T. Wasser verdünnt) gekocht. Färbt sich die Sodalösung dunkelgelb bis braun an, die Salzsäurelösung
rot bis braun, erscheint die mit Soda- und Salzsäurelösung behandelte Stranghälfte erheblich heller als die unbehandelte und zeigt sich schließlich an der Übergangsstelle der beiden Stranghälften eine Farbstoffanhäufung, so wird künstliche
Färbung angenommen, im anderen Falle nicht.

Technische Wollfeinheitsmessungen.

    Aus den ursprünglichen Breiten- und Dickenmessungen der Fasern
(s. mikroskop. Teil) hat sich eine technische Faser-Feinheitsmessung
entwickelt, wobei der Wollfeinheitsmessung die wichtigste Rolle
zufällt. Unter „Feinheit" versteht man dabei den mittleren Durchmesser einer Faser: Je feiner die Faser, desto kleiner ist ihr Durchmesser. Im allgemeinen nimmt bei Schafwolle die Feinheit bei steigender Faserlänge ab, d. h. längere Fasern sind meist gröber als kürzere.
Bei Baumwolle ist es umgekehrt.

    Bei der Ungleichmäßigkeit der Fasern, speziell der Wollfasern, kommt
es bei den technischen Feinheitsmessungen vor allem darauf an, ein

---

[1] Nachrichtenblatt für die Zollstellen **1909**, 111.

wirklich gutes Durchschnittsmittel der Probe zu erhalten. Eine Probeentnahme ist aber bisher in keiner Weise festgelegt, ebenso ungeklärt ist die Frage der Zahl der Einzelversuche, die angestellt werden müssen, um ein gutes Bild über die Durchschnittsfeinheit zu ergeben. Schließlich herrscht bis heute nicht einmal Einheitlichkeit über das einzuschlagende Verfahren selbst, trotzdem dieser Frage seit etwa 150 Jahren die größte Aufmerksamkeit seitens der Industrie geschenkt worden ist. Deshalb bedient man sich bis heute vielfach noch der Schätzung der Faserfeinheit. Hierbei kommen aber natürlich starke Abweichungen durch die verschiedenen Beurteiler vor, so daß man bestrebt bleiben soll, eine objektive Methode einzuführen.

Bisherige Verfahren der Wollfeinheitsmessung[1]. Die bisherigen Verfahren zur Feinheitsmessung kann man in folgende Gruppen teilen:

a) Messung mit Mikroskop und Mikrometer (Daubenton 1779), Ploucquet 1785, Pilgram 1826, Nathusius (ohne Mikrometer) 1866 u. a. m.

b) Messung mit Mikroskop und anderen Hilfsmitteln (Dollond 1811).

c) Messungen mit Tastern und Mikrometerschrauben (Voigtländer 1815, Köhler 1825, Grawert 1831, Skiadan, Thaer 1847).

d) Messung durch Feststellung der Kräuselungsbögen (Block 1820, Tauber 1823, Sorge 1848, Osumbor 1856, Papst 1859).

e) Messung durch direkte Feststellung der Summe mehrerer Haardurchmesser (Winkler 1821).

f) Messung durch Nummerbestimmung 1825.

g) Messung durch Vergleiche untereinander (Elsner und Postacky 1825).

h) Messung durch Projektion der Vergrößerung (Wagner 1821).

i) Messung durch Beugung des Lichtes 1824.

Neben diesen älteren Verfahren sind noch folgende neuere anzugeben:

a) Messung vieler Haare an einer Stelle. 1. Ganze Haare (P. Krais). 2. Haarschnitzel (Spöttel).

b) Messung weniger Haare an mehreren Stellen. 1. Ganze Haare (Kronacher). 2. Haarschnitzel (Mansfeld).

c) Wie a, aber in Projektion (Naumann, Haarschnitzel).

d) Wie b, aber in Projektion (ganze Haare Döhner, Haarschnitzel Probst).

e) Messung am Querschnitt projiziert (Herbst und Witt, Kronacher).

Über die Zahl der Einzelmessungen gehen die Angaben in der Literatur außerordentlich auseinander. Die Zahlen schwanken zwischen 20 und 500 Messungen. Krais findet z. B., daß 500 Messungen zur Feststellung des Wollfeinheitscharakters kaum genügen, dgl. die British Research Association for the Woollen and Worsted Industries. Spöttel und Tänzer arbeiten mit 100 und mehr Einzelversuchen. Kronacher findet auf Grund seiner vergleichenden Untersuchungen, daß bei viermaligem Messen jedes Haares 50 Haare zur einwandfreien Ermittlung selbst der Unterklassen des A-Sortiments ausreichen. Döhner kommt auf 100 Messungen pro Probe über die ganze Länge. Probst arbeitet mit 10 Haaren, die er je zehnmal mißt. Herbst, Witt und Kronacher endlich geben bei ihrer Querschnittsmethode 25 bis 100 Haare als ausreichend an. Die Verhältnisse sind also noch durchaus ungeklärt.

Auf die zahlreichen, oben erwähnten Meßverfahren kann hier natürlich nicht im einzelnen eingegangen werden. Es seien nachstehend nur die wichtigsten Verfahren kurz besprochen, die eine besondere historische Bedeutung erlangt haben oder heute noch von Bedeutung sind.

---

[1] S. a. Krauter, G.: Über die Wollfeinheitsmessung. Leipz. Monatschr. Textilind. **1929**, 1, 45, 89; Textile Forschung **1929**, 1 bis 68.

Es ist noch zu bemerken, daß selbst bei Fasern, die noch am ehesten eine zylindrische Form haben, der Querschnitt niemals einen richtigen Kreis bildet. Auch die sog. „Gleichdicke" sind nicht als Kreise anzusprechen. Die Durchmesser, die durch den Abstand zweier paralleler Tangenten gegeben sind, werden zwar für jede Figur der Gleichdicke gleich sein. Der gefundene Durchmesser gibt aber nicht den mittleren Durchmesser an, welchen ein gedachter Kreis vom gleichen Inhalt wie das „Gleichdick" haben würde (s. Abb. 195)[1].

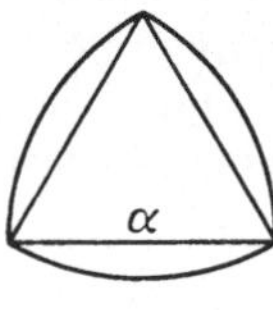

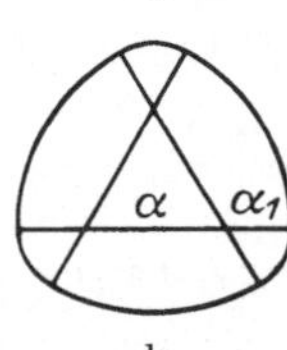

Abb. 195a bis c. Das „Gleichdick" nach Kirner.

1. Die direkte Meßmethode mit Mikroskop und Okularmikrometer (s. S. 39) stellt ein Universalverfahren dar, das für alle Arten von Wolle, Halb- und Ganzfabrikate, geeignet ist und an sich eine Zuverlässigkeit und Genauigkeit besitzt. Die Breite der Faser gibt aber nicht den Durchmesser wieder, da die Fasern nicht kreisrund sind. Außerdem weisen die Fasern in ihrer Längenausdehnung Abweichungen auf, die die Messungen nicht berücksichtigen. Die gefundenen Werte werden in „Mikron" $(= {}^1/_{1000}$ mm $= 1$ mmm $= 1$ Mikromillimeter $= 1\,\mu)$ angegeben und die so ermittelte Feinheit kann dann als „Mikronnummer" oder „Mikronfeinheitsnummer" zum Ausdruck gelangen. Diese Wollklassifikation sollte nach den Vorschlägen von Marschik[2] allgemein durchgeführt werden, und es brauchten nur die handelsüblichen Feinheiten und die gestatteten Abweichungen (Toleranz) von den festgelegten Feinheiten normiert zu werden.

Nach diesem Verfahren ausgeführte Feinheitsmessungen befinden sich bereits vielfach in der Literatur. Wie aus den nachstehend angegebenen Zahlenwerten hervorgeht, ist bereits ein festes Verhältnis zwischen der Mikronfeinheit einerseits und den Dollondgraden und der Kräuselungszahl andererseits ermittelt worden. Es ist aber immer zu beachten, daß diese direkten Messungen zu hoch ausfallen und zu Trugschlüssen in bezug auf absolute Werte führen. Als Vergleichswerte sind sie natürlich besser zu verwenden.

Nach Karmarsch-Fischer[3] betragen die Mikrondicken für verschiedene Wollen:

Elektoralwolle	13 bis	31 μ
Negrettiwolle	15 „	26 μ
Böhmische Mestizenwolle	17 „	36 μ
Schottische Tuchwolle	25 „	51 μ
Leicesterwolle vom Bocke	32 „	40 μ
„ „ Mutterschaf	28 „	44 μ
„ „ Lamme	23 „	39 μ
Ungarische Zackelwolle	20 „	68 μ

---

[1] S. a. Krauter: Leipz. Monatschr. Textilind. **1929**, 5.

[2] Marschik: Leipz. Monatschr. Textilind. **1912**, 56. Einheitliche Wollklassifikation.

[3] Karmarsch-Fischer: Mechanische Technologie, III. T.

Nach E. Müller[1] ist das Verhältnis der Dollondgrade zu der Anzahl der Kräuselungsbögen:

4 bis 5⁰	Dollond	durchschnittlich	28 bis 32	Bögen	auf	1	Zoll rhein.

4 bis 5⁰ Dollond durchschnittlich 28 bis 32 Bögen auf 1 Zoll rhein.
   6⁰ ,,   ,,   26 ,, 28 ,, ,, 1 ,, ,,
   7⁰ ,,   ,,   24 ,, 26 ,, ,, 1 ,, ,,
   8⁰ ,,   ,,   22 ,, 24 ,, ,, 1 ,, ,,
   9⁰ ,,   ,,   20 ,, 22 ,, ,, 1 ,, ,,
  10⁰ ,,   ,,   18 ,, 20 ,, ,, 1 ,, ,,
10 bis 11⁰ ,,   ,,   16 ,, 18 ,, ,, 1 ,, ,,
11 ,, 12⁰ ,,   ,,   12 ,, 16 ,, ,, 1 ,, ,,

Für Kammwollen gibt Marschik folgende, von ihm ermittelte Durchschnittswerte für verschiedene Wollqualitäten an:

AAA . . . . 18 Mikron C_2 . . . . 30,5 Mikron
 AA . . . . 20,5 ,, C_3 33   ,,
  A 23   ,. D_1 . . . . 35,5 .,
  B . . . . 25,5 ., D_2 38   ,,
 C_1 28   ., D_3 . . . . 40,5 .,

Der für Streichwollen üblichen Klassifikation würden nach E. Müller folgende Mikrondicken entsprechen:

AAA oder S. E. (Superelekta), 32 Bögen . . . . 15 bis 17 Mikron
 AA ,,   E. (Elekta)   28   ,, ... 17 ,, 20   ,,
  A .,   P. (Prima)   24   ,, ... 20 ,, 23   ,,
  B ,,   S. (Sekunda)   20   ,, ... 23 ,, 27   ,,
  C ,,   T. (Tertia),   16   ,, ... 27 ,, 33   ,,
  D ,,   Q. (Quarta),   12   ,, ... 33 ,, 40   ,,

Außerdem unterscheidet man noch E oder Quinta, F oder Sexta. Die ersten vier Sorten gelten als feine Wollen, die fünfte und sechste als Mittelwollen und die zwei letzten als ordinäre Wollen. Schließlich folgen die Abfälle: Stücke (unzusammenhängende Teile von Bauch und Rücken) und Locken von Scheitel und Stirn.

Die Feinheitsunterschiede der Wolle an einem und demselben Schafe (Leicesterschafbock), je nach dem Körperteil, werden durch folgende Mikrondicken charakterisiert (Marschik):

vom Blatte . . 32 bis 42 Mikron,   vom Rücken . . . . . . 25 bis 36 Mikron
 ,, Halse . . 24 ,, 34   ,,   ,, Bauche . . . . . . 25 ,, 39   ,,
 ,, Scheitel . 19 ,, 31   ,,   von den Füßen . . . . . 25 ,, 36   ,,
 ,, Nacken . . 26 ,, 35   ,,   ,. der Schwanzwurzel . 31 ,, 47   ,,

Festigkeit und Bruchdehnung der Wollen verschiedener Feinheit sind von C. Kronacher auf Grund tausendfacher Versuche, s. Tabelle 61, S. 288, angegeben[2].

Bei flachgeformten Fasern, wie Baumwolle, unterscheidet man Breite und Dicke. Nach der direkten mikroskopischen Meßmethode kann man die Faserbreite annähernd bestimmen, darf dabei aber nicht von dem „Durchmesser der Faser" oder ihrer „Feinheit" sprechen, da die Querschnittsform bei bandförmigen Fasern durch die Breitenmessungen noch weniger berücksichtigt wird als bei den mehr zylindrischen For-

---

[1] Müller, E.: Handbuch der Spinnerei.
[2] Kronacher, C.: Neues über Haar und Wolle. Z. Tierzücht. u. Züchtungsbiol. Paul Parey, 1924, H. 1 u. 2. S. a. Krais, P.: Leipz. Monatschr. Textilind. 1927, 537.

Tabelle 61.

Sortiment	Durchmesser in μ (mmm)	Festigkeit in g	Mittel in g	Bruchdehnung in %	Mittel in %
AAAAA	10,6 bis 18	3,7 bis 7,4	5,3	14 bis 43,5	29,4
AAAA	18,7 „ 19,5	4,2 „ 7,9	5,4	13,5 „ 49,7	34,3
AAA	20,6 „ 22	6,4 „ 9,9	8,2	20 „ 47,5	36,7
AA	22,8 „ 23,6	7,5 „ 10,9	9,4	17,5 „ 50	37,7
A	24,4 „ 26	8,2 „ 13	10,7	23,7 „ 49,7	36,2
B	26,9 „ 30,1	10,8 „ 17,6	13,8	17,5 „ 55,5	37
C	31 „ 36,7	15 „ 25,9	19,4	25 „ 63	40,4
D	37,5 „ 44,8	24,2 „ 36,7	30,9	37,6 „ 67,5	51,4
E	45,6 „ 59,5	34,1 „ 52,2	40,5	30 „ 69,5	48,4
F	60,3 „ 73,3	43,1 „ 77,1	54,3	20 „ 70	52,0

men. Gewöhnlich haben flachgeformte Fasern ganz unregelmäßige Querschnitte, und es bleibt nur die Messung der Querschnitte (s. S. 49) zur Bestimmung der Faserfeinheit übrig.

2. Der Wolldickenmesser von Kohl mißt die Dicke von Wollfasern und feinen Garnen wie folgt. Man bringt auf einen Objektträger eine kleine Anzahl der zu prüfenden Fasern (gereinigt und wieder getrocknet), präpariert sie mit Kanadabalsam, zieht sie glatt und bedeckt das Ganze mit einem Deckglas. Nun erwärmt man das Präparat mäßig und drückt das Deckglas zwecks Vertreibung der eingeschlossenen Luft fest auf. Dann legt man das Präparat unter das Mikroskop und stellt ein, bis die Fasern nebeneinanderliegend im Gesichtsfeld erscheinen. Alsdann dreht man das Mikrometer am Okular so lange, bis ein Strich des Fadenkreuzes parallel zu den Fasern liegt, schließlich dreht man an der seitlich angebrachten Mikrometertrommel, bis das Strichkreuz sich mit den Kanten der zu messenden Fasern deckt, und liest ab. Hierauf dreht man, bis sich das Strichkreuz mit der andern Faserkante deckt, und liest wiederum ab. Die Differenz ergibt die Dicke der Faser. Ein Strich der inneren Teilung entspricht 0,2 mm und ein Intervall der äußeren Trommel = 0,002 mm. Die Steuerbehörden verwenden einen solchen Apparat mit eingelegtem Okular- und Objektmikrometer, direkt 2 Mikron (0,002 mm) angebend. Für Dickenmessungen feiner Fasern ist der Apparat nicht zu empfehlen.

3. Das Eriometer[1], das bereits 1811 erstmalig beschrieben worden ist, hat Dollond, wie folgt, konstruiert. Vor der Objektivlinse eines zusammengesetzten Mikroskops ist ein in seiner optischen Achse zerschnittenes Zerstreuungsglas angebracht, dessen Hälften gegeneinander verschiebbar sind. Die gegenseitige Verschiebung kann mittels eines Nonius auf $^1/_{100}$ Zoll genau gemessen werden. Die zu messende Faser wird senkrecht zur Schnittlinie unter den Apparat gebracht. Durch Verschieben der beiden Zerstreuungsglashälften kann nun erreicht werden, daß sich die im Mikroskop sichtbaren Bilder gegenseitig verschieben. Liegen rechte und linke Begrenzungslinie je einer Bildhälfte in einer Geraden, so wurde das Bild um die Dicke des Wollhaares, entsprechend der Vergrößerung des Mikroskops, verschoben. Bei 50 facher Vergrößerung

---

[1] S. a. Pichler: Mell. Text. **1926,** 157.

ist also ein Teilstrich $^1/_{200}$ Zoll : 50 = $^1/_{10\,000}$ Zoll = 2,54 mmm oder 0,00254 mm. Dieser Wert wird 1⁰ Dollond genannt.

Zunächst war es eine Art Lineal, das in fünf Abteilungen von je 26 mm geteilt war. Die eine Kante war mit Auszackungen versehen, die für die fünf Abteilungen 28, 24, 20, 16 und 12 Zacken betrugen. Auf diesen Feldern waren noch die Zahl der Zacken, die ungefähr entsprechenden Feinheitsgrade nach Dollond und der Anfangsbuchstabe der zugehörigen Klasse eingraviert. Diese Konstruktion wurde später dahin abgeändert, daß statt eines Lineals ein sechseckiges Täfelchen verwendet wurde, dessen sechs Seiten entsprechend gezahnt waren. Es war also eine Klasse mehr untergebracht.

4. In der Praxis schließt man auch vereinzelt aus der Anzahl der Kräuselungsbögen der Wollhaare auf die Feinheit. Die Anzahl derselben kann mit dem Wollklassifikator von Sorge bestimmt werden. Seine Anwendung ist aber nur auf die Streichwollen beschränkt, da er die Feinheit auf Grund der Kräuselungen bestimmt, die bei Kammwollen in feineren Qualitäten zwar auch vorhanden sind, aber während des Spinnprozesses z. T. beseitigt werden, so daß für die Bestimmung der Wollqualität in Gespinsten und Geweben die Kräuselung nicht als Maßstab für die Feinheit benutzt werden kann. Auch bei gewalkten Stoffen kann die Kräuselung nicht benutzt werden, da die Wollfasern während der Verarbeitung zu viele Veränderungen erfahren (Marschik). Der Klassifikator besteht aus einer sechsseitigen, drehbar gelagerten Scheibe von je 26 mm Seitenlänge. Jede dieser Seiten enthält regelmäßige Auszähnungen, und zwar ist jedesmal die nächstfolgende Seite gröber geteilt als die vorhergehende. Ferner sind die Feinheitssorten und die entsprechenden Feinheitsgrade verzeichnet. Die Messung erfolgt durch Anpassung der betreffenden gekräuselten Faser an die einzelnen Skalen und Ablesung der gefundenen Feinheit.

Man darf aber nicht vergessen, daß diese indirekte Methode der Feinheitsmessung nach der Kräuselung kein sicherer Maßstab für die Feinheit ist. Abgesehen davon, daß die einzelnen Windungen der Faser bei gleichbleibender Faserdicke ganz verschiedene Abstände voneinander haben können, ist die Kräuselung auch in hohem Grade abhängig von der Feuchtigkeit der Faser bzw. der Luftfeuchtigkeit. Schließlich genügt nicht die Kenntnis der Anzahl der Kräuselungsbögen auf die Längeneinheit allein, es ist auch die Höhe der Bögen zu berücksichtigen, z. B. ob normalbogig, hochbogig, flachbogig, überbogig, schlicht. Diese Begriffe sind aber wiederum für eine objektive Meßtechnik wenig brauchbar und zu sehr vom subjektiven Ermessen des Beobachters abhängig. So kommt es, daß dieses Verfahren immer mehr verlassen wird und die früher verbreiteten Tabellen von E. Müller, Bowman, Lafoun, Bohm u. a. m. veraltet sind und immer mehr aus der Fachliteratur verschwinden.

5. Nach Krais[1] wird in neuerer Zeit in England ein optischer Apparat benutzt, der es ermöglicht, die Wollfasern auf einen Schirm zu projizieren, wodurch sie stark vergrößert werden und ohne Anstrengung der Augen bequem gemessen werden können. Zu diesem Zweck werden die Fasern einzeln nebeneinander gelegt und in Kanadabalsam eingebettet, welches keine irgend störende Quellung der Fasern verursacht und im Projektionsbild sehr scharfe, leicht und genau meß-

---

[1] Krais: Textile Forschung **1922**, 1 (J. Text. Inst. **1921**, 334).

bare Ränder geben soll. In dieser Arbeit wird u. a. festgestellt, daß 1. die Beobachtung der Fasern in Luft wegen der starken schwarzen Ränder ungeeignet ist, 2. daß man die Wollfaser als rund annehmen kann, so daß der Durchmesser einen zuverlässigen Anhalt für die Faserdicke gibt, 3. daß man eine sehr große Anzahl von Fasern (wohl mindestens 500) messen muß, um eine Qualität zuverlässig zu charakterisiren, 4. daß die Messungen in trockener Luft, Glyzerin oder Kanadabalsam innerhalb der experimentellen Fehlergrenzen identisch sind. Nach Krais erhält man bei etwa 150 Messungen eine Genauigkeit von etwa $\pm 10\%$, nicht aber ein Bild von der Verteilung der verschieden dicken Fasern im ganzen Kammzug oder sonstigen Versuchsmaterial. Auch führte Krais die Messungen in Luft aus, bei 125facher Vergrößerung, die es gestattet, noch auf etwa $2\,\mu$ genau zu schätzen.

Auf dem gleichen Grundsatz beruht das Lanameter von H. Doehner[1]. Mit Hilfe dieses „Lanameters" wird eine Übersicht über das 60fach vergrößerte Wollbild erreicht und dieses mit Standardbildern verglichen. Falls diese Klassierung noch nicht ausreicht, so können genaue Messungen und Mikrophotographien hergestellt werden. Hersteller des Lanameters sind die Optischen Werke Reichert in Wien; den Vertrieb hat die Firma Lautenschläger, München, Lindwurmstraße.

6. In neuerer Zeit hat G. Krauter[2] sich bemüht, der Wägungsmethode sicherere Grundlagen zu verschaffen und sie als führende Methode auszuarbeiten. Krauter ist der praktischen Lösung des Problems der Feinheitsmessung nach der Wägungsmethode beträchtlich näher gekommen, wenn auch noch die letzte Konsequenz fehlt: Ein gutes Durchschnittsmuster aus einem geordneten Faserbande in sicherer Weise auf schnellstem Wege zur Wägung zu bringen. Nach Krauter verdient die Wägungsmethode bzw. Nummerbestimmung vor der mikroskopischen vor allem den Vorzug, weil jeweils der ganze zur Beobachtung herangezogene Faseranteil zur Bewertung kommt. Das Verfahren ist heute noch reichlich umständlich und kann hier nicht im einzelnen wiedergegeben werden. Es beruht darauf, daß aus dem Fasermaterial Abschnitte herausgeschnitten werden, die kürzer sind als die kürzeste Faser, daß diese Abschnitte dann gewogen und die einzelnen Haare ausgezählt werden. So erhält man die Feinheitsnummer der Wolle, unabhängig von der Querschnittsform der Einzelhaare. Die Genauigkeitsgrenze liegt nach Krais bei $\pm 0{,}5\,\mathrm{mmm}\ (\mu)$. Die Versuche haben eine sehr stark ausgeprägte Abhängigkeit der Faserfeinheit von der Faserlänge ergeben, so daß auch noch die Faserlänge bestimmt werden muß, was das Verfahren umständlich macht, dafür aber zugleich das Stapelschaubild der Wolle entworfen wird. Es wird vorgeschlagen, zur Prüfung von Rohwolle und Kammzügen keine Mittelwerte zu bestimmen, sondern die Feinheit in Abhängigkeit von der Faserlänge aufzuzeichnen und nach diesen Kurvenbildern die Feinheit der Wolle zu beurteilen[3].

---

[1] Doehner, H.: Mell. Text. **1929**, 195. — S. a. Spöttel, W.: Über das Doehnersche Wollmeßverfahren. Mell. Text. **1927**, 39, 143, 240, 342, 430.
[2] Krauter, G.: a. a. O.   [3] Krais: Leipz. Monatschr. Textilind. **1929**, 257.

Nach Krauter eignen sich für das Verfahren Rohwolle, Kammzug, Kammgarne und Streichgarne, doch wird sich bei Garnen eine Feinheitsnummer nach der von E. Müller angegebenen Methode für harte Kammgarne (s. S. 282) empfehlen, da der Zeitaufwand bei diesem Verfahren geringer ist und die Einheiten so klein sind, daß jede Faser (z. B. im Querschnitt) Berücksichtigung finden kann. — Im Laboratorium des Nordwollekonzerns in Delmenhorst soll man auch nach der Wägungsmethode zu einem befriedigenden Ergebnis gekommen sein, und zwar durch Konstruktion des „NWK-Universalfasermessers" (D. R. P. a.)[1], der für alle Textilfasern brauchbar sein soll.

Wenn l die Länge der ausgeschnittenen Faserstücke (in mm), z ihre Anzahl und G ihr Gewicht (in mg) ist, so erhält man die Faserfeinheitsgleichung N (in mm/mg) nach der Gleichung:

$$N = \frac{l \cdot z}{G}.$$

Beispiel: 295 Faserstücke von 40 mm Länge wiegen 10,3 mg. Die Feinheitsnummer beträgt dann:

$$N = \frac{40 \cdot 295}{10,3} = 1146,$$

d. h. 1146 mm wiegen 1 mg oder 1146 m wiegen 1 g, oder die metrische Feinheitsnummer beträgt 1146 (s. u. Feinheitsnummer der Garne).

Handelt es sich um Seide und Kunstseide, wo der Titer in Deniers (den.) bestimmt werden soll, so findet eine Umrechnung der metrischen Nummer in Seidentiter statt, indem man berechnet, wieviel Gramm die Längeneinheit von 9000 m wiegt. Aus obigen Werten für l, z und g ergibt sich der Titer (T):

$$T = \frac{G \cdot 9000}{l \cdot z}.$$

Das Verhältnis zwischen N und T ist: $N = \dfrac{9000}{T}$; $T = \dfrac{9000}{N}$.

Die Wollfeinheit wird nun entweder nach der so ermittelten Nummer bzw. dem Titer angegeben oder es kann der theoretische Durchmesser berechnet werden, d. h. der Durchmesser des als Zylinder gedachten Fasergebildes. Bei gegebener metrischer Nummer und spezifischem Gewicht des Materials läßt sich der Durchmesser aus der allgemeinen Formel für das Volumen eines Zylinders berechnen:

$$V = \frac{\pi d^2 \cdot h}{4},$$

wobei V das Volumen des Zylinders, d den Durchmesser und h seine Höhe darstellt. Aus der metrischen Nummer einer Faser läßt sich nun zunächst die Länge angeben, die ein Gramm erfüllt:

$$1\,\text{g} = \text{metrische Nummer in Metern},$$

die zugleich als Höhe des Zylinders von unbekanntem Durchmesser angesehen werden kann. Aus dem spezifischen Gewicht des Materials läßt sich nun das Volumen von 1 g angeben (s = spez. Gew.):

$$1\,\text{g} = \frac{1}{s}\,\text{ccm}.$$

Hieraus ergibt sich die allgemeine Formel für die Berechnung des Durchmessers d aus metrischer Nummer (N) und spez. Gew. (s):

$$\frac{1}{s} = \frac{\pi d^2 \cdot N}{4}.$$

---

[1] Näheres s. H. Meyer: Leipz. Monatschr. Textilind. **1929**, 474.

Beispiel: Wollfaser vom spez. Gew. 1,3; 987 Fasern zu je 39 mm = 38500 mm Faserlänge (Zahl $\times$ Länge). Gewicht = 22,64 mg. Hieraus berechnet sich die metrische Feinheitsnummer zu 1705. Weiter läßt sich der Durchmesser d des Zylinders aus der Formel

$$\frac{1}{1,3} = \frac{\pi\,d^2 \cdot 1705}{4}$$

zu rund 0,024 mm oder 24 mm (μ) berechnen.

Für derartige Berechnungen setzt man gewöhnlich als spez. Gew. folgende Werte ein: Für Wolle = 1,3, für Baumwolle und Flachs = 1,5, für Hanf = 1,48, für Jute = 1,44, für Naturseide = 1,36, für Kunstseide = 1,52.

Aber keines der oben besprochenen Verfahren erfaßt alle Eigenschaften der Wolle. Nach Lehmann und Völtz fallen etwa 15 verschiedene Wolleigenschaften unter den Begriff „Sortiment", z. B. Kräuselung, Treue, Markhaltigkeit, Dicke, Länge, Gleichmäßigkeit usw.

Faserdicke oder Titer des Kokonfadens

(s. a. mikroskop. Teil).

Auch die Dicke des Kokonfadens (bzw. der Titer desselben) schwankt innerhalb viel weiterer Grenzen als gewöhnlich angenommen wird[1]. Es ist deshalb nicht ohne weiteres zulässig, die Erschwerung einer Seide aus dem Titer der erschwerten Seide zu berechnen, wie noch vielfach in nichtchemischen Kreisen üblich ist. Nach A. Rosenzweig[2] schwankt der Seidentiter nicht nur je nach Rasse, Aufzucht, Jahrgang und Individuum, sondern auch stets innerhalb desselben Kokons so stark, daß dessen dünnster Teil kaum ein Sechstel des dicksten beträgt, und zwar beginnt jeder Faden sehr dünn, erlangt dann nach etwa 150 m seine volle Dicke und endet wieder sehr dünn, so daß er etwa zwei Zuckerhüten gleicht, die, mit ihrer Basis die Mitte des Fadens bildend, aneinanderliegen. Diese Variationen sind in gekreuzten Rassen stärker ausgeprägt als in reinen, und in schlechten Jahren fühlbarer als in guten. Dennoch läßt sich aus all diesen Schwankungen ein mittleres Resultat gewinnen, und zwar das folgende:

Der mittlere Titer der Kokonfäden (roh, aus zwei Einzelfäden bestehend) beträgt in Deniers:

Kanton	1	bis	1½	den.
Shanghai	1¼	„	1¾	„
Italien (reingelbe Rasse) und Syrien	2¼	„	2¾	„
Italien (Kreuzung mit China)	2½	„	3	„
Brussah	2½	„	3¼	„
Italien, Kreuzung mit Japan	2¾	„	3¼	„
Japan, weiße Rasse	2½	„	3¼	„
Zentral-Asien, weißliche Rasse	2	„	3½	„

---

[1] Heermann und A. Herzog (Seide 1930, 193) fanden z. B. bei etwa 30 Querschnittsflächenmessungen einer erstklassigen Japan-Trame in der Rohseide: Als Maximum 300 qμ, als Minimum 70 qμ; in der entsprechenden entbasteten Seide: Als Maximalwert 230, als Minimalwert 60 qμ.

[2] Rosenzweig, A.: Mell. Text. 1928, 131.

Technische Längenmessungen.

1. Gespinste.

Der Haspel oder die Weife. Stehen nur geringere Fadenlängen zur Verfügung, so werden diese von Hand gemessen, indem die Fäden vorsichtig gerade gelegt und nicht zu stark gespannt werden. Auch bei ganz groben oder starren Garnen, z. B. bei Bindegarn aus Manilahanf, Bindfäden u. dgl. mißt man in Ermangelung geeigneter Vorrichtungen mit der Hand ab, indem man ein Bandmaß von etwa 10 m am Fußboden abrollt, eine größere Anzahl Meter des Versuchsmaterials auf einmal abmißt und dann zur Wägung bringt.

Stehen dagegen größere Mengen von Gespinsten zur Verfügung, so bedient man sich zur Feststellung der Längen — insbesondere für die Nummer- oder Titerbestimmung — besonderer mechanischer Apparate, der Weifen oder Haspel. Wie bereits ausgeführt, wird die Feinheit der Gespinste durch die Nummer oder den Titer ausgedrückt. Die Bestimmung der Nummern erfolgt durch Wägung einer bestimmten Gespinstlänge. Hierbei kann man naturgemäß zweierlei Wege einschlagen. Man mißt entweder eine bestimmte Länge und wägt, oder man mißt so lange, bis ein bestimmtes Gewicht erfüllt ist. Das einfachste und in der Praxis meist gehandhabte Verfahren, zu „sortieren" oder zu „titrieren" ist das erstere, indem man eine stets gleiche Länge (100, 250, 500 m oder Yards, bei Seide 450 m oder ein Mehrfaches von 450) abhaspelt und auf einer die Garnnummer bzw. den Titer sofort anzeigenden Waage wägt. Zwecks Feststellung des Durchschnittswertes, unter Ausschaltung örtlicher Feinheitsschwankungen, mißt man grundsätzlich eine möglichst große Fadenlänge. Es würde nun zu zeitraubend sein, solche Fadenlängen von Hand mittels eines Maßstabes abzumessen. Ferner würde bei der natürlichen Elastizität der Gespinste die mit der Hand bewirkte Anspannung, durch verschiedene Personen ausgeführt, schwankende Werte ergeben. Aus diesen Gründen werden die Fadenlängen meist unter Zuhilfenahme von Präzisionsweifen mit selbsttätigen Fadenspannvorrichtungen abgemessen.

Die genaue gleichmäßige und möglichst schnelle Abmessung der erforderlichen Längen wird durch den Haspel (oder die Weife) bewerkstelligt. Diese besteht aus einer sechsarmigen Krone von verschiedenem Umfang. Die gebräuchlichsten Haspel- oder Strähnumfänge betragen u. a.: 1 Yard (914,4 mm, engl. Kammgarnnummer), 1½ Yards (1371,6 mm, engl. Baumwollnummer), 1428 mm (metrische Kammgarnnummer), 1125 mm (Seiden- und Kunstseidengarne), 1250 mm (Schappegarne) 2½ Yards (2286 mm, engl. Leinennummer) u. a. m. Der Faden wird vom Strähn aus unter mäßiger Spannung durch die Finger, oder besser durch einen Fadenführer nach der Krone geleitet und hier befestigt. Durch eine Kurbel wird die Weife in Drehungen versetzt (mit einer Abzugsgeschwindigkeit von etwa 150 bis 200 m pro Minute), und diese werden durch ein Zählwerk mit Zifferblatt registriert. Nach einer bestimmten Anzahl von Umdrehungen (50 oder

100 m, oder 80 Yards = 1 Gebinde) wird durch das Zählwerk eine
Glocke zum Ertönen gebracht. Um das Garn leichter abnehmen zu können, ist ein Arm beweglich gestaltet und kann zurückgeschlagen werden.
(Bezüglich des Feuchtigkeitsgehaltes wird auf Abb. 187 verwiesen.) Von
zahlreichen Modellen und Bauarten seien nachstehend einige erläutert.

Abb. 196 zeigt eine einfache Garnweife für alle Gespinste mit Zählwerk und
Glocke (Schlagwerk), Abb. 197 den dazu gehörenden verstellbaren Strähnhaspel
oder die Rolle zum Abweifen des Originalsträhnes.

Abb. 198 zeigt eine Präzisionsweife für Leinen- und Jutegarn englischer Numerierung. Dieselbe besitzt Differentialantrieb. Eine Kurbelumdrehung gibt der
Weifkrone zwei Umdrehungen. Außerdem besitzt die Weife ein Zählwerk, seitlich
verschiebbare Fadenführer und verstellbare Strähnhaspel. Der Umfang der Krone
beträgt 1½ oder 2½ Yards.

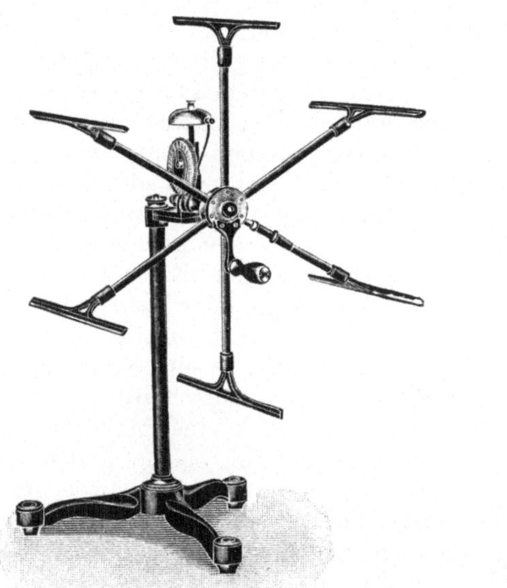

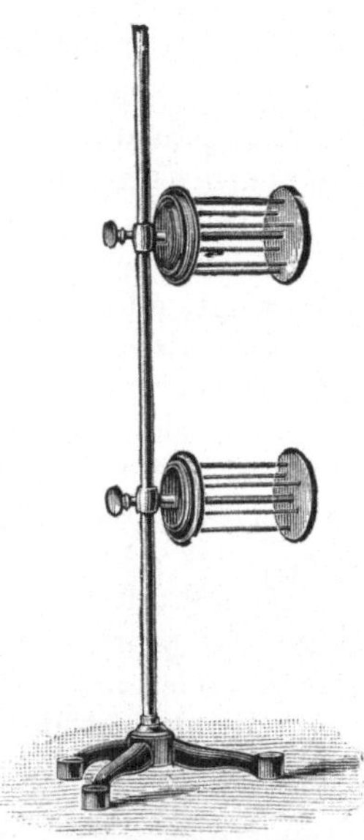

Abb. 196. Einfache Garnweife mit Zählwerk   Abb. 197. Verstellbarer Strähn-
und Glocke (L. Schopper, Leipzig).   haspel (L. Schopper, Leipzig).

In Abb. 199 ist eine Präzisionsweife für Seidengespinste wiedergegeben. Sie ist
mit Differentialantrieb (wie vorstehende Weife) und mit Reformhaspeln ausgestattet. Die Arme dieses Haspels sitzen in einer radial federnden, diametral leicht
verstellbaren Nabe, wodurch es ermöglicht ist, durch einen Handgriff den Umfang
des Haspels zu ändern. Von den Haspeln aus, die durch ein Schleifgewicht an ihrer
Nabe gebremst werden, gehen die Fäden durch feststehende Fadenführer über
eine aus Glasstäben gebildete, drehbare Trommel. Diese soll den Fäden eine gleichmäßige Spannung verleihen. Alsdann gehen die Fäden durch seitlich verschiebbare
Fadenführer nach der Weifkrone. Die Fadenführer werden vom Zählwerk aus
zwangläufig um so viel seitlich verschoben, daß sich der Faden auf der Krone
stets genau neben den benachbarten legt und er so in Schraubenwindungen um
die Krone herumläuft. Andernfalls würde sich ein Faden auf den andern legen
und der Weifumfang sich vergrößern, somit die Länge des Strähns größer ausfallen als beabsichtigt war. Der Umfang der Krone ist gemäß dem internationalen
Seidentitriersystem auf 1,125 m bemessen und das Zählwerk zählt bis zu 4000 Umgängen, entsprechend 4500 m.

Außer den erwähnten, in der Praxis eingeführten und meist ausreichenden Weifen sind noch besondere Präzisionsweifen konstruiert worden, die möglichst alle Fehlerquellen zu vermeiden suchen und durch Ausschaltung des subjektiven Empfindens größtmögliche Genauigkeit anstreben.

Solche sind beispielsweise die Präzisionsgarnweife für öffentliche Institute mit Vorrichtung zum selbsttätigen Regeln der Fadenspannung nach Dalèn und mit Schréibapparat nach E. Müller; ferner die Normalgarnweife für öffentliche Institute nach S. Hartig. Diese beiden werden von L. Schopper in Leipzig gebaut. Erwähnt sei schließlich der selbsttätige Garnhaspel von Kolb und Quinkert in Mannheim.

2. Gewebe.

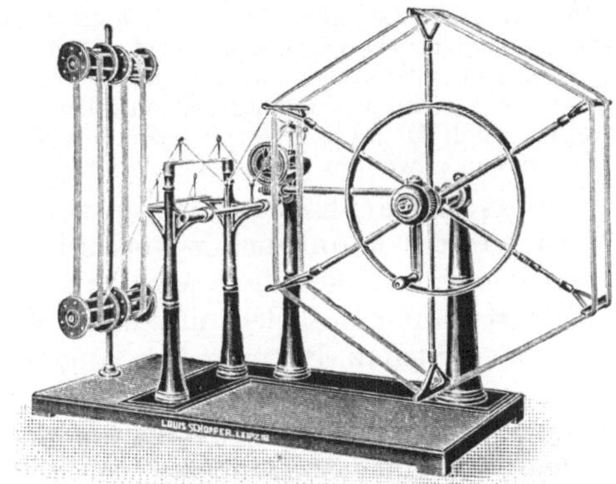

Abb. 198. Präzisionsweife für Leinen und Jute (L. Schopper, Leipzig).

Die Feststellung der Gewebelänge kann entweder von Hand oder maschinell geschehen. Ersteres Verfahren ist das älteste und wird heute noch oft angetroffen, besonders bei der Fabrikation abgepaßter Erzeugnisse (Decken, Gardinen usw.) und im Einzelverkauf. Das Gewebe wird mit dem Maßstab meterweise abgemessen, wobei besonders auf gleichmäßiges Ausstrekken unter Vermeidung von Überstreckung und Faltenbildung zu achten ist. Bei größeren Längen ist dies Verfahren zeitraubend. Aus diesem Grunde bedient man sich vielfach maschineller Vorrichtungen.

Abb. 199. Präzisionsweife für Seidengespinste (L. Schopper, Leipzig).

Das sogenannte Rektometer oder der Zählplättchenmeßapparat ist besonders für leichte und mittelschwere Ware geeignet. Auf einer Grundplatte sind senkrecht zu derselben zwei Arme, von denen der rechte verschiebbar ist, angeordnet, ferner ist ein Metermaßstab angebracht. Auf jedem der beiden Arme ist eine Anzahl rechteckiger Metallplättchen, mit fortlaufenden Nummern und auswärts gerichteter Spitze versehen, aufgereiht. Der eine Arm trägt die geraden, der andere die ungeraden Nummern. Das Gewebe wird am Anfang bei Plättchen Nr. 0 am Stachel befestigt, dann nach Plättchen Nr. 1, 2 usw. geführt und so bis zum Ende hin und her geleitet. An der Zahl der behängten Plättchen wird dann die Zahl der vollen Längeneinheiten (z. B. vollen Meter) und am Maßstabe der Grundplatte diejenige der überschießenden Bruchteile (z. B. Zentimeter) abgelesen. Gleichzeitig kann die Ware „geschaut", d. i. auf Webarbeit und Qualität geprüft werden. Durch Umlegen des verschiebbaren Armes treten die Spitzen des betreffenden Armes heraus und das Gewebe kann leicht abgehoben werden.

In Fabrikbetrieben werden Meßräder verschiedener Konstruktionen verwendet. Diese Apparate werden mittels Gelenk über dem Schau-, Lege- oder Wickeltisch so angebracht, daß die Laufrädchen durch das Gewicht des Apparates auf dem darunter befindlichen Gewebe aufliegen. Je nach Art der zu messenden Stoffe sind die Laufrädchen geriffelt oder mit Fischhaut oder Nadelspitzen versehen. Beim Fortbewegen des Gewebes werden die Laufräder in Bewegung gesetzt, und letztere wird auf das Zählwerk übertragen. Das Spannen des Gewebes erfolgt durch vorgeordnete Führungswalzen oder Schienen. Nach ähnlichen Grundsätzen werden auch Meßapparate für besondere Warengattungen gebaut, so z. B. zum Messen von gewebten Schläuchen, Gurten, Bändern, Borten usw.

Messen der Gewebelängen von Hand. In Ermangelung von Meßapparaten kann auch zuverlässig aber zeitraubend von Hand gemessen werden. Die Ware wird zunächst einige Zeit in einem normalfeuchten Raume ausgelegt und dann ohne jede Spannung oder Führung glatt über einen (z. B. genau 5 m langen) Meßtisch von bestimmter Länge gezogen, so daß zunächst der Anfang des Stückes mit einem Ende des Tisches glatt abschneidet. Alsdann wird die Ware genau am Ende des Tisches mit einer Strichmarke versehen, wieder über den Tisch hinweg bis zur ersten Kante gezogen, am andern Ende des Tisches abermals eine Strichmarke aufgetragen usw. Der überschießende, einen Bruchteil der Tischlänge betragende Teil wird schließlich durch Auflegen eines Maßstabes unmittelbar gemessen. In gleicher Weise werden auch kleinere Abschnitte sowie die **Breite** der Gewebe durch Auflegen des Maßstabes gemessen. Bei Breitenmessungen bildet man das Mittel aus Messungen an verschiedenen Stellen.

Technische Dickenmessungen[1].

1. Gespinste.

Das Messen der Gespinstdicke kommt nur vereinzelt vor, da die Dicke oder die Feinheit bis zu einem gewissen Grade schon in der Garnnummer zum Ausdruck gelangt.

Bei **feinen** Gespinsten, z. B. feinen Seidenfäden, bedient man sich vorkommenden Falles der gleichen Apparate wie bei Faserdickenmessungen, also der Lupe und des Mikroskops mit Okularmikrometer. Diese Dickenmessungen bieten aber keine so feste Grundlage wie bei Einzelfasern, weil der Fadendurchmesser, auch bei gleicher Nummer, nicht immer gleich sein wird, da er von der **Fadendichte** abhängig ist und sich mit dem Draht und der Erzeugungsart ändert. So sind Kammgarne z. B. immer dichter als Streichgarne derselben Nummer[2].

Dickere Erzeugnisse, wie Manilabindegarn, Jutesackband, Bindfaden u. a. m. mißt man zweckmäßig mit der **Garndickenmeßlupe** oder mit dem sogenannten **Schraubenmikrometer.**

---

[1] Auf die häufig zu Irrtümern Anlaß gebende Bezeichnung „Stärke“ des Garnes oder Gespinstes wird ausdrücklich hingewiesen, da „Stärke“ mehrsinnig verstanden werden kann, als Dicke, als Festigkeit und als Stärkemasse (Appretur und Schlichtemittel).

[2] Nähere Studien über die Beziehungen von Garndicken zu den Garnnummern s. a. Matthews: J. Text. Ind. **1921,** 469.

Abb. 200 zeigt eine Garndickenmeßlupe von L. Schopper, Leipzig. Das Gerät besteht aus einem Mikrometer mit Trommelteilung und Fühlschraube, einer beweglichen Klemme, einer Lupe und einem Stativ. Der Faden wird zwischen die Taster gebracht und in der Klemme befestigt. Das untere Ende des Fadens wird durch ein Gewicht beschwert. Durch Drehen an der Fühlschraube werden die Taster so weit an den Faden herangebracht, bis es nicht mehr möglich ist, den Faden zwischen den Tastern zu bewegen. Durch die etwa 5 mal vergrößernde Lupe können die Taster und der Faden gut beobachtet werden. Die Tasterentfernung bzw. Fadendicke wird an der Meßtrommel auf $^1/_{100}$ mm genau abgelesen.

Abb. 201 zeigt ein Schraubenmikrometer aus Neusilber mit Gefühlsschraube. Man legt das zu messende Gespinst o. ä. zwischen die beiden Backen und dreht die Gefühlsschraube so lange, bis die beiden Backen knapp an dem Versuchsstück anliegen, oder man stellt die Backenentfernung so ein, daß sich der Faden ohne Widerstand eben noch glatt zwischen den Backen hindurchführen läßt. Die Teilung reicht von 0 bis 10 mm und ist in $^1/_{100}$ mm ablesbar.

Zu erwähnen ist hier noch der Wollmesser von Paul Polikeit in Halle a. S. zum Messen von Gespinsten (Haaren, Fasern). Das Versuchsstück wird in Klemmen eingespannt und unter dem Mikroskop gemessen. Der Messer stellt einen modifizierten Wollmesser nach Bohm-Wasserlein dar. Vgl. auch Wollmesser von Kohl S. 288.

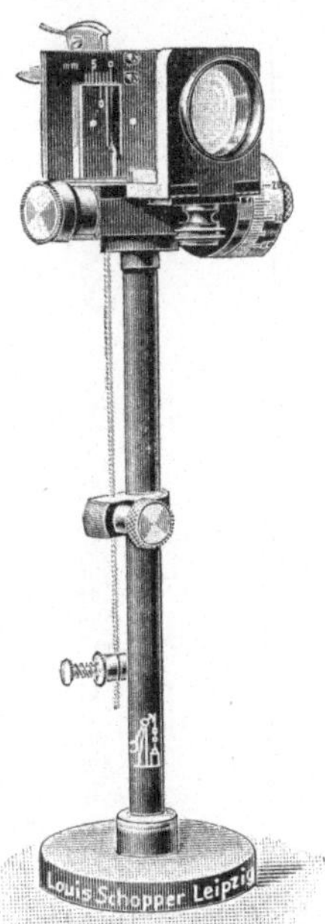

Abb. 200. Garndickenmeßlupe (L. Schopper, Leipzig).

In neuerer Zeit ist noch ein besonderer Garndickenmesser konstruiert worden, der die Nummer des eingelegten Faserbündels unmittelbar angibt[1]. Er ähnelt in gewisser Beziehung dem auf S. 299 beschriebenen Automatik und unterscheidet sich von ihm vor allem dadurch, daß er für Garne bestimmt ist und die Dicke derselben sofort in Nr. engl. angibt. Der Dickenmesser ist mit einem Tastermaul versehen, in das ein Faserbündel von z. B. 10 Fäden eingelegt wird. Infolge der Federwirkung drückt ein Taster das Faserbündel gegen den andern, ebenfalls unter Federwirkung stehenden Taster. Dieser bleibt an einer

Abb. 201. Schraubenmikrometer (L. Schopper, Leipzig).

Stelle stehen, welche der Dicke der eingebrachten Fäden entspricht. Diese Bewegung wird auf einen Zeiger übertragen, der auf einer empirisch

---

[1] Wickardt: Mell. Text. **1920**, 253.

geteilten Skala spielt und die unmittelbare Ablesung der Garnnummer gestattet, die aus mehreren Einzelversuchen als Mittelwert berechnet wird. Man ist so in der Lage, bei einem Garnstrang oder einer Webe-kette die Nummer nachzuprüfen, ohne die Fäden zu verletzen. Für schnell auszuführende, orientie-rende Versuche dürfte der Apparat nützlich sein, auch zur Beurteilung der Gleichmäßigkeit der Garn-dicken. Über die Beziehungen der Garndicke zur Garnnummer s. weiter unten.

Will man sich nur schnell darüber unterrichten, ob zwischen mehreren Garnen bezüglich der Dicke über-haupt ein erheblicher Unterschied besteht, so fertigt man aus jeder Probe kleine Versuchssträhne von gleicher Fadenzahl an (bzw. zählt eine bestimmte Zahl loser Fäden ab), schlingt je zwei Vergleichs-objekte wie die Glieder einer Kette durcheinander und dreht das Ganze zusammen (s. Abb. 202). Fühlt man nun mit den Fingerspitzen dem Draht entlang von einer Probe über die Verbindungsstelle hinweg zur andern, so wird man etwa vorhandene Dicken-unterschiede innerhalb gewisser Grenzen wahrneh-men. Außerdem werden bei erheblichen Unterschie-den die Dickenverhältnisse mit bloßem Auge leicht beurteilt. Legt man dem Vergleich einen Faden von bekannter Feinheit zugrunde, so kann die Feinheits-nummer des zu prüfenden Fadens vergleichsweise ziemlich sicher abgeschätzt werden. (Bei allen der-artigen Versuchen ist zu berücksichtigen, ob die Garne

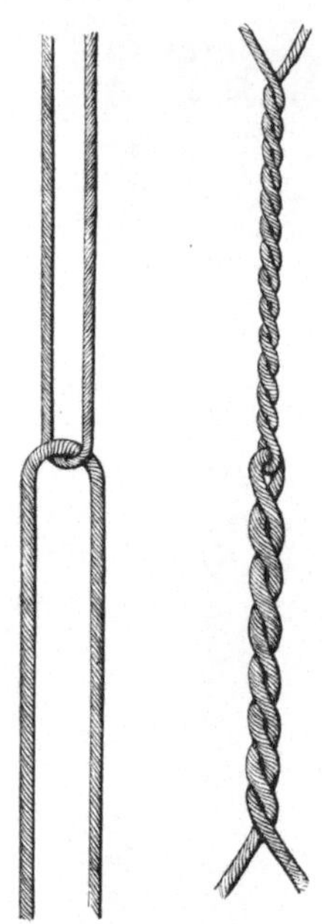

Abb. 202.   Dickenver-
gleich zweier Garne.

rein, d. h. frei von Appretur, Schlichte usw. sind. Gegebenenfalls sind die Garne vorher zu entappretieren oder zu entschlichten.) Hierzu ist jedoch zu bemerken, daß die Garndicken nicht in dem Maße äußerlich zum Ausdruck kommen wie bei der Prüfung durch die Waage. Nach Marschik nehmen z. B. die Garndicken bei Baumwollgarnen zwi-schen den Nummern 20 und 40 engl. nur von 0,24 bis 0,17 mm ab, und zwar entsprechen folgende Garndicken den nachstehend ange-führten Nummern:

0,24 mm = 19,5 Nr. engl.	0,20 mm = 27,5 Nr. engl.
0,23　,,　= 21,5　,,　　,,	0,19　,,　= 31,0　,,　　,,
0,22　,,　= 23,5　,,　　,,	0,18　,,　= 35,0　,,　　,,
0,21　,,　= 25,5　,,　　,,	0,17　,,　= 39,0　,,　　,,

2. Gewebe.

Die Dicke der Gewebe kann man entweder mit dem bereits be-schriebenen (S. 297) Schraubenmikrometer oder mit automatischen Dickenmessern ermitteln. Letztere sind wegen des stets gleichen Druckes vorzuziehen, weil sie gleichmäßiger anzeigen als die Schraubenmikro-meter mit Gefühlsschraube.

Abb. 203 zeigt den gut eingeführten Dickenmesser „Automatik"
für Gewebe, Papier, Pappe, Gummi usw. Das zu messende Gewebe
wird auf die Grundplatte gelegt und hierauf
der Stempel eingeschaltet, der durch eine Feder
elastisch niedergedrückt wird. Die Dicke wird
unmittelbar auf dem Zifferblatt bis zu $^1/_{100}$ mm
(ohne Nonius) oder bis zu $^1/_{1000}$ mm (mit Nonius) abgelesen.

Technisches Wägen.

1. Gespinste.

Garnsortierwaagen. Zum Wägen des Feingespinstes, also des fertigen Garnes oder des
Zwirnes, kann grundsätzlich jede geeignete
Waage Verwendung finden. Sie soll vor allem
genügend empfindlich sein und bei einer Belastung von 200 g eine Genauigkeit von 0,005 g
besitzen.

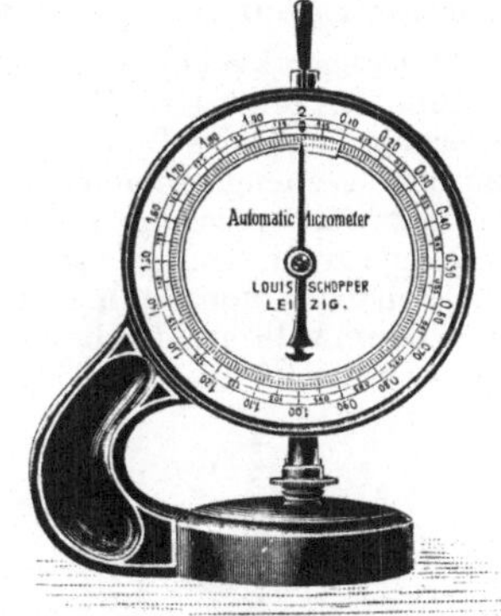

Abb. 203. Dickenmesser „Automatik" (L. Schopper, Leipzig).

Da das Wägen, das besonders bei feinen Garnen äußerst gewissenhaft
und unter Berücksichtigung der Luftfeuchtigkeit (s. S. 235) ausgeführt
werden muß, hauptsächlich zu dem Zweck der Nummerbestimmung
(s. S. 269) ausgeführt wird, hat man zur Beschleunigung der Arbeit
sog. Garnsortierwaagen, auch Sektor- oder Quadrantenwaagen
genannt, konstruiert. Dieselben zeigen beim Anhängen der Längeneinheit die Garnnummer unmittelbar an, ohne daß man erst eine Wägung
mit Hilfe von Gewichtssätzen und die Umrechnung auszuführen braucht.
Sie haben eine für die meisten technischen Zwecke genügende Genauigkeit und sind in der Praxis allgemein eingeführt. Statt der Wägeschale, wie bei gewöhnlichen Balkenwaagen, haben sie zur Aufnahme
des Garnes einen Haken und statt der Gewichtsschale ein mit dem
Zeigerhebel starr verbundenes Gegengewicht. Die Waagen sind auf einem
Dreifuß montiert und mittels Stellschraube bei unbelasteter Waage auf
den Nullpunkt der Skala einstellbar. Durch Belastung des Garnhakens
schlägt der Zeiger aus und zeigt das Gewicht bzw. die statt des Gewichtes
auf der Skala verzeichnete entsprechende Garnnummer unmittelbar an.

Die Genauigkeit der Waage ist u. a. von der Größe des Gradbogens
und von dem Meßbereich (Nummernumfang) abhängig. Aus diesem
Grunde ist es vorteilhaft, dem Gradbogen einen möglichst großen Radius
zu geben und den Meßbereich zu beschränken, d. h. jede Waage oder jede
Skala für eine beschränkte Gruppe von Garnnummern einzurichten.
Man bedient sich also zweckmäßig für verschiedene Erzeugnisse verschiedener Spezialwaagen oder bringt an einer und derselben Waage verschiedene übereinander angeordnete Skalen an. Für gröbere Garne wird
im letzteren Falle eine entsprechend kürzere Fadenlänge gewählt, oder
es wird der Zeigerarm mit einem weiteren, geeigneten Gewicht belastet.

Ferner werden Waagen gebaut, die die Garnnummern verschiedener
Numerierungssysteme gleichzeitig anzeigen. Dies wird durch Anord-

nung verschiedener Skalen übereinander, von denen jede ein besonderes Nummersystem zeigt, erreicht.

Nachstehend seien einige solcher Garnwaagen wiedergegeben.

Abb. 204 zeigt eine Universal-Garnsortierwaage für die metrische Numerierung, englische Baumwollgarnnumerierung, englische Wollgarnnumerierung, englische Leinengarnnumerierung, sächsische Vigognegarnnumerierung, zählig sächsische Numerierung, stückig Streichgarnnumerierung.

Garnsortierwaage nach Saladin. Dieselbe gibt die metrische Nummer beim Anhängen von 5, 25 und 50 m, oder in entsprechender Ausführung die englische Baumwollnummer beim Anhängen von 4, 20 und 40 Yards genau an. Das Abmessen der Fäden geschieht mittels eines der Waage beigegebenen ½-Yardmaßstabes. Die Fäden müssen auch hier beim Abmessen genau neben- und nicht übereinander liegen.

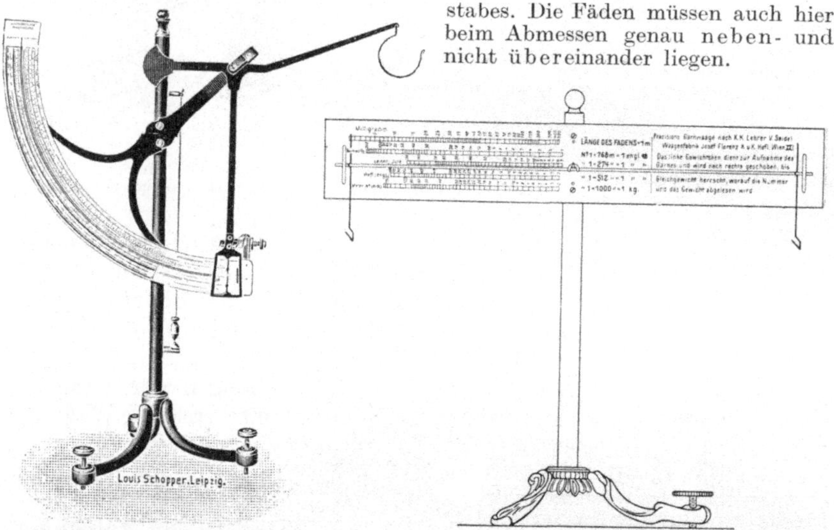

Abb. 204. Universal-Garnsortierwaage (L. Schopper, Leipzig).

Abb. 205. Präzisions-Garnwaage nach Seidel (L. Schopper, Leipzig).

Seidelsche Präzisionsgarnwaage. Die Seidelsche Präzisionsgarnwaage stellte s. Z. nach Marschik[1] eine bedeutsame Neuerung dar. Die Waage besteht aus einem sehr leichten und empfindlichen Waagebalken, der mittels Stahlschneide im Aufhängungspunkt unterstützt ist. Der Waagebalken ist ferner an beiden Enden in Bügeln geführt. Dies ist zwar auch bei der Stübchen-Kirchner-Garnwaage der Fall, doch sind die Bügel hier nicht so hoch. Ein Adjustierlot ist bei der Waage entbehrlich und es genügt, den Waagebalken mittels der Adjustierschraube parallel zur Skalentafel einzustellen. Der Waagebalken besitzt auf jedem Hebelarm je ein Laufgewichtchen, welches als Garnhaken ausgebildet ist. Der rechtsseitige Haken wird immer am Ende in einen eigens dazu vorhandenen Einschnitt im Waagebalken eingehängt, so daß er bei dem dahinter auf der Skalentafel eingravierten Pfeil einspielt. Der linksseitige Haken dient zur Aufnahme des Garnes und auch zum Ausbalanzieren bzw. Adjustieren des Waagebalkens. Letzteres erfolgt dadurch, daß man das linksseitige Laufgewicht in einen ebenfalls zu diesem Zweck vorhandenen Einschnitt des Waagebalkens einhängt, so daß er auch auf einen dahinter auf der Skalentafel eingravierten Pfeil einspielt. Das Adjustieren der Waage erfolgt demnach in der Weise, daß bei der angegebenen Stellung der beiden Laufgewichtchen die Adjustierschraube so eingestellt wird, daß der Waagebalken zwischen den beiden Bügeln frei schwingt (Abb. 205).

---

[1] Marschik: Leipz. Monatschr. Textilind. **1911**, 324. Die Garnwaage wird in Wien von der Firma Josef Florenz (Waagenfabrik) hergestellt.

Das Abwägen des Garnes geschieht mit einer Probelänge von 1 m. Das rechte Laufgewicht bleibt in seinem Einschnitt, während das linke Laufgewicht mit der Probelänge bis zur Horizontallage des Waagebalkens verschoben wird. Ist diese erreicht, so spielt der Garnhaken unmittelbar auf der Garnnummer ein. Die Probelänge von 1 m genügt, wenn mehrere Wägungen ausgeführt werden, von denen das Mittel gezogen wird. Führt man diese Wägungen mit einem Vielfachen (2-, 3-, 4fachen) der Probelänge von 1 m aus, so hat man die Ablesung mit dem Vielfachen (2, 3, 4) zu multiplizieren. Wählt man einen Bruchteil der Probelänge (½, ⅓, ¼ m), so ist die Ablesung entsprechend zu dividieren (durch 2, 3, 4). Ersteres wird bei sehr feinen, letzteres bei sehr groben Garnen angewendet. Die Baumwollskala geht von Nr. 1 bis Nr. 200, die Leinenskala von Nr. 3 bis Nr. 130, die Weftskala (Wolle engl.) von Nr. 2 bis Nr. 100 und die metrische Skala von Nr. 2 bis Nr. 140.

Zur Ermittelung des Seidentiters dient die Milligrammskala[1] über den Nummernskalen. 0,9 m der zu untersuchenden Seide werden durch Einhängen in das linke Laufgewichtchen und Ausbalanzieren des Waagebalkens in Milligramm gewogen. Für den legalen Seidentiter ist der Probesträhn 450 m, die Gewichtseinheit 0,05 g (= 1 Denier); für 9 m Probelänge wäre sonach die Gewichtseinheit 0,001 g oder 1 mg, d. h. die Anzahl Milligramme von 9 m Probelänge würde unmittelbar den Seidentiter wiedergeben oder die Anzahl der Milligramme von 0,9 m Probelänge muß mit 10 multipliziert werden, um den Seidentiter zu erhalten. Bei feinen Haspelseiden dürfte es sich wohl empfehlen, ein Mehrfaches von 0,9 zur Wägung zu bringen.

Auch größere Garnmengen können gewogen werden, wenn man auf den rechtsseitigen Haken ein Gewicht von 1 g anhängt, ferner auf den linksseitigen Haken, welcher in diesem Falle beim Pfeil stehen muß, so viel Meter Garn anhängt, bis Gleichgewicht herrscht. Die gefundene Garnlänge wird für englische Numerierung mit 453,6 (= 1 Pfund engl.) multipliziert und

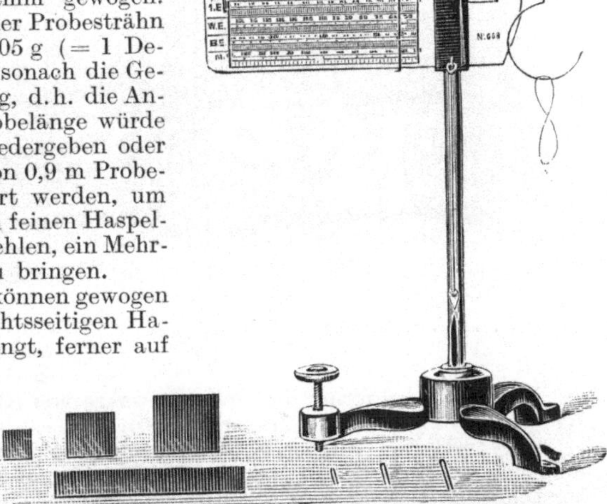

Abb. 206. Staubs mikrometrische Garnwaage
(L. Schopper, Leipzig).

durch die Schnellerlänge in Metern (z. B. für Baumwollgarne durch 768) dividiert. Für die metrische Numerierung gibt die gefundene Garnlänge in Metern unmittelbar die Feinheitsnummer an.

Soll die Länge eines Strähns bestimmt werden, wozu die Meßhaspel dienen, so kann dies in der Weise ausgeführt werden, daß 1 m des betreffenden Garnes auf der Seidelschen Garnwaage gewogen und das auf einer gewöhnlichen Waage bestimmte Totalgewicht des Strähns durch das Metergewicht dividiert wird. Der Quotient ist die Länge des Strähns. Auch bei Copsen kann dieses Verfahren angewendet werden, nur muß das Hülsengewicht von dem Copsgewicht abgezogen werden. Die Ungleichheit des Garnes beeinflußt bei diesen Messungen wesentlich die Ergebnisse.

Das Quadratmetergewicht eines Stoffes wird vermittels dieser Waage bestimmt, indem eine genau ausgestanzte Stofffläche von 1 qcm vermittels der Milligrammskala gewogen wird. Dieses Milligrammgewicht eines Quadratzentimeters Stoff, mit 10 multipliziert, ergibt das Gewicht eines Quadratmeters in Gramm. Diese Bestimmung dürfte wegen der Ungleichheit der meisten Stoffe nicht sehr genau sein.

Mikrometrische Garnwaage von Staub (s. Abb. 206). Die Waage ist eine Balkenwaage mit ungleicharmigem Waagebalken. Am kürzeren Arme ist der

---

[1] Diese ist durch geeichte Gewichte auf ihre Richtigkeit zu prüfen.

Garnhaken angebracht, an welchem das zu prüfende Garn aufgehängt wird; am längeren Arm befindet sich ein verschiebbares Laufgewicht, welches über die ganze Skalentafel reicht, so daß die Feinheitsnummer in allen auf dieser Tafel befindlichen Numerierungsarten mit einem Male abgelesen werden kann, ohne die Skalentafel versetzen zu müssen. Durch den angebrachten Spiegel hat man ein genaues Visier zum Ablesen. Am unteren Ende des Laufgewichtes werden die für das fünf- oder zehnfache usw. Gewicht bestimmten Hilfsgewichte einfach aufgehängt.

Abb. 207. Schoppers Präzisionszeigerwaage.

Die Tafel enthält verschiedene Skalen: Für die englisch-deutsche und österreichische Leinen- und Jutegarntitrierung, die englische Kammgarntitrierung, die englisch-deutsch-österreichische Baumwollgarnnumerierung usw.

Hat man beispielsweise eine Fadenlänge von 120 m zu wägen, so stellt man zuerst auf der rechtsseitigen Skala den Garnhaken auf 120 ein; auf der linken Seite stellt man ebenfalls eines der beiden Laufgewichte auf 120 ein, während man das zweite so lange verschiebt, bis der Waagebalken in die Horizontale einspielt. Der Stand des zweiten Läufers zeigt dann die betreffende Nummer des Garnes in verschiedenen Systemen an.

Erwähnt seien ferner die Universalwaage von Stübchen-Kirchner und die Reziprokwaage nach Amsler-Laffon[1].

Hervorgehoben sei schließlich Schoppers Präzisionszeigerwaage, auf Schneide spielend (s. Abb. 207), die mit und ohne Glaskasten geliefert wird und zur schnellen Bestimmung kleinster Gewichtsmengen bis auf ½ mg geeignet ist. Der Gradbogen besitzt vier Einteilungen. Die Waage ist von außerordentlicher Empfindlichkeit.

2. Gewebe.

Das Wägen der Gewebe erfolgt auf Waagen verschiedenster Konstruktion entweder im lufttrockenen Zustande nach dem Auslegen etwa bei 65% rel. Feuchtigkeit oder nach dem Trocknen (konditioniertes Gewicht). Aus dem ermittelten Gewicht einer bestimmten Länge läßt sich das Gewicht für die Längeneinheit, z. B. ein laufendes Meter, und aus dem Gewicht einer bestimmten Stofffläche das Gewicht der Flächeneinheit, also z. B. des Quadratmeters (Geviertmeters) berechnen. Das Metergewicht (in Grammen) wird durch Division des Gesamtgewichts, ausgedrückt in Grammen, durch die Meterzahl ermittelt, wenn die volle Breite vorliegt. Multipliziert man das Metergewicht mit der Breite, in Metern ausgedrückt, oder dividiert das Gesamtgewicht des Versuchsstückes durch die Gesamtfläche (in Quadrat-

---

[1] Brüggemann: Die nötigen Eigenschaften der Garne und Gespinste. Johannsen: Handbuch der Spinnerei.

metern), so erhält man das Quadratmetergewicht. Das Ergebnis wird bei den meisten Stoffen auf ganze, bei leichten Warengattungen (z. B. Nessel und Seidenstoffen) auf $^1/_{10}$ g abgerundet.

Durch das Abwägen kleiner, nach Schablonen geschnittener oder ausgestanzter Stücke von etwa 100 qcm auf der analytischen Waage oder der Quadrantenwaage wird das Quadratmetergewicht in abgekürzter Weise schnell ermittelt. Auch sind besondere Waagen konstruiert worden, die durch Anhängen bestimmter, kleinerer Flächen unmittelbar das Quadratmetergewicht angeben oder in einfacher Weise berechnen lassen (s. z. B. Seidels Präzisionsgarnwaage, S. 300).

Drehung der Garne und Zwirne (Drall, Draht, Torsion).

Zur Erreichung größeren Widerstandes, also größerer Festigkeit, werden die Fasern aus ihrer geraden Lage in eine schraubenförmige übergeführt, sie werden mehr oder weniger umeinander „gedreht". Diesen Vorgang nennt man Spinnen und die Drehung selbst Drall, Draht oder Torsion. Man unterscheidet Hartdraht, wenn der Faden so scharf oder so hart gedreht ist, daß er sich beim Lockerwerden zusammenringelt (Drosselwater), und Weichdraht, wenn der Faden eine lose oder weiche Drehung hat. Im allgemeinen kann man sagen, daß ein Gespinst unter sonst gleichen Verhältnissen um so mehr Drehung erhält, je feiner er ist und je feiner, glatter und kürzer die Fasern sind.

Rechts- und Linksdraht. Im allgemeinen dreht man den Faden nach rechts und nennt diese Drehung Rechtsdraht. Im entgegengesetzten Falle hat man Linksdraht. So einfach diese Bezeichnungen sind, so herrscht doch in Fachkreisen vielfach Unklarheit darüber, welcher Drehung des Garnes die eine oder die andere Bezeichnung zuerkannt werden muß. In den Spinnereien, Webereien und Garnhandlungen wird die gebräuchliche Garndrehung, wie sie mit der Einführung des mechanischen Spinnens auf dem Kontinent, von England herkommend, übernommen wurde und noch heute in weitaus überwiegender Menge zur Anwendung kommt, als Rechtsdraht bezeichnet. Diese Drehungsrichtung war auch von Natur aus für die Baumwolle gegeben, da die Baumwolle eine spiralartige Kräuselung besitzt, deren Windungen mit der üblichen Drehungsrichtung der Garne übereinstimmen. Erst später ist für bestimmte Ansprüche auch noch Linksdraht eingeführt worden, bei dem die natürliche Faserwindung zwangsweise eine Rückwärtsdrehung erhält, die diesem Gespinst ein rauheres, mehr schnurartiges Aussehen gibt.

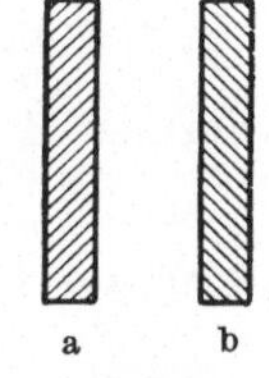

a   b
Abb. 208.
a) Rechtsdraht,
b) Linksdraht.

Abb. 208 zeigt Rechts- bzw. Linksdraht. Bei *a* (Rechtsdraht) laufen die Windungen der dem Beobachter zugewandten Seite des senkrecht gehaltenen Gespinstes von links unten nach rechts oben, also wie beim Korkenzieher und der rechtsläufigen normalen Schraube; bei *b* (Linksdraht) umgekehrt von rechts unten nach links oben. Dieselbe Bezeichnung gilt auch für die Zwirndrehung. Rechtsdrähtige Garne werden aber naturgemäß linksdrähtig, linksdrähtige Garne rechtsdrähtig verzwirnt. Zu bemerken ist, daß (abgesehen von wenigen Spinnereien) in der Botanik die umgekehrte Bezeichnung gilt. Botanisch wird unter einer rechtsläufigen Drehung eine solche verstanden, die auf der zugewandten Seite des aufrecht stehenden Objektes von rechts unten nach links oben verläuft, also umgekehrt wie bei der rechtsläufigen Schraube in der Technik und bei Garnen und Zwirnen.

Grad der Drehung. Den Grad der Drehung drückt man durch die Zahl der Windungen aus, welche der Faden in der Längeneinheit aufweist, und zwar wird sie in der Technik und im Handel bei Baumwollgarnen oft noch nach englischem Gebrauch auf die Längeneinheit pro Zoll engl. $= 25{,}4$ mm, jetzt aber immer mehr auch nach dem metrischen System auf 100 ccm bzw. 1 m angegeben. Nach RAL Nr. 380 B 2 ist die Längeneinheit von 1 m festgelegt worden.

Die Drahtzahl oder der Steigungswinkel der Garndrehung richtet sich nach der Garnnummer und der Bestimmung des Garnes.

Die Anzahl Drehungen pro Zoll engl. ($1''$ engl.) für Garnnummer 1 engl. (Nr. 1_e) nennt man die Drehungskonstante oder den Drehungskoeffizienten nach englischen Maßen für Baumwollgarn. Außerdem unterscheidet man noch die Drehungskonstante nach metrischen Maßen, d. h. Drehungszahl pro Meter für metrische Garnnummer. Es gibt also zweierlei Drehungskoeffizienten:

$$1.\ \alpha_e = \frac{T\,(1''\,\mathrm{engl.})}{\sqrt{N_e}} = \text{Anzahl Drehungen pro } 1''\text{ engl. für engl. Garnnummer 1, für Baumwolle,}$$

$$2.\ \alpha_m = \frac{T\,(1\,\mathrm{m})}{\sqrt{N_m}} = \text{Anzahl Drehungen pro } 1\text{ m für metrische Garnnummer (Wolle, Kunstseide u. a. m.).}$$

Die Drehung T berechnet sich bei der englischen Nummer (N_e) aus dem Drehungskoeffizienten α pro Zoll engl. nach der Köchlinschen Formel $T = \alpha \sqrt{N_e}$ zu:

$$T = \alpha \sqrt{N_e}$$

oder auf 1 cm:

$$T = \frac{\alpha}{2{,}54} \sqrt{N_e}$$

oder auf 1 m:

$$T = \frac{100\,\alpha}{2{,}54} \sqrt{N_e} = 39{,}37\,\alpha \sqrt{N_e}\,.$$

Auf metrische Maße und die metrische Nummer umgerechnet, ergibt sich die Drehung T auf 1 m und die metrische Nummer:

$$T = 30{,}3\,\alpha \sqrt{N_m}\,.$$

(Da $N_e = 0{,}59\,N_m$, also $\sqrt{N_e} \doteq \sqrt{0{,}59\,N_m} = 0{,}77 \sqrt{N_m}$;

demnach: $T = \dfrac{100\,\alpha}{2{,}54} \cdot 0{,}77 \sqrt{N_m} = 30{,}3\,\alpha \sqrt{N_m}\,.$)

Je nach Material, Faserlänge und Verwendungszweck liegt der Drehungskoeffizient bei Baumwollgarnen im allgemeinen zwischen 2 und 4, bei Bastfasergarnen meist zwischen 1,5 und 2,8 usw.

Je nach der Bestimmung des Feingespinstes unterscheidet man nach Johannsen in der Baumwollspinnerei allgemein folgende Garne und Drehungskoeffizienten α für 1 Zoll engl. und die englische Baumwollnummer:

1. Ketten- oder Zettelgarne hart gesponnen (Watertwist) von Nr. 6 bis 50 $\alpha = 4$
2. Ketten- oder Zettelgarne (Muletwist) für alle Nummern) . . . . . $\alpha = 3,75$
3. Schuß- oder Einschlaggarne (Wefttwist) für alle Nummern. . . . $\alpha = 3,25$
4. Strumpf- und Trikotgarne (bis Nr. 100) . . . . $\alpha = 2,5$
5. Docht- und weiche Abfallgarne, äußerst weich gesponnen . . . . $\alpha = 2$
6. Garne für Strickerei und Zwirnerei . . . . $\alpha = 2,75$

Diese Werte für α deuten auch an, in welchem Verhältnis die Güte der Festigkeit (soweit sie vom Draht abhängig ist) bei verschiedenen Gespinsten steht. Man bezeichnet deshalb den Drehungskoeffizienten α auch als „Güteverhältnis" (Johannsen).

Bei verschiedenen Nummern verhalten sich die Drehungen zweier Garne wie die Quadratwurzeln ihrer Nummern. Hat z. B. Garn Nr. 36 auf 1 Zoll engl. 24 Drehungen, so sind für Garn 100 (bei sonst gleichen Verhältnissen) etwa 40 Drehungen anzunehmen:

$$24 : x = \sqrt{36} : \sqrt{100}; \quad x = 40.$$

Je kleiner der Steigungswinkel der Garndrehung, je stärker also die Drehung ist, desto größer wird bis zu einem bestimmten Grenzpunkt die Fadenfestigkeit sein. (Der Reibungswiderstand steht zum Steigungswinkel im umgekehrten Verhältnis.) Der „kritische Drehungsgrad", d. h. derjenige Draht, bei dem die Festigkeit wieder abzunehmen beginnt, ist von E. Müller für Baumwolle in metrischer Nummer berechnet worden zu: $T = 183 \sqrt{N_m}$ (pro Meter) oder auf die englische Nummer und den englischen Zoll berechnet rund: $T = 6 \sqrt{N_e}$ (pro Zoll engl.). Dieser Drehung entspricht ein Fasersteigungswinkel von 57 bis 59°.

1. Bestimmung der Drehung von Garnen und Zwirnen.

I. Drehungsprüfer. Zur Bestimmung des Drehungsgrades von Garnen und Zwirnen dienen im allgemeinen die Drehungsprüfer, Drallapparate oder Torsiometer.

Abb. 209 zeigt einen Drallapparat mit Dehnungsmesser und konstanter Fadenspannung. Die rechte Einspannklemme wird durch ein Zahnradgetriebe gedreht, wobei die Anzahl der Umdrehungen (Touren) durch ein ausrückbares Zählwerk angezeigt wird. Die linke, nicht drehbare Einspannklemme ist auf einem Schlitten angebracht und kann von der rechten festen Klemme 0 bis 30 cm entfernt eingestellt werden. Der Apparat ist ferner mit Einspanngewicht, verschiebbarem Böckchen mit Lupe, drehbarer schwarz-weißer Fixierplatte und Nadel ausgestattet. Die Dehnungsskala ist in Millimeter und Zoll engl. geteilt.

Bezüglich der zu wählenden Einspannlänge (Klemmenentfernung) bestehen zur Zeit keine einheitlichen Grundsätze; man wird aber zweckmäßig immer die größtmögliche Länge wählen, bei welcher es bei dem gegebenen Fasermaterial noch möglich ist, den Faden mit Sicherheit aufzudrehen. Ein feines Gespinst aus kurzen Fasern (etwa Baumwollwater) wird z. B. bereits bei 5 cm Einspannlänge Mühe beim Aufdrehen bereiten, während sich ein hartes Kammgarn selbst bei 30 cm Länge noch leicht aufdrehen läßt. In Zweifelsfällen sind deshalb Vorversuche auszuführen.

Bei der Drallbestimmung stellt man zunächst das Zählwerk auf Null ein, befestigt dann den Faden in der rechten Klemme und legt das andere Ende lose in die linke offene Klemme ein. Um die Fäden bei verschiedenen Gespinstnummern und Einzelversuchen unter stets gleichmäßigen Grundsätzen zu spannen, belastet man das aus der linken Klemme heraushängende Fadenende mit einem Gewicht, welches dem bei 65% rel. Feuchtigkeit ermittelten Eigengewicht von 100 m Garn entspricht[1] (s. a.

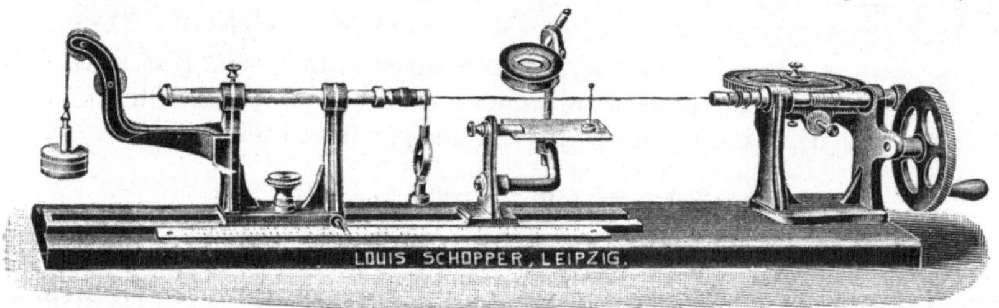

Abb. 209. Drehungszähler mit Dehnungsmesser und konstanter Fadenspannung nach L. Schopper.

Anfangsbelastung bei Zerreißversuchen S. 354). Jetzt erst schließt man auch die linke Klemme und dreht die Kurbel so lange, bis die Fasern annähernd parallel liegen, sticht dann mit einer Nadel unmittelbar an der linken Klemme in das Gespinst ein und sucht es, nach rechtshin fahrend, wenn nötig unter Fortsetzung des Aufdrehens, aufzuteilen. Hierbei bedient man sich der dem Apparat beigegebenen Lupe und der schwarzweißen Fixierplatte, die beide nach Bedarf verschoben werden. Ist man auf solche Weise mit der Nadel an der rechten Klemme angelangt und ist der Faden in seiner ganzen Länge aufgedreht, so liest man am Zeiger die Anzahl Drehungen unmittelbar ab.

In der Regel werden 10 bis 20 Einzelversuche ausgeführt, aus deren Ergebnissen das Mittel gebildet und die Drehungszahl auf 1 m oder 10 cm Fadenlänge berechnet wird. Die für die Einzelversuche nötigen Fadenstücke werden dem Versuchsstück aneinanderschließend entnommen.

Drehung der Kunstseide nach der RAL-Konventionsmethode (s. a. RAL Nr. 380, B 2): Die Drehung wird bei 50 cm Einspannlänge bestimmt. Man gibt dem Faden eine Anfangsspannung, die einem Grammgewicht entspricht von

$$\frac{\text{Titer}}{30}.$$

---

[1] Nach den Vorschriften der RAL Nr. 380 B 2 soll das anzuhängende Gewicht bei der Prüfung von Kunstseide den dreißigsten Teil des Titers betragen.

Es werden im ganzen mindestens 30 Bestimmungen ausgeführt und aus diesen der Durchschnittswert berechnet. Die Angaben erfolgen auf eine Fadenlänge von 1 Meter.

Zu den Schopperschen Drehungszählern (Drallapparaten) wird auf Wunsch auch noch ein Spannungsfühler geliefert (s. Abb. 210). Dieser besteht aus einer Bogenskala und einem empfindlichen Zeigersystem, mit dem eine Klemme verbunden ist. Er ist an einem verschiebbaren Stativ angeordnet und wird mit dem zu untersuchenden Faden so verbunden, daß er jede Längenänderung, die der Faden beim Auf- oder Zusammendrehen erfährt, genau anzeigt. Durch Anhängen von Gewichten kann den Fäden bestimmte Vorspannung gegeben werden, z. B. das 100 m-Gewicht des Versuchsmaterials. Die Drallbestimmung erfolgt in der

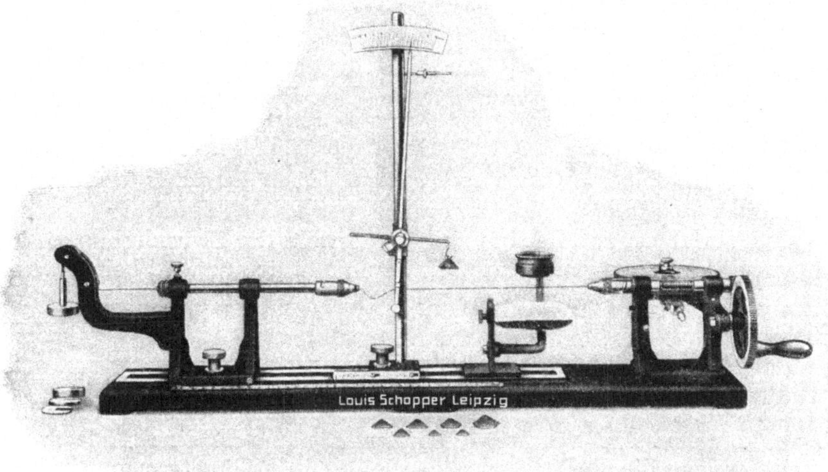

Abb. 210. Drehungsprüfer mit Spannungsfühler (L. Schopper, Leipzig).

Weise, daß der Faden aufgedreht und dann so weit wieder zusammengedreht wird, bis er seine ursprüngliche Länge wieder erreicht hat. Der Zählerstand wird dann abgelesen und durch Division mit 2 die wirkliche Drehung erhalten (s. Abb. 210).

Zwirnung. Durch abermaliges Zusammendrehen von zwei oder mehreren einfachen (gedrehten) Fäden oder Garnen entsteht ein Zwirn. Durch solches Zusammenzwirnen einer Anzahl feiner Fäden zu einem starken Zwirn wird ein wesentlich gleichmäßigerer und festerer Faden erreicht, als durch direktes Ausspinnen der betreffenden Nummer möglich ist. Gewöhnlich werden zwei bis drei, selten mehr, zuweilen bis 16 einfache Fäden zusammengezwirnt. Die Herstellung der vielfachen Zwirne erfolgt in der Weise, daß man erst zwei bis vier einfache Fäden zusammenzwirnt und dann die so erhaltenen Zwirnfäden wiederum durch Drehung miteinander vereinigt usw. Solche Zwirne nennt man Cordonnet, Kordel oder Litze. Zuweilen nennt man die Zwirne dennoch Garne, z. B. Strickgarn oder Strickwolle, d. i. ein zwei- oder mehrfacher Kammwollzwirn — oder Eisengarn, d. i. ein besonders appretierter Baumwollzwirn. Anderseits werden wieder die jaspierten Garne oft als Zwirne angesprochen; mit Unrecht, weil bei einem Zwirn schon die

20*

Einzelfäden gedreht sein müssen, während bei jaspierten Garnen meist nur verschiedenfarbige Verzüge oder Kammzüge (also noch ungedrehte Faserkomplexe) zusammengelegt und dann erst gedreht werden. Dies ist besonders bei der Zollabfertigung zu beachten.

Damit der Zwirn seine Drehung nicht verliert, muß der Zwirndraht entgegengesetzt zum Spinndraht und der Draht des Kordels wieder entgegengesetzt zum Zwirndraht verlaufen.

Als zwei-, drei-, vier- oder mehrdrähtiges Garn aus Wolle oder anderen Tierhaaren oder aus anderen pflanzlichen Spinnstoffen als Baumwolle wird nach dem Deutschen Zolltarif[1] solches Garn angesehen, welches aus zwei, drei, vier oder mehr selbständig gesponnenen Fäden (auch Vorgespinstfäden) besteht, die durch besondere einfache oder mehrfache Drehung zu einem Faden vereinigt (zusammengezwirnt) sind. In der Regel bezeichnet man durch Vereinigung von zwei, drei, vier und mehr Fäden entstandene Zwirne z. B. als zwanziger zweifach (20/2), dreißiger dreifach (30/3), sechziger vierfach (60/4) usw.

Einmal gezwirntes zwei- oder mehrdrähtiges Baumwollgarn besteht aus zwei, drei, vier oder mehr durch einmaliges Zwirnen zu einem Zwirnfaden zusammengedrehten Fäden eindrähtigen Garnes. Durch Zusammendrehen von zwei oder mehr Fäden einmal gezwirnten zwei- oder mehrdrähtigen Garnes entsteht wiederholt gezwirntes zwei- oder mehrdrähtiges Garn. Durch Aufdrehen von wiederholt gezwirntem Garn erhält man daher zunächst Zwirnfäden, welche sich sodann in zwei oder mehr einfache Fäden auflösen lassen.

Einmal gezwirntes zwei- oder mehrdrähtiges Baumwollgarn, das mit einem Faden eindrähtigen Garnes zusammengedreht ist, wird wie wiederholt gezwirntes zwei- oder mehrdrähtiges Garn verzollt. Als wiederholt gezwirntes Garn ist auch solches Baumwollgarn zu verzollen, das mehr als zweimal gezwirnt ist.

Das Verfahren zur Bestimmung der Anzahl der Zwirndrehungen ist im wesentlichen das gleiche wie beim Spinndraht; nur wird beim Zwirndraht noch die Einzwirnung bzw. der Längenrückgang gegenüber der ursprünglichen Länge der Einzelfäden ermittelt. Hat man den Zwirn vollständig aufgedreht, so lockert man die Schraube der linken Klemme des Drallprüfers und bewegt die Klemme so weit zurück, bis die eingespannten Fäden unter dem Einfluß der Gewichtsbelastung straff zu liegen kommen. Am Schafte der linken Klemme ist eine Skala angebracht, welche die Verlängerung der Fäden in Millimetern und in Zoll engl. angibt.

Ist bei einem Zwirn der Grad des Zwirn- und derjenige des Spinndrahtes gleichzeitig zu ermitteln, so wählt man eine Einspannlänge, bei der sich auch der einfache Faden noch mit Sicherheit aufdrehen läßt. Alsdann spannt man den Zwirnfaden in der geschilderten Weise ein, ermittelt seine Drehungszahl und Einzwirnung und notiert diese. Nun stellt man das Zählwerk auf Null zurück, arretiert die linke Klemme wieder, um den Einzelfaden beim Aufdrehen nicht auseinander zu ziehen, und schneidet die einfachen Fäden bis auf einen dicht an den beiden Klemmen ab. An diesem verbleibenden Einzelfaden wird nun die Drehungszahl des einfachen Fadens in der üblichen Weise festgestellt. Aus den Ergebnissen von 10 bis 20 Versuchen wird wiederum das Mittel gebildet.

Die Bezeichnung der Zwirne geschieht in verschiedener Weise. Die meist gebrauchte Bezeichnungsweise ist die, daß

---

[1] Warenverzeichnis zum Deutschen Zolltarif, S. 222. Allgemeine Anmerkungen zu 2 bis 4, Anm. 1.

1. der Zwirn mit der Nummer des einfachen Garnes und der Anzahl der Drähte, aus denen der Zwirn besteht, bezeichnet wird. Z. B. $^{60}/_2$ oder $^2/_{60}$ (sprich: sechziger zweifach) bedeutet, daß zwei einfache Fäden der Nummer 60 zusammengezwirnt sind.

2. Seltener wird der Zwirn mit der Nummer des Zwirnes und der Nummer des einfachen Garnes bezeichnet. Z. B. $^{30}/_{60}$ bedeutet, daß einfache Fäden der Nummer 60 einen Zwirn der Nummer 30 bilden. Die Zahl der Einzelfäden ergibt sich aus dem Verhältnis $^{60}/_{30}$.

3. Bisweilen wird der Zwirn auch mit der Zwirnnummer bezeichnet. Die Nummern der Einzelfäden ergeben sich hierbei durch Multiplikation der Zahl der Einzeldrähte mit der Zwirnnummer.

Geschleifte Garne. Der Deutsche Zolltarif[1] unterscheidet gezwirnte und geschleifte Garne. Bei geschleiften Garnen findet das Zusammenlegen von zwei oder mehr Einzelfäden bei so schwacher Drehung statt, daß auf 1 m **nicht mehr als 20 Drehungen** kommen; solche Garne werden **nicht** als gezwirnte behandelt. Demnach ist nach dem Zolltarif Garn aus Wolle oder anderen Tierhaaren und Garn aus anderen pflanzlichen Spinnstoffen als Baumwolle, bei dem zwei oder mehr Fäden ein-, zwei- oder mehrdrähtigen Garnes durch Schleifung zusammengelegt sind, als ein-, zwei- oder mehrdrähtiges Garn, und Baumwollgarn, bei dem zwei oder mehr Fäden eindrähtigen Garnes oder einmal gezwirnten Garnes durch Schleifung zusammengelegt sind, als eindrähtiges oder einmal gezwirntes Garn anzusehen.

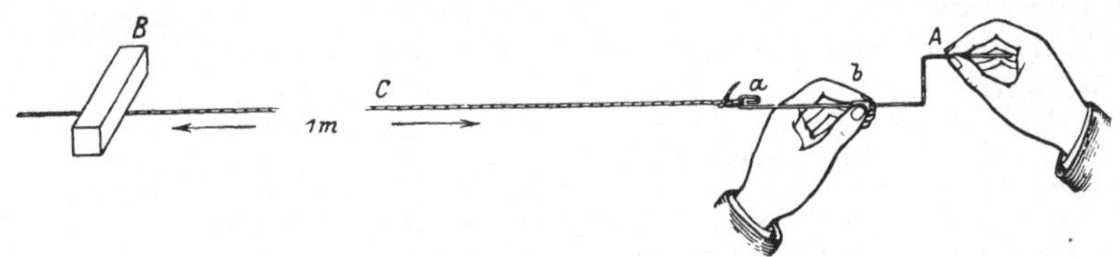

Abb. 211. Zolltechnische Prüfung auf Zwirnung.

Zur Ermittelung der Drehungszahl eines solchen lose gedrehten Garnes benutzt man den gleichen Drehungszähler, wie ihn Abb. 209 zeigt.

In der Regel wird aus zehn Einzelversuchen das Mittel gebildet; ergibt dieses einen an 20 sehr nahe herankommenden Wert, so werden weitere zehn Versuche ausgeführt und es wird das Mittel aus sämtlichen 20 Einzelversuchen berechnet. Da erfahrungsgemäß oft Drehungsanhäufungen und in der Nähe derselben wiederum loser gedrehte Stellen im Garn vorkommen, so sind zweckmäßig mindestens je fünf Versuche an einem fortlaufenden Fadenstück anzustellen, d. h. die Drehungszahl ist etwa an 5, besser noch an 2×5 oder 4×5 laufenden Metern in 5 bis 20 Einzelversuchen zu ermitteln.

In Ermangelung besonderer Apparate stellt man die Zwirndrehung in folgender einfacher Weise angenähert fest. Zwirne mit glatter Oberfläche, z. B. Perlzwirne, merzerisierte, gasierte u. ä. Zwirne legt man glatt auf einen Maßstab, belastet sie an beiden Enden mit einem Gewicht und zählt unter der Lupe unter Zuhilfenahme einer Nadel die Anzahl der Schraubenwindungen. Bei geschleiften Garnen grenzt man sich in obiger Weise erst die Länge von 1 m ab, drängt dann mit der Nadel die Drehungen von einem Endpunkt her zum andern auf einen möglichst kleinen Raum zusammen und zählt dann unmittelbar die Windungen.

Ferner kann man sich noch behelfen, indem man einen 1 m langen Faden an einem Ende befestigt (z. B. an einer Haarnadel), am anderen mit einem Gewicht beschwert und dann unter Aufdrehung des Fadens die Drehungen zählt. Jede Umdrehung entspricht einer Zwirndrehung.

Nach der Anleitung für die Zollabfertigung läßt sich bei Garnen die Zahl der Drehungen durch folgende Vorrichtung ermitteln (Abb. 211):

---

[1] Warenverzeichnis zum Deutschen Zolltarif, S. 222. Allgemeine Anmerkungen zu 2 bis 4, Anm. 2.

Aus einem Stückchen Draht oder einer Haarnadel fertigt man eine Kurbel A, deren eines Ende durch Umbiegen des Drahtes mit einer kleinen Öse versehen wird (a). In letztere wird ein Faden des zu untersuchenden Garnes (C) mit einem Ende eingeknotet und alsdann auf 1 m Länge auf der Kante eines Ziegelsteines (B) oder einer sonstigen brauchbaren Unterlage durch eine starke Auflage (Gewicht, Stein oder dergleichen) festgehalten. Das die Achse bildende Ende b der Drehkurbel A brenne man vor dem Anbiegen der Öse a in einen Kork ein und gebe so durch Halten des Korks mit der fest aufgestützten linken Hand der ganzen Drehvorrichtung eine sichere Führung. Nunmehr beginnt das Aufdrehen des Fadens mittels der Kurbel, welche an dem mit der Öse versehenen, die Achse bildenden Ende mit der linken Hand gehalten wird (b). Jede Kurbelumdrehung ist gleich einer Garndrehung. Die Aufdrehung wird so lange fortgesetzt, bis keine Garndrehung mehr wahrnehmbar ist.

II. Torsionsverfahren von Marschik. Nach Marschik[1] läßt sich die Drehungszahl einfacher Garne in der Weise bestimmen, daß man das Garn nach beiden Richtungen bis zum eintretenden Bruch dreht und aus den so ermittelten Drehzahlen die gesuchte Drehung ermittelt. Man dreht das Garn zuerst im entgegengesetzten Sinne der Garndrehung (Rückdrehung) bis zum eintretenden Bruch ($= N_r$) und alsdann eine neue Probe des Garnes im Sinne der Garndrehung (Vorwärtsdrehung) gleichfalls bis zum eintretenden Bruch ($= N_f$). Die gesuchte Drehung des einfachen Garnes ist alsdann: $N_0 = \frac{1}{2} (N_r - N_f)$.

Beispiel: Im Mittel aus 10 Versuchen betrug bei einem Fadenstück von 25 cm die Drehungszahl bis zum Bruch im entgegengesetzten Sinne (Rückdrehung) $= 476{,}3$; diejenige im Sinne der Garndrehung (Vorwärtsdrehung) $= 244{,}5$. Die Drehung des zu prüfenden Garnes beträgt alsdann: $\frac{1}{2} (476{,}3 - 244{,}5) = 115{,}9$ pro 25 cm $= 463{,}6$ Drehungen oder Touren pro Meter. Nach Pinagel[2] ist das Verfahren nur bei ausreichenden Längen, am besten von 1 m, einwandfrei.

Die Vorteile dieses Torsionsverfahrens bestehen nach Marschik darin, daß 1. bei dem üblichen Drallprüfer sich einfache Garne vor dem völligen Aufdrehen vielfach zerziehen (auch unter ganz kleiner Belastung von etwa 2 g) und ein ganz unsicheres Ergebnis liefern; 2. die völlige Aufdrehung bei dem Drallprüfer schwer zu erkennen ist. Die Methode ist also bis zu einem gewissen Grade eine subjektive, und verschiedene Beobachter gelangen deshalb vielfach zu verschiedenen Ergebnissen; 3. können mit dem Drehungsprüfer leicht Brüche eintreten, während andere Stellen noch deutlich sichtbare Drehung zeigen. 4. Demgegenüber ist das Torsionsverfahren ein rein objektives und in seinen Ergebnissen sehr zuverlässig.

2. Torsionsfestigkeit, Bruchdrehung.

Nach Marschik[3] ist es nicht immer ausreichend, die Qualität der Gespinste durch die Zugfestigkeit zu kennzeichnen; er unterwirft deshalb Garne und Zwirne noch einer weiteren Prüfung, der Torsionsprobe und ermittelt auf solche Weise die Torsionsfestigkeit, indem er das Material bei bestimmter, konstanter Einspannlänge im

---

[1] Marschik: Leipz. Monatschr. Textilind. **1910**, 332; Z. ges. Textilind. **1911**, 62.
[2] Pinagel: Z. ges. Textilind. **1912**, 583.
[3] Marschik: Leipz. Monatschr. Textilind. **1910**, 275ff. Marschik: Physikalisch-technische Untersuchungen von Gespinsten und Geweben.

Sinne der ursprünglichen Drehungsrichtung so lange weiterdreht, bis
Bruch erfolgt. Bezeichnet man die im Garn oder Zwirn im Anfangs-
zustande vorhandene Drehung als Anfangsdrehung (Spinndrehung
und evtl. Zwirndrehung), so bedeutet die bis zum Bruch hinzukom-
mende Drehung „Torsionsfestigkeit". Beim Bruch besitzt der Faden
also eine Gesamtdrehung, welche gleich ist der Anfangsdrehung plus
zusätzliche Drehung. Diese Gesamtdrehung bezeichnet Marschik
als „Bruchdrehung".

Wenn N_0 = Anfangsdrehung (Anzahl Windungen pro 100 mm),

N_f = Torsionsfestigkeit (zusätzliche Drehung pro 100 mm),

N = Bruchdrehung (Anfangsdrehung + Torsionsfestigkeit),

so $\qquad N = N_0 + N_f$.

Die Torsionsfestigkeit wird (bei sonst gleichen Bedingungen) um so größer
sein, je geringer die Anfangsdrehung ist, während die Zugfestigkeit in diesem
Falle geringer sein wird. Ferner wird die Torsionsfestigkeit (bei sonst gleichen
Bedingungen) um so größer sein, je größer die Faserfestigkeit ist; während die
Zugfestigkeit nicht immer mit der Faserfestigkeit wachsen muß, sondern bei
nicht zu großer Drehung für kräftiges und schwaches Material gleich sein kann.
Marschik hat gefunden, daß die Torsionsfestigkeit wesentlich vom Garndurch-
messer bzw. der Garnnummer abhängt, ferner, daß Garne aus langfaserigem
Material eine geringere Torsionsfestigkeit aufweisen als aus kürzeren Fasern,
weil die ersteren bei gleicher Drehung einen größeren Gleitungswiderstand haben,
daher der Verkürzung einen größeren Widerstand entgegensetzen und somit
früher zum Bruch kommen. Langfaserige Materialien müssen deshalb bei der
Torsionsprobe länger eingespannt werden, weil sonst das Gleiten der Fasern
verhindert wird. Ist die Einspannlänge größer als die Faserlänge, so gestattet
die Prüfung des Gespinstes ein Urteil über Herstellung sowie über Material des
Gespinstes; wählt man die Einspannlänge kleiner als die Faserlänge, so kann
nur ein Schluß auf das Material gezogen werden. Hieraus geht hervor, daß die
gesamte Bruchdehnung aus drei Werten zusammengesetzt ist, 1. der Anfangsdrehung, 2. der Gleitungsdrehung (während welcher die Faser noch gleiten
kann) und 3. der Spannungsdrehung (bei welcher die Fasern bloß angespannt
werden). Die Summe der beiden ersten gestattet einen Schluß auf die Oberflächen-
beschaffenheit (Rauhigkeit) des Materials, die erstere einen solchen auf die Herstellung des Gespinstes und die dritte auf die Festigkeit des Fasermaterials.
Nach Marschik eignet sich die Zugprobe für die Beurteilung der Materialfestigkeit weniger (selbst wenn die Einspannlänge kleiner als die Faserlänge ist) als
die Torsionsprobe, weil bei ersterer die gleichzeitige Beanspruchung aller Fasern
nicht so gut erreicht werden kann wie bei der Torsionsprobe, bei welcher infolge
des kräftigen Umschlusses ein Gleiten der Fasern verhindert wird. Durch direkte
Torsionsproben konnte Marschik folgende Werte ermitteln:

Torsionsfestigkeit von Baumwollgarnen.

Nummer	2,8	8	10	14	18	20	24	30	42	50	60
Torsionsfestigkeit	48,1	52,0	56,1	54,8	65,5	66,0	73,8	75,9	111,3	130	125,9

Torsionsfestigkeit von Flachsgarnen.

Nummer	14	28	40	60	80	100
Torsionsfestigkeit	13,0	17,5	19,8	22,2	35,3	33,4

Torsionsverhältnis. Einen brauchbaren Wert für die Beurteilung der Qualität von Gespinsten ergibt nach Marschik besonders
das „Torsionsverhältnis", d. i. das Verhältnis zwischen Anfangsdrehung und Bruchdrehung in Prozenten:

$$\text{Torsionsverhältnis} = \frac{\text{Anfangsdrehung}}{\text{Bruchdrehung}} \cdot 100 \, .$$

Die Zusammenstellung der Torsionsverhältnisse für Baumwollgarne zu einem Diagramm ergibt eine eigenartige Kurve, welche von Nr. 2,8 bis 20 aufsteigt und für die feinen Nummern langsam abfällt. Diese Kurve zeigt, daß das Torsionsverhältnis allein kein absolutes Maß für die Qualität des Garnes und Rohmaterials liefert. Dagegen liefert das Torsionsverhältnis in Gemeinschaft mit der Reißlänge ein hinreichendes Maß für die Charakterisierung der Eigenschaften eines Garnes. Die Beobachtungen Marschiks lassen sich zu folgenden Sätzen zusammenfassen:

1. Von zwei Garnen der gleichen Feinheitsnummer, welche die gleiche Reißlänge, aber verschiedene Torsionsverhältnisse aufweisen, stellt das weicher gedrehte, d. i. das Garn von kleinerem Torsionsverhältnis, eine bessere Qualität dar.

2. Von zwei Garnen der gleichen Feinheitsnummer, welche ein gleiches Torsionsverhältnis, aber verschiedene Reißlängen aufweisen, stellt das Garn von größerer Reißlänge eine bessere Qualität dar.

Das Torsionsverhältnis kann auch über Weichheit und Biegsamkeit des Garnes Aufschluß geben. Marschik definiert diese Begriffe wie folgt: „Weichheit" ist der Widerstand eines Materials gegen äußeren Druck. „Biegsamkeit" ist der Widerstand gegen die Ablenkung aus der geraden Lage. Die Weichheit steht mit der Garndicke in geradem, mit der Drehung in umgekehrtem Verhältnis. Die Biegsamkeit nimmt bei fortgesetzter Drehung ab, bis das Gleiten bei Erreichung der Gleitungsdrehung eine Grenze findet, so daß das Verhältnis der Anfangsdrehung zu derjenigen Drehung, die die Gleitungsgrenze bedeutet, auch zugleich ein Maß für die Biegsamkeit des Gespinstes darbietet.

Krais[1] bestimmt ähnlich die „Drehfestigkeit", indem er Einzelfasern von Wolle, Seide, Kunstseide und Baumwolle von 1 cm Länge mit 0,5 bis 5 g belastet und nun an einem Ende festhält und am andern dreht. Diese Werte entsprechen der Marschikschen Bruchdrehung von Garnen. Bei vier Wollfasern aus Wollkammzügen fand Krais (bei einer Gegenbelastung von 2 bis 5 g) folgende mittlere Drehfestigkeiten (Anzahl von Drehungen bis zum erfolgenden Bruch): 116; 107; 107½; 107,7. Nach Krais läßt sich die Drehfestigkeit vielleicht dazu benutzen, bei Kunstwollen Faserverletzungen nachzuweisen.

Festigkeit und Dehnung.

1. Allgemeine Begriffsbestimmungen und Ableitungen.

Unter „Festigkeit" eines Materials versteht man den Widerstand, der sich der Trennung der einzelnen Teile des Versuchskörpers entgegensetzt. Je nach Art dieses Trennungsvorganges unterscheidet man u. a.: Zug- oder Zerreißfestigkeit, Druck- oder Quetschfestigkeit, Biege-, Falz- oder Knitterungsfestigkeit, Drehungs- oder Torsionsfestigkeit, Zerplatz- oder Berstfestigkeit, Haftfestigkeit, Einreißfestigkeit, Knickfestigkeit, Schubfestigkeit usw.

Bei Textilrohstoffen und -erzeugnissen kommt von verschiedenen Arten der Festigkeit vor allem der Zug- oder Zerreißfestigkeit die größte Bedeutung zu. Wird also in der Textilprüfung schlechtweg

---

[1] Krais: Textile Forschung **1921**, 86; **1922**, 4.

von „Festigkeit" gesprochen, so ist damit, wenn nichts anderes dem Zusammenhange nach verstanden werden muß, immer die Zugfestigkeit gemeint.

Im besonderen unterscheidet man bei der Zugfestigkeit von Textilstoffen noch die Substanz- oder Materialfestigkeit von der Festigkeit der Gespinste, Gewebe usw., d. h. der Festigkeit der Textilerzeugnisse. Letztere ist die sich aus der unmittelbaren Prüfung der Gespinste, Gewebe usw. ergebende, praktisch ermittelte Festigkeit; die Substanz- oder Materialfestigkeit ist die aus der Festigkeit der Einzelelemente errechnete Festigkeit, bei Gespinsten also die Summe der Festigkeiten der Einzelfasern, bei Geweben, Seilen u. ä. die Summe der Festigkeit der Einzelfäden (Garne oder Zwirne). Diese Materialfestigkeit ist fast immer erheblich höher als die Garn- oder Gewebefestigkeit, weil bei der Zugbeanspruchung des zusammengesetzten Körpers niemals alle Einzelelemente gleichmäßig in Anspruch genommen werden können. Wegen der besonderen Anordnung der Fasern kommt ein Teil der Fasern nicht zum Bruch (das „Schlüpfen" oder „Auseinanderschleichen" der Fasern), was man an den Bruchstellen an der Anzahl der ungebrochenen Faserenden erkennen kann. Feste Beziehungen zwischen der Material- und Warenfestigkeit bestehen nicht und können auch wegen der Verschiedenheit der Rohmaterialien und Verarbeitungsarten nicht bestehen. Bei den besten Baumwollgarnen rechnet man z. B. nur mit einer etwa 44%, im allgemeinen bei Baumwollgarnen nur mit einer etwa 20 bis 25% von der Materialfestigkeit betragenden Garnfestigkeit[1]. Nach Taggart[2] sollte es bei sorgfältiger Beobachtung des Spinnprozesses möglich sein, den Verlust unter 35% zu bringen, was aber praktisch nicht durchführbar ist. In besonderen Fällen wird es von Interesse sein, im Vergleich zur Warenfestigkeit auch die Materialfestigkeit oder auch nur diese allein zu ermitteln; in der Regel begnügt man sich damit, die Festigkeit in dem Zustande zu bestimmen, in dem die Materialien jeweils beansprucht werden (also bei Garnen im Garnzustand, bei Geweben im Gewebezustand); es dürfte sogar in der Regel technologisch falsch sein, ein Gewebe nach der Festigkeit der Garne, ein Garn nach der Festigkeit der Einzelfasern zu beurteilen.

Nach H. Meyer[3] bewegt sich das Verhältnis der Garnfestigkeit zur summierten Gesamtfestigkeit aller Fasern im Querschnitt (Materialfestigkeit) zwischen 1 : 7 bis 1 : 4 bei einfachen Garnen und 1 : 5 bis 1 : 3 bei Zwirnen. Diese Zahlen sind aber für verschiedene Faserarten (Drehungen, Zwirne usw.) verschieden und gelten nur für normale Verhältnisse, d. h. für Untersuchungen bei einer Einspannlänge des Garnes im Festigkeitsprüfer, die größer ist als die Länge der längsten Faser im Garn. Die sog. „utilisierte" Festigkeit würde demnach zwischen rund 16 und 34% der Materialfestigkeit betragen. Bei Garnen sollte die utilisierte Festigkeit 30%, bei Zwirnen 40% nicht überschreiten, weil sich sonst die Elastizitätsverhältnisse zusehends verschlechtern, insofern als die optimale Drehung überschritten wird und sog. „Überdrehung" der Garne vorliegt.

---

[1] Kuhn, F. W.: Mell. Text. **1920**, 87. [2] Taggart: Text. Recorder **1921**, H. 1.
[3] Meyer, H.: Leipz. Monatschr. Textilind. **1929**, 520.

W. Frenzel[1] untersuchte auch das Verhältnis zwischen Garn- und Gewebefestigkeit bei den am häufigsten vorkommenden Bindungen (Leinwandbindung, 3 bindiger Köper, 4 bindiger Köper) und stellte fest, daß das Kettgarn durch das Weben keine Festigkeitszunahme erfährt, wohl aber das Schußgarn bei den drei betrachteten Bindungsarten, und zwar um so größere Zunahmen, je größer der „Bindungswert" ist (z. B. bei Leinwandbindung 50%, bei 3 bindigem Köper 37%, bei 4 bindigem Köper 27% Festigkeitszunahme).

Festigkeit (Reiß-, Zerreiß-, Zug-, Bruchfestigkeit, Bruchlast, Bruchbelastung, Reißbelastung). Als Maß der Festigkeit, im Sinne der Zugfestigkeit, gilt die in Gewichtsteilen ausgedrückte Zugbeanspruchung, unter deren Einwirkung ein Körper zerreißt oder bricht. Im Grundsatz erfolgt die Feststellung der Festigkeit derart, daß das Versuchsmaterial an einem Ende in geeigneter Weise durch Festklemmen oder Festbinden gehalten und am andern Ende so lange durch Gewicht (oder Federzug) belastet wird, bis der Bruch erfolgt. Hängt man beispielsweise an das untere Ende eines 500 mm langen frei aufgehängten Fadens einen kleinen Eimer und gießt Wasser in diesen bis der Faden reißt, so beträgt die Festigkeit = Eimergewicht + Wassergewicht. Ist dann beispielsweise das Gewicht des kleinen Eimers = 50 g und die bis zum erfolgten Bruch zugesetzte Wassermenge = 183 ccm oder 183 g, so beträgt die Zerreißfestigkeit = 50 + 183 = 233 g. Diese absolute Festigkeit wird also in Grammen oder in einer anderen Gewichtseinheit (kg usw.) angegeben.

So einfach es danach auf den ersten Blick erscheint, die Festigkeit eines Versuchsmaterials festzustellen oder gar zu beurteilen, so ist die Festigkeit dennoch eine sehr komplizierte Funktion aus den mannigfaltigsten Eigenschaften der Textilstoffe. Sie hängt nicht nur von der Eigennatur der zum Spinnen verwendeten Rohmaterialien ab, sondern auch von dem Grade und der Sorgfalt der Vorbereitung und Reinigung derselben, von der Gleichmäßigkeit beim Spinnen, vom Grade der Drehung, von der Feinheitsnummer, von den hygroskopischen Eigenschaften des Materials, sowie von der Luftfeuchtigkeit. Bevor also die eigentliche Technik der Versuchsausführung beschrieben wird, wird es erforderlich sein, diese Faktoren und ihren Einfluß auf die Festigkeit zu besprechen.

Der Praktiker verschafft sich oft ein annäherndes Urteil über die Festigkeit eines Fadens oder Gewebes durch Ausziehen einzelner Fadenstücke oder durch Daumendruck gegen ein Gewebestück bis zum erfolgenden Bruch. Der Widerstand, den das Versuchsstück dabei entgegensetzt, das dabei entstehende Geräusch, die Art der Fadenenden beim Bruch usw. geben ihm einen Anhalt für die Festigkeit (und Dehnbarkeit) des betreffenden Materials. Dieses rohe Annäherungsverfahren ist aber natürlich völlig wertlos, wenn es sich um die zahlenmäßige Wiedergabe der Festigkeit und um exakte Vergleichsversuche handelt.

Reißlänge. Einen wertvollen Anhalt für die Festigkeitseigenschaften eines Versuchskörpers gibt auch die sog. Reißlänge (Reuleaux 1861) oder bei Einzelfasern die spezifische Festigkeit.

---

[1] Frenzel, W.: Leipz. Monatschr. Textilind. **1924**, 102.

Unter Reißlänge versteht man diejenige Länge eines Körpers, unter deren Zuglast der Körper zerreißt oder bricht. Mit anderen Worten: Reißlänge ist diejenige Länge, die ein Versuchskörper haben muß, damit sein Eigengewicht gleich ist der Last, die ihn zum Bruch bringt, also diejenige Länge, die das Gewicht der Bruchlast erfüllt.

Die Reißlänge wird in Metern oder Kilometern zum Ausdruck gebracht.

Die Reißlänge ist also vom Querschnitt unabhängig, weil ein Körper von größerem Querschnitt ein in gleichem Verhältnis stehendes größeres Gewicht hat; sie gibt einen ausgezeichneten Maßstab für die Festigkeit der Garne ab, weil in ihr sowohl die natürlichen Eigenschaften des Materials als auch ihre Herstellungsweise (Garnnummer, Drehung, Beschwerung usw.) enthalten sind. Die Reißlänge sollte deshalb immer mehr zur Kennzeichnung der Festigkeit — an Stelle der absoluten Festigkeit — in Gebrauch kommen, ganz besonders auch zur Charakterisierung der Festigkeitseigenschaften von Einzelfasern und Faserbündeln mit schwankendem Durchmesser, bei denen die absolute Festigkeit nicht viel besagt. Naturgemäß ist sie keine konstante Größe für ein bestimmtes Material, hängt vielmehr, ebenso wie die absolute Festigkeit, von der Herstellung des Erzeugnisses ab (Drehung usw.). Für Einzelfasern werden gleichfalls ganz andere Werte gefunden als für Gespinste.

Die Reißlängen der verschiedenen Textilmaterialien werden außerordentlich verschieden angegeben. Die ermittelten Werte hängen u. a. von der Art des Rohstoffes bzw. ihrer Verarbeitung ab. Beispielsweise werden für die wichtigsten Textilstoffe folgende Substanzfestigkeiten (Reißlängen in km) angegeben:

Wolle[1] 8,5 (Dehnung 35 bis 40%), Mohair 11,5; Baumwolle 25 (Dehnung 6 bis 7%); Ramie 33 (Dehnung 2,7%); Flachs 52 (Dehnung 1,6%); Hanf 55 (Dehnung 1,6%); Nessel 24,5 (Dehnung 2,5%); Jute 32 bis 34 (Dehnung 0,8%); Seide 30 bis 35; Kunstseide 8 bis 10.

Bei Gespinsten wird nach dem auf S. 313 über Materialfestigkeit Gesagtem eine geringere Reißlänge gefunden werden, und zwar auch hier kein einheitlicher Wert. So findet Marschik bei verschiedenen Garnen und Zwirnen folgende Reißlängen (bei den feineren Garnen immer die größeren Werte als bei den gröberen): Bei Baumwollzwirn von Nr. 20 bis 55 die Reißlängen 12½ bis 19 km, bei Baumwollkettgarn von Nr. 20 bis 40 die Reißlängen 7 bis 12 km, bei Baumwollschußgarn von Nr. 20 bis 60 die Werte 6 bis 11 km, bei Flachskettgarn von Nr. 28 bis 60 die Werte 19 bis 23½, bei Flachsschußgarn von Nr. 28 bis 60 die Reißlängen 16 bis 22 usw.

Zwischen Reißlänge in km (R), grammetrischer Nummer (N) und Bruchlast in kg (P) besteht folgende Beziehung.

---

[1] Nach Versuchen von Krais (Textile Forschung **1922**, 4; Leipz. Monatschr. Textilind. **1927**, 537) sind an Einzelfasern aus vier Wollkammzügen erheblich größere Reißlängen, und zwar 20,4 bis 22,5 km ermittelt worden.

Nummer ist das Verhältnis von Länge zu Gewicht:

$$N = \frac{L}{G}.$$

Die Reißlänge bringt den Faden zum Bruch, wenn sie P kg wiegt. Somit ist

$$N = \frac{R}{P}, \quad \text{folglich:} \quad R = N \cdot P,$$

d. h. die Reißlänge in km ist grammetrische Nummer mal Bruchlast in kg (Festigkeit in kg).

Da nun weiter das Gewicht des laufenden Meters bei der metrischen Numerierung (G = Metergrammgewicht)

$$G = \frac{1}{N}$$

ist, so kann die Reißlänge auch (da $R = N \cdot P$) nach der Formel ermittelt werden:

$$R = \frac{P}{G},$$

d. h. Reißlänge in m ist Bruchlast in g, dividiert durch das Metergrammgewicht $\left(\text{Gewicht des laufenden m in g} = \text{Gesamtlänge in m durch Gewicht in g} = \frac{L_m}{G_{ges.}}\right)$.

Bestimmung der Reißlänge. Die gerissenen Fäden oder dgl. werden haarscharf an den Klemmen des Festigkeitsprüfers abgeschnitten, in einem Wägeglas gesammelt und schließlich alle zusammen gewogen. Die Reißlänge wird dann nach der Formel berechnet:

$$R_m = P_g \cdot \frac{L_m}{G_{ges.}},$$

wobei R = Reißlänge in m, P = Festigkeit in g, L = Gesamtlänge der gewogenen Fäden in m, $G_{ges.}$ = Gewicht der gewogenen Fäden in g bedeutet.

Beispiel. 100 Reißversuche an Rohseide mit je 50 cm Einspannlänge ergaben eine Durchschnittsfestigkeit von 72,5 g. Die $100 \cdot 50$ cm = 50 m Fäden wogen = 0,1195 g. Die Reißlänge in m beträgt dann:

$$R_m = \frac{72,5 \cdot 50}{0,1195} = 30\,335 \text{ m}$$

oder 30,335 km.

Spezifische Festigkeit. Im Gegensatz zur „absoluten Festigkeit" (Festigkeit, ausgedrückt in g oder kg) bedeutet die „spezifische Festigkeit" (nicht ganz richtig auch „Substanzfestigkeit" genannt, s. hierüber S. 313) die auf 1 qmm Durchmesser berechnete Festigkeit in kg (kg/qmm). Dieser Wert ist, ebenso wie die Reißlänge, unabhängig vom zufälligen Querschnitt des Versuchskörpers und in dieser Beziehung ein wertvoller Vergleichswert.

Die spezifische Festigkeit steht mit der Reißlänge in enger Beziehung, und zwar ist spezifische Festigkeit (p) das Produkt von Reißlänge (R) und spezifischem Gewicht des Materials (s):

$$p = R \cdot s \quad \text{oder} \quad R = \frac{p}{s} *.$$

Am häufigsten wird die spezifische Festigkeit für Einzelfasern oder für Haare, also möglichst homogene Gebilde, berechnet. Im allgemeinen ist dieser Wert in der Textilindustrie aber entbehrlich, da der Begriff der Reißlänge für die meisten Zwecke ausreicht.

Dehnung (Dehnbarkeit, Bruchdehnung). Als Maß der Dehnung oder Dehnbarkeit gilt die in Prozenten der Anfangslänge des Versuchskörpers ausgedrückte, bei Zugbeanspruchung bis zum Bruch eintretende Längung des Versuchskörpers.

Bevor ein Körper, z. B. ein Faden, reißt oder bricht, dehnt er sich in geringerem oder höherem Grade. Wenn nun die ursprüngliche Fadenlänge bekannt ist, so kann die Fadenlänge bei erfolgendem Bruche gemessen werden, und es ergibt sich hieraus das Maß der absoluten Dehnung oder Dehnbarkeit als Differenz der Endlänge und der Anfangslänge. Die Dehnung ist also jenes Maß, um welches sich ein Körper bis zum Bruch ausdehnen läßt, und wird in Prozenten der Anfangslänge angegeben. Beispiel: Ein Faden von 50 cm Länge wird bis zum eintretenden Bruch belastet und erreicht hierbei eine Länge von 55 cm; er dehnt sich also um absolut 5 cm auf 50 cm Anfangslänge, d. h. die Dehnung beträgt 10%. Der Wert gibt bis zu einem gewissen Grade die Zähigkeit des Materials wieder und ist praktisch von großer Wichtigkeit.

Nur vollkommen elastische Körper dehnen sich gleichförmig aus, d. h. bei gleichem Belastungszuwachs um den gleichen Dehnungszuwachs. Bei allen Textilstoffen, die kein homogenes Material sind, trifft dies nicht zu. Bei Garnen hängt die Dehnung im besonderen von der Herstellungsweise, vor allem von der Drehung ab. Da aber auch die Festigkeit von der Drehung abhängt, so wird die Dehnung auch in direkter Beziehung zur Festigkeit stehen. Mit anderen Worten: Wenn von zwei Garnen der gleichen Nummer das eine eine größere Belastung aushält als das andere, so wird es auch eine größere Dehnung haben.

Die Beziehungen zwischen Dehnung und Garnnummer sowie Drehung sind bisher noch nicht ermittelt worden. Ein scharf gedrehtes Garn müßte eine geringere Dehnbarkeit haben als ein lose gedrehtes, ferner ein feineres Garn eine geringere Dehnung als ein gröberes. Eine allgemeine Gesetzmäßigkeit in diesem Sinne ist indes noch nicht ermittelt, ausgenommen bei Baumwolle, wo der Zwirn durchweg eine geringere Dehnung aufweist als das einfache Garn.

Nach Versuchen von E. Müller, A. Herzog, Krais u. a. verläuft die Dehnung auch bei Einzelfasern nicht gleichförmig[1]; mit zunehmender Belastung wird sie bald größer, bald geringer. So hat E. Müller bei Rohseide beobachtet, daß ein Fließen des Materials eintritt, sobald die Elastizitätsgrenze überschritten ist. Ähnliche Beobachtungen hat A. Herzog an Kunstseidefäden gemacht. Krais hat die Feststellungen gemacht, daß bei Wollfasern noch eine dritte Periode vorhanden ist. Bei Wollfasern verläuft die Dehnung in sehr vielen Fällen erst langsam, dann eine Zeitlang schneller und dann bis zum Bruch wieder langsamer[2] (s. a. Elastizität). I. Periode der Dehnung: 7% Dehnung bei 19 g Be-

---

* So berechnet sich z. B. die Reißlänge der Baumwollfaser aus der spezifischen Festigkeit von 37 und dem spezifischen Gewicht von 1,5 zu 37 : 1,5 = 24,67 oder rund 25 km.

[1] Krais: Textile Forschung **1922**, 71.

[2] Krais: Textile Forschung **1921**, 88; **1922**, 22; Leipz. Monatschr. Textilind. **1927**, 537.

lastung; II. Periode: 26% Dehnung bei weiteren 3 g Belastung; III. Periode: 10% Dehnung bei weiteren 3 g Belastung (Gesamtbelastung: 43%, Gesamtbelastung: 25 g).

Elastizität, elastische Dehnung. Als Maß der Elastizität oder elastischen Dehnung gilt das nach voraufgegangener Belastung in Prozenten der Anfangslänge ausgedrückte, bei Entlastung des Versuchskörpers stattfindende Sichwiederzusammenziehen des Versuchskörpers.

Wird ein Körper durch Zugbelastung gedehnt und, vor Eintreten des Bruches, wieder entlastet, so zieht sich der Versuchskörper mehr oder weniger wieder zusammen. Das Maß, um welches er sich zusammenzieht, nennt man Elastizität oder elastische Dehnung, die Differenz zwischen Gesamtdehnung und elastischer Dehnung nennt man bleibende Dehnung. Elastische + bleibende Dehnung = Gesamtdehnung (s. Abb. 215). Beispiel: Ein Körper wird bei Zugbeanspruchung um 10% gedehnt; nach der Entlastung des Körpers zieht er sich um 5% wieder zusammen. Die Gesamtdehnung von 10% besteht in diesem Falle aus 5% elastischer und 5% bleibender Dehnung.

Die Dehnungsfähigkeit eines Fadens hängt ab von der Form und der Elastizität der Fasern einerseits und der gegenseitigen Gleitung andererseits. Der erste Einfluß ist nur gering, da die Kräuselungen, oder wie bei der Baumwolle die bandartigen Windungen, durch den Zug bald ausgestreckt werden. Auch ist die Elastizität der Elementarfasern unbedeutend. Das Vorbeigleiten der Fasern aneinander liefert den größeren Beitrag.

Die Fähigkeit des Zusammenziehens besteht nur für eine bestimmte Belastungsgrenze, die sog. Elastizitätsgrenze oder die Proportionalitätsgrenze, die Sphäre der elastischen Dehnung. Wird diese Grenze überschritten, so tritt der Körper in die Sphäre der bleibenden Dehnung (Fließstrecke) ein und zieht sich um diesen Betrag bei eintretender Entlastung nicht wieder zusammen; es bleibt vielmehr eine dauernde Längenänderung oder Dehnung zurück. Bei weiter fortgesetzter Belastung erfolgt ein Strecken (die Streckgrenze) und schließlich der Bruch. Die Arbeit beim Strecken zur Lösung des Zusammenhanges der einzelnen Fasern stellt bei Filz, Kammzug, Baumwollstreckbändern einen ansehnlichen Betrag dar; bei gedrehten Fäden ist die Streckgrenze gleich Null.

Wird nach Marschik die Dehnung mit zunehmender Belastung in einem Diagramm (einer Kraftdehnungslinie) aufgetragen, so findet man in der Dehnungskurve zwei Teile: 1. Eine Gerade, welche vom Ursprung ausgeht; sie gibt die Sphäre der elastischen Dehnung an und 2. eine krumme Linie, welche sich als Parabel tangential an die erste Gerade anschließt und die Sphäre der bleibenden Dehnung angibt.

Die Ermittelung der elastischen Dehnung geschieht z. B. wie folgt: Fäden oder Streifen der gleichen Abmessungen wie bei der Festigkeitsbestimmung werden, bei ausgehobenen Sperrklinken am Lasthebel, in einen mit Schaulinienzeichner (s. S. 345) versehenen Festigkeitsprüfer eingespannt. Der Versuchskörper wird alsdann mit verschiedenen Gewichten bis zu $^3/_4$ bis $^5/_6$ der vorher ermittelten Bruchlast belastet, jedesmal die Gesamtdehnung a abgelesen und dann der Versuchskörper wieder entlastet. Die elastische Dehnung b bei einer bestimmten Belastung ergibt sich alsdann als Differenz zwischen der bei der Belastung ermittelten Gesamtdehnung a und der nach der Entlastung noch vorhandenen, bleibenden Dehnung c. (Gesamt-

dehnung a minus bleibende Dehnung $c =$ elastische Dehnung b.)
S. Abb. 215[1].

Nach Matthew[2] ist das Verhältnis von Gesamtdehnung zu bleibender Dehnung bei Flachs annähernd konstant; bei roher und gebleichter Baumwolle nimmt es nach der Bruchgrenze zu ab. Gebleichte und abgekochte Fasern haben eine größere Dehnung als rohe im Verhältnis zum Reißgewicht, weil die Fasern infolge der Abkochung leichter aneinander gleiten.

Zerreißarbeit und Zähigkeit. Die Zähigkeit des Stoffes ist gegeben durch die Arbeit, die zum Zerreißen erforderlich ist, durch die sog. Zerreiß- oder Zerreißungsarbeit. Sie hängt von Dehnung und Belastung ab. Hat sich z. B. ein 1 m langer Faden durch allmähliche Belastung von 0 bis 6 kg bis zum Bruch gleichmäßig um 10 cm gedehnt, so ist hierbei eine Arbeit geleistet worden. Unter Arbeit wird das Produkt aus Kraft und Weg in Richtung der Kraft verstanden. Der Weg ist in obigem Beispiele 10 cm, die Kraft ist gleichmäßig veränderlich gewesen in den Grenzen von 0 und 6 kg; man kann sagen, die mittlere Kraft betrug 3 kg. Folglich berechnet sich die Zerreißarbeit zu $10 \times 3 = 30$ cmkg (Zentimeterkilogramm). Diese Zerreißarbeit läßt sich anschaulich durch die Fläche des Zerreißdiagramms darstellen, indem man die verschiedenen Belastungen auf einer Senkrechten, die dazu gehörigen Dehnungen auf einer Waagerechten verhältnisgleich abträgt (Abb. 212). Dreieck $ABCA$ veranschaulicht die Zerreißarbeit, da sein absoluter Inhalt $= 6 \cdot 10 : 2 = 30$ ist. Meistens wird die Dehnungskurve AC mehr oder weniger von einer Geraden abweichen. Zwei Fäden können gleiche Bruchfestigkeit und gleiche Dehnung haben, aber ungleichen Aufwand an Zerreißarbeit

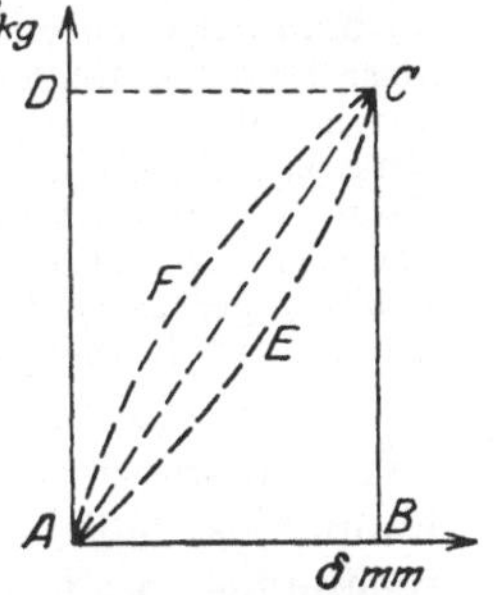

Abb. 212. Veranschaulichung der Zerreißarbeit.

erfordern. Der Faden mit der größeren inneren Arbeitsfähigkeit wird, als der „zähere", der wertvollere sein, also der Faden, dem etwa die Zerreißschaulinie $ABCFA$ entspricht (s. a. unter Arbeitsdiagramm S. 325).

Die größte Zähigkeit hätte ein Stoff, wenn seine Zerreißarbeit gleich dem Produkte aus Bruchbelastung und Bruchdehnung wäre. Da dieses aber nicht der Fall ist, so wird derjenige Stoff zäher sein, der sich diesem Grenzwert mehr nähert. Wir werden deshalb in dem Verhältnis zwischen der wirklichen Zerreißarbeit zu diesem Idealwert ein Maß für die Zähigkeit des Stoffes haben:

$$\text{Zähigkeit} = \frac{\text{Zerreißarbeit}}{\text{Festigkeit} \cdot \text{Dehnung}}.$$

Nach Johannsen berechnet sich die Zerreißarbeit aus Reißlänge und Dehnung wie folgt: Zerreißarbeit $= 5\,R_{km} \cdot$ Dehnung (fünffache Reißlänge in Kilometern mal Dehnung).

Gleichmäßigkeit (Gleichförmigkeit) und Ungleichmäßigkeit. Da sowohl die Rohmaterialien der Textilindustrie keine homogenen Gebilde

---

[1] S. a. w. unter Elastizitätsdiagramm S. 327.
[2] Nach Mell. Text. **1922**, 275; J. Text. Ind. **1922**, 45.

darstellen, als es auch technisch unmöglich ist, einen völlig gleichmäßigen Faden zu spinnen usw., so werden an einem und demselben Textilerzeugnis ausgeführte Einzelbestimmungen (z. B. Festigkeitsbestimmungen) immer mehr oder weniger voneinander abweichende Werte ergeben. Zur Kennzeichnung der Festigkeit eines Versuchsmaterials wird man sich deshalb nicht darauf beschränken können, einen Einzelversuch auszuführen; man wird vielmehr eine Reihe von Versuchen ausführen müssen und aus den Einzelergebnissen das Mittel oder den Durchschnitt berechnen. Die z. B. im Faden vorkommenden dünnen, schwachen oder „weichen" Stellen werden das Mittel naturgemäß herunterdrücken, die hohen Werte das Mittel erhöhen. Die Zahl der erforderlichen Einzelversuche kann nicht ganz allgemein festgelegt werden, sie hängt naturgemäß von dem Grade der Gleichmäßigkeit ab. Im allgemeinen rechnet man bei Gespinsten mit einer Mindestzahl von 30, besser schon von 50 oder 100 Einzelversuchen.

Man hat auch versucht, anstatt eine größere Zahl von Einzelfäden zu reißen, diese Fäden zusammen als Gebinde auf einmal zu reißen und auf solche Weise durch einen Versuch die mittlere Festigkeit zu bestimmen. Dieses Verfahren ist indes zu verwerfen; denn es ist technisch nicht möglich, eine größere Zahl von Fäden derart einzuspannen, daß alle Fäden gleichzeitig reißen. Durch das vorzeitige Reißen einzelner Fäden wird aber die Bruchlast des übrigen Fadenstranges geschwächt; außerdem wird dadurch die Belastung stoßweise auf die anderen, noch ungerissenen Fäden übertragen.

Trotz zahlreicher Vorschläge vermißt man bis heute eine einheitliche Ausdrucksform und Auswertungsart der Versuchszahlen. So kommt es, daß heute noch etwa 10 oder noch mehr verschiedene Berechnungs- und Bewertungsarten nebeneinander bestehen und daß immer wieder von neuem weitere Verfahren und Berechnungen in Vorschlag gebracht werden[1]. Selbst der Begriff der „Gleichmäßigkeit" bzw. „Ungleichmäßigkeit" wird nicht einheitlich gehandhabt.

Außer der Berechnungsart der Gleichmäßigkeit ist es natürlich auch grundsätzlich wichtig, allgemein gültige Versuchsbedingungen einzuhalten, die den Vergleich der von verschiedenen Beobachtern erhaltenen Werte gestatten. Zum mindesten soll jedes Prüfungszeugnis die genaue Angabe der Versuchsbedingungen enthalten, da bekanntlich Luftfeuchtigkeit, Zerreißgeschwindigkeit, freie Einspannlänge usw. eine wichtige Rolle spielen. Besonders ist hier die Einspannlänge von großem Einfluß, und es werden sich bei geringen Einspannlängen verhältnismäßig große Schwankungen ergeben, weil dabei sowohl starke als auch schwache Stellen erfaßt werden. Mit zunehmender Einspannlänge wird immer mehr nur die Festigkeit der schwachen Stellen ermittelt.

---

[1] Vgl. a. u. a. O. Johannsen: Handbuch d. Baumwollspinnerei, **1**, 105. — Marschik, S.: Physikalisch-technische Untersuchungen von Gespinsten und Geweben, **1904**. — Roscher, E.: Qualitätsurteile über Baumwollgarn. Leipz. Monatschr. Textilind. **1921**, 205. — Hemmerling, T., E. Ristenpart, Chr. Marschik: Mell. Text. **1923**, 268. — Sommer, H.: Leipz. Monatschr. Textilind. **1924**, 37, 72. — Lange, A.: Mell. Text. **1926**, 168. — Schlömer jr., H.: Daselbst **1926**, 434, 517. — Lüdicke, A., Schweiger: Daselbst **1926**, 522. — Töpert, W.: Daselbst **1926**, 598, 679. — Sommer, H.: Daselbst **1926**, 757. — Rudolph, H.: Daselbst **1926**, 843, 1016.

So fand z. B. H. Sommer[1] bei verschiedenen Einspannlängen von Jutegarn und von Baumwollzwirn folgende Ungleichmäßigkeiten nach der alten Formel und nach seiner Formel:

Tabelle 62.

Einspann-länge mm	Ungleichmäßigkeit von Jutegarn Nr. 6		Ungleichmäßigkeit von Baumwollzwirn 6fach	
	alte Formel	Sommersche Formel	alte Formel	Sommersche Formel
1	20,65	24,80	—	—
20	15,63	18,46	9,48	10,72
100	17,48	18,18	8,06	8,06
200	14,95	16,74	5,51	6,08
500	14,94	15,54	4,91	5,40
1000	14,57	13,99	—	—

Bevor bestimmte Normen für die Versuchsbedingungen festgelegt sind, mögen vielleicht folgende Bedingungen als normal gelten bzw. hiermit in Vorschlag gebracht werden (vgl. auch die Vorschläge von H. Sommer a. a. O.).

Relative Luftfeuchtigkeit: 65%. Freie Einspannlänge: 500 mm. Anfangsbelastung: 100-m-Gewicht des Gespinstes. Zerreißgeschwindigkeit: 50 cm in der Minute (Entfernung der unteren Klemme beim unbelasteten Apparat, s. a. weiter unten. Der Vorschlag Sommers mit 10 cm in der Minute erscheint viel zu niedrig). Entnahme der Versuchsstücke: Wenn möglich, fortlaufend; Kontrolle durch Probeentnahme am anderen Strähnende oder von einem anderen Strähn. Zahl der Versuche: Mindestens 30 Einzelversuche bei guter Gleichmäßigkeit, sonst 50. Berechnungsart: Als mittlere Abweichung des Einzelversuchs vom Gesamtmittel (nach der Sommerschen Formel). Beurteilung: Nach allgemein gültigen allgemeinen Normen (s. weiter unten), in Zweifelsfällen unter Mitberücksichtigung der schwachen Stellen (s. weiter unten) und der Häufigkeit der unter der Toleranz liegenden Werte (s. weiter unten). Nach den bisherigen Erfahrungen wird man die errechneten Ungleichmäßigkeiten (nach der Sommerschen Formel) etwa wie folgt beurteilen können (für Kamm- und Streichgarne liegen keine ausreichenden Erfahrungen vor):

Tabelle 63.

	Baumwoll-garne (nach Johannsen)	Bastfasern (Flachs, Hanf, Jute)	Seide	Kunstseide	Be-urteilung
Un-gleich-mäßig-keit	bis 5	bis 12	bis 5	bis 5	sehr gleich-mäßig
	5 bis 8	12 bis 16	5 bis 8	5 bis 6	gleichmäßig
	8 „ 12	16 „ 20	8 „ 12	6 „ 10	wenig gleichmäßig
	über 12	über 20	über 12	über 10	ungleich-mäßig

[1] Sommer, H.: Leipz. Monatschr. Textilind. **1926**, 758.

Von den bekanntesten Berechnungsarten der Ungleichmäßigkeit seien folgende kurz erläutert.

1. **Altes Verfahren.** Ein Versuchsstück mag folgende 10 Einzelwerte ergeben haben:

Versuch 1.	Bruchlast:	4,78 kg.		Versuch 6.	Bruchlast:	4,02 kg.
„ 2.	„	4,70 „		„ 7.	„	4,93 „
„ 3.	„	5,69 „		„ 8.	„	5,34 „
„ 4.	„	5,10 „		„ 9.	„	4,71 „
„ 5.	„	4,47 „		„ 10.	„	5,43 „

Die Summe der Einzelwerte beträgt: 49,17. Das Mittel oder Gesamtmittel beträgt: 4,92 kg Bruchlast.

Bei Durchsicht dieser Einzelwerte finden wir zum Teil beträchtliche Schwankungen (5,69 der größte, 4,02 der kleinste Wert). Je größer diese Schwankungen sind, desto größer ist natürlich die Ungleichmäßigkeit und desto kleiner die Gleichmäßigkeit des Versuchsmaterials. Weichen die Zahlen dagegen vom Mittelwert 4,917 unwesentlich ab, so ist das Garn als „gleichmäßig" usw. zu bezeichnen. Unter dem Mittelwert 4,917 liegen in obiger Zahlenreihe fünf Werte (4,78; 4,70; 4,47; 4,02; 4,71). Das Mittel dieser „weichen" Stellen, die unter dem Gesamtmittel liegen, nennt man „Untermittel". In dem angeführten Beispiel würde demnach das Untermittel betragen: 22,68 : 5 = 4,536.

Als **Ungleichmäßigkeit** würde man nun die Differenz von Mittel und Untermittel in Prozenten des Mittels bezeichnen, also:

$$\text{Ungleichmäßigkeit} = \frac{(\text{Gesamtmittel} - \text{Untermittel}) \cdot 100}{\text{Gesamtmittel}} = \frac{4{,}917 - 4{,}536}{4{,}917}$$
$$= 7{,}75.$$

Als **Gleichmäßigkeit** ist dagegen die Differenz von 100 und Ungleichmäßigkeit, also 100 — 7,75 = 92,25 zu bezeichnen oder auch das Untermittel in Prozenten des Mittels:

$$\text{Gleichmäßigkeit} = \frac{\text{Untermittel} \cdot 100}{\text{Gesamtmittel}} = \frac{4{,}536 \cdot 100}{4{,}917} = 92{,}25.$$

2. **Mittlere Abweichung des Einzelwertes vom Gesamtmittel.** Die sehr genaue, in wissenschaftlichen Arbeiten gebräuchliche Methode der kleinsten Quadrate kommt wegen ihrer Umständlichkeit für technische Laboratorien nicht in Frage. Dagegen findet sich in der die gleichen Vorzüge aufweisenden mittleren (durchschnittlichen) Abweichung W aller Werte vom Mittelwert ein zweckmäßiges Maß, das sich leicht nach der Sommerschen Formel berechnen läßt[1]:

$$W = \frac{2 \cdot \text{Zahl der Untermittelwerte} \, (\text{Gesamtmittel} - \text{Untermittel}) \cdot 100}{\text{Gesamtzahl der Versuche} \cdot \text{Mittel}}.$$

Da nun aber $\dfrac{(\text{Mittel} - \text{Untermittel}) \cdot 100}{\text{Mittel}}$ = sog. Ungleichmäßigkeit nach dem alten Verfahren ist (s. unter 1), so kann bei bekanntem Wert für

---

[1] Sommer, H.: Leipz. Monatschr. Textilind. 1924, 37, 72.

diese sog. Ungleichmäßigkeit der Wert W aus der einfachen Formel berechnet werden:

$$W = \frac{2 \cdot \text{Zahl der Untermittelwerte} \cdot \text{Ungleichmäßigkeit}}{\text{Gesamtzahl der Versuche}} \, \% .$$

Beispiel: Mittel aus 10 Versuchen = 3,1492; Untermittel = 3,0480; 4 Versuche ergaben Untermittelwerte. Die mittlere Abweichung des Einzelversuchs vom Gesamtmittel beträgt dann:

$$W = \frac{2 \cdot 4 \cdot 0,1012 \cdot 100}{10 \cdot 3,1492} = 2,57 .$$

3. Zu erwähnen ist noch das in neuerer Zeit von Roscher[1] sowie von Hemmerling[2] vorgeschlagene, nach Ristenpart jedoch überflüssige und unnütze[3] Berechnungsverfahren. Hiernach wird erst als arithmetisches Mittel aus Obermittel und Untermittel das sog. Qualitätsmittel gebildet (z. B. Obermittel = 11, Untermittel = 6, das Qualitätsmittel ist dann 8,5). Dieses Qualitätsmittel oder der „qualitative Durchschnittswert", der vom Obermittel ebenso weit entfernt ist wie vom Untermittel, wird wie folgt zur Berechnung der Ungleichmäßigkeit verwendet:

$$\text{Ungleichmäßigkeit} = \frac{\text{Qualitätsmittel} - \text{Untermittel}}{\text{Qualitätsmittel}} \cdot 100$$

oder

$$\text{Ungleichmäßigkeit} = \frac{\text{Obermittel} - \text{Qualitätsmittel}}{\text{Qualitätsmittel}} \cdot 100 .$$

Die Gleichmäßigkeit ist alsdann: 100 minus Ungleichmäßigkeit.

Beispiel. Es mögen folgende je 10 Einzelwerte bei zwei Proben gefunden worden sein: I. 11, 11, 11, 11, 11, 11, 11, 11, 6, 6. II. 14, 14, 14, 14, 14, 14, 4, 4, 4, 4. Im Falle I wäre dann das Obermittel = 11, das Untermittel = 6, das Qualitätsmittel = 8,5 und die Ungleichmäßigkeit: $\frac{8,5 - 6}{8,5} \cdot 100 = 29,4\%$, die Gleichmäßigkeit = 70,6%. Im Falle II wäre das Obermittel = 14, das Untermittel = 4, das Qualitätsmittel = 9 und die Ungleichmäßigkeit: $\frac{9 - 4}{9} \cdot 100$ = 55,5%, die Gleichmäßigkeit dementsprechend = 100 — 55,5 = 44,4%.

4. Berücksichtigung der schwachen Stellen, Streuung, Variationsbreite der Reihe. Ein vollkommen eindeutiges Bild über die Gleichmäßigkeit eines Garnes erhält man aber erst, wenn man die auftretenden Schwankungen, vor allem die schwachen Stellen auf ihre Häufigkeit hin untersucht. Man ermittelt durch Auszählen die Werte, die bei Verarbeitung des Garnes zum Bruch kommen oder die um bestimmte Beträge unter dem erlaubten Mindestmaß liegen. Aber auch hier besteht kein einheitliches Verfahren. a) Nach H. Rudolph (a. a. O.) interessieren den Garnverbraucher vor allem die zu schwachen Stellen, die bei der Verarbeitung zum Bruch kommen, nicht aber der Mittelwert, ferner nicht die über dem Mittelwert liegenden Werte und die prozentuale Abweichung (errechnete Ungleichmäßigkeit). Hat z. B. ein Jutegarn der metr. Nr. 3,6 und der Reißlänge 10,5 km eine Bruchlast von 3,0 kg zu erfüllen und ist eine Toleranz von 10% gewährt, so muß die unbedingte Festigkeit = 2,7 kg

---

[1] Roscher: a. a. O.   [2] Hemmerling: a. a. O.
[3] Ristenpart: Mell. Text. 1923, 268.

betragen. Liegen dann von 100 Versuchen 20 Proben unter dieser Norm von 2,7 kg, so bezeichnet Rudolph die Ungleichmäßigkeit als eine solche von 20%. b) Abweichung der schwächsten Stelle vom Mittelwert. Nach Schweiger (a. a. O.) sollte noch die Abweichung der schwächsten Stelle vom Mittelwert Berücksichtigung finden. Das Mittel habe z. B. die Festigkeit 321 g, die schwächste Stelle diejenige von 230 g. Die prozentuale Abweichung der schwächsten Stelle vom Mittel beträgt dann 28%. Nach Schweiger hat die Erfahrung gelehrt, daß ein Garn bei einem so errechneten Abweichungswert bis 15% als sehr gut, bei 15 bis 25% als gut, bei 25 bis 35% als mittelmäßig und über 35% als schlecht anzusehen ist. Gegenüber dieser Forderung Schweigers ist die sog. Variationsbreite nach Sommer, d. h. die Abweichung der schwächsten Stelle von der stärksten praktisch von geringerem Belang, weil die über dem Mittel bzw. über der Norm liegenden Werte den Praktiker wenig interessieren.

Das Verhältnis der nach den verschiedenen Formeln errechneten Ungleichmäßigkeitswerte untereinander ist kein festes, hängt vielmehr von der jeweiligen Zahlenreihe ab. Beispielsweise fallen die Werte nach der Sommerschen Formel mit den nach dem alten Verfahren und dem Verfahren von Roscher nur dann zusammen, wenn die Zahl der Obermittelwerte gleich ist der Zahl der Untermittelwerte. Im übrigen können die Abweichungen der nach verschiedenen Verfahren berechneten Werte untereinander mehr oder weniger schwanken.

Kraftdehnungslinie und Zerreißdiagramm. Werden im Laufe des Festigkeitsversuches durch mehrere Beobachter die jeweiligen Belastungen und die ihnen entsprechenden Dehnungen (z. B. von 5 zu 5 oder von 10 zu 10 Sekunden) abgelesen und notiert und die so festgelegten Werte alsdann graphisch dargestellt, indem die Belastungen auf der Abszisse und die Dehnungen auf der Ordinate abgetragen und die einzelnen Punkte zu Kurven vereinigt werden, so wird das sog. Zerreißdiagramm oder die Kraftdehnungslinie erhalten.

Erheblich genauer und einfacher wird dieses Zerreißdiagramm erhalten, wenn man sich einer automatischen Schreibvorrichtung oder eines Schaulinienzeichners oder Diagrammapparates bedient, der Belastungen und Dehnungen kontinuierlich aufzeichnet. Solche automatische Schreibvorrichtungen werden von verschiedenen Firmen (z. B. Louis Schopper, Leipzig) mit den Festigkeitsprüfern zugleich geliefert. Der Schaulinienzeichner zeichnet in der horizontalen Achse, der Abszisse, die Kraft und in der vertikalen Achse, der Ordinate, die Dehnung an und registriert während der Dauer eines Versuches fortlaufend alle einzelnen Werte und wird beim Bruch des Versuchskörpers selbsttätig ausgeschaltet. (Nach Alt kann der Diagrammapparat auch zur Einstellung einer bestimmten, vor dem Versuch ermittelten und auf das Diagrammpapier aufgezeichneten Belastungsgeschwindigkeit (s. u. Zerreißgeschwindigkeit) während des Zerreißversuchs verwendet werden). Die Kombination beider Bewegungen ergibt eine Kurve und damit eine graphische Darstellung des Prüfungsergebnisses, aus welcher die Dehnungen und Belastungen sofort abgelesen werden können, sofern der Maßstab der Bewegungen bekannt ist oder das Papier auf der Trommel mit einer entsprechenden Graduierung versehen ist. Solche Schaulinien geben ein viel anschaulicheres Bild über Festigkeit und Dehnung, als es nackte Zahlen vermögen, und darin liegt der Wert des Zerreißdiagramms für den Spinner und Weber.

Ein Zerreißdiagramm, wie es bei der Prüfung verschiedener Garne ermittelt worden ist, zeigt Abb. 213[1]. Die Festigkeitswerte sind auf der Abszisse und die Dehnungswerte auf der Ordinate abgetragen. Die langen spitzen Diagramme wurden mit Schafwoll-Streichgarn gewonnen; das Garn war von sehr großer Dehnbarkeit, aber nur von geringer Festigkeit im Vergleich zu den untersuchten Baumwollgarnen. Deutlich tritt auch der Unterschied zwischen einem weichen Baumwoll-Selfaktorgarn gegenüber einer harten Waterkette zutage.

Arbeitsdiagramm, Elastizitätsdiagramm. Außer der Kraftdehnungslinie werden bei wichtigen Untersuchungen auch die **Zerreißarbeit** (s. S. 319) und das **elastische Verhalten** graphisch dargestellt und aus diesen graphischen Darstellungen weitere Werte abgeleitet. An Hand von mit einem **baumwollenen Riementuch** ausgeführten Versuchen seien nachstehend die wichtigsten Grundbegriffe und Ableitungen, Arbeitsdiagramm und Elastizitätsdiagramm betreffend, kurz umrissen. Als Erläuterung dienen die hierzu gehörigen Abb. 214 und 215.

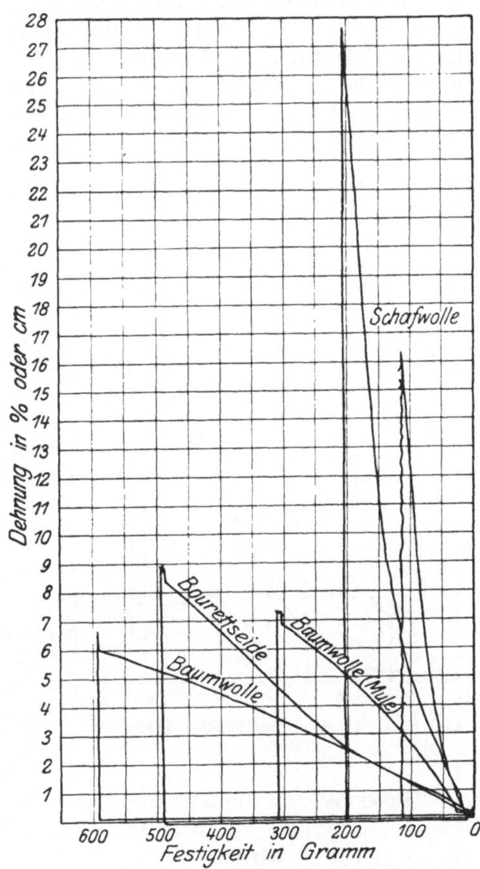

Abb. 213. Kraftdehnungslinie.

Arbeitsdiagramm. Das Arbeitsdiagramm wird durch die Fläche $ABCDA$ (s. Abb. 214) ausgedrückt, die durch die Kraftdehnungslinie AD, die Bruchlast AC und die Bruchdehnung DC umschlossen ist[2]. Diese

---

[1] Nach Leipz. Monatschr. Textilind. **1910**, 66. S. a. Marschik: Physikalisch-technische Prüfungen von Garnen und Geweben.

[2] Das Arbeitsdiagramm wird auch als „Zerreißdiagramm" bezeichnet, was indes zur Vermeidung von Mißverständnissen lieber vermieden werden sollte, da dadurch Verwechslungen entstehen können, insofern als Zerreißdiagramm auch die Kraftdehnungslinie bedeutet (s. S. 324).

Fläche, auch **Arbeitsfläche** genannt, gibt die **Zerreißarbeit** wieder, die beim Zerreißen eines Versuchskörpers aufgewendet wird (s. a. S. 319). Der **Völligkeitswert** von E. **Müller** η (Völligkeitswertziffer, Völligkeitsgrad, Zerreißungsquotient, nach **Marschik** auch **Zähigkeit** genannt) drückt die Beziehungen zwischen Dehnung und Belastung aus. $\eta = 0{,}5$ bedeutet Proportionalität zwischen Dehnung und Belastung; $\eta > 0{,}5$ bedeutet, daß die Belastung anfangs stärker zunimmt als die Dehnung; $\eta < 0{,}5$ bedeutet, daß die Dehnung anfangs stärker zunimmt als die Belastung. (Vgl. auch Abb. 212, in der die Fläche $AFCBA > 0{,}5$, die Fläche $AECBA < 0{,}5$.) Der Völligkeitswert η kann durch planimetrische Bestimmung der Arbeitsfläche $ABCDA$ und dann aus dem Verhältnis dieser (die Zerreißbarkeit wiedergebenden) Fläche zur Fläche des umschriebenen Rechtecks $ABCDEA$ berechnet werden:

$$\eta = \frac{ABCDA}{ABCDEA}.$$

Mit Hilfe des Völligkeitswertes η läßt sich der mittlere **Druck** P_m (auch als mittlere Belastung bezeichnet) berechnen:

$$P_m = \eta \cdot P_{\max},$$

wobei $P_{\max}$ die Bruchlast AC bedeutet. Umgekehrt läßt sich auch aus P_m und $P_{\max}$ der Wert η ermitteln.

$$\eta = \frac{P_m}{P_{\max}},$$

indem $P_{\max}$ unmittelbar aus dem Zerreißdiagramm abgelesen werden kann (AC), während P_m durch Planimetrieren der Arbeitsfläche als Höhe eines flächengleichen Rechtecks ($=$ mittlere Höhe) mit gleicher Basis DC ($=$ Dehnung) gefunden werden kann.

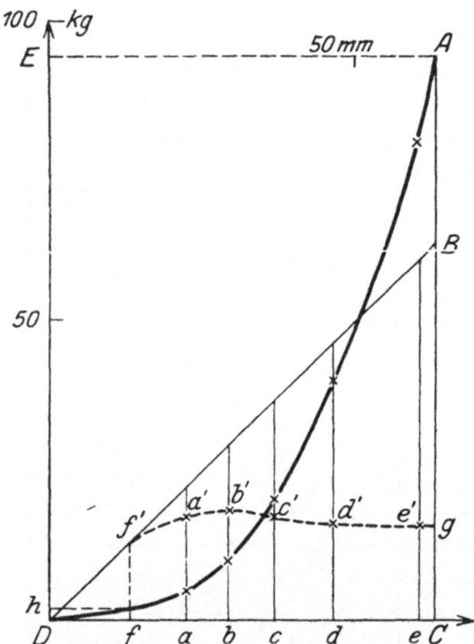

Abb. 214. Arbeits- und Elastizitätsdiagramm.

Diese Werte dienen zur Berechnung der Zerreißarbeit A; sie ist gleich der Arbeit, die von dem mittleren Druck P_m auf dem Dehnungswege geleistet wird:

$$A = P_m \cdot \delta_m = \eta \cdot P_{\max} \cdot \delta_m$$

(in mkg), wobei δ_m die Dehnung in m bedeutet.

Spezifische Zerreißarbeit oder Arbeitsmodul. Zum Vergleich der Arbeit, welche zum Zerreißen verschiedener Stoffe aufgewendet werden muß, wird nach dem Vorschlage **Hartigs** die aufgewendete Arbeit auf gleiche Masse (Gewicht) und gleiche Längen umgerechnet, und zwar bezeichnet man als **spezifische Zerreißarbeit,** A_0, oder als **Arbeitsmodul** die Arbeit in mkg, die zum Zerreißen von 1 g Stoff nötig ist:

$$A_0 = \eta \cdot P_{\max} \cdot \delta \cdot \frac{l}{g} = \eta \cdot P_{\max} \cdot \delta \cdot N = \eta \cdot R \cdot \delta \ (\text{mkg/g})$$

(wobei l die Länge in m, g das Gewicht in g, N die gramm-metrische Nummer, R die Reißlänge in km und δ ein Hundertstel der Bruchdehnung in % bedeutet).

Beispiel. Aus der graphischen Darstellung sei abgelesen, berechnet und ausplanimetriert (s. Abb. 214):

Die Arbeitsfläche $ABCDA$ durch Ausplanimetrieren . . . . . . = 1515 qmm.
Die Fläche des umschriebenen Rechtecks $ABCDEA$ durch Berechnung aus AC und DC . . . . = 5875 „ .
Die Völligkeitswertziffer $\eta = 1515/5875$ . . . . = 0,258.
Die mittlere Belastung $P_m = P_{max} \cdot \eta = 0,258 \cdot 94,0$ kg . . . . = 24,3 kg.

Die Zerreißarbeit $A = \eta \cdot P_{max}^{kg} \cdot \delta_m = \dfrac{0,258 \cdot 94,0 \cdot 62,5}{1000}$ . . . = 1,52 mkg.

Die spezifische Zerreißarbeit (Arbeitsmodul)

$$A_0 = \eta \cdot R_{km} \cdot \frac{\delta \%}{100} = \frac{0,258 \cdot 4,39 \cdot 17,4}{100} \quad \ldots \ldots \ldots = 0,197 \text{ mkg/g.}$$

(Die Reißlänge R berechnet sich aus der Bruchlast, 94000 g, und dem Metergewicht des Versuchsstreifens $428 \cdot 0,05 = 21,4$ g; $94000 : 21,4 = 4390$ Reißlänge in Metern oder 4,39 in Kilometern.)

Elastizitätsdiagramm. Die elastische Dehnung wird als Differenz der Gesamtdehnung (beim Belasten) und der bleibenden Dehnung (nach dem Entlasten) bei verschiedenen Belastungsstufen ermittelt. Das Verhältnis der elastischen Dehnung aa', bb' usw. zur entsprechenden Gesamtdehnung Da, Db usw. wird nach Hartig als Größe der Elastizität (für die jeweilige Belastungsstufe) bezeichnet: E (bei 5 kg Belastung) $= \dfrac{aa'}{Da}$; E (bei 10 kg Belastung) $= \dfrac{bb'}{Db}$; E (bei 20 kg Belastung) $= \dfrac{cc'}{Dc}$ usw. (s. Abb. 214).

Trägt man die elastischen Dehnungen (aa', bb', cc' usw.) als Ordinaten über den zugehörigen Gesamtdehnungen auf, so erhält man durch Verbindung der gefundenen Punkte durch eine Linie die sog. Elastizitätskurve oder die Grenzkurve der vollkommenen Elastizität (s. Abb. 214), die ein anschauliches Bild für das gesamte elastische Verhalten des Versuchskörpers während seiner Belastung von Null bis zum Bruch ergibt. Liegt vollkommene Elastizität vor, so wird die elastische Dehnung gleich der Gesamtdehnung, und man erhält als Elastizitätskurve eine 45°-Linie. Da vollkommene Elastizität den textilen Erzeugnissen nur bei sehr geringer Belastung eigen ist, wird beim Belasten sehr bald die Elastizitätsgrenze f' (s. Abb. 214) überschritten, und es tritt eine Teilung in elastische und bleibende Dehnung ein. Die durch $E = \dfrac{\delta_{el}}{\delta_{ges}}$ ausgedrückte Größe der Elastizität wird mit zunehmender Belastung immer kleiner. Aus dem Verlauf der ermittelten Elastizitätskurve läßt sich auf das E im Augenblick des Bruches schließen, indem man den Punkt g durch Verlängerung der Linie findet. In gleicher Weise ermittelt sich die Elastizitätsgrenze f' als Schnittpunkt des wahrscheinlichen Verlaufes der Elastizitätskurve (voraussichtlich keine Gerade, sondern eine Parabel) mit der 45°-Linie.

Der gesamte Elastizitätsgrad berechnet sich als Anteil der die elastische Dehnung darstellenden Fläche $Df'c'gCbD$ zur Fläche des die Gesamtdehnung (bzw. vollkommene Elastizität $= 1$) darstellenden 45^0-Dreiecks $DBCD$. Elastizitätsgrad $E_1 = \dfrac{Df'c'gCbD}{DBCD}$.

Vollkommen elastische Dehnung $= Df' = Df$ in % der Einspannlänge.

Grenzbelastung oder Tragmodul $L = Dh$ kg oder $Dh \cdot N$ km.

Elastizitätsmodul $E_2 = \dfrac{L \cdot \text{Anfangslänge}}{\text{vollk. elastische Dehnung}}$.

Beispiel. Probematerial: Baumwollriementuch, freie Einspannlänge (Kettrichtung) 360 mm, Streifenbreite 5 cm ($= 43$ Fäden), Quadratmetergewicht des Stoffes $= 428$ g. Gewicht des Versuchsstreifens (5 cm) pro m Länge $= 428 : 20 = 21,4$ g. Reißlänge des Versuchsstreifens demnach (bei der Bruchlast von 94 kg oder 94000 g) $= 94000 : 21,4 = 4390$ m oder 4,39 km.

Durch Belasten und Entlasten wurden folgende Dehnungen gefunden:

Tabelle 64.

Belastung in kg	Dehnung						Grad der Elastizität für die betreffende Belastungsstufe $= \dfrac{\text{elast. Dehnung}}{\text{Gesamtdehnung}}$
	gesamte		bleibende		elastische		
	mm	%	mm	%	mm	%	
5,0	22,2	6,2	4,9	1,4	17,3	4,8	0,780 [2]
10,0	29,3	8,1	10,8	3,0	18,5	5,1	0,632
20,0	36,9	10,2	19,5	5,4	17,4	4,8	0,472
40,0	46,4	12,9	30,3	8,4	16,1	4,5	0,347
80,0	60,5	16,8	44,5	12,4	16,0	4,4	0,264
Bruch 94,0	62,5	17,4	—	—	16,0	4,4 [1]	0,256

Die Elastizitätsgrenze (aus dem Diagramm abgelesen) $P_{el} = 1,2$ kg, $\delta_{el} = 13$ mm $= 3,6\%$.

Der Tragmodul L (ausgedrückt in kg) $= 1,2$ kg, L (ausgedrückt in Reißlänge) $= \dfrac{1,2 \cdot 100}{428 \cdot 5}$ oder $\dfrac{1,2}{21,4} = 0,056$ km $= 56$ m.

(428 g $=$ Quadratmetergewicht, 5 $=$ Breite des Streifens, 21,4 g $=$ Gewicht des 5 cm breiten Streifens pro Meter.)

Der Elastizitätsgrad
$$E_1 = \frac{\text{Fläche der elast. Dehnung}}{\text{Fläche der totalen Dehnung}}.$$

Fläche der elastischen Dehnung beträgt nach der Ausplanimetrierung . . . . $= 918$ qmm

Fläche der totalen Dehnung beträgt nach der Berechnung aus DB und DC . . . . . $= 1951$ qmm

$E = 918 : 1951$ . . . . $= 0,470$

Der Elastizitätsmodul
$$E_2 = \frac{L \cdot 100}{\delta_{el}\,\%} = \frac{0,056 \cdot 100}{3,6}. = 1,553 \text{ km.}$$

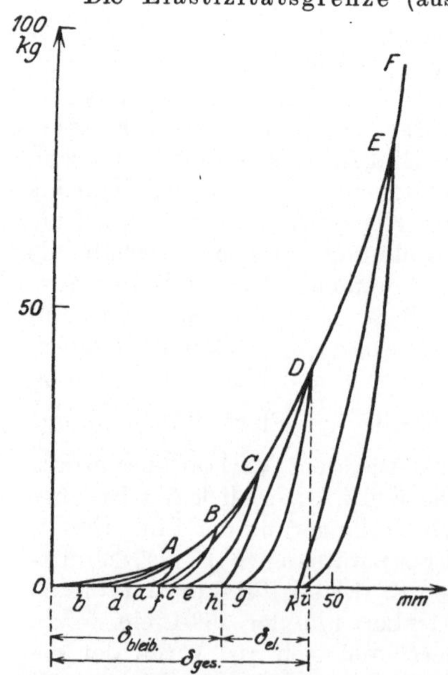

Abb. 215. Spezielles Elastizitätsdiagramm.

[1] Aus dem aufgestellten Diagramm graphisch ermittelt.

[2] Vollkommener Grad der Elastizität $= 1,000$.

Dasselbe Beispiel wird in Abb. 215 graphisch erläutert. Belastungsstufen: A bis E; aus diesen können die Gesamtdehnungen in Millimetern auf der Abszisse unmittelbar abgelesen werden. Punkte nach der endgültigen Entlastung: b, d, f, h und k; sie bilden die Grenzpunkte zwischen bleibender und elastischer Dehnung. Punkte unmittelbar nach der Entlastung, aber vor Eintritt der elastischen Nachwirkung (Hysterese), die während einer Dauer von etwa 2 Minuten eintritt: a, c, e, g und i.

Tabelle 65.

Be-lastungs-gewicht kg	Verlauf beim Be-lasten	Verlauf beim Ent-lasten	Gesamtdehnung, δ_{ges}, = Abmessung von O bis Schnitt-punkt (mit der Ab-szisse) des Lotes aus	Blei-bende Deh-nung δ_{bleib}	Elastische Nach-wirkung (Hyster-ese)	Elastische Dehnung δ_{el}
5 (A)	O—A	A—a—b	A	Ob	ab	
10 (B)	b—B	B—c—d	B	Od	cd	Gesamt-dehnung
20 (C)	d—C	C—e—f	C	Of	ef	minus
40 (D)	f—D	D—g—h	D	Oh	gh	bleibd.
80 (E)	h—E	E—i—k	E	Ok	ik	Dehnung
Bruch 94 (F)	K—F	—	F	—		

Nachstehend seien noch als Beispiel die Ergebnisse einer ziemlich ausführlichen Untersuchung von Baumwollgarnen und Geweben nach W. Frenzel[1] wiedergegeben. Die Garne der Tabelle 66 wurden zu den Geweben der Tabelle 67 verarbeitet.

Tabelle 66. Garne (für die Gewebe der Tabelle 67).

	Kett-garn	Schuß-garn
1. Metrische Nummer in m per g (schlichtefrei)	43	46,5
Englische Nummer.	25,5	27,5
2. Drehungen per inch	18 (r.)	13,5 (l.)
3. Drehungsgrad, engl.	3,5	2,6
4. Reißfestigkeit in g: Mittelwert	286	134
kleinster Wert	210	60
höchster Wert	375	180
Untermittel.	263	95
5. Ungleichmäßigkeit in der Festigkeit (Abweichung des Untermittels vom Gesamtmittel in Prozenten des Mittels)	8,1	29,0
6. Bruchdehnung in %	5,9	5,4
7. Reißlänge in km.	12,3	6,2
8. Völligkeitsgrad nach E. Müller (η)	0,470	0,455
9. Arbeitsmodulus in mkg per g	0,340	0,152

(berechnet nach der Formel:

$$A = \eta \cdot \frac{\delta}{100} \cdot R.$$

Wobei η = Völligkeitsziffer, d. i. das Verhältnis der Arbeitsfläche des Zerreißdiagramms zum umschließenden Rechteck; δ = die Bruchdehnung in %, R = Reißlänge in km).

---

[1] Frenzel, W.: Leipz. Monatschr. Textilind. **1924**, 103.

Tabelle 67. Gewebe (aus Garnen der Tabelle 66).

	A	B	C
1. Quadratmetergewicht in g	130	130	128,3
2. Bindungsart	leinwand- bindig	dreibind. Köper	vierbind. Köper
3. Anzahl Kettfäden per m	3250	3330	3285
„ Schußfäden per m.	2050	1925	1910
4. Reißfestigkeit in kg (Streifen von 5 cm, Fadenzahl in Klammern angegeben).			
Kettrichtung: Mittelwert	46,9	46,9	45,1
	(162)	(166)	(164)
kleinster Wert.	42,0	44,0	42,5
größter Wert	50,0	49,0	48,0
Schußrichtung: Mittelwert	18,7	17,9	17,3
	(102)	(96)	(95)
kleinster Wert	14,0	15,0	13,0
größter Wert	21,0	20,5	20,0
5. Größte Abweichung der Festigkeit in % vom Mittelwert: Kettrichtung	17,1	10,7	14,4
Schußrichtung	37,5	30,7	40,5
6. Bruchdehnung in %: Kettrichtung	14,5	11,6	8,4
Schußrichtung . . .	8,2	8,6	9,3
7. $\dfrac{\text{Gewebefestigkeit} \times 100}{\text{Garnfestigkeit} \times \text{Fadenzahl}}$ $\begin{cases}\text{Kettrichtung} \;.\\ \text{Schußrichtung} .\end{cases}$	100,4 151,0	99,1 137,1	96,4 127,3
8. „Mullentest" (Berstprobe) in kg per qcm .	6,5	6,9	9,2
	(S.)	(S.)	(S. u. K.)
9. Reißlänge in km in: Kettrichtung	7,21	7,21	7,04
Schußrichtung . . .	2,88	2,76	2,70
10. Völligkeitsgrad (η) Kettrichtung	0,277	0,3465	0,390
Schußrichtung . . .	0,400	0,338	0,336
11. Arbeitsmodulus in mkg per g in:			
Kettrichtung	0,289	0,290	0,231
Schußrichtung	0,0944	0,0798	0,0843
12. Gewichtsverteilung in %: Kette	65,7	66,6	66,4
Schuß	34,3	33,3	33,5
13. Reißlänge in bezug auf das „tragende Material": Kettrichtung	11,0	10,8	10,6
Schußrichtung.	8,38	8,24	8,02
14. $\dfrac{\text{Reißlänge d. Geweb. f. d. „trag. Mat." } \times 100:}{\text{Reißlänge des Garnes}}$			
Kettrichtung	89,5	87,9	86,2
Schußrichtung	135,0	133,0	129,0
15. Arbeitsmodulus für das „tragende Material" in mkg per g in: Kettrichtung . .	0,441	0,434	0,352
Schußrichtung. .	0,275	0,238	0,250
16. Maß des Einwebens in % in: Kettrichtung .	6,0	4,4	3,7
Schußrichtung	7,4	6,3	6,1

2. Versuchsbedingungen.

Wie bereits bemerkt, ist die Festigkeit eine sehr komplizierte Funktion aus den mannigfaltigsten Eigenschaften der Textilstoffe. Sie ist aber weiterhin auch keine konstante Größe für ein jeweiliges Versuchsmaterial, sondern in sehr erheblichem Maße abhängig von den jeweiligen Versuchsbedingungen. Da nun aber das Materialprüfungswesen anstrebt, die Festigkeit zu einer konstanten Größe für jeden Versuchskörper zu machen, ist es nicht nur erforderlich, die verschiedenen Einflüsse, auch in gradueller Beziehung, kennenzulernen, sondern auch die Versuchsbasis möglichst so genau festzulegen, d. h. zu normieren, daß die für ein Versuchsobjekt von verschiedenen Beobachtern ermittelten Festigkeitswerte möglichst gleichgroß sind.

Solange noch keine normalen Prüfungsgrundlagen für die Festigkeitsbestimmungen bestimmter Versuchsmaterialien vereinbart worden sind, sollten bei Angaben über Ergebnisse von Festigkeitsbestimmungen (außer dem zur Verwendung gekommenen Festigkeitsprüfer) mindestens angegeben werden: Anzahl der Einzelversuche, Abmessungen des Versuchsmaterials (Länge und gegebenenfalls Breite des Versuchskörpers), Luftfeuchtigkeit und Temperatur (bei denen die Versuche ausgeführt worden sind). Belastungsart und Zerreißgeschwindigkeit sollten bei gleichem oder ähnlichem Versuchsmaterial stets einheitlich gehalten werden.

Nachstehend seien einige Konventionsmethoden der RAL (Reichsausschuß für Lieferbedingungen) wiedergegeben, die als Norm dienen können.

RAL-Konventionsmethode für die Prüfung von Kunstseide auf Festigkeit und Dehnung (s. a. RAL, Nr. 380, B 2): Für jede Untersuchung werden aus verschiedenen Strängen mindestens 30 Bestimmungen gemacht, aus denen das Mittel berechnet wird. Alle Zugfestigkeitswerte sind auf 100 den. umgerechnet in dem Zeugnis neben den tatsächlich gefundenen Zahlen anzugeben. Die Proben sollen vor der Prüfung mindestens 24 Std. in einem Raum von 60% rel. Luftfeuchtigkeit bei 18 bis 22° C locker ausgebreitet frei aufgehängt und auch unter diesen Bedingungen gerissen werden. Gespulte Kunstseide muß vor der Aushängung in Strangform gebracht werden (s. a. u. Titerbestimmung der Kunstseide). Die trocknen Proben dürfen nur an den Enden angefaßt werden, um die Übertragung der Handfeuchtigkeit auf die zu reißenden Strecken zu vermeiden. Der Faden wird vor dem Einspannen in die Klemmen nicht mit der Hand, sondern durch ein Gewicht von Titer: 30 g straffgezogen. — Für Zugversuche an nassen Proben wird der Faden in dest. Wasser von 18 bis 22° C getaucht, in welchem er nach dem gänzlichen Untersinken noch mindestens 5 Min. bleiben soll. Dann wird er herausgenommen und sofort gerissen, wobei während des Zerreißvorganges das Wasser in Tropfenform aus dem Faden austreten muß. — Die Einspannlänge zwischen den Klemmen beträgt 50 cm. — Die konstante Geschwindigkeit der ziehenden Klemme während des Zerreißens beträgt 50 cm in der Minute. — Ergeben sich bei der Versuchsserie von 30 Einzelwerten einzelne, die mehr als 30% vom Mittelwert der übrigen abweichen, so ist die ganze Serie der 30 Einzelwerte zu verwerfen und eine neue Serie von 60 Einzelbestimmungen vorzunehmen. Ergeben sich auch hierbei wieder Werte, die mehr als 30% vom Mittelwert der übrigen abweichen, so sind sie als wirklich vorhanden anzusehen. — Zu einer vollständigen Beurteilung gehört auch die Angabe der Drehung und Zwirnung im Zeugnis.

RAL-Konventionsmethode für die Prüfung von Segeltuch auf Festigkeit u. a. m. (RAL, Nr. 391 A und 391 B): Aus dem Probestück sind 10 Probestreifen von je 50 cm Länge und 6 cm Breite zu schneiden, und zwar 5 in Richtung der Kette und 5 in Richtung des Schusses. Die Schußstreifen sind möglichst nicht unmittelbar nebeneinander zu entnehmen. Das Probestück sollte so groß gewählt werden, daß für eine zweite Versuchsreihe Reservestreifen mit denselben Fäden entnommen werden können. Alle Kettstreifen müssen mindestens 10 cm von der Kante entfernt entnommen werden. — Der Festigkeitsprüfer soll zuverlässig anzeigen. Die freie Einspannlänge beträgt 36 cm. An beiden Seiten eines jeden Streifens müssen die Fadenenden 0,5 cm breit vorstehen, so daß die verbleibende Streifenbreite 5 cm beträgt. Die Prüfung erfolgt bei einer rel. Luftfeuchtigkeit von 65%. Die Proben müssen mindestens 24 Std. in dieser Atmosphäre bei Zimmertemperatur frei aufgehängt gewesen sein. Die bewegliche Klemme des Apparates soll in der Minute eine Strecke von 10 cm zurücklegen. — Bestimmung der Fadenzahl: Die auf einer Strecke von 5 cm vorhandenen Fäden werden in Kette und Schuß an drei verschiedenen Stellen des Gewebes gezählt, und der Durchschnitt genommen. Die Stellen, an denen die Zählung vorgenommen wird, sollen voneinander mindestens 15 cm und von der Webekante mindestens 20 cm entfernt sein. — Bestimmung des Quatradmetergewichtes: Man stellt die Abmessungen eines rechtwinklig geschnittenen, mindestens ¼ qm großen Gewebeabschnittes durch mehrere Messungen genau fest, bestimmt sein Gewicht bei 65% Feuchtigkeit und berechnet daraus das Quadratmetergewicht.

Anzahl der Einzelversuche und wahrscheinlicher Fehler. Die Zuverlässigkeit der Ergebnisse darf vor allem nicht an dem Fehler der zu kleinen Zahl der Einzelversuche scheitern. Wie aus dem unter „Gleichmäßigkeit" (s. S. 319) Gesagten hervorgeht, sind die Textilrohstoffe und -erzeugnisse je nach Art des Rohstoffes und des Erzeugnisses immer mehr oder weniger ungleichmäßig. Da nun der Grad der Gleichmäßigkeit innerhalb außerordentlich weiter Grenzen schwanken kann, so können feste Normen darüber nicht allgemein aufgestellt werden, welche Anzahl von Einzelversuchen zur Erlangung eines zuverlässigen Wertes erforderlich ist. Man wird hier je nach Art des Versuchsmaterials und der beobachteten Gleichmäßigkeit desselben von Fall zu Fall verschieden vorgehen.

Bei den schematischen Garnprüfungen werden in der Regel mindestens 10 Einzelversuche ausgeführt, die nach Bedarf verdoppelt und vermehrfacht werden müssen. Bei Geweben werden in den gewöhnlichen Fällen je 5 Einzelversuche in der Kett- und in der Schußrichtung ausgeführt. Erweist sich das Versuchsmaterial als auffallend ungleichmäßig, so empfiehlt es sich in wichtigeren Fällen, die Versuche entsprechend weiter fortzusetzen. Handelt es sich besonders darum, die Gleichmäßigkeit selbst zu bestimmen, so dürften bei Garnen in der Regel 100, bei Geweben 50 Versuche erforderlich sein, um mit ausreichender Zuverlässigkeit den wahrscheinlichen Grad der Gleichmäßigkeit zu ermitteln.

Fisher[1] hat mit einem Garn 500 Reißversuche ausgeführt, diese in Versuchsreihen zu 20, 100, 200 und 300 Versuche eingeteilt, die mittleren Fehlergrenzen der Versuchsreihen berechnet und mit den mittleren Fehlergrenzen der gesamten 500 Versuche verglichen. Von je 20, 100, 200 und 300 Versuchen wurden die Mittel gezogen. Nach Fisher sind hierbei Abweichungen, die mehr als das Dreifache des für die 500 Versuche berechneten Fehlers betragen, erfahrungsgemäß als erheblich anzusehen. Bei Vergleich der Versuchsgruppen ergab sich, daß die Gruppen zu 20 und 100 Versuchen zu große Abweichungen von dem für 500 Versuche berechneten mutmaßlichen Fehler ergaben. Hingegen ergaben die Versuchsgruppen zu 200 und 300 Versuchen hinreichende Übereinstimmung in der mittleren Abweichung von dem für 500 Versuche berechneten Fehlermittel. Fisher kommt so zu dem Schluß, daß 200 Versuche genügen, um die Reißfestigkeit mit hinreichender Genauigkeit festzustellen. Eine Verallgemeinerung aus diesem Einzelfalle kann natürlich nicht gezogen werden, da, wie betont, die Anzahl der erforderlichen Einzelversuche von der inneren Gleichmäßigkeit des jeweiligen Versuchsmaterials abhängt.

---

[1] Fisher: Text. Recorder **1922**, 41 (nach Mell. Text. **1922**, 431). Es fehlen in dem Referat leider die Angaben über die Art des Versuchsgarnes.

Der wahrscheinliche Fehler des arithmetischen Mittels läßt sich annähernd nach folgender abgekürzten Formel berechnen:

$$f = \pm \frac{1{,}25 \cdot d}{1{,}48 \sqrt{n-1}},$$

wobei d = die durchschnittliche Abweichung des Einzelversuchs vom Mittel (Gleichmäßigkeit 2. s. S. 322) und n = die Anzahl der Einzelversuche bedeutet. Ist z. B. $d = 20\%$, so ergeben sich bei folgenden Versuchszahlen folgende wahrscheinliche Fehler des arithmetischen Mittels[1]:

Bei	10	Versuchen	$f =$	$\pm\, 5{,}63\%$
,,	20	,,	$f =$	$\pm\, 3{,}88\%$
,,	50	,,	$f =$	$\pm\, 2{,}42\%$
,,	100	,,	$f =$	$\pm\, 1{,}70\%$
,,	200	,,	$f =$	$\pm\, 1{,}20\%$
,,	500	,,	$f =$	$\pm\, 0{,}76\%$
,,	1000	,,	$f =$	$\pm\, 0{,}54\%$ usw.

Man sieht hieraus, daß sich tatsächlich bei einem bestimmten Punkt ein Mehraufwand an Arbeit nicht mehr lohnt und in keinem Verhältnis zu der größeren Genauigkeit steht.

Einspannlänge. Die erforderliche Einspannlänge steht mit der Länge der Elementarfasern oder der Faserbündel in enger Beziehung. Ist die Einspannlänge kleiner als die Faserlänge, so wird ein Teil der Fasern an beiden Enden festgeklemmt und auf jeden Fall zerrissen, während die übrigen Fasern aneinander vorbeigleiten oder auch noch teilweise reißen. Der Gleitwiderstand kann höchstens die Bruchfestigkeit erreichen, d. h. der Faden muß reißen, wenn die Gleitreibung größer wird als ihre eigene Festigkeit. Im allgemeinen wird also der Gleitwiderstand kleiner als die Bruchfestigkeit der Faser sein. Je mehr Fasern direkt zerrissen werden, desto größer muß die Bruchbelastung sein. Nach der Wahrscheinlichkeit müssen um so mehr Fasern beiderseitig eingespannt werden, je kleiner die Einspannlänge im Vergleich zur Faserlänge ist. Ist die Faserlänge $= L$, so muß die Einspannlänge x auf die Bruchbelastung den Einfluß haben, daß bei $x = L$ die geringste und bei $x = 0$ die größte Bruchlast gefunden wird. Bei $x > L$ müßten sich dieselben Werte wie für $x = L$ ergeben. Dieses entspricht aber durchaus nicht der Wirklichkeit. Denn erstens schwankt die Reibungsziffer in weiten Grenzen, und zweitens ist die Anzahl der Einzelfasern und damit der Fadenquerschnitt durchaus nicht in allen Stellen gleich groß. Zahlreich angestellte Versuche ergaben, daß die Abnahme der Reißlängen durch eine hyperbelartige Kurve dargestellt werden kann. Abb. 216 zeigt eine solche von Schneider ermittelte Kurve.

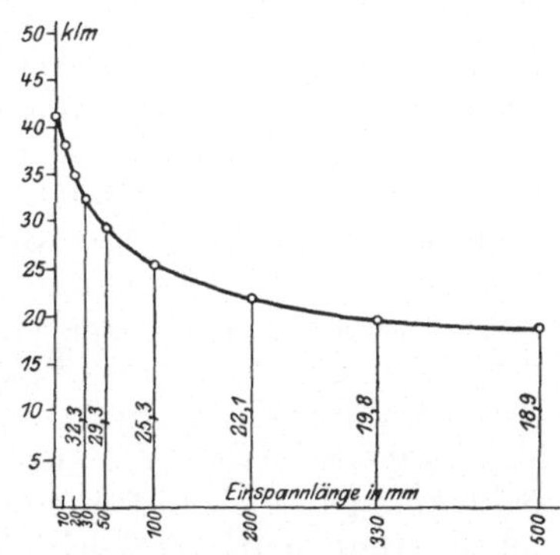

Abb. 216. Einfluß der Einspannlänge auf die Reißlänge (nach Schneider).

---

[1] Nach H. Sommer: Leipz. Monatschr. Textilind. **1924**, 381.

Für 60er Flachsgarn, Naßgespinst, vollweiß, gebleicht waren die Reißlängen bei einer Einspannlänge von

0	10	20	30	50	100	200	330	500 mm
41,4	37,8	34,6	32,3	29,3	25,3	22,1	19,8	18,9 km

Nach im Materialprüfungsamt gelegentlich ausgeführten Festigkeits- und Dehnungsbestimmungen mit drei Towgarnen bei 180 und 1000 mm Einspannlänge wurden folgende Werte erhalten:

Tabelle 68.

	Gewicht pro 100 m Garn in g	Reißlänge in km bei		Dehnung in % bei	
		180 mm	1000 mm	180 mm	1000 mm
		Einspannlänge		Einspannlänge	
Towgarn 1	28,3	22,55	17,5	5	3,6
„ 2	32,0	19,2	16,5	5,8	4,5
„ 3	30,91	18,4	15,95	4,3	3,8

Außer den zum Ausdruck gebrachten Gesichtspunkten hängt die Wahl der Einspannlänge noch davon ab, ob man sich von der absoluten Festigkeit oder der Gleichmäßigkeit ein Bild machen will. Kurze Fadenstrecken werden mehr Höchstwerte, längere dagegen mehr Kleinstwerte liefern. Die absolute Festigkeit interessiert besonders bei Prüfungen im Laboratorium, wenn man feststellen will, um wieviel ein homogenes Gebilde durch chemische, physikalische und mechanische Behandlungen beim Waschen, Bleichen, Färben, Drucken, Appretieren, Erschweren usw. geschwächt worden ist. Für diese Fälle dürfte der allgemein eingeführte Mittelwert von 200 mm Einspannlänge bei Baumwoll- und gebleichtem Leinengarn, sowie erschwerten Seiden recht brauchbar sein. Dagegen muß für die Beurteilung der praktischen Brauchbarkeit (Scheren, Bäumen, Schlichten und Weben) die Einspannlänge möglichst groß genommen werden, weil der Faden tatsächlich über lange Strecken frei ausgespannt ist und stark beansprucht wird. Bei Kammgarnen sollte man nicht unter eine Einspannlänge von 300 mm gehen, wenn man vergleichbare Werte erhalten will[1]. Eine Einspannlänge von 500 mm ist meist gerechtfertigt und kann als normale gelten; mitunter wird sogar eine Einspannlänge von 1000 mm genommen.

Über die üblichen Abmessungen bei Gewebeprüfungen s. weiter unten (Technik der Festigkeitsbestimmungen).

Die Umrechnung von ermittelten Festigkeitswerten für eine bestimmte Einspannlänge in die entsprechenden Werte von einer anderen Einspannlänge ist nicht möglich, weil die Gesetzmäßigkeiten für die verschiedenen Erzeugnisse noch nicht erkannt sind (Art des Rohmaterials, Art der Verarbeitung). Bei Geweben hat die Einspannlänge keinen nennenswerten Einfluß auf die Festigkeitswerte, sobald die gewählte Einspannlänge größer ist als die Faserlänge. Bei Tuchen aus Streichgarn und Baumwollgeweben wird deshalb bei 30, 36 cm. usw.

---

[1] Textile Forschung **1922**, 36 (nach J. Text. Inst. **1921**, 337).

praktisch die gleiche Festigkeit gefunden werden. Die Dehnung wird dabei in höherem Maße beeinflußt, weil hierbei der Webprozeß eine Rolle spielt.

Zerreißgeschwindigkeit. Nach Alt[1] hat man zu unterscheiden zwischen a) Belastungsgeschwindigkeit und b) Dehnungsgeschwindigkeit. Unter der ersteren versteht man den Zuwachs der Belastung, unter der letzteren den Zuwachs der Dehnung in der Zeiteinheit. Um einwandfreie, miteinander vergleichbare Werte zu erhalten, sollte die Belastungsgeschwindigkeit konstant gehalten werden, die Belastung sollte stetig sein. Umgekehrt können Versuche mit konstanter Dehnungsgeschwindigkeit nicht unbedingt zuverlässige und miteinander vergleichbare Ergebnisse liefern, da die Dehnung in erster Linie von den Eigenschaften des Versuchsmaterials abhängt. So wird z. B. ein sehr weiches und dehnbares Material bei einer gewissen Dehnungsgeschwindigkeit eine verhältnismäßig geringe Belastungsgeschwindigkeit ergeben, während ein hartes und sprödes Material bei der gleichen Dehnungsgeschwindigkeit eine außerordentlich große Belastungsgeschwindigkeit und daher ein unzuverlässiges Versuchsergebnis zur Folge haben würde. Die Reißgeschwindigkeit soll aber auch bei technischen Versuchen eine gewisse Größe haben, um die Versuche in kurzer Zeit durchzuführen. Da nun Reißfestigkeit und Dehnung von der Reißgeschwindigkeit abhängig sind, so ist letztere wiederum in bestimmten Grenzen zu halten.

Die Durchführung der gleichmäßigen Belastungszunahme ist nun bei allen Apparaten verhältnismäßig einfach, bei denen die Last, die an dem Versuchsstück wirkt, tatsächlich gleichmäßig um einen bestimmten Betrag vermehrt werden kann. Das beste Beispiel hierfür ist der Festigkeitsprüfer von Krais (s. weiter unten), bei welchem aus einer Bürette Wasser in einen Tiegel tropft. Die in der Praxis meist benutzten Apparate arbeiten jedoch nach einem anderen Grundsatz: Hier wird nicht eine gleichmäßige Belastungszunahme vorgenommen, sondern es wird ein möglichst gleichmäßiger Zug auf das untere Ende des Versuchsstücks ausgeübt, dessen oberes Ende daraufhin ein Gewicht hebt. Die Belastungszunahme richtet sich hier nach den mechanischen Eigenschaften des Versuchsstücks, d. h. der Geschwindigkeit, mit der es sich durch Dehnung verlängert. Alt[2] hat geeignete Vorrichtungen angegeben, wie man trotzdem eine gleichmäßige Belastungszunahme erzielen kann, doch ist es praktisch unmöglich, die Geschwindigkeit dauernd einzuregulieren. Es bleibt deshalb für die Praxis nur übrig, konstante Abzugsgeschwindigkeit der unteren Klemme zu wählen und eine konventionelle Übereinkunft zu schaffen, die sich darauf beschränkt, praktisch brauchbare Vergleichswerte zu liefern. Sämtliche öffentlichen Seidentrocknungsanstalten in allen europäischen Staaten, die durchweg mit den Apparaten der italienischen Firma „Società Anonima per la Stagionatura e l'Assaggio delle Sete ed Affini" in Mailand ausgerüstet sind, arbeiten mit einer Geschwindigkeit

---

[1] S. a. die ausführliche Studie von Alt: Textile Forschung **1919**, 26ff.
[2] Alt a. a. O.

der unbelasteten unteren Klemme von 80 cm in der Minute. Von
einer großen Zahl deutscher Kunstseidenfabriken, Warenprüfungs-
anstalten und Forschungsinstituten, die durch den Reichsausschuß
für Lieferbedingungen (RAL) zur Stellungnahme aufgefordert worden
sind, wurde dagegen eine Einigung auf eine Abzugsgeschwindigkeit
der unbelasteten unteren Klemme von 50 cm in der Minute herbeigeführt (s. a. S. 331).

Die Abweichung der Prüfungsergebnisse untereinander bei verschiedener
Zerreißgeschwindigkeit (Prüfungsgeschwindigkeit, Arbeitsgeschwindig-
keit) ist bei der Untersuchung von Textilstoffen mitunter so erheblich, daß
schon sehr oft Unstimmigkeiten beim Vergleich von Versuchsergebnissen, die
durch verschiedene Beobachter gewonnen waren, auftraten. So berichtet z. B.
Alt über Zerreißversuche mit Gurten, bei denen je nach der Belastungsgeschwindigkeit Festigkeitswerte zwischen 261 und 425 kg erhalten wurden, während
die geforderte Festigkeit 350 kg betrug. Je nach der eingehaltenen Zerreißgeschwindigkeit führte die Untersuchung der Gurte bei einigen Prüfstellen zu einer
Zulassung, bei anderen zu einer Verwerfung des gleichen Gurtes.

Über den Einfluß der Reißgeschwindigkeit auf die Festigkeit von Kunstseide
hat neulich Weltzien[1] berichtet. Er arbeitete mit Reißgeschwindigkeiten von
10, 30 und 50 cm Geschwindigkeit in der Minute, konnte aber eine bestimmte
Gesetzmäßigkeit nicht ermitteln. So war der Unterschied z. B. bei Viskoseseiden
bei einer Luftfeuchtigkeit von 60% verhältnismäßig gering (z. B. 123,5; 125,9;
129,1 g Festigkeit auf 100 den.). Bei anderen Viskoseseiden und wiederum 60%
Luftfeuchtigkeit waren die Unterschiede erheblicher (z. B. 104,3; 108,6; 115,9 g
Festigkeit auf 100 den.). Bei 80% Luftfeuchtigkeit war der Unterschied auch bei
letzterer Kunstseide wieder unerheblich (87,9; 90,4; 93,8 g Festigkeit auf 100 den.
umgerechnet). Die Ursachen sind hier noch nicht geklärt.

Bei Festigkeitsprüfern mit Handbetrieb ist konstante Belastung
sehr schwer zu erreichen. Druckwasserantrieb, Antrieb durch konstant laufende Wellen oder Elektromotoren verdienen infolgedessen
den Vorzug.

Zur Kontrolle der Belastungsgeschwindigkeit für wissenschaftliche
Zwecke würde ein Diagramm dienen können, in welchem die Belastung P als
Ordinate und die Zeit t als Abszisse abgetragen ist. Hierzu verwendet man einen
Apparat, der während des Versuchs das Diagramm aufzeichnet. Eine zylindrische
Trommel, auf deren Umfang das Diagramm aufliegt, wird durch ein Uhrwerk
gleichförmig gedreht, während ein parallel der Trommelachse verschiebbarer
Schreibstift die Änderung der Belastung anzeigt. Die Bewegung des Schreibstiftes
muß proportional der Belastung erfolgen[2]. Durch Beobachtung des Schreibstiftes
und entsprechendes Regulieren der Belastung der Maschine kann man auf solche
Weise eine nahezu völlig konstante Belastungsgeschwindigkeit erzielen. Die resul-
tierende Diagrammkurve kann man als eine Gerade ansehen, deren Neigungswinkel
eine für das untersuchte Material konstante Größe, die Materialkonstante,
darstellt. Diese gibt einen Maßstab, in welchem Grade die Festigkeit von der
Belastungsgeschwindigkeit abhängt und ist von Alt für eine Reihe von Materialien ermittelt worden (s. Originalarbeit von Alt a. a. O.).

Über die Anfangsbelastung s. weiter unten unter Technik der
Festigkeitsbestimmungen S. 354.

Luftfeuchtigkeit und Temperatur. Wie bereits ausgeführt (s. S. 236),
übt die Luftfeuchtigkeit nicht nur einen erheblichen Einfluß auf den
Feuchtigkeitsgehalt und somit auf das Gewicht der Textilstoffe (Garn-

---

[1] Weltzien: Mell. Text. **1929**, 453 ff.
[2] Solche Apparate baut die Firma Louis Schopper, Leipzig.

nummer) aus, sondern auch auf ihre physikalischen Eigenschaften. Die bisherigen Versuche haben gezeigt, daß dieser Einfluß bei genauen Prüfungen nicht außer acht gelassen werden darf. Alle auf Genauigkeit Anspruch erhebenden Festigkeitsprüfungen müssen deshalb bei einer gewissen normalen Feuchtigkeit der Luft ausgeführt oder auf eine solche bezogen werden; Vergleichsversuche müssen mindestens bei möglichst gleicher Luftfeuchtigkeit ausgeführt werden. In geringerem Grade gilt das Gesagte auch von der Temperatur des Arbeitsraumes.

Normale Luftfeuchtigkeit. Eine allgemein anerkannte „normale Luftfeuchtigkeit" gibt es zur Zeit noch nicht. Zur Aufstellung der europäischen Usancen nahm Turin seinerzeit eine Luftfeuchtigkeit von 60% als normal an. Dies ist aber offenbar zu wenig. Vielfach wird 65, auch 70% angenommen. A. Rosenzweig[1] empfiehlt für den internationalen Handel die Durchschnittsfeuchtigkeit von Italien, Tokio, New-York und Lyon anzunehmen, die er zu rund 70 berechnet: $(64 + 75{,}5 + 73 + 65):4 = 69{,}4$. Für rein europäische Verhältnisse dürften 65% angemessenerweise als normale Luftfeuchtigkeit gelten. Das Materialprüfungsamt in Berlin-Dahlem führt sämtliche Festigkeitsversuche bei 65% Luftfeuchtigkeit und bei Zimmertemperatur von etwa 18 bis 20⁰ C aus. Diesen Normen hat sich auch seit längeren Jahren das „Bureau of Standards" in Washington angeschlossen. Garne und Gewebe sollten vor Ausführung der Versuche längere Zeit der betreffenden Feuchtigkeit und Temperatur ausgesetzt werden. In Anbetracht der sehr langsamen Anpassung der Faserstoffe an die Luftfeuchtigkeit wird in dieser Beziehung vielfach stark gesündigt (s. a. S. 250 Schaposchnikoffs Versuche).

Systematische Studien über den Einfluß der Luftfeuchtigkeit auf die Festigkeitseigenschaften der Textilstoffe haben u. a. ausgeführt: Willkomm, Barwick, Hardy u. a. m.

Willkomm[2] zeigt in Schaulinien die Beziehungen zwischen Bruchlast, Reißlänge, Dehnung, Nummer von Faserbündeln und der jeweiligen Luftfeuchtigkeit. Bei der Baumwollfaser steigt die Bruchlast und Reißlänge mit zunehmender Luftfeuchtigkeit von 40 bis 80% um rund 30%, um dann wieder etwas zu sinken. Nach neueren Versuchen von J. Obermiller trifft dies nicht zu. Es ist auch demgemäß anzunehmen, daß die Festigkeit der Fasern durchweg in einem bestimmten Verhältnis zu ihrem wachsenden Feuchtigkeitsgehalte entweder stets zunimmt oder stets abnimmt, je nach der Art der Fasern[3]. Die Dehnbarkeit der Baumwolle ist bei der höchst angewandten Feuchtigkeit (92% rel. Feuchtigkeit) am größten. Flachs zeigt gleichfalls mit zunehmender Luftfeuchtigkeit eine Zunahme der Bruchlast und Reißlänge um etwa 30%. Die Zunahme erfolgt besonders auffallend bei 70 bis 90% Luftfeuchtigkeit. Die Dehnbarkeit steigt gleichfalls bis

---

[1] Rosenzweig, A.: Mell. Text. **1929**, 365.

[2] Willkomm: Leipz. Monatschr. Textilind. **1909**, H. 8ff.: Beiträge zur Frage der Luftbefeuchtung in Spinnereien und Webereien. S. a. unter Konditionierung S. 249.

[3] Obermiller, J.: Mell. Text. **1926**, 167.

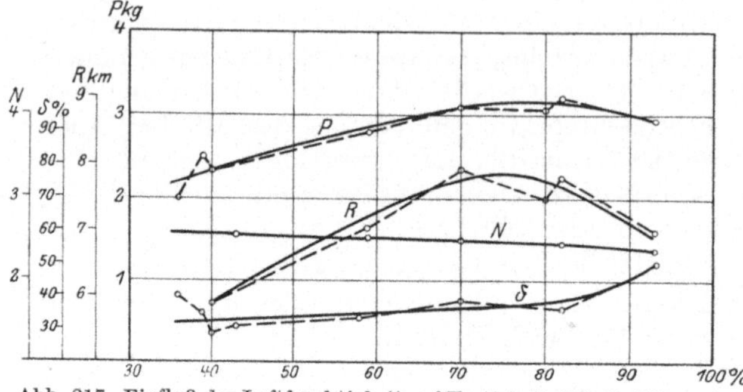

Abb. 217. Einfluß der Luftfeuchtigkeit auf Festigkeit (*P*), Reißlänge in km (*R*), Nummer (*N*) und Dehnung (δ) der Baumwolle. (Nach Willkomm.)

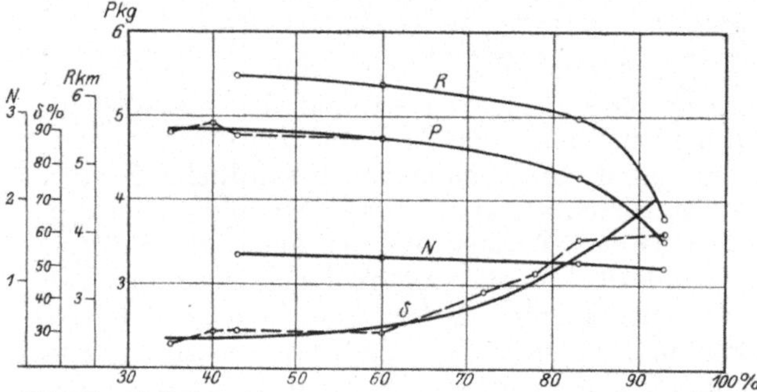

Abb. 218. Einfluß der Luftfeuchtigkeit auf Festigkeit (*P*), Reißlänge (*R*), Nummer (*N*) und Dehnung (δ) der Schafwollfaser. (Nach Willkomm.)

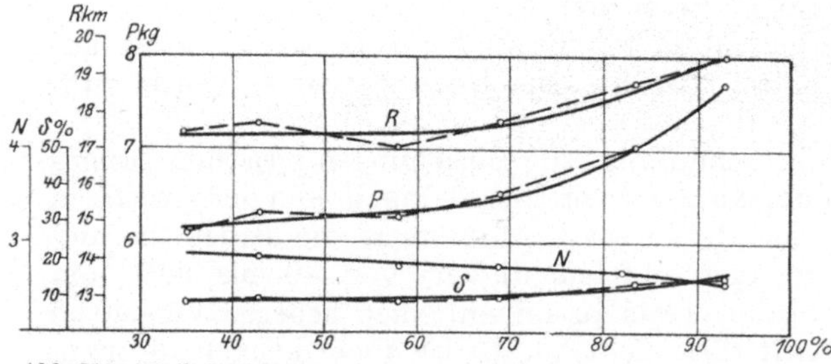

Abb. 219. Einfluß der Luftfeuchtigkeit auf Festigkeit (*P*), Reißlänge (*R*), Nummer (*N*) und Dehnung (δ) der Flachsfaser. (Nach Willkomm.)

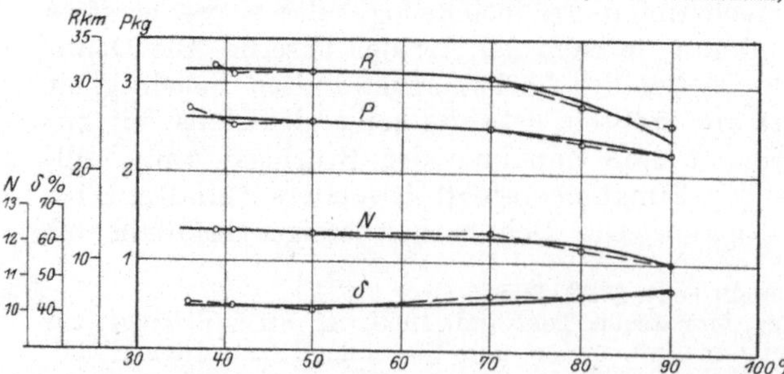

Abb. 220. Einfluß der Luftfeuchtigkeit auf Festigkeit (*P*), Reißlänge (*R*), Nummer (*N*) und Dehnung (δ) der Seide. (Nach Willkomm.)

zur Luftfeuchtigkeit von 90%, aber nur ganz schwach. Die Schafwolle zeigt bei 35% rel. Feuchtigkeit die größte Festigkeit, die mit zunehmender Feuchtigkeit um etwa 20% abnimmt. Die Dehnbarkeit des Wollhaares nimmt dagegen mit steigender Feuchtigkeit bis zu 90 bis 95% ununterbrochen zu. Die Seide nimmt an Festigkeit und Reißlänge bei steigender Luftfeuchtigkeit allmählich, von 70% Feuchtigkeit merklicher, bis zu 25% ab. Die Dehnbarkeit der Seide nimmt mit wachsendem Wassergehalt der Luft zu und ist bei 90 bis 95% am höchsten.

Willkomm bediente sich zur Messung der Zerreißfestigkeit der Faserbündel, die er einem Vorgespinst des jeweiligen Materials (bei Seide dem fertigen Gespinst) entnommen hatte. Den ermittelten absoluten Werten wurde hierbei kein besonderes Interesse beigemessen, sondern lediglich dem Verlauf der Kurve; deshalb wurde die Reduktion der gewonnenen Resultate auf die Einzelfaser nicht vorgenommen (siehe Abb. 217 bis 220).

Die Versuche von Barwick[1] sind mit Geweben aus Baumwolle, Leinen und Wolle ausgeführt worden und in nachstehenden graphischen Darstellungen wiedergegeben (siehe Abb. 221). Nach Barwick verlaufen die Kurven sämtlich geradlinig (bis zu der Luftfeuchtigkeit von 82 bis 85%), während nach Willkomm bei Baumwolle über 80% Luftfeuchtigkeit ein Sinken der Kurve einsetzt. Bei Wolle findet Willkomm hinter 82% Luftfeuchtigkeit gleichfalls einen schnelleren Abfall, bei Flachs ein schnelleres Aufsteigen der Festigkeitswerte, was bei Barwick nicht der Fall ist. Im übrigen besteht aber zwischen diesen beiden Beobachtern eine recht gute Übereinstimmung. Die Untersuchungen von Hardy[2] decken sich mit denjenigen von Willkomm und Barwick insofern nicht, als nach Hardy die Festigkeit von gereinigter und ungereinigter Wolle von 40 bis 80% Luftfeuchtigkeit abnimmt und von da bis zur Sättigung wieder etwas zunimmt. Die Dehnung nimmt von 40 bis 80% Luftfeuchtigkeit zu und von da bis zur Sättigung ab.

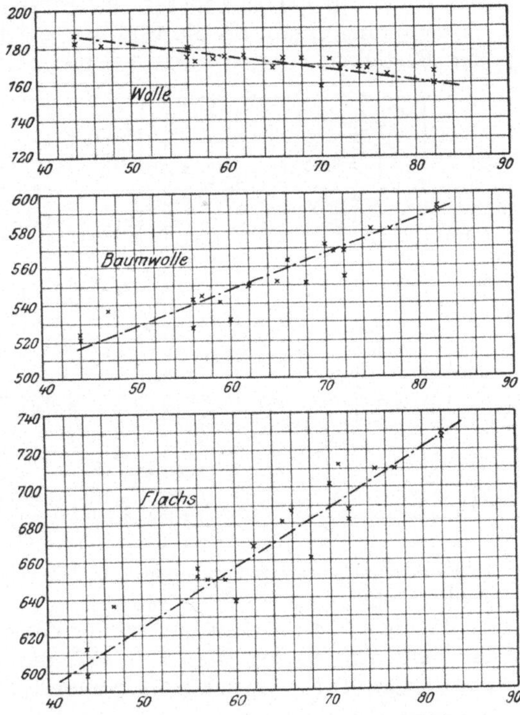

Abb. 221. Einfluß der Luftfeuchtigkeit auf Festigkeit von Wolle, Baumwolle und Flachs. (Nach Barwick.)

In neuerer Zeit haben sich verschiedene Forscher der Spezialfrage zugewandt, welchen Einfluß die Luftfeuchtigkeit besonders auf die Kunstseide ausübt. So haben Weltzien[3] einerseits und King und John-

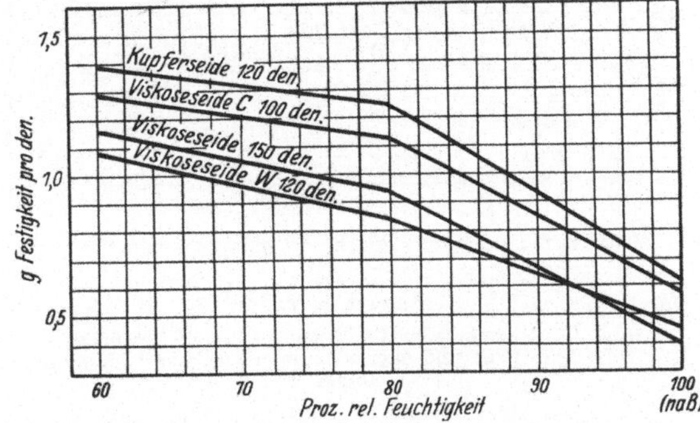

Abb. 222. Einfluß der Luftfeuchtigkeit auf Festigkeit von Kupfer- und Viskosekunstseiden. (Nach Weltzien.)

[1] Barwick: J. Soc. Dy. and Col. **1913**, 13. The influence of humidity on the count of Yarn and the Strength of Cloth. — The Handbook of the Manchester Chamber of Commerce. Testing House and Laboratory 1913.

[2] Hardy: Nach Chem. Zentralbl. **1920**, 415. Textile Forschung **1921**, 49.

[3] Weltzien, W.: Mell. Text. **1929**, 453.

22*

son[1] andrerseits umfangreiche Studien hierüber angestellt, bei denen sich trotz erheblicher äußerer Differenzen insofern eine ganz gute Übereinstimmung ergab, als die Einflüsse der Luftfeuchtigkeit, in Prozenten der Festigkeit ausgedrückt, bei gleichen Kunstseidenarten annähernd gleich waren. Die Ergebnisse von Weltzien, sowie King und Johnson sind in den Abb. 222 bis 226 graphisch wiedergegeben und beziehen sich auf je 1 Denier. Sie verlaufen fast linear.

Es sei noch bemerkt, daß zwar als Normalfeuchtigkeit im allgemeinen eine solche von 65% gilt, daß aber der Reichsausschuß für Lieferbedingungen (RAL) für Kunstseiden eine solche von nur 60% festgelegt hat, weil die festgesetzte Reprise für Kunstseiden (s. u. Konditionierung) von 11% für 65% als zu gering erkannt worden ist und man durch Herabsetzung der Luftfeuchtigkeit diese Fehler kompensieren wollte[2].

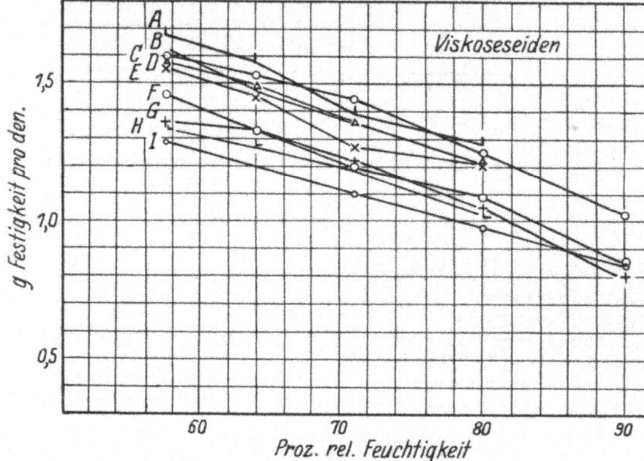

Abb. 223. Einfluß der Luftfeuchtigkeit auf Festigkeit der Viskose-Kunstseiden. (Nach King und Johnson.)

Bei dem fast linearen Verlauf der Festigkeitswerte bei Feuchtigkeiten der Luft von 60 bis 80% läßt sich durch Interpolation eine Umrechnung der Festigkeit für andere Luftfeuchtigkeiten vornehmen.

King und Johnson sowie Weltzien haben hierfür Umrechnungsfaktoren aufgestellt, und zwar sowohl für die rel. Feuchtigkeit von 60 als auch 66%. Das Ergebnis dieser Umrechnung geben Abb. 225 und 226 wieder.

Die Unterschiede in der Festigkeit betragen zwischen 60 und 66% Luftfeuchtigkeit nur rund 5% und können bei vielen technischen Prüfungen vernachlässigt werden, wenn kein ausreichend regulierbarer Feuchtraum zur Verfügung steht (sog. „Klimaraum"). Für die Bruchdehnung läßt sich zur Zeit noch keine ähnliche Umrechnung vornehmen wie für die Festigkeit, weil die bisherigen Ergebnisse

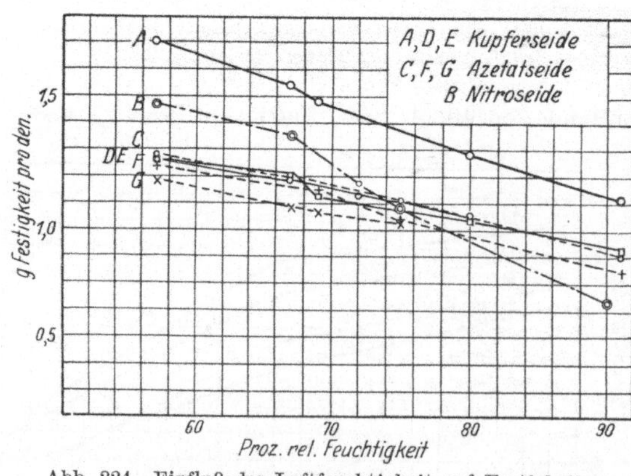

Abb. 224. Einfluß der Luftfeuchtigkeit auf Festigkeit von Kupfer-, Nitro- und Azetatkunstseiden. (Nach King und Johnson.)

barer Feuchtraum zur Verfügung steht (sog. „Klimaraum"). Für die Bruchdehnung läßt sich zur Zeit noch keine ähnliche Umrechnung vornehmen wie für die Festigkeit, weil die bisherigen Ergebnisse

<hr>

[1] King u. Johnson: J. Soc. Dy. and Col. 1928, 346.
[2] RAL 380 B, Prüfung von Kunstseide 1928, S. 14. Berlin: Beuth-Verlag.

noch schwankend und unsicher sind. Zwischen 60 und 80% Luftfeuchtigkeit liegen die Dehnungen der Kunstseiden so nahe beieinander, daß die Unterschiede bei technischen Untersuchungen vernachlässigt werden können.

Da nicht jeder Prüfraum mit Luftfeuchtigkeitsreglern ausgestattet ist, schlug Marschik[1] schon früher vor, die Festigkeitsuntersuchungen bei den im Prüfraume jeweils herrschenden Feuchtigkeitsverhältnissen durchzuführen und die gefundenen Versuchswerte auf den „normalen" Feuchtigkeitsgehalt umzurechnen. Hierzu sollten die bisherigen Versuche erweitert und vertieft werden, um jene Beziehungen abzuleiten, welche geeignet sind, den Zusammenhang zwischen

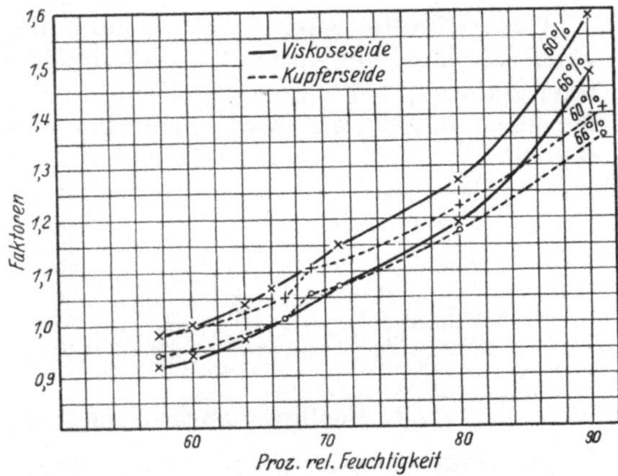

Abb. 225. Umrechnungsfaktoren für Viskose- und Kupferkunstseide. (Nach Weltzien.)

der Festigkeit der Textilstoffe und der Luftfeuchtigkeit allgemein zu erkennen und die Festigkeit aus irgendeiner Untersuchung für einen beliebigen, demnach auch für den als „normal" festgesetzten Feuchtigkeitsgehalt umrechnen zu können.

Für besondere technische und wissenschaftliche Zwecke wird die Festigkeit von Textilstoffen mitunter auch in absolut trockenem Zustande zu bestimmen sein. Man verfährt in solchen Fällen in der Weise, daß die fertig vorbereiteten Fäden oder Gewebestreifen bei etwa 105 bis 110° C bis zur Konstanz getrocknet und dann jedes einzelne Versuchsstück aus dem Trockenschrank herausgenommen und schnell auf Festigkeit geprüft wird. Hierzu ist etwa ½ Minute erforderlich

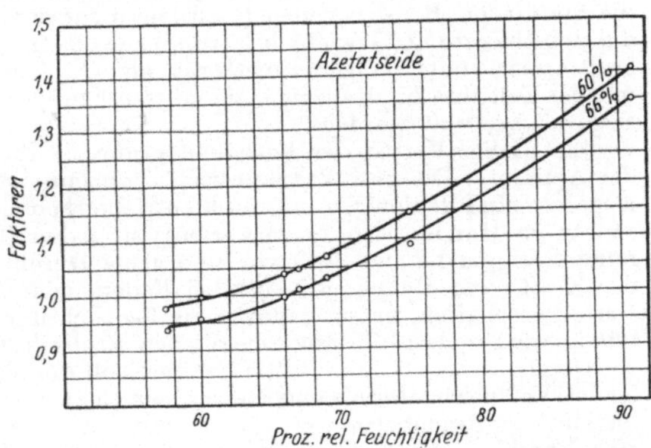

Abb. 226. Umrechnungsfaktoren für Azetatseide. (Nach Weltzien.)

und die während dieser Versuchszeit wieder aufgenommene Feuchtigkeit so unerheblich, daß sie kaum einen Einfluß auf die Ergebnisse ausüben dürfte. Einige amerikanische Gummifabriken sollen Einrichtungen geschaffen haben, bei denen die Versuchsstücke auch in absolut trockenem Zustande während des Reißver-

---

[1] Marschik: Leipz. Monatschr. Textilind. **1913**, 220. Die Festigkeit der Gespinste und Gewebe bei „normalem Feuchtigkeitsgehalt".

suchs gehalten werden. Die Hände des Versuchsausführenden werden dabei mittels luftdicht abschließender Gummimanschette in dem vollkommen ausgetrockneten Raume (in dem sich der Apparat befindet) frei bewegt, so daß das zu zerreißende Versuchsstück unter völligem Feuchtigkeitsausschluß eingespannt und zerrissen werden kann.

3. Naßfestigkeit.

Unter „Naßfestigkeit" versteht man die Festigkeit im nassen, d. h. völlig durchnäßtem Zustande; man spricht dabei meist von der „relativen Naßfestigkeit", wobei die Naßfestigkeit in Prozenten der Trockenfestigkeit ausgedrückt wird. Nach den umfangreichen Versuchen von Obermiller[1] betragen die relativen Naßfestigkeiten im Mittel:

```
Baumwolle  . . . . . .  110 bis 120%
Wolle. . . . . . . . .   80  „   90%
Seide. . . . . . . . .   75  „   85% (nach Krais: 93,5%)
Azetatseide  . . . . .   65  „   70% ( „      „    83,5%)
Kupferseide. . . . . .   50  „   60% ( „      „    73  %)
Viskoseseide. . . . .    45  „   55% ( „      „    48  %)
Nitroseide. . . . . .    30  „   40% ( „      „    61  %).
```

4. Festigkeitsprüfer oder Dynamometer.

Die Hauptanforderungen an einen idealen Zerreißapparat sind u. a.: Leichte Handhabung, unveränderliche und genaue Kraftmessung, leichte Kontrolle, konstanter und stoßfreier Antrieb, möglichst großer Meßbereich, Aufzeichnung des Zerreißdiagramms. Diesen Anforderungen genügen nur sehr wenige Apparate. In Deutschland sind die Schopperschen Apparate am meisten eingeführt.

Früher benutzte man bei den Festigkeitsprüfern als Kraftmesser allgemein die Stahlfeder. Bei den neuen Präzisionsapparaten verwendet man mit Vorliebe die Hebelbelastung (Gewichtsbelastung) zur Spannung der Versuchsstücke. Federkraftmesser sind weniger zuverlässig als Gewichtskraftmesser und verändern mit der Zeit ihre Kraftanzeige; sie müssen häufiger auf die Richtigkeit ihrer Anzeige nachgeprüft werden.

Ein großer Vorteil der Festigkeitsprüfer ist die automatische Funktion der Apparate. Die mit Wasserantrieb, Transmission oder elektrisch betriebenen Apparate sind denjenigen mit Handantrieb erheblich überlegen (für genaue Messungen ist Handantrieb zu verwerfen); sie haben den Vorteil, daß die Anspannung stetig und ohne Stoß vor sich geht. Durch die automatische Abstellung der Kraft- und Dehnungsmesser bei Faden- oder Gewebebruch wird ein neuer Vorteil geschaffen, indem dadurch die Beobachtung während der Versuche überflüssig wird und so die unvermeidlichen Beobachtungsfehler vermieden werden.

Der Kraftbereich der Prüfmaschinen soll der Bruchlast des jeweilig zu prüfenden Versuchsmaterials angemessen sein; man darf z. B. nicht Zerreißmaschinen bis zu 5 kg Bruchbelastung wählen, wenn man feine Seidenfäden von 70 oder 80 g Bruchlast prüft. Für feinste Garne ist eine Bruchbelastung bis zu 100 g, für mittlere von 100 bis 500 g, für grobe von 500 bis 1000 g, für sehr grobe von 1000 bis 2000 g usw. angemessen. In der Praxis wird es nicht immer möglich sein, daß man die bestgeeigneten Meßbereiche zur Verfügung hat, indes sollen die Meßbereiche immer noch in einem einigermaßen angemessenen Verhältnis zu den Bruchlasten stehen. Zweckmäßig benutzt man Prüfmaschinen mit z. B. zwei Skalen für verschiedene Meßbereiche, die durch An- oder Abhängen von Gewichten benutzbar sind. Was hier von Garnen gesagt ist, bezieht sich sinngemäß auch auf Gewebe, Seile usw.

---

[1] Obermiller, J.: Mell. Text. **1925**, 819.

Sehr wertvoll ist es auch, wenn der Festigkeitsprüfer mit einer Drehvorrichtung und einem Torsionszähler versehen ist, anderseits mit einer nachgiebigen Einspannvorrichtung mit Längenmaßstab. Man kann dann gleichzeitig die Verkürzung des Fadens beim Zusammendrehen bzw. Zwirnen (das Einzwirnen) sowie die Festigkeit bei bestimmter Drehung ermitteln (s. a. unter Torsionsprobe S. 310).

Von den zahlreichen im Handel befindlichen Festigkeitsprüfern seien die wichtigsten nachstehend kurz besprochen. In der Konstruktion die einfachsten und leichtesten, im Preise die billigsten, aber auch die am wenigsten zuverlässigen und leistungsfähigen Festigkeitsprüfer sind die Taschenkraftmesser, zylindrischen Garnstärkemesser und Federdynamometer[1].

1. **Festigkeitsprüfer von Guggenheim.** Es ist ein sehr vervollkommneter Garnfestigkeitsmesser in Bogenwaagenform nach dem Grundsatz der Hebelbelastung und hauptsächlich für feine Nummern von Garn, Zwirn und Seide bestimmt und kann mit einer zweiten Teilung versehen werden, um zugleich als Garnwaage für grobe Nummern und ganze Zahlen Verwendung zu finden. An dem Stativ befindet sich eine Vorrichtung, um den Faden über eine Rolle zu ziehen; man erhält dadurch einen gleichmäßigen Anzug. Teilung: 0 bis 1000 g, 0 bis 2000 g usw. Der Apparat wird auch mit Aufsteckzeug für Cops und Spulen versehen, damit die einzelnen Versuche ununterbrochen hintereinander ausgeführt werden können.

Wesentlich vollkommener wird der Apparat, wenn er gleichzeitig mit einem Dehnungsmesser ausgestattet ist. Auch dieser Apparat besteht wie der vorhergehende aus einem an einer Säule befestigten Gradbogen, welcher am inneren Radius mit Zähnen versehen ist. Der am Gradbogen befindliche Pendel hat am unteren Zeigerrande einen Sperrkegel. Außerdem ist an dem Apparat eine Metallschiene mit Millimeterteilung und Zeiger angebracht. Der Pendel wird auf 0 eingestellt und durch einen Stift arretiert, hierauf wird durch Drehen des Handrades der Nonius ebenfalls auf 0 gebracht und die Fadenenden werden in die obere und untere Klemmvorrichtung eingespannt.

Nunmehr wird der Faden, nachdem vorher der Stift aus der Bogenskala herausgezogen worden ist, durch Drehen des Handrades angezogen und endlich zum Reißen gebracht. Im Augenblick des Reißens wird mit dem Drehen aufgehört, da andernfalls falsche Werte für die Dehnung angezeigt werden. Am Gradbogen ist alsdann die Festigkeit des Fadens in Grammen, am Nonius die Dehnung in Millimetern abzulesen. Die Skalen werden verschieden geteilt.

2. **Serimeter.** Die ersten automatischen Festigkeitsprüfer, bei denen der Handantrieb durch mechanische Kraft ersetzt wurde, waren die Seidenfestigkeitsprüfer oder die Serimeter, wodurch eine gleichmäßige Anspannung des zu prüfenden Materials erreicht worden ist.

Diese Fadenprüfer sind eine verbesserte Konstruktion des Regnierschen Serimètre. Die Beanspruchung des Fadens erfolgt durch ein mittels Ölkatarakt regulierbares Fallgewicht; der Faden wird in der Länge von ½ m zwischen zwei Klemmen eingespannt. Die Festigkeit ist auf dem Quadranten in Grammen, die Dehnung auf dem Lineal in Prozenten abzulesen. Der Zeigerhebel sowie die Skala bleiben bei Fadenbruch stehen. Die Apparate werden für Belastungen von 0 bis 200, 0 bis 300 g usw. ausgeführt.

---

[1] Veraltete, technologisch unrichtige Festigkeitsprüfer sind in dieser Neuauflage nicht mehr aufgenommen, z. B. der Taschenkraftmesser, die Federdynamometer nach Goldschmidt und Riehlé, der Dynamometer mit Laufgewicht nach Schoch, der kontinuierliche Garnfestigkeitsprüfer von Usteri-Reinacher, der Dynamometer von Perreaux u. a. m. (s. 1. Auflage).

3. Automatischer Festigkeits- und Dehnungsprüfer von Henry Baer & Co., Zürich, System Aumund (Abb. 227).

Unten am Apparat befindet sich ein aus Zylinder a und Kolben b mit Rückschlagventil c bestehender Ölkatarakt. Die durch Gewicht belastete Kolbenstange trägt am oberen Ende die an einem Kipparm g angebrachte Einspannschraube k_2. Die obere Einspannschraube k_1 ist mit einer Einrichtung verbunden, welche die auf das Versuchsobjekt ausgeübte Zugspannung auf einer Skala erkennen läßt. Diese Einrichtung besteht aus auf Schneiden ruhenden Gewichtshebeln, welche stets genau und zuverlässig einspielen und Veränderungen, wie bei Federn, nicht unterworfen sind.

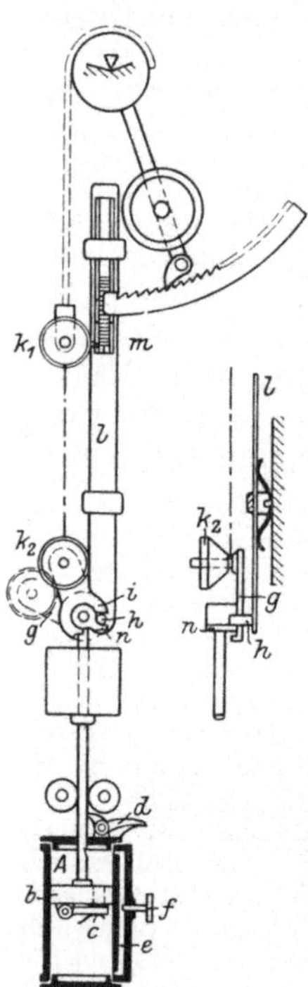

Abb. 227. Festigkeitsprüfer von Henry Baer & Co.

Beim Hochziehen des Kolbens b öffnet sich das Rückschlagventil c und läßt das im Zylinder a eingeschlossene Öl frei passieren. In der obersten Stellung des Kolbens wird derselbe mittels einer durch Klinke d und Einkerbung in der Kolbenstange angedeutete Arretiervorrichtung fixiert, so daß das Versuchsobjekt zwischen den Backen k_1 und k_2 eingespannt werden kann. Nachdem diese Arretierung gelöst ist, sinkt der Kolben infolge seiner Gewichtsbelastung abwärts, dabei das unter demselben befindliche Öl durch einen mittels Schraube f regulierbaren Kanal e drückend.

Diese Bewegung, durch welche das Versuchsobjekt angespannt wird, und welche das Hauptmoment bei der Prüfung der Materialien bildet, geschieht also bei vorliegendem Apparate automatisch und völlig gleichmäßig.

Solange das Versuchsobjekt nicht zerrissen ist, wird durch die Spannung desselben der Arm g in seiner aufrechten Stellung gehalten und faßt mit seiner Nase i über einen Stift h der verschiebbaren Schiene l, so daß diese an der Bewegung der unteren Klemmschraube k_2 teilnimmt.

Am oberen Ende trägt die Schiene eine Einteilung, auf welcher ein an der oberen Klemmschraube k_1 angebrachter Index gleitet. Die obere Klemmschraube macht ebenfalls eine gewisse, zum Heben des Belastungshebels erforderliche Abwärtsbewegung, welche um das Maß der Dehnung kleiner als die der unteren Klemmschraube ist. Diese Bewegungsdifferenz, also die Dehnung, wird von dem Index m auf der Skala der Schiene l angezeigt.

Sobald das Versuchsobjekt reißt, kippt der Arm g in die punktiert gezeichnete Lage um und läßt den Stift h frei, so daß die Schiene l, welche durch leichte Federn gebremst wird, in ihrer Lage verbleibt, während der Kolben weiter abwärts sinkt.

Da auch die obere Klemmschraube infolge Sperrung des Belastungshebels in ihrer Lage verbleibt, zeigt der Index m auf der Dehnungsskala die Dehnung bei der Bruchbelastung an, während die letztere selbst auf der Kraftskala (in der Abbildung nicht angegeben) abgelesen wird.

Für den Gebrauch für Stoff- oder Papierstreifen ist ferner eine selbstspannende und sich selbst einstellende obere Klemmbacke konstruiert, welche ein sehr bequemes und rasches Einspannen der Versuchsstreifen gestattet und infolge der beweglichen Anordnung der Backen in den Scherenhebeln mittels Kugelgelenken ermöglicht, daß die eingespannten Streifen sich genau nach der Richtung des ausgeübten Zuges einstellen, so daß einseitige Spannungen infolge schiefen Einspannens und dadurch hervorgerufenes zu frühes Reißen vermieden werden.

Das Einspannen geschieht durch Zusammendrücken der oberen längeren Hebel, wodurch die Backen auseinandergehen. Nachdem der Streifen zwischen die Backen gebracht ist, wird die Vorrichtung losgelassen und der Streifen ist festgeklemmt, und zwar um so fester, je größer die darauf ausgeübte Zugspannung ist.

Die Hauptvorzüge, welche dieser Apparat in seinen verschiedenen Ausführungsformen bietet, lassen sich also kurz wie folgt zusammenfassen:

1. Senkrechte Anordnung, daher bequeme Handhabung.
2. Gewichtsbelastung der Kraftwaage, ohne Spiralfedern, daher unveränderlich.
3. Automatische, stets gleichmäßige Anspannung.
4. Selbsttätig beim Bruch auslösende Dehnungsskala, mit direkter Angabe der Dehnung.
5. Bequemes Einspannen bei Probestreifen, infolge der selbstspannenden Klemmvorrichtung.

4. **Schoppers Festigkeitsprüfer.** Diese werden in verschiedenen Größen hergestellt, damit die schwächsten Einzelfasern wie auch die stärksten Gewebe geprüft werden können. Die hauptsächlichsten Teile sind: Der Kraft- und Dehnungsmesser, der Antrieb und das verbindende Gestell. Als Kraftmesser wird überall die Neigungswaage verwendet. Sie hat den Vorzug, einfach und übersichtlich zu sein und ermöglicht eine sehr genaue Kraftmessung. Die Neigungswaage besteht aus einem Gewichtshebel, der in Kugellagern spielt und oben ein Segment trägt. Mit dem Gewichtshebelkopf ist durch eine Kette, die auf dem Segment aufliegt, die obere Einspannklemme verbunden. Je nach Größe der Zugkraft, die auf den Probekörper ausgeübt und durch die Einspannvorrichtung übertragen wird, erfährt der Krafthebel eine Ablenkung aus seiner senkrechten Lage. Die Größe des Ausschlages und damit die Größe der Zugkraft kann auf einer Bogenskala abgelesen werden. Um möglichst genaue Messungen durchführen zu können, sind die Schopper-Festigkeitsprüfer im allgemeinen mit zwei Kraftmeßbereichen ausgestattet, wobei der gewöhnlich 5fach größere Meßbereich durch Anstecken eines Zusatzgewichtes eingestellt werden kann. Damit bei plötzlichem Bruch der Krafthebel nicht zurückschlägt, ist ein Zahnbogen vorgesehen, in dem Sperrklinken, die am Krafthebel befestigt sind, eingreifen. Es ist damit gleichzeitig der Vorteil verbunden, daß die erreichte Höchstzugkraft nach dem Bruch des Probekörpers noch abgelesen werden kann.

Die **Dehnung** wird in der Weise bestimmt, daß die Änderung der Einspannklemmen während des Versuchs gemessen wird. Die Einspannlänge kann dabei, je nach der Apparattype, zwischen 0 und 1000 mm beliebig gewählt werden. Die Größe der Dehnung wird entweder auf einem Lineal durch einen Nonius oder auf einer Bogenskala durch einen Zeiger angezeigt. Sobald die Probe bricht, wird die Dehnungsmeßvorrichtung automatisch ausgekuppelt, so daß falsche Messungen nicht möglich sind, auch wenn der Antrieb weitergeht.

Zum **Aufzeichnen** der Kräfte und Dehnungen werden die Schopper-Festigkeitsprüfer, die einen größeren Meßbereich als 500 g haben, auf Wunsch mit einem Schaulinienzeichner ausgestattet.

Der **Antrieb** erfolgt entweder durch Handrad, mechanisch durch Transmission oder durch Elektromotor. Es kann aber auch Druckwasser dazu verwendet werden, oder bei kleineren Apparaten die Schwerkraft ausgenutzt werden. Sobald die untere Einspannklemme ihre obere oder untere Endstellung erreicht hat, wird der Antrieb durch eine besondere Vorrichtung selbsttätig ausgeschaltet. Das Gestell ist bei allen diesen Typen sehr kräftig ausgeführt, so daß Schwingungen nicht auftreten können und ein genaues Arbeiten gewährleistet ist.

Abb. 228 zeigt einen Schopperschen Festigkeitsprüfer zur Ermittlung der Festigkeit und Dehnung von einfachen und gezwirnten Garnen, Schnüren, Bindfäden usw. Der Apparat hat elektrischen Antrieb und der Motor ist durch ein Schneckenradvorgelege mit der Riemenscheibe des Antriebsbockes verbunden. Dehnungsmaßstab: 0 bis 250 mm und 0 bis 50%. Aufsteckzeug für Kops, Kannetten, Bobinen und Kreuzspulen sowie Fadenführer für ununterbrochene Abnahme des Versuchsmaterials. Eine andere Type zeigt Abb. 229.

Abb. 230 zeigt einen Schopperschen Festigkeitsprüfer zur Ermittlung der Bruchlast und Dehnung von Garnen und Fäden aller Art, mit Wasser-

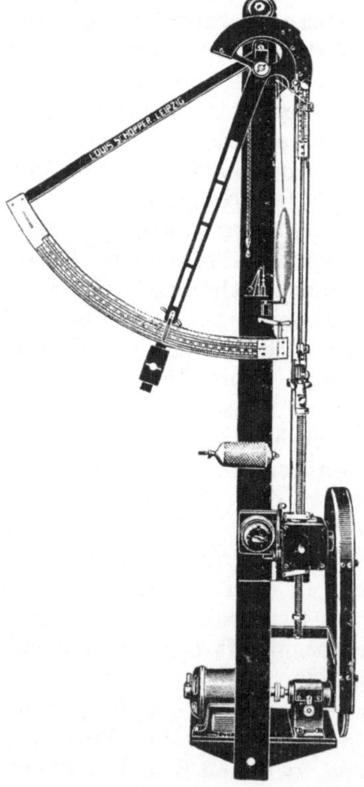

Abb. 228. Garnfestigkeitsprüfer mit elektrischem Antrieb (L. Schopper, Leipzig).

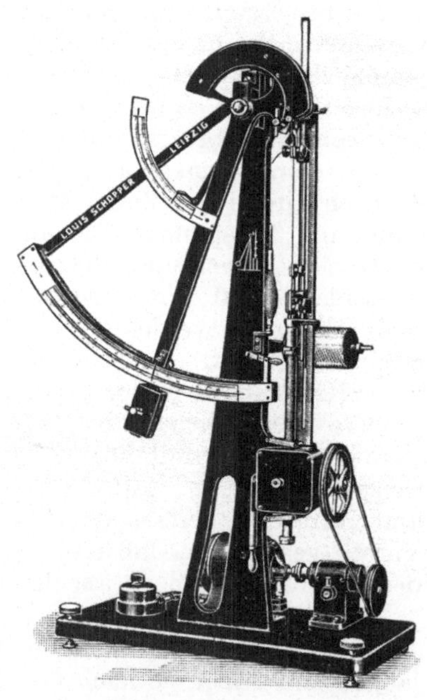

Abb. 229. Garnfestigkeitsprüfer mit elektr. Antrieb (L. Schopper).

antrieb und Umsteuerungsventil nach A. Martens und Momentabstellhahn. Die freie Einspannlänge beträgt 200 bis 1000 mm. Solche Apparate befinden sich beispielsweise bei dem Staatlichen Materialprüfungsamt im Gebrauch.

Der durch Abb. 231 erläuterte Festigkeits- und Dehnungsprüfer für einzelne Woll- und Tierhaare, Pflanzenfasern, Faserbündel usw. gehört zu den genauesten Präzisionsinstrumenten, die in der Textilindustrie verwendet werden. Er ist für Wasserantrieb eingerichtet und mit Dreiweghahnsteuerung versehen; der Krafthebel und die obere Klemme gehen auf Schneiden. Die freie Einspannlänge beträgt 10 bis 100 mm. Durch entsprechende Belastungsgewichte ist der Prüfer für Kraftleistungen von 1 g bis 1,5 kg verwendbar. Der Apparat ist gleichfalls beim Staatlichen Materialprüfungsamt im Gebrauch.

Die Festigkeitsprüfung der Gewebe deckt sich im allgemeinen mit derjenigen der Garne, gestaltet sich aber einfacher, da die Zerreißergebnisse nicht durch so viele störende Umstände beeinflußt werden. Gewebestreifen von rund 5 cm Breite und 20 bis 50 cm Länge werden zwischen Klemmbacken eingespannt, und diese bis zum Bruch des Streifens auseinander bewegt. Der Zug wird bei Schopper durch Gewichtsbelastung erzeugt.

Abb. 232 zeigt einen Schopperschen Gewebefestigkeitsprüfer für Wasserantrieb mit Hochdruckventil für Stoffe aller Art, Tuche, Leder, Riemen usw. bei 100 bis 400 mm freier Einspannlänge und 50 mm Einspannbreite. Diese Apparate werden bis 1500 kg Kraftleistung ausgeführt. Das Hochdruckventil hat für Hoch- und Tiefgang des Kolbens je eine Steuerung, ferner ein Feineinstellventil zur Regelung der Kolbengeschwindigkeit.

Abb. 233 zeigt schließlich einen Schopper-Apparat mit automatischem Schaulinienzeichner.

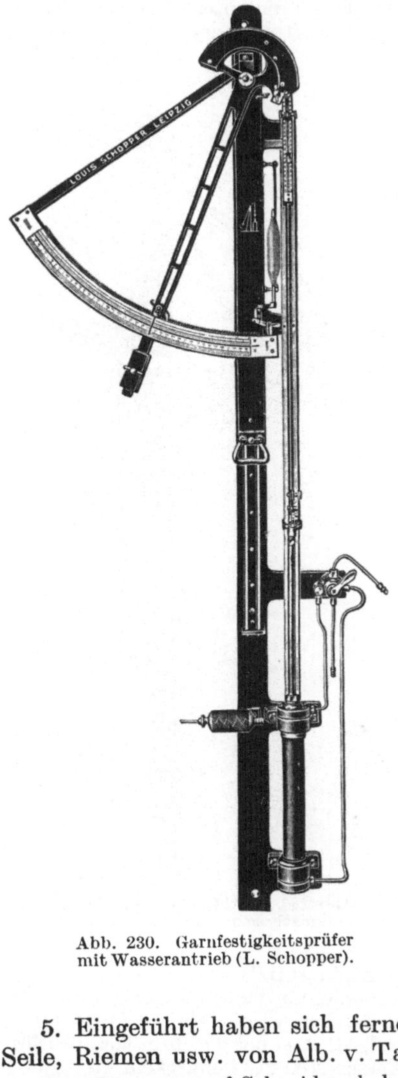

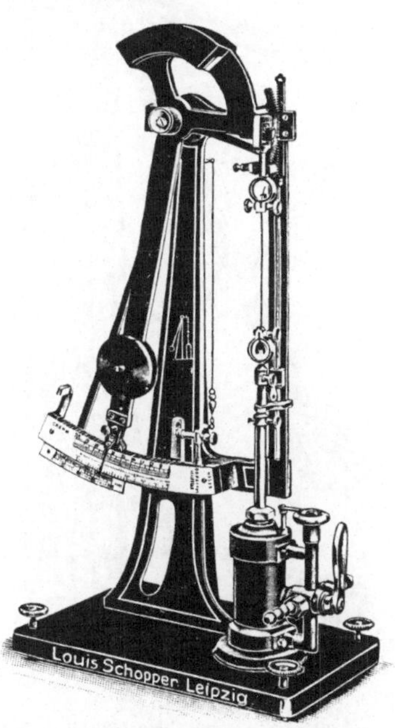

Abb. 230. Garnfestigkeitsprüfer mit Wasserantrieb (L. Schopper).

Abb. 231. Festigkeitsprüfer für Fasern, Faserbündel und Einzelhaare (L. Schopper).

5. Eingeführt haben sich ferner die Zerreißmaschinen für Gewebe, Seile, Riemen usw. von Alb. v. Tarnogrocki in Essen-Ruhr.

Sie gehen ganz auf Schneiden, haben vertikale Einspannvorrichtung und einfachste Hebelanordnung. Die jeweilig ausgeübte Zugkraft wird selbsttätig auf den Zeiger übertragen und gestattet, in jedem Augenblick die Belastung des Materials an der Skala abzulesen. Die Richtigkeit der Skala kann durch direkte Belastung kontrolliert werden. Der Antrieb geschieht durch konische Räderübersetzung und Rädervorgelege; letzteres ist derart ausgeführt, daß die Zugwirkung langsam erfolgt und nach Umschaltung der Räder ein schnelles Zurückdrehen des unteren Spannkopfes in die ursprüngliche oder in jede beliebige Stellung erfolgen kann. Die Spannvorrichtung besteht aus einem einseitig offenen Gehäuse, in welchem sich zwei keilförmig gehaltene Klemmbacken parallel zueinander gleichzeitig vor- und rückwärts bewegen. Das Material wird seitlich in die Klemmvorrichtung eingeführt und nach leichtem Vorschieben der Keile absolut sicher und ohne eine Verletzung zu erleiden, festgehalten. Die Zugkraft erfolgt durch Rotation des Handrades, wodurch sich die untere Spannvorrichtung abwärts bewegt; während der Zugerzeugung bewegt sich der untere Pendel aus seiner senkrechten in eine geneigte Stellung, und die im Aufhängepunkt des Pendels stattfindende Drehung wird in vergrößertem Maßstabe durch den Zeiger auf die in Augenhöhe angebrachte Skala übertragen; die

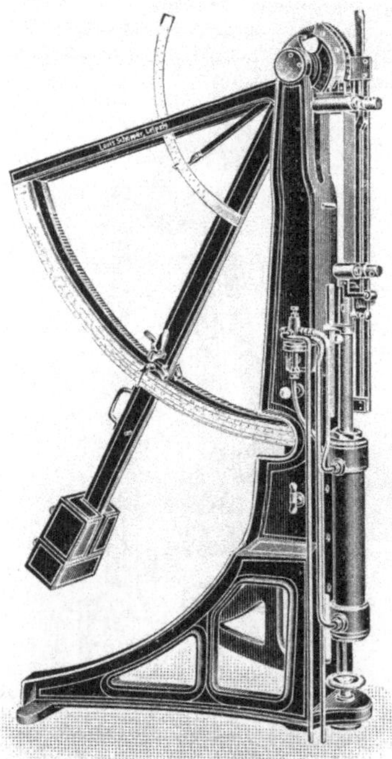

Abb. 232. Gewebefestigkeitsprüfer
(L. Schopper).

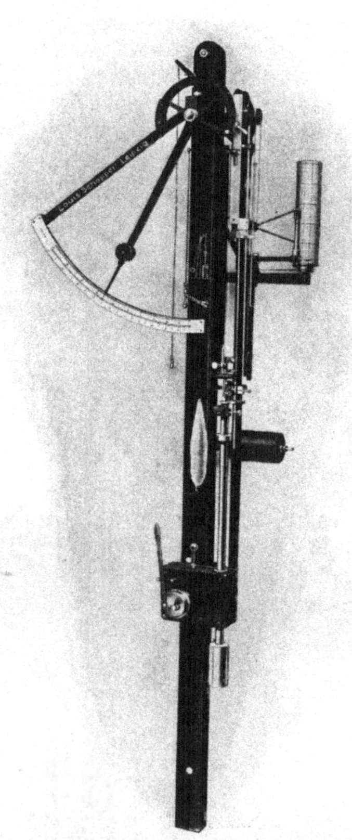

Abb. 233. Garnfestigkeitsprüfer mit
automatischem Schaulinienzeichner
(L. Schopper).

äußerste Zeigerbewegung bzw. die maximale Zugkraft fixiert der Schleppzeiger. Bei eintretendem Bruch des Materials wird der Pendel mit seinem Gegengewicht durch Sperrklinken arretiert. Das Zurücklassen des Pendels geschieht durch das Windwerk — bei den kleineren Modellen mittels Handgriffes — bei gleichzeitigem Auslösen der Sperrklinken mittels Schnur. Durch Ausschalten des Schneckenrades aus der Schnecke und gleichzeitiges Einschalten des Kegelrades kann nach Bruch des Versuchsstückes die untere Spannvorrichtung schnell in die Anfangsstellung oder jede beliebige andere Stellung zurückgekurbelt werden, wodurch eine wesentliche Zeitersparnis bei den Zerreißversuchen erzielt wird. Die Maschinen werden auf Wunsch auch mit Dehnungsmesser ausgestattet, welcher die absolute Dehnung des Materials während der Zerreißprobe anzeigt. Ebenso werden Apparate für Riemen- oder hydraulischen Antrieb eingerichtet. Zugkraft 20 kg bis 30000 kg.

6. Festigkeits- und Dehnungsmesser von Goodbrand & Co. in Manchester.

Diese Apparate mit direkter Gewichtsbelastung sind besonders in England und den englischen Kolonien eingeführt. Deshalb sind sie meist für das englische Gewichts- und Maßsystem (englische Pfund und Zoll) eingerichtet, können aber auf Wunsch auch für das metrische System gebaut werden. Ebenso werden sie für Handantrieb und Kraftantrieb konstruiert. Letzterer ist für genaue Besimmungen stets vorzuziehen.

Die mittels einer Blechschablone stets gleich groß geschnittenen Stoffproben S (Abb. 234[1]) werden in die Backen A und B so eingelegt, daß sie während des Einspannens in ihrem freien Teile unterstützt werden und daher nicht durchhängen können; auf diese Weise erzielt man eine stets gleichbleibende Einspannlänge und Anfangsspannung sowie fadengerade und faltenfreie Anfangslage. Mit Hilfe der Exzenter a und b (welche in Wirklichkeit senkrecht zur Zeichenfläche stehen und auf gemeinschaftlicher Achse sitzen) werden die oberen Klemmbacken mit einem Handgriff rasch und gleichmäßig angepreßt. Die Anspannung erfolgt mittels einer Schraube S, welche von einer Transmissionswelle aus durch eine

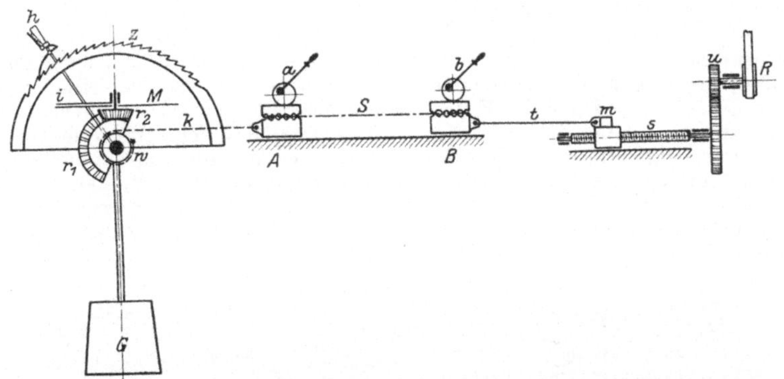

Abb. 234. Wirkungsweise des Goodbrandschen Festigkeitsprüfers.

Riemenscheibe R und Zahnradübersetzung u gedreht wird; die Mutter m nimmt durch die Zahnstange t den Backen ruhig und gleichmäßig mit.

Als Kraftmesser dient das Gewicht G, welches durch eine Kette K vom Backen A angehoben und bei eintretendem Bruch durch den gleichzeitig von der Kettenwelle w mitgenommenen Sperrhebel h auf dem Zahnbogen z gehalten wird; der Kraftmaßstab befindet sich auf einer Scheibe M, auf welcher ein mittels Kegelräder r_1 und r_2 von der Welle w mitgenommener Zeiger i einspielt. Zwischen den Backen A und B ist ein Dehnungsmaßstab angebracht, welcher die relative Bewegung von A und B anzeigt und die Dehnung nach Bruch der Probe ablesen läßt. Die Bedienung der Maschine erfordert insofern einige Aufmerksamkeit, als die Abstellung des Antriebes nicht selbsttätig erfolgt und der Bedienende den Ausrückhebel stets in der Hand haben und die Stoffprobe während des ganzen Versuches beobachten muß. Die Festigkeit wird in Kilogramm oder engl. Pfund, die Dehnung in Millimeter oder engl. Zoll angegeben.

7. Horizontal wirkender Festigkeitsprüfer für Stoffe von Leuner[2] (Federdynamometer).

Dieser Apparat registriert sowohl die Dehnung als auch die Bruchlast auf einem Streifen Papier (Abb. 235). Die Einspannklemmen werden einerseits mit

---

[1] Nach A. Seipka und Marschik.
[2] Mechanisches Institut der Technischen Hochschule in Dresden.

dem Haken *E*, anderseits mit dem Wagen und durch geeignete Stifte verbunden.
Die eingespannten Enden müssen stets gleichen Abstand voneinander haben.
Hierzu bedarf es einer genauen, dem Faden nach fortlaufenden Anspannung,
für welche bei dem Apparat in genügender Weise Vorsorge getroffen ist. Die
Aufzeichnung von Bruchlast und Dehnung geschieht vermittels des Zeichen-
stiftes *C* und der Zeichenwalze *B*. Letztere ist auf die Zugstange, welche die
Feder mit der Klemme verbindet, beweglich um diese Stange aufgesteckt und
erfährt durch eine geeignete Übersetzung mittels zweier Konusräder eine Drehung,

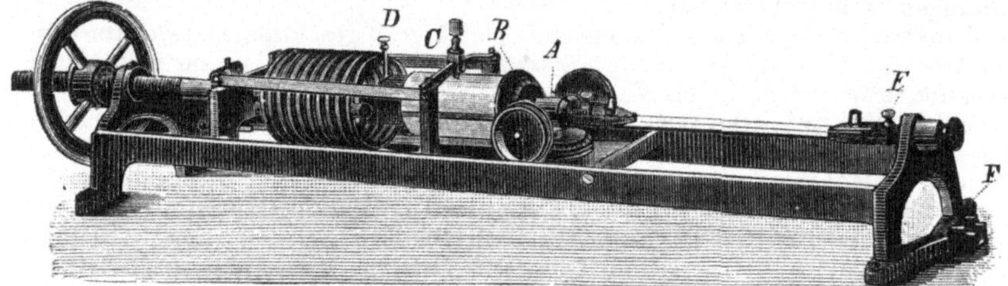

Abb. 235. Leuners Festigkeitsprüfer mit automatischer Aufzeichnung.

die genau der seitlichen Verschiebung der Klemme *A*, d. i. der Ausdehnung des
Stoffes, entspricht. Zur Aufzeichnung des Weges, den das von einer Schraube
angezogene andere Ende der Feder im Gegensatz zu der nur dem Wert der Dehnung entsprechenden Ausweichung zurücklegt, gleitet der Stift *C* senkrecht auf
der Zeichenwalze um diese Strecke vor. Aus der Vereinigung der beiden Bewegungen entsteht eine Kurve, deren Ordinaten die Festigkeit, deren Abszissen
die Dehnung darstellen. Die ersteren werden von dem Stifte aufgezeichnet, indem
man die Schraubenfeder in normale Stellung zur Zeichenwalze bringt, die letztere
ergibt sich durch Drehung der Walze *B* gemäß dem von ihr beschriebenen Wege.

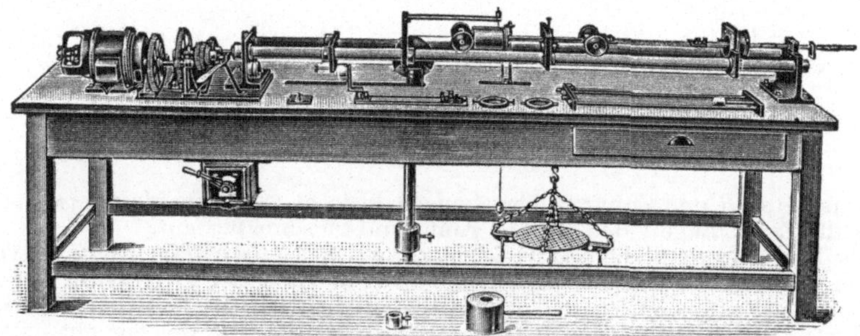

Abb. 236. Festigkeitsprüfer für Gewebe u. dgl. nach Müller-Leuner (H. Keyl-Dresden).

Zum bequemen Ausmessen des Diagramms wird zweckmäßigerweise eine auf
der unteren Seite gravierte Meßplatte aus Glas benutzt. Die Teilung der Platte
zeigt für die Dehnung direkt die Prozente und für die Bruchlast das Gewicht
bis zu hundertstel Kilogramm an; hierdurch erspart man das Aufzeichnen der
Ordinaten. Man legt die mit der Kilogrammteilung versehene Senkrechte durch
den äußersten Kurvenpunkt, die der Abszisse entsprechende Linie der Glasplatte durch den Anfangspunkt und liest ab.

Nach erfolgtem Bruch der Stoffprobe verhindern zwei eingelegte Sperrklinken ein plötzliches Verkürzen der Schraubenfeder. War die Spannung der
Feder nicht groß, so kann sie nach Ausrücken der Hemmung mit der Hand aufgehoben werden; bei großer Inanspruchnahme dagegen dreht man mit Handrad
und Schraube die angezogene Feder auf ihre Normale zurück.

8. Horizontal wirkender Festigkeitsprüfer für Stoffe nach
Müller-Leuner (s. Abb. 236). An Stelle des alten Leunerschen

Apparates wird heute von der Firma Hugo Keyl, Dresden, der von
E. Müller abgeänderte und verbesserte Müller-Leunersche Apparat
hergestellt. Grundsätzlich neu an ihm ist vor allem, daß er auf Grund
der Internationalen Vorschriften für Prüfungsmaschinen gebaut ist
und dementsprechend die Federn des alten Apparates durch ein
jederzeit kontrollierbares Hebelsystem ersetzt sind. Ein weiterer Vorteil ist, daß der Meßbereich von 20, 50 bis maximal 100 kg durch Aufstecken von Gewichten auf den Hebel beliebig gewählt werden kann;
auch die Einspannlängen können variiert werden (18, 20, 25 und 30 cm).
Die graphische Aufzeichnung erfolgt automatisch auf der Schreib-
trommel.

Der Müller-Leunersche Apparat dient gleichzeitig auch für Zer-
platzversuche. Die Zerplatzein-
richtung ist auf die Führungsröhre
gleich mit aufgebaut und kann ohne
umständliche Einbauten sofort verwendet werden. Der Einspannring
ist zwischen den Stahlrohren befestigt und hat eine Zerplatzfläche
von 8 cm Durchmesser (s. a. u. Zerplatzfestigkeit).

9. Festigkeitsprüfer von
Krais. Für die Bestimmung der
Festigkeit von Einzelfasern (Nessel-,
Flachsfaser, Kunstseide, Seide usw.)
konstruierten in neuerer Zeit Krais[1],
Colditz und Burkhardt als Ersatz
für den teureren Schopperschen Apparat (s. Abb. 231) einen einfacheren
Apparat mit Wasserbelastung (hergestellt von der Firma Hugo Keyl
in Dresden-A., Marienstraße).

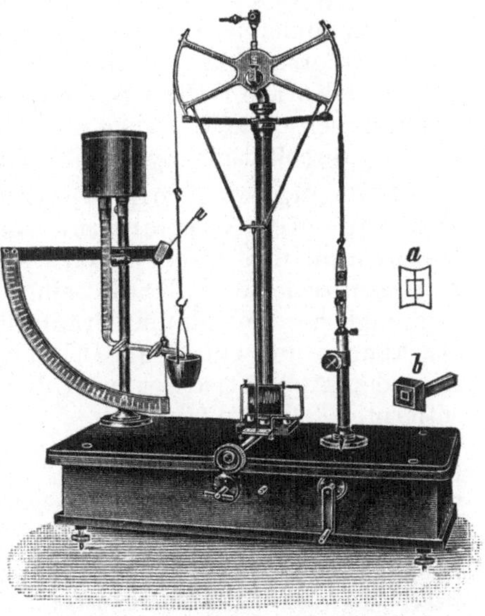

Abb. 237. Festigkeitsapparat von P. Krais
(System Deforden). (H. Keyl-Dresden.)

Der Apparat ist nach dem Prinzip einer Waage mit Arretierung gebaut. An
dem linken Waagebalken befindet sich die Schale zur Aufnahme des Wassers
(s. Abb. 237), in die die Doppelhahnbürette mündet. Am rechten Waagebalken
hängt die obere Klemme zum Festmachen des Versuchsmaterials, während die
untere auf dem Waagensockel montiert ist. Die Klemmen sind in Abständen
von 0 bis etwas über 2 cm voneinander einstellbar, so daß man die Einspannlänge innerhalb dieser Grenzen beliebig einstellen kann.

Damit der auf die Faser wirkende Zug immer genau senkrecht vor sich geht,
ist das Ende des Waagebalkens als Kreissektor ausgebildet, an dem eine Stahllamelle hängt, in der die obere Klammer aufgehängt ist. Für feinere Versuche
mit empfindlichen Einzelfasern werden diese auf aus gewöhnlichem Schreib-
oder Kunstdruckpapier ausgestanzten Rähmchen (Stanze rechts auf der Abbildung sichtbar) mit Leinölfirnis oder Kutschenlack + Sikkativ (evtl. mit Zellon-
lack) aufgeklebt, so daß eine Länge von z. B. 1 cm frei bleibt. Wenn der Lack
trocken ist, spannt man das Rähmchen in den Apparat, wobei ein Rutschen der
Fasern zu vermeiden ist. Soll die Faser naß geprüft werden, so befeuchtet man

---

[1] Krais: Textilber. **1920**, 282. Textile Forschung **1920**, 134; **1921**, 86.

sie vorher mit einem Tropfen Wasser. Nach dem Einspannen schneidet man die beiden Seitenleisten des Rähmchens durch und beginnt mit dem Eintropfenlassen des Wassers in die am linken Waagebalken befindliche Schale (etwa 10 ccm pro Minute). Die Bürette ist mit zwei Hähnen versehen, von denen der eine auf die gewünschte Tropfengeschwindigkeit (z. B. 10 ccm = 10 g in 1 Minute) eingestellt, während der andere bei Versuchsbeginn ganz aufgedreht und beim Bruch der Faser ganz geschlossen wird. Wegen der allmählichen Verlangsamung des Wasserausflusses aus der Bürette wird diese bei jedem Versuch gleich hoch gefüllt, also z. B. auf den Nullpunkt eingestellt. Vor Beginn des Versuches ist der Apparat mit der Wasserwaage genau einzustellen, und der Zeiger der Waage (mit der leeren Schale einerseits und dem Papierrähmchen anderseits belastet) muß genau auf Null einspielen. Später hat Krais den Apparat insofern vervollständigt, als auch die Dehnung bestimmt werden kann.

Einen anderen Apparat zur Bestimmung der Festigkeit von einzelnen Haaren und Fasern nach Güldenpfennig baut die Firma Paul Polikeit in Halle a. S. (Haar- und Gespinstmikro-Dynamometer)[1]. Erwähnt sei schließlich auch noch der selbsttätige Garnfestigkeitsprüfer mit Wasserbelastung System Zedlitz[2].

10. Festigkeits- und Dehnungsprüfer für Garn und Einzelfaser mit Vorrichtung zum Aufzeichnen der Kraft-Dehnungslinie nach P. Krais (Hugo Keyl-Dreden). In jüngster Zeit konstruierte P. Krais einen vervollkommneten Apparat, mit dem zugleich die Dehnung ermittelt werden kann, Garne geprüft werden können und eine Kraft-Dehnungslinie aufgezeichnet wird. Abb. 238 zeigt den Apparat, der von H. Keyl in Dresden hergestellt wird mit entfernten Seitenwänden.

Der Festigkeitsprüfer (Abb. 238) ist nach Art einer Waage gebaut. An einem Balken c hängt an einer Seite die Einspannklemme e, am anderen die Schale d zur Aufnahme der Belastungsflüssigkeit. Diese (destilliertes Wasser) wird durch Bewegung eines Kolbens in die Schale d eingebracht bzw. wieder aus ihr entfernt. Der Zylinder mit dem zugehörigen Kolben liegt schräg angeordnet im Unterbau des Apparates. Die schräge Anordnung wurde getroffen, um Luftblasen zu vermeiden. Um die beiden Meßbereiche, die zur Prüfung von Garn und Einzelfasern nötig sind, zu erhalten, sind im Unterbau zwei Zylinder mit verschiedenem Durchmesser eingebaut, die durch eine Hahnumstellung jeweils auf das Belastungsgefäß umgeschaltet werden können. Der nicht auf das Belastungsgefäß arbeitende Kolben ist dann zwangsläufig auf ein Ausgleichsgefäß, das ebenfalls im Unterbau angeordnet ist, geschaltet. Die Bewegung des Kolbens wird auf die Diagrammtafel r übertragen, in der Weise, daß bei Be- und Entlastung die Diagrammtafel vertikal bewegt wird. Die Dehnung wird ohne weiteres durch die Zunge des Waagebalkens aufgezeichnet, an deren unterem Ende die Feder v sitzt. Der Motor mit Drehzahlminderer ist, um Erschütterungen von dem Apparat fernzuhalten, besonders angeordnet. Die Übertragung der Bewegung erfolgt durch eine in Kardangehängen gelagerte Welle. Lediglich das Umsteuerungsgetriebe für Vor- und Rückwärtsgang ist noch im Unterbau angebracht. Der Steuerhebel h dient zur Schaltung des Umsteuergetriebes. — Über die Schreibfläche ist ein Papierband gespannt, das durch Bewegung von hinter der Schreibfläche angeordneten Rollen auf- bzw. abgespult werden kann. — Als besonderer Vorteil des Apparates ist zu erwähnen, daß ein genügend deutliches Diagramm auch noch bei kleinen Einspannlängen erhalten wird.

11. Festigkeitsprüfer für Garne, Gewebe und Einzelfasern stellt ferner die Firma Max Kohl, A. G., Chemnitz i. Sa., her. Besonderer Beliebt-

---

[1] Tänzer-Polikeits Faserdynamometer, s. Mell. Text. 1927, 858, 940, 1013.
[2] Leipz. Monatschr. Textilind. 1910, 66.

heit erfreut sich der Garnfestigkeitsprüfer Nr. 6153 wegen seiner vorteilhaften und zuverlässigen Konstruktion. Der Festigkeitsprüfer Nr. 6153 dient zum Prüfen gröberer Garne.

12. Eine große Zahl von Typen von Zerreißmaschinen baut ferner die Firma Alfred J. Amsler & Co. in Schaffhausen (Schweiz), und zwar sowohl Zerreißmaschinen für größere Laststufen (z. B. 10-t-Zerreißmaschinen, dann auch weiter herunter für Lasten von 30, 4

Abb. 238. Festigkeits- und Dehnungsprüfer nach P. Krais (Hugo Keyl, Dresden).
Seitenwände sind entfernt.

und 1 kg) als auch einen Faserzerreißapparat mit auswechselbaren Meßfedern und Diagrammapparat für einen Meßbereich von wenigen Gramm bis zu einigen Kilogramm.

5. Vorbereitung des Probematerials und Technik der Ausführung.

Das Probematerial wird zunächst längere Zeit in einem normalfeuchten Raume (65% rel. Feuchtigkeit) ausgelegt (s. a. S. 250). Alsdann wird bei Fasern und Gespinsten eine genügende Länge genau

abgemessen und gewogen, um das **Belastungsgewicht für die Anfangsspannung** und später die **Reißlänge** berechnen zu können.
Die Festigkeit von Fasern und Gespinsten wird stets durch Zerreißen
von **Einzelfäden** (s. S. 320) und niemals durch solches von Bündeln
oder Gebinden ermittelt.

Um einwandfreie Vergleichswerte zu erhalten, empfiehlt es sich,
bei **faserigen Gebilden eine auf den Querschnitt bezogene
Anfangsbelastung** zugrunde zu legen. Für Garne aus Einzelfasern
(Baumwolle, Kammgarn usw.) wird nach Vorschlag von E. Müller
als bequem zu ermittelnde Anfangsbelastung das ermittelte Gewicht
von 100 m des Versuchsstückes genommen; bei Vorgespinsten genügt
das Gewicht von 10 m, bei Florettgespinsten das von 100 m Länge.
Bei Rohseiden und gefärbten Seiden kann man weitaus größere Belastungen nehmen; um hier ein Glattstrecken zu erreichen, sollte man
nicht unter eine Mindestbelastung von 1 g gehen. Als **Norm** ist die
Anfangsbelastung, entsprechend dem Gewicht von 100 m, zunächst
nur in den Bestimmungen der seit 1. Juli 1910 gültigen Untersuchungen
der harten Kammgarne (s. S. 282) festgelegt („Schleifenbelastung").

Garnfestigkeitsprüfung am laufenden Strang. Nach Dietz stimmt
die Prüfung auf Reißfestigkeit nicht immer mit den Ergebnissen der Praxis überein, wogegen die Prüfung auf Haltbarkeit mit der **Garnprüfmaschine von
Dietz**[1], bei der das Garn fortlaufend einer Belastung ausgesetzt wird, die der
Beanspruchung bei der Verarbeitung nahekommt, genau die gleichen Ergebnisse
wie die Praxis liefert. Nach der Methode von Dietz lassen sich also die sog.
„schwachen Stellen" ermitteln. Da das Garn mit einer Geschwindigkeit von
20 bis 25 m in der Minute durch die Maschine läuft, so können in 1 Stunde leicht
1000 m und mehr durchgeprüft werden. Dehnt man die Untersuchung einer
Garnlieferung auf eine große Anzahl von Spulen aus, die den verschiedensten
Stellen entnommen sind, und untersucht von jeder Spule 100 bis 200 m, so erhält
man ein sicheres Bild über die **Verarbeitbarkeit des Garns**. Ähnlich ist z. B.
auch die Prüfung gefärbter und roher Seiden auf „Windbarkeit". Während
diese Prüfung deutlich die Zahl der schwachen Stellen in einer bestimmten Fadenlänge erkennen läßt, so gibt die systematische Festigkeitsprüfung mit dem Festigkeitsprüfer mehr konkrete Zahlen über die wirklichen Durchschnittsfestigkeiten
eines Materials.

Für Gewebe bestehen bezüglich der Anfangsspannung zur Zeit keine
Normen und einheitliche Verfahren. Hier wird der Versuchsstreifen
zunächst möglichst tief in eine der Einspannklemmen hineingeschoben
und diese dann leicht geschlossen. Alsdann wird der Streifen durch
die zweite offene Klemme hindurchgezogen und unter Lüftung der
ersten Klemme angezogen, bis der Streifen zu rutschen beginnt. Schließlich werden beide Klemmen fest geschlossen. Hierbei ist besonders
darauf zu achten, daß der Streifen in seiner ganzen Breite gleichmäßig
straff liegt. In besonderen Fällen wird auch derart verfahren, daß das
Versuchsstück vor dem Einspannen glatt auf einen Tisch gelegt und
die gewünschte freie Einspannlänge unter Zuhilfenahme eines Maßstabes durch Strichmarken bezeichnet wird. Letztere müssen dann
beim Einspannen in den Apparat genau mit dem Klemmenrand ab-
schneiden.

---

[1] Dietz: Leipz. Monatschr. Textilind. **1929**, 335, 373.

Die Festigkeitsprüfer sind meist mit automatischer Ausrückungsvorrichtung versehen. Bei manchen Versuchsstücken (z. B. bei Tuchen) erfolgt das Durchreißen aber nicht plötzlich, sondern allmählich, die Ausrückungsvorrichtung funktioniert nicht und der Dehnungshebel läuft weiter. In solchen Fällen soll man den Dehnungsanzeiger wie auch den Festigkeitszeiger genau beobachten, und sobald letzterer stehen bleibt, auch den Stand des Dehnungszeigers sofort notieren. Durch diese, dem subjektiven Ermessen unterliegende Feststellung entstehen bei Beobachtungen durch verschiedene Prüfer oft erheblichere Abweichungen in den Dehnungszahlen.

Die Berechnung der Reißlänge R (s. S. 314) erfolgt aus der metrischen Feinheitsnummer N, und der ermittelten Bruchlast P, nach der Formel: $R = N \cdot P$; oder aber aus der ermittelten Bruchlast und dem ermittelten Metergewicht des Versuchsmaterials (G) nach der Formel: $R = P/G$. Bei unmittelbarem Abwägen einer bestimmten Länge kann das Metergewicht und aus diesem und der ermittelten Bruchlast die Reißlänge am einfachsten berechnet werden.

Bei faserigen Gebilden werden in der Regel 10 bis 20, in besonderen Fällen bis 50, Einzelfestigkeitsversuche ausgeführt. Die Entnahme des Versuchsmaterials erfolgt tunlichst aus verschiedenen Faserpartien, Garnsträhnen, Spulen usw. Aus den Einzelversuchen wird in bekannter Weise das Mittel gezogen. Soll auch die Gleichmäßigkeit festgestellt werden, dann werden etwa 30 bis 50 Einzelversuche angestellt (s. S. 319). Liegt eine größere Anzahl von Strähnen, Kops usw. vor, so werden mit jedem derselben etwa 5 Einzelversuche ausgeführt; das Material aus denselben wird wiederum am laufenden Faden mit Abständen von mindestens 1 m entnommen. Die gebräuchlichste Einspannlänge bei Fäden ist 500 mm (s. S. 333).

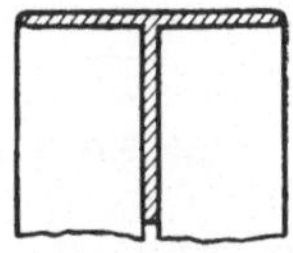

Die Abmessungen bei Festigkeitsprüfungen von Geweben sind im Staatlichen Materialprüfungsamt folgende. Wollstoffe (Näheres s. S. 333) werden bei 30 cm freier Einspannlänge und 9 cm Breite (doppelt zusammengelegt, Abb. 239) den Zerreißversuchen unterworfen. Alle übrigen Stoffe werden, wenn nicht besondere Vorschriften bestehen, bei 36 cm freier Einspannlänge und 5 cm Breite (mit 5 mm freien Fadenenden auf jeder Streifenseite) in einfach liegenden Streifen geprüft.

Abb. 239. Doppelt zusammengelegter Wollstoffstreifen.

Gewebestreifen werden in der Regel vor dem Zerreißen besonders vorbereitet. Zunächst wird das Versuchsstück oder ein geeigneter größerer Abschnitt desselben fadengerade[1] geschnitten (d. h. so, daß die

---

[1] Starkfädige Gewebe schneidet man bei einiger Übung leicht mit dem vorderen Teil der Schere fadengerade zu, wobei sich die Schere gewissermaßen ihren Weg selbst sucht, ohne die angrenzenden Fäden zu beschädigen. Bei feinen Nesselgeweben u. a. zeichnet man sich die Schnittpunkte der einzelnen Streifenkonturen auf, legt dann das Gewebe auf eine glatte weiche Unterlage (Pappe, Linoleum usw.) und führt unter leichtem Druck eine spitze Nadel von einem Kreuzungspunkt nach dem andern. Die Nadel wird dabei stets zwischen den gleichen Fäden entlang gehen und auf dem Gewebe eine deutlich sichtbare Furche hinterlassen. Bei stark appretierten und verzogenen Geweben sucht man zunächst

äußersten Fäden jeder Seite unbeschädigt von einem Ende bis zum
anderen verlaufen und die Enden der kreuzenden Fäden knapp abgeschnitten sind) und dann genau gemessen und gewogen. Aus diesen
Ergebnissen wird das Quadratmetergewicht berechnet. Für Versuchsstreifen von 360 mm freier Einspannlänge und 50 mm Breite mit
je 5 mm freien Fadenenden an beiden Seiten müssen die Streifen
500 mm lang und 60 mm breit zugeschnitten werden. Zur Erzielung
guter Mittelwerte werden die einzelnen Streifen tunlichst an verschiedenen Stellen des Probematerials und mit jedesmal anderen Fadenpartien (in der Belastungsrichtung)
entnommen.

Abb. 240 zeigt beispielsweise eine
zweckmäßige Streifenentnahme
aus einem Gewebeabschnitt. Der in
die Abbildung eingezeichnete sechste
Kett- (K) und Schußstreifen (S) dient
für etwaig notwendig werdende Kontrollversuche. Liegt für eine derartige

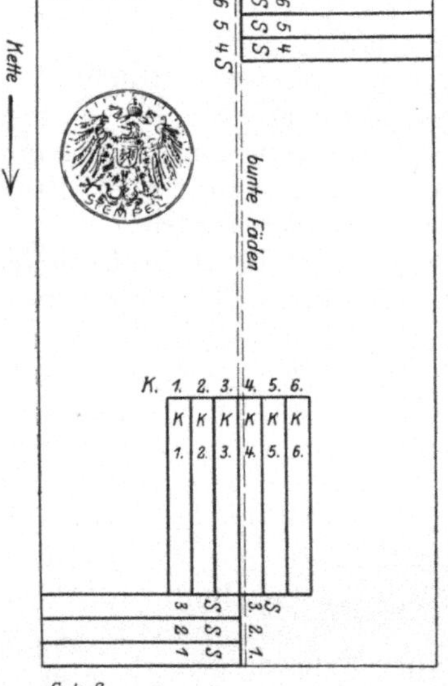

Abb. 240. Streifenentnahme aus Geweben.

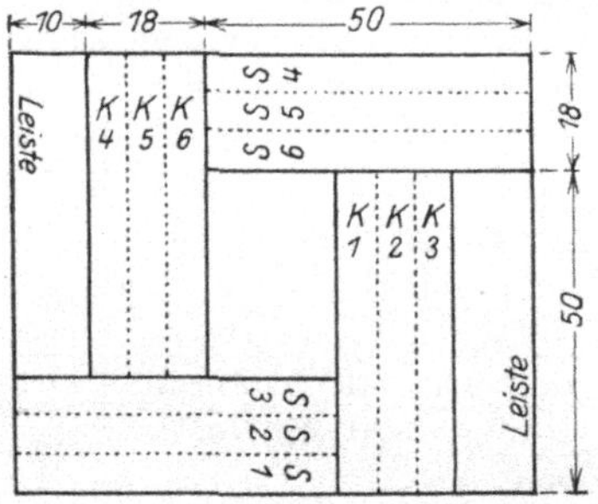

Abb. 241. Sparsamste Streifenentnahme.

Streifenentnahme nicht genügend Probematerial vor, so können die
Streifen auch aus einem kleineren Stück entnommen werden. Die
sparsamste Streifenentnahme wird durch Abb. 241 erläutert (68 cm in
der Kett- und 78 cm in der Schußrichtung).

Siegel und besondere Kennzeichnungen des Versuchsstückes sollen
tunlichst als Beleg zurückbleiben und nicht zerschnitten werden. Ebenso
sollen fehlerhafte Stellen, scharfe Kniffe, einzelne andersfarbige Fäden,
Nähte u. dgl. nicht ohne weiteres als Versuchsmaterial verbraucht
werden, da sie möglicherweise die Eigenschaften des Gewebes beeinflussen können. Die Kettstreifen sind möglichst 10 bis 15 cm von der
Leiste entfernt zu entnehmen, da die Kettfäden in der Leistennähe
dichter aneinanderliegen als in der übrigen Breite und höhere Werte
liefern. Die Schußstreifen sind so einzuspannen, daß die Leistenseite

---

solche Stellen aus, wo die Fäden verhältnismäßig am geradesten verlaufen,
zeichnet jedesmal nur einen Streifen auf, zupft jede Schnittlänge fadengerade
und mißt dann erst den nächstfolgenden Streifen ab.

möglichst weit außerhalb der freien Einspannlänge zu liegen kommt. Zwecks etwaiger Kontrolle werden sämtliche Streifen einer jeden Fadenrichtung und der verbleibende Rest des Probematerials in geeigneter Weise mit fortlaufenden Nummern versehen.

Bei allen Geweben, deren beide Fadensysteme nur durch die Bindung verkreuzt, nicht aber durch andere Prozesse (z. B. Walken, Gummieren, Aufeinanderkleben verschiedener Schichten u. a. m.) innig verbunden sind, werden zu beiden Längsseiten der Versuchsstreifen je 5 mm (oder mehr) lange freistehende Fadenenden (s. z. B. in Abb. 277, S. 386) belassen, indem die Streifen zunächst um dieses Maß der freistehenden Fadenenden breiter zugeschnitten und dann an jeder Seite so viele Fäden entfernt (ausgezupft oder ausgeriffelt) werden, daß in der Belastungsrichtung nur noch die vorgeschriebene Breite als Gewebe übrig bleibt. Bei grobeingestellten Geweben wird man einer genau gleichen Streifenbreite lieber eine einheitliche Fadenzahl in allen Streifen einer Geweberichtung vorziehen. Auch ist es ratsam, bei solchen Geweben die freien Fadenenden etwas länger zu bemessen[1]. Dasselbe gilt auch für Gewebe mit Doppelfäden; hier wird man die Doppelfäden außerdem nicht teilen, sondern den ganzen Doppelfaden entfernen oder belassen.

Der Zweck dieser freistehenden Fadenenden ist folgender: In einem gewöhnlichen Gewebe schlingen sich die Fäden bei der Verkreuzung mehr oder weniger umeinander; ein Gewebe wird also stets kürzer und schmaler ausfallen als die Länge der betreffenden gerade gespannten Fäden beträgt. Ein Gewebequerschnitt bei Leinwandbindung würde z. B. die in Abb. 242 a gezeigte

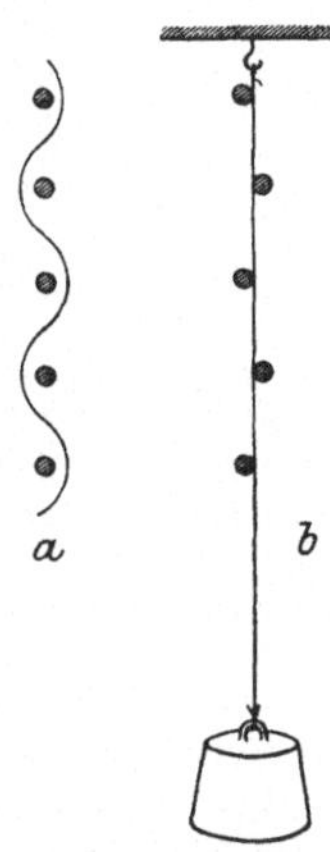

Abb. 242. Veranschaulichung des Einwebens.

Erscheinung des „Einwebens" oder „Einarbeitens" zeigen[2]. Belastet man nun diesen geschlungenen Faden mit einem Gewicht (Abb. 242b), so wird er seine Windungen aufgeben und seine wirkliche Länge in gespannter Lage zeigen. Naturgemäß werden also die äußersten Fäden der Belastungsrichtung eines Gewebeabschnittes ohne freie Fadenenden aus ihrer ursprünglichen Lage zur Seite gedrängt werden und teilweise

---

[1] Es kommt nämlich vor, daß trotzdem die letzten Seitenfäden ausspringen und sich so dem Reißversuch entziehen. Zur Verhütung solcher Fälle ist von Dr. Schreiber ein Apparat konstruiert worden, bei dem die Fäden seitlich nur eingeschnitten werden (s. w. u.).

[2] Der Betrag des Einwebens ist so verschieden, daß er sich allgemein nicht angeben läßt; er hängt von mancherlei Umständen ab. Ist die Kettspannung groß und das Kettmaterial weich, so ist die Einarbeitung des Schußmaterials groß, die Ware geht jedoch in der Länge und Breite ein wenig ein. Je härter das Schußmaterial, um so mehr hat auch die Kette teil an der Einarbeitung. Scharfe Drehung des Schußmaterials und grobe Nummer desselben, vermehrt das Einweben der Kette. Geringe Drehung des Schußmaterials und feine Nummer vermindert die Einarbeitung der Kette (s. a. Textilber. 1922, S. 444). Von Einfluß ist ferner die Art des Schlichtens: Mit Leim und Gummi gesteifte Ketten dehnen sich wenig oder gar nicht; mit Mehlkleister oder Stärke geschlichtete viel leichter und beträchtlicher.

heraustreten. Diese herausgetretenen Fäden werden demnach der Belastung entgehen. Durch die freien Fadenenden der Querfäden werden die Längsfäden im allgemeinen zurückgehalten.

Bei Tuchen, Wachstuchen, Ballonstoffen u. ä. Erzeugnissen sind die freien Fadenenden zwecklos, da die Fäden schon ohnehin so fest miteinander verbunden sind, daß sie bei Belastung eher zerreißen, als daß sie seitlich aus dem Gewebe heraustreten. Dasselbe trifft auch für Bänder zu, wenn sie in voller Webebreite zerrissen werden, weil hier die Umkehr des Schusses bzw. die Kante an beiden Seiten das Heraustreten der Kettfäden verhindert.

Einschneiden der Streifen an den Längsseiten (statt freier Fadenenden). Die Erfahrung lehrt, daß trotz der freien Fadenenden doch noch einzelne Längsfäden sich lockern oder sogar herausspringen können. Um diese Fehlerquelle gründlich zu beseitigen und zugleich an Arbeit zu sparen, kann man auch die äußeren Fäden an mehreren Stellen durchschneiden (statt auszuriffeln), so daß die durchschnittenen Fäden zwar beim Zerreißen der Streifen keinen Widerstand leisten, aber doch eine Änderung bzw. Lockerung der äußersten Längsfäden verhindern. So prüft man z. B. in Frankreich Makogewebe für Pneumatiks u. dgl. in der Weise, daß man Streifen von 300 mm Länge bzw. 200 mm Einspannlänge 58 mm breit zurichtet und dann durch Einschneiden an beiden Seiten in Tiefe von je 9 mm eine Reißbreite von 40 mm herstellt.

Da nun aber das genaue Einschneiden der seitlichen Fäden mühsam ist, auch leicht zu viel Längsfäden verletzt werden können, hat Schreiber einen patentamtlich geschützten Apparat, genannt „Filotom", für die automatische und zuverlässige Vorbereitung der Versuchsstreifen konstuiert[1]. Dieser Apparat hat eine genau 60 mm breite Metallrille zur Aufnahme der Versuchsstreifen, die durch Einschnappen des festaufliegenden Deckels befestigt werden. Auf den Rändern der Rille befinden sich zwei Achsen, die in kurzen Abständen kleine Messerchen tragen, welche durch eine Kurbel gleichzeitig so geführt werden, saß sie die Stoffprobe genau 5 mm vom Rande mehrfach scharf durchschneiden.

Gewalkte Tuche und wollene Gewebe werden meist nach den früheren Dienstvorschriften bzw. Dienstanweisungen für die Bekleidungsämter geprüft. Hier ist eine Streifenbreite von 90 mm und eine freie Einspannlänge (Kulissenabstand) von 300 mm vorgeschrieben. Die Streifen werden über die Breite doppelt zusammengelegt (s. Abb. 239), eingespannt und ohne freistehende Fadenenden zerrissen.

Ballonstoffe. Gebrauchsfertige Ballonstoffe bestehen meist aus zwei Gewebelagen, die entweder parallel oder diagonal zueinander verlaufen und mit Paragummi aufeinandergeklebt sind. Bei letzteren kann entweder nur eine oder jede der Gewebelagen (bei zwei Stofflagen also vier Stoffrichtungen) geprüft werden (s. Abb. 243). Wegen der Gummierung können die einzelnen Fadenrichtungen weder durch unmittelbares Schneiden, noch durch Ritzen mit einer Nadel, noch durch Ausriffeln (Auszupfen) gut verfolgt werden. Man hilft sich in der Weise, daß man am Rande der Probe, und zwar jedesmal in der zu prüfenden Richtung mit einem scharfen Messer zwei, etwa 0,5 bis 1 cm voneinander entfernte, parallel verlaufende und etwa 2 bis 3 cm lange Einschnitte macht, die jedoch nur die obere zu prüfende Gewebelage durchschneiden. Den so entstandenen Streifenansatz des oberen Gewebes hebt man alsdann von der Gummierung vorsichtig ab, erfaßt das freie Ende mit der Hand und reißt es nun beliebig weiter. Dieser

---

[1] Filotom Dr. Schreiber, zu erhalten bei Dr. Hermann Schreiber, Charlottenburg 4.

Riß ist genau fadengerade. In der Entfernung der Streifenbreite wird das gleiche wiederholt, und zwar so oft, bis die genügende Anzahl von· Streifen gewonnen ist. Darauf erfolgt dasselbe genau senkrecht zu diesen Linien, also in der anderen Fadenrichtung. Die so vorbereiteten Streifen werden am äußersten Faden entlang ausgeschnitten und (ohne freistehende Fadenenden) auf dem Festigkeitsprüfer zerrissen, wobei die Bruchlast abgelesen wird, sobald der erste Bruch einer beliebigen der vorliegenden Gewebelagen erfolgt. Als Gütezahl bei Ballonstoffen wird mitunter die Reißfestigkeit in Kilogramm für die Stoffbreite von 1 m, dividiert durch das Quadratmetergewicht, angenommen. Als normale Gütezahlen gelten dann die Werte von 3 bis 4, als gute Zahlen die Werte 4 bis 5 und als vorzügliche Zahlen die Werte 5 bis 6.

Aus drei Stofflagen bestehende Ballonstoffe (bei denen die äußeren Stoffe parallel zueinander liegen, während die innere Lage diagonal zu ersteren liegt) werden meist in der Ketten- und Schußrichtung nur der äußeren Stoffe auf Festigkeit geprüft. Soll nur eine Lage auf Festigkeit geprüft werden, so ist der Stoff in seine einzelnen Lagen zu trennen. Außer der mechanischen Trennung, Abhebung der Schichten und dem mechanischem Ablösen kann der Gummi durch verschiedene Kautschuklösungsmittel erweicht bzw. weggelöst werden.

Die für die Festigkeitsprüfungen erforderliche Materialmenge hängt von der Anzahl der Einzelversuche und den Abmessungen ab. Bei fadenartigen Gebilden werden in der Regel 30 bis 50 m genügen, obwohl es auch hier empfehlenswerter ist, mindestens aus verschiedenen Stellen eines Stranges Proben zu entnehmen. Bei Gewebeprüfungen läßt sich die erforderliche Materialmenge leicht berechnen. Dabei ist zu beachten, daß zu der freien Einspannlänge noch je etwa 14 cm für das Einklemmen und zu der Streifenbreite noch mindestens je 1 cm für die freien Fadenenden für jeden Streifen zuzurechnen sind. Auf solche Weise rechnet man im allgemeinen für die meisten Gewebe eine Stofffläche von

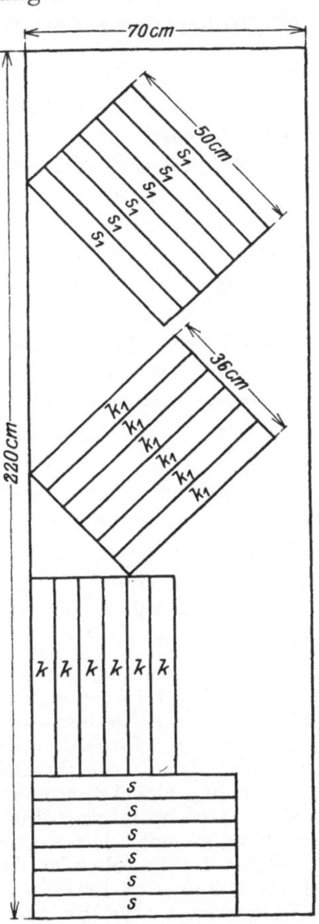

Abb. 243. Streifenentnahme aus einem Ballon-Diagonalstoff, $^1/_{20}$ nat. Größe. Freie Einspannlänge der Streifen = 360 mm, Streifenbreite = 50 mm, für das Zerreißen bestimmte Streifenanzahl: 4 × 5 = 20, Kontrollstreifen: 4 × 1 = 4, zu prüfende Geweberichtungen: 4; k und k_1 = Kettrichtung, s und s_1 = Schußrichtung der Gewebelagen.

mindestens 50 × 100 cm. Von Ballonstoffen mit zwei diagonal aufeinandergeklebten Gewebelagen braucht man entsprechend mehr, sobald die Festigkeit in der Ketten- und Schußrichtung beider Gewebelagen geprüft werden soll. Wegen des unvermeidlichen Abfalles bzw. Stoffverlustes wird man hier meist eine Stofffläche von 70 bis 80 cm Breite

und 220 bis 250 cm Länge benötigen. Abb. 243 zeigt, in welcher Weise
die Streifen entnommen werden können und wieviel Material für die
Entnahme von 4 × 6 Streifen (dabei 4 Kontrollstreifen) notwendig ist.

6. Beurteilung der Festigkeitswerte (Normzahlen, Gütezahlen, Qualitätszahlen).

Bei Vergleichsversuchen von verschiedenen gleichartigen Materialien wird man aus den gewonnenen Festigkeits- und Dehnungs-
werten ohne weiteres auf die bessere oder geringere Qualität schließen
können. Auch bei Abweichungen in der Herstellungsart der Versuchsmaterialien innerhalb gewisser Grenzen wird dies nach den bisherigen
Ausführungen oft möglich sein.

Liegen aber keine Vergleichsversuche vor, so ist es nicht ohne
weiteres möglich, aus den absoluten Zahlen ein Urteil über Güte oder
Qualität der Versuchsproben zu fällen. Um dies zu ermöglichen, hat
man versucht Bezugswerte (Qualitäts-, Güte-, Normzahlen) aufzustellen, insbesondere für Garne verschiedener Nummern oder Feinheitsgrade, im Vergleich zu denen die Güte eines Materials beurteilt
werden kann. Aber auch dieses Verfahren ist für die Erzeugnisse der
Textilindustrie mit ihren ständig wechselnden Rohstoffen und Her-
stellungsarten bis heute nicht ausreichend ausgebildet und bietet nur
ein sehr dürftiges Aushilfsmittel und nur ein stellenweise befriedigendes
Maß für die Beurteilung der absoluten Werte. Nachstehend seien einige
Werte angegeben, wie sie bisweilen zur Beurteilung als Bezugswerte
im Gebrauch sind.

Die Beurteilung der Festigkeit von Garnen nach ihrer Substanz- oder
Materialfestigkeit ist, wie auf S. 313 ausgeführt, nicht möglich, da feste Normen
hierfür nicht aufstellbar sind. Auch die Beurteilung der Gewebefestigkeit aus der
Festigkeit der Einzelgarne ergibt keinen Maßstab für ein Urteil. Walz[1] gibt
z. B. an, daß 1. die ungleiche Spannung und die verschiedene Festigkeit der
Einzelfäden eine Verminderung der Gewebefestigkeit bewirkt, 2. daß die gegenseitige Fadenpressung eine Steigerung der Gewebefestigkeit verursacht, und
zwar um so mehr, je weniger das verwendete Garn gedreht und je enger die Einstellung des Gewebes ist. Bei der Kette tritt meist eine Herabminderung und
beim Schuß eine Erhöhung ein. Zur Berechnung für Baumwollgewebe schlägt
Walz vor: a) für die Kettfestigkeit des Gewebes die mittlere Garnfestigkeit
mit der Fadenzahl zu multiplizieren; 80 bis 90% dieses Wertes ergeben annähernd
die normale Gewebefestigkeit in der Kettenrichtung; b) für die Schußfestigkeit
die mittlere Garnfestigkeit mit der Fadenzahl zu multiplizieren und hierzu einen
Zuschlag zu machen, der von der Einstellung und der Garndrehung abhängt.
Dieser Wert ergibt annähernd die normale Gewebefestigkeit in der Schußrichtung.

Gütezahlen für Baumwollgarne. Die Festigkeit eines Garnes Nr. 1
bei bestimmter Drehung nennt man auch Qualitätszahl oder Gütezahl. Sie schwankt bei Baumwollgarnen im allgemeinen zwischen 4000
bis 8000 g.

Als annähernden Anhaltspunkt zur raschen Bestimmung der normalen Bruchlast G in Grammen von Baumwollgarnen kann man

---

[1] Walz: Textile Forschung **1921**, 51 (nach Mitt. Forsch.-Inst. Reutlingen
1920, 26).

nach Johannsen[1] die Formel $G = \dfrac{q}{N_e}$ benutzen, wobei q bei etwa fully middling American bedeutet:

für Schuß. . . . $q = 4000$ (schwach),
für Mulezettel. . $q = 5500$ (mittel, medio),
für Water. . . . $q = 6500$ (stark),
für Hartwater. . $q = 8000$ (sehr stark).

Es wäre z. B. (für $N_e = 10$) die Qualitätszahl:

Schuß . . . . $G = 400,—$
Mulezettel. . . . . $G = 550,—$
Water . . . . $G = 650,—$
Hartwater. . . . . $G = 800,—$.

Hieraus berechnet sich folgende Tabelle:

Tabelle 69. Normalfestigkeit einfacher Baumwollgarne in Grammen.

N_e	schwach	mittel	stark	sehr stark	N_e	schwach	mittel	stark	sehr stark
4	880	1000	1250	—	36	110	150	180	210
6	670	920	1080	1340	38	105	140	170	200
8	500	690	810	1000	40	100	135	160	190
10	400	550	650	800	42	95	130	155	180
12	330	460	540	660	44	—	125	145	170
14	285	390	460	570	46	—	120	140	160
16	250	340	400	500	48	—	115	135	150
18	220	300	360	440	50	—	110	130	140
20	200	280	320	400	60	—	90	110	125
22	180	250	295	360	70	—	80	90	105
24	170	230	270	330	80	—	70	80	95
26	150	210	250	310	90	—	60	70	85
28	140	200	230	290	100	—	55	65	80
30	130	180	215	260	110	—	50	60	70
32	125	170	200	250	120	—	45	55	60
34	120	160	190	220					

Wie aus der vorstehenden Tabelle hervorgeht, fällt die Bruchlast nicht proportional mit dem Ansteigen der Feinheitsnummer, sie ist nicht, wie von vornherein zu erwarten wäre, umgekehrt proportional der Feinheitsnummer; vielmehr ist die Bruchlast der feineren Garne relativ größer als diejenige der gröberen. Beispielsweise hat Garn Nr. 8 nicht die halbe Bruchfestigkeit von Garn 4, nicht 500, sondern 690 g usw. (s. nebenstehende Tabelle).

Tabelle 70.

Nr. engl.	Mittl. prakt. Bruchlast in g	Berechn. Bruchlast aus Garn Nr. 4 in g
4	1000	$1000 : 1 = 1000$
8	690	$1000 : 2 = 500$
12	460	$1000 : 3 = 333\frac{1}{3}$
16	340	$1000 : 4 = 250$
24	230	$1000 : 6 = 166\frac{2}{3}$
32	170	$1000 : 8 = 125$
40	135	$1000 : 10 = 100$

Deshalb wird es für bestimmte Fälle vorteilhafter sein, statt des einfachen Fadens Nr. 4 einen doppelt gezwirnten Nr. 8 zu verwenden,

---

[1] Johannsen: Handbuch der Baumwollspinnerei, I. Baumwollgarne aus Mako, Ia gekämmt, sind im Mittel um etwa 50 bis 80% fester.

dessen Festigkeit ungefähr $2 \times 690 = 1380$ gegenüber 1000 g von
Nr. 4 sein würde.

Diese theoretischen Werte weichen natürlich vielfach von den Werten,
die in der Praxis gefunden werden, ab und sind nur als Annäherungswerte auf-
zufassen. Denn es spielt natürlich auch die Drehung und die Reinigung des Materials bzw. der Garne eine wesentliche Rolle. In der Fachliteratur werden z. B.
folgende praktisch ermittelte Reißfestigkeiten für verschiedene Nummern von
Baumwollgarnen angegeben, wobei immer als normale Einspannlänge eine Länge
von 500 mm anzunehmen ist.

Garn	Nr.	6	engl.	760	bis	950 g	Garn	Nr.	24	engl.	210	bis 280 g
,,	,,	8	,,	548	,,	720 g	,,	,,	26	,,	200	,, 370 g
,,	,,	10	,,	510	,,	600 g	,,	,,	28	,,	190	,, 345 g
,,	,,	12	,,	400	,,	530 g	,,	,,	30	,,	165	,, 340 g
,,	,,	14	,,	370	,,	485 g	,,	,,	36	,,	145	,, 240 g
,,	,,	16	,,	310	,,	470 g	,,	,,	40	,,	130	,, 260 g
,,	,,	18	,,	275	,,	380 g	,,	,,	50	,,	95	,, 175 g
,,	,,	20	,,	260	,,	356 g	,,	,,	60	,,	85	,, 142 g.

Hinzu kommt, daß verschiedene Spinnereien Garne verschiedener Festigkeiten
liefern. So finden sich in dieser Beziehung folgende Angaben in der Fachliteratur
vor: Acht Spinnereien lieferten Garne mit folgenden Reißfestigkeiten:

Garn Nr. 12. 401, 454, 450, 405, 528, 500, 446, 503 (Mittel: 461) g. Die mittlere Drehung, die ziemlich gleichmäßig war, betrug 59 auf 10 cm (54 bis 72).

Garn Nr. 14. 470, 490, 500, 465, 400, 487, 550, 425 (Mittel: 473) g. Die mittlere Drehung betrug 58,5 auf 10 cm (52 bis 64).

Garn Nr. 16. 360, 400, 465, 370, 446, 478, 435, 370 (Mittel: 430,5) g. Die mittlere Drehung betrug 72 auf 10 cm (65 bis 84).

Besonders spielt auch die Aufmachung und die Reinigung der Spinnfasern
eine große Rolle. Hier einige Angaben aus der Fachliteratur:

Garn Nr. 26 Wat, Mittel aus 10 verschiedenen Garnen mit im Mittel 86 Drehungen auf 10 cm: 248,7 g (227 bis 285).

Garn Nr. 26 Amer., Mittel aus 10 verschiedenen Garnen mit im Mittel 88 Drehungen auf 10 cm: 271,6 g (238 bis 332).

Garn Nr. 26 Joano, Mittel aus 10 verschiedenen Garnen mit im Mittel 76 Drehungen auf 10 cm: 468,7 g (417 bis 511).

Garn Nr. 26 peign., Mittel aus 10 verschiedenen Garnen mit im Mittel 77 Drehungen auf 10 cm: 438 g (367 bis 493).

Garn Nr. 26 card., Mittel aus 10 verschiedenen Garnen mit im Mittel 82 Drehungen auf 10 cm: 362 g (328 bis 413).

Das Verhältnis von Einspannlänge zu Reißfestigkeit ist bisher nicht ermittelt,
so daß eine Umrechnung für verschiedene Einspannlängen nicht möglich ist.

**Interessant sind Kuhns Betrachtungen über die praktischen
Festigkeiten der Baumwollgarne und ihr Verhältnis zu den theoretisch
errechneten Werten aus der spezifischen Festigkeit, dem spezifischen Gewicht der Baumwolle usw.**

Die spezifische Festigkeit der Baumwolle (s. a. S. 316), d. h. die
Festigkeit pro 1 qmm Faser, beträgt im Durchschnitt etwa 37 kg[1];
das spezifische Gewicht der Baumwolle beträgt etwa 1,5. Aus diesen
Zahlen kann das Verhältnis der praktisch ermittelten Gespinst- und
Gewebefestigkeit zur spezifischen Festigkeit berechnet werden, indem
man mit Hilfe des spezifischen Gewichtes den substantiellen Ge-

---

[1] Nach Hartig 34, nach Johannsen 37,4, nach E. Müller 37,6 kg.

samtquerschnitt der im Fadenquerschnitt vorhandenen Fasern und daraus die theoretische Substanzfestigkeit für jede Garnfeinheit berechnet und diese theoretisch gefundenen Werte mit der praktisch ermittelten Festigkeit vergleicht.

Nach Kuhn[1] haben Garne verschiedener Feinheitsnummern die in der Tabelle 71 nachstehend zusammengestellten, theoretisch berechneten Substanzfestigkeiten (PS).

Tabelle 71.

Engl. Nr.	Gramm-metr. Nr.	Querschnitt des Kettfadens qmm	Querschnitt der Substanz qmm	Substanz in % des Faden-volumens	Substanzfestigkeit, PS (Substanzquer-schnitt in qmm · 1000 · 37) g
16	27,09	0,0610	0,0249	40,8	921
20	33,87	0,0490	0,0197	40,3	729
24	40,64	0,0408	0,0164	40,2	607
30	50,80	0,0327	0,0131	40,1	485
36	60,96	0,0271	0,0109	40,3	403
42	71,12	0,0232	0,0094	40,5	348

Vergleicht man diese theoretisch berechneten Substanzfestigkeiten PS (letzte Spalte) verschieden feiner Garne mit den Qualitätszahlen (s. S. 361) für schwache, mittlere, starke und sehr starke Qualitäten und ferner mit den hieraus errechneten Garnfestigkeiten (PG), so erhält man nach Kuhn für schwache Qualität etwa 27%, für mittlere 38%, für starke 44% und für sehr starke Qualität rund 53% der Substanzfestigkeit an Garnfestigkeit (s. Tabelle 72).

Tabelle 72.

Engl. Nr.	PS g	Schwache Qualität für Garn Nr. 1 = 4000 g PG =	Schwache Qualität % PS	Mittlere Qualität für Garn Nr. 1 = 5600 g PG =	Mittlere Qualität % PS	Starke Qualität für Garn Nr. 1 = 6400 g PG =	Starke Qualität % PS	Sehr starke Qualität für Garn Nr. 1 = 7600/8000 g PG =	Sehr starke Qualität % PS
16	921	250	27	350	38	400	43,5	500	54
20	729	200	27	280	38	320	44	400	55
24	607	165	27	230	38	265	44	320	53
30	485	130	27	185	38	215	44	260	53
36	403	110	27	155	38	180	45	210·	52
42	348	95	27	130	38	150	43	180	52

Kuhn vergleicht nun diese so ermittelten Verhältnisse von Substanz- und Garnfestigkeit mit Fällen aus der Praxis und gibt folgende Zusammenstellung (s. Tabelle 73).

Man sieht aus Tabelle 73, daß in Amerika die höchsten Anforderungen an das Garn gestellt werden und daß man zu diesem Zweck mit der Drehung bis an die Sättigungsgrenze geht ($\alpha = 4{,}75$). Die nach englischen Begriffen guten Kettgarne würden bei uns als starke oder sehr starke Qualitäten

---

[1] Kuhn: Mell. Text. **1923**, 366.

364   Festigkeit und Dehnung.

Tabelle 73. Praktisch gefundene Zerreißgewichte in g für den einfachen Faden bei 50 cm Einspannlänge im Verhältnis zur Substanzfestigkeit PS. % bedeutet überall: „% der Substanzfestigkeit"; α = Drehungskoeffizient, s.a. S. 304, g = Zerreißfestigkeit der Garne in g.

Engl. Nr.	PS in g	Gute Kettgarne aus amerik. Baumwolle $\alpha = 4$	ägypt. Baumwolle $\alpha = 3,6$	Gute deutsche Garne aus amerik. Baumwolle $\alpha = 4,1—4,3$	Englische Kettgarne aus amerik. Baumwolle gew. g	%	gute g	%	sehr gute g	%	aus ägypt. Baumwolle gew. g	%	gute g	%	sehr gute g	%	Amerik. Garne aus amerik. Baumwolle $\alpha = 4,75$	Elsässische Garne aus amerik. Baumwolle
20	729	374 g = 51%	430 g = 59%	360 g = 49%	350	48	395	54	457	63	—	—	—	—	—	—	413 g = 57%	350 g = 48%
30	485	215 g = 44%	246 g = 51%	206—227 g = 42—47%	198	41	218	45	247	51	278	57	317	65	357	73	228 g = 47%	215 g = 44%
36	403	183 g = 45%	207 g = 51%	176—171 g = 41,5—42,5%	159	39	182	45	210	52	206	51	237	59	270	67	193 g = 48%	175 g = 43%

(Die Versuche sind sämtlich an Einzelfäden und nicht am Strang ausgeführt; die Ergebnisse auf dem Strangfestigkeitsmesser betragen stets $^6/_{10}$ bis $^7/_{10}$ der auf dem Einzelfadenprüfer erhaltenen Werte und geben nicht das Mittel der Einzelwerte an, sondern die Festigkeit, den die Mehrzahl der Fäden aufweist.)

angesprochen werden. Die Höchstwerte scheinen bei 60% der Substanzfestigkeit ($p = 37$ kg pro qmm) zu liegen. Die sehr guten Garne sind z. T. rund 40% fester als die gewöhnlichen. Dies ist z. T. auf die Drehung des Garnes, z. T. auf die Stapellänge des Materials zurückzuführen; diese beiden Faktoren können nach Kuhn Unterschiede in der Garnfestigkeit bis zu 25% und noch mehr hervorbringen. Die im Handel vorkommenden Garne weisen aber, wie Tabelle 73 zeigt, Unterschiede in der Festigkeit im doppelten und noch höheren Betrage auf.

Eine weitere Ursache der Unterschiede in der Festigkeit der Garne kann die Art der Anordnung der Fasern im Gespinst sein (Faserlagerung und Verteilung). Parallel liegende Fasern haben weniger Zusammenhalt, also nimmt bei gekämmter Baumwolle, bei gleicher Drehung und Faserlänge, die Festigkeit einfacher Garne an sich ab, Reinheit, Glanz und Glätte jedoch zu. Beim Kämmen werden jedoch die kurzen Fasern ausgeschieden, deshalb erhält sich die Festigkeit des Garnes trotz der größeren Parallellage der Fasern, z. B. hat

kardiertes Makogarn

    Nr. 60 = 130,4 g = 53,7% der PS,

gekämmtes Makogarn

    Nr. 60 = 131,4 g = 54,1% der PS.

Die letzte Ursache der Unterschiede in der Garnfestigkeit ist die dem Garn zugrundeliegende Substanzfestigkeit der Baumwolle selbst, je nach Herkunft und Ernteausfall.

Nach Kuhn und Walz [1] zeigt sich die auffallende Erscheinung, daß die Gewebefestigkeit, auf den einzelnen Faden bezogen, größer ist als diejenige des Garnes aus der Spinnerei, und zwar fand Kuhn bei Kattun in der Kettrichtung eine um 1,6 mal, in der Schußrichtung eine um 1,93 mal größere Festigkeit und rund 70% der substantiellen Festigkeit.

---

[1] Kuhn und Walz: Mitt. Reutl. Forsch.-Inst. **1920**, Oktoberheft.

Der industrielle Wert eines Gespinstes wird aber nicht allein durch die Reißfestigkeit bestimmt, sondern durch die Zerreißarbeit, die beim Zerreißen eines Garnes aufgewendet wird und bei der die Elastizität mit beteiligt ist (s. S. 319 und 325).

Dies gilt nach Kuhn in besonderem Maße von Bleichgarnen aus in der Flocke gebleichten Fasern. Solche Bleichgarne können sogar mehr Zugfestigkeit und Elastizität haben als Rohgarne aus dem gleichen Spinnstoff, z. B. (nach Kuhn):

Tabelle 74.

	Rohgarn			Bleichgarn			Mehr-festig-keit %
	$PG =$	% PS	Elast. %	$PG =$	% PS	Elast. %	
Kettgarn Nr. 16.	405	44	6,5	450	49	7,0	+ 11
,, ,, 20.	320	44	5,9	370	51	6,8	+ 15
,, ,, 24.	260	43	5,8	285	47	6,25	+ 9
,, ,, 30.	210	43	5,7	225	46	6,25	+ 7

Dieselbe Festigkeitszunahme wird auch bei im Strang gebleichten Garnen beobachtet. Der Hauptgrund wird in der physikalischen Veränderung der Faser, vor allem in der rauheren Oberfläche der gebleichten Fasern und dadurch in dem größeren Haftvermögen zu suchen sein, nicht aber in der durch das Bleichen bewirkten größeren Substanzfestigkeit der Baumwolle.

Sehr interessant sind schließlich die von F. W. Kuhn[1] auf Grund seiner Versuche berechneten mittleren Werte für L (Faserlänge), B (Faserbreite), Q (Querschnittsfläche), P (Festigkeit in g), N_e (englische Feinheitsnummer), p (spezifische Festigkeit), s (spezifisches Gewicht) und R (Reißlänge in m) von verschiedenen Rohbaumwollen:

Tabelle 75.

Sorte der Baumwolle	L in mm	B in mm	Q in qμ	P in g	N engl. N_e	p in kg	spez. Gew. s	Reiß-länge $R = N\,P$ in m
Ägyptische (Jumel)	35,81	16,6	108,25	7,6	3600	70,1	1,51	27 360
Amerikan. (Orleans)	25,91	19,6	150,78	8,9	2650	59,0	1,47	23 585
Ostind. (Dhollerah)	22,72	21,4	179,75	8,5	2270	47,3	1,44	19 295

Gütezahlen der Flachsgarne. Für die normale Zerreißfestigkeit von Flachsgarnen gibt Karmarsch folgende Formel: $P = \dfrac{19\,000}{\text{Nummer}}$ bis $P = \dfrac{21\,000}{\text{Nummer}}$; P ist die Bruchlast in Grammen. Z. B. wäre danach die Bruchlast für Flachsgarn Nr. 16 = 1187 bis 1312 g.

---

[1] Kuhn, F. W.: Mell. Text. **1923**, 525.

Für englischen 4fädigen Nähzwirn: $P = \dfrac{21\,385}{\text{Nummer}}$;

für Bindfaden aus feingehecheltem Flachs zweifach:

$$P = \dfrac{21\,316}{\text{Nummer}};$$

für Bindfaden aus feingehecheltem Flachs dreifach:

$$P = \dfrac{35\,000}{\text{Nummer}}.$$

Dehnbarkeit der Baumwoll- und Flachsgarne. Die Dehnbarkeit dieser Garne wird in der Literatur sehr verschieden angegeben; Normzahlen existieren nicht. So findet man z. B. u. a. folgende Mittelwerte angegeben, die aber naturgemäß sehr erheblich von der Drehung u. a. abhängen.

```
Baumwollgarne Nr.  20 bis  30 Dehnung 4,5 bis 5 %
      ,,          ,,  30 ,,  40    ,,     4   ,,  4,5 %
      ,,          ,,  40 ,,  60    ,,     3,8 ,,  4 %
      ,,          ,,  60 ,,  80    ,,     3,5 ,,  3,8 %
      ,,          ,,  80 ,, 120    ,,     3   ,,  3,5 %
      ,,          ,, 120 ,, 140    ,,     2,5 ,,  3,0 %
      ,,          ,, 140 ,, 170    ,,     2   ,,  2,5 %.
```

Nach **Baratt** haben Wollfasern eine fünfmal so große, Naturseide eine mehr als zwanzigmal so große Dehnbarkeit als Baumwollfasern[1]. Für **Flachsgarne** (Hechel- und Werggarne) werden Dehnungen von 2 bis 4 % angegeben.

Gütezahlen für Wollgarne. Für Wollgarne sind bisher keine Gütezahlen aufgestellt worden, weil bei diesen die Feinheit des Wollhaares, die Länge des Haares und die Qualität der Wolle innerhalb weit größerer Grenzen schwanken als bei anderen Faserstoffen.

Gütezahlen für Rohseide. Nach den Beschlüssen der Europäischen Seidentrocknungsanstalten vom Jahre 1912 werden aus der Festigkeit und Dehnbarkeit von Rohseiden (edlen Seiden) folgende Qualitätsbezeichnungen abgeleitet, die als durch Normen gedeckt gelten.

```
Die Festigkeit der Rohseide ist genügend, wenn sie 3 × so groß ist als der Titer,
 ,,      ,,        ,,    ,,     ,, gut,         ,,  ,, 3½ × ,, ,, ,, ,, ,,    ,,
 ,,      ,,        ,,    ,,     ,, sehr gut,    ,,  ,, 4 ×  ,, ,, ,, ,, ,,    ,, .
    Die Dehnbarkeit gilt als genügend, wenn sie 18 bis 20 % beträgt,
 ,,        ,,         ,,  ,, gut,        ,,  ,, 20 ,, 22 %    ,,
 ,,        ,,         ,,  ,, sehr gut,   ,,  ,,     > 22 %    ,,  .
```

Die „Silk Association of America" stellte auf Grund zahlreicher Prüfungen bei der Klassifikation der Rohseidenstandards folgende vier Qualitätsklassen auf[2]:

```
Festigkeit in g auf je 1 den. 3,75,  3,50,  3,25,  3,00
Dehnung in %                    20     18     16     16
```

---

[1] **Baratt:** Mell. Text. **1922**, 235; J. Text. Inst. **1922**, 17.
[2] J. Am. Silk: **1921**, 53.

Nach Gropelli & Co. in Mailand sind Grège-Seiden 9/11 bis 11/13 den. nach ihrer Festigkeit wie folgt zu beurteilen:

Festigkeit von 1 bis 5 g = vollständig unbrauchbar,
    ,,   ,, 5 ,, 10 g = sehr schlecht,
    ,,   ,, 10 ,, 20 g = schlecht,
    ,,   ,, 20 ,, 30 g = mäßig,
    ,,   ., 30 ,, 40 g = ordentlich,
    ,,   ,, 40 ., 45 g = gut,
    ,, über 45 g   = sehr gut.

Gezwirnte zweifache Seide soll doppelt so stark sein wie der einzelne Grègefaden; bei Organzinseiden noch stärker, weil der Zwirn die Festigkeit erhöht. Bei 3fach ouvrierten Seiden soll die Festigkeit dreimal so groß sein wie diejenige des einfachen Grègefadens usw. Diese Grundlagen geben auch einen Anhalt bei der Beurteilung von gefärbten und erschwerten Seiden, insofern man ermitteln kann, um wieviel die Bruchlast bei der Ausrüstung zurückgegangen ist.

Die Dehnung wird nach Gropelli & Co. wie folgt beurteilt:

Dehnung von 1 bis 5% = vollkommen unbrauchbar,
    .,   ,, 5 ,, 10% = sehr schlecht,
    ,.   ,, 10 ,, 15% = geringe Dehnbarkeit,
    ,.   ,, 15 ,, 20% = mittelmäßige Dehnbarkeit,
    ,,   ,, 20 ,, 25% = gute Dehnbarkeit,
    ,, über 25% = sehr große Dehnbarkeit.

Entbastete Seide hat eine etwas geringere Festigkeit als Rohseide, und zwar etwa 2,5 bis 3,5 g pro Denier (gegenüber 3 bis 4 g pro Denier bei Rohseide)[1].

Gütezahlen für Kunstseide. Nach Krais ändert sich die Festigkeit der Kunstseiden nicht proportional mit der Denierstärke. Nach Ullrich beträgt die mittlere Festigkeit der besten Sorten etwa 1,7 bis 2 g pro Denier, bei minderen Kunstseiden bis zu 1 bis 1,3 g pro Denier. Eine besondere Rolle spielt bei Kunstseiden die Feuchtigkeit. So fand Ullrich für normal-lufttrockene Kunstseide von 120 den. die Festigkeit von 200 g, bei feuchtem Wetter nur 140 bis 150 g und im angefeuchteten Zustande 75 bis 100 g (siehe auch S. 342).

Die Dehnbarkeit der Kunstseiden beträgt 7 bis 15% (gegenüber 15 bis 22% bei Naturseide).

Die in der Literatur angegebenen Zahlen für die Reißlänge der Kunstseiden sind sehr schwankend und bedürfen dringend einer gründlichen Nachprüfung.

Haftfestigkeit.

Bei solchen textiltechnischen Erzeugnissen, bei denen einzelne Gewebelagen oder Einlagen durch ein Binde- oder Klebmittel zu einem Ganzen verbunden sind (z. B. bei Balata-Treibriemen, Gummitrans-

---

[1] Über die Gütezahlen von erschwerten Seiden s. Heermann, P.: Beiträge zur Gütenormierung erschwerter Seiden, Leipz. Monatschr. Textilind. **1925**, 349, 397, 441, 478.

portbändern, Gummidruckbändern, Laufmänteln für Fahrräder und Autos, Ballonstoffen u. dgl.) spielt die Haftfestigkeit oder das Haftvermögen der einzelnen Lagen zueinander eine große Rolle. Diese Haftfestigkeit wird durch diejenige Kraft gemessen, die erforderlich ist, um eine Gewebelage von der anderen zu trennen. Die Prüfung geschieht mit Hilfe eines Festigkeitsprüfers, am besten mit einem Schaulinienzeichner. Die Entfernung der Einspannklemmen in der Anfangsstellung ist möglichst kurz zu wählen. Die Sperrklinken am Lasthebel werden ausgehoben, um ein freies Pendeln des Hebels zu ermöglichen; jedoch ist Vorkehrung zu treffen, den Hebel aufzufangen, sobald er plötzlich zurückschlagen sollte.

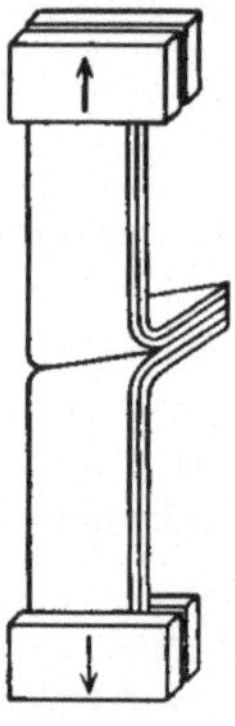

Dem Probematerial werden 2 bis 3 Querstreifen, genau parallel zur Längskante (jedoch einige Zentimeter von dieser entfernt) entnommen, darauf 2 bis 3 Querstreifen, rechtwinklig zur Längskante, je 300 mm lang und 50 mm breit. Dann werden die Streifen an einer Schmalseite auf etwa 3 bis 5 cm in die einzelnen Schichten aufgespalten, wobei sorgfältiges Einträufeln von Benzol gute Dienste leistet. Nun wird der Streifen eingespannt (die eine aufgespaltene Hälfte in die obere, die andere Hälfte in die untere Klemme) und belastet. Im Laufe der Belastung werden fünf Kraftablesungen gemacht, aus diesen das Mittel gebildet und der Mittelwert auf 1 cm Streifenbreite umgerechnet. Die Versuche werden mit jeder Lage im Streifen und mit sämtlichen 2 bis 3 Streifen in der gleichen Weise wiederholt (s. Abb. 244).

Abb. 244. Prüfung auf Haftfestigkeit.

Einreißfestigkeit.

Die Einreißfestigkeit bestimmt Huebner[1] in der Weise, daß er in den Versuchsstreifen einen Einschnitt macht und die beiden Enden in den Klemmen eines Schopperschen Festigkeitsprüfers mit der Geschwindigkeit von 3 Zoll pro Minute auseinanderzieht.

Durchstoßfestigkeit.

Als Ergänzung für die übliche Prüfung auf Zerreißfestigkeit konstruierte H. Repenning[2] von der Textilfachschule in Aachen eine Durchstoßmaschine, die den Versuchsstoff in geeigneter Weise durchdrückt oder durchstößt und auf diese Weise die Festigkeit und Dehnung des Gewebes mißt. Sie hat vor den Zerreißmaschinen u. a. den Vorzug, daß von dem Versuchsmaterial keine Streifen entnommen zu werden brauchen, sondern daß man die Stoffe, so wie sie vorliegen, an beliebigen Stellen in der Kett- und Schußrichtung, am Anfang, in der Mitte oder am Ende usw. prüfen kann, wodurch nur ein 2 cm breiter Riß entsteht.

---

[1] Huebner: J. Soc. Dy. and Col. **1921**, 71.

[2] v. Kapff: Mell. Text. **1923**, 181; dortselbst Abbildung und genaue Beschreibung des Apparates. — Leipz. Monatschr. Textilind. **1924**, 290.

Das Prinzip dieses Apparates besteht darin, daß ein stumpfer, 2 cm breiter Stempel auf das gleichmäßig eingespannte Tuch drückt. Der Stempel hat zu beiden Seiten Messer, welche zunächst einen genau 2 cm breiten Streifen ausschneiden; hierauf wird dieser Stempel durch ein, mittels eines Uhrwerks bewegten Gewichtes langsam steigend belastet. Beim Durchbruch bleiben Gewicht und Dehnungshebel gleichzeitig stehen. Festigkeit und Dehnung können dann an verschiedenen Skalen abgelesen werden. Für diesen Apparat müßten natürlich besondere Zahlen festgesetzt werden, die in einem bestimmten Verhältnis zu den bisherigen, auf der Schopperschen Maschine erhaltenen, stehen.

Ferner hat F. Schubert ein von ihm als „Punktierverfahren" bezeichnetes Verfahren der „lokalen Festigkeitsprüfung" vorgeschlagen, für welches im ganzen nur 15 × 20 cm Mustermaterial erforderlich sind[1]. Diese Verfahren haben sich aber bisher nicht allgemein eingeführt.

Abreibungsfestigkeit (Scheuerfestigkeit).

(Widerstandsfähigkeit gegen Abreibung, Scheuern, Schaben.)

Die Erfahrung hat gezeigt, daß Tuche, die hohe Zugfestigkeiten aufwiesen, sich beim Tragen zum Teil dennoch sehr ungünstig verhielten und daß überhaupt die praktische Haltbarkeit der Tuche im Gebrauche nicht immer im Verhältnis zu ihrer Zugfestigkeit stand. Dieser Mangel der Dynamometerprüfung gab Veranlassung, außer der Zugfestigkeitsprüfung auch noch die Prüfung auf Abreibung oder Scheuerung (Abscheuern) auszubilden. Man nahm an, daß eine derartige Prüfung der praktischen Haltbarkeit (Tragechtheit) den wirklichen Verhältnissen beim Tragen oder beim sonstigen Gebrauch besser entsprechen würde als die bisher übliche Festigkeitsbestimmung, die sich im übrigen bei der Beurteilung von Garnen und den meisten Geweben aus pflanzlichen Fasern sehr gut bewährt hatte. Feste Gesetzmäßigkeiten zwischen Festigkeit und Abreibung haben sich bisher aber noch nicht ergeben[2]. Wenngleich bisher eine Abreibe- oder Scheuermaschine allgemeine Einführung und Anerkennung noch nicht gefunden hat, sei kurz auf die verschiedenen Versuche und Anregungen in dieser Beziehung eingegangen.

Die erste Militärverwaltung, die mittels Schabmaschinen die Prüfung von Tuchen vornahm, war die holländische, und zwar arbeitete sie mit rotierenden Schmirgelwalzen. Sie gab später das Verfahren auf. Alsdann folgte die Schweizer Militärbehörde mit ähnlichen Versuchen, die auf dem Haslerschen Apparat, der mit rotierenden Schabmessern versehen ist, vorgenommen wurden; aber auch diese

---

[1] Schubert, F.: Leipz. Monatschr. Textilind. **1928**, 321; **1930**, 307.

[2] Nach v. Kapff (s. Leipz. Monatschr. Textilind. **1924**, 256) haben Tuche eine um so größere Abreibungsfestigkeit und auch praktische Abnützungsdauer, aus je feineren Garnen sie hergestellt sind, und es ist deshalb angezeigt, feinere Garnnummern zu verwenden, als sie bisher üblich waren. Bezüglich der Bindung zeigte es sich, daß der Abreibewiderstand bei Tuchbindung höher war als bei Kreuzköperbindung.

Behörde stellte die Prüfung mit dem Apparat wieder ein, weil gefunden wurde, daß er ganz falsche und irreführende Zahlen ergab. Nach einiger Zeit folgte v. Kapff[1] mit seinen Versuchen, die er erst mit einer verbesserten Haslerschen Schabmaschine, später mit besonderen Konstruktionen ausführte. Ausführliche Untersuchungen stellte alsdann Kertesz[2] an, später kam E. Müller[3] mit einer neuen Konstruktion, bei der Tuch gegen Tuch gerieben wird und zuletzt erschien noch die Herzog-Geigersche Maschine auf dem Markt.

1. Beim Arbeiten mit dem Haslerschen Apparat[4] wurden Tuchstreifen von 50 mm Breite unter Belastung von 8,6 kg gegen die Stahlschienen einer Walze gedrückt. Letztere, mit vier abgerundeten Schienen versehen, wurde mit einer Geschwindigkeit von etwa einer Umdrehung in der Sekunde gedreht, bis der Bruch (die Durchreibung) des Tuches eintrat. Bei dieser Prüfung sollte nach den schweizerischen Bestimmungen dunkelgrünes Waffenrocktuch 70, dunkelblaues Waffenrocktuch 80, grünes Blusentuch 120, Kaputtuch, Hosentuch und blaues Blusentuch 150 und Reithosentuch 200 Umdrehungen aushalten, bevor Durchreibung stattfand.

2. v. Kapff[5] und Repenning suchten durch Umbau des Haslerschen Apparates dessen Mängel zu beseitigen und bauten später ganz neue Scheuerapparate. Diese unterschieden sich von den Haslerschen zunächst dadurch, daß das Abreibwerkzeug feststehend angeordnet war und der eingespannte Tuchstreifen darüber hin- und herbewegt wurde. Das Schabmesser bestand aus einer 0,2 bis 0,3 mm dicken, an der oberen Kante abgerundeten Stahllamelle. Die Wirkung des Abreibwerkzeugs konnte sich nie ändern, da es auch bei Abnützung immer dieselbe Dicke und abgestumpfte Kante beibehielt. Dicht zu beiden Seiten des Schabmessers befindet sich ein Saugschlitz, welcher mit einem kräftigen Ventilator in Verbindung steht und den Wollstaub kontinuierlich absaugt. Ein Zähler registriert die Zahl der Scheuertouren und stellt sich bei Bruch des Streifens selbsttätig ab. Mit diesem Apparat hat v. Kapff gute Ergebnisse erhalten und eine große Reihe von Vergleichsversuchen angestellt, wobei er u. a. feststellte, daß chromgefärbte Tuche durchweg eine geringere Tragbarkeit haben als küpengefärbte.

Um auch der Scheuerung von Tuch gegen Tuch Rechnung zu tragen, konstruierten v. Kapff und Repenning außer der oben geschilderten Längsabreibemaschine auch noch eine Rundabreibemaschine, bei der die Kett- und Schußfäden bzw. die Filzdecke in stets wechselnder Richtung gescheuert werden. Das zu prüfende Tuch wird trommelförmig aufgespannt und an diesem ein mit demselben Tuch bespanntes, pilzförmiges Abreiborgan hin- und herbewegt. Dabei dreht sich sowohl

---

[1] v. Kapff: Färber-Zg. **1908**, 49 u. 69.

[2] Kertesz: Z. angew. Chem. **1914**, 501; Chem.-Zg. **1914**, 752.

[3] Müller, E.: Textile Forschung **1922**, 95: Scheuerapparat für Gewebeprüfung.

[4] Hasler A.-G., vorm. Telegraphenwerkstätte von G. Hasler, Bern.

[5] v. Kapff: Mell. Text. **1923**, 181. — Leipz. Monatschr. Textilind. **1924**, 260.

die Trommel als auch der Pilz langsam, damit das Tuch sowohl in Kett- als auch in Schußrichtung einer gleichmäßigen Abscheuerung unterworfen ist. Die Zahl der Hin- und Herbewegungen wird auch hier an einem Zähler abgelesen.

3. Den Untersuchungen von Kertesz ist es vor allem zu verdanken, daß er nicht nur die konstruktive Einrichtung der Schabmaschine, sondern vor allem auch die physikalische Oberfläche des Versuchsmaterials und die chemischen Begleitkörper der Tuche berücksichtigte und so gewissermaßen zu neuen Gesichtspunkten führte, die bis dahin als einflußlos galten. Seine Absicht, allen Vergleichstuchen zunächst einmal die gleiche physikalische Oberfläche zu geben, erwies sich nicht als erfüllbar, denn alle Bemühungen, um durch Rauhen, Einweichen, Pressen usw. eine gleiche Oberfläche zu erzielen, schlugen fehl. Dagegen zeigte es sich, daß das gesuchte Ziel viel leichter auf chemischem Wege zu erreichen war. Werden nämlich die Tuche erst mit Salzsäure, dann mit Alkohol vorbehandelt, so daß die den Tuchen anhaftenden Salze und Fette entfernt werden und ein völliges Durchtränken der Tuche bewirkt wird, so soll eine Neubildung der Oberfläche bewirkt und die erforderliche Gleichmäßigkeit erzielt werden. So vorbereitete Tuche sollen nach den Versuchen von Kertesz auf der Schabmaschine sehr gute Vergleichsresultate liefern.

Die zu prüfenden Tuchabschnitte werden mit 10% Salzsäure von 21⁰ Bé (auf das Gewicht der Ware berechnet) in 40facher Flottenmenge ¾ Stunden bei 94⁰ C behandelt (Knicken der Tuche ist zu vermeiden), mit destilliertem Wasser gespült, bis sie annähernd neutral sind, abgepreßt und im Soxhlet-Extraktionsapparat mit Alkohol 1½ Stunden extrahiert (wobei nach ¾ Stunden die Stoffe umzudrehen sind). Schließlich wird vom Alkohol abgepreßt, 2 Stunden bei 65 bis 70⁰ C getrocknet und mindestens ½ Stunde in einem 25⁰ C warmen Trockenschrank gelagert, aus dem die Streifen unmittelbar vor dem Schabversuche entnommen werden.

Die 5 cm breiten Streifen werden ganz gleichmäßig in die Backen der Schabmaschine eingespannt; je drei Streifen werden auf der rechten, je drei auf der linken Tuchseite geschabt. Die Prüfung hat vergleichsweise gegen einen bekannten Typstoff zu erfolgen. Die Güte der Tuche wird nach der Umdrehungszahl bis zum Reißen bemessen. Große Schwierigkeiten bereitet die Beschaffung geeigneter Schabwalzen. Die Haslersche Walze mußte nach Kertesz Versuchen ausscheiden, weil sie gleichzeitig eine schlagende Wirkung ausübt. Schabwalzen, die ähnlich wie Feilen wirken, nutzen sich zu schnell ab; ebenso den Scherwalzen nachgebildete Schabwalzen, bei denen außerdem nicht nur die Qualität, sondern auch die Dicke der Tuche von Einfluß ist. Am besten bewährt haben sich scharf gravierte Riffeln (von der Gravuranstalt Janovski & Schwarz, Berlin) und speziell angefertigte Karborundwalzen (von Friedr. Schmaltz, G. m. b. H., Offenbach a. M.), die selbst nach vier- bis fünfmonatiger Benutzung intakt waren. Nach Kertesz kommt das Schabverfahren trotzdem vorläufig nur für vergleichende Prüfungen von gewalkten Tuchen in Betracht, gibt hier aber nach seinen Versuchen sehr genaue Anhaltspunkte über die Güte der Tuche.

4. Der Scheuerapparat für Gewebeprüfung von E. Müller[1] (s. Abb. 245) unterscheidet sich von den vorstehenden grundsätzlich dadurch, daß bei ihm keine Metallschaber oder ähnliches angewandt werden, vielmehr meist **Tuch gegen Tuch** gerieben wird. Die beiden sich gegenseitig abscheuernden Flächen sind als ebene Flächen ausgebildet, die geradlinig, unter Einhaltung eines bestimmten, regelbaren spezifischen Flächendruckes bis zur Erreichung eines bestimmten Abnutzungsgrades des zu prüfenden Streifens hin und her bewegt werden. Der zu prüfende Gewebestreifen wird auf einer ebenen Fläche aufruhend zwischen Klemmen gespannt, die durch Belastungsgewichte (die z. B. der Hälfte der Reißbelastung entsprechen) nach außen gezogen werden. Der zweite, scheuernde Streifen, Gegenstreifen, bildet die untere ebene Fläche eines

Belastungskörpers, der in einem auf Rollen geradlinig hin und her bewegten Mitnehmerrahmen lotrecht verschiebbar geführt ist, so daß er sich immer mit dem eingestellten Druck auf die untere Fläche aufstützt. Dieser Gegenstreifen kann entweder ein Gewebestreifen gleicher oder auch anderer Art sein als der zu prüfende, er kann aber auch durch Filz, Gummi, Linoleum, Leder, Schmirgelstreifen oder dergleichen ersetzt werden.

Die zu prüfenden Gewebestreifen können in der Kett- und in der Schußrichtung gescheuert werden. Beide Streifen müssen immer im gespannten Zustande gehalten werden; bei dem unteren geschieht dies durch die Belastungsgewichte schon von selbst, bei dem oberen sind besondere Spannfedern vorgesehen. Die **Scheuerarbeit** wird durch einen Umlaufzähler gemessen, der bis zu 10000 Umdrehungen verzeichnet. Die Reibbelastung kann geändert und die Scheuerrichtung um 90° gedreht werden. Bei erfolgtem Riß wird das Zählwerk ausgeschaltet und der Belastungskörper abgehoben. Wird ein Streifen in der Kettrichtung gescheuert, so werden hauptsächlich die Querfäden, also der Schuß, abgescheuert, und umgekehrt. Die Untersuchungen können in der Weise vorgenommen werden, daß 1. bis zum erfolgenden Riß in der Kett- und Schußrichtung gescheuert wird und die Zahl der Scheuerungen festgestellt wird (**Abreibungs-, Scheuerfestigkeit**), 2. das

Abb. 245. Scheuer- oder Abreibeapparat nach
E. Müller (H. Keyl-Dresden).

---

[1] Müller, E.: Scheuerapparat zur Gewebeprüfung. Textile Forschung **1922**, 95. — S. a. Vollprecht, H.: Versuche mit dem Müllerschen Scheuerapparat und seine Anwendungsweise und Verwendungsfähigkeit. Leipz. Monatschr. Textilind. **1926**, 38.

Versuchsmaterial einer bestimmten Zahl von Scheuerungen unterworfen wird und dann die Zug- oder Berstfestigkeit bestimmt wird, 3. die Abnutzung des Versuchsmaterials durch Rückwägung der ursprünglich gewogenen Versuchsstreifen nach erfolgtem Riß oder nach einer bestimmten Zahl von Scheuerungen festgestellt wird. Die Versuche sind hauptsächlich vergleichsweise gegenüber anderem Material auszuführen.

Der von E. Müller und Berthold konstruierte Apparat wird von der Firma Hugo Keyl in Dresden, Marienstraße, gebaut.

5. Abreibeprüfmaschine nach R. O. Herzog und Geiger. Abb. 246 zeigt eine neuere Abreibemaschine, die von Schopper gebaut wird. Mit derselben werden Gewebe aller Art auf Dauerhaftigkeit gegen Abnützung geprüft.

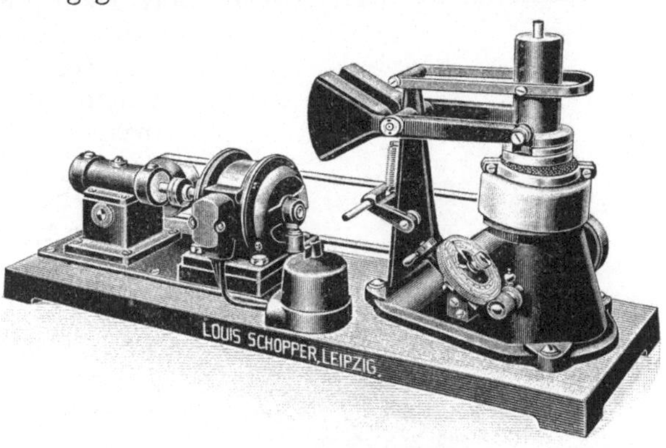

Abb. 246. Abreibemaschine nach R. O. Herzog und Geiger (L. Schopper).

Ein Stück des zu untersuchenden Gewebes wird über eine harte Unterlage gespannt und einer Scheuerung nach verschiedenen Richtungen intermittierend ausgesetzt. Die Scheuerung erfolgt nicht dauernd an derselben Stelle, sondern es werden Pausen eingeschaltet, während denen den Fasern Zeit gegeben ist, sich wieder aufzurichten. Gegen das Gewebestück wird während einer rotierenden Schaukelbewegung eine Scheuerplatte, deren Belastung eingestellt werden kann, gedrückt. Als Reibkörper ist zuerst eine geriffelte Stahlscheibe verwendet worden; neuerdings wird aber einer mit Schmirgelpapier bezogenen Reibplatte der Vorzug gegeben, so daß die Maschine heute auch mit einer derartigen Einspannvorrichtung ausgerüstet wird. — Es ist zweckmäßig, für den Apparat elektromotorischen Antrieb zu wählen.

Zerplatzfestigkeit (Berstfestigkeit).

Nach Huebner[1] stehen Zerreiß-, Zerplatz- und Einreißfestigkeit in fast konstantem Verhältnis zueinander. Nach den Beobachtungen anderer Forscher ist dies nicht der Fall; es hat sich bisher vor allem noch keine Gesetzmäßigkeit zwischen Zerreiß- und Zerplatzfestigkeit auffinden lassen.

Ursprünglich dem Bedürfnis des Luftschiffbaues Rechnung tragend, sind besondere Zerplatzapparate gebaut worden. Heute findet die Berstfestigkeitsprüfung erweiterte Anwendung. Es werden nicht nur Ballonstoffe, sondern auch Tuche, Gewebe jeder Art, Gewirke usw. auf

---

[1] Huebner: J. Soc. Dy. and Col. 1921, 71.

Berstfestigkeit geprüft. Der Berstdruckprüfer ist aus diesem Grunde
wesentlich vervollkommnet worden. Heute verwendert man in der Textilprüfung vor allem den Berstdruckprüfer von Schopper-Dalèn (siehe
Abb. 247 und 248).

Ausführung der Berstdruckprüfung. Der Probekörper wird
auf dem durchbohrten Deckel eines Hohlzylinders festgespannt und
durch Druckluft bis zum Zerplatzen
belastet (s. Abb. 247). Die zum Zerplatzen nötige Luftpressung wird gemessen und unter Angabe der Größe
der geprüften Fläche als Berstfestigkeit in kg/qcm angegeben.

Der Apparat besteht (s. Abb. 248)
aus einer Säule A, die gleichzeitig

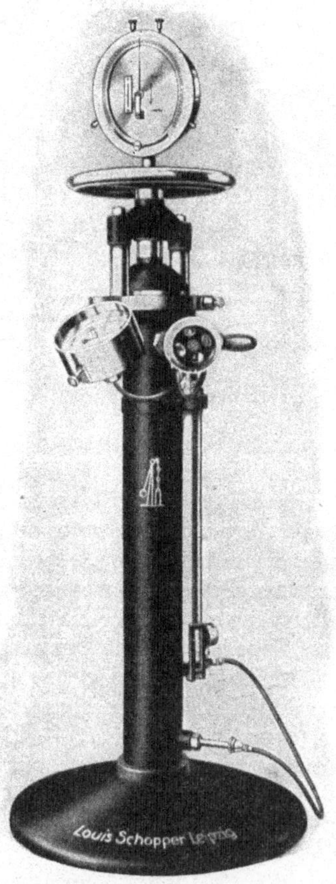

Abb. 247. Zerplatzapparat oder Berstdruckprüfer   nach   Schopper-Dalèn
(L. Schopper).

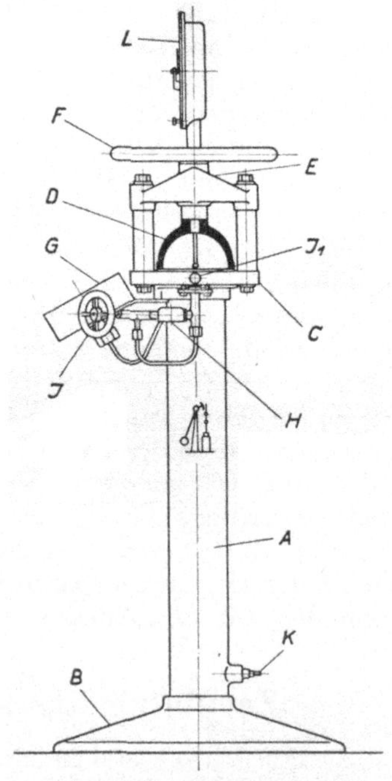

Abb. 248.   Zerplatzapparat
Schopper-Dalèn.   Schnitt-
zeichnung.

als Luftbehälter dient, einer Grundplatte B, einer Aufspannplatte C,
einer Spannglocke D, einem Spannbügel E und der Spannvorrichtung F.
Er besitzt ferner zwei Manometer G und H, ein Lufteinlaßventil J, ein
Ablaßventil J_1, ein Füllventil K, sowie den Wölbhöhenmesser L. Der
Luftbehälter ist mit der Grundplatte fest verbunden und faßt eine für
viele Versuche ausreichende Luftmenge. Der Behälter wird durch eine
Handpumpe gefüllt.

Besondere Aufmerksamkeit ist der Einspannvorrichtung für den Probekörper gewidmet worden. Um ein vollkommen sicheres Einspannen zu ermöglichen, wurde der Halter für die obige Spannglocke als geschlossener Bügel ausgebildet, so daß Auffederungen ausgeschlossen sind. Außerdem ist zwischen der unteren Auflagescheibe und der Aufspannplatte eine elastische Zwischenlage vorgesehen. Zwischen den Probekörper und die untere Auflagescheibe wird eine luftdichte Mem-

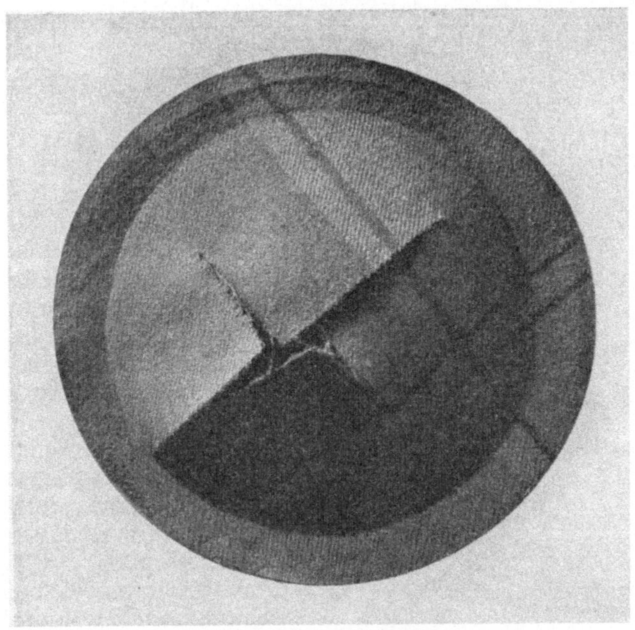

Abb. 249. Ein der Berstdruckprüfung unterworfenes Gewebe nach dem Zerplatzen.

brane gelegt, die unverrückbar festliegt und nicht nach jedem Versuch geglättet zu werden braucht.

Gewebe werden bei 100 qcm Prüffläche untersucht. Das Präzisionsmanometer zeigt den Berstdruck mit großer Genauigkeit an. Es besitzt einen Schleppzeiger, so daß der Berstdruck in aller Ruhe abgelesen wird. Gleichzeitig kann die Wölbhöhe durch den Wölbhöhenmesser abgelesen werden. Abb. 249 zeigt ein der Berstdruckprüfung unterworfenes Gewebe nach dem Zerplatzen.

Falzfähigkeit (Falzfestigkeit).

Mitunter kann es bei Textilerzeugnissen darauf ankommen, festzustellen, welchen Widerstand ein Gewebe dem Biegen, Falzen, Knittern und ähnlichen Einwirkungen entgegensetzt. Der Falzwiderstand oder die Falzfestigkeit ist also bis zu einem gewissen Grade ein Maß für die

Sprödigkeit oder Brüchigkeit des Versuchsmaterials. Während dieser Widerstand gegen Zerknittern und Falzen beim Papier eine große Rolle spielt, ist er bei Geweben nur ausnahmsweise, z. B. bei Buchbinderleinwand (Kaliko) und ähnlichen Erzeugnissen von Interesse. Hier sind auch die Einzelheiten des Verfahrens nicht festgelegt. Recht brauchbar ist die Falzprobe auch für die Ermittelung der Verbindungsfestigkeit zusammengeklebter Stofflagen, z. B. der mit Gummi verklebten Ballondoppelstoffe u. ä.

Durch die Prüfung auf Widerstand gegen Falzen können verschiedene Fragen beantwortet werden:

1. Wieviel Falzungen hält ein Versuchsstück bis zum Bruch aus?

2. Hält ein Versuchsstück eine bestimmte Mindestzahl von Falzungen aus?

3. Welchen Rückgang erleidet die Bruchfestigkeit eines Versuchsstückes nach einer bestimmten Zahl von Falzungen?

4. Tritt der Bruch eines Versuchsstückes nach einer bestimmten Zahl von Falzungen in der Falzstelle oder an anderen Stellen ein?

5. Verändert sich Färbung, Glanz usw. an den Falzstellen; tritt Weißreibung u. ä. ein?

Über diese Fragen gibt die Literatur bei der verhältnismäßig untergeordneten Bedeutung der Falzfestigkeit von Textilerzeugnissen zur Zeit wenig Aufschluß.

Für die Falzversuche bedient man sich am besten des in der Papierprüfung allgemein eingeführten Schopperschen Falzapparates, bei dem gegebenenfalls nur der Schlitz breiter zu halten ist (Abb. 250).

Abb. 250. Falzapparat nach L. Schopper.

Bei diesem Apparat wird ein Gewebestreifen in ein geschlitztes, hin und her zu bewegendes Blech gelegt und an beiden Enden festgeklemmt; dann ermittelt man die Anzahl Doppelfalzungen, die der Streifen bei bestimmter Zugspannung bis zum Bruch aushält, oder man unterwirft den Streifen einer bestimmten Zahl von Falzungen, prüft dann auf seine Festigkeit usw., wie unter 1 bis 5 oben angedeutet ist.

Der Falzer hat ein dünnes, zur Aufnahme des Probestreifens mit einem Schlitz versehenes Stahlblech (Schieber), das sich zwischen zwei Paaren leicht drehbarer Rollen bewegt. Senkrecht zu dem Stahlblech befinden sich die Einspannklemmen, die mit ihren Verlängerungen in die entsprechend geformten Öffnungen der Hülsen hineinragen. In diesen Hülsen befinden sich die zum Spannen der Probestreifen dienenden Spiralfedern. Die Hülsen sind in den Haltern beweglich angeordnet und werden, wenn die Stifte gehoben sind, mittels der Spiralfedern so weit gegeneinandergeführt, daß eine bestimmte Einspannlänge erreicht wird. Nach dem Einspannen des Probestreifens wird durch Herausziehen der Hülsen bis zum Einschnappen der Stifte dem Probestreifen eine kleine Spannung erteilt und die freie Beweglichkeit der Klemmen bewirkt. Die Anzahl der Hin- und Herfalzungen (Doppelfalzungen) wird vom Zählrad angezeigt, welches beim Reißen des Streifens selbsttätig ausgelöst wird. Sie beträgt in der Regel etwa 110 bis 120 Doppelfalzungen in der Minute (10000 in 1½ Stunden). Die Spannung der Federn ist so gewählt, daß ihre Höchstzug 1000 g beträgt. Die freie Einspannlänge der Streifen beträgt 10 cm, die Breite = 1,5 cm. Auf Einhaltung der Breite ist besonders achtzugeben, da die Falzzahl mit zunehmender Breite des Streifens wächst.

Sprödigkeit.

Bereits bei der Bestimmung der Falzfestigkeit wird bis zu einem gewissen Grade die Sprödigkeit oder Brüchigkeit zum Ausdruck gebracht. Wie bereits ausgeführt (s. S. 376), spielt die Falzfestigkeit oder Falzfähigkeit für die meisten Textilfasern und -erzeugnisse keine Rolle, z. T. auch deshalb, weil die Fasern und die Fasererzeugnisse außerordentlich falzwiderstandsfähig sind, bei der Falzfestigkeit also sehr hohe Zahlen erhalten werden und die Prüfung deshalb sehr viel Zeit in Anspruch nimmt[1].

Auf anderer Grundlage beruht der Sprödigkeitsprüfer von Krais[2]. Dies ist ein Fallhammerapparat, wie er bereits zur Bestimmung der Sprödigkeit des Glases benutzt wird. Mit Hilfe dieses Apparates läßt sich die Widerstandsfähigkeit von Einzelfasern, Fäden und Gewebestreifen gegen Schlagwirkung prüfen, indem man immer nur das Fallgewicht des Hammers und seine Hubhöhe entsprechend wählt und den Einsatzstempel ein- und auswechselt. Für die Prüfung von Einzelfasern wird z. B. zweckmäßig ein Einsatzstempel zu wählen sein mit einer Schlagfläche ähnlich der Schneide des Falzlineals von dem vorbeschriebenen Falzapparat von Schopper (s. S. 376). Durch das Ein- und Auswechseln des Ambosses läßt sich dessen Härte beliebig wählen. Der Apparat kann auch zur Prüfung der Durchschlagsfähigkeit und der Haltbarkeit von Schreibmaschinenbändern benutzt werden, indem man die Schlagstärke des Stempels entsprechend einstellt und das Ersatzstück durch bestimmte Typen ersetzt. Der Apparat kann mit einem kleinen Elektromotor angetrieben werden, so daß er etwa 90 Schläge in der Minute ausführt. Einzelfasern werden nicht direkt eingespannt, sondern zweckmäßig mit einer Mischung aus 20 Teilen Kolophonium und 5 Teilen Bienenwachs auf ein Papierrähmchen aufgeklebt (s. S. 351).

Versuche mit Garnen haben nach Krais bisher sehr ungleichmäßige Werte ergeben. Besser waren die Ergebnisse mit Einzelfasern, bei denen beispielsweise eine Fallhöhe von 10 mm, ein Hammergewicht von 20 g, eine Breite der Hammerfläche von 2 mm, ein Zuggewicht von 2 g und 90 Schläge in der Minute gewählt wurden. Im allgemeinen haben sich sehr große Unterschiede zwischen den einzelnen Fasern gezeigt, doch ist noch nicht abzusehen, ob und inwieweit ein Schlagapparat bei der Beurteilung und Kennzeichnung von Textilfasern oder -erzeugnissen eine Bedeutung gewinnen wird.

Gewebeanlagen und webetechnische Prüfungen.

1. Gewebeanlagen.

Nachstehend seien nur die wichtigsten Grundsätze, Beispiele und Typen der Webetechnik kurz umrissen.

Wie bekannt, entstehen die Gewebe durch regelmäßiges Verschlingen von zwei sich rechtwinklig kreuzenden Fadensystemen. Das eine System, die in der Längsrichtung des Gewebes verlaufenden Fäden, nennt man Kette (auch Warp, Aufzug, Zettel oder Schweif). Die Kettfäden

---

[1] Bei manchen Textilerzeugnissen wird z. B. eine Falzfestigkeit von vielen Millionen Doppelfalzungen ermittelt, was eine Laufzeit des Apparates von vielen Wochen erfordert.

[2] Krais: Textile Forschung 1922, 96.

haben alle eine gleiche, dem Gewebe entsprechende Länge und werden beim Webprozeß durch besondere Vorrichtungen abwechselnd auf- und abwärts bewegt, was man „Fach bilden" nennt.

Die die Kette rechtwinklig kreuzenden Fäden nennt man Schuß (auch Weft, Einschlag oder Eintrag). Der Schuß besteht meist aus einem langen, fortlaufenden Faden, der mittels eines besonderen Werkzeuges (Schützen oder Schiffchen) zwischen die gehobenen und gesenkten Kettfäden (das offene Fach) eingetragen wird und beim äußersten Kettfaden jeder Seite wieder umkehrt, wodurch dort die Leiste (auch Sahlleiste oder Sahlband genannt) entsteht. Vereinzelt (bei Sparterie) werden als Schuß auch Holzstäbchen, Tuchstreifen, Roßhaare u. ä. eingetragen; in solchen Fällen würde jeder einzelne Schuß nach einmaligem Durchqueren der Kettfäden sein Ende erreichen.

Die Regel, nach welcher sich Kett- und Schußfäden verkreuzen bzw. „abbinden", nennt man Bindung und die bildliche Darstellung der Bindung heißt Musterbild oder Patrone. Das dazu verwendete netzartig liniierte Papier heißt Patronenpapier (s. Abb. 251 und 252). Auf diesem stellt jeder von unten nach oben verlaufende und von zwei Linien

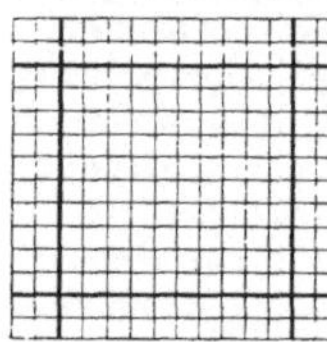

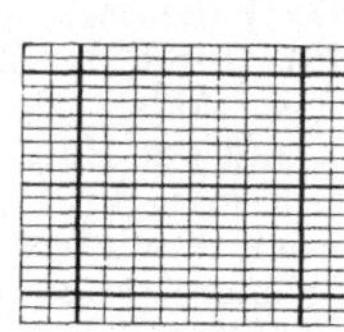

begrenzte Zwischenraum einen Kettfaden und jeder waagerecht verlaufende Zwischenraum einen Schußfaden dar. Überall da, wo ein Kettfaden über einem Schußfaden liegt, also abbindet, wird auf der Patrone das kleine betreffende Bild farbig (rot oder schwarz) ausgefüllt.

Abb. 251.   Abb. 252.

Die Patronenpapiere werden in den verschiedensten Teilungen hergestellt, so z. B.[1] 4:4, 6:6, 8:8, 10:10 oder auch 8:10, 8:12, 8:16 usw. Damit das Bild auf der Patrone dem entsprechenden Stoffmuster möglichst ähnlich sieht, verwendet man zweckmäßig solches Papier, dessen Zwischenräume der Fadenstärke des zu verwebenden Materials und dem Verhältnis zwischen Ketten- und Schußdichte am besten entsprechen; desgleichen nimmt man auch Rücksicht auf die Rapportzahl der Grundbindung, auf die Einteilung der Webmaschine u. dgl. Abb. 251 zeigt ein Patronenpapier 10:10, Abb. 252 ein solches 8:16.

Häufig (besonders bei Köper) wird die Bindung in einer „Formel" wiedergegeben; dabei bedeuten die Zahlen über dem Bruchstrich die gehobenen und die Zahlen unter dem Strich die gesenkten Kettfäden bei dem ersten Schuß von links nach rechts $\left(\text{z. B. } \dfrac{2\ 1\ 1}{2\ 1\ 2}\right)$.

Die Wiederkehr des Musters in Kette und Schuß nennt man Rapport; er ist in folgenden Patronen durch starke Linien abgegrenzt.

Man unterscheidet drei Grundbindungen, von denen alle an-

---

[1] 4:4 (vier zu vier oder vier auf vier) bedeutet, daß jedes durch stärkere Linien begrenzte Quadrat vier senkrecht und vier waagerecht verlaufende Zwischenräume enthält.

deren Bindungen durch Verstärkung, Kombination usw. abgeleitet werden können.

a) Leinwandbindung (Zweibandbindung). Die Leinwand- oder Zweibandbindung (auch Tuch-, Taffet- oder Kattunbindung ge-

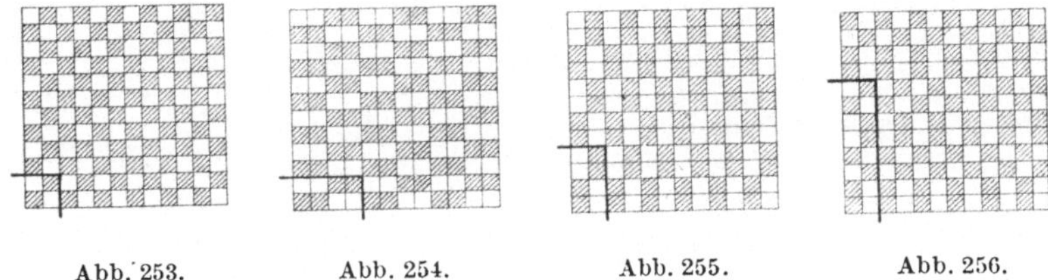

Abb. 253.   Abb. 254.   Abb. 255.   Abb. 256.

nannt) ist die einfachste und älteste aller überhaupt möglichen Bindungen. Sie führt die engste Verkreuzung der beiden Fadensysteme herbei und gibt der Ware auf beiden Seiten das gleiche Bild.

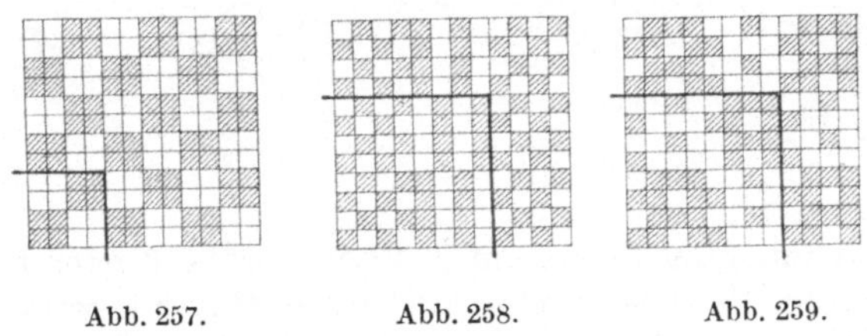

Abb. 257.   Abb. 258.   Abb. 259.

Abb. 253 (s. nebenstehende Musterbilder) zeigt reine Zweibandbindung (kleinste Bindung oder Rapportzahl 2) und als Ableitung davon zeigen:

Abb. 254 = Längsrips ⎱
  ,, 255 = Querrips ⎰ auch Glattrips oder Kannelé genannt,
  ,, 256 = eigentlichen Rips,
  ,, 257 = Panama- (oder Matten-, Lousien-, Würfel-) Bindung.
  ,, 258 und 259 zeigen sog. Granitbindung.

b) Köperbindung. Die Köper-, auch Diagonal- oder Croisébindung genannt, gibt den Fäden eine etwas losere Verkreuzung als die Zweibandbindung. Das Charakteristische der Köperbindung ist, daß sie in dem Gewebe schräg verlaufende Linien, die Bindegrade, erzeugt. Nach dem Verlauf dieser Grade benennt man auch teilweise die einzelnen Köperarten, z. B.

Rechtsgrad, wenn der Grad nach rechts ansteigt,

Normalrechtsgrad, wenn der Grad im Winkel von 45^0 ansteigt,

Schräger Rechtsgrad, wenn der Grad unter 45^0 ansteigt,

Steiler Rechtsgrad, wenn der Grad über 45^0 ansteigt.

Ferner erfolgt die Benennung der Köperbindungen nach der Bindungszahl, z. B. als 3-, 4-, 5- usw. bindiger Köper; weiter als Ketten-, Schuß- oder gleichseitiger Köper je nachdem, ob auf der rechten Stoffseite Kette oder Schuß mehr oder beide gleich flottliegen.

Die kleinste Bindungszahl (Rapport) eines gewöhnlichen Köpers ist 3 $\left(\frac{1}{2}\text{ oder }\frac{2}{1}\right)$, die eines gleichseitigen Köpers $= 4$ $\left(\frac{2}{2}\right)$.

Als Effektköper bezeichnet man solche Köperarten, bei denen eine Anzahl Kettfäden nebeneinander hochbleibt und wiederum eine ge-

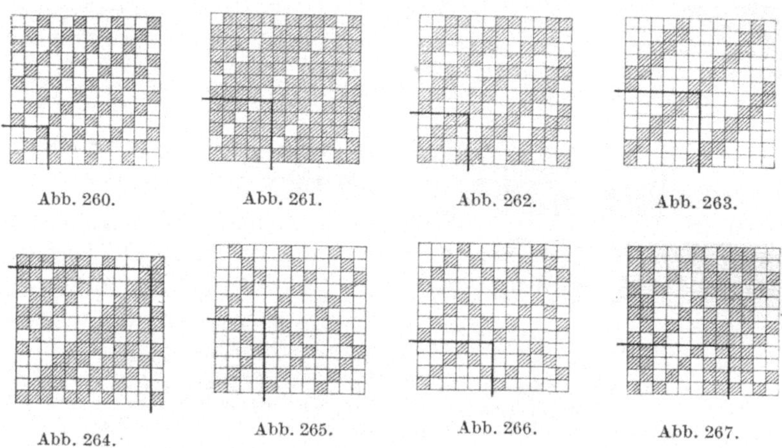

Abb. 260.   Abb. 261.   Abb. 262.   Abb. 263.

Abb. 264.   Abb. 265.   Abb. 266.   Abb. 267.

schlossene und um mindestens einen Faden größere oder kleinere Anzahl von Ketten tiefbleibt. Die niedrigste Bindungszahl ist hier 5 $\left(\frac{2}{3}\text{ oder }\frac{3}{2}\right)$.

Abb. 260 zeigt 3 bindigen Rechtsgrad, Schußköper $\left(\frac{1}{2}\right)$.

Abb. 261 zeigt 5 bindigen Rechtsgrad, Kettköper $\left(\frac{4}{1}\right)$.

Abb. 262 zeigt 4 bindigen gleichseitigen Rechtsgradköper $\left(\frac{2}{2}\right)$.

Abb. 263 zeigt 6 bindigen Rechtsgrad, Effektköper $\left(\frac{2}{4}\right)$.

Abb. 264 zeigt 11 bindigen verstärkten oder Mehrgrad- oder Schatten-köper $\left(\frac{3\ 2\ 1}{1\ 1\ 3}\right)$.

Abb. 265 zeigt 4 bindigen Zickzackschußköper $\left(\frac{1}{3}\right)$.

Abb. 266 zeigt 6 bindigen Spitzschußköper.

Abb. 267 zeigt aneinandergesetzte Köperbindungen (für Drelle).

c) Atlasbindung. Die Atlas- oder Satinbindung gibt dem Gewebe eine glatte, ruhig wirkende Oberfläche, die nur kaum sichtbar durch die einzelnen Bindungspunkte unterbrochen wird. Diese Bindung unterscheidet sich von der Zweiband- und Köperbindung dadurch, daß hier die Bindepunkte niemals aneinander stoßen, sondern nach bestimmter Regel im Gewebe verstreut liegen; außerdem ist hier die

engstmögliche Verkreuzung noch loser als bei den ersten beiden Grund-
bindungen. Die kleinste Bindungszahl bei Atlas ist 5 $\left(\dfrac{1}{4}\ \text{oder}\ \dfrac{4}{1}\right)$.
Die Benennung der Atlasbindungen erfolgt in erster Linie nach der

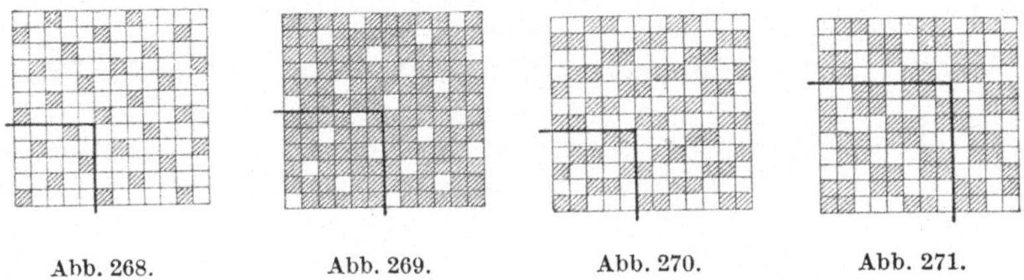

Abb. 268. Abb. 269. Abb. 270. Abb. 271.

Bindungszahl (Rapportzahl) und ferner nach dem Fadensystem, welches
auf der rechten Stoffseite flottliegt.

Abb. 268 zeigt 5bindigen Schußatlas,
Abb. 269 zeigt 6bindigen Kettenatlas,
Abb. 270 zeigt 5bindigen verstärkten Schußatlas,
Abb. 271 zeigt einen weiteren verstärkten Atlas.

d) Kreppbindungen. Bei den Kreppbindungen erfolgt zuweilen
schon nach wenigen Fäden die Wiederkehr des Musters; sie können
jedoch weder den drei Grundbindungen zugezählt noch als weitere
selbständige Grundbindung betrachtet werden. Die Bindungen geben
dem Gewebe ein verworrenes Aussehen. Beim Aufbau einer Krepp-
bindung ist darauf zu achten, daß die Bindepunkte möglichst gleichweit voneinander entfernt liegen, damit keine Unebenheiten im Gewebe
entstehen.

Abb. 272 zeigt einen 8bindigen Krepp,
Abb. 273 zeigt einen 8bindigen Krepp (auch Kautschukbindung genannt).

Während Stoffe von den genannten Grundbindungen und Ableitungen als glatte gelten, ist dies beispielsweise bei der Waffelbin-

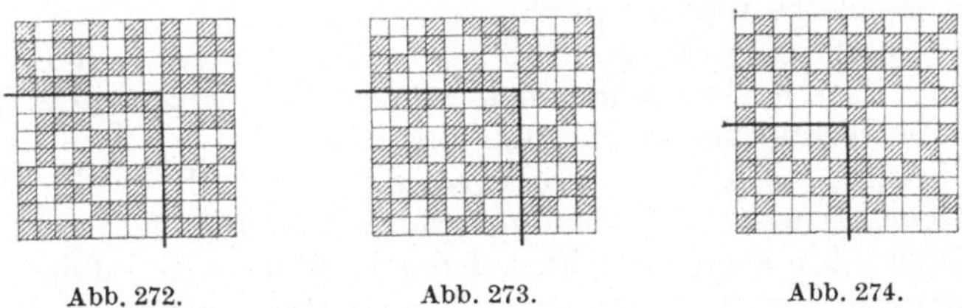

Abb. 272. Abb. 273. Abb. 274.

dung (den Waffelgeweben) nicht der Fall. Zwar gehört die Waffel-
bindung nach Anordnung ihrer Bindepunkte zur Klasse der Kreuzköper,
doch wirken die symmetrisch verteilten Fadenflottungen im Gewebe
zellenbildend und aufgeworfen.

Abb. 274 zeigt eine 6bindige deutsche Waffel.

Die Benennung der Gewebe richtet sich außer nach der **Bindung** noch nach dem **Material** (so heißt z. B. Zweibandbindung bei Leinen: Leinwand, bei gewalkter Wolle: Tuch, bei Seide: Taffet, bei Baumwolle: Kattun), der **Technik**, der **Musterung**, der **Veredelung** (roh, gebleicht, gefärbt, bedruckt, merzerisiert) und schließlich nach dem **Verwendungszweck** derselben u. a. m.

Aufzeichnung der Bindung eines Gewebes. Will man die Bindung eines gegebenen Gewebes aufzeichnen (ausziehen), so geschieht das am besten schußfadenweise. Von einem bestimmten Kettfaden aus verfolgt man einen Schußfaden so lange nach rechts, bis sich die Bindung wiederholt und überträgt die Bindepunkte auf das Patronenpapier. Hierauf verfolgt man den nächsten Schußfaden, wieder vom gleichen Kettfaden ausgehend, nach rechts, bis sich die Bindung wiederholt. Dieses setzt man so lange fort, bis sich in Kette und Schuß die Wiederholung ergibt. Den Kettfaden des Stoffabschnittes, von dem ausgegangen wird, kennzeichnet man zweckmäßig mit Farbe. In schwierigeren Fällen entfernt man erst einige Schußfäden aus dem Gewebe und schiebt dann auf der freigewordenen Kettenfranse den ersten Schuß heraus, zeichnet ihn auf usw. und wiederholt dies mit den folgenden Schüssen bis zur Wiederkehr der Bindung. Bei gewalkten und gerauhten Geweben sengt (oder schert) man vorher die Haardecke ab.

2. Feststellung der rechten und linken Seite des Gewebes.

In den meisten Fällen wird man sofort die **rechte** Seite oder die **Schauseite** erkennen und von der **linken** Seite unterscheiden. Sehr häufig läßt sich die **Schauseite** aber nicht ohne weiteres erkennen. In solchen Fällen schlägt man das Gewebe an einer Stelle so um, daß beide Seiten gleichzeitig beobachtet werden können und die Längskanten (Leisten) der beiden Lagen parallel laufen. Alsdann wird man fast immer schon durch die Bindung, Farbenstellung, Appretur, Reinheit des Gewebes usw. eine Seite als die schöner aussehende herausfinden; diese ist dann die Schauseite. Man vergegenwärtige sich hierbei auch, welchem Zweck das betreffende Gewebe dienen soll und welche Seite diesen Anforderungen am besten entspricht.

Ferner kann man sich auch von folgenden Grundsätzen leiten lassen. Bei Erzeugnissen aus verschiedenen Rohstoffen gilt fast stets diejenige Seite als die rechte, bei welcher das kostbarere Material am besten zur Geltung kommt, bei Halbseide also die Seide, bei Halbwolle die Wolle usw. Bei Tuchen hat man ferner einen guten Anhaltspunkt an den bunten Leistenfäden; ihre Bindung tritt auf der rechten Seite infolge des hier gründlicher durchgeführten Scherens klarer zutage. Legt man geschorene Stoffe über einen Finger und sieht horizontal über die Biegungsstelle nach dem Licht (bei überfallendem Licht), so wird man auf einer Seite mehr, auf der anderen weniger überstehende Härchen beobachten; letztere Seite gilt als die rechte. In ähnlicher Weise kann man sich auch von der Intensität der Farben und des Glanzes beider Stoffseiten überzeugen.

3. Feststellung der Kett- und Schußrichtung[1].

Leiste. Das wichtigste und untrüglichste Merkmal für die Unterscheidung von Ketten- und Schußrichtung ist die feste Webeleiste (Leiste, Kante, Egge, Lisière usw.), d. i. die Umkehr des Schusses beim äußersten Kettfaden. Ist eine solche vorhanden, dann sind die mit ihr gleichlaufenden Fäden die Kettfäden; diejenigen, welche letztere senkrecht schneiden, sind die Schußfäden.

Vorschlag. Findet man in einem Tuchabschnitt einen, einige Fäden breiten andersfarbigen Streifen und folgen hinter diesem wieder mehr als 2 bis 3 cm reguläre Ware, so stellen diese Fäden einen Vorschlag (Schlag-, Verschußstreifen) dar und zeigen die Schußrichtung an.

Drehung, Steifheit, Grobheit, Weichheit usw. Weit schwieriger ist es dagegen, bei einer kleinen, an allen Seiten beschnittenen Probe die beiden Fadenrichtungen mit Sicherheit festzustellen. Die Kettfäden sind gewöhnlich feiner im Faden und, da sie beim Webprozeß wiederholte Reibung und Spannung auszuhalten haben, fester gedreht und steifer, zuweilen gezwirnt, während der Schuß, da jedes Fadenstück nur einmal gespannt wird und alsdann im Gewebe ruhig verbleibt und weil er dem Stoff Griff, Fülle und Schuß verleihen soll, im allgemeinen weniger gedreht, weicher und gröber ist.

Parallellage. Bei feinen durchscheinenden Geweben kann man oft beobachten, daß die Fäden der einen Richtung fast genau parallel nebeneinander laufen, während sich die Fäden der anderen Richtung stellenweise übereinander legen. Ersteres ist die Kette, letzteres der Schuß.

Einarbeitung. Bei Geweben von gleich grobem Material in Kette und Schuß zeichnet man sich auf dem Gewebe in beiden Richtungen eine gleiche Länge auf und schneidet an den betreffenden vier Endpunkten ein, nimmt dann in jeder Richtung einige Fäden heraus und mißt diese einzeln im ausgestreckten Zustande. Ergeben hierbei die Fäden einer Richtung eine größere Länge, so sind das die Kettfäden.

Strichrichtung. Bei geschorenen Stoffen streicht man aufmerksam erst in einer, dann in der anderen Richtung mit der Handfläche über die Haardecke hin. Man wird dabei empfinden, daß sich die Härchen in einer Richtung glatt niederlegen; dieses ist die Kettrichtung[2].

Schlichte. Weist ein Gewebe steife, gestärkte oder geschlichtete Fäden nur in einer Richtung auf, so kann man diese als Kettfäden annehmen. Die Kettfäden sind im allgemeinen mehr steif und geradlinig, während die Schußfäden rauh, verschoben und wellenförmig, meist auch gröber und ordinärer erscheinen.

Drahtrichtung. Schließlich entscheidet unter Umständen die Drehungsrichtung der Fäden. Sind die Fäden scharf nach rechts gedreht, andere nach links, so kann man erstere als Kettfäden ansprechen.

---

[1] S. a. List, P.: Feststellung v. Kette u. Schuß i. Gewebe. Mell. Text. **1923**, 318.
[2] Ausgenommen von den Fällen, in denen eine Querschermaschine Verwendung fand.

Rietstreifen. Sog. „Rietstreifen", die mitunter nur von einem geübten Auge erkannt werden können, zeigen die **Kettrichtung** an. Spannt man die Ware etwas in der Schußrichtung, so treten die Rietstreifen deutlicher hervor. Auch kann man durch Herausziehen einiger Schußfäden am Geweberand die Kettfäden freilegen, diesen Teil dann unter die Lupe nehmen, die Fäden mäßig spannen und gegen das Licht halten, wobei die Streifen ebenfalls besser hervortreten.

Banden. Durch falsches Schußgarn entstehende sog. „Banden" zeigen die **Schußrichtung** an.

Webfehler. Fadenbrüche, die eine breitere Lücke hinterlassen, sind **Kettfadenbrüche**, da Schußfadenbrüche durch den folgenden Ladenanschlag gemildert werden.

Fadenzahl. Bestehen beide Richtungen aus gleichem Garn, haben aber verschiedene Fadenzahl, so ist die Richtung mit der **größeren Fadenzahl die Kette.**

Mehrfarbigkeit in einer Richtung. In einem gestreiften Muster, das nur in einer Richtung mehrere Farben enthält, stimmt die **Richtung der Kette mit der Richtung der Farben** überein, denn das Schermuster kann aus beliebig vielen Farbstreifen zusammengestellt werden, ohne das Weben im Stuhl zu erschweren.

Hellfarbigkeit in einer Richtung. Die helleren Farben gehören meist der **Kette,** die dunkleren dem **Schuß** an, da hellere Farben in der Kette leichter sauber zu halten sind als im Schuß.

Ungleichmäßiger Verlauf. Ein ungleichmäßiger Verlauf der Fäden in einer Richtung zeigt in der Regel den **Schuß** an.

4. Fadendichte oder Dichte des Gewebes.

Unter **Fadendichte, Dichte** oder **Fadenzahl** versteht man die Anzahl Fäden, welche sich in einer Maßeinheit des Gewebes befindet. Die Bestimmung der Dichte entbehrt zur Zeit noch eines einheitlichen Systems, wird aber in neuerer Zeit immer mehr auf 10 cm angegeben, sonst meist auf ¼ franz. Zoll = 0,677 cm. Für den Ausdruck der Kettdichte bestehen nebenbei noch einige Bezeichnungen, denen die Dichte im **Blatt** oder **Riet** zugrunde gelegt ist. Die wichtigsten Systeme seien hier nur kurz erwähnt (s. a. Tabelle am Schluß des Buches).

1. Die **Gangzahl** gibt an, wievielmal 20 Rohre (d. i. ein Zwischenraum zwischen zwei Stäben des Blattes oder 40 Fäden (= 1 Gang) in Berlin auf ¼ Berliner Elle (16⅔ cm), in Sachsen auf ¼ sächs. Elle (= 6 Leipziger Zoll = 14,12 cm) sich befinden.

2. Die **Porterzahl** (bei Jutegeweben handelsüblich) gibt an, wievielmal 40 einfache oder doppelte Fäden bei einem zweischäftigen Jutegewebe oder: wievielmal 60 einfache oder doppelte Fäden bei einem dreischäftigen Jutegewebe, oder: wievielmal 80 einfache oder doppelte Fäden bei einem vierschäftigen Jutegewebe auf einer Blattbreite von 37 engl. Zoll enthalten sind.

3. Die **Feine** gibt bei Seidengeweben an, wieviel Stäbe oder Rohre in Elberfeld auf 11 mm, in Krefeld auf 10,84 mm enthalten sind.

4. Die **Stichzahl** gibt an, wieviel Lücken oder Stiche sich im Blatt auf ¹/₁₂ franz. Zoll (0,226 cm) = 1 franz. Linie befinden.

1. Die einfachste Art der Dichtebestimmung ist die vermittels des sog. **Fadenzählers** (s. Abb. 275). Der gewöhnliche **Fadenzähler** be-

steht aus **Lupe** und einem, bestimmten Maßeinheiten entsprechenden
Ausschnitt am Fuße des Zählers; er wird z. B. mit 1 cm, ½ sächs. Zoll,
½ engl. Zoll, ¼ franz. Zoll usw. langen Seiten des Ausschnittes geliefert. Bei dem Gebrauch wird das Instrument so auf das Gewebe gestellt, daß die Umrisse
des Ausschnittes mit dem Faden gleichlaufen. Die im
Ausschnitt sichtbaren Fäden werden unter Benutzung
der mit dem Instrument verbundenen Lupe gezählt.
Eine genaue Kett- und Schußdichte ist mit der Lupe
auf solche Weise manchmal nicht festzustellen; es
werden mitunter Differenzen von 1 bis 2 Fäden, bei
seidenen Geweben sogar von 4 bis 5 Fäden vorkommen. Ebenso ist die Kettdichte bei ganz rohen Stoffen

Abb. 275.
Einfacher Fadenzähler
(L. Schopper-Leipzig).

wie Hessian, Drell usw. nicht genau zu ermitteln, da sich mit der Lupe
nicht genau feststellen läßt, ob z. B. 6 oder 7 Fäden auf 1 cm kommen
(s. Abb. 276[1]). Man hilft sich dann, indem man

a) eine möglichst große Strecke ausmißt (s. w. u.), z. B. mit der
Wagenlupe, und dann auf 10 oder 1 cm umrechnet,

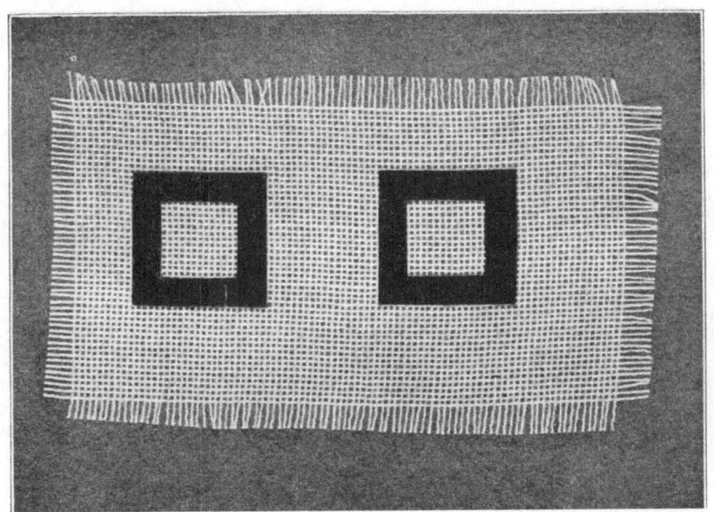

Abb. 276. Ungenaue Fadenzählermittelung mit dem gewöhnlichen Fadenzähler
(nach Hamann).

b) an verschiedenen Stellen Messungen vornimmt und den Durchschnitt berechnet.

Bei faltigen Geweben, z. B. Creponartikeln, werden die Fäden einzeln z. B. auf 1 bis 5 cm herausgezogen (s. Abb. 277[2]), gezählt und auf
10 oder 1 cm umgerechnet, z. B. 6,5 cm enthalten 190 Fäden, somit
kommen 29,2 Fäden auf 1 cm oder 292 Fäden auf 10 cm usw.

---

[1] **Hamann:** Mell. Text. **1926,** 742, Abb. 1. 2.
[2] **Hamann:** Mell. **1926,** 742, Abb. 3.

Heermann-Herzog, Textiluntersuchungen, 3. Aufl.   25

Wo es auf größtmögliche Genauigkeit ankommt, bestimmt man die Fadendichte bei dichtstehenden Geweben auf mindestens 5 cm, bei weniger dichtstehenden auf 10 cm, und zwar an drei verschiedenen Stellen des Gewebes, und bildet aus den Ergebnissen das Mittel. Man bedient sich z. B. eines Papiermaßstabes und einer Dreibeinlupe von etwa 6- bis 10facher Vergrößerung. Hierbei macht man sich vielfach die Bindung, die Farbenmusterung, Fadenbrüche usw. zunutze oder zieht einen Faden straff an und zählt an diesem entlang die Bindepunkte und vervielfältigt diese mit der Rapportzahl. In besonderen Fällen zählt man die ganze Kettfadenzahl eines Stückes aus. Zur Erleichterung solcher Arbeit sind besondere Wagenlupen konstruiert worden (s. Abb. 278). Die Lupe läßt sich nach allen Richtungen hin verschieben und einstellen; außerdem trägt sie einen Zeiger, mit welchem man jeden Faden mit Sicherheit zählen kann. Der zugehörige Maßstab hat beispielsweise die Einteilung von 0 bis 100 mm, 0 bis 4 franz. Zoll o. ä.

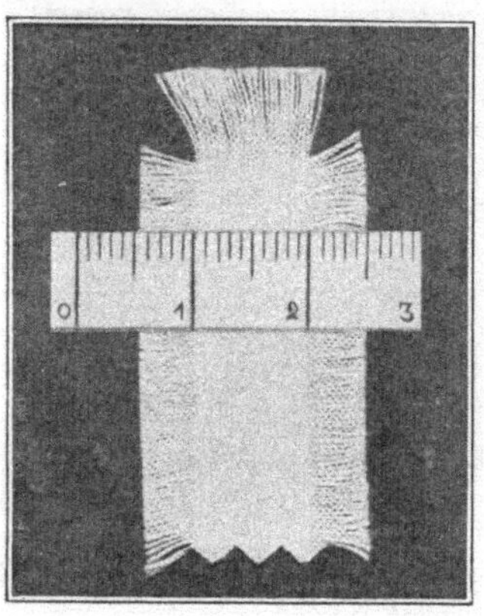

Abb. 277. Auszählung der Fäden durch Ausziehen derselben (nach Hamann).

Lupenbrille. Außer anderen Lupensystemen sei an dieser Stelle noch der Lupenbrille von Busch gedacht[1]. An einem stabilen und doch leichten Gestell in Brillenform aus Nickel ist ein Halter mit zwei sphärisch-prismatischen Lupenlinsen angebracht, die für die Konvergenz der Augen verstellbar sind. Diese Arbeitslupe bietet bei dem 2 bis 3mal linear vergrößerten Sehen und dem großen Gesichtsfeld die Möglichkeit, das Objekt bei aufgesetzter Lupe nach Belieben mit bloßem Auge oder vergrößert zu betrachten und läßt beide Hände für die Arbeit frei. Brillenträger können diese Lupe ohne weiteres über ihrer Arbeitsbrille tragen.

Fadenzähler Veritas. Erwähnt sei schließlich noch der Fadenzähler „Veritas" der Firma O. Selinger[2]. Auf einem drehbaren Skalenlineal enthält er die verschiedenen in der Textilindustrie gebräuchlichen Maße für die Einstellung der Kette und die Schußdichte, so daß die verschiedenen Stoffe, wie Wolle, Baumwolle, Seide usw., mit demselben Zähler untersucht werden können.

Abb. 278. Wagenlupe von L. Schopper.

2. Meßlupe von Zeiss. Vielfach behilft man sich noch mit optisch recht mangelhaften Fadenzählern, obwohl gerade von der Meßgenauigkeit viel abhängt. Der im kleinen begangene Fehler wird auf große Stücke übertragen und dabei hundert- und tausendfach vergrößert. Es

---

[1] Schürz, O.: Mell. Text. **1929,** 784 und Leipz. Monatschr. Textilind. **1929, 431.**

[2] Mell. Text. **1928,** 132. Der Vertrieb findet durch die Firma Oskar Selinger, Berlin S 42, statt.

ist deshalb lebhaft zu begrüßen, daß die Firma Carl Zeiss in Jena es übernommen hat, optisch einwandfreie Meßlupen für die Textilindustrie herzustellen, die wärmstens empfohlen werden müssen. Die Meßlupe besteht aus einem Lupengestell (s. Abb. 279) mit Handgriff, drei ver-

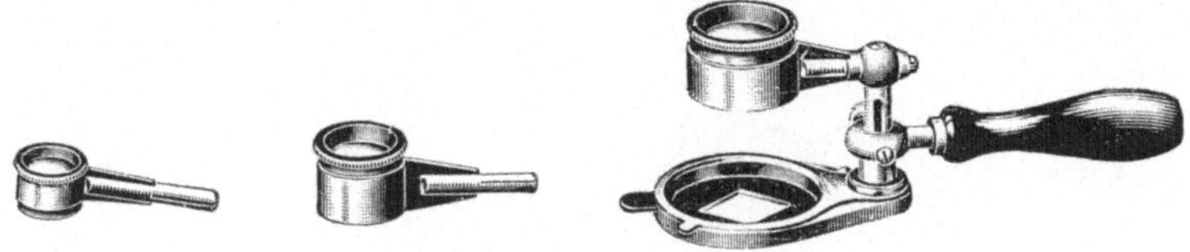

Abb. 279. Meßlupe von Zeiss.

schieden starken Lupen (6-, 8- und 10fache Vergrößerung) und Meßeinsätzen (s. Abb. 280) mit quadratischen Ausschnitten nach sächsischen, französischen und englischen Maßen[1]. Die mit Meßausschnitten von ½, ¼ und 1 Zoll Seitenlänge versehenen Meßeinsätze werden in die Fuß-

platte des Gestells eingelegt und befestigt und können noch um 90⁰ gedreht werden, so daß man sofort zur Zählung diagonal verlaufender Fäden u. dgl. übergehen kann. Man setzt das Lupengestell auf das Gewebe und stellt die Lupe selbst auf den richtigen Objektabstand ein. Dies geschieht, indem man nach Lösen einer seitlichen Schraube den Abstand der Lupe vom Gewebe so lange verändert, bis dieses deutlich sichtbar ist, und die Schraube wieder anzieht. Durch Verschieben der Lupe in ihrer Hülse kann noch eine Feineinstellung vorgenommen werden, so daß kurz- und weitsichtige Beobachter ohne Augenglas arbeiten können. Bei Verwendung der 10- und 8fachen Vergrößerung wählt man Einsätze mit den Ausschnitten von ¼ und ½ Zoll, bei 6facher Vergrößerung solche mit 1 Zoll Seitenlänge, die bis auf wenige $^1/_{100}$ mm genau

Abb. 280. Meßeinsätze in 6 verschiedenen Größen für die Meßlupe von Zeiss (¹/₂ nat. Größe).

sind. Die Lupen selbst stellen einen Steinheilschen Typ verbesserter Konstruktion dar, bestehen aus drei Einzellupen (einer dicken bikonvexen und zwei dünnen konvex-konkaven), die durch Kanadabalsam miteinander verkittet sind und liefern ein völlig farbenfreies Bild mit bis zum Rande des Gesichtsfeldes gleichmäßiger, ausgezeichneter Schärfe. Für Messungen anderer Art können zu der Meßlupe noch zwei besondere auf Glas befindliche Objektmikrometer geliefert werden, von

---

[1] S. a. Hartinger: Mell. Text. **1912**, 247.

denen das eine aus 15 konzentrischen, je 1 mm voneinander entfernten Kreisen (mit dem größten Durchmesser von 30 mm), das andere aus

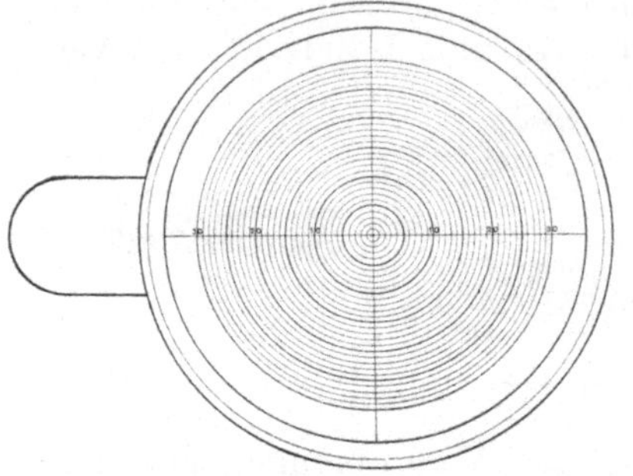

Abb. 281. Objektmikrometer für die Zeisssche Meßlupe, kreisförmig. nat. Größe.

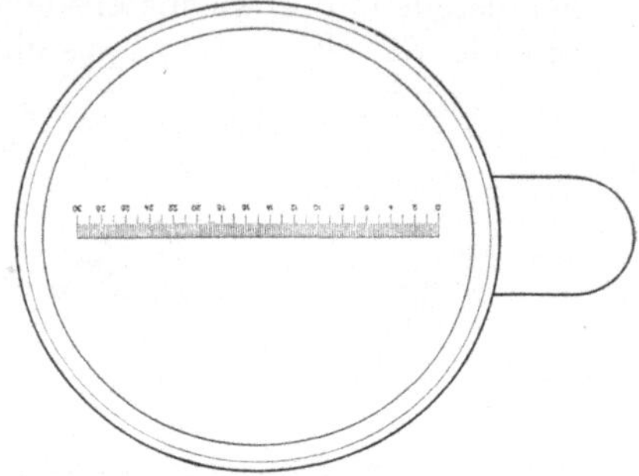

Abb. 282. Objektmikrometer für die Zeisssche Meßlupe, linear, nat. Größe.

einer 30 mm langen, in $^1/_5$ mm eingeteilten Skala besteht (s. Abb. 281 und 282).

3. Erwähnt sei noch der unter dem Namen „Maschinenspinne" herausgebrachte[1] Mikroskopfadenzähler, z. B. Maschinenspinne 8121 (s. Abb. 283). Die 10 bis 20 bzw. 20 bis 40 fache Vergrößerung gestattet die Untersuchung auch der feinsten Gewebe. Die Prüfstrecke beträgt 30 mm; die Skala ist auswechselbar gegen andere Maßeinteilungen. Im Innern ist eine Zählnadel angeordnet worden. Diese Nadel ist ein im Mikroskoptubus eingebauter dünner Faden, der nicht vergrößert wird, sondern haardünn bleibt, infolgedessen die Fäden nicht verdeckt und das Zählen sehr erleichtert. Außer dieser

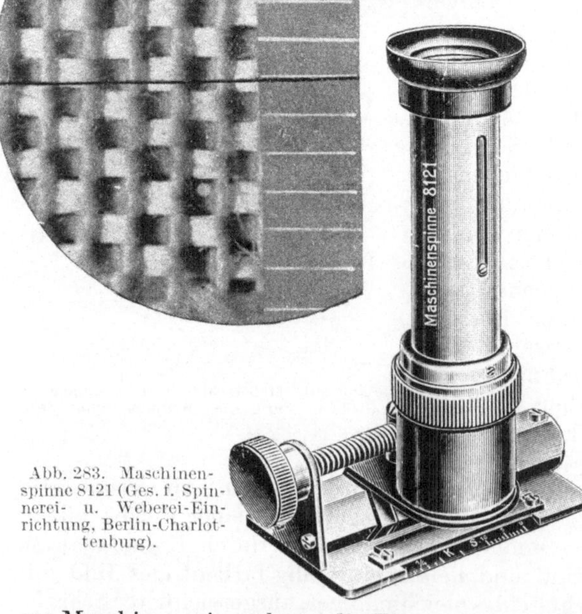

Abb. 283. Maschinenspinne 8121 (Ges. f. Spinnerei- u. Weberei-Einrichtung, Berlin-Charlottenburg).

Maschinenspinne baut die Firma auch noch andere, z. B. solche mit einer Skala von 100 mm u. a. m.

---

[1] Hergestellt und vertrieben von der Gesellschaft für Spinnerei- und Weberei-Einrichtungen, Berlin-Charlottenburg 4, Kantstraße 109.

4. Hierher gehört auch der neue **Lunometer-Fadenzähler**, der im Abschnitt über **Lunometrie** ausführlich besprochen wird (s. S. 396).

In der Baumwollweberei versteht man heute z. B. unter „Kattun 19/18 Faden, Garn-Nr. 36/42 engl." ein leichtes Baumwollgewebe, bei dem sich 19 Kettfäden der engl. Nr. 36 und 18 Schußfäden der engl. Nr. 42 auf dem Raum eines französischen Viertelzolls befinden. Bei der Umrechnung dieser und ähnlicher Gewebearten in das metrische System ergeben sich mit einer praktisch zu vernachlässigenden Gewebegewichtsabweichung von $\pm$ 0,8 % :

Gewebeart	Faden pro ¼ frz. Zoll	Nummer engl.	Faden pro cm	Gramm-metrische Nr.
Kattun	19/18	36/42	28/26	60/70
Kretonne.	16/16	20/20	24/24	34/34
Renforcé	18/18	30/30	27/27	52/52

Berechnung des Quadratmetergewichtes eines Stoffes aus gegebener Fadenzahl und Garnnummer[1].

G = Gewicht pro Quadratmeter Stoff in Grammen.

f_k = Anzahl der Kettfäden, f_s = Anzahl der Schußfäden pro 1 cm.

N_k = Nummer des Kettgarnes, N_s = Nummer des Schußgarnes.

$$G = 100 \left(\frac{f_k}{N_k} + \frac{f_s}{N_s} \right) \text{ für alle Garne (gramm-metrische Nr.).}$$

$$G = 59 \left(\frac{f_k}{N_k} + \frac{f_s}{N_s} \right) \text{ für Baumwollgarne (engl. Nr.).}$$

$$G = 165,4 \left(\frac{f_k}{N_k} + \frac{f_s}{N_s} \right) \text{ für Leinengarne (engl. Nr.).}$$

$$G = 88,6 \left(\frac{f_k}{N_k} + \frac{f_s}{N_s} \right) \text{ für Wollgarne (engl. Nr.).}$$

$$G = \frac{f_k \cdot N_k + f_s \cdot N_s}{90} \text{ für Seide (legaler Titer).}$$

$$G = 59 \frac{f_s}{N_s} + \frac{f_k \cdot N_k}{90} \text{ für Halbseide (Seidenkette, Baumwollschuß engl. Nr.).}$$

Mit Rücksicht auf das **Einweben** ist das wirkliche Gewicht G größer als der obigen Berechnung entspricht. Das Maß des Einwebens ist sehr verschieden und im besonderen von der Fadendichte abhängig. Die für leinwandbindige Gewebe nach **Staub** berechnete Einwebung von 4 bis 6 % ist nach **Marschik** als zu klein zu bezeichnen. Bei dichten Geweben wird gewöhnlich ein Einweben von 10 % angenommen, während **Marschik** hierfür 18 bis 20 % ermittelt.

5. Dichte und undichte Gewebe.

Nach Nr. 408 des Deutschen Zolltarifs unterliegen **undichte** oder **offene** Gewebe ganz oder teilweise aus Seide (Gaze, Krepp, Flor u. dgl.) außer Seidenbeuteltuch, Spitzenstoffen, Spitzen und Tüll (die besonders tarifiert werden) einem höheren Zollsatz als **dichte** Gewebe. Diese undichten Gewebe werden wiederum in solche von mehr als 20 g und solche von 20 g Quadratmetergewicht und weniger eingeteilt. Als undichte Gewebe sieht der Deutsche Zolltarif[2] „abgesehen von Krepp nur solche an, bei welchen der Zwischenraum zwischen den Kettfäden ebensoviel oder mehr beträgt als die Dicke der Kettfäden und zu-

---

[1] S. a. **Marschik**: Physikalisch-technische Untersuchungen von Gespinsten und Geweben.

[2] Warenverzeichnis zum Deutschen Zolltarif S. 240, Allgemeine Anmerkung 4 zu Ziffer 1 bis 10 unter „Gewebe".

gleich der Zwischenraum zwischen den Schußfäden ebenso groß oder größer ist als die Dicke der Schußfäden. Jedoch werden Gewebe, bei denen derartige Zwischenräume nicht zwischen je zwei Kett- oder Schußfäden oder in sonst regelmäßiger Wiederkehr, sondern nur vereinzelt infolge von Fehlern oder Mängeln in der Webart[1] vorkommen, hierdurch von der Verzollung als dichte Gewebe nicht ausgeschlossen. Wechseln in einem Gewebe regelmäßig stärkere Fäden mit schwächeren ab, so sind die schwächeren für die Beurteilung maßgebend. Zu den undichten Geweben werden auch dichte Gewebe gerechnet, in denen undicht gewebte Streifen oder Figuren vorkommen, sofern nicht der Zoll für dichte Gewebe höher ist. Gewebe, bei denen die Zwischenräume durch Rauhen oder Appretur vollständig ausgefüllt sind, werden als dichte behandelt".

Unter Gaze versteht man im allgemeinen verschiedene undichte Gewebe mit viereckigen offenen Fenstern. Hierher gehören auch die Beuteltuche oder Beutelgaze. Krepp heißt diejenige Gaze, deren Fäden infolge einer Eigentümlichkeit der Webart (z. B. starken Drehens der Kettfäden) oder infolge einer eigentümlichen Bearbeitung (Kreppen, Krausen) der Fäden vor dem Verweben oder des fertigen Gewebes (z. B. durch Dämpfen, mechanische Bearbeitung im durchfeuchteten Zustande, chemische Bearbeitung o. ä.) schlangen- oder wellenartig verschoben (gekraust, gekreppt) aussehen. Flor[2] wird die besonders feine Gaze genannt.

Die Feststellung, ob dichtes oder undichtes Gewebe vorliegt, kann nicht immer mit bloßem Auge geschehen. Wenn man in zweifelhaften Fällen das Gewebe gegen das Licht hält und hindurchsieht, so erscheinen die Lichtstellen und Zwischenräume erfahrungsgemäß zu groß[3]. Das Verhältnis der Zwischenraumgröße zu der Kett- oder Schußfadendicke kann nur einwandfrei durch Messungen mittels des Mikroskops (bei etwa 40- bis 80facher Vergrößerung) mit Mikrometer oder aufgelegtem Maßstab festgestellt werden. Durch Verschiebung des Gewebestückes kann eine beliebig große Zahl von Messungen ausgeführt werden. Das durchfallende Licht wird zweckmäßig etwas abgeblendet, um die Umrisse der Fäden zu verschärfen und Schattenbildungen zu vermeiden. Man zählt zunächst die Fadenzahl pro 1 cm mit dem Fadenzähler und der Lupe aus; dann führt man mit Mikroskop und Mikrometer bei durchfallendem Licht so viele Feinmessungen von Fadendicken und Zwischenräumen aus, als nach der ermittelten Fadenzahl 1 cm entspricht. Durch Addition aller gemessenen Fadendurchmesser einerseits und Zwischenräume anderseits in Mikromillimetern erhält man das Verhältnis dieser beiden zueinander; die Summe der Fadendurchmesser und Zwischenräume muß 1 cm ergeben. Enthält also z. B. das Gewebe 24 Fäden auf 1 cm, so sind 24 Fäden und 24 Zwischenräume unmittelbar hintereinander auszumessen. Anstatt die Messungen in Mikromillimeter auszuführen, genügt es, da das Verhältnis von Fädendurchmesser zu Zwischenräumen entscheidend ist, in Teilen des Okularmikrometers zu messen und zu addieren.

Nach dem Zollabkommen[4] zwischen dem Deutschen Reich und Japan vom 24. Juni 1911 unterliegen die japanischen Habutae (japanische Bezeichnung für die unter Nr. 401 des Deutschen Zolltarifs fallenden japanischen Seidentafte, Pongees) nicht ohne weiteres der obigen Beurteilung. Da nämlich die Abgrenzung der dichten und undichten Habutae große Schwierigkeiten machte, so lag ein allgemeines Interesse vor, einen einheitlichen sicheren Maßstab für die Verzollung der rohen, abgekochten, gebleichten oder gebügelten Habutae festzulegen. Hierzu erschien die Festlegung einer unteren Gewichtsgrenze geeignet, von welcher ab die Habutae, sofern sie sonst die in Nr. 401 vorgesehenen Merkmale

---

[1] Auch sonstige Fehler, Löcher, Verschiebungen usw., die nicht gerade als Webefehler anzusehen sind, aber als unbeabsichtigte undichte (wenn auch mehr oder weniger regelmäßig wiederkehrende) Stellen erkennbar sind, müssen nach dem Sinne des Gesetzes den Webefehlern zugerechnet werden (der Verfasser).

[2] Nicht zu verwechseln mit „Florgarnen", das sind feine, gesengte Garne.

[3] S. Gutachten der preuß. techn. Deputation für Gewerbe; Appelt-Behrend: Kommentar zum Deutschen Zolltarif, 4. Aufl., 1897, 678.

[4] S. Denkschrift des Reichskanzlers vom 13. Oktober 1911, Nr. 1107.

aufweisen, ohne weiteres als dichte zu gelten haben. Als Einheit für die Bestimmung des Momme-Gewichtes gilt handelsüblich ein Gewebestreifen in einer Breite von 1½ englischem Zoll und einer Länge von 25 englischen Yards. Als untere Gewichtsgrenze auf diese Gewebeeinheit sind 3 Momme für zutreffend zu erachten. Eine Momme ist gleich 3,75 g, 1 qm Gewebefläche der noch als dicht zu betrachtenden Habutae muß also wenigstens 12,92 g wiegen. Die Habutae finden Verwendung in der Bekleidungsindustrie, in der Industrie der künstlichen Blumen, Lampenschirme u. dgl. Die Einfuhr derselben aus Japan ist in dem letzten Jahrzehnt vor dem Kriege erheblich gestiegen, und zwar vom Wertbetrag von 1,8 im Jahre 1900 bis zu dem Wertbetrag von 5,5 Millionen Mark im Jahre 1910.

6. Die Unterscheidungsmerkmale von Samt, Baumwollsamt und Velvet (Manchester)[1].

Bei allen Samt- und Plüscharten ist der Flor aus Kettfäden, bei Velvet und Kord aus Schußfäden gebildet. (Früher konnte man den Velvet auch als Baumwollsamt bezeichnen, als es noch keinen Kettensamt mit Baumwollflor gab. Seitdem man aber auch Kettensamt ganz aus Baumwolle macht, versteht der Fachmann unter „Baumwollsamt" einen Kettensamt ganz aus Baumwolle, wogegen Velvet ein Schußsamt ist und immer nur aus Baumwolle besteht.) Kord, auch Genua-Kord genannt, ist ein gerippter Schußsamt.

Bei Samt stehen die Flornoppen zwischen den Kettenfäden und umschlingen die Schußfäden; bei Velvet (Manchester) ist es umgekehrt.

Hat man die volle Warenbreite oder eine Probe mit Webkante vor sich, so ist es sehr leicht, schnell und sicher zu entscheiden, ob es sich um Baumwollsamt oder um Velvet handelt. Man schiebt vorsichtig einige Schußfäden heraus, einen Faden nach dem andern, und stellt fest, ob die Flornoppen einen Schußfaden umgreifen, also an dem Schuß hängen; in diesem Falle ist es Samt. Wenn aber beim Herausschieben der Schußfäden die Noppen lose abfallen, zwischen den Schüssen stehen, dann ist es Velvet. Ferner kennzeichnet auch die Webkante die Warengattung. Die Samte haben in den Kanten köper- oder taffetartige Bindungen, öfters mit bunten Fäden. Die Samtkante unterscheidet sich auf der Warenrückseite deutlich von dem Grundgewebe. Dagegen ist bei Velvet auf der Rück- oder Abseite fast gar kein Unterschied zwischen Ware und Kante. Auf der Velvetabseite ist die Kante einem Schußatlas ähnlich. Velvet hat in der Ware dieselbe Bindung wie in der Kante, gewöhnlich nur mit dem Unterschiede, daß sie in der Kette zweifädig eingestellt ist. Die Kante am fertigen Velvet ist sozusagen nur ein eingeschnittener Streifen, der noch zeigt, wie die Rohware vom Stuhl weg in der Bindung aussieht.

Liegen nur kleine Musterabschnitte vor, so ist es schon schwieriger, Baumwollsamt von Velvet zu unterscheiden. Man achte dann auf folgende Merkmale. Auf der Rückseite zeigt Samt feinfädige, klare, glatte Bindung; dagegen ist die Velvetrückseite grobfädig, faserig, leicht gerauht. Wenn die Fäden, die von Noppen umschlungen sind, einfaches, feines Garn (Schuß) sind, so liegt Samt vor; wenn die Noppen an gröberen Zwirnen (Kette) hängen, so ist es Velvet. Wenn die Noppen dagegen an feinem Zwirn (Schuß) hängen, so ist es Samt. Sind die Fäden zwischen den Noppenreihen einfaches dickes Garn (Schuß), so ist es Velvet; liegt feiner Zwirn (Kette) zwischen den Noppenreihen, so ist es Samt. Wenn man die Ware scharf umbiegt, zusammenklappt, den Flor nach außen, so wird bei Samt der Grund leichter sichtbar, die Ware erscheint grindig. Billiger Samt tut dies schon bei schwachem Umbiegen. Bei Velvet erscheint der Flor hierbei etwas verfilzt. Velvet hat einen weichen Griff und ist geschmeidig; Samt, besonders Seidensamt, ist steifer, sein Flor steht besser, bürstenartig.

Die billigeren Friedenssamte hatten Schappeflor auf Baumwollgrundgewebe; die teuren Samte waren Ganzseide. Die Unterscheidung von Schappe-, Baumwollsamt und Velvet auf äußere Besichtigung hin ist selbst für den Fachmann

---

[1] Nach Ullrich: Leipz. Monatschr. Textilind. **1916**, 9.

mitunter unmöglich, weil die Ausrüstung den beiden letzteren denselben Glanz und dasselbe Aussehen zu verleihen vermag wie den geringeren und mittleren Schappesamten. Ein kräftiger Fingerdruck auf Baumwollsamt oder Velvet hinterläßt oft eine sichtbare Druckstelle, während sich die Druckstelle bei Seiden- oder Schappesamt leicht verreiben läßt und zum Verschwinden gebracht werden kann. Baumwollsamt und Velvet fühlen sich warm an, wenn man die Hand flach zwischen die Gewebefalten legt; Schappe- und Seidensamt fühlen sich dagegen kühl an. Diese äußeren Kennzeichen werden naturgemäß durch die mikroskopische und chemische Untersuchung von Seiden- und Baumwollpolgeweben weit in den Schatten gestellt; durch letztere Prüfungen kann stets einwandfrei die eine von der anderen Sorte unterschieden werden (s. a. unter Mikroskopie S. 137 ff.). Ein wesentlicher Güteunterschied bei Samten besteht noch in der Art der Polbindungsart. Läßt man einige Flornoppen auf weißes Papier fallen, so zeigen die Noppen bei billigen Samtsorten die Form eines V. Diese Noppen sind nur um einen Faden herumgeschlungen; man nennt diese Bindungsart „Polauf-" oder „V-Bindung". Bei besseren Samten (Kragensamten, Plüschen) haben die Noppen die Form eines W. Diese W-Noppen umschlingen drei Schuß. Man nennt diese Bindung „Poldurch-", „W-Bindung" oder auch „Lister-Bindung" und die Samte oder Plüsche auch „Listersamte" oder „Listerplüsche". Sie sind besonders widerstandsfähig gegen Ausbürsten.

Plüsch unterscheidet sich von Samt nur durch die Länge des Flors. Die Grenze aber, bei der eine Sorte noch als Samt oder schon als Plüsch zu bezeichnen ist, ist in Deutschland nicht festgelegt. Nach dem französischen Zolltarif sind Florgewebe mit bis zu 1,5 mm langem Flor als Samte, mit längerem Flor als Plüsche zu bezeichnen. Bei noch längerem Pol als bei Plüschen nennt man die Florgewebe Felbel.

Bestimmung der Dichte bei Schußsamt. Zur Ermittelung der Schußdichte bei Schußsamt zieht man zunächst aus der Leiste eine Anzahl Schußfäden einzeln heraus und legt sie in gleicher Reihenfolge beiseite. Man wird finden, daß nach einer bestimmten Anzahl atlasbindender Schußfäden stets ein leinwandbindender oder köperbindender folgt. Die atlasbindenden oder Polschüsse bilden im Gewebe selbst den Flor und werden zerschnitten, die leinwandbindenden Schüsse erzeugen das Grundgewebe. Findet man beispielsweise, daß nach je drei Polschüssen (atlasbindend) ein Grundschuß (leinwandbindend) folgt, so wird, da der erste Grundschuß den 1., 3., 5. usw. Kettfaden und der zweite Grundschuß (also 5. Schuß überhaupt) die Nachbarkettfäden abbindet, jeder Kettfaden erst nach Verlauf von acht Schüssen wieder abgebunden. Man zählt also auf der linken Seite an einem Kettfaden entlang die Bindepunkte, welche in 10 cm enthalten sind und vervielfältigt sie mit der Rapportzahl, in diesem Falle mit 8.

Zur Ermittelung der Kettdichte schneidet man bei sehr dichten feinfädigen Geweben ein genau 2 cm langes Stückchen heraus und zählt die Fäden durch Auszupfen.

7. Garnnummerbestimmung in Geweben.

Bei der Bestimmung der Garnnummer in fertigen Waren ist zu berücksichtigen, daß die Garne im Gewebe wellig liegen (sog. Einarbeitung oder Einsprung), daß die Garne durch die Kettenschlichtung und Gewebeausrüstung eine Gewichtsänderung erlitten haben und daß die Ketten- und Schußgarne meist verschiedene Garnnummern besitzen.

Die zu untersuchende Gewebeprobe muß deshalb zunächst entschlichtet[1] oder die darin befindliche Appretur ausgewaschen werden, dann muß wieder getrocknet und bei 65% Luftfeuchtigkeit etwa

---

[1] Näheres s. Heermann: Färberei- und textilchemische Untersuchungen.

24 Stunden ausgelegt werden. Wird die Warenprobe vor und nach dem Auswaschen gewogen, so ergibt sich die Beschwerung durch Schlichte und Appretur. Für den Schlichtegehalt kann man etwa 5 bis 12% des Kettengewichtes rechnen (ausnahmsweise bei Stuhlwaren bis zu 30%). Auch der Appreturmittelgehalt ist sehr verschieden; bei Schirting, Steifleinen u. dgl. bis zu 50% und mehr vom Warengewicht.

Man schneidet eine Probe von 10 cm im Quadrat aus dem Gewebe fadengerade aus (bei kleineren Abschnitten, z. B. 5×5 cm oder $2,5 \times 2,5$ cm sind die Ergebnisse weniger genau) und führt die Untersuchung an dieser Probe aus. Wenn ein Stück nicht angeschnitten werden darf, so schneidet man nach E. Ullrich[1] am Schuß- und Kettenrand je zwei Kerben genau in 10 oder 5 oder 2,5 cm Abstand in die Warenränder, so daß sich Ketten- und Schußfäden von je 10 oder 5 oder 2,5 cm Länge herausziehen lassen. Dieses Herausziehen der Fäden darf nicht gewaltsam geschehen. Wenn einige Fäden herausgezogen sind, so müssen die nun vorstehenden Fadenenden abgeschnitten werden, damit die Fäden leicht herausgehen. Das Abwägen geschieht auf der analytischen oder Mikrowaage, bei größeren Fadenmengen auch auf einer der bekannten Sortierwaagen (s. S. 299).

Um den Einsprung zu ermitteln, legt man einen genau 10 cm langen Faden auf einen Maßstab, hält mit dem linken Daumennagel das linke Fadenende genau auf einen Maßstrich und streicht nun mit dem rechten Zeigefinger den Faden straff und glatt, nötigenfalls mit Hilfe eines feuchten Schwämmchens. Man wiederholt dies noch mit einigen anderen Fäden und nimmt das Mittel. Ist nun der 100 mm geschnittene Faden nach dem Strecken 108 mm lang geworden, so bedeutet dies, daß (wenn ein Kettfaden vorlag) eine Kette von 108 m Länge auf 100 m eingesprungen ist (Ketteneinsprung), wenn ein Schußfaden vorlag, so ist die 1 m breite Ware 108 cm breit gewebt (Webbreite) worden und um 8 cm eingesprungen.

Die Spannung der Fäden darf keine Überspannung sein. Fäden über 50 cm werden zweckmäßigerweise nicht entnommen. Die Kett- und Schußfäden werden in der gespannten Lage gemessen, ihre Zahl ermittelt, somit die Gesamtlänge festgestellt und schließlich die Kett- und Schußfäden jede für sich bei möglichst 65% Luftfeuchtigkeit zur Wägung gebracht. Aus dem ermittelten Gewicht einer bekannten Länge wird die Nummer in der gewünschten Numerierung berechnet (s. u. Numerierungssysteme).

Beispiel: 100 mm geschnitten = 108 mm gespannt, davon 48 Fäden = 48×108 = 5,184 m wiegen = 0,1 g. Die metr. Nr. ist demnach = 51,84; die engl. Nr. $51,84 \times 0,59 = 30,5$ oder rund Nr. 30 engl. Baumwoll-Nr.

An Stelle dieser auf normale Luftfeuchtigkeit berechneten Garnnummern können auch die konditionierten Garnnummern ermittelt werden. In diesem Falle werden die vorbereiteten Fadenlängen bei 105 bei 110° C im Wägeglas in einem Trockenkasten bis zum konstanten Gewicht getrocknet und im absolut trockenen Zustande zur Wägung gebracht. Dem ermittelten Trockengewicht werden für die einzelnen Faserarten die handelsüblichen Feuchtigkeitszuschläge (s. S. 252) zugerechnet, woraus sich das konditionierte Gewicht der

---

[1] Ullrich, E.: Leipz. Monatschr. Textilind. **1924**, 390.

Fadenlängen ergibt. Aus diesem werden die jeweiligen Garnnummern wie üblich berechnet (s. S. 258). Beispiel. Ein Baumwollgewebe wird genau fadengerade abgeschnitten, genau 100 mm in der Kett- und 140 mm in der Schußrichtung messend. Es werden ihm 30 Ketten- und 20 Schußfäden entnommen. Im gestreckten Zustande mögen die Kettfäden je 107 mm, die Schußfäden je 152 mm lang sein (was an einigen Fäden festgestellt wird). Es entspricht dies einer Einwebung von 7% bei der Kette und von 8½% beim Schuß. Die Gesamtlänge der dem Abschnitt entnommenen Probefäden beträgt alsdann:

$$30 \cdot 100 + 7\% \quad = 3{,}210 \text{ m Kettfäden,}$$
$$20 \cdot 140 + 8\tfrac{1}{2}\% \ = 3{,}038 \text{ m Schußfäden.}$$

Das Gewicht dieser Fadenlängen betrage 0,095 g bei der Kette und 0,100 g beim Schuß; dann ist die Nummer der Kette = 3,210 : 0,095 = 33,79 gramm-metrische Nummer, beim Schuß = 3,038 : 0,100 = 30,38 gramm-metrische Nummer. Das Gewebe ist demnach hergestellt aus Kettgarn Nr. 20 engl. und Schußgarn Nr. 18 engl.

Liegen überhaupt keine genau wägbaren Mengen vor, so bedient man sich bei Seide und Kunstseide des mikroskopischen Zähl- und Meßverfahrens (s. u. Mikroskopie).

Bei allen Garnen wird immer die gesponnene Garnnummer angegeben. Man muß also bei der Bestimmung der Nummer je nach Bleichgrad (bei der Leinenbleicherei, Vollbleiche, bis zu 25% Verlust) einen entsprechenden Bleichverlust mit einsetzen. Desgleichen ist bei allen ausgerüsteten Garnen und Geweben die Gewichtsveränderung für Merzerisieren, Färben, Rauhen, Sengen, Scheren usw. mit einzurechnen. Auch schwarzgefärbte und türkischrotgefärbte Garne werden im Handel nach der Nummer des Rohgarnes angegeben. Am schwierigsten dürfte die Titerbestimmung gefärbter und erschwerter Seiden sein, da hier nicht nur Färbung und Erschwerung, sondern auch noch der Bastverlust mit einzurechnen ist.

8. Bestimmung der äußeren Eigenschaften von Garnen.

Außer der Bestimmung der Garn- und Gewebeeigenschaften mit Hilfe von Präzisionsinstrumenten, z. B. der Festigkeit, der Garnnummer, der Drehung usw. sind auch die äußeren Eigenschaften der Garne und Gewebe häufig allein zu beurteilen auf Unreinheit, Glätte oder Rauheit, auf Gleichmäßigkeit, Knotenfreiheit, Glanz, Farbton, Bleichgrad usw. Diese Eigenschaften werden vielfach subjektiv, d. h. durch bloße Besichtigung und Schätzung nach Augenmaß bestimmt; so wird z. B. ein Kammgarn- oder Streichgarnfaden auf seine Glätte und Schlichtheit beurteilt, ein Baumwollfaden daraufhin, ob er vorher gesengt oder geschlichtet erscheint, ein Leinenfaden, ob wir Flachs oder Werggarn vor uns haben, ein Seidenfaden, ob er reich an Duvet oder Flaum ist, ein beliebiges Gespinst, ob es gleichmäßig in der Dicke ist usw.

1. Fadenkontrollmaschine oder Gleichheitsprüfer (s. Abb. 284). Dieser besteht aus einem eisernen Gestell mit Leitspindel und Fadenführer. Letzterer wird durch eine an der Spindel befindliche Kurbel in eine gleichmäßig horizontal fortschreitende Bewegung gesetzt. Spule, Cops o. ä. steckt man auf die Spindel und führt den Faden durch die Leitungsöffnung auf das zweckmäßig mit Samt bedeckte Brett; hierauf wird die Kurbel gedreht, wodurch eine horizontale Ver-

schiebung des Fadenführers und eine Drehung des Brettes erfolgt. Das Garn wickelt sich dabei parallel auf das Brett ab, und es kommen auch alle Fäden in genau gleicher Entfernung voneinander zu liegen. Die Unterlage von Samt ist in der Farbe so zu wählen, daß sie von der Färbung des Garnes möglichst absticht, also schwarzer Samt bei hellen Garnen, heller Samt bei schwarzen Garnen usw. Durch Lösung zweier Schrauben in dem Führungsstabe können die Brettchen ausgewechselt werden, um mehrere Proben nebeneinander zu vergleichen. Die Kontrollmaschine kann auch so eingerichtet sein, daß zwei Brettchen, die nebeneinander eingesteckt sind, den Faden gleichzeitig von zwei Spulen abnehmen.

Bei der Dickenvergleichung ist zu beachten, daß Garne infolge verschieden scharfer Drehungen (s. a. S. 298) bei gleichen Nummern nicht gleich dick erscheinen: Ein Kettgarn mit schärferer Drehung wird feiner erscheinen als lose gedrehtes Schußgarn derselben Nummer; ferner wird ein dunkles Garn feiner erscheinen als ein weißes Garn derselben Nummer. Ebenso kann die Art des Materials bei Garnen der gleichen Nummer, Drehung und Färbung ungleiche Beurteilung der Dicke verursachen.

Bei diesem subjektiven Prüfungsverfahren kommt es viel auf persönliches Geschick, gutes Augenmaß und Erfahrung des Beobachters an.

Grundsätzlich vorzuziehen sind den subjektiven Prüfverfahren die objektiven Verfahren, bei denen die Ergebnisse zahlenmäßig oder graphisch wiedergegeben werden können, von einer gewissen Willkür des Beobachters frei sind und aktenmäßig niedergelegt werden können. Von solchen Apparaten zur Bestimmung der

Abb. 284. Fadenkontrollmaschine (L. Schopper).

Gleichmäßigkeit von Garnen seien genannt: Der Apparat von Ed. Herzog, der diesem ähnliche von Frenzel, die Methode von Oxley und die Lunometer-Apparate (s. w. u.).

2. Der Garnqualitätsmeßapparat von Ed. Herzog[1] mit selbsttätiger Aufzeichnung der Garnungleichmäßigkeiten eignet sich für die Prüfung von Garnen (auch Seidengarnen) von Nr. 2 bis 300. Er gibt a) die Ungleichmäßigkeiten eines Garnes in einer bestimmten Länge in Zahlen an, b) mißt die Länge des untersuchten Fadens und zeichnet zugleich c) die Ungleichmäßigkeiten des Garnes als Diagramm selbsttätig auf, und zwar in vergrößertem Maße, die Länge des Garnes dagegen in verkleinertem Maße (1 m Garn auf 5 cm Papierstreifen). Schließlich wird der Faden kalandert, so daß die dickeren Stellen der nebeneinanderliegenden Fäden deutlicher zum Ausdruck kommen.

Die Konstruktion des Apparates ist im Grundsatz folgende: Der Faden wird über zwei Spannrollen unter einer Pendelfühlrolle über ein Glasprisma und von hier durch eine Abzugskalanderwalze durch den Fadenführer auf einen abnehmbaren schwarzen Zylinder gezogen, welcher den Faden in nebeneinander liegenden Windungen aufwickelt. Die Pendelfühlrolle ist kaum merklich von dem Glasprisma entfernt. Wird nun eine dicke Fadenstelle zwischen diesen beiden Teilen

---

[1] Ed. Herzog in Erlach (Niederösterreich). Leipz. Monatschr. Textilind. **1922.** 166. Im Handel bei S. Schwenzke Nachf., Leipzig C. 1.

hindurchgezogen, so verschiebt sich das untere Ende des fein gelagerten Pendels so weit nach rechts, bis die dicke Fadenstelle durchrutschen kann. Bei einer dünnen Fadenstelle fällt der Pendel wieder nach links. Diese hin und her gehende Pendelbewegung wird mittels Schreibstiftes oder Feder auf einem Papierstreifen selbsttätig aufgezeichnet. Die nach rechts gerichteten Kurven werden daher die dicken, die nach links gerichteten die dünnen Fadenstellen bezeichnen.

3. Apparat nach Frenzel. Einen ähnlichen Apparat beschreibt Frenzel[1]. Er soll gewisse Mängel des Herzogschen Apparates ausschalten und gleichzeitig die Dicke des Garnes und die Ungleichmäßigkeiten in der Dicke fortlaufend messen. Die Ausschläge der Fühlrolle werden bei dieser Konstruktion durch ein Kreisdiagramm registriert und durch ein Schaltrad addiert.

4. In einer neueren Arbeit beschreibt Oxley[2] in einer ausführlichen, mit zahlreichen Abbildungen versehenen Arbeit eine photographische Methode zur Messung der Ungleichmäßigkeiten von Garnen.

5. In neuerer Zeit sind Apparate zur Beurteilung und Bestimmung der äußeren Eigenschaften und der Gleichmäßigkeit von Garnen und Geweben und für sonstige Messungen u. dgl. von Textilstoffen konstruiert worden, die nachstehend im Zusammenhange in einem besonderen Kapitel „Lunometrie" beschrieben worden sind und die berufen erscheinen, künftig in der Textilprüfung eine wichtige Rolle zu spielen.

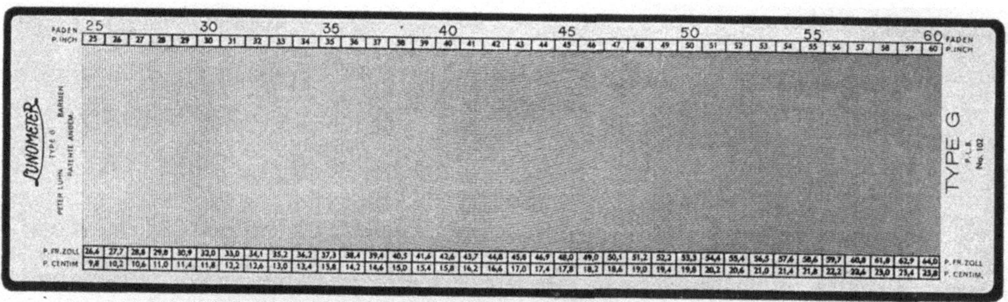

Abb. 285. Lunometer-Fadenzähler, -Gewebeprüfer und -Rietprüfer.

Lunometrie.

Unter „Lunometrie" wird nachstehend zusammenfassend das gesamte Prüfungs- und Meßsystem bezeichnet, das mit Hilfe des „Lunometers" ausgeübt wird[3]. Es sind dies neue, auf Lichtbeugung und Lichtinterferenz beruhende optische Präzisionsinstrumente, und zwar dienen sie ganz verschiedenen Zwecken, z. B. der Fadenzählung, Gewebeprüfung, Garnprüfung, Einzelfadendickenmessung u. a. m.

1. Das Lunometer als selbsttätiger Fadenzähler.

Das Lunometer besteht aus einer dicken facettierten Spiegelglasplatte, auf deren unterer Seite ein System paralleler Linien angebracht ist (s. Abb. 285), in Verbindung mit Skalen, enthaltend die Angaben

---

[1] Frenzel: Leipz. Monatschr. Textilind. **1922**, 166.

[2] Oxley: J. Text. Ind. **1922**, 54. The regularity of single yarns and its relation to tensile strength and twist.

[3] Herstellung und Vertrieb durch die Firma Peter Luhn G. m. b. H., Barmen. S. a. Peter Luhn: Mell. Text. **1929**, 705; **1930**, 273. Nachstehend folge ich im wesentlichen den Ausführungen des Erfinders.

der Fadenzahl auf 1 engl. Zoll (inch), 1 franz. Zoll und auf 1 cm. Außerdem ist aus einer beigegebenen Umrechnungstabelle im Bereich von 25 bis 480 Fäden pro engl. Zoll auch schnell die Anzahl der Fäden auf $^{1}/_{12}$ franz. Zoll sowie auf Krefelder Feine zu ersehen u. a. m.

Handhabung. Das Lunometer wird mit den Linien des Apparates etwa parallel zu den zu zählenden Fäden auf das Gewebe vorsichtig aufgelegt, die bespannte Seite nach unten. Sofort erscheint die Interferenzfigur (s. Abb. 286), bestehend aus Wellenlinien sowie Linienkurven verschiedener Art. Abstände und Gestalt der Wellenlinien wechseln von einem Ende des Apparates zum anderen. An den Enden sind sie eng und laufen parallel zu den Linien des Instrumentes; nach der Mitte zu werden sie allmählich breiter und

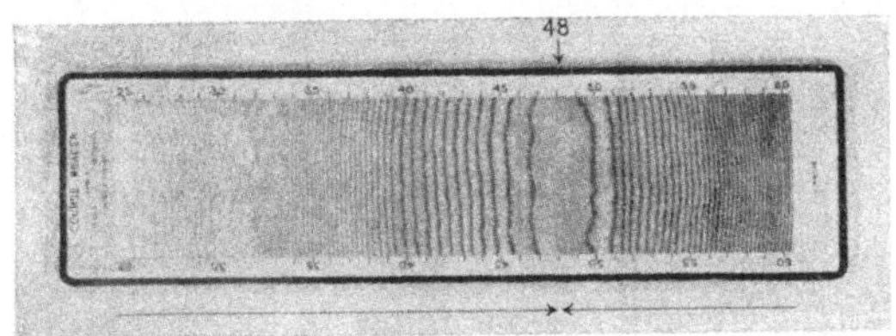

Abb. 286. Interferenzfigur im Lunometer.

ändern ihre Richtung, bis ein Punkt maximaler Weite erreicht ist. An diesem Punkte scheitelt sich die Bewegung der Wellenlinien nach rechts und links, und dies ist die Stelle, wo die Ablesung der Fadenzahl erfolgt. Im Beispiel der Abb. 286 beträgt also die Fadenzahl 48, im Beispiel der Abb. 287 = 46½. Bei Bewegung des Lunometers in einer Richtung oder hin und her gleiten die Interferenzwellen schneller oder langsamer über das Gewebe von beiden Seiten her bis zum Punkte der maximalen Weite, welcher in Abb. 286 durch die beiden Pfeile angedeutet ist, fließen ineinander und verschwinden; die Scheitelung bleibt aber auch bei Verschiebung des Apparates unverändert an derselben Stelle. Um also Ablesungen an verschiedenen Stellen vorzunehmen, schiebt man das Instrument über die verschiedenen Stellen.

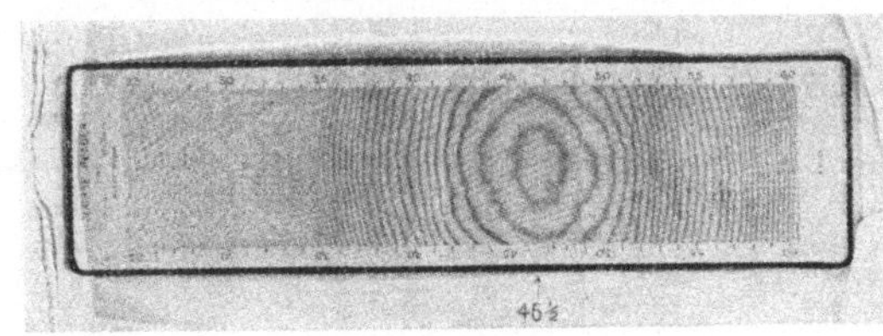

Abb. 287. Gleichmäßige ovale Wellenlinien im Lunometer.

Helle, durchsichtige Stoffe legt man zweckmäßig auf eine dunkle Unterlage. Manche Stoffe zeigen durch Anlegen gegen eine Glasscheibe und Durchschauen gegen das Licht, eine künstliche Durchleuchtung oder Durchspiegelung schärfere Interferenzfiguren.

Beurteilung der Wellenfiguren. Form und Symmetrie der Wellen ermöglichen einen Schluß auf Genauigkeit des Gewebes: Je ungenauer das Gewebe, desto unruhiger sind die Wellenlinien. Meist haben die Wellen gleichmäßige Kurven, oval oder kreisförmig (wie in

Abb. 287) oder hyperbolische Gestalt (wie in Abb. 288). Die Interferenzfigur, die innerhalb des Fadenbereiches (s. w. u.) des zu prüfenden
Gewebes liegt, ist für die Ablesung stets maßgebend. Es kann aber auch
vorkommen, daß die Wellen auf einige Entfernung parallel mit den
Skalenlinien (oberen und unteren) laufen (wie in Abb. 289 zwischen
A und *B*). Dies bedeutet,
daß zwischen den Punk-
ten *A* und *B* die Anzahl
der Fäden des Gewebes
fortwährend wechselt in
Übereinstimmung mit der
Skala, und an irgendeinem
Punkte von solch einer
parallelen Welle ist die
Ablesung der Fadenzahl

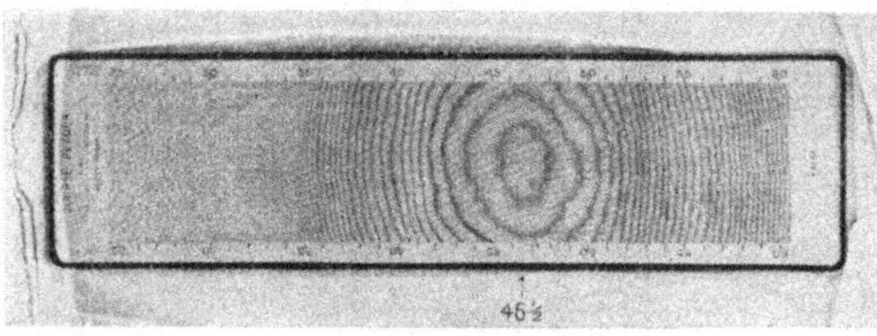

Abb. 288. Hyperbolische Wellenlinien im Lunometer.

durch die darüber und darunter stehende Zahl der Fäden gegeben.
Plötzliche Veränderungen in der Fadenzahl des Gewebes zeigen sich
in gebrochenen Wellen (wie in Abb. 290).

Typen von Fadenzäh-
lern und deren Meßbe-
reiche. Für verschiedene
Fadenzahlen pro Einheit
des Gewebes ist eine Reihe
verschiedener Typen mit
verschiedenem Meß- oder
Prüfungsbereich (Faden-
zahlbereich) und von ver-
schiedener Prüffeldgröße
gebaut worden.

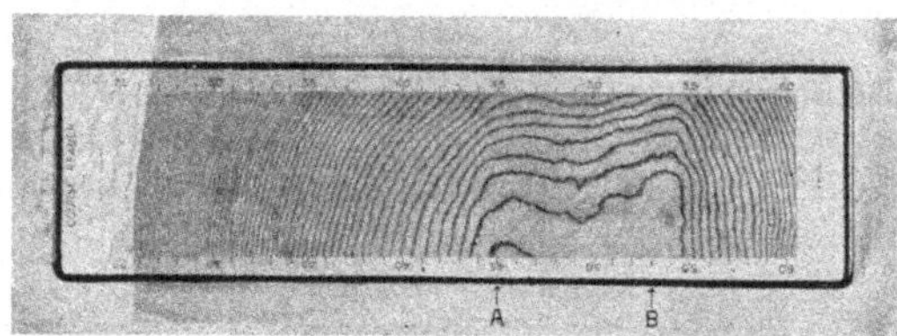

Abb. 289. Parallel mit der Skala verlaufende Wellenlinien
im Lunometer.

Type G.	Fadenzahlbereich	10	bis	24	auf 1 cm.	Prüffeldgröße:	72/304 mm
„ H.	„	10	„	24	„ 1 „	„	39/230 „
„ R.	„	20	„	48	„ 1 „	„	36/152 „
„ S.	„	40	„	95	„ 1 „	„	18/76 „
„ T.	„	79	„	189	„ 1 „	„	9/38 „
„ X.	„	25	„	160	„ 1 engl. Zoll.	„	30/48 „ .

Die   Zwischenräume
zwischen den Linien ver-
ringern sich bei den Ty-
pen G bis T immer mehr,
bis bei Type T der Linienabstand nur noch 0,05 mm
beträgt und sich dieser
Linienabstand gegen die
jeweiligen vorhergehen-
den um 0,001 mm ver-

Abb. 290. Gebrochene Wellenlinien im Lunometer.

ringert. Bei den Typen G und H beginnt der Linienabstand mit 1,02 mm
und die Abstandsdifferenz beträgt 0,04 mm. Diese Typen sind gleichzeitig Gewebeprüfer.

2. Das Lunometer als Einzelfaden-Dickenmesser.

Die Einrichtung (Abb. 291) besteht aus einem 40- bis 60fach vergrößernden Mikroskop, welches auf einem Untersatz in einem Doppelschlitz dem gespannten Faden entlang bewegt werden kann. Mit dem Faden in losen Kontakt wird das Lunometer gebracht. Letzteres ist auch hin und her verschiebbar. Innerhalb jeweilig einiger Sekunden hat man die Stelle auf dem Lunometer gefunden, wo der betreffende Faden eine Linie und den daneben liegenden freien Zwischenraum deckt. Die Skala des Lunometer gibt an, wieviel Fäden auf 1 engl. Zoll gehen, und man kann durch die „Lunometer-Umrechnungstabelle", die 456 verschiedene Fadenstärken enthält,

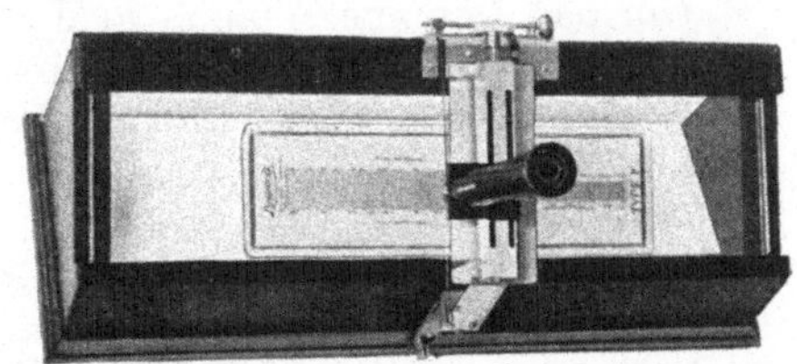

Abb. 291. Lunometer-Faden-Dickenmesser.

sofort feststellen, wieviel von den betreffenden Fäden ferner auf einen franz. Zoll, Krefelder Feine und Zentimeter gehen, sodann, welchen Durchmesser und Querschnitt der Faden hat. — Auf der Skala des Untersatzes kann man bei gedrallten Fäden ferner die Anzahl Drehungen pro 1 engl. Zoll oder 1 cm ablesen.

Die Fäden können entweder an beiden Enden eingespannt oder an einem Ende mit Gewicht belastet werden. Auch ist die Möglichkeit vorhanden, einen Faden über die beiden Röllchen para lel zu den Linien des Lunometer fortlaufen zu lassen und seine Gleichmäßigkeit zu prüfen.

Auch für die Faden-Dickenmesser sind verschiedene Typen gebaut.

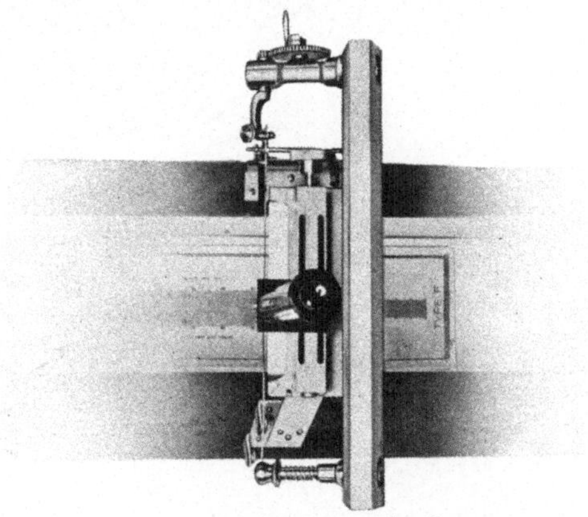

Abb. 292. Lunometer-Draller.

Type A. Enthält 456 verschiedene Fadendicken von 1 mm bis 0,05 mm. Die Type ist außerdem Fadenzähler, nicht aber Gewebeprüfer.

Type E. Enthält 340 Fadendicken von 1 mm bis 0,42 mm. Die Type ist außerdem Fadenzähler und Gewebeprüfer.

Type F. Enthält 680 Fadenstärken von 0,5 mm bis 0,106 mm. Die Type ist außerdem Fadenzähler und Gewebeprüfer.

Lunometer-Draller. Abb. 292 stellt eine kleine Hilfseinrichtung dar für den Lunometer-Einzelfaden-Dickenmesser und bezweckt das schnelle und exakte Drallen von Fäden, die auf demselben gemessen werden. Die Übersetzung ist 1 : 5, so daß die Drallung schnell vor sich geht. Die Fadenlänge beträgt 6 engl. Zoll oder 15,25 cm. Es kann jede beliebige Anzahl von Fäden gedrallt werden. Natürlich können auch Entdrallungen vorgenommen werden.

Der Lunometer-Draller wird mit dem gespannten Faden von links oder rechts seitlich auf die beiden Röllchen des Lunometer-Einzelfaden-Dickenmessers gelegt, und es kann der Faden so exakt und schnell gemessen werden.

An Stelle des 40- bis 60fach vergrößernden Mikroskopes kann der Einzelfaden-Dickenmesser mit einem 40- bis 120fach vergrößernden Mikroskop ausgerüstet werden.

3. Das Lunometer als Garn-Universalprüfer.

Um das Lunometer auch in den Dienst von Garnprüfungen stellen zu können, war es nötig, eine Einrichtung zu schaffen, die es ermöglicht, Fäden mit größter Genauigkeit bezüglich Spannung, Parallelität

Abb. 293. Lunometer-Garn-Universalprüfer.

und Abstände nebeneinanderzulegen. Abb. 293 zeigt den Lunometer-Universal-Garnprüfer, mit welchem man bis zu 100 Fäden pro cm nebeneinanderlegen und mit dem Lunometer prüfen kann. Die Bildung solch exakter Fadenflächen wird erreicht durch Einschalten der Fäden in die Gänge von Spiralfedern aus allerfeinstem kalibergenauem Stahldraht, welche durch einen Kamm, in dessen Zähne sie versenkt werden, haargenau justiert sind, entsprechend dem Vormarsch des Fadenführers bei der Aufwicklung. Für gewisse Auswertungen kann man die Fäden unter Weglassung der Spiralen nur in die Kämme wickeln oder auch ohne beide aufwickeln. Die Kämme sind zwischen zwei Spiegelglasplatten von 250/220 mm versenkbar angeordnet und können durch Stellschrauben sowohl in der Höhe als auch seitlich justiert werden. Die Innenflächen der Glasplatten sind auf einer Seite mit schwarzer, auf der anderen Seite mit weißer Folie versehen, so daß man in der Lage ist, je nach der Farbe der zu prüfenden Garne auf der einen oder anderen Seite auszuwerten.

Ist die Fläche aufgewickelt, so versenkt man die beiden Kämme, löst die Klinkung an den Enden der Spiralen und schiebt abwechselnd oben und unten die Spiralen etappenmäßig und vorsichtig zusammen.

Der „Lunometer-Universal-Garnprüfer" hat als Norm Spiralen von 0,30, 0,40, 0,50, 0,60 mm Drahtdicke. Durch dieselben ist es möglich, selbst die feinsten Fäden in absolut genaue Fadenflächen zu bringen. Alle Auswertungen erfolgen in Verbindung mit der Lunometer-Umrechnungstabelle.

In der Mitte des Vordergrundes sehen wir den Lunometer-Spannungsregler mit Aufsteckdorn für Copse, Kannetten und Spulen. Der Spannungsregler stellt eine neuartige Erfindung dar, welche es ermöglicht, trotz der durch das Trägheitsmoment entstehenden Zerrungen des Fadens beim Aufwickeln auf die Flächen diesen mit gleichmäßiger Spannung und selbst bei größter Tourenzahl bruchfrei auf die Flächen zu bringen. Selbst die allerfeinsten Baumwollgarne sowie die feinsten Nummern aller anderen Garne werden absolut zuverlässig durch den Spannungsregler mit einer dem Gummizug ähnlichen elastischen Friktion versehen, die es im übrigen gestattet, jeden Grad von gewollter Spannung konstant beizubehalten. Diese Spannung ist genau meßbar durch den Lunometer-Spannungsmesser, der in der Abbildung, auf die Platte gestellt, sichtbar ist.

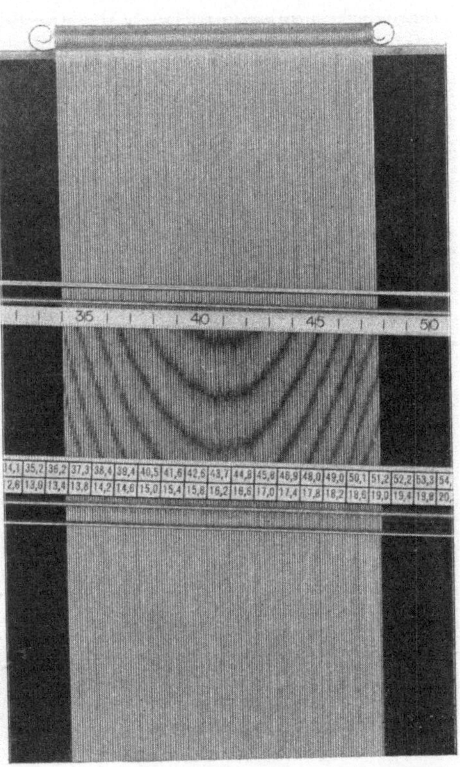

Abb. 294. Ruhiges Interferenz-Parabelbild bei gleichmäßigem Garn.

Die Fadenfläche auf Abb. 294 besteht aus Fäden, die in zusammengeschobener Spirale von 0,5 mm Drahtdicke verhaftet wurden. Das Lunometer zeigt 16,2 Fäden pro cm, gleich 0,617 mm Abstand von Mitte zu Mitte Faden. Die Drahtdicke ist 0,5 mm. Die Differenz von 0,117 mm gibt die Durchschnittsdicke des Fadens in komprimiertem Zustand in den Spiralgängen an. Im Prüffeld des Lunometer sehen wir das ruhige Interferenz-Parabelbild, ein Beweis dafür, daß das Garn auf längere Entfernungen im Durchschnitt gleichmäßig ist. Die sägenartigen Zacken an den schwarzen Interferenzkurven sagen uns, daß Dickenunterschiede auf kurze Entfernungen vorliegen. Je kleiner und regelmäßiger die sägenartigen Ausladungen sind, um so gleichmäßiger ist das Garn. Im übrigen gelten für die Auswertungen die Grundlagen der Anweisungen für die Gewebeprüfung mit dem Lunometer.

Abb. 295 zeigt ein Fadengebilde von sehr großer Gleichmäßigkeit, welches auf folgende Weise erzeugt wird. Man wickelt eine Fadenfläche in einen Kamm auf, auf der anderen Seite bleibt der Kamm eingesenkt. Man nimmt nach Belieben bis zu 100 Fäden. Vorher befestigt man auf der Rückseite knapp unter dem hochgestellten Kamm einen schmalen Streifen „Lunometer-Adhäsionsband", an welchem übrigens auch bei allen Aufwicklungen die Fadenenden bequem und sicher befestigt werden können. Mit zwei in ihrem Profil dem Konus und den Glaskanten angepaßten Stäbchen schiebt man nun von rechts und links die Fäden etappenmäßig zusammen, bis sie sich in der Mitte vereinigen und verklebt sie an dieser Stelle obenauf mit etwas Syndetikon. Nachdem man nochmals von beiden Seiten kräftig angedrückt hat, mißt man mit dem Lunometer an beliebiger Stelle die Anzahl der Fäden pro cm, s. Abb. 295, mit dem cm-Maß dann die Breite der Stelle. Durch Multiplikation erhält man die Anzahl der nicht zerrissenen Fäden, im vorliegenden Falle 45 von den 100 aufgewickelten. Die Dehnung kann man mit dem Winkelmesser feststellen. Teilt man oben in zwei Teile, die man nach rechts und links soweit zurückschiebt, daß die äußeren Fäden wieder senkrecht liegen, so kann man die Elastizitätsgrenze ziemlich genau beobachten. — Im oberen Teil des Gebildes nähern sich die einzelnen Fäden immer mehr, bis sie sich eben berühren. Das aufgelegte Lunometer, s. Abb. 295, zeigt uns an dieser Stelle sofort die Anzahl der Fäden pro cm, aus welcher wir in der Tabelle leicht die Dicke, die Anzahl der Fäden pro engl. und franz. Zoll, ferner pro Krefelder Feine ersehen können. Im vorliegenden Falle ist die Stelle, wo sich die Fäden eben berühren, diejenige, wo die hyperbolische Interferenzfigur in der Mitte beginnt abzusterben. Da diese Zone ziemlich tief liegt, handelt es sich hier um einen sehr völligen, offenen, leicht zu komprimierenden Faden. — Als Schaubild ist diese Form außerdem sehr wertvoll. Man kann die Gleichmäßigkeit des Garnes, auch des gefärbten, in allen Stufen von Fadendichten beobachten.

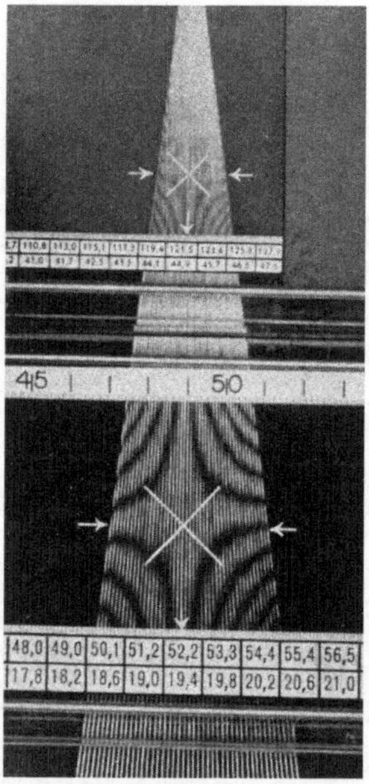

Abb. 295. Fadengebilde von großer Gleichmäßigkeit.

Nach allen diesen Feststellungen entfernt man das Garn von der Tafel samt dem gerissenen Teil und legt das Quantum auf eine Garnwaage. Was dieselbe in Gramm anzeigt, multipliziert man mit 175, wodurch man die Denier-Nummer erhält.

Abb. 296 zeigt die Verwendung des „Lunometer-Universal-Garnprüfer" zur Feststellung von Dehnung (elastische und bleibende), in noch ausführlicherer Weise wie die Aufwicklung in Abb. 295. Hier arbeiten bei den Angaben Winkelgrade und Gewichte zusammen, und es ist dadurch möglich, eine außerordentlich vielseitige Feststellung bei den Vergleichsproben zu erzielen, die empirisch auf dem Fundament der beigegebenen Tabelle aufgebaut werden können. — Dadurch, daß die Spannung beim Bruch der ersten Fäden schnell festgestellt werden kann, ist diese Einrichtung besonders wertvoll auch beim Prüfen von Kettgarnen. Aus den Angaben kann man zuverlässige Toleranzen für die dem jeweiligen Garne entsprechende Spanung in der Kette des Webstuhles finden. Die Spannung der Kette im Webstuhl wird dieser Spannung angeglichen.

Zu all den vorstehenden Prüfungen nimmt man bei dünneren Garnen 100 Fäden (bei feinsten Deniers 200, 300 oder 400), bei dickeren entsprechend weniger; die jeweilige Anzahl kann mit dem Lunometer, auch in der Kette, schnell festgestellt werden. Bei allen Vergleichs- bzw. Gleichheitsprüfungen müssen natürlich die Auswertungen unter den gleichen Voraussetzungen gemacht werden, also auch bezüglich gleichmäßiger Aufwickelspannung und Zeitspannen. Vor einer Aufwicklung wird der 4 cm breite Spannsteg rechts und links festgeklemmt und liegt lose aber sicher auf den Leisten auf, so daß die Aufwicklung darübergeht. Bei sehr elastischen Fäden wickelt man auf der Rückseite noch eine Metallröhre mit ein, die in die Vorspannungseinrichtung der Abb. 296 eingeklinkt wird. Dann schiebt man den Spannsteg bis an die auf der Mitte der Seitenleisten angebrachten Einkerbungen, steckt die Lunometer-Waage mit dem Winkelmesser auf und prüft die Anfangsspannung der Fadenfläche bei 10⁰ Winkelanzeige. Durch Unter- und Überlegen eines schmalen Streifens Lunometer-Adhäsionsband und Überklemmen einer U-förmigen Messingleiste an einer Glaskante kann man den z. B. in 100 Windungen aufgewickelten langen Faden in 100 Einzelfäden von je 50 cm Länge isolieren, so daß keine Übertragungen auf die Nachbarfäden stattfinden können. — Sodann kann man in einen oder beide Konusse der Glasplatten Glasröhren von 6 mm Durchmesser mit einwickeln, wodurch man bei rauheren Fäden eine geringere Friktion erhält. Diese Glasröhren kann man unverschiebbar lagern, wenn man in der Länge des Konus einen schmalen Streifen Adhäsionsband auflegt und die Röhre daraufdrückt. Nach Aufwickeln

Abb. 296. Garn-Universalprüfer zur Feststellung der Dehnung.

des Fadens kann man über die untere Röhre Adhäsionsband fest anpressen, wodurch wiederum eine Isolierung der Einzelfäden stattfindet.

Alle Gebilde auf dem „Lunometer-Universal-Garnprüfer" lassen sich unter Beibehaltung ihrer Form mit oder ohne Unterlegung von mattem Papier beliebiger Tönung auf Glas- oder Kartonplatten transplantieren. Es kann dieses auf verschiedene Art geschehen mittels des „Lunometer-Adhäsionsbandes", welches eine außerordentlich hohe Adhäsion besitzt, ohne zu kleben oder zu schmieren, wodurch ein sauberes Arbeiten ermöglicht wird. Bei Flächen, die nicht zusammengeschoben werden, legt man vor dem Aufwickeln oben und unten einen Streifen auf und nach dem Aufwickeln darüber, schneidet dann mit der Rasierklinge oben und unten die Fäden durch und kann auf beiden Seiten die Gebilde abnehmen und stückweise in die bekannten Festigkeitsprüfer einspannen und auswerten, natürlich auch in 50 cm Fadenlänge, wenn man nur an einer Seite Adhäsionsband anwendet und durchschneidet. Oder man legt auf festgedrückte Adhäsionsstreifen eine passende Glasplatte, die ebenfalls an ihren beiden Enden mit der Gummi-

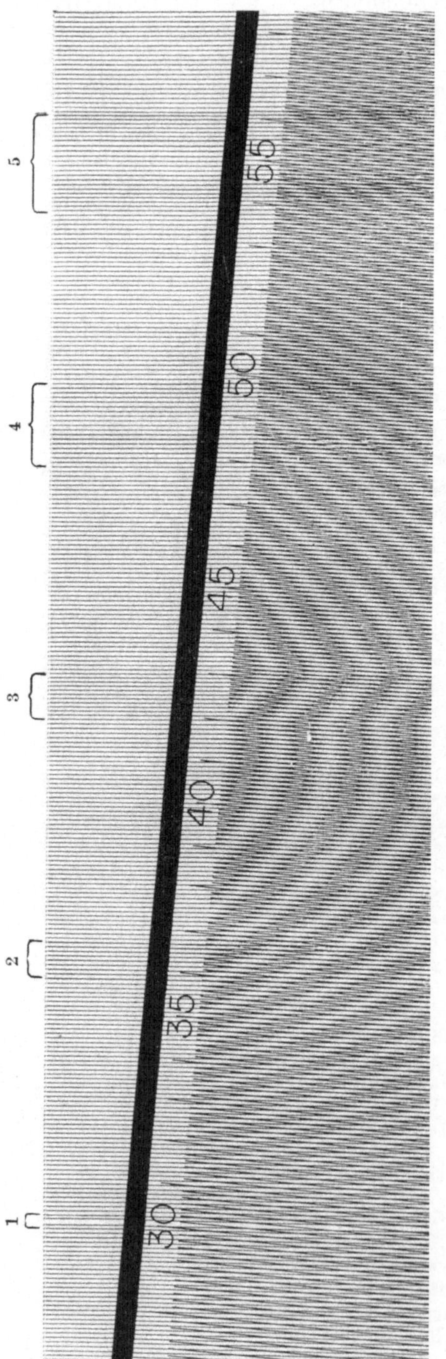

Abb. 297. Lunometer als Gewebeprüfer.

walze fest anzudrücken ist, schneidet
die überstehenden Fäden ab und
klappt an beiden Enden die Lappen
auf die Rückseite des Glases. Von
solchen Platten kann man u. a. durch
Hochklappen dieser Enden eine direkte
Übertragung in die Spannbacken der
Festigkeitsprüfer vornehmen und die
Platte erst ablösen, wenn die Fläche
unter Spannung kommt. Alle diese
Gebilde sind namentlich in Festigkeitsprüfern mit Stoppvorrichtung oder
Diagrammschreibern gut auszuwerten,
leisten aber auch sehr wertvolle Dienste
bei vielen anderen Feststellungen. Man
kann auch auf einer oder beiden Seiten bis zur ganzen Glasfläche mit Adhäsionsband befestigte und damit versehene dünne Glasscheiben, glatte
dicke Pappen o. dgl. auflegen, dieselben überwickeln, an beiden Enden die
Fäden durchschneiden und abnehmen.
Ferner kann man durch Übereinanderlegen von zwei gleichen Gebilden,
wie Abb. 295 zeigt (Drehung um 90°),
sich alle Stufen von Fadendichte für
Schuß und Kette vor Augen führen
und mit dem Lunometer feststellen,
ebenso bei gefärbtem Garn alle Stufen
von Nuancen, wie sie sich im Gewebe
etwa darstellen würden.

4. Das Lunometer als Gewebeprüfer.

Das Lunometer ist auch in der
Lage, bestimmte Ungenauigkeiten
oder Unregelmäßigkeiten in Geweben sofort aufzuklären, z. B.
festzustellen, ob für das Auge
dunkler erscheinende Stellen im
Gewebe a) auf größere Fadendichte, b) größere Fadendicke
oder c) Farbdifferenzen (dunklere Färbung) zurückzuführen
sind. Bei jeder Gewebeprüfung
ist es sehr wichtig, bevor man in
die Einzelheiten einzudringen
sucht, zuerst in den zu untersuchenden Zonen die Fadendichte
und deren eventuelle Schwankungen an den einzelnen Stellen mit
dem Lunometer festzustellen. Die
sich bei verschiedenen Unregel-

mäßigkeiten in Geweben ergebenden Bilder seien an einigen Beispielen erläutert (siehe Abb. 297).

Beispiel 1 (Abb. 297). Bei 1 sind zwei Fäden verlegt. Es zeigt sich eine kleine Unterbrechung in den Interferenzkurven, die aber beim Durchgehen ihre Richtung behalten, ein Beweis, daß rechts und links die Fadenabstände konstant bleiben.

Beispiel 2. Beim Anblick eines dunklen Streifens wie hier tauchen drei Fragen auf: a) Größere Schußdichte? b) Größere Fadendicke? c) Farbedifferenz?

a) Größere Schußdichte ist nicht vorhanden, was durch den ungebrochenen Durchgang der Interferenzkurven bewiesen wird.

b) Größere Fadendicke liegt hier vor, da sich über dieser Zone eine dunklere Partie im Prüffeld zeigt. Läge in Zone 2 geringere Fadendicke wie rechts und links, so würde im Prüffeld eine hellere Partie erscheinen.

c) Farbdifferenz. Durchleuchtet man den Stoff und legt das Lunometer auf und zeigt sich im Prüffeld keine dunklere Partie über der Zone, so ist die Farbdifferenz erwiesen, da in der Silhouette alle Fäden in Zone 2 die gleiche Dicke wie links und rechts davon haben würden und den gleichen Lichtdurchgang in den Zwischenräumen.

Beispiel 3. Die Interferenzkurven biegen in einer geraden Linie nach unten ab, was bei einer Winkellage des Lunometer von etwa 5^0 mit Senkung rechts bedeutet, daß eine größere Schußdichte in Zone 3 vorhanden ist. Die gebrochene Linie fällt um so steiler ab als die Schußdichte zunimmt. Würde an der Stelle weniger Schußzahl vorhanden sein, so würde bei gleicher Lage des Lunometer der gebrochene Teil der Interferenzkurven scharf nach oben zeigen.

Wir wollen nun auf der Abbildung das Verhältnis der Dicke der hellen und dunklen Interferenzlinien beobachten. Im vorliegenden Falle sind die dunklen breiter als die hellen, und zwar ist das Verhältnis genau entsprechend dem Quantum von Weiß und Schwarz, wie es sich in der Durchsicht ergibt. Das Schwarz der Linien des Lunometer addiert sich in der Durchsicht zu den schwarzen Linien der darunterliegenden Gewebestruktur, und hier liegt der Schlüssel z. B. für die Erscheinung der dunkleren Zone im Interferenzbild des Beispiels 2. Was da an Schwarz mehr liegt durch die größere Fadendicke, addiert sich zu dem übrigen Schwarz. — Läge in 2 dünnere Fadendicke als rechts und links, so würde das Weniger subtrahiert und ein hellerer Streifen erscheinen. — Wir können bei allen Gewebeprüfungen beobachten, daß das Verhältnis zwischen der Dicke der hellen und dunklen Interferenzlinien von großer Bedeutung ist. Außerdem ist nicht minder wichtig zu beobachten, ob die hellen und dunklen Interferenzlinien in ihrem Verlauf Dickenveränderungen zeigen.

Das Verhältnis der Dicke der hellen und dunklen Interferenzlinien zueinander ergibt sich jeweilig aus dem Aufbau des betreffenden Gewebes und kann standardmäßig festgelegt werden. Bei normaler Fabrikation und Fadenbeschaffenheit muß das Verhältnis immer das gleiche bleiben. Gewahren wir eine Zunahme der Dicke der dunklen Linien, so kann das bedeuten, daß größere Fadendicke als bei homogenen Fäden regulär vorhanden ist, oder wenn bei der Verdickung die Intensität des Dunkel schwächer ist, daß bei sonst gleichem Titer der Faden völliger ist und seine Konturen durch freiliegende Elementarfäden ziemlich viel Licht durchlassen. In letzterem Falle verlieren die weißen Linien an Klarheit, um so mehr, je enger die Fäden aneinanderliegen, und es kann vorkommen, daß sich im Prüffeld überhaupt keine Linien, dunkle oder helle, zeigen, wenn die Fäden so eng aneinandergepreßt sind, daß keine klaren Linien mehr mit den Linien des Lunometer interferieren können. Es gibt eine Menge Variationen, die man durch Beobachtung allmählich kennen und unbedingt zutreffend auszuwerten lernt. Jedenfalls steht fest, daß das Dickenverhältnis der dunklen zu den hellen Interferenzlinien im Prüffeld des Lunometer und die Intensität von Hell und Dunkel uns jeweilig ein Schlüssel für die Beurteilung der Fadenbeschaffenheit in einem Gewebe sind.

Verdickung der dunklen Interferenzlinien sagen uns, daß an der betreffenden Stelle eine Gruppe von dickeren Fäden liegt. Wir meinen hier plötzliche Verdickungen, die, wenn sie tropfenartig übereinanderliegen, Fadendickenschwankungen anzeigen, wie in Beispiel 4 und 5 unserer Abbildung dargestellt wird.

Verdünnungen der dunklen Interferenzlinien sagen uns, daß an der betreffenden Stelle eine Gruppe von dünneren Fäden liegt, wie es z. B. in der Mitte von Beispiel 4 der Fall ist.

Zickzackartige Konturen der Interferenzlinien deuten auf starke Schwankungen in den Fadenmittenabständen hin. Sie können aber auch in Verbindung mit den tropfenartigen Gebilden, die für Fadendickenschwankungen innerhalb enger Grenzen typisch sind, auftreten. Dort, wo bei Hin- und Herbewegen des Lunometers, von oben nach unten und etwas seitlich, aus den Verdickungen klare Zickzacklinien heraustreten, sind Unterschiede in den Fadenmittenabständen, da wo die Verdickung bei derselben Manipulation keine Zickzacklinien freigibt, ist Fadendickenschwankung vorhanden. Dieses ist genau zu beachten. Auch müssen alle genaueren Prüfungen an der Stelle des Lunometers vorgenommen werden, wo die größte Parabelwölbung sich zeigt. Alle vergleichsweisen Auswertungen müssen bei gleicher Lage des Prüflunometers vorgenommen werden, also auch die Feststellung der Dickenunterschiede der hellen und dunklen Interferenzlinien, wie Beispiele 2, 4 und 5.

Die vorstehenden Ausführungen beziehen sich auf die Lunometeranzeigen bei durchleuchteten Geweben (s. den „Lunometer-Illuminator"). Es ist zu beachten, daß bei Beleuchtung in der Aufsicht die Interferenzlinien durch das reflektierende Licht der Oberfläche des Gewebes in umgekehrter Tönung erscheinen wie bei einer Durchleuchtung und entsprechend ausgewertet werden müssen.

Durch scharfe Beobachtung der vielseitigen Erscheinungen im Prüffeld des Lunometers bekommt man in kurzer Zeit ein klares und sicheres Urteil über deren Ursachen. Für jede Regelmäßigkeit oder Unregelmäßigkeit im Gewebe gibt es eine ganz bestimmte Erscheinung im Interferenzbild des Lunometers, und es lohnt sich, die typischen Erscheinungen photographisch als Erfahrungsmaterial festzuhalten, wie es schon vielfach geschieht.

Lunometer-Illuminator. Derselbe dient zum Durchleuchten von Geweben oder auf dem „Lunometer-Universal-Garnprüfer" aufgewickelter Fadenflächen u. dgl., die mit dem „Lunometer" geprüft werden (s. Abb. 298). In einem Kasten aus massivem Dunkel-Eichenholz befindet sich ein Spiegel, durch den das in der angehängten Messingkapsel untergebrachte Soffitenlicht nach oben durch die Spiegelscheiben des Auflagetisches reflektiert wird, und zwar durch Zwischenschaltung verschiedener Gläser als fein zerstreutes Tageslicht.

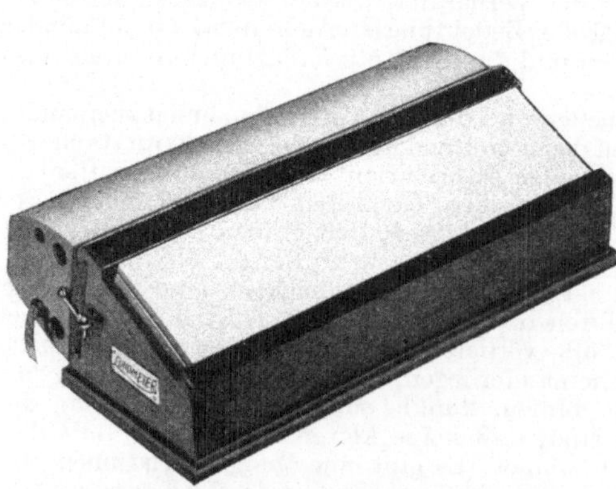

Abb. 298. Lunometer-Illuminator.

Der Lunometer-Illuminator gestattet eine ganz vorzügliche Beobachtung der feinsten Teile von Geweben unter immer gleichbleibenden Beleuchtungsvoraussetzungen, auch in der Horizontalstellung.

Manche Gewebe, Fadenflächen, Farbenproben usw. erscheinen noch kontrastreicher bei farbiger Durchleuchtung. Um festzustellen, welche Farbe jeweils die geeignetste ist, wird der Lunometer-Farbensucher (Abb. 299), bestehend aus einer Doppelglasplatte mit 13 verschiedenen Farbtönungen, auf die Durchleuchtungsfläche des Lunometer-Illuminators gelegt. Das Gewebe legt

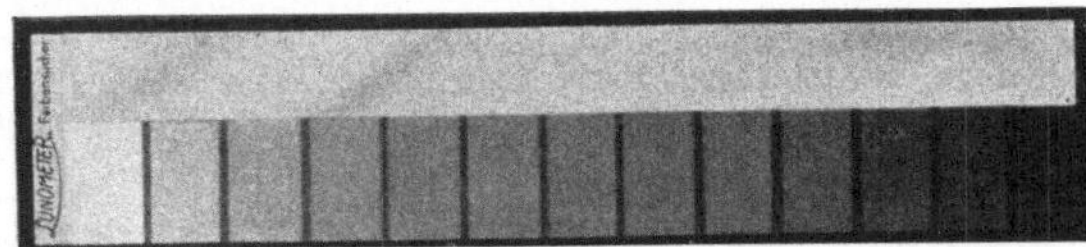

Abb. 299. Lunometer-Farbensucher.

man darauf und findet mit dem Lunometer innerhalb einiger Sekunden die geeignetste Farbe, die dann in der ganzen Durchleuchtungsfläche zwischen zwei Spiegelglasplatten als Farbenfolie eingeschaltet wird.

Durch eine besondere Einrichtung wird die Wärmeausstrahlung der gut ventilierten Soffitenlampe von der Durchleuchtungsfläche, die 75/300 mm groß ist, ferngehalten, so daß diese immer kühl bleibt und selbst die empfindlichsten und feinsten Stoffe unverändert beobachtet werden können. Auch kann man größere Gewebeflächen über den ganzen Illuminator ausbreiten, wie z. B. bei Prüfungen am Stück. — Alle auf der vorzüglich belichteten Durchleuchtungsfläche erscheinenden Interferenzbilder können, je nach Bedarf, photographisch festgehalten werden, zusammen mit den genauen Angaben des Lunometers. Ebenso kann man auf dem Illuminator sehr vorteilhaft mikroskopische Untersuchungen aller Art vornehmen.

Lunometer-Tageslicht. Dasselbe kann auch außerhalb des obigen Lunometer-Illuminators (siehe Abb. 300) vielseitige

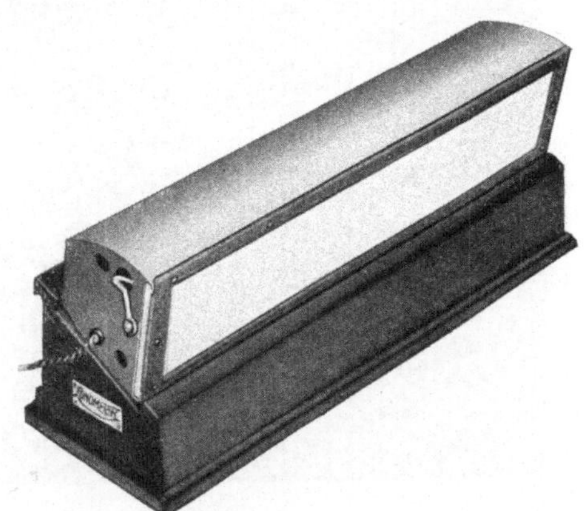

Abb. 300. Lunometer-Tageslichtilluminator.

praktische Anwendung finden. In dieser Form ist es unter anderem eine willkommene Lichtquelle zur Beleuchtung von Fadenflächen und Geweben, namentlich solcher, die wegen ihrer Undurchsichtigkeit nicht durchleuchtet werden können, außerdem zur Abstimmung von Farbenmustern.

5. Lunometer-Weifung.

Dieselbe stellt das Ideal einer Aufweifung dar. Sie ermöglicht in Verbindung mit dem Lunometer-Spannungsregler und dem Lunometer-Spannungsmesser das genaue Nebeneinanderlegen der Fäden in beliebigen Fadendichten, bis zum losen Berühren derselben. Auf diese Weise werden in kürzester Zeit absolut exakte Fadenflächen erzeugt, die es ermöglichen, die Reinheit und sonstige Beschaffenheit des betreffenden Garnes mit einer Sicherheit zu prüfen, die bisher nicht annähernd in dem Maße möglich war. Dabei leistet das Lunometer wiederum ausgezeichnete Dienste. Gleichzeitig kann man die betreffende Garnnummer und die durchschnittliche Fadendichte mit einer Schnelligkeit und Genauigkeit feststellen, wie sie nicht besser gewünscht werden kann.

Abb. 301 zeigt die Lunometer-Weife, eingesetzt in den Lunometer-Universal-Garnprüfer (Abb. 293). Im vorliegenden Falle handelt es sich um eine Kunstseide, die in einer Fadendichte von 50 pro cm in einem Tempo von 1000 Umdrehungen pro Min. aufgeweift ist. Die Weife hat einen Umfang von genau 75 cm, und 600 Umdrehungen ergeben die Länge von 450 m, die in etwa ½ Minute in vier Fadenflächen von je 225 qcm, also zusammen 900 qcm, ausgebreitet liegen und in idealster Weise ausgewertet werden können. Man kann in kurzer Zeit weitere Weifen mit Fadenflächen versehen und so eine ganze Reihe Proben nebeneinandergestellt auswerten. Die Maschine ist in dieser Hinsicht sehr produktiv.

Unter die einzelnen Fadenflächen kann man bequem einen Karton von beliebiger Farbe nach dem Aufweifen einschieben oder schwarzen Samt unterspannen, wodurch in manchen Fällen noch genauere Beobachtungen der Fadenbeschaffenheit möglich werden.

Abb. 301. Lunometer-Weifung.

Die Lunometer-Weifung ist für alle Garnarten gleich gut geeignet, und es gibt in der Feinheit der Fäden, die unter gleichmäßiger, gewollter und meßbarer Spannung auf die Lunometer-Weife gebracht werden können, keine Grenze. — Die Lunometer-Weifung oder der Lunoplan[1] ist dem für den internationalen Seidenhandel bisher maßgebenden Seriplan (s. S. 267) ganz erheblich überlegen, sowohl bezüglich Genauigkeit der Fadenabstände als auch Vielseitigkeit der Auswertungen und Schnelligkeit. Alle diese Vorteile, die überdies objektive Auswertungen ermöglichen, kommen namentlich auch der Kunstseidenindustrie zugute. Da die Maschine mit einem Zählwerk versehen ist, so können behufs Feststellung der jeweiligen Garnnummern alle gewünschten Längen bequem und sicher aufgeweift und unter Benutzung der vorhandenen Garnwaagen gewogen werden. Auch in dieser Hinsicht arbeitet die Einrichtung universal.

---

[1] Wie Direktor Königs von der Krefelder Seidentrocknungsanstalt die Lunometer-Weifung benannt hat.

Zur Erzeugung von Gebilden für die Lunometer-Fadenreihen-Prüfungen in den bisherigen Festigkeitsprüfern gibt es Spezialweifen mit Einrichtung zum Einlegen von Lunometer-Adhäsionsband usw. und Überwickeln desselben, mit Schneidrille, in jeder gewünschten Prüflänge. Breite der Gebilde bis zu 10 cm. Ferner, anzukuppeln an die Muttermaschine, jede etwa benötigte weitere Anzahl von Weifaggregaten, wodurch auf bequeme und wohlfeile Weise die Leistungsfähigkeit der Einrichtung nach Belieben gesteigert werden kann.

Krumpfreiheit (Einlaufen oder Krumpen).

Je nach der Behandlung, welche die Garne und Gewebe erfahren haben, sind sie mehr oder weniger krumpfrei, d. h. laufen mehr oder weniger bei Behandlung mit kaltem oder heißem Wasser oder beim Waschen ein (Krumpen oder Krimpen). Gewebe, die nicht oder nur sehr wenig einlaufen, gelten im allgemeinen als die wertvolleren. Aus diesem Grunde ist für viele Zwecke der Höchstkrumpverlust vorgeschrieben.

Die Bestimmung des Einlaufens von Baumwollgeweben wird in folgender Weise ausgeführt. Ein in Länge und Breite genau abgemessenes Gewebestück (z. B. von 1 m Länge und 50 cm Breite o. ä.) wird in frisch aufgekochtes Wasser von etwa 95 bis 100° C eingelegt oder mit solchem übergossen und in dem erkaltenden Wasser über Nacht liegen gelassen. Alsdann wird das Versuchsstück aus dem Wasser herausgenommen und in ungespanntem Zustande bei Zimmertemperatur oder bei gelinder Wärme getrocknet. Schließlich wird das Gewebe ohne erheblichen Druck gemangelt oder zwischen zwei Gummiwalzen geglättet, in ausgebreitetem Zustande auf einem Meßtisch genau gemessen und der Einlaufverlust der Ketten- und der Schußrichtung in Prozenten der ursprünglichen Maße berechnet. In ähnlicher Weise verwendet man Soda-, Soda-Seifenlösungen u. a. m.

Tuche. An einer beliebigen Stelle des Tuchstückes wird ein Abschnitt von 50 cm (oder ein entsprechender Abschnitt) abgemessen und angezeichnet. Hierauf wird auf die angezeichnete Stelle ein doppelt zusammengelegter Leinwandstreifen von etwa 20 cm Breite und 60 cm Länge, nachdem er naß gemacht und wieder leicht ausgewunden ist, gelegt und mit einem heißen Bügeleisen trocken gebügelt. Beim Nachmessen der angezeichneten Stellen darf sich ein Einlaufen des Tuches nicht ergeben, sofern krumpfreie Ware vorliegt. Die Abweichung der sich nun ergebenden Maße in der Kett- und in der Schußrichtung gegenüber den Anfangsmaßen ergibt das Maß des Krumpens. Um alle subjektiven, in der Person des Prüfenden liegenden Zufälligkeiten zu vermeiden, ist von M. Spuhr ein Bügelproben-Apparat Spuhr gebaut worden, der es gestattet, das Maß des Eingehens oder Krumpens einwandfrei und zahlenmäßig zum Ausdruck zu bringen[1].

---

[1] Spuhr, M.: Werden-Ruhr-Rhl.

Saugfähigkeit.

Die Bestimmung der Saugfähigkeit kommt bei den Erzeugnissen der Textilindustrie nur vereinzelt vor (Petroleum- oder Ölleitfähigkeit von Dochten u. ä.), häufiger in der Papierprüfung. Man bedient sich hierzu am zweckmäßigsten des Apparates von **Klemm** bzw. **Winkler** (Abb. 302).

Der Apparat ruht auf drei Nivellierschrauben. Auf der Grundplatte befindet sich ein kleines Becken zur Aufnahme der Flüssigkeit (Wasser, Petroleum, Öl usw.). Über dem Becken befindet sich eine querverlaufende Schiene, die eine Anzahl lotrecht zum Becken herabhängender Maßstäbe mit Millimeterteilung und Klemmvorrichtungen trägt.

Man schraubt zunächst den oberen Teil so hoch, daß die Skalen über dem Spiegel der Flüssigkeit enden, klemmt dann rechts und links von den Skalen die Versuchsstücke (Streifen, Dochte u. ä.) so ein, daß ihre unteren Enden die Maßstäbe um etwa 5 bis 10 mm überragen und schraubt dann wieder herab, bis der Nullpunkt der Maßstäbe den Flüssigkeitsspiegel berührt. Die in 10 Minuten von der Flüssigkeit erreichte Saughöhe wird schließlich unmittelbar abgelesen. Die Flüssigkeit soll dabei in der Regel Zimmertemperatur haben.

Netzfähigkeit. Nahe verwandt mit der Saugfähigkeit ist die Netzfähigkeit. Spinnpapiere werden bisweilen in der Weise geprüft, daß man das flach ausgebreitete Papier auf

Abb. 302. Saugfähigkeitsprüfer nach Klemm (L. Schopper).

Wasser schwimmen läßt und die Zeit feststellt, innerhalb welcher ein auf die Oberseite des Papiers in feinster Form aufgestäubtes, leicht wasserlösliches Farbstoffpulver (z. B. Methylenblau oder Methylviolett) in Lösung zu gehen beginnt. Als Maßstab der Netzfähigkeit oder des **Aufsaugevermögens** gilt dann der Zeitabstand vom Auflegen des Papiers auf das Wasser bis zur beginnenden Lösung des Farbstoffes.

Freiberger[1] läßt aus einer Bürette, deren Ausflußende 4 cm oberhalb des auf einer Glasplatte ausgebreiteten, trockenen, zu prüfenden Versuchsmaterials entfernt ist, jedesmal einen Tropfen destillierten Wassers auftropfen und mißt die Zeit, in welcher der Tropfen vom Stoff aufgesaugt wird. Der Zeitpunkt ist festgestellt, wenn der Tropfen völlig verschwunden und kein glänzender Rest mehr zu sehen ist. Jeder Tropfen enthält 0,05 g dest. Wasser von 17° C. Die Zeit wird in Sekunden, Minuten und Stunden angegeben. Man benutzt nur normale Stellen im Gewebe, nicht etwa sichtbare Fehlstellen, und nimmt das

---

[1] **Freiberger**: Färber-Zg. **1916**, 261.

Mittel aus mindestens 10 Einzelversuchen; zu weit vom Durchschnitt entfernt liegende Werte werden von Freiberger nicht mit berücksichtigt. Die Prüfung soll für die Beurteilung des Beuchens und Bleichens von Wert sein[1].

Aufnahmefähigkeit für Flüssigkeiten.

Bei einzelnen Warengattungen kommt es darauf an, daß sie ein möglichst großes und schnelles Aufsauge- oder Aufnahmevermögen gegenüber bestimmten Flüssigkeiten haben, z. B. bei Putztüchern gegenüber warmem Maschinenöl, bei Scheuertüchern gegenüber Wasser u. a. m. Das Aufsaugevermögen wird im Grundsatze in der Weise ermittelt, daß die in der Zeiteinheit von der Gewichtseinheit aufgenommene Flüssigkeit durch direkte Wägung festgestellt wird. Hierbei sind die Arbeitsbedingungen, wie Flüssigkeit, Temperatur derselben, Eintauchdauer, Abtropfdauer u. a. von Fall zu Fall festzulegen bzw. zu vereinbaren, da diese Umstände die Ergebnisse sehr erheblich zu beeinflussen vermögen. Irgendwelche Normen hierfür bestehen nicht.

1. Ölaufnahme. Die Ölaufnahmefähigkeit von Putztüchern führt das Staatliche Materialprüfungsamt z. B. wie folgt aus: Gleich große (etwa 15 × 15 cm), fadengerade zugeschnittene und mit Nähzwirn weitläufig umstochene (um das Ausfasern während der Versuche zu verhindern) Stücke von den Tüchern werden langsam in Maschinenschmieröl von 35° C eingetaucht. Das Schmieröl soll bei 20° C den Englerschen Flüssigkeitsgrad (Viskosität) von 20 bis 21 haben. Das Eintauchen muß so geschehen, daß die im Gewebe vorhandene Luft allmählich verdrängt wird. Die Zeitdauer bis zum vollständigen Eintauchen soll genau 4 Minuten betragen. Gleich nach dem vollständigen Eintauchen werden die Proben herausgenommen und zwecks gleichmäßigen Abtropfens in geeigneter Weise 15 Minuten aufgehängt. Alsdann werden die vor dem Versuch (nach Auslegung bei 65% Luftfeuchtigkeit) gewogenen Stücke in Wägegläsern wieder zurückgewogen und die Gewichtszunahmen auf 1 g (bei 65% Luftfeuchtigkeit ausgelegtes) Versuchsmaterial berechnet. Man verwendet entweder ungewaschene oder mit verdünnter Sodalösung (etwa 5 g kalz. Soda in 100 ccm Wasser) gewaschene, gespülte und getrocknete Tücher. In besonderen Fällen wird die Ölaufnahme der ungewaschenen und der gewaschenen Tücher bestimmt.

Da die Ergebnisse nicht nur von den erwähnten Umständen, sondern auch von scheinbar ganz unwichtigen Begleitmomenten wesentlich abhängen, wie z. B. von der Art des Aufhängens, der Faltenbildung beim Abtropfen, von der Zimmertemperatur u. a. mehr, sind auch diese Arbeitsbedingungen möglichst gleichzuhalten und mindestens zwei bis drei Versuche, aus denen das Mittel berechnet wird, nebeneinander auszuführen. Auf große Genauigkeit kann das Verfahren keinen Anspruch erheben.

---

[1] S. a. Heermann, P.: Färberei- und textilchemische Untersuchungen, S. 287; Prüfung des Netzvermögens von Netzmitteln. Berlin: Julius Springer 1929.

2. **Wasseraufnahme.** Bei Versuchen mit flüchtigen Flüssigkeiten, z. B. mit **Wasser**, ist auf das geringere oder stärkere Verdampfen während des Abtropfens Rücksicht zu nehmen. Die Temperatur, die Luftfeuchtigkeit und etwaige Luftbewegung werden in solchen Fällen einen merklichen Einfluß auf die Ergebnisse ausüben. Das Abtropfenlassen des Wassers ist zweckmäßig in einem geschlossenen Kasten oder unter einer Glocke mit wasserdampfgesättigter Luft vorzunehmen.

Verfahren von Alt[1] zur Bestimmung der Wasseraufnahmefähigkeit von Scheuertüchern:

An eine nach Art der Briefwaagen gebaute Waage, die an Stelle der Wägeschale ein mit Haken versehenes Gestänge besitzt, wird ein Stück des zu prüfenden und gewogenen Scheuertuches (p) befestigt und in ein darunter befindliches Wasserbecken unter mehrmaligem Bewegen 15 Minuten eingetaucht. Nach vollständigem Vollsaugen des Tuchstückes wird das Wasserbecken entfernt und das **Naßgewicht** sofort ermittelt (q). Nach bestimmten Zeiträumen werden dann weiter die infolge Abtropfens von Wasser abnehmenden Gewichte des nassen Scheuertuches festgestellt (nach 60 Sekunden z. B. das Gewicht r) und die so gefundenen Zahlen in praktischer Darstellung zu einer Kurve verwendet, die eine Beurteilung darüber gestattet, in welchem Maße das Versuchsstück das aufgesaugte Wasser festzuhalten vermag. Um Werte zu erhalten, die zum Vergleich der Güte verschiedener Scheuertücher dienen können, kann eine Zahl u ermittelt werden, die das Verhältnis des mit Wasser vollgesaugten zu demjenigen des lufttrockenen Scheuertuches angibt: $u = q/p$. Diese Zahl gibt an, in welchem Maße das Scheuertuch Wasser **aufzunehmen** vermag; sie läßt jedoch nicht erkennen, in welchem Grade das Wasser von ihm **festgehalten** wird. Hierfür gibt die Zahl v einen Maßstab: $v = r/q$. Eine **einheitliche Gütezahl**, die sowohl Aufsauge- als auch Festhaltungsvermögen zum Ausdruck bringt, ist die Zahl $a = q\,r/p^2$.

Die an fünf verschiedenen Scheuertüchern von Alt in dieser Weise ausgeführten und berechneten Versuche ergaben als Gütezahl a folgende Werte: 1. Scheuertuch aus Baumwollabfällen, Friedensware, $a = 23{,}76$; 2. aus Baumwollabfällen, Kriegsware I, $a = 9{,}38$; 3. aus Baumwollabfällen, Kriegsware II, $a = 8{,}21$; 4. aus reinem Papier, $a = 5{,}24$; 5. aus Ginsterfaser, $a = 17{,}71$. Aus diesen Versuchen geht hervor, daß, übereinstimmend mit den praktischen Erfahrungen, Scheuertücher aus Papiergeweben nahezu unbrauchbar sind und daß der beste Rohstoff für die Herstellung von Scheuertüchern reiner Baumwollabfall ist. Nächstdem eignen sich in bezug auf Wasseraufnahme auch die Bastfasern für diesen Zweck gut, doch wird ihre Brauchbarkeit durch ihre Härte ungünstig beeinflußt. Außer dem Wasseraufnahmevermögen kommen naturgemäß auch noch andere Eigenschaften in Betracht, z. B. die **Naßfestigkeit**, möglichst große **Widerstandsfähigkeit gegen Durchscheuern und Ausfasern**. Auch in dieser Beziehung verhalten sich Papiergewebe sehr ungünstig, während die Baumwolle und die Bastfasern eine höhere Naß- als Trockenfestigkeit haben und auch deshalb günstig zu beurteilen sind. In bezug auf **Weichheit** übertrifft schließlich die Baumwolle die Bastfasern erheblich.

Die Wasseraufnahme durch Baumwolle wird nach Alt vorzugsweise durch ihr Quellvermögen bedingt; außerdem kann Wasser auch noch zwischen den einzelnen Fäden in den Gewebeporen aufgenommen werden. Deshalb sollen baum-

---

[1] Alt: Textile Forschung **1919**, 79 ff.

wollene Scheuertücher aus schwach gedrehten Fäden mit nicht zu dichter Fadeneinstellung hergestellt werden. Bei Bastfasern hingegen (zu denen auch die Ginsterfaser gehört) mit ihrem geringen Quellvermögen wird die Wasseraufnahme vorwiegend zwischen den Fasern und in den Gewebeporen stattfinden. Auch hier werden verhältnismäßig lose gedrehte Fäden und wenig dichte Fadeneinstellung zu wählen sein. Die Aufsaugefähigkeit der Papiergewebe beruht schließlich vorwiegend auf der Wasseraufnahme durch die Gewebeporen, und nur eine sehr geringe Wassermenge wird außerdem vom Faden selbst aufgenommen werden.

Sonstige Prüfung von Scheuer- und Putztüchern. Die Prüfung kann sich evtl. noch erstrecken auf: 1. Gehalt an Wasser, 2. Gehalt an Staub, Sand und anderen Fremdkörpern, 3. Gehalt an Fett und Öl (bei bereits gebrauchter und gereinigter Ware), 4. Gleichmäßigkeit des Materials (gleicher Rohstoff, gleiche Herstellung). 1. Je geringer der Feuchtigkeitsgehalt ist, desto größer ist bei sonst gleichen Verhältnissen die Saugfähigkeit; außerdem wird die Putzwolle nach Gewicht verkauft. Man rechnet im allgemeinen mit einem Feuchtigkeitsgehalt von 8 bis 10%. Es wird für die Prüfung eine richtige Durchschnittsprobe von etwa 3 bis 4 kg gezogen, mit der alle Prüfungen auszuführen sind. Hiervon werden etwa 500 g nach dem unter Konditionierung (s. S. 249) besprochenen Verfahren bei 105 bis 110° C getrocknet und wieder gewogen. 2. Der Gehalt an Staub, erdigen Bestandteilen u. dgl. erfolgt durch Zerfasern und Ausklopfen einer Probe von etwa 100 g. Sand und Erde können beim Zerfasern der Probe auf Papier gesammelt und gesondert bestimmt werden. Zur Entfernung des Staubes klopft man mit einem Stock die Probe kräftig aus und wägt hinterher. An Stelle des Ausklopfens verwendet man mit Vorteil auch Staubsaugeapparate. 3. Der Fettgehalt wird in üblicher Weise durch Extraktion mit einem geeigneten Entfettungsmittel, z. B. Dichloräthylen, Trichloräthylen, Benzin, Äther u. dgl. bestimmt. Wegen der meist ungleichen Verteilung des Fettes empfiehlt es sich, größere Proben zu extrahieren als sonst bei Textilprüfungen üblich ist. 4. Die Gleichmäßigkeit der Putzwolle wird makroskopisch geprüft (Dicke der Fäden, Drehung, Farbe, Material). In besonderen Fällen nimmt man das Mikroskop zu Hilfe. Insbesondere ist darauf zu achten, ob die Putzwolle Papiergarn enthält, das als minderwertiger Ersatz anzusehen ist (s. oben). 5. In Ausnahmefällen kommt auch noch die Bestimmung des Waschverlustes in Betracht.

Wasserdurchlässigkeit.

Beim Benetzen der Fasern tritt im allgemeinen eine Quellung derselben unter Wasseraufnahme und Volumenvergrößerung auf; ferner werden die Zwischenräume des Fadens mit Wasser ausgefüllt und schließlich auch die Maschen des Gewebes. Je nach dem Druck, unter dem sich das Wasser befindet und der Menge des aufgenommenen Wassers findet ein rascheres oder langsameres Hindurchgehen oder Filtrieren des Wassers durch das Gewebe statt. Diese natürlichen Eigenschaften von Textilfasererzeugnissen dem Wasser gegenüber können aber durch Niederschlagung bestimmter kolloidaler Stoffe in feinster Verteilung geändert werden, z. B. durch fettsaure Tonerde u. a. Die Netzbarkeit und damit Quellbarkeit der Fasern wird dadurch bedeutend verringert bis aufgehoben; die Poren des Fadens werden verstopft und das ganze Fasergebilde wasserabstoßend und mehr oder weniger wasserdicht. Qualität und Grad der Wasserdurchlässigkeit lassen sich bei wasserdicht präparierten Stoffen von verschiedenen Gesichtspunkten aus beurteilen[1]:

---

[1] S. a. Durst, G.: Mell. Text. **1924**, 473.

1. Wie weit geht die wasserabstoßende und quellungshemmende Wirkung der Präparation?

2. Von welcher Dauerhaftigkeit oder Beständigkeit gegen die Wirkung des Wassers ist die Imprägnierung oder Präparation?

Im ersten Falle wird lediglich der frisch behandelte, noch nicht beanspruchte Stoff geprüft; für die zweite Frage wird der Stoff wiederholt der Prüfung unterzogen, eventuell nach voraufgegangener mechanischer Bearbeitung (Knüllen u. ä.), zwischenliegender künstlicher Trocknung unter Wärmezufuhr usw.

Bei der Untersuchung der unmittelbaren Wasserdurchlässigkeit oder Wasserdichtigkeit kann verschieden vorgegangen werden, je nachdem, welche Frage zu beantworten ist, z. B.: 1. Hält der Stoff einen bestimmten Wasserdruck innerhalb einer bestimmten Zeit aus (Muldenversuch, Trichterversuch)? 2. Bei welchem Mindestwasserdruck tritt das Wasser sofort durch das Gewebe hindurch (Wasserdruckversuch)? 3. Läuft das Wasser bei einer bestimmten Fallhöhe in bestimmter Neigung des Stoffes in bestimmter Zeit durch (Beregnungsversuch)? 4. Welche Wassermengen nimmt der Stoff beim Beregnen innerhalb einer bestimmten Zeit auf usw.? Nachstehend seien die gebräuchlichsten Prüfverfahren kurz besprochen.

1. Muldenversuch.

Nach dem Muldenversuch wird festgestellt, ob Wasser von bestimmter Säulenhöhe in einer bestimmten Zeit durch den Stoff hindurchsickert. Gewebeabschnitte von 50 × 50 cm oder 100 × 100 cm, die frei von Kniffen und scharfen Brüchen sein müssen, werden mit der rechten Stoffseite nach oben derart in einen Rahmen gespannt, daß eine Mulde entsteht. Diese Mulde wird vorsichtig mit Wasser von Zimmertemperatur bis zu einer bestimmten Höhe gefüllt. Die zur Anwendung gelangende Wassersäule ist nach den verschiedenen Lieferungsbedingungen eine ver-

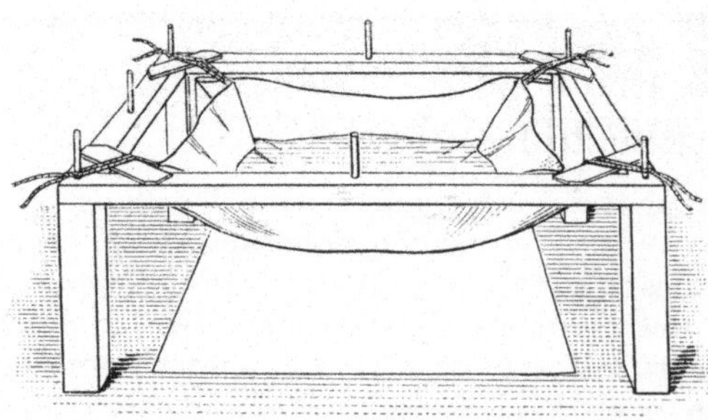

Abb. 303. Muldenversuch auf Wasserdurchlässigkeit.

schiedene. Um das Durchsickern und Abtropfen des Wassers sicher beobachten zu können, stellt man unter die Mulde eine Schale und bedeckt sie mit einem Bogen eines geeigneten Papiers. Bei wasserdichten Geweben darf in der Regel innerhalb einer Versuchsdauer von 24 Stunden ein Durchsickern und Tropfen des Wassers nicht stattfinden. Das Schwitzen oder Durchschwitzen wird nicht als Undichtigkeit angesehen (s. Abb. 303).

Uniformtuche, Zeltbahnen, Brotbeutel- und Tornisterstoffe werden in der Weise geprüft, daß quadratische Ausschnitte von 50 cm muldenförmig in einen Rahmen gespannt und mit Wasser von 75 mm Höhe (von der tiefsten Muldenstelle gerechnet) belastet werden. Nach 24 Stunden darf das Wasser zwar durchschwitzen, aber nicht durchtropfen. Die Lieferungsbedingungen für Segeltuche zu Wagendecken der preußischen Staatseisenbahnen schreiben Wasserdichtigkeit im Stoff und in den Nähten derart vor, daß das Wasser bei einer Höhe von 10 cm innerhalb 24 Stunden noch nicht hindurchtropft. Die Mulden werden aus Ausschnitten von 100×100 cm gebildet.

Man begnügt sich bei diesen Prüfungen meist mit einem Versuch; nur in Zweifelsfällen werden Kontrollversuche angestellt. Unter Umständen verwendet man den bereits einmal geprüften Ausschnitt nach dem Trocknen zum zweiten- und drittenmal, um festzustellen, wie sich das Gewebe im Gebrauche verhält. Unter Umständen kann das nach dem Muldenversuch geprüfte Versuchsstück (entweder ursprünglicher, noch nicht benetzter oder bereits benetzter und wieder getrockneter Stoff) außerdem noch nach dem Wasserdruckprüfverfahren (s. weiter unten) untersucht werden.

2. Büretten- und Trichterversuch.

Stehen keine genügend großen Muster zur Verfügung, um den Muldenversuch durchzuführen, so kann man mit kleineren Proben den Büretten- oder Trichterversuch wie folgt ausführen:

Man läßt eine 10, 20, 30 cm usw. hohe Wassersäule 24 Stunden lang in geeigneter Weise auf die Gewebeprobe einwirken. Die Menge des durchfließenden Wassers wird in einem untergestellten, mit Teilung versehenen Meßgefäß gesammelt. Der obere Teil der Bürette ist mit einem Deckel versehen, während der untere Teil mit einer Metallfassung verschlossen wird, und zwar derart, daß hier ein Stück des zu prüfenden Gewebes den Abschluß bildet. Aus dem zu prüfenden Gewebe wird eine runde Scheibe ausgeschnitten oder mittels Rundeisens ausgestanzt, in das Schlußstück eingelegt und fest angezogen. Durch Einlegen von Gummidichtungsringen wird das seitliche Austreten des Wassers verhindert. An Stelle einer Bürette kann auch jedes zylindrische Gefäß benützt werden, dessen Boden durch ein Stück des zu prüfenden Gewebes gebildet wird. Der Versuch kann auch in der Weise ausgeführt werden, daß dieser Versuchszylinder mit dem Gewebeboden im leeren Zustande in einen anderen, größeren, mit Wasser gefüllten Zylinder getaucht wird, bis das Wasser nach dem Inneren des Versuchszylinders von unten hindurchdringt.

Es kann nun festgestellt werden, ob innerhalb einer bestimmten Zeit bei einem bestimmten Wasserdruck überhaupt Wasser durchdringt, wieviel Wasser durchdringt, bei welchem Mindestdruck innerhalb einer bestimmten Zeit (z. B. in 6, 12 oder 24 Stunden) Wasser durchdringt usw. Etwas komplizierter ist der Wasserdichtigkeitsprüfer von Gawalowski in Brünn. Bei letzterem sind noch zwei Thermometer angebracht, deren Temperaturunterschied zur Beobachtung gelangt[1].

Trichterversuch. Man faltet ein Stück des zu prüfenden Gewebes wie ein Papierfilter zusammen, bringt es in einen Glastrichter und belastet das aus dem Gewebe hergestellte Filter z. B. mit 300 ccm Wasser. Wasserdichte Stoffe dürfen nach 24 Stunden nicht durchnäßt

---

[1] Gawalowski: Leipz. Monatschr. Textilind. **1893**, 221. S. a. Herzfeld: Die technische Prüfung der Garne und Gewebe, S. 117.

sein; es dürfen sich auf der Außenseite nur ganz gleichmäßig verteilte Tropfen zeigen.

Freiberger[1] bestimmt die Filtrierfähigkeit von Stoffen, indem er den zu prüfenden trockenen Lappen in bogenförmig leicht nach unten gekrümmter Lage auf den Rand eines Glastrichters von etwa 7 cm oberem Durchmesser legt, 5 ccm destilliertes Wasser von 17° C schnell aufgießt und die Zeit feststellt, innerhalb welcher das ganze Wasser durchgelaufen ist. Das Durchlässigkeitsvermögen bestimmt Freiberger in der gleichen Weise, nur wird hierzu ein vorher auf beiden Seiten gut benetzter Stoff verwendet. Aus mehreren Versuchen, von denen die ersten vernachlässigt werden, wird das Mittel gezogen. Diese Verfahren sollen ein gutes Bild über die Eignung mancher Waren für ihre weitere Verarbeitung geben; sie bieten ferner Anhaltspunkte für die Beurteilung des Reinheitsgrades der Waren nach verschieden ausgeführten Beuch- und Bleichverfahren.

Der Trichterversuch wird auch so ausgeführt[2], daß ein 900 qcm großer Lappen abwechselnd geknüllt, in Wasser gelegt, aufgehängt, bei gelinder Wärme getrocknet wird und dann aus dem Lappen mit unterlegtem Fließpapier ein Filter geformt wird. Dieses Doppelfilter (das Fließpapier unten) wird in einen Trichter gebracht und mit 500 ccm Wasser übergossen. Nun wird die Zeit festgestellt, a) innerhalb welcher das Papier anfängt naß zu werden, b) ganz naß ist, c) der erste Tropfen durchfällt.

Eine weitere Prüfung wird durch Auftropfenlassen von Wasser aus 1,8 m Höhe auf den in einen Rahmen gespannten, um 45° geneigten Lappen angestellt. Nach beiden letzten Verfahren werden 10 Grade der Wasserfestigkeit aufgestellt, wobei Grad 10 vollständige Wasserdichtigkeit bedeutet. Die letztere Probe ähnelt dem nachstehend beschriebenen Berieselungsversuch (s. S. 419).

3. Wasserdruckversuch.

Durch den Wasserdruckversuch wird festgestellt, bei welchem Mindestdruck das Wasser durch ein Gewebe sofort (bzw. innerhalb bestimmt bemessener sehr kurzer Zeit) hindurchtritt. Gleichzeitig kann vermittels der hierfür vorgesehenen Apparatur ermittelt werden, innerhalb welcher Zeit das Wasser bei einem gleichbleibenden Mindestdruck durchtropft, oder auch bei welchem Mindestdruck innerhalb einer bestimmten Zeit (6, 12, 24 Stunden) der Stoff das Wasser durchläßt. In letzterer Weise prüft z. B. H. Alt[3]. Der von ihm benutzte Apparat ist im übrigen dem nachstehend abgebildeten sehr ähnlich (s. Abb. 304). Besonders wertvoll ist die Vorrichtung in den Fällen, wo das Versuchsmaterial für den vorgeschriebenen Muldenversuch nicht ausreicht.

Die Einrichtung eines solchen Apparates bei dem Staatlichen Materialprüfungsamt ist etwa folgende (s. Abb. 304). In einem Stativ ist feststehend ein Trichter *a* mit einer Vorrichtung zum Einspannen des Versuchsstückes und in unmittelbarer Nähe davon an der Wand ein Wasserbehälter *b*, auf einem Schlitten verschiebbar, angebracht. Der

---

[1] Freiberger: Färber-Zg. **1916**, 261.
[2] Nach Textile Forschung **1920**, 158. Veitch u. Jarrel: Dyer and Calico Printer **1920**, 194.
[3] Alt: Mell. Text. **1921**, 301.

Wasserbehälter kann vertikal beliebig hoch- und tiefgezogen werden. Ein Schlauch *c* verbindet den Wasserbehälter mit dem Trichterausfluß *d*.

Die obere lichte Weite des Trichters bzw. die freie Versuchsfläche des Gewebes beträgt beispielsweise 100 qcm und kann durch Einlegen von Ringen beliebig verkleinert werden. An dem Schlitten befindet sich ein Maßstab *e*, über den ein vom Wassergefäß aus betätigter Schleppzeiger *f* hingeführt wird. Das Gefäß wird zunächst in die ungefähre Höhe des Trichters gebracht und mit destilliertem Wasser von Zimmertemperatur gefüllt. Alsdann erfolgt das Einstellen des Trichters in die Waagerechte und, wenn das Wasser den obersten Trichterrand an allen Stellen gleichmäßig bespült, das Einstellen des Schleppzeigers auf den Nullpunkt des Maßstabes. Nun wird das Versuchsstück, mit der rechten Seite dem Wasserspiegel zugewandt, mit der Deckplatte aufgelegt, die Verschlußschrauben werden dicht angezogen und das Wassergefäß gleichmäßig mittels Kurbelvorrichtung *g* gehoben, bis die ersten Wasserperlen durch den Stoff nach oben hindurchtreten. Die Geschwindigkeit, mit der die Wassersäule gehoben wird, beträgt in jeder Minute 10 cm. Beim Beginn des Durchdringens der ersten Wassertropfen wird die Wassersäule abgelesen und das Wassergefäß wieder heruntergekurbelt. Gewöhnlich werden fünf Einzelversuche hintereinander ausgeführt und das Mittel aus denselben gezogen.

Einen ähnlichen Wasserdurchlässigkeitsprü-

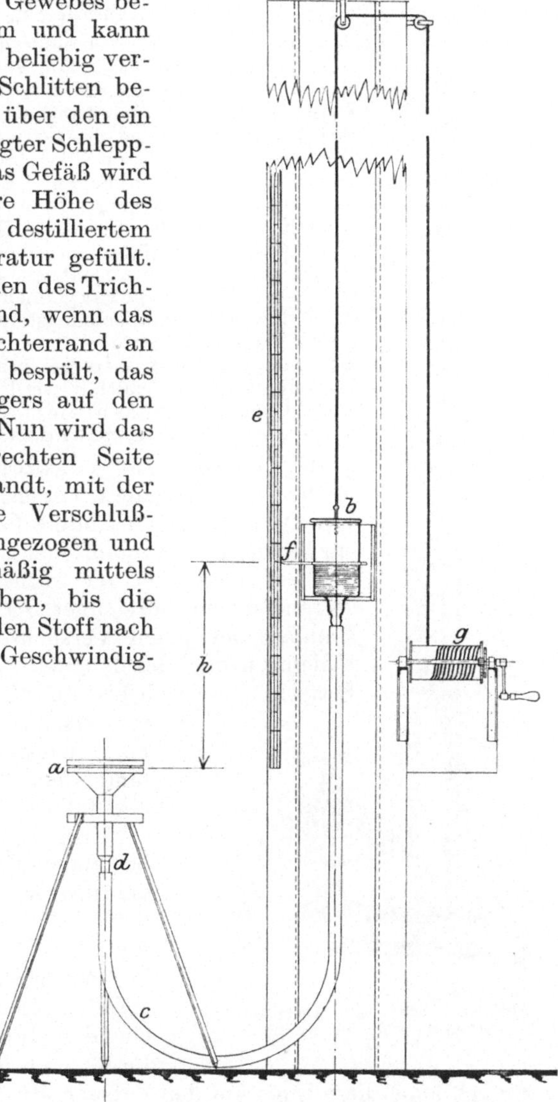

Abb. 304. Wasserdruckprüfer.

fer bringt Schopper auf den Markt (s. Abb. 305). Mit dem Apparat wird festgestellt, wieviel Kubikzentimer Wasser bei einem bestimmten Druck durch eine bestimmte Stofffläche in einer bestimmten Zeiteinheit hindurchgeht. Der Apparat kann auch zum Prüfen der Gewebe auf Wasserdruck eingerichtet werden. Die Prüffläche beträgt 100 qcm, der größte einstellbare Überdruck beträgt 50 cm Wassersäule.

Einen ähnlichen, als „Penetrometer" bezeichneten Wasserdurchlaßprüfer konstruierte auch noch N. Wosnessensky[1], bei dem der Druck und der Grad der Wasserdichtigkeit durch die Niveaudifferenz von zwei kommunizierenden Röhren zum Ausdruck gebracht wird. Das kupferne zylindrische Gefäß vom Durchmesser von 100 mm hat am oberen Rande einen angelöteten Ring, auf dem sich ein zweiter Ring befindet. Zwischen diesen beiden Ringen befestigt man den Gummiring und das zu untersuchende Gewebe. Das Gefäß ist an der einen Seite mit dem vertikalen Glasröhrchen von 12 mm Durchmesser und 400 mm Höhe verbunden. Bei Beginn des Versuchs wird das Gefäß mit Wasser gefüllt und das als Manometer dienende Röhrchen auf Null eingestellt. Der Druck wird durch Zufluß von Wasser in das Röhrchen erhöht, durch Abfluß durch einen Hahn erniedrigt. Der Augenblick, wo der erste Tropfen erscheint, wird nach Wosnessensky nicht berücksichtigt, da dies oft die Folge eines Webfehlers ist, sondern nur dann, wenn dem ersten Tropfen weitere folgen. Auch kann die Zeit bis zum Durchdringen des Wassers bei bestimmtem Druck als Maß der Wasserdichtigkeit ermittelt werden. — Ähnlich konstruiert ist auch das „Imperméabilimètre" von Leroy, bei dem auch die Wassersäule gemessen wird, bei der das Wasser durchdringt[2].

Entnahme der Versuchsstücke. Bei der Entnahme der einzelnen Versuchsstücke für den Wasserdruckversuch ist besondere Sorgfalt zu verwenden und ein bestimmtes System einzuhalten. Um, besonders bei Tuchen, stets über die rechte und linke Stoffseite im klaren zu sein, bezeichnet man auf der linken Seite am Rande eines jeden Versuchsstückes eine und dieselbe Fadenrichtung durch einen farbigen Strich (z. B. mit Fettstift), der sich bis auf den übrigbleibenden Probenrest erstrecken soll. Außerdem versieht man jedes Versuchsstück mit einer laufenden Nummer und gibt diese ebenfalls auf dem Probenrest an.

Ergibt sich nun beispielsweise, daß bei einem Versuch die Druckhöhe, bei der das Wasser hindurchperlt, erheblich niedriger ist als bei den übrigen, und daß bei diesem Versuch mehrere Wasserperlen gleichzeitig und in einer geraden, einer Fadenrichtung entsprechenden Linie durch den Stoff hindurchtreten, so zeichnet man sich nach-

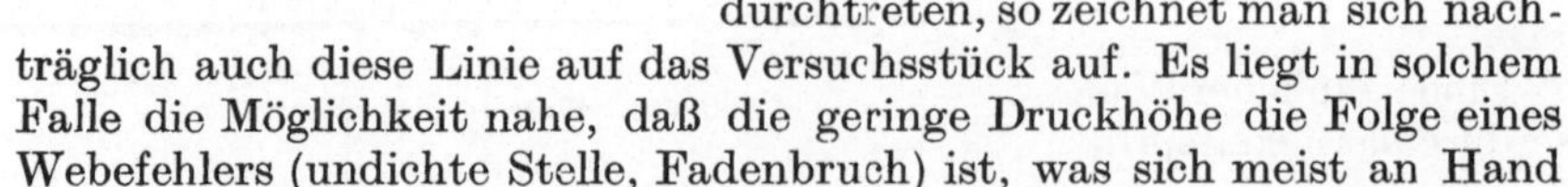

Abb. 305. Schoppers Wasserdurchlässigkeitsprüfer für Gewebe.

träglich auch diese Linie auf das Versuchsstück auf. Es liegt in solchem Falle die Möglichkeit nahe, daß die geringe Druckhöhe die Folge eines Webefehlers (undichte Stelle, Fadenbruch) ist, was sich meist an Hand

---

[1] Wosnessensky, N.: Mell. Text. **1924**, 260, 322; Ber. d. Textilind. d. Allruss. Textilsyndikats **1923**, 11.
[2] Leroy: Rev. gén. mat. col. **1915**, 98.

der Strichmarken und durch Kontrollversuche feststellen läßt. Solche Werte sind von der Mittelbildung auszuschließen.

Am vorteilhaftesten ist es, wenn man die Versuchsstücke so entnimmt wie Abb. 306 zeigt. Infolge der diagonalen Linie werden jedesmal andere Fadenpartien getroffen, und die Abstände zwischen den einzelnen Scheiben gestatten es, Kontrollversuche in jeder Fadenrichtung anstellen zu können. Ferner ist es ratsam, die einzelnen Versuchsstücke nicht zu nahe der Leisten, sowie des Anfanges und des Endes eines Warenstückes zu entnehmen, da die Imprägnierung oft nicht bis zu den Rändern und Enden durchgeführt ist.

4. Berieselungsversuch.

Der Berieselungs- oder Beregnungsversuch soll feststellen, in welcher Zeit Regen durch einen Stoff hindurchdringt bzw.

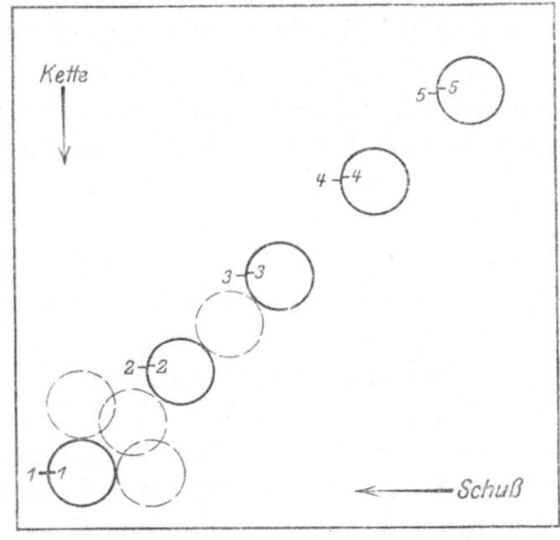

Abb. 306. Probeentnahme für Wasserdruckprüfung.

ob Regen in einer bestimmten Zeit (etwa 1 Stunde) durch den Stoff hindurchdringt, ferner wieviel Wasser der Stoff bei der Berieselung in einer bestimmten Zeit aufnimmt (etwa 1 Stunde). Die Ergebnisse dieses Ver-

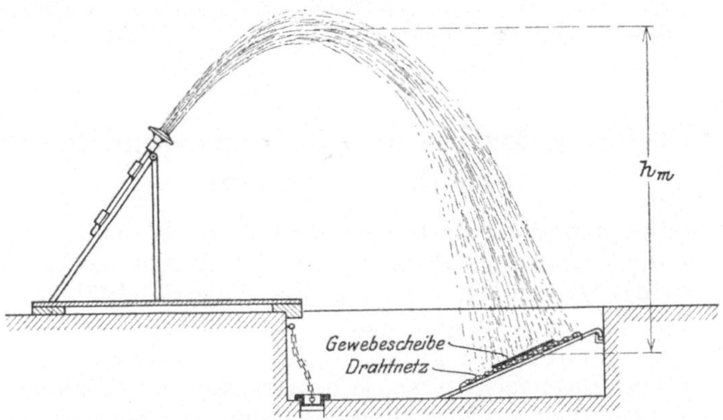

Abb. 307. Beregnungsversuch.

suches können als Maß der Wirkung wasserabstoßender Ausrüstung oder Imprägnierung gelten.

Die Berieselung geschieht mit künstlichem Regen (Abb. 307). Zu diesem Zwecke werden Stoffabschnitte von mindestens 50 × 50 cm nach mehrstündigem Auslegen bei 65% Luftfeuchtigkeit erst gewogen, dann glatt auf einem Rahmen ausgebreitet, befestigt und die so bespannten

Rahmen im Freien schräg aufgestellt. Die rechte Seite kommt hierbei nach oben und der Strich der Ware muß von oben nach unten verlaufen. In einer Entfernung von etwa 6 bis 10 m befindet sich eine an die Wasserleitung angeschlossene Spritzvorrichtung, deren Streukegel so einzustellen ist, daß ein feiner Sprühregen den Stoff senkrecht und überall gleichmäßig trifft und aus einer Höhe von 2 bis 3 m herabfällt.

Zeitweilig wird die Berieselung unterbrochen und der benetzte Stoff an der linken Seite durch Befühlen geprüft, ob bereits Wasser hindurchgedrungen ist. Ist dies nicht der Fall, so wird die Berieselung fortgesetzt. Nach Verlauf einer Stunde wird die Beregnung abgebrochen, der Stoff 5 Minuten zum Abtropfen hängen gelassen und gewogen. Je geringer die Wasseraufnahme ist, die beispielsweise in Gewichtsprozenten des ursprünglichen Stoffgewichtes ausgedrückt wird, desto wirksamer ist die Präparation.

Neben der Wasseraufnahme wird, wie eingangs erwähnt, auch festgestellt, ob und nach Verlauf welcher Zeit das Wasser auf der Rückseite auftritt, d. h. nach welcher Regendauer der Stoff seine wasserabstoßende Wirkung nicht mehr auszuüben vermag. Die Anzahl der auszuführenden Versuche schwankt in der Regel zwischen 1 und 3.

Beispiele von Wasserdurchlässigkeitsprüfungen.

1. Muldenversuch: Bei 5 cm Wassersäule innerhalb 24 Stunden kein Wasser durchgetropft.

3. Druckversuch: Beim nicht imprägnierten Stoff drang das Wasser bei einer Wassersäule von 21 cm sofort durch; nach Verfahren A imprägniert bei 31,5 cm, nach Verfahren B imprägniert bei 44 cm Wassersäule.

4. Berieselungsversuche: Drei Stoffe wurden je 1 Stunde 2 bis 3 m hoch beregnet. Stoff A hatte 95%, Stoff B 80% und Stoff C nur 45% des lufttrockenen Stoffes an Wasser aufgenommen.

Wasserbeständigkeit, Fäulnisbeständigkeit, Frostbeständigkeit.

Bei bestimmten Warengattungen wird 1. die Wasserbeständigkeit, d. h. die Widerstandsfähigkeit gegen den Einfluß des Wassers und 2. die Fäulnisbeständigkeit, d. h. die Widerstandsfähigkeit gegen Fäulnis oder Verrottung bestimmt.

1. Die Wasserbeständigkeit ist z. B. von praktischer Bedeutung bei Zeltstoffen, Futtersackstoffen, Wassertragsäcken und ähnlichen Erzeugnissen; aber auch das Verhalten der Reinfasern gegen die Einflüsse des Wassers ist technologisch von Bedeutung. So ist beispielsweise des Verhaltens der Kunstseide im nassen Zustande bereits gedacht (s. S. 342). Die Naßfestigkeit wird ermittelt, indem man fertig vorbereitete Versuchsstücke von Fasern, Gespinsten oder Geweben verschieden lange Zeit in Wasser einlegt und alsdann im nassen Zustande auf Zugfestigkeit prüft. Trägt man die erhaltenen Werte für die Zerreißfestigkeit und die Einwirkungszeitdauer des Wassers in einem Diagramm auf, so erhält man eine für das jeweilige Versuchsmaterial charakteristische Kurve.

Nach den ausführlichen Versuchen von Alt[1] steigt die Festigkeit der **Baumwollstoffe** unter der Einwirkung des Wassers zunächst etwas an und nimmt später bei längerem Liegen im Wasser ab. Diese Abnahme ist aber nur gering, so daß die Endfestigkeit nach 1 und 7 Monate langem Liegen in Wasser immer noch höher ist als die ursprüngliche Trockenfestigkeit. Bei **Leinengeweben** steigt die Festigkeit im nassen Zustande anfangs noch mehr an als bei Baumwollgeweben, zum Teil auf das Doppelte der Trockenfestigkeit, sinkt aber dann bei längerem Liegen in Wasser allmählich wieder. Diese Eigenschaft ist nach Alt al en Bastfasern eigen, sofern sie frei von Lignin sind. Ligninhaltige Fasern (wie die Ginster- und Typhafaser) zeigen ein etwas anderes Verhalten als reine Bastfasern. Hanf verhält sich ganz ähnlich wie Leinen[2]. Bei Kunstseidengeweben (Kunstseide der Firma **Küttner** in Pirna) fand Alt ein sprunghaftes Zurückgehen der Festigkeit nach dem Bewässern, und zwar bereits nach ½ Minute einen Rückgang der Kett. festigkeit auf etwa 27% und der Schußfestigkeit auf etwa 38% der Trockenfestigkeit. Andere Kunstseiden verhalten sich ähnlich (s. a. S. 342).

2. Die Untersuchung auf **Fäulnisbeständigkeit (Verrottungsbeständigkeit)** ist deshalb erforderlich, weil manche Stoffe erfahrungsgemäß gegen die im praktischen Gebrauch auftretenden Fäulniswirkungen wenig widerstandsfähig sind. Alt führte die Versuche in der Weise aus, daß er eine Mischung von 9 Raumteilen schwarzer Gartenerde und 1 Raumteil frischen Pferdedüngers eine Woche stehen ließ, die Gewebestreifen alsdann in dieses Gemisch, das gleichmäßig feucht gehalten wurde, einlegte und verschieden lange darin beließ. Das Verfahren soll nach Alt den Vorzug haben, daß es verhältnismäßig gleichmäßige und vergleichbare Ergebnisse liefert und sich überall durchführen läßt. Nach Alt nimmt die Bruchfestigkeit von **baumwollenem Segeltuch** und **Makostoff** zunächst ebenfalls durch die Einwirkung der Fäulnismasse etwas zu, was auf den Einfluß der Feuchtigkeit zurückzuführen sein soll. Nach weiterer Einwirkung der Fäulnismasse nimmt die Festigkeit ab, bis der Stoff völlig zerstört, verrottet ist. Makostoff zeigt immerhin eine hervorragende Widerstandsfähigkeit gegen Verrottung. Das baumwollene Segeltuch war bereits nach 11 Tagen fast ganz verrottet (hatte nur noch etwa 25% der ursprünglichen Festigkeit), während der Makostoff noch nach 60 Tagen etwa 30% seiner ursprünglichen Festigkeit aufwies. Bei **Leinengeweben** geht die Festigkeit anfangs auch in die Höhe, fällt dann aber verhältnismäßig schnell ab, und zwar werden sie unter der Fäulniseinwirkung schneller zerstört als Makostoffe. Im Durchschnitt aus vier Versuchen mit verschiedenen Leinengeweben war die Festigkeit nach etwa 10 Tagen auf 25% der ursprünglichen Festigkeit gefallen. Hanf verhält sich ganz ähnlich wie Leinen.

3. **Frostbeständigkeit.** Nach Alt[3] erleiden die Textilstoffe (ebenso wie Papiergewebe) keinen nachweisbaren Festigkeitsabfall durch die Einwirkung des Frostes. Die Versuche wurden mit Segeltuch aus

---

[1] Alt: Mell. Text. **1921**, 301.   [2] Alt: Textile Forschung **1920**, H. 2.
[3] Alt: Mell. Text. **1921**, 414.

Leinen, mit Papier- und Textilosegeweben, mit Hanfgurten usw. in der
Weise durchgeführt, daß die Versuchsstoffe in einem mit Wasser gefüllten Gefäß der Einwirkung der Kälte bei — 15⁰ C ausgesetzt wurden.
Nach einigen Tagen wurden die eingefrorenen Stücke losgehackt und
in noch gefrorenem Zustande auf der Zerreißmaschine geprüft. Einige
andere Probestücke wurden erst aufgetaut und im aufgetauten Zustande geprüft. Ferner wurden andere Stücke längere Zeit der Frost-
einwirkung ausgesetzt, dann aufgetaut und nochmals eingefroren usw.
Die Frosttemperaturen schwankten dabei zwischen — 10⁰ und — 20⁰ C
und ergaben in keinem der untersuchten Fälle eine nachweisbare Wirkung auf die ursprüngliche Festigkeit der Versuchsstücke.

Luftdurchlässigkeit.

Da die Luftdurchlässigkeit oder Porosität von Geweben in
hygienischer Beziehung vielfach eine große Rolle spielt, wird es immer
wichtiger, diese Eigenschaft der Gewebe genau so zu überwachen, wie
dies bei der übrigen Kontrolle der Rohmaterialien und der Textilerzeugung
schon jetzt der Fall ist. Für Hersteller und Abnehmer ist es deshalb
erforderlich, sich jederzeit durch Stichproben zu überzeugen, inwieweit
die Anforderungen an die Luftdurchlässigkeit des Kleidungsstoffes erfüllt sind. Das häufig geübte Mittel, gegen die Vorderseite des Gewebes
mit dem Munde Tabakqualm zu blasen und den Grad der Porosität
durch die Dichte der Rauchwolke auf der Rückseite abzuschätzen, ist
natürlich sehr fragwürdig.

Eine besondere Bedeutung haben die Porositätsbestimmungen bei
der hygienischen Begutachtung der imprägnierten regendichten
Stoffe gewonnen. Für die Bewertung einer Imprägnierung ist die Bestimmung der Luftdurchlässigkeit sehr schwerwiegend, denn nur an der
Hand von Zahlen läßt sich entscheiden, ob das imprägnierte Gewebe
eine hinreichende Luftdurchlässigkeit im trockenen Zustande besitzt
und diese Durchlässigkeit auch behält, wenn das Gewebe der Einwirkung
des Wassers ausgesetzt wird. Durch wasserdicht machende oder wasserabstoßende Präparation oder durch sonstige Imprägnierungsbehand-
lungen wird aber die Luftdurchlässigkeit eines Gewebes vielfach
in unerwünschter Weise herabgedrückt. Ein Imprägnierungsverfahren,
das bei Verleihung gleicher Wasserdichtigkeit die Bekleidungsstoffe
luftdurchlässig erhält, ist demnach einem anderen Verfahren meist
vorzuziehen, bei dem der Stoff in geringerem Maße luftdurchlässig
bleibt. Das Gegenteil gilt natürlich bei besonderen luftundurchlässigen
Stoffen, z. B. den Ballonstoffen, die namentlich auch wasserstoff-
undurchlässig sein müssen (s. S. 427). Auch bei Fallschirmstoffen
darf die Luftdurchlässigkeit ein gewisses Maß nicht überschreiten
(s. w. unten).

1. Die Bestimmung der Luftdurchlässigkeit wird im Staatlichen
Materialprüfungsamt[1] in der Weise ausgeführt, daß das Versuchs-

---

[1] S. a. Herzog, G.: Z. ges. Textilind. **1912**, 181.

stück in eine geeignete Vorrichtung eingespannt und dann Luft von außen her durch den Stoff hindurchgesaugt wird. Der Unterschied im Druck oberhalb und unterhalb des eingespannten Stoffstückes muß einer bestimmten gleichbleibenden Wassersäule (z. B. von 3 cm Höhe) entsprechen. Die in der Zeiteinheit (z. B. 5 Minuten) unter diesem Druck durch eine freie Stofffläche von beispielsweise 10 oder 100 qcm hindurchgesogene Luftmenge wird dabei vermittels eines Präzisionsgasmessers gemessen, das Mittel aus zehn Versuchen bestimmt und auf 1 qcm Stofffläche berechnet.

Eine gewöhnliche Wasserstrahlpumpe (s. Abb. 308) ist vermittels eines Schlauches an einen Windkessel a und dieser an eine geräumige bis zu etwa ⅔ mit Wasser gefüllte dreihalsige Woulfsche Glasflasche b angeschlossen. Von hier aus

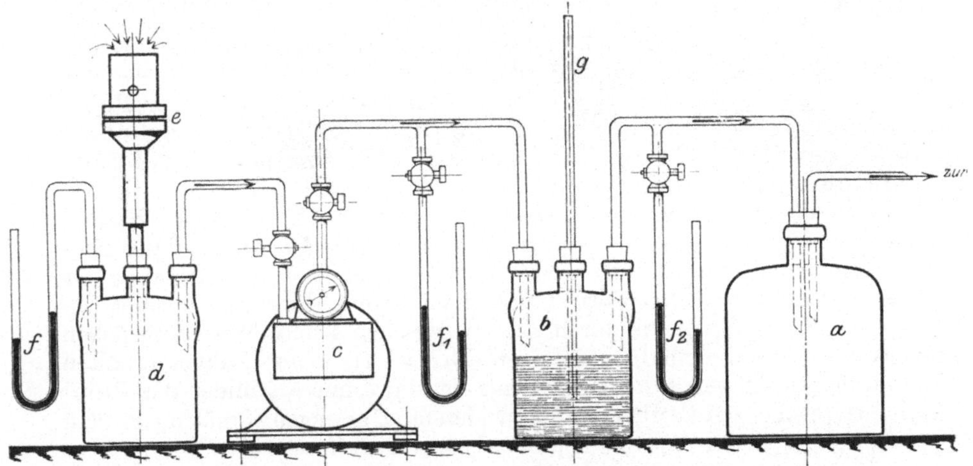

Abb. 308. Prüfung auf Luftdurchlässigkeit.

geht die Saugleitung durch einen Präzisionsgasmesser c nach einem zweiten Windkessel d, der die Vorrichtung zum Einspannen des Versuchsstückes e und ein Wassersäulen-Vakuummeter f unterhalb des zu prüfenden Gewebes trägt. Die Wasserstrahlpumpe wird beispielsweise so eingestellt, daß ihre Leistung bei Leerlauf des Apparates 10 Liter in der Minute beträgt. Die mit Wasser beschickte Woulfsche Flasche dient zum Regulieren des Vakuums unterhalb des eingespannten Gewebes. Während die Ein- und Ausmündung der Saugleitung in dem Behälter oberhalb des Wasserspiegels erfolgt, reicht das dritte, oben offene Rohr g in das Wasser hinein und kann nach Bedarf höher und tiefer gestellt werden. Wenn also beispielsweise ein wenig poröser Stoff geprüft wird, so würde (bei der ursprünglichen Pumpenleistung von 10 Litern in der Minute) unterhalb des Versuchsstückes ein Vakuum von z. B. 10 cm Wassersäule entstehen, während es nur 3 cm betragen soll. Der Pumpe muß also Gelegenheit gegeben werden, von anderer Seite so viel Luft anzusaugen, daß der Luftdruckunterschied ober- und unterhalb des Gewebes einer Wassersäule von 3 cm entspricht. Diesen Zweck erfüllt das verschiebbare Rohr des Wasserbehälters, indem man es so weit auszieht, bis Luftblasen aus dem Wasser aufsteigen und das Vakuum die gewünschte Höhe bzw. Tiefe erreicht. Der Gasmesser, der nur die durch den zu prüfenden Stoff hindurchgehende Luftmenge mißt, zeigt beispielsweise noch ¹/₅₀ bis ¹/₁₀₀ Liter an. Der unterhalb des Gewebes befindliche Windkessel hat einen Ausgleich herbeizuführen und einen gleichmäßigen Stand der Wassersäule sowie gleichmäßigen Gang der Gasuhr zu gewährleisten, da fast alle Stoffe die Luft nicht genau gleichmäßig, sondern gewissermaßen periodisch oder stoßweise hindurchlassen. Die Vorrichtung zur Aufnahme der Versuchsscheiben und die Entnahme der Proben gleicht derjenigen bei dem Wasserdruckversuch (s. S. 416). Die freie Versuchsfläche kann beliebig gewählt und durch Einlegen von Ringen verkleinert werden. Um zu vermeiden, daß seitlich an den Versuchsscheiben Luft mit eingesaugt wird, werden die Ränder mit flüssigem Wachs luftdicht bestrichen oder seitlich mit Gummiringen abgedichtet.

Die Größe der Apparatenteile (Gasmesser, Woulfsche Flasche usw.) kann innerhalb weiter Grenzen schwanken. Für kleinere Scheiben von 10 qcm wird ein Gasmesser von einer stündlichen Leistung von 500 l bereits genügen; für größere Stoffflächen und porösere Gewebe wird man zweckmäßig Gasuhren von 3000 l stündlicher Leistung wählen.

Die Anzahl der Einzelversuche beträgt in der Regel 10.

Vor Anstellung der maßgebenden Versuche hat man sich immer erst von dem richtigen Funktionieren des Apparates zu überzeugen und die Wasserstrahlpumpe auf eine Leistung von z. B. 10 l in der Minute einzustellen. Beim Einspannen einer dichten Gummiplatte und bei tiefster Stellung des Regulierrohres in der Woulfschen Flasche darf die Gasuhr keinerlei Luftdurchgang anzeigen.

2. Das Porosimeter oder der Luftdurchlässigkeitsprüfer von Pohl-Schmidt[1] gibt unmittelbar für die Luftdurchlässigkeit irgendeines Gewebes die Anzahl der Kubikzentimeter Luft an, die in 1 Sekunde durch einen Quadratzentimeter des Gewebes hindurchgeht, wenn die Luft gegen das Gewebe mit dem Druck von 1 cm Wassersäule oder rund $^1/_{1000}$ Atmosphäre geblasen wird. Die Wahl dieser Einheiten von Volumen, Fläche und Druck bietet nach den Angaben der erwähnten Firma den Vorteil, daß die Luftdurchlässigkeit unserer üblichen Kleidungsstücke durch Zahlen zwischen 1 und 50 wiedergegeben wird, während man für niedrigere Drucke zu kleine Zahlen erhalten würde. Die physikalische Grundlage des Porosimeters bildet das Poisseuillesche Gesetz über den Luftwiderstand in engen Kanälen, da man die feinen Poren unserer Gewebe als solche auffassen darf[2].

Der Apparat (s. Abb. 309) besteht aus zwei getrennten Teilen, K und M, die nebeneinander aufgestellt und durch einen Gummischlauch V verbunden sind. Der Rohrstutzen P an K wird dauernd mit einer Rohrleitung aus Gummischlauch oder dünnem Bleirohr an ein kleines Sauggebläse angeschlossen, das mit dem Apparat mitgeliefert und an der nächsten erreichbaren Wasserleitung angebracht wird. Das Gebläse erfordert keinerlei Wartung. Am Anfang und am Ende einer Prüfung wird lediglich der Hahn der Wasserleitung auf- bzw. zugedreht.

Oben auf K befinden sich zwei ganz gleich gebaute Kapseln 1 und 2, auf die man Stücke des zu untersuchenden Stoffes auflegt und festspannt. Eine Zwischenscheibe unter dem abnehmbaren Flansch, dessen Griffe die Figur erkennen läßt, verhindert automatisch, daß das Zeug durch das Einspannen irgendwie gereckt oder gedehnt wird, wodurch unter Umständen die Durchlässigkeit der Poren beeinflußt werden könnte. Die beiden Kapseln sind durch eingelegte Zahlen als Nr. 1 und 2 unterschieden. Bei Z zeigt sich ein horizontal drehbarer Handgriff, der zwischen zwei Marken 1 und 2 beweglich ist. Steht Z auf 1, so wird das Gewebe auf der Kapsel 1 gemessen und ebenso entsprechen die beiden Marken 2 einander. Man hat durch das Vorhandensein zweier Kapseln den Vorteil, die Durchlässigkeit zweier verschiedener Gewebe durch Drehung von Z vergleichen zu können, ein Fall, der in der Praxis häufig vorkommt.

---

[1] Nach den Berichten der Firma Leppin & Masche (Sonderheft 1910), welche den Apparat herstellt und in den Handel bringt (Berlin SO, Engelufer 27).

[2] Schmidt, P.: Arch. f. Hyg. **1909**.

Der auf M montierte Teil des Apparates wird kurz als Manometer bezeichnet. Das Grundbrett wird mittels der Wasserwaage L und der Stellschrauben waagerecht gestellt. Der Teil R mit einem U-förmigen, mit roter Flüssigkeit gefülltem Glasrohr kann in verschiedenen Neigungen mit dem Griff B in Marken des Teilstriches A festgestellt werden. Tritt der Apparat in Tätigkeit, so verschieben sich die Flüssigkeitssäulen in den beiden Schenkeln des U-Rohrs. Der Abstand der beiden Flüssigkeitsoberflächen, gemessen in Zentimetern, heißt der Ausschlag des Manometers.

Bei Beginn einer Versuchsreihe öffnet man den Hahn der Wasserleitung; dann läßt der Apparat gleichmäßig in Abständen zwischen ungefähr 30 und 90 Sekunden ein Glockenzeichen ertönen. Darauf stelle man R auf die oberste, meist 250 gezeichnete Marke, spanne eine Probe des Gewebes auf die Kapsel 1, richte Z auf 1 und kippe dann R bis zu einer tieferen Marke, bis das Manometer einen bequem ablesbaren Ausschlag gibt. Man notiere die Zahl, die an dieser

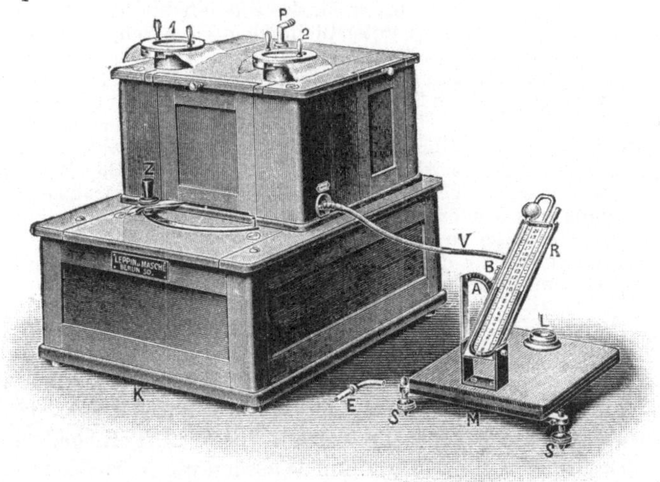

Abb. 309. Porosimeter nach Pohl-Schmidt.

Marke steht, dividiere sie durch den Ausschlag des Manometers und dividiere sie ferner durch die Zahl der Sekunden zwischen zwei aufeinanderfolgenden Glockenzeichen.

Das Resultat dieser beiden Divisionen ist die gesuchte Luftdurchlässigkeit, ausgedrückt in der Zahl der Kubikzentimeter, die in 1 Sekunde durch 1 qcm beim Drucke von 1 cm Wassersäule hindurchgeht. Zur genauen Zeitmessung bediene man sich einer Sekundenuhr mit springendem Zeiger: Ein Druck setzt den Sekundenzeiger in Bewegung, ein zweiter bringt ihn zum Stillstand und ein dritter bewirkt sein Zurückspringen auf Null.

Die Firma Leppin & Masche gibt noch folgende Winke, die beim Arbeiten mit ihrem Apparat zu beachten sind:

a) Man führt stets mehrere Einzelversuche aus und bestimmt aus denselben das Mittel.

b) Handelt es sich lediglich um den Vergleich zweier Gewebe und will man nur feststellen, ob die Luftdurchlässigkeit verschieden oder gleich groß ist, so benutzt man zweckmäßig gleichzeitig beide Kapseln 1 und 2. Ändert sich dann beim Umstellen des Griffes Z von 1 auf 2 der Manometerausschlag nicht merklich, so sind die Durchlässigkeiten bei beiden Proben die gleichen; andernfalls ist dasjenige Gewebe das porösere, das den kleineren Ausschlag ergibt.

c) Beim Vergleich verschiedener Imprägnierungsverfahren läßt sich die Wirkung der Imprägnierung naß gewordener Gewebe feststellen, indem man den

Einfluß der Benetzung auf die Luftdurchlässigkeit messend verfolgt. In solchen Fällen ist wiederum die Benutzung beider Kapseln empfehlenswert. Zunächst bestimme man die Durchlässigkeit im trockenen Zustande. Dann nehme man z. B. in jede Hand eine Probe und schwenke sie zweimal kräftig unter Wasser, befreie beide Proben durch einen kurzen Ruck von dem oberflächlich anhaftenden Wasser und messe abermals die Porosität. Weiter nehme man neue Proben und schwenke sie viermal, messe wieder usw. und verfolge so die Einwirkung zunehmender Benetzung auf die beiden Gewebeproben. Oder man lege zwei Proben gleichzeitig waagerecht in einen künstlichen Regen aus einer Brause und mache hier Abstufungen der Benetzung durch verschiedene Regendauer. Oder man hänge zwei Proben senkrecht unter Wasser auf, je 2, 4, 6 usw. Minuten, kurz, man vergleiche stets in Reihen langsam gesteigerter Einwirkung des Wassers die beiden Gewebe, um so etwa vorhandene Unterschiede nachzuweisen.

Steigt dabei, wie häufig an nicht imprägnierten Kleiderstoffen, im nassen Zustande das Manometer selbst an der Marke *250* jäh bis über 15 oder 20 cm in die Höhe, bis die Luft plötzlich unter pfeifendem Geräusch in die Kapsel eintritt, so ist die Porosität ohne weiteres gleich Null zu setzen, da dann in der Tat das Gewebe für kleinere Drucke gänzlich undurchlässig ist und das Wasser erst bei großen Drucken aus einzelnen Poren durch das Porosimeter herausgeblasen wird.

d) Soll ausnahmsweise ein Gewebe von besonders großer Durchlässigkeit untersucht werden, das am Manometer nur einen schlecht ablesbaren kleinen Ausschlag auftreten läßt, so wird empfohlen, mehrere Lagen des Gewebes übereinander auf eine Kapsel zu spannen. Man hat dann das für drei oder vier Lagen ermittelte Ergebnis mit 3 oder 4 zu multiplizieren, um die Luftdurchlässigkeit des Gewebes für eine Lage zu erhalten.

e) Das Festspannen sehr dünner, z. B. seidener Gewebe, wird durch Dichtungsringe aus Gummi erleichtert.

Gütezahlen.

Bestimmte Güte- oder Normalzahlen sind für die einzelnen Warengattungen nicht aufgestellt. Lediglich bei Fallschirmstoffen wird die Luftdurchlässigkeit durch die Anzahl Liter Luft ausgedrückt, die bei einem Druckunterschied von 5 mm Wassersäule in 1 Sekunde durch 1 qcm Stofffläche hindurchstreicht. Gewünscht wird in diesem Sinne eine Luftdurchlässigkeit von 200 l pro Quadratmeter und Sekunde, was bei einem normal belasteten Fallschirm in der Praxis etwa einer Fallgeschwindigkeit von 4 m in der Sekunde entspricht. Kontrollversuche mit Baumwollstoffen ließen Werte bis 320 l hinauf und mit Seidenstoffen bis 130 l hinunter finden (pro Quadratmeter und Sekunde).

Beispiele von Prüfungsergebnissen der Luft- und Wasserdurchlässigkeit[1].

1. Ein größeres Stück marineblau gefärbtes Tuch wurde in drei Teile zerschnitten, von denen a) im ursprünglichen, nicht präparierten Zustande verblieb, b) nach einem bekannten und c) nach einem neuen zu prüfenden Verfahren wasserdicht imprägniert wurde. Die Ergebnisse waren:

Luftdurchlässigkeit: in 5 Min. pro qcm:	Wasserdruckversuch: erster Tropfen ging bei einer Wassersäule durch von:
a) 1,43 l	22,4 cm
b) 1,35 l	31,0 ,,
c) 1,11 l	28,7 ,, .

[1] Ermittelt im Staatlichen Materialprüfungsamt, Berlin-Dahlem.

2. Ein in der gleichen Weise angestellter Versuch mit anderem Stoff und anderer Imprägnierung (a nicht imprägniert, b imprägniert):

a) 3,13 l . . . . 14,7 cm
b) 3,37 l . . . . 28,0 „ .

3. Eine weitere Versuchsserie ergab folgende Werte (a nicht imprägniert, b imprägniert, c nach anderem Verfahren imprägniert):

Luftdurchlässig-keit wie oben	Wasserdruck-versuch	Wasseraufnahme d. Berieselung	Muldenversuch, 5 cm hohe Wassersäule
a) 1,88 l	21,0 cm	95%	Wasser tropfte sofort durch und war in 2 Stunden durchgetröpfelt.
b) 1,99 l	31,5 cm	80%	Die ersten 24 Std. dicht, die nächsten 24 Std. liefen 100 ccm durch, dann wieder 24 Std. dicht.
c) 1,68 l	44,0 cm	45%	Während der ganzen Versuchsdauer von 72 Std. dicht.

Gasdurchlässigkeit von Ballonstoffen.

Die Verfahren zur Bestimmung der Gas- oder Wasserstoffdurchlässigkeit von Ballonstoffen beruhen auf dreierlei Grundlagen:

1. Verfahren, die den Gasverlust, d. h. das Entweichen eines gewissen Gasvolumens durch Änderung des Gasvolumens messen.

2. Verfahren, die die chemische Änderung zweier Gasvolumina, welche durch den Ballonstoff getrennt sind, bestimmen.

3. Verfahren, die den Austausch von Wasserstoff und Luft durch den Ballonstoff durch physikalisch-optische Methoden bestimmen.

1. Am meisten verbreitet sind die Apparate, die sich auf die Verfahren 1 beziehen. Von den gebräuchlichen Apparaten sind einige wenig zuverlässig (Josse, Henri), weil sie Temperatur- und Druckkonstanz während des Versuches vernachlässigen. Einer der ältesten Typen ist der von Lebaudy, dann folgt der von Lebaudy-Hutchinson, von Picard, von Clement-Sabatier und schließlich diejenigen von Wurtzel und Renard bzw. Renard-Surcouf[1]. Am meisten angewandt wird die sog. Renard-Surcoufsche Waage.

Die Renardsche Waage besteht aus einer gewöhnlichen Waage, an deren rechtem Balken sich ein Gasometer befindet, dessen Deckel aus dem zu prüfenden Stoff gebildet wird. Man spannt den Stoff auf und läßt Wasserstoff eintreten. Entweicht nach Füllung des Gasometers mit diesem Gas der Wasserstoff infolge der Gasdurchlässigkeit des Stoffes, so sinkt der Gasometer mit dem rechten Waagenbalken und bringt einen Zeiger zum Ausschlag. Bei geeigneter Anordnung kann auf solche Weise direkt der Verlust an Wasserstoff in Litern pro Quadratmeter zur Anzeige gebracht werden. Der an sich sehr handliche und praktische Apparat leidet an geringer Genauigkeit und gibt nur Annäherungswerte.

---

[1] Näheres über die einzelnen Typen s. Austerweil: Die angewandte Chemie in der Luftschiffahrt.

Als Einheit des Wasserstoffverlustes gilt der Renardsche Grad: 1 Renardscher Grad ist diejenige Gasmenge in Litern, die in 24 Stunden bei einem Druck von 30 mm Wassersäule durch 1 qm Stoff hindurchgeht (auf 760 mm Druck und 0° C reduziert). Bei Lenkballonstoffen soll der Gasverlust unter 10 Renardschen Graden bleiben; bei Kugelballonstoffen ist die angenommene Grenze = 20 Renardsche Einheiten. Das beim Zerplatzversuch abfallende Stück soll nicht mehr als um 50 % höhere Werte ergeben als der nicht geplatzte Stoff.

2. Von den Apparaten des Typus 2 sind derjenige des Staatlichen Materialprüfungsamtes (Konstruktion Heyn) und des National Laboratory in Teddington die vollkommensten. Diese Verfahren beruhen darauf, daß der durch den Stoff hindurchdiffundierende Wasserstoff über Palladiumasbest bzw. im elektrischen Ofen über Kupferoxyd verbrannt und das Verbrennungsprodukt, das Wasser, durch Wägung bestimmt wird. Diese Methode gibt absolut sichere Werte, ist aber recht umständlich.

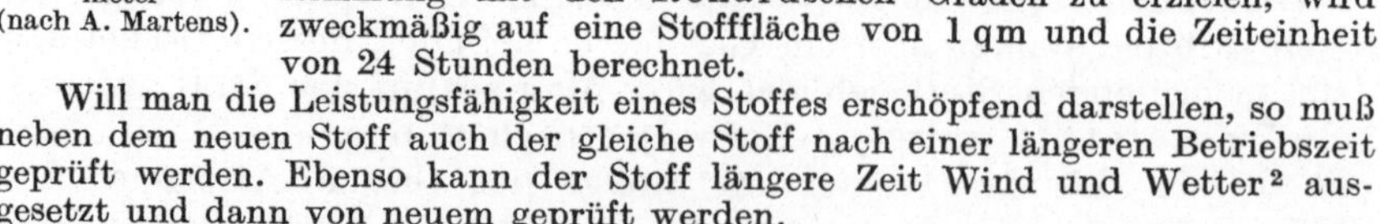

Abb. 310.
Gasdurchlaßprüfer nach Heyn.
G oberes, G_1 unteres Glasgefäß, H Eintritt, H_1 Austritt von Wasserstoffgas, E Eintritt, E_1 Austritt der Luft, S Ballonstoffprobe, eingespannt, F freie Versuchsfläche der Ballonstoffprobe, p_1 Druck in mm unterhalb, p_2 oberhalb der Stoffprobe, Q oberes, Q_1 unteres Quecksilbermanometer (nach A. Martens).

Im Materialprüfungsamt wurde das Verfahren früher wie folgt ausgeführt[1]. Zunächst werden geeignete Proben des zu prüfenden Stoffes entnommen, die keine groben Undichtigkeiten aufweisen. Diese werden, wie bei Zeugstoffen üblich, ermittelt, indem man durch eine kreisförmige Stoffscheibe Luft saugt, deren Menge durch eine Gasuhr gemessen wird (s. S. 422). Liegen keine Undichtigkeiten vor, so wird die Diffusionsgeschwindigkeit von Gasen, meist von Wasserstoffgas (mitunter auch von Leuchtgas) ermittelt. Die im Materialprüfungsamt verwendete, von Heyn zusammengestellte Apparatur findet sich in den Abb. 310 und 311 skizziert. Die Stoffscheibe wird zwischen zwei trichterförmige Glasgefäße (Abb. 310) eingespannt. In das eine Gefäß tritt Luft und Wasserstoff (unter einem Druck von 25 oder 30 mm Wassersäule) ein, während die durch das andere Gefäß getriebene Luft den diffundierten Wasserstoff mitnimmt. Dieser wird in dem Apparat (Abb. 311) über Palladiumasbest zu Wasser verbrannt, letzteres durch Wägung festgestellt und die durch den Stoff in der Zeiteinheit durch die Flächeneinheit durchgegangene Wasserstoffmenge berechnet. Um die Übereinstimmung mit den Renardschen Graden zu erzielen, wird zweckmäßig auf eine Stofffläche von 1 qm und die Zeiteinheit von 24 Stunden berechnet.

Will man die Leistungsfähigkeit eines Stoffes erschöpfend darstellen, so muß neben dem neuen Stoff auch der gleiche Stoff nach einer längeren Betriebszeit geprüft werden. Ebenso kann der Stoff längere Zeit Wind und Wetter[2] ausgesetzt und dann von neuem geprüft werden.

Im Mittel aus zahlreichen Versuchen fand Heyn bei Ballonstoffen eine Wasserstoffdurchlässigkeit von 22,5 l (12,2 bis 47,9 l) auf 1 qm Stoff und 24 Stunden berechnet. Hierbei waren einige Werte über 100 l vernachlässigt, da sie auf grobe Undichtigkeiten zurückgeführt wurden.

---

[1] S. a. Martens: Über die technische Prüfung des Kautschuks und der Ballonstoffe. Preuß. Akad. d. Wiss. 1911, 346.

[2] Durch regelmäßige Besprengungen kann auf künstliche Weise Regen zur Wirkung gebracht werden (s. S. 419).

Nach **Edwards** und **Pickering** kann die **Permeabilität** von Ballonstoffen für Wasserstoff auch in der Weise bestimmt werden[1], daß der durch eine bestimmte Fläche hindurchdiffundierte Wasserstoff durch einen Kohlensäurestrom weitergeleitet, die Kohlensäure in einem Nitrometer durch Alkalilauge absorbiert und der nicht absorbierte Wasserstoff durch Explosion mit Luft in einer Gasbürette bestimmt wird.

3. Dem Typus 3 würde ein Apparat angehören, der mit optischen Methoden die diffundierte Wasserstoffmenge bestimmt. Wenn man die wasserstoffhaltige Luft nicht verbrennen läßt, sondern in einem Gasometer sammelt und dann mit einem **Rayleigh**schen oder **Haber**schen **Interferometer** (von **Zeiss, Jena**) den Wasserstoffgehalt der Luft bestimmt, so erübrigt sich die chemische Analyse.

Abb. 311. Gasdurchlaßprüfer nach Heyn (Gesamtansicht).

Diese Methode hat den Vorteil, durch zeitweilig auszuführende Verbrennung nachgeprüft werden zu können. Die Genauigkeit soll nach **Frenzel**[2] der chemischen Analyse gleichkommen, während die Ergebnisse nach **Renard-Surcouf** und **Wurtzel** zu niedrige Werte ergeben. So fand z. B. **Frenzel** bei Vergleichsversuchen folgende Verhältnisse: Nach **Renard-Surcouf** = 9,35; nach **Wurtzel** = 10,3; nach dem Verbrennungsverfahren **Heyn** = 13; nach dem **Interferometerverfahren** = 13,5.

Die Diffusionsgeschwindigkeit verschiedener Gase durch Kautschukmembranen beträgt, auf Stickstoff = 1 bezogen: Stickstoff = 1; Kohlenoxyd = 1,113; atmosphärische Luft = 1,149; Methan = 2,148; Sauerstoff = 2,556; Wasserstoff = 5,500; Kohlensäure = 13,585. Atmosphärische Luft diffundiert bei höherer Temperatur in höherem Grade: bei 4^0 = 1; bei 16^0 = 4; bei 60^0 = 12*.

---

[1] J. Ind. Engg. Chem. **1919**, 966 (nach Chem. Zentralbl. **1921**, 79).
[2] Frenzel, W.: Chemische Apparatur **1921**, 57.
* Huebner: Kunststoffe **1913**, 386.

Wärmeaustausch und Wärmedurchlässigkeit.

Der Wärmeaustausch beruht vor allem auf der Wärmestrahlung und der Wärmeleitung. Rubner hat für die Wärmestrahlung nachgewiesen, daß die Extreme im Ausstrahlungswert um 31,8% schwanken. Während ein glänzender Seidenstoff 3,46 Kal. abgibt, strahlt ein wollener Trikot 4,58 Kal. an Wärme aus. Er wies ferner nach, daß Seide und Wolle an sich keinen Unterschied in bezug auf Wärmestrahlung haben und die verschiedenen Resultate nur auf verschiedene Webart zurückzuführen sind, wobei die rauhe Seite eines Gewebes ein erheblich größeres Strahlungsvermögen hat als die glatte. Von großem Einfluß ist die Dicke der Schicht auf die Strahlung. Bei zunehmender Dicke nimmt die Wärmestrahlung sehr langsam ab. Ferner ist die Strahlung nasser und trockener Gewebe nach Rubner gleich. Bezüglich der Farbe hat Krieger ermittelt, daß sich die Strahlungswerte von einem weißen und dunkelgrünen Stoffe ungefähr verhalten wie 1 : 1,6. Auch nach neueren Versuchen ist in Übereinstimmung mit Rubners Versuchen das Absorptionsverhältnis, d. i. der absorbierte Bruchteil der auftreffenden Strahlung, für Baumwollzeug = 0,77, für Seidenstoff = 0,78, für Wollstoff = 0,78. Ein Unterschied in der Wärmestrahlung existiert also nicht. — Wärmeleitung. Nach Schuhmeister leiten Baumwolle, Schafwolle und Seide die Wärme besser als Luft. Rubner stellte wesentliche Leitungsunterschiede bei den verschiedenen Textilfasern fest, die sich nach neueren Untersuchungen Nussets etwa verhalten wie 1 (Luft) : 1,6 (Wolle) : 1,8 (Seide) : 2,0 (Baumwolle). Andere Versuche stehen mit diesen zum Teil in Widerspruch.

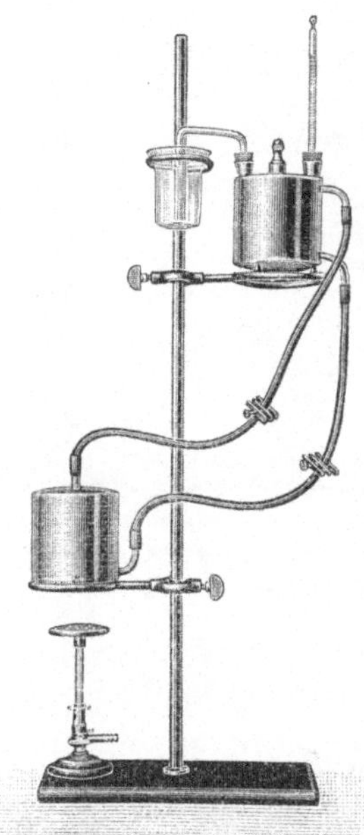

Abb. 312. Wärmedurchlaßprüfer nach E. Müller (H. Keyl-Dresden).

In der Praxis handelt es sich meist um die Aufstellung relativer Werte; die Trennung des Gesamtwärmeverlustes in Leitung und Strahlung nach absolutem Maße ist dann ganz überflüssig. Für praktische Vergleichszwecke erweist sich die Bestimmung der Wärmedurchlässigkeit[1] mittels des von E. Müller konstruierten Apparates bei genauer Einhaltung konstanter Versuchsbedingungen als sehr zweckmäßig. Der Müllersche Apparat (s. Abb. 312) gründet sich auf das Prinzip, die Abkühlung eines Körpers zu vergleichen, der mit verschiedenen Geweben umkleidet ist. Dazu dient ein Meßzylinder, der mit erwärmtem Wasser gefüllt ist. Es empfiehlt sich, die Versuche für

---

[1] S. a. Wagner, E.: Wärmedurchlässigkeit von Textilien. Leipz. Monatschr. Textilind. 1929, 137.

ein Temperaturintervall von 36 bis 40⁰ C durchzuführen, was der normalen und Fiebertemperatur des Menschen entspricht.

Der Apparat (s. Abb. 312) besteht aus einem Metallstativ, auf welchem mittels Haltern unten der Heizzylinder und oben der Abkühlungszyliner ruhen. Beide Zylinder sind aus dünnem Messingblech hergestellt und stehen durch Gummischläuche wechselseitig in Verbindung. Im Abkühlungszylinder ist ein Rührer zur Verhinderung einer schichtenförmigen Lagerung des Wassers angebracht. In einem Tubus ist ein Thermometer eingesetzt, im anderen ein Überleitungsrohr zu einem Becherglas, dieses nimmt das durch Erwärmen vergrößerte Wasservolumen auf. Zum Apparat gehören zwei Metallschablonen, die zum Ausschneiden des Stoffes dienen, mit welchem der Abkühlungszylinder zu umnähen ist.

Bei Anstellung derartiger Versuche wird man finden, daß die Textilstoffe sehr ungleich wärmehaltend sind oder ungleiche Wärmedurchlässigkeit haben. Dies beruht in erster Linie a) auf ungleicher Dicke des Versuchsmaterials, b) auf ungleicher Dichtigkeit (Fadenstellung, Webart) und c) auf dem ungleichen Leitungsvermögen der Grundstoffe selbst. Gegenüber den beiden ersten Faktoren spielt der dritte die wenigst wichtige Rolle. Wichtig bei b) ist auch die Oberfläche des Materials, das z. B. durch Rauhen usw. stark wärmehemmende Wirkung auf das Gewebe ausübt (Poreninhalt, scheinbares spezifisches Gewicht). Demgemäß ist auch Luftseide (Celtaseide, Röhrchenseide usw.) von geringerer Wärmedurchlässigkeit als gewöhnliche Kunstseide, so daß die Luftseide in dieser Beziehung der Wolle und echten Seide näher kommt als die gewöhnliche Kunstseide.

Erwähnt sei ferner auch noch der Wärmedurchlaßprüfer von O. Bauer[1]. Bei diesem werden vier Vergleichsproben nebeneinander über schwarze Gefäße gespannt, in denen hinter den Proben Thermoelemente angebracht sind, mit denen die Wärmegrade gemessen werden, die sich bei verschiedener Bestrahlung im Gefäß einstellen. Als Wärmequelle wird lediglich die Sonne benutzt.

Eine größere Durchlässigkeit für ultraviolette Strahlen hat keines der bekannten Textilmaterialien. Die Tiefenwirkung der ultravioletten Strahlen ist sehr gering und hier kommt es lediglich auf Webart und Dichtigkeit des Gewebes an.

Da alle diese Untersuchungen mehr vom Standpunkte der Hygiene angestellt worden sind und für die Textilindustrie selbst und die textiltechnischen Prüfungen nur ganz ausnahmsweise von Belang sind, kann auf dieselben hier nicht näher eingegangen werden.

Bestimmung des spezifischen Gewichtes.

Unter dem spezifischen Gewicht oder dem wirklichen spezifischen Gewicht einer Substanz oder eines Körpers versteht man das Grammgewicht eines Kubikzentimeters dieses Materials. Hiervon zu unterscheiden ist das scheinbare spezifische Gewicht.

1. Unter dem scheinbaren spezifischen Gewicht z. B. von Garnen und Geweben versteht man das Grammgewicht des scheinbaren Einheitsvolumens, eines Kubikzentimeters der Garne oder Gewebe ein

---

[1] Bauer, O.: Mitt. Materialpr.-Amt **1915**, 290.

schließlich der Poren und des Luftinhaltes. Es kann aus dem unter
dem Mikroskop in Luft gemessenen Durchmesser der Garne und der
Garnnummer als das eines zylindrischen Körpers von bekanntem Volumen (nach Messung des Durchmessers) und bekanntem Gewicht (nach
Bestimmung der Garnnummer) berechnet werden. Marschik hat folgende mittleren scheinbaren spezifischen Gewichte für verschiedene
Garne ermittelt[1]:

Tabelle 76.

Material	Nummer	Scheinbares spez. Gewicht im Mittel
Baumwolle	4	0,245
,, ...	6—60	0,544
,, ...	180/2—200/2	1,125
Flachs	20—200	0,961
Streichgarn	9—20	0,708
Kammgarn	13—80	0,717
Schappeseide	64—110	0,642
Seide.	8—40/50	1,044
Kunstseide	6—120	1,230

2. Das wirkliche spezifische Gewicht einer Substanz, z. B. der
Fasersubstanz, unabhängig von ihrer Verarbeitung und Form, wird
ermittelt: a) indem man das Gewicht eines bestimmten Volumens vermittels der Waage feststellt und durch das Volumen dividiert (g/ccm),
oder b) indem man zunächst das Gewicht eines
unbekannten Volumens vermittels der Waage
feststellt und alsdann das Volumen durch Verdrängung bestimmt. Das Volumen von Flüssigkeiten und die Verdrängung einer Flüssigkeit
durch eine homogene Masse wird nach dem Im-
mersionsverfahren mit Hilfe des Pyknometers
bestimmt.

a) Spezifisches Gewicht von Flüssigkeiten. Das Pyknometer (s. Abb. 313 und 314)
ist ein Glasgefäß, welches bis zu einer festen
Marke mit Flüssigkeit gefüllt werden kann. Wenn
nun W das Gewicht einer Wassermasse von 4^0 C
vom Pyknometervolum und F das Gewicht einer
Flüssigkeitsmasse (deren spezifisches Gewicht bestimmt werden soll) vom Pyknometervolum ist,
so ist das spezifische Gewicht der Flüssigkeit
$= \frac{F}{W}$. Der gefundene Wert wird noch mit dem
spezifischen Gewicht des Versuchswassers multipliziert. Bei Versuchs-

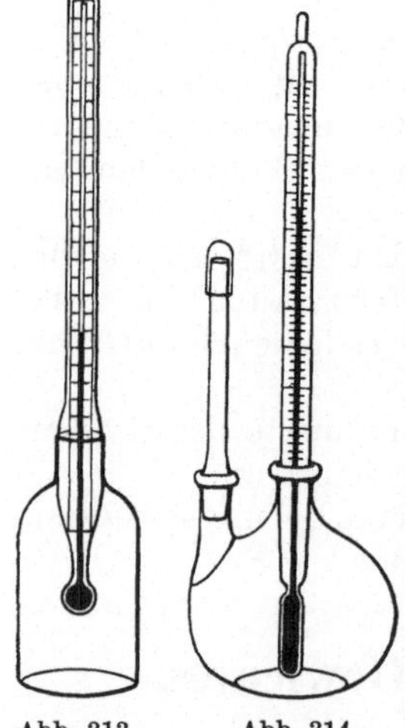

Abb. 313.   Abb. 314.

Abb. 313 und 314. Pykno-
meter von konstantem Vo-
lumen.

<hr>

[1] Marschik: Physikalisch-technische Untersuchungen von Garnen und Geweben.

wasser von 15^0 C[1] würde demnach das spezifische Gewicht der Flüssigkeit sein: $\dfrac{F \cdot 0,99913}{W}$.

b) **Unlösliche Körper mit Wasser als Versuchsflüssigkeit.** Bringt
man in das mit Wasser gefüllte Pyknometer einen festen Körper, so
ist die Gewichtszunahme des Pyknometers gleich dem Gewicht des
Körpers a, vermindert um das Gewicht w der von ihm verdrängten
Wassermasse, also:

$$\text{Gewichtszunahme} = a - w.$$

Aus der mittelbar durch Wägung bestimmten Gewichtszunahme
und des Körpergewichtes a ergibt sich w, und hieraus das spezifische
Gewicht: $\dfrac{a}{w}$. Auf solche Weise bestimmt man das spezifische Gewicht
pulverförmiger, faseriger und anderer Körper, welche in Wasser oder
einer geeigneten anderen Versuchsflüssigkeit **unlöslich** sind.

Beträgt beispielsweise das Wassergewicht vom Pyknometervolum = 100 g,
werden ferner 6 g Substanz in das Pyknometer gebracht, wird dieses wiederum mit
Wasser bis zur Marke gefüllt und das Gewicht zu 103 g ermittelt, so ist die Gewichtszunahme $3 = 6 - w$; $w = 3$; und das spezifische Gewicht $= 6 : 3$ oder $= 2$.
Oder das Gewicht des verdrängten Wassers (beim spezifischen Gewicht des Versuchswassers von 1) $= 100 - 103 + 6 = 3$; und demnach das spezifische Gewicht $= 6 : 3 = 2$.

Bei unkonstantem Volumen. Man läßt die verdrängte Flüssigkeit in
einen kalibrierten Oberteil des Pyknometers eintreten und liest die Volumen-
zunahme direkt ab. Das Pyknometer ist in diesem Falle von unkonstantem Volumen. Die Ergebnisse mit diesem Pyknometer sind weniger genau als diejenigen
bei Pyknometern mit konstantem Volumen.

c) **Mit anderen Versuchsflüssigkeiten als Wasser.** Werden statt
Wasser andere Flüssigkeiten zur Volumenbestimmung des Versuchsstückes durch Verdrängung angewandt (z. B. Terpentinöl, Petroleum,
Benzol usw.), so wird das erhaltene Ergebnis mit dem spezifischen Gewicht der Versuchsflüssigkeit [welches bekannt ist oder eigens hierfür nach a) ermittelt werden muß] multipliziert: spezifisches Gewicht

$$= \frac{a \cdot \text{spez. Gew. d. Flüssigkeit}}{w}.$$

**Ableitung einer allgemeinen Formel für die Bestimmung
des spezifischen Gewichtes.**

$a = $ Gewicht der absolut trockenen, zu prüfenden Substanz,

$a' = $ Gewicht des leeren Pyknometers,

$b = $ Gewicht des Pyknometers von konstantem Volumen plus
Versuchsflüssigkeit,

$c = $ Gewicht des Pyknometers plus Versuchsflüssigkeit plus absolut trockene Substanz.

Die Gewichtszunahme (des Pyknometers durch a) $= c - b$;
anderseits ist die Gewichtszunahme gleich dem Gewicht der trockenen
Substanz a, vermindert um das Gewicht des verdrängten Volumens w,
also $= a - w$. Demnach $c - b = a - w$ oder $w = a + b - c$. Die
Substanz von a Gramm verdrängt also $a + b - c$ Gramm Wasser oder

---

[1] Das spezifische Gewicht des Wassers bei 15^0, 20^0 und 25^0 ist: 0,99913,
0,99823 und 0,99707.

hat das Volumen $a + b - c$. Das spezifische Gewicht ist aber Gewicht durch Volumen, also (bei der Versuchsflüssigkeit vom spezifischen Gewicht 1)

$$\frac{a}{a + b - c}.$$

Bei anderen Versuchsflüssigkeiten als Wasser beträgt alsdann:

$$\text{Spezifisches Gewicht der Substanz} = \frac{a \cdot \text{spez. Gew. d. Flüssigkeit}}{a + b - c}.$$

Beispiel der Bestimmung des spezifischen Gewichtes einer Kunstseide in Terpentinöl.

1. Spezifisches Gewicht des Terpentinöls (die Bedeutung der Zeichen wie oben).

$a' = 23{,}0658$ g; $b = 73{,}1162$ g; also Volumen des Pyknometers $b - a' = 50{,}0504$ ccm.

$b' = $ Gewicht des Pyknometers plus Terpentinöl $= 67{,}4094$ g, also Gewicht des Terpentinöls $b' - a' = 44{,}3436$ g oder spezifisches Gewicht des Terpentinöls $\frac{b' - a'}{b - a'} = 0{,}886$.

2. Spezifisches Gewicht der Kunstseide.

$a = 2{,}547$ g; $c = 68{,}445$ g; $b' = 67{,}4094$ g. Gewichtszunahme durch die Kunstseide $c - b' = 1{,}0356$ g; verdrängte Gewichtsmenge Terpentinöl $a - (c - b') = a + b' - c = 1{,}5114$ g; verdrängtes Volumen Terpentin beim spezifischen Gewicht $0{,}886 = 1{,}5114 : 0{,}886$. Demnach spezifisches Gewicht der Kunstseide $= \frac{a \cdot 0{,}886}{1{,}5114} = 1{,}493$.

Die Bestimmung des spezifischen Gewichts von Textilfasern ist in der Regel auf die reine Grundsubstanz zu beziehen, auf das spezifische Material als solches. In diesen Fällen wird man es daher auch in möglichst reinem, ferner in getrocknetem, wasserfreiem Zustande der Prüfung unterwerfen. Unreines Material muß also beispielsweise erst entfettet, entschlichtet, entfärbt, entschwert und dann getrocknet werden, ehe es zur Wägung gelangt.

Nur in besonderen Fällen kommt es darauf an, das spezifische Gewicht einer Faser in bestimmtem Zustande oder in bestimmter Fertigung kennenzulernen, beispielsweise in luftfeuchtem, gefärbtem oder erschwertem Zustande. Hier muß naturgemäß jede Veränderung des Versuchsmateriales vermieden werden, vor allem also eine Flüssigkeit zur Anwendung gelangen, die die Färbung, Erschwerung usw. nicht löst oder sonstwie beeinflußt.

Als Immersionsflüssigkeiten verwendet man meist Terpentinöl, Petroleum, Benzol, Xylol u. a. m. Dagegen vermeidet man Wasser und wasserhaltige Flüssigkeiten, durch die die meisten Fasern eine erhebliche Quellung erleiden. Benzol ist von Vignon vorgeschlagen, weil es als Immersionsflüssigkeit den Vorzug hat, daß bei ihm alle in den Fasern enthaltenen Gase leicht abgeführt werden und seine Dichten bei den Temperaturen zwischen 0^0 und 30^0 genau bekannt sind. Man verfährt in der Weise, daß man das Pyknometer mit der in Benzol befindlichen Probe, die möglichst vorher schon im Vakuum entlüftet worden ist, zuerst unter die Luftpumpenglocke stellt und eine Luftleere von einem Druck, entsprechend etwa 50 mm Quecksilbersäule,

erzeugt und alsdann zur Wägung bringt. Möglichst vollkommenes
Absaugen aller Luft aus Probe und Flüssigkeit ist in gleicher Weise bei allen Immersionsflüssigkeiten wichtig.

Zu völlig abweichenden Werten gelangt man, wenn man statt obiger Immersionsflüssigkeiten Quecksilber als Verdrängungsmasse anwendet. Vignon[1]
und Silbermann[2] bedienen sich für diese Zwecke des Quecksilberdensimeters
von Bianchi. Dasselbe besteht aus einem gläsernen, durch Ventile abschließbaren Gefäße von unveränderlichem Volumen, das mit Quecksilber gefüllt wird.
Man füllt das Densimeter mit Quecksilber und wägt es. Nun leert man es, trägt
die vorher gewogene Probe ein, füllt dann das Densimeter vermittels der zum
Apparat gehörenden Pumpe (unter Beobachtung von Vorsichtsmaßregeln gegen
das Eindringen von Luft usw.), wägt es von neuem und berechnet wie ausgeführt.

Das nach dieser Quecksilbermethode ermittelte spezifische Gewicht beispielsweise der entbasteten Seide fällt im Vergleich zu den gewöhnlichen Methoden
(Immersionsmethoden) sehr gering aus. Vignon erklärt dies folgendermaßen:
Bei der Bestimmung nach den gewöhnlichen Immersionsmethoden ist die Flüssigkeit in die Zwischenräume der Faser (die man in jedem sich tränkenden Körper
annehmen muß und als Poren bezeichnet) eingedrungen und hat die Resultate
beeinflußt. Da das Quecksilber weder netzt noch tränkt, so gewährt die Quecksilbermethode einen großen Einblick in die morphologische Beschaffenheit der
betreffenden Faser. Tatsächlich beträgt das spezifische Gewicht der entbasteten
Seide nach der Quecksilbermethode z. B. 0,887, nach den gewöhnlichen
Verfahren z. B. 1,358. Nimmt man nun an, daß die erste Zahl durch die (luft-
leeren?) Poren herabgedrückt wird, so läßt sich die Menge dieser Poren gewissermaßen quantitativ bestimmen. Nennt man d und d' die Dichten der Seide im
Wasser und im Quecksilber, v das Volumen ohne Poren und v' das gesamte Volumen einer Seide vom Gewicht p, so hat man $p = vd$ und $p = v'd'$, woraus
$v : v' = d' : d$. Das Verhältnis $v : v'$ kann als Ausdruck der Porosität der Faser
angenommen werden; ihr Wert ist im obigen Falle gleich $0,887 : 1,358 = 0,65$;
mit anderen Worten ausgedrückt: die Faser enthält 65 % kompakte Fasersubstanz
und 35 % luftleere Poren.

Nach der Quecksilbermethode erhielten die genannten Forscher folgende
Werte. Für europäische Rohseide: 1,1 bis 1,15, für asiatische Rohseide: 1,15
bis 1,65; für entbastete Seide: 0,87 bis 0,95; für wilde Rohseide: 1,05; für entbastete
wilde Seide: 1,13. Aus diesen Zahlen geht hervor, daß die entbastete edle Seide
ein weit geringeres spezifisches Gewicht hat als die rohe Faser. Das spezifische
Gewicht des Seidenbastes, des Sericins, läßt sich hieraus auf indirektem Wege
bestimmen. Die Japanseide, die beispielsweise beim Abkochen 16,8 % verliert,
hatte im rohen Zustande das spezifische Gewicht von 1,152, im entbasteten Zustande 1,023; nennt man x das gesuchte spezifische Gewicht des Bastes, so ist
$x \times 16,8 + 1,023 \times 83,2 = 1,152 \times 100$, also $x = 1,79$.

Nach gewöhnlichen Immersionsmethoden bestimmt, werden für
die wichtigsten Fasern im Mittel folgende abgerundeten wirklichen
spezifischen Gewichte angenommen:

Wolle . . . . = 1,32	Kunstseide (Nitrat-, Kupfer-,	
Baumwolle . . . . = 1,50	Viskoseseide) . . . . . . = 1,52	
Flachs, rein, gebleicht . . . = 1,46	Azetatseide . . . . = 1,33	
Hanf . . . . = 1,48	(ursprüngliche Azetat-	
Jute . . . . = 1,44	seide: 1,25).	
Naturseide (roh und ent-		
bastet)[3] . . . . = 1,36		

---

[1] Vignon: Sur le poids spécifique de la Soie. Lyon **1892**.

[2] Silbermann, H.: Über das spezifische Gewicht der Seide in bezug auf
ihre Erschwerung. Chem.-Zg. **1894**, H. 40.

[3] S. a. Heermann, P.: Über die spezifischen Gewichte erschwerter Seiden.
Mell. Text. **1928**, 217.

Anhang.

Tabelle 77.

Umwandlungstafel der gramm-metrischen Nummer in die englische Baumwollnummer und umgekehrt.

Gramm-metr. Nr. in engl. Nr.						Englische Nr. in gramm-metr. Nr.					
Gramm-metr. Nr.	Engl. Nr.	Gramm-metr. Nr.	Engl. Nr.	Gramm-metr. Nr.	Engl. Nr.	Engl. Nr.	Gramm-metr. Nr.	Engl. Nr.	Gramm-metr. Nr.	Engl. Nr.	Gramm-metr. Nr.
1	0,6	41	24	82	48,5	1	1,7	41	69,5	81	137
2	1,2	42	24,6	84	49,6	2	3,4	42	71	82	139
3	1,8	43	25,3	86	50,8	3	5	43	73	83	140,5
4	2,4	44	26	88	52	4	6,7	44	75	84	142
5	3	45	26,6	90	53,2	5	8,4	45	76,5	85	144
6	3,6	46	27,3	92	54,4	6	10	46	78	86	146
7	4,2	47	28	94	55,6	7	11,8	47	79,5	87	147,5
8	4,8	48	28,5	96	56,8	8	13,5	48	81	88	149
9	5,4	49	29	98	58	9	15,2	49	83	89	150,5
10	6	50	29,5	100	59	10	17	50	85	90	152
11	6,6	51	30	105	62	11	18,5	51	86,5	91	154
12	7	52	30,6	110	65	12	20	52	88	92	156
13	7,6	53	31,3	115	68	13	22	53	89,5	93	157,5
14	8,2	54	32	120	70,8	14	24	54	91	94	159
15	8,8	55	32,5	125	74	15	25,5	55	93	95	161
16	9,4	56	33	130	76,8	16	27	56	95	96	163
17	10	57	33,5	135	80	17	28,5	57	96,5	97	164,5
18	10,6	58	34	140	82,7	18	30	58	98	98	166
19	11,3	59	34,6	145	85,6	19	32	59	100	99	167,5
20	12	60	35,3	150	88,6	20	34	60	102	100	169
21	12,5	61	36	155	91,6	21	35,5	61	103,5	105	178
22	13	62	36,6	160	94,5	22	37	62	105	110	186
23	13,5	63	37,3	170	100,5	23	39	63	106,5	115	195
24	14	64	38	180	106	24	41	64	108	120	203
25	14,6	65	38,5	190	112	25	42,5	65	110	125	212
26	15,3	66	39	200	118	26	44	66	112	130	220
27	16	67	39,5	210	124	27	45,5	67	113,5	135	229
28	16,6	68	40	220	130	28	47	68	115	140	237
29	17,3	69	40,6	230	136	29	49	69	117	145	246
30	18	70	41,3	240	142	30	51	70	119	150	254
31	18,5	71	42	250	148	31	52,5	71	120,5	155	263
32	19	72	42,5	260	154	32	54	72	122	160	271
33	19,5	73	43	270	159,5	33	56	73	123,5	165	280
34	20	74	43,5	280	165	34	58	74	125	170	288
35	20,6	75	44	290	171	35	59,5	75	127	175	297
36	21,3	76	44,6	300	177	36	61	76	129	180	305
37	22	77	45,3	310	183	37	62,5	77	130,5	185	314
38	22,5	78	46	320	189	38	64	78	132	190	322
39	23	79	46,6	330	195	39	66	79	133,5	195	330
40	23,5	80	47,2	340	201	40	68	80	135	200	339

Tabelle 78.

Abgekürzte Tabelle zur Nummerberechnung von Garnen aus dem ermittelten Metergewicht der Garne[1].

Ge-wicht g pro m	Gramm-metr. Nr.	Engl. Bw.-Nr.	Ge-wicht g pro m	Gramm-metr. Nr.	Engl. Bw.-Nr.	Ge-wicht g pro m	Gewicht metr. Nr.	Engl. Bw.-Nr.
1,00	1,0000	0,5906	0,69	1,4493	0,8559	0,39	2,5641	1,5144
0,99	1,0101	0,5966	0,68	1,4705	0,8685	0,38	2,6316	1,5543
0,98	1,0204	0,6027	0,67	1,4925	0,8815	0,37	2,7027	1,5966
0,97	1,0310	0,6089	0,66	1,5152	0,8949	0,36	2,7778	1,6407
0,96	0,0417	0,6153	0,65	1,5385	0,9087	0,35	2,8571	1,6875
0,95	0,0526	0,6217	0,64	1,5625	0,9228	0,34	2,9411	1,7371
0,94	1,0638	0,6283	0,63	1,5873	0,9375	0,33	3,0302	1,7894
0,93	1,0752	0,6351	0,62	1,6129	0,9528	0,32	3,1250	1,8460
0,92	1,0870	0,6420	0,61	1,6393	0,9682	0,31	3,2259	1,9056
0,91	1,0990	0,6490	0,60	1,6667	0,9844	0,30	3,3333	1,9690
0,90	1,1111	0,6563	0,59	1,6950	1,0001	0,29	3,4482	2,0366
0,89	1,1236	0,6636	0,58	1,7241	1,0183	0,28	3,5714	2,1094
0,88	1,1363	0,6712	0,57	1,7545	1,0362	0,27	3,7038	2,1875
0,87	1,1494	0,6789	0,56	1,7857	1,0543	0,26	3,8462	2,2716
0,86	1,1628	0,6868	0,55	1,8182	1,0739	0,25	4,0000	2,3625
0,85	1,1765	0,6948	0,54	1,8519	1,0938	0,24	4,1667	2,4601
0,84	1,1905	0,7031	0,53	1,8878	1,1156	0,23	4,3478	2,5679
0,83	1,2048	0,7116	0,52	1,9231	1,1352	0,22	4,5455	2,6847
0,82	1,2195	0,7203	0,51	1,9608	1,1579	0,21	4,7619	2,8123
0,81	1,2345	0,7292	0,50	2,0000	1,1812	0,20	5,0000	2,9530
0,80	1,2500	0,7383	0,49	2,0408	1,2053	0,19	5,2632	3,1086
0,79	1,2658	0,7476	0,48	2,0834	1,2304	0,18	5,5555	3,2812
0,78	1,2820	0,7572	0,47	2,1276	1,2566	0,17	5,8822	3,4744
0,77	1,2987	0,7670	0,46	2,1739	1,2840	0,16	6,2500	3,6914
0,76	1,3158	0,7771	0,45	2,2222	1,3125	0,15	6,6667	3,9375
0,75	1,3334	0,7875	0,44	2,2727	1,3423	0,14	7,1428	4,2187
0,74	1,3513	0,7981	0,43	2,3256	1,3735	0,13	7,6923	4,5433
0,73	1,3699	0,8090	0,42	2,3810	1,4062	0,12	8,3333	4,9219
0,72	1,3889	0,8182	0,41	2,4390	1,4405	0,11	9,0910	5,3693
0,71	1,4084	0,8318	0,40	2,5000	1,4765	0,10	10,0000	5,9063
0,70	1,4286	0,8438						

[1] Ausführliche Tabelle s. Holtzhausen: Leipz. Monatschr. Textilind. **1917,** 1. Die Tabelle dient für Nummerbestimmungen in Fabrik und Handel und macht das jedesmalige Umrechnen des Metergrammgewichtes in Anzahl Meter pro Gramm (= gramm-metrische Nr.) überflüssig. Man braucht nur die entsprechende Zahl für das gefundene Metergrammgewicht in der ersten Spalte der Tabelle aufzusuchen und hat sofort (durch Interpolation genau!) die gramm-metrische oder die englische Baumwoll-Nummer. In den meisten Fällen wird man Metergrammgewichte unter 0,1 g haben; in diesen Fällen wird mit 10 bzw. 100 multipliziert. Beispiel 1. 100 m abgehaspeltes Garn wiegen 2,562 g; demnach 1 m = 0,02562 g. Man sucht die Zahlen 0,25 und 0,26 in der ersten Spalte auf und multipliziert die entsprechenden Nummern mit 10; also gramm-metrische Nummer = rund (3,8462 bis 4,000) $\times$ 10 = rund 39 N_m oder 23 N_e. Beispiel 2. 100 m abgehaspeltes Garn wiegen 0,7400 g; 1 m also = 0,007400 g. Die gramm-metrische Nummer ist also 1,35 $\times$ 100 = 135, die englische Baumwollnummer = 0,7981 $\times$ 100 = rund 80.

Tabelle 79.

Umwandlungstafel der Fadenzahl von ¼ Zoll französisch auf 1 Zentimeter und umgekehrt.

Grundlage: 1 Zoll franz. = 2,70 cm } 1 Zentimeter = 1,481 Viertelzoll franz.
$\qquad$ ¼ „ „ = 0,675 „

Fadenzahl				Fadenzahl			
in ¼ Zoll franz.	in 1 cm	in ¼ Zoll franz.	in 1 cm	in 1 cm	in ¼ Zoll franz.	in 1 cm	in ¼ Zoll franz.
5	7,41	27	40,00	7	4,73	29	19,57
6	8,89	28	41,48	8	5,40	30	20,25
7	10,37	29	42,96	9	6,07	31	20,92
8	11,85	30	44,44	10	6,75	32	21,60
9	13,33	31	45,92	11	7,42	33	22,27
10	14,81	32	47,40	12	8,10	34	22,95
11	16,30	33	48,89	13	8,77	35	23,62
12	17,78	34	50,37	14	9,45	36	24,30
13	19,26	35	51,85	15	10,12	37	24,97
14	20,74	36	53,32	16	10,80	38	25,65
15	22,22	37	54,86	17	11,47	39	26,32
16	23,70	38	56,29	18	12,15	40	27,00
17	25,18	39	57,77	19	12,82	41	27,67
18	26,66	40	59,26	20	13,50	42	28,35
19	28,14	41	60,74	21	14,17	43	29,02
20	29,63	42	62,22	22	14,85	44	29,70
21	31,16	43	63,70	23	15,52	45	30,37
22	32,60	44	65,18	24	16,20	46	31,05
23	34,08	45	66,67	25	16,87	47	31,72
24	35,56	46	68,15	26	17,55	48	32,40
25	37,04			27	18,22	49	33,07
26	38,52			28	18,90	50	33,75

Umwandlungstafel von englischem Zoll (inches) in Millimeter.

Engl. Zoll	mm	Engl. Zoll	mm	Engl. Zoll	mm
1	25,4	4	101,6	7	177,8
2	50,8	5	127,0	8	203,2
3	76,2	6	152,4	9	228,6

Tabelle 80. Maße und Gewichte. (Zum Teil veraltet.)

Fuß = ′, Zoll = ″, Linie = ‴.

1 Kilometer, km . . . . = 1000 Meter
1 Meter, m, = 100 Zentimeter, cm, = 1000 Millimeter, mm = 100 Zentimeter
1 Millimeter, mm = 1000 Mikromillimeter oder Mikron,
  mmm oder μ . . . . = 1000 Mikromillimeter
1 Yard, y, = 3 feet (1 foot oder Fuß à 30,48 cm)
  = 36 engl. Zoll, ″ (à 2,54 cm) oder inches . . . . . . = 0,91437 Meter
1 Meter . . . . = 1,09363 Yard
1 franz. Elle (aune ancienne) = 3 pieds de roi de 1868
  (= Umfang des Mailänder und Turiner Haspels) . . = 1,1884 Meter
1 Wiener Elle = 2,465 österr. Fuß (à 31,611 cm) . . . . = 0,77921 „
1 Stab (aune) . . . . = 120 „
1 Berliner oder preußische Elle . . . . = 0,667 „

1 Leipziger oder sächsische Elle . . . . = 0,566 Meter
1 bayerische Elle . . . . = 0,833 „
1 böhmische Elle . . . . = 0,600 „
1 brabanter Elle . . . . = 0,695 „
1 Pariser Fuß = 12 Zoll, '' . . . . = 0,3248 „
1 preußischer Zoll, '' . . . . = 2,615 Zentimeter
1 sächsischer Zoll, '' . . . . = 2,36 „
1 bayerischer Zoll, '' . . . . = 2,432 „
1 badischer Zoll, '' . . . . = 3,00 „
1 württembergischer Zoll, '' . . . . = 2,865 „
1 hannoverscher Zoll, '' . . . . = 2,433 „
1 Hamburger Zoll, '' . . . . = 2,39 „
1 englischer Zoll, '' . . . . = 2,54 „
1 Pariser oder franz. Zoll = 12 Linien (à 2,2725 mm) . . = 2,707 „
¼ franz. Zoll . . . . = 0,677 „
1 österreichischer Zoll, '' . . . . = 2,634 „
1 russischer Arschin = 16 Werschok . . . . = 0,7112 Meter
1 russische Werst = 1500 Arschin . . . . = 1,067 Kilometer
1 Square yard (□ yard, q yard) = 9 square feet . . . = 0,836 Quadratmeter
1 Cub yard = 27 cub feet . . . . = 0,7645 Kubikmeter
1 Tonne, t . . . . = 1000 Kilogramm
1 Zentner = 50 Kilogramm, kg . . . . = 100 metr. Pfund
1 Kilogramm, kg = 2 metr. Pfund . . . . = 1000 Gramm
1 Gramm, g = 10 Dezigramm, dg = 100 Zentigramm, cg . = 1000 Milligramm, mg
1 Pfund, ℔, Zollpfund, deutsches oder metrisches Pfund
= 30 Lot . . . . = 500 Gramm
1 ton, t = 20 hundredweight, cwt = 2240 pounds, lbs. . . = 1016 Kilogramm
1 hundredweight, cwt = 112 pounds, lbs . . . . . . = 50,8 „
1 englisches Pfund, lb, pound = 16 Unzen, ounces, ozs. =
= 7000 grains, gr . . . . = 453,59 Gramm
1 altes preußisches, sächsisches, altes Berliner Handelspfund, württembergisches Pfund . . . . = 467,7 „
1 bayerisches Pfund . . . . = 560 „
1 Wiener Pfund, österreichisches Pfund = 32 Lot . . . = 560,6 „
1 altes französisches oder Pariser Pfund . . . . = 489,5 „
1 russisches Pud = 40 russische Pfund . . . . = 16,38 Kilogramm
1 russisches Pfund = 96 Solotnik (à 96 Doli) . . . . = 409,5 Gramm
1 Denier, legales oder internationales Denier . . . . . = 0,05 „
1 altes Mailänder Denier . . . . = 0,0511 „
1 altes Turiner Denier . . . . = 0,05336 „
1 altes Lyoner Denier . . . . = 0,05311 „
1 japanische Momme . . . . = 3,75 „
1 japanisches Kwan = 1000 Momme . . . . = 3,75 Kilogramm

Sachverzeichnis.

Enzyklopädie der textilchemischenTechnologie. Bearbeitet in Gemeinschaft mit zahlreichen Fachleuten und herausgegeben von Professor Dr. Paul Heermann, früher Abteilungsvorsteher der Textilabteilung am Staatlichen Materialprüfungsamt Berlin-Dahlem. Mit 372 Textabbildungen. X, 970 Seiten. 1930.
Gebunden RM 78.—

Technologie der Textilveredelung. Von Professor Dr. Paul Heermann, früher Abteilungsvorsteher der Textilabteilung am Staatlichen Materialprüfungsamt in Berlin-Dahlem. Zweite, erweiterte Auflage. Mit 204 Textabbildungen und einer Farbentafel. XII, 656 Seiten. 1926.
Gebunden RM 33.—

Färberei- und textilchemische Untersuchungen. Anleitung zur chemischen und koloristischen Untersuchung und Bewertung der Rohstoffe, Hilfsmittel und Erzeugnisse der Textilveredelungsindustrie. Von Professor Dr. Paul Heermann, früher Abteilungsvorsteher der Textilabteilung am Staatlichen Materialprüfungsamt in Berlin-Dahlem. Fünfte, ergänzte und erweiterte Auflage der „Färbereichemischen Untersuchungen" und der „Koloristischen und textilchemischen Untersuchungen". Mit 14 Textabbildungen. VIII, 435 Seiten. 1929.
Gebunden RM 25.50

Betriebseinrichtungen der Textilveredelung. Von Professor Dr. Paul Heermann, Berlin-Dahlem, und Ingenieur Gustav Durst, Fabrikdirektor, Konstanz a. B. Zweite Auflage von „Anlage, Ausbau und Einrichtungen von Färberei-, Bleicherei- und Appretur-Betrieben" von Professor Dr. Paul Heermann. Mit 91 Textabbildungen. VI, 164 Seiten. 1922.
Gebunden RM 7.50

Die mikroskopische Untersuchung der Seide mit besonderer Berücksichtigung der Erzeugnisse der Kunstseidenindustrie. Von Professor Dr. Alois Herzog, Dresden. Mit 102 Abbildungen im Text und auf 4 farbigen Tafeln. VII, 197 Seiten. 1924.
Gebunden RM 15.—

Die Unterscheidung der Flachs- und Hanffaser. Von Professor Dr. Alois Herzog, Dresden, Mit 106 Abbildungen im Text und auf einer farbigen Tafel. VII, 109 Seiten. 1926.
RM 12.—; gebunden RM 13.20

Die Textilfasern. Ihre physikalischen, chemischen und mikroskopischen Eigenschaften. Von J. Merritt Matthews, Philadelphia. Nach der vierten amerikanischen Auflage ins Deutsche übertragen von Dr. Walter Anderau, Basel. Mit einer Einführung von Professor Dr. Hans Eduard Fierz-David, Zürich. Mit 387 Textabbildungen. XII, 847 Seiten. 1928.
Gebunden RM 56.—

Die Mercerisierungsverfahren. Von Dr. Erwin Sedlaczek, Oberregierungrat. VII, 269 Seiten. 1928.
Gebunden RM 18.—

Technologie der Textilfasern

Herausgegeben von

Professor Dr. **R. O. Herzog,** Berlin-Dahlem

I. Band: Chemie und Physik der faserbildenden Stoffe. In Vorbereitung.

II. Band, 1. Teil: Die Spinnerei. Von A. Lüdicke. Mit 440 Textabbildungen. VI, 268 Seiten. 1927. Gebunden RM 28.—

2. Teil: Die Weberei. Von A. Lüdicke. — **Die Maschinen zur Band- und Posamentenweberei.** Von K. Fiedler. — **Die Bindungslehre.** Von Joh. Gorke. Mit 854 Abb. u. auf 30 Tafeln. VII, 319 S. 1927. Geb. RM 36.—

3. Teil: Wirkerei und Strickerei, Netzen und Filetstrickerei. Von C. Aberle. — **Maschinenflechten und Maschinenklöppeln.** Von W. Krumme. — **Flecht- und Klöppelmaschinen.** — **Samt, Plüsch, Künstliche Pelze.** Von H. Glafey. — **Die Herstellung der Teppiche.** Von H. Sautter. — **Stickmaschinen.** Von R. Glafey. Mit 824 Abb. VIII, 615 Seiten. 1927. Gebunden RM 57.—

III. Band: Künstliche organische Farbstoffe. Von H. E. Fierz-David. Mit 18 Abb., 12 einfarb. und 8 mehrfarb. Tafeln. XVI, 719 S. 1926. Geb RM 63.—

IV. Band, 1. Teil: Botanik und Kultur der Baumwolle. Von Ludwig Wittmack. Mit einem Abschnitt: **Chemie der Baumwollpflanze.** Von Stefan Fraenkel. Mit 92 Textabbildungen. VIII, 352 Seiten. 1928. Gebunden RM 36.—

2. Teil: Mechanische Technologie der Baumwolle. Von H. Glafey, E. Brücher und W. Spitschka. In Vorbereitung.

3. Teil: Chemische Technologie der Baumwolle. Von R. Haller. **Mechanische Hilfsmittel zur Veredlung der Baumwolltextilien.** Von H. Glafey. Mit 266 Textabbildungen. XIV, 711 Seiten. 1928. Gebunden RM 67.50

4. Teil: Die Baumwollwirtschaft. Von P. Koenig. In Vorbereitung.

V. Band, 1. Teil: Der Flachs.
1. Abteilung: Botanik, Kultur, Aufbereitung, Bleicherei und Wirtschaft des Flachses. Mit einer Einführung in den Feinbau der Zellulosefasern. Bearbeitet von W. Kind, P. Koenig, W. Müller, E. Schilling, C. Steinbrinck. Mit 167 Textabbildungen. IX, 427 Seiten. 1930. Gebunden RM 54.—

2. und 3. Abteilnng: Spinnerei und Weberei des Flaches. In Vorbereitung.

2. Teil: Hanf und Hartfasern. Bearbeitet von O. Heuser, P. Koenig, O. Wagner, G. v. Frank, H. Oertel, Fr. Oertel. Mit 105 Textabbildungen. VII, 266 Seiten. 1927. Gebunden RM 24.—

3. Teil: Die Jute. Von E. Nonnenmacher.
1. Abteilung: Pflanze und Fasergewinnung. Handel und Wirtschaft. Spinnerei. Mit 542 Textabbildungen. VIII, 571 Seiten. 1930. Gebunden RM 86.—

2. Abteilung: Die Weberei der Jute. In Vorbereitung.

VI. Band, 1. Teil: Die Seidenspinner. Von Harms u. Bock. In Vorbereitung.

2. Teil: Technologie und Wirtschaft der Seide. Bearbeitet von H. Ley und E. Raemisch. Mit 375 Abb. VIII, 551 Seiten. 1929. Gebunden RM 66.—

VII. Band: Kunstseide. Bearbeitet von E. A. Anke, H. Eichengrün, R. Gaebel, R O. Herzog, H. Hoffmann, Fr. Loewy, A. Oppé, W. Traube, A. v. Vajdaffy. Mit 203 Textabbildungen. VIII, 354 Seiten. 1927. Gebunden RM 36.—

VIII. Band: 1. Teil: Wollkunde. Bildung und Eigenschaften der Wolle. Bearbeitet von Gustav Frölich, Walter Spöttel, Ernst Tänzer. Mit 172 Textabbildungen und 2 farbigen Tafeln. IX, 419 Seiten. 1929. Gebunden RM 54.—

2. Teil: Mechanische Technologie der Wolle. Von O. Bernhardt, Marcher und E. Krahn. In Vorbereitung.

3. Teil: Chemische Technologie der Wolle und die zugehörigen Maschinen. Von G. Ulrich und H. Glafey. In Vorbereitung.

4. Teil: Weltwirtschaft der Wolle. Von Behnsen und Genzmer.
In Vorbereitung.

IX. und X. Band: Ergänzungsbände.
Mechanik der Spinnerei. Von H. Brüggemann.
Untersuchung der Textilfasern. Von J. Weese, W. Weltzien und E. Schmid.

Das Mikroskop und seine Anwendung. Handbuch der praktischen Mikroskopie und Anleitung zu mikroskopischen Untersuchungen. Nach Dr. Hermann Hager in Gemeinschaft mit Geh. Reg.-Rat Professor Dr. O. Appel, Berlin-Dahlem, Professor Dr. G. Brandes, Dresden, und Privatdozent Dr. E. K. Wolff, Berlin, neu herausgegeben von Professor Dr. Friedrich Tobler, Dresden. Dreizehnte, umgearbeitete Auflage. Mit 482 Abbildungen im Text. X, 374 Seiten. 1925. Gebunden RM 16.50

Handbuch der Appretur. Von Ingenieur o. ö. Professor Josef Bergmann †, Brünn. Nach dem Tode des Verfassers ergänzt und herausgegeben von Professor Dr.-Ing. Chr. Marschik, Leipzig. Mit 286 Textabbildungen. VI, 321 Seiten. 1928. Gebunden RM 36.—

Kenntnis der Wasch-. Bleich- und Appreturmittel. Ein Lehr- und Hilfsbuch für Technische Lehranstalten und die Praxis. Von Ing.-Chemiker Heinrich Walland, Professor an der Technisch-Gewerblichen Bundeslehranstalt Wien I. Zweite, verbesserte Auflage. Mit 59 Textabbildungen. X, 337 Seiten. 1925. Gebunden RM 18.—

Taschenbuch für die Färberei mit Berücksichtigung der Druckerei. Von R. Gnehm. Zweite Auflage, vollständig umgearbeitet und herausgegeben von Dr. R. v. Muralt. dipl. Ing.-Chemiker, Zürich. Mit 50 Abbildungen im Text und auf 16 Tafeln. VII, 220 Seiten. 1924. Gebunden RM 13.50

Praktikum der Färberei und Druckerei für die chemisch-technischen Laboratorien der Technischen Hochschulen und Universitäten, für die chemischen Laboratorien höherer Textil-Fachschulen und zum Gebrauch im Hörsaal bei Ausführung von Vorlesungsversuchen. Von Professor Dr. Kurt Brass, Prag. Zweite, verbesserte Auflage. Mit 5 Textabbildungen. VIII, 104 Seiten. 1929. RM 5.25

Chemie der organischen Farbstoffe. Von Dr. Fritz Mayer, a. o. Hon.-Professor an der Universität Frankfurt a. M. Zweite, verbesserte Auflage. Mit 5 Textabbildungen. VII, 265 Seiten. 1924. Gebunden RM 13.—

Analyse der Azofarbstoffe. Von Dr. sc. techn. Albert Brunner, dipl. Ing.-Chem. Mit 5 Textabbildungen und 3 Tafeln. V, 124 Seiten. 1929. RM 10.—; gebunden RM 11.50

Enzyklopädie der Küpenfarbstoffe. Ihre Literatur, Darstellungsweisen, Zusammensetzung, Eigenschaften in Substanz und auf der Faser. Von Dr.-Ing. Hans Truttwin. Unter Mitwirkung von Dr. R. Hauschka, Wien. XX, 868 Seiten. 1920. RM 42.—

Grundlegende Operationen der Farbenchemie. Von Dr. Hans Eduard Fierz-David, Professor an der Eidgenössischen Technischen Hochschule in Zürich. Dritte, verbesserte Auflage. Mit 46 Textabbildungen und einer Tafel. XIII, 270 Seiten. 1924. Gebunden RM 16.—

Die Trockentechnik. Grundlagen, Berechnung, Ausführung und Betrieb der Trockeneinrichtungen. Von Dipl.-Ing. M. Hirsch, Beratender Ingenieur V. B. I. Mit 234 Textabbildungen, einer schwarzen und 2 zweifarbigen i-x-Tafeln für feuchte Luft. XIV, 366 Seiten. 1927.

Gebunden RM 31.80

Das Trocknen mit Luft und Dampf. Erklärungen, Formeln und Tabellen für den praktischen Gebrauch. Von Baurat E. Hausbrand †, Berlin. Fünfte, stark vermehrte Auflage. Mit 6 Textfiguren, 9 lithographischen Tafeln und 35 Tabellen. VIII, 185 Seiten. 1920. Unveränderter Neudruck 1924.

Gebunden RM 10.—

Theorie der Heißlufttrockner. Ein Lehr- und Handbuch für Trocknungstechniker, Besitzer und Leiter von gewerblichen Anlagen mit Trockenvorrichtungen. Für den Selbstunterricht bearbeitet. Von W. Schule. Mit 34 Textfiguren und 9 Tabellen. IV, 174 Seiten. 1920. Unveränderter Neudruck 1921.

RM 5.50

Die Getriebe der Textiltechnik. Ein Beitrag zur Kinematik für Maschineningenieure, Textiltechniker, Fabrikanten und Studierende der Textilindustrie. Von Professor Dr.-Ing. Oscar Thiering, Budapest. Mit 258 Textabbildungen. IV, 134 Seiten. 1926. RM 12.—; gebunden RM 13.50

Waeser-Dierbach, Der Betriebs-Chemiker. Ein Hilfsbuch für die Praxis des chemischen Fabrikbetriebes. Von Dr.-Ing. Bruno Waeser. Vierte, ergänzte Auflage. Mit 119 Textabbildungen und zahlreichen Tabellen. XI, 340 Seiten. 1929.

Gebunden RM 19.50

Lunge-Berl, Chemisch-technische Untersuchungsmethoden. Unter Mitwirkung zahlreicher Fachmänner herausgegeben von Ing.-Chem. Dr. Ernst Berl, Professor der Technischen Chemie und Elektrochemie an der Technischen Hochschule zu Darmstadt. Siebente, vollständig umgearbeitete und vermehrte Auflage. In 4 Bänden.

Erster Band: Mit 291 in den Text gedruckten Figuren, einem Bildnis und 85 Tafeln. XXII, 1100 Seiten. 1921. Gebunden RM 36.—

Zweiter Band: Mit 313 in den Text gedruckten Figuren und 19 Tafeln. XLIV, 1412 Seiten. 1922. Gebunden RM 48.—

Dritter Band: Mit 235 in den Text gedruckten Figuren und 23 Tafeln. XXXI, 1362 Seiten. 1923. Gebunden RM 44.—

Vierter Band: Mit 125 in den Text gedruckten Figuren und 56 Tafeln. XXV, 1139 Seiten. 1924. Gebunden RM 40.—